PUBLICATIONS SCIENTIFIQUES-INDUSTRIELLES DE E. LACROIX

NOUVELLE TECHNOLOGIE

DES

ARTS ET MÉTIERS

DES MANUFACTURES, DES MINES

DE L'AGRICULTURE, ETC.

ANNALES ET ARCHIVES DE L'INDUSTRIE AU XIXe SIÈCLE

DESCRIPTION

GÉNÉRALE, ENCYCLOPÉDIQUE, MÉTHODIQUE ET RAISONNÉE

de l'état actuel des Arts, des Sciences, de l'Industrie et de l'Agriculture chez toutes les nations

RECUEIL DE TRAVAUX HISTORIQUES, TECHNIQUES, THÉORIQUES ET PRATIQUES

PAR MM. LES RÉDACTEURS DES *Annales du Génie civil*

Avec la collaboration de Savants, d'Ingénieurs et de Professeurs français et étrangers

E. LACROIX ❋

Membre de la Société industrielle de Mulhouse, de l'Institut royal des Ingénieurs hollandais de la Société des Ingénieurs de Hongrie, etc.

DIRECTEUR DE LA PUBLICATION

DEUXIÈME VOLUME

(TOME 4)

PARIS

LIBRAIRIE SCIENTIFIQUE, INDUSTRIELLE ET AGRICOLE

Eugène LACROIX, Imprimeur-Éditeur

Libraire de la Société des Ingénieurs civils de France, de celle des anciens Élèves des Écoles nationales d'Arts et Métiers, de la Société des Conducteurs des Ponts et Chaussées de MM. les Mécaniciens de la Marine nationale, etc., etc.

54, rue des Saints-Pères, 54

XLIX

INDUSTRIE DU GAZ

Par **M. D'HURCOURT**.

(Planche CXLIII.)

I

HISTORIQUE.

Quand on chauffe une matière organique quelconque, bois, houille, tourbe, etc., on remarque, en certains points, des vapeurs sortant par les fissures, qui prennent feu au contact d'un corps enflammé. — Ce dégagement de gaz inflammables, qui s'observe dans ces circonstances, est un fait dont la constatation est aussi vieille que le monde, et nous ne saurions attribuer un mérite d'invention à celui qui, le premier, l'aurait mentionné. Mais prendre ces matières organiques, les renfermer dans un vase clos, les distiller et constater le dégagement de ces gaz inflammables, c'était faire un pas immense, qui infailliblement devait un jour, à son temps, à son heure, produire la vaste industrie dont nous nous sommes chargé d'étudier la marche, à propos de la grande Exposition de l'industrie de 1867.

Le mérite de cette idée semble appartenir au docteur Clayton. Il avait vu dans le Lancashire un fossé dans lequel l'eau brûlait, dit-il, comme de l'eau-de-vie. A la suite de divers essais pratiqués dans le but de rechercher la cause de ce phénomène, il fit creuser un trou qui lui fit découvrir, à une faible profondeur, un charbon feuilleté d'où s'échappait un gaz qui prenait feu au contact d'une lumière et continuait de brûler.

Voici en quels termes il rapporte, dans les *Philosophical Transactions* de 1739, les expériences qu'il fit à ce sujet :

« Je pris un peu de ce charbon, que je distillai dans une cornue chauffée à feu nu. D'abord il ne se produisit que de l'eau, puis une huile noire, et enfin un esprit que je ne pus parvenir à condenser ; mais il s'échappa à travers le lut de la cornue qu'il brisa. Une fois, l'esprit fuyant à travers le lut, je m'approchai pour essayer d'y remédier, et je m'aperçus que l'esprit qui s'échappait prenait feu à la flamme d'une chandelle et continuait à brûler avec violence à mesure qu'il sortait à flots. Je pus l'éteindre et le rallumer alternativement à plusieurs reprises. Il me vint alors à l'idée d'essayer si je pourrais recueillir un peu de cet esprit ; je me servis dans ce but d'un récipient en serpentin, et, plaçant une lumière au bout du tuyau, pendant que l'esprit se dégageait, j'observai qu'il prenait feu et continuait à brûler à l'extrémité, quoiqu'on ne pût distinguer ce qui alimentait la flamme. Je l'éteignis et la rallumai plusieurs fois ; après quoi je fixai au tuyau du récipient une vessie dégonflée et vide d'air ; l'eau et l'huile se condensèrent dans le serpentin, tandis que l'esprit gonfla la vessie. — Je remplis de cette façon un grand nombre de vessies, et j'aurais pu en remplir un nombre bien plus considérable encore, car l'esprit continua à se dégager pendant plusieurs heures, et remplissait les vessies aussi vite qu'un homme aurait pu le faire en soufflant avec sa bouche, et cependant la quantité de charbon distillée était bien peu considérable. Je conservai cet esprit dans les vessies pendant un temps considérable, et j'essayai en vain, par différents moyens, de le condenser. Quand je voulais divertir des étrangers ou des amis, je prenais souvent une de ces vessies que je perçais avec une aiguille, et, en la comprimant légèrement devant la flamme d'une chandelle, le jet prenait feu, et continuait à brûler jusqu'à ce que la vessie fût vide, ce qui surprenait beaucoup, parce que l'on ne pouvait trouver aucune différence entre ces vessies et celles qui étaient remplies d'air ordinaire. »

En lisant ces détails, qui devaient, il nous semble aujourd'hui, conduire immédiatement aux applications que nous connaissons, on pourrait être étonné qu'il ait fallu attendre cinquante ans que deux hommes de génie, Lebon, ingénieur des ponts et chaussées en France, et Murdoch en Angleterre, vinssent presque en même temps poser clairement la question de l'éclairage par le gaz.

Il est probable que, pour le docteur Clayton, le dégagement de cet *esprit* était un fait particulier au charbon feuilleté qu'il avait découvert. Il fallait faire un pas de plus : établir que tous les autres charbons produisaient, à des degrés divers, les mêmes phénomènes, et, ce qui n'était pas évident *à priori*, voir là les éléments d'une nouvelle industrie ; car, comme le fait observer M. Dumas : « Si les hommes avaient connu d'abord l'éclairage au gaz, et que tout à coup on eût annoncé que l'on venait de découvrir le moyen de condenser ce gaz en un liquide huileux, ou même en une matière solide, cette découverte aurait été regardée comme une grande amélioration dans l'éclairage. En effet, sous ces deux formes, la matière peut se transporter aisément, sans danger et sans appareil particulier ; au moyen de lampes, on produit une flamme très-belle avec le produit liquide ; et le produit solide, façonné en bougie ou en chandelle, peut également servir à l'éclairage. Dans l'un et l'autre cas le volume de la matière est prodigieusement diminué ; on n'a pas besoin d'appareils hermétiquement clos, les lumières n'ont pas une position fixe et déterminée dans l'appartement. Il n'est plus nécessaire de construire à grands frais des gazomètres immenses, des conduits souterrains, etc.... »

Or, c'était précisément le contraire qui arrivait : il fallait, à ceux qui possédaient la lumière condensée en un liquide huileux, ou en une matière solide, proposer d'établir, à grands frais, des gazomètres immenses, des conduits souterrains, des installations coûteuses chez chaque abonné, pour avoir une lampe fixe, non transportable, alimentée par un gaz qu'on disait infect, et cause d'une foule d'accidents graves, etc...

Poser la question et démontrer la possibilité d'éclairer, d'une manière industrielle, au moyen des gaz fournis par la distillation des matières organiques, était la chose capitale, sans aucun doute ; mais il restait à triompher de toutes les appréhensions dont nous venons de parler, et il ne faut plus s'étonner si nous voyons encore un grand intervalle de temps entre l'idée nettement formulée et la réalisation.

Nous venons de dire que cette idée fut presque en même temps conçue en France et en Angleterre par Lebon et par Murdoch. Lebon distillait le bois en vase clos, il recueillait l'acide acétique ; il proposait également le charbon de terre, les huiles, les racines, les graisses et autres combustibles dans le but de se servir des gaz produits par la distillation soit à la lumière, soit au chauffage des appartements. Il prit un brevet d'invention plus tard, le 25 septembre 1799, *pour de nouveaux moyens d'employer les combustibles plus utilement, soit pour la chaleur, soit pour la lumière, et d'en recueillir divers produits.*

Le 25 août 1801, il prenait un certificat d'addition où il s'étendait longuement sur la description d'un nouveau moteur mû par l'inflammation du gaz. C'est précisément sur le même principe qu'a été établie la machine à gaz Lenoir.

Il décrivait ensuite un nouveau fumivore, dont on s'est souvent servi depuis. On peut déjà deviner, d'après les raisons qu'il donne pour le proposer, les difficultés qu'il rencontrait et les objections auxquelles il avait à répondre.

« Le gaz, dit-il, qui produit la flamme, bien préparé et purifié, ne peut avoir les inconvénients ou de l'huile, ou du suif, ou de la cire, employés pour nous éclairer. Cependant, *l'apparence du mal étant quelquefois aussi dangereuse que le mal même*, il n'est pas inutile de faire remarquer combien il est facile de ne répandre dans les appartements que la lumière et la chaleur, et de rejeter à l'extérieur tous les autres produits, même celui résultant de la combustion de ce gaz. Voici, pour cet objet, ce qui est exécuté chez moi »

Puis il décrit le fumivore connu, supporté par un tube creux, qui porte à l'extérieur les produits de la combustion.

Ce qui parut, *à priori*, séduire le plus dans la nouvelle invention de Lebon, ce fut la fabrication du vinaigre (acide acétique) retiré de la distillation du bois. Aussi le gouvernement lui abandonna-t-il une concession dans la forêt de Bondy, pour cette industrie spéciale.

Pendant ce temps, Murdoch, en Angleterre, poursuivait ses recherches dans la même voie. En 1802, à l'occasion des illuminations publiques en l'honneur de la paix d'Amiens, il exhiba publiquement l'éclairage au gaz, en plaçant à chaque extrémité de l'usine de MM. Boulton, Watt et Cie, à Soho, une lumière de Bengale. — Plus tard, en 1805, il éclairait, au moyen de 1,000 becs de gaz extrait de la houille, la grande filature de MM. Phillips et Lee à Manchester.

Nous donnons les deux premières dispositions de cornue (fig. 1 et 2) employées par Murdoch : chacune pouvait contenir jusqu'à 750 kilogrammes de houille.

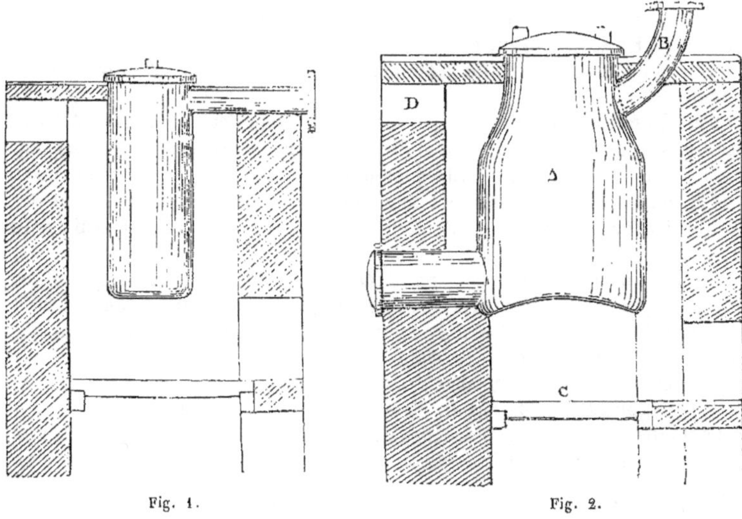

Fig. 1. Fig. 2.

Murdoch a avancé, dans une note adressée à la Société Royale, au sujet de cette installation, qu'il s'occupait seize ans auparavant, à Redruth, en Cornouailles, des propriétés des gaz produits par la distillation de divers combustibles végétaux et minéraux. Il est bien probable qu'il a ignoré les travaux Lebon; mais, pour accorder un mérite de priorité, on ne peut s'appuyer que sur des dates certaines. Or le brevet de Lebon est du 25 septembre 1799, et la première exhibition publique de Murdoch est de 1802.

Nous avons laissé pressentir les difficultés que cette industrie devait rencontrer à son début; elles furent immenses.

Lebon mourut en 1804, et sa veuve s'associa à Ryss-Poncelet pour exploiter l'invention de son mari. Les premières tentatives eurent lieu, à la fin de 1811, dans les galeries Montesquieu, Cloître Saint-Honoré, ainsi qu'il résulte du numéro du mois de décembre des bulletins de la *Société d'Encouragement* de l'année 1811. Voici, en effet, ce que nous y lisons :

« Dans le *Bulletin* du mois d'octobre dernier nous rendîmes compte des succès obtenus à Liége par M. Ryss-Poncelet, dans l'éclairage par le gaz hydrogène extrait de la houille, et nous annonçâmes en même temps qu'incessamment l'un des passages de la capitale serait éclairé par ce nouveau moyen. Ce mode d'éclairage est établi depuis un mois dans les galeries Montesquieu, Cloître Saint-Honoré. Dans chacun de ces passages trois lampes à double courant d'air, garnies de réflecteurs paraboliques et suspendues dans des lanternes de verre, répandent une lumière blanche très-éclatante; le gaz hydrogène obtenu de la houille dans un appareil placé dans la cave, arrive à ces lampes par des tuyaux en fer-blanc disposés le long des murs du passage. Le public se porte en foule pour jouir de cet éclairage, et son opinion commence à se former sur son utilité. En effet, il réunit tous les avantages qu'on peut désirer, économie de dépense, facilité de service et intensité de lumière. On peut le regarder dès à présent comme une branche active de notre industrie, et l'on éprouve déjà les heureux effets qu'a produits le prix que la Société a décerné à Mme Lebon dans sa séance générale du 4 septembre 1811, pour le thermolampe inventé par feu son mari. Le gouvernement a senti toute l'importance des services rendus à l'industrie par cet habile ingénieur et les avantages que ne peut manquer de produire sa découverte. La Société ayant recommandé sa veuve à la bienveillance de S. Ex. le ministre de l'intérieur, il lui a été accordé une pension de 1,200 fr. annuellement.

« Les commissaires nommés par la Société pour examiner l'appareil de M. Ryss-Poncelet se sont assuré que l'odeur qui s'est fait sentir parfois dans le passage ne doit pas être attribuée au gaz hydrogène qui pourrait échapper à la combustion dans le tube de la lampe, mais seulement à la fumée du charbon de terre provenant des fourneaux qui sont placés dans les caves, et qui ont été construits à la hâte.

« On doit un juste tribut d'éloges à M. Marcet, qui a construit les lampes et les réflecteurs employés par M. Ryss-Poncelet, et qui a ainsi contribué au succès de cette entreprise, et en général à l'adoption de ce nouveau moyen d'éclairage, qui n'est sujet à aucun accident, comme on paraissait le craindre.

« Les commissaires de la Société rendront un compte plus détaillé des travaux de M. Ryss-Poncelet, et établiront, d'après des expériences comparatives, le rapport d'intensité de lumière qui existe entre la lampe au gaz hydrogène, la lampe à l'huile, la chandelle et la bougie. »

Ce rapport annoncé n'a malheureusement pas été publié. Il nous fournirait, aujourd'hui, des renseignements précieux.

Quant aux espérances des membres de la Société d'encouragement, elles ne furent pas réalisées; Mme Lebon mourut en 1814; et il faut attendre jusqu'en 1816 pour voir un premier spécimen établi par Winsor dans un des salons du passage des Panoramas; le passage, en entier, ne fut éclairé qu'en 1817.

Une société fut formée au capital de 1,200,000 fr., et commença par éclairer le Luxembourg et le pourtour de l'Odéon. Cette circonscription fut prise parce que le grand référendaire de la chambre des pairs, intéressé dans cette création, en avait fait une condition. — La société ne tarda pas à se mettre en liquidation, et le matériel fut vendu en 1820 à Pauwels pour une somme de 67,000 fr. payable en 67 actions de 1,000 fr. Il établit sa première usine faubourg Poissonnière, où il monta un énorme gazomètre de 5 à 6,000 mètres cubes. — C'est l'origine de la Compagnie française.

Après la déconfiture de la compagnie Winsor, Louis XVIII fournit les fonds nécessaires pour la continuation de l'éclairage du Luxembourg. Cette haute protection aida puissamment au développement de la nouvelle industrie. La Société se forma et se transporta rue Trudaine pour se fondre dans l'ancienne Société anglaise Mamby et Wilson.

On s'est souvent étonné de ce que deux hommes instruits et consciencieux comme l'étaient Lebon et Murdoch aient échoué dans leurs entreprises, et qu'il ait fallu attendre jusqu'à Winsor pour voir le public accepter leurs idées. Winsor n'avait aucune science théorique; les prospectus qu'il publia sur les avantages à retirer des produits de la distillation de la houille, nous font sourire aujourd'hui; mais à cette époque, ils séduisirent les masses, plus faciles à émouvoir par le merveilleux que par ce qui est compréhensible et clairement exposé. Quand nous parlons des masses, nous y comprenons, bien entendu, ceux dont on vante le plus l'habileté et les mieux posés par leur position de fortune. Nous sommes donc loin de penser que l'industrie du gaz ait dû progresser plus vite en d'autres mains, et, conservant toute notre admiration pour les travaux de Lebon et Murdoch, nous croyons, cependant, que les excentricités de Winsor ont puissamment aidé au développement de leur idée.

Recherches sur la marche de cette industrie, comme rendement et puissance éclairante du gaz.

La ville de Paris songea aussi à s'éclairer par le gaz; elle installa une usine à l'hôpital Saint-Louis, et elle publia les résultats de son exploitation. Nous avons donc des rapports auxquels on peut accorder toute confiance, sur la marche de cette industrie, dès son début en France, 1820 et 1821. Ils seront pour nous un point de départ, dont nous nous servirons pour juger les améliorations et les perfectionnements qui ont été successivement introduits jusqu'à nos jours.

L'administration de l'hôpital Saint-Louis publia, pour les années 1820 et 1821, les résultats de la marche de son usine d'essai. Nous donnons le dernier compte rendu, celui de l'année 1821.

Compte des dépenses faites à l'hôpital Saint-Louis, pendant l'année 1821, pour l'éclairage par le gaz hydrogène, suivi d'observations sur ce genre d'éclairage.

La consommation du charbon a été de 3,120$^{\text{hectol.}}$,50, aux prix de 4 fr. 67 cent. et 4 fr. 20 cent.,

Savoir :

Charbon pour distillation (Saint-Étienne), 1,999 hectolitres 75 litres à 4 fr. 67 c.	9,338 fr. 15 c.
Charbon pour chauffage (Creusot) 1,120 hectolitres 75 litres à 4 fr. 20 c.	4,707 fr. 83 c.
A reporter.	14,045 98

Report...... 14,045 fr. 98 c.

Ces 1,999 hectolitres 75 litres, distillés dans les cornues, ont produit :

1° Gaz hydrogène, 716,670 pieds cubes.

2° Coke, 2,920 hectolitres à 3 fr. 43 c. l'hectol. 10,019f 25

3° Goudron.

En nature, 8,128 kilogram., dont 7,204.59 à 0f,25. 1,801f 15

Huile essentielle, 74 kilogr. ont produit 18 kil. 50 à 1 fr. 20. . . . 22f 20

Reste 850 kilog. avec lesquels on a fabriqué 8,460 kil. de mastic à 0f,25. . . . . . . 2,115f

Sur quoi il faut déduire achat de sable et main-d'œuvre. . . . . 786f 1,329 00 1,351f 20 13,171 fr. 60 c.

Reste pour la dépense résultant de la consommation du charbon . . . . 874 fr. 38 c.

D'autre part, à ajouter les frais de main-d'œuvre :

2 hommes calculés à 2 fr. par jour.	1,460	2,260 00
1 cornue	400	
Réparation des fourneaux.	150	
Entretien et réparation des conduites.	200	
Chaux et acide sulfurique.	50	
TOTAL.		3,134 fr. 38 c.

Le plus beau bénéfice résulte de ce que l'hôpital était autrefois éclairé avec 127 becs à l'huile et à mèches plates, tandis qu'il l'est aujourd'hui avec 320 becs de gaz, sans contredit d'une force supérieure.

L'administration des hôpitaux, etc., PÉLIGOT.

L'année précédente, la dépense était de 3,688 fr. 86, au lieu de 3,134 fr., et M. Péligot, après avoir fait observer que la dépense de l'éclairage à l'huile coûtait annuellement 8,000 fr., ce qui fait ressortir un bénéfice de 4,311 fr. 94, ajoute :

« Ces 4,311 fr. 94 représentent au delà de l'intérêt à 10 pour 100 de 40,000 fr., somme avec laquelle on pourrait établir un semblable appareil d'éclairage qui suffirait à l'hôpital Saint-Louis.

« Il faut, en effet, rappeler ici ce qui a été dit en toute circonstance, que l'appareil actuel de l'hôpital a coûté 130,000 fr., mais que l'on comprend dans cette dépense : 1° tous les essais qui ont été faits; 2° les frais de construction des bâtiments qui renferment les fourneaux et chaudières de bains de l'hôpital ; 3° enfin que le corps de l'appareil placé dans les mêmes bâtiments a été établi pour un éclairage de 12 à 1,500 becs, et que cet éclairage devait s'étendre de l'hôpital Saint-Louis à l'hôpital des Incurables hommes, à la maison royale de Santé et à la prison Saint-Lazare.

« En prélevant 4,000 fr., montant de 10 pour 100 de l'intérêt de 40,000 fr., somme que coûterait l'appareil nécessaire pour les 320 becs en activité à Saint-Louis, il resterait encore un bénéfice net de 311 fr. 94 ; mais le plus beau bénéfice résulte des considérations qui suivent :

« En comparant l'ancien éclairage au nouveau, on voit que, dans l'ancien mode, l'hôpital n'était éclairé qu'avec 127 becs, tandis qu'il l'est maintenant avec 320, et que chaque bec alimenté avec le gaz donne plus de lumière que chaque ancien bec alimenté avec de l'huile; on estime généralement que l'hôpital est trois fois mieux éclairé qu'il ne l'était autrefois, c'est-à-dire que pour l'éclairer à l'huile, tel qu'il l'est maintenant avec le gaz, il faudrait dépenser une somme de 24,000 fr. par an. L'éclairage au gaz établi à l'hôpital Saint-Louis donne une économie annuelle de 16,311 fr. 94. »

L'administration des hôpitaux, etc., PÉLIGOT.

L'inspection de ce compte-rendu établit :

1° Que pour distiller 1,999 hect. 75 de houille (160 tonnes), on a dépensé pour le chauffage 1,120 hect., 75 (90 tonnes); c'est 56,66 pour 100 de la houille à distiller.

2° Que l'on a retiré de ces 160 tonnes 776,670 pieds cubes de gaz (24,600 mètres cubes) soit 156 mètres cubes par tonne de houille.

Si l'on ne perd pas de vue que l'éclairage de l'hôpital Saint-Louis a lieu été et hiver, on n'a pas à s'étonner que, pour distiller, dans une année, 160 tonnes seulement, on ait dépensé 56,66 pour 100 de houille pour le chauffage. Aujourd'hui, dans de pareilles conditions, on dépenserait de 45 à 50 pour 100 environ.

Mais nous trouvons une différence notable dans le rendement en gaz. — Nous ne voyons que 156 par tonne de houille, quand on obtient 240.

Au reste, si nous acceptons les chiffres tels qu'ils sont présentés, et si nous nous en tenons uniquement au résultat final, nous voyons que 24,600 mètres ont coûté, du fait des matières premières, 874f seulement; c'est 3 centimes 1/2 par mètre cube; et, en comprenant tous les frais, 3,134f. 38, soit 12 centimes 1/2. Il est certain qu'il y a peu d'usines qui obtiennent d'aussi beaux résultats, et la chose est d'autant plus à remarquer, qu'il s'agit ici d'une faible consommation. Cependant on n'a obtenu du charbon qu'un bien faible rendement en gaz, mais aussi on s'est défait du coke, et du goudron surtout, à des prix fabuleusement élevés.

Laissant de côté les évaluations des résidus en argent, ne nous occupons que des quantités relatives, et cherchons, dans les données précises qu'il nous sera possible de consulter, comment les dépenses de chauffage et les rendements en gaz se sont successivement modifiés jusqu'à aujoud'hui.

La Compagnie royale, d'après une note que nous trouvons dans la *Chimie industrielle* de M. Dumas, 1828, dépensait la moitié du coke obtenu; c'était, par conséquent, 33 à 35 pour 100. Ce résultat ne nous semble pas mauvais, car les fours étaient à trois cornues, et les cornues avaient 1m.65 de longueur seulement.

Nous trouvons ensuite une note qui date de 1840 sur des expériences entreprises à l'ancienne Compagnie française, pour constater les dépenses de chauffage avec des fours à 1, 3 et 5 cornues adossées ou non. — Nous nous bornerons à mentionner le résultat pour un four à cinq cornues : on constata une dépense de 22k,75 par hectolitre (80 kilog.) de charbon mis dans la cornue. Ce qui représente 28,4 pour 100 pour le chauffage.

Plus tard, en 1856, une commission composée de membres de l'Institut, connue sous le nom de commission de Saint-Cloud, fit des expériences qui ont servi de base au marché qui est intervenu entre la ville de Paris et la Compagnie parisienne actuelle. Elle opéra sur un four à 7 cornues en fonte de 3 mètres de longueur, et constata une dépense de combustible de 20 pour 100 de charbon mis dans la cornue. — Elle distilla des houilles de Mons et d'Angleterre.

Nous faisons observer que ces résultats ont été obtenus, pour la commission de Saint-Cloud et pour la Compagnie parisienne, avec des cornues neuves, que l'on peut charger entièrement, et un gazomètre pouvant emmagasiner la totalité du gaz produit. Dans quelques usines, pour une expérience limitée, et dans les mêmes conditions, on obtient quelquefois mieux; mais lorsque l'on résume le travail d'une année, et qu'il faut tenir compte des mises en feu, des cornues à moitié bouchées par le graphite, ou mises hors de service, des temps d'arrêt forcés, quand les gazomètres sont pleins et qu'on ne peut emmagasiner le gaz que l'on fabrique, on s'éloigne beaucoup de ces chiffres, et c'est 25 et 30 p. 100 qu'il faut compter, même dans les grandes usines.

En résumé, en 1840, et dans les conditions que nous avons précisées, on dépensait 28,4 pour 100 dans un foyer à 5 cornues, et en 1856, 20 pour 100 dans un foyer à 7. Bien qu'un four à 7 cornues soit plus avantageux qu'un four à 5, cependant cette circonstance ne saurait expliquer un aussi grand écart que celui de 28,4 à 20.

Nous trouverons plutôt l'explication dans la longueur des cornues, indépendamment des modifications heureuses qui peuvent avoir été introduites dans la

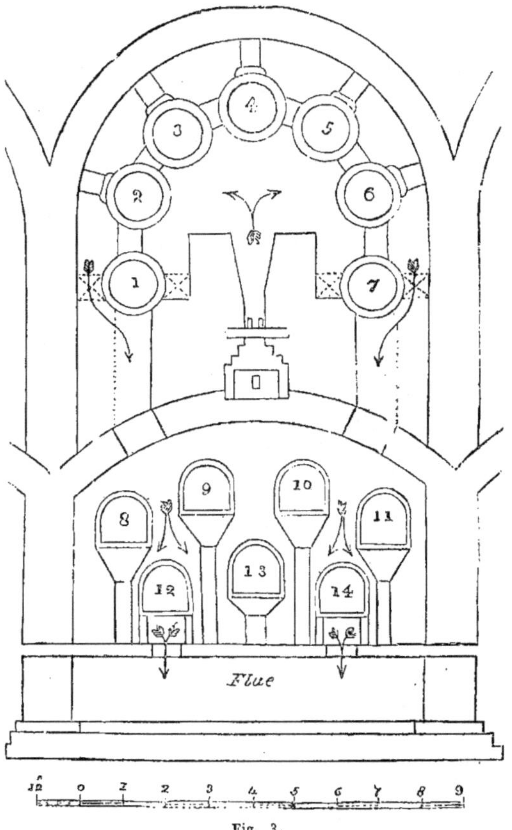

Fig. 3.

construction des fours. Les cornues de la Compagnie française devaient atteindre une longueur de $2^m,50$; tandis que celle de la commission était de 3 mètres. — Or, on dépense sensiblement le même poids de combustible, toutes choses égales d'ailleurs, avec des cornues ayant une longueur de 3^m ou de 2^m 50, ce qui prouverait que la quantité de chaleur réellement utilisée pour la distillation de la houille, est une faible partie de celle destinée à parer aux pertes de rayonnement du fourneau et de celle enlevée par la masse des gaz brûlés. Comme l'on met plus de charbon dans une cornue de 3 mètres de longueur que dans une de 2m,50, les frais de chauffage y sont moins élevés pour la même quantité de charbon distillé.

M. Croll, en combinant les cornues de terre avec les cornues de fonte, et les chauffant toutes par un même foyer, est parvenu à placer jusqu'à 14 cornues dans un même four; il a pu arriver ainsi, dit-il, jusqu'à ne dépenser pour le chauffage que 15 pour 100 du coke produit, c'est 10 pour 100 environ de la houille distillée; nous donnons deux dispositions différentes de ces fours (voir la fig. 3, page précédente, et la fig. 4 qui suit[1]).

Fig. 4.

Modifications apportées à la construction des foyers.

Nous avons à parler de deux modifications qui ont été introduites, l'une en Angleterre par Croll, qui a adopté des foyers étroits; la grille est formée de deux barreaux et souvent même d'un seul; le four va en s'évasant; et l'autre par nous, qui, de notre côté, avons prôné les grands foyers, et leur avons donné une largeur qui va jusqu'à un mètre (voir notre *Traité sur l'éclairage au gaz*, 2e édition, 1863). Ces deux systèmes ont leur raison d'être dans les conditions particulières où ils ont été employés. Croll avait à chauffer, soit un double four : la flamme chauffait d'abord un premier four garni uniquement de cornues en terre, puis elle descendait en dessous, pour chauffer un autre four garni de cornues en fonte ; soit un seul fourneau, mais très-grand, contenant 10 cornues, 6 en terre et 4 en fonte. Nous, nous ne proposons notre système que pour des

1. Les 4 figures qui précèdent sont empruntées à l'excellent ouvrage de Samuel Clegg, traduit et annoté par M. E. Servier (un vol. in-4 de 340 pages et un atlas in-fol. de 39 pl.), prix : 40 francs.

fours à 7 cornues au plus, disposées comme celles de M. Bousquet, de manière à recevoir, toutes, le rayonnement du foyer (fig. 1 et 2, Planche CXLIII).

De sorte que, contrairement à ce qui se pratique pour les chaudières à vapeur, où les dimensions du foyer augmentent proportionnellement à l'importance de la chaudière, ici les foyers seraient relativement plus grands pour les foyers à peu de cornues que pour ceux qui en renferment un grand nombre.

Nous allons essayer de donner les raisons de ce principe, qui paraîtrait paradoxal à première vue.

Quand on construit un foyer, on se propose de le disposer de telle sorte que l'oxygène de l'air s'y transforme le mieux possible en acide carbonique. S'il arrive trop d'air, on peut craindre qu'une partie n'échappe à la combustion; alors une portion de la chaleur développée par la partie d'air utilisée est employée à chauffer inutilement celle qui l'accompagne et qui reste sans emploi. C'est une perte représentée par la chaleur qu'elle emporte au sortir du fourneau.

D'un autre côté, s'il arrive trop peu d'air, on a à redouter la formation de l'oxyde de carbone au lieu d'acide carbonique, ce qui représente une perte énorme, car alors un kilogr. de carbone ne développe plus que 1,600 calories au lieu de 7,500. Cependant cette perte n'est réelle qu'autant que l'oxyde de carbone formé sur la grille, et circulant ensuite dans le fourneau, n'y trouve pas d'air en suffisance pour s'y transformer en acide carbonique. Lorsque, au contraire, cette transformation est possible, la totalité de la chaleur développée se répartit au-dessus de la grille et dans le fourneau, aux endroits où la combinaison avec l'air a lieu, et c'est précisément le cas des fours de Croll : il faut qu'une partie de l'air, traversant la grille, s'y transforme en oxyde de carbone, qui va plus loin achever sa combustion et y porter la plus grande partie de la chaleur qu'il est susceptible de donner.

La question est donc celle-ci : Comment faut-il disposer un foyer pour que les gaz brûlés en le quittant ne renferment, soit que de l'acide carbonique, sans air en excès ni oxyde de carbone, — c'est le cas des petits fourneaux, — soit qu'un mélange d'acide carbonique et d'oxyde de carbone qui irait se brûler plus loin; c'est le cas des grands fours Croll ?

La solution de ce problème se trouve, évidemment, dans l'analyse des gaz au sortir du foyer, suivant les différentes manières de le disposer.

Ebelmen a fait l'analyse de ces gaz dans deux conditions bien distinctes : un four à coke et un générateur à gaz combustibles, marchant avec du coke. Dans celui-ci, l'air était lancé avec une pression de 0m,025 à 0,030 de mercure; presque la totalité de l'air y était transformée en oxyde de carbone. Dans l'autre, où la vitesse de l'air était extrêmement faible, il a trouvé que la transformation en acide carbonique est presque complète. De sorte que tout se réduit à une question de vitesse de l'air : si l'on veut une transformation complète en acide carbonique, il faut que l'air pénètre sous la grille avec une faible pression; mais alors par mètre carré il s'en brûlera peu dans un temps donné; et, comme il faut qu'il s'en consomme une quantité assignée pour arriver à la chaleur voulue, il faut donc faire la grille d'autant plus grande, toutes choses égales d'ailleurs, que la vitesse de l'air est moindre, puis fermer presque les registres. Au reste, toutes les usines savent que la manœuvre de ces registres a une grande importance au point de vue de l'économie. Quand on les ouvre trop en grand, la température du fourneau ne monte pas; il se consume, cependant, plus de charbon, mais une portion de l'air s'échappe du fourneau transformée en oxyde de carbone, et, s'il y trouve de l'air dans les carneaux, il s'y opère une combustion sans profit pour la distillation.

Dans les fours de Croll, au contraire, l'air doit arriver avec une grande vitesse; il faut donc un appel d'air considérable; il faut alors que la grille soit petite, sans cela il s'y consumerait une trop grande quantité de charbon et inutilement.

Le principe que nous avons posé est donc parfaitement conforme aux faits qui se passent dans la combustion, et la pratique vient le confirmer.

Voulant faire traverser une grande masse de combustible par peu d'air, on peut adopter la largeur habituelle des grilles, et évaser le plus possible le foyer au-dessus. Mais nous préférons ménager, à droite et à gauche de la grille, une partie plate d'une largeur de $0^m,20$ à 0,40, et faire ensuite les murs de côté droits. Cette disposition est avantageuse pour enlever le mâchefer et nettoyer la grille. On nous a objecté que le charbon ainsi logé dans les angles ne pouvait s'y brûler, faute d'air. S'il ne s'y brûle pas, il ne s'y consomme pas, et par conséquent il n'y a pas de dépense nouvelle. On peut toujours, par la pensée, imaginer dans la masse de charbon, au-dessus de la grille, ce foyer évasé. Peu importe que ce qui est en dehors soit du charbon et ne s'y brûle pas; il se mêle, d'ailleurs, à chaque charge, avec le nouveau, qu'il amène plus vite au degré de température voulu; mais le mérite principal de cette disposition est, comme nous le faisons observer, un décrassage facile (voir fig. 1 et 2, Planche CXLIII).

Cornues en terre.

Le plus grand perfectionnement qui ait été introduit dans la fabrication du gaz est sans contredit la substitution des cornues en terre aux cornues en fonte. Les cornues en fonte avaient le grave inconvénient de se déformer promptement par la chaleur; elles s'aplatissaient, ce qui réduisait notablement la quantité de charbon que l'on pouvait y loger; elles demandaient, en outre, d'être protégées avec soin contre les coups de feu qui les mettaient promptement hors de service. Il fallait donc conduire le feu avec beaucoup de ménagements, ce qui ôtait la possibilité de distiller à haute température pour retirer d'un poids donné de houille le plus grand volume de gaz; enfin elles coûtaient cher et elles duraient peu, un an au plus.

Leurs avantages étaient de pouvoir être chauffées et refroidies sans graves inconvénients, ce qui est souvent une nécessité. Aussi les petites usines, qui doivent marcher d'une manière intermittente à certaines époques de l'année, ou qui veulent avoir des fours devant parer éventuellement à des besoins imprévus et de courte durée, ne sauraient encore en employer d'autres. Les cornues en fonte présentent aussi un avantage que n'offrent pas les cornues en terre, c'est d'être moins épaisses, d'être d'une substance laissant mieux passer la chaleur, ce qui doit conduire à une économie dans le combustible; mais ce mérite est atténué par les épaisseurs de briques qui doivent protéger les cornues en fonte contre l'action directe du feu, et la nécessité de les chauffer moins que les cornues en terre.

Les premières cornues en terre introduites en France le furent par Grafton, en 1840; elles n'étaient pas d'une seule pièce, comme elles le sont aujourd'hui; elles étaient formées de briques superposées, reliées par un ciment particulier que l'on faisait venir d'Angleterre; on se défiait tellement de l'herméticité d'une pareille cornue, qu'on ne distillait qu'à une pression voisine de la pression atmosphérique. On y arrivait au moyen d'un extracteur.

On ne tarda pas, après, à essayer des cornues construites d'une seule pièce; mais il fallut beaucoup de tâtonnements. Ces cornues soumises aux moindres alternatives de chaud et de froid se fendaient facilement. Quand ces fissures avaient peu d'écartement, le mal était facilement réparable; elles se bouchaient d'elles-mêmes, après une charge ou deux, par le graphite provenant de la décomposition des gaz carbonés; car on sait que cette décomposition se produit toujours dans ces circonstances, lorsque le gaz traverse de petits orifices ou des fissures. Mais le plus souvent les fentes prenaient plus de gravité, et il devenait bien difficile d'y porter remède.

On protégea alors ces cornues contre ces alternatives de chaud et de froid, comme l'on protégeait auparavant les cornues en fonte.

La Compagnie parisienne a exposé des produits réfractaires; elle a montré un spécimen d'un de ses fours conforme, au reste, aux dessins qu'elle avait publiés au moment où elle annonçait qu'elle était en mesure de livrer au public toutes les pièces réfractaires nécessaires aux usines. Le foyer est surmonté d'une voûte formée par deux pièces réfractaires, dont la plus faible épaisseur est $0^m,095$; de plus, les 7 cornues sont maintenues, à leur écartement, par des pièces réfractaires ou des murs en briques, qui ne peuvent avoir été placés que dans la prévision d'une trop grande fragilité de la part des cornues; or, aujourd'hui, la fabrication des cornues en terre est arrivée à un tel degré de perfection, qu'on n'a plus de pareilles craintes à avoir (voir fig. 3 et 4, Planche CXLIII).

A côté de ces produits se trouvaient ceux de M. Bousquet, de Lyon. — Il nous paraît impossible, du moins pour nous, de juger de la qualité de ces divers produits, à la simple inspection. Nous ne parlerons plus spécialement des cornues de M. Bousquet que parce que nous avons été à même de les expérimenter. Ces cornues, en effet, comme le dit M. Bousquet, peuvent être posées directement au-dessus du foyer, — sans avoir besoin de les garantir contre des changements brusques de température, qui se produisent surtout lorsque l'on ouvre les portes du foyer, en entourant celui-ci d'une voûte, comme le fait encore la Compagnie parisienne.

De plus, M. Bousquet ne soutient ses cornues par aucun mur ni pièces réfractaires ; elles reposent uniquement par leurs deux extrémités. Il expose une cornue qui a fonctionné ainsi pendant 18 mois et qui est restée intacte. Cela nous semble la solution complète du problème. Il annonce qu'il livre ses cornues, modèle courant, au prix de 85 francs.

Nous avons vu, effectivement, les cornues de M. Bousquet en service, telles que nous venons de le dire, à l'usine de Vaise à Lyon. Le four était à 7 cornues, non pas disposées comme elles le sont généralement dans les usines : dans le haut un rang de deux, puis un rang de trois et enfin une en-dessous de chaque côté du foyer. Les sept cornues étaient disposées de manière à entourer complétement le foyer, dont elles recevaient directement le rayonnement. Nous-même nous avons employé ces cornues à l'usine de la Seyne (Var) en les disposant à peu près comme celles de l'usine de Lyon-Vaise (voir fig. 1 et 2), et nous en avons été très-satisfait.

Nous avons entendu des personnes nous dire que cette disposition ne présente pas d'économie dans le chauffage; que ces masses de pièces réfractaires qui entourent les cornues n'exigent qu'une première dépense de combustible; que, lorsqu'elles sont arrivées à leur degré de température, elles ne prennent plus de chaleur; que, par conséquent, la chaleur produite est, en partie, utilisée pour la distillation, absolument comme elle le serait si les cornues n'étaient pas protégées.

Dans ces sortes de questions un raisonnement ne saurait prévaloir contre un fait. Si celui que nous rapportons était juste, il s'appliquerait également aux cornues de fonte qui, protégées ou non, du moment qu'on consent à ne pas tenir à leur durée, devraient donner les mêmes résultats. Or, toutes les personnes qui vivent dans les usines et qui ont eu occasion de faire des expériences dans ces deux conditions, savent la différence énorme qui existe dans la dépense du chauffage. Il faudrait, pour les cornues en terre, pouvoir faire également une expérience comparative avec les cornues de M. Bousquet disposées comme nous venons de le dire, et avec un four de la Compagnie parisienne, nous aurions alors des chiffres exacts. Ces expériences n'ont pas été faites ou du moins nous n'en connaissons pas les résultats. Nous savons seulement que les fours de M. Bousquet dépensent très-peu et distillent une grande quantité de charbon. Si nous ne pouvons poser un chiffre, nous pouvons toujours réfuter un raisonnement par un autre raisonnement.

On comprend que, pour ceux qui avancent que ces pièces réfractaires ne demandent aucune nouvelle dépense de combustible, sauf une première dépense, une fois pour toutes, la question est la même que de prétendre, pour les cornues travaillant à feu nu, que l'épaisseur à leur donner est insignifiante au point de vue de la dépense de combustible comparée au poids de la houille distillée. Or, il est démontré que les quantités de chaleur qui traversent, dans un temps donné, des plaques de même matière, soumises sur leurs deux faces aux mêmes différences de température, sont inversement proportionnelles aux épaisseurs de ces plaques. Si l'on double l'épaisseur des cornues, il passera donc, toutes choses égales d'ailleurs, et dans le même temps, la moitié de la chaleur à travers les parois de la cornue, c'est-à-dire qu'il faudrait un temps double pour la distillation ; et par conséquent, pour un même poids de charbon à distiller, les pertes par le rayonnement et par la chaleur qu'emportent les gaz brûlés seront doublées.

Dans ces conditions, on élève la température du fourneau de manière à augmenter assez la différence de température sur chacune des deux faces de la cornue, pour compenser l'effet d'une plus grande épaisseur, afin qu'il passe toujours, dans le même temps, la même quantité de chaleur dans l'intérieur de la cornue ; mais alors, le four étant plus chaud, les pertes par le rayonnement sont plus importantes et les gaz brûlés enlèvent une plus grande masse de chaleur.

Nous sommes donc contraire à ces foyers voûtés, à ces cornues soutenues par des maçonneries, du moment que ce n'est plus une nécessité ; — aussi applaudissons-nous aux travaux de M. Bousquet.

Nous avons aussi distingué les produits de MM. Dalifol : nous avons eu occasion de les employer et d'en être satisfait. Cette maison expose un four à trois cornues, de grandeur naturelle ; elle entoure bien le foyer d'une voûte, mais, au-dessus, elle isole le plus possible ses cornues de manière à ce qu'elles reçoivent le plus directement possible la flamme des gaz combustibles, au sortir de la voûte du foyer.

MM. Muler exposent aussi des produits réfractaires dont ils ont entrepris nouvellement la fabrication ; cette maison était déjà avantageusement connue par la bonté de ses produits, et surtout par les tuiles auxquelles elle a donné son nom. Nous avons personnellement essayé ses nouveaux produits réfractaires qui sont irréprochables.

Nous avons remarqué aussi, tant chez la Compagnie parisienne que chez M. Bousquet, d'énormes cornues établies dans le but d'avoir du coke de meilleure qualité. Nous n'approuvons pas ce mode de fabrication, pas plus que les longues cornues de 5 à 6 mètres de longueur, ouvertes par les deux bouts.

Nous en donnerons les raisons.

Rendement en gaz.

Nous ne nous sommes occupé que des cornues et des dépenses en combustible pour la distillation ; il nous reste à traiter la question principale, qui est le gaz. Nous exposerons les moyens employés pour obtenir économiquement, d'un poids donné de charbon, la plus grande somme de lumière possible, ce qui suppose à la fois grand volume et grand pouvoir éclairant. Nous ferons d'abord remarquer que l'on obtient maintenant plus de gaz en volume d'un poids donné de houille. A l'hôpital Saint-Louis, on ne retirait que 156 mètres par tonne; la Compagnie royale en retirait 200. Nous avons rapporté les expériences de la Compagnie française et de la commission de Saint-Cloud, desquelles il résulte que l'on retirait de 240 à 250 mètres cubes. Tant que l'on a gardé les cornues en fonte, on n'a guère dépassé ce chiffre, on ne pouvait songer à chauffer plus sans fondre les cornues; mais depuis que l'on a adopté les cornues en terre, on a poussé davantage le feu, ce que l'on pouvait sans risque, et l'on a dépassé ce rendement, surtout depuis que l'usage des extracteurs s'est répandu; on nous a parlé de rendement de 270, 280 et même 300 mètres cubes par tonne. A-t-on obtenu plus de lumière? C'est la question que nous allons étudier, et, pour cela, nous allons chercher à connaître la puissance éclairante du gaz aux différentes époques, et à en faire la comparaison avec celle du gaz qui est livré aujourd'hui par les diverses usines de France.

Pour avoir des résultats vraiment comparables, il faut tenir compte de la pression, ce dont on s'occupait peu à l'origine. On sait seulement que les becs, du moins ceux à éventail, brûlaient à une pression de 15 à 20 millimètres; nous maintiendrons donc cette pression pour tous les gaz que l'on a fabriqués depuis, afin de les placer tous dans les mêmes conditions.

L'expérience la plus ancienne que nous connaissions est celle de M. Bérard. (Voir *Annales de physique et de chimie* 1825.)

L'ancien théâtre de l'Opéra-Comique, alors théâtre Feydeau, avait d'abord adopté l'éclairage au gaz; puis, pour des raisons d'économie, il y renonça pour prendre un nouveau système de lampes à l'huile. M. Bérard compara la lumière fournie par un bec de gaz avec celles fournies et par la nouvelle lampe et par l'ancien quinquet. Le bec de gaz dépensait 4 pieds cubes par heure, soit 137 litres 33. Voici les résultats qu'il obtint :

Lumière fournie.

	Par le gaz.	Par la nouvelle lampe.	Par le quinquet.
Après 1/4 heure	1	0,76	0,62
1 heure	1	0,70	0,58
2 heures	1	0,60	0,50

La dépense en huile de la nouvelle lampe était, en deux heures et demie, de 145 grammes et celle du quinquet de 105 grammes.

Le quinquet dépensait donc 42 grammes à l'heure et comme sa lumière ne valait, au maximum, que les 60 centièmes de celle du bec de gaz, les $137^{lit},33$ éclairaient donc comme $\frac{42}{0,6} = 70$ grammes d'huile.

Or, il résulte d'expériences faites par MM. Penot, Dolfus et Burnat de Mulhouse, que l'huile brûlée dans les quinquets donne sensiblement la même lumière que dans une lampe modérateur. Comptant donc la dépense, à raison de 6 grammes par bougie, les 70 grammes correspondent à 11 bougies 66, lumière que donnait alors un bec dépensant $137^{l},33$ à l'heure, ou 1 carcel 70 pour un bec dépensant 140 litres.

Nous rapporterons, maintenant, une expérience de M. Pouillet, de 1834 (voir les *Bulletins de la Société d'encouragement*).

Becs plats de ville.

	Dimensions.	Dépense.	Intensité de lumière en carcel.	Dépense pour égaler une carcel.
Gros bec flamme	$5^o,2^o,4$	$4^{pc},23 = 144^l,13$	1,873	$2^{pc},75 = 94^l,26$
Demi-bec flamme	$2^o,1^o,1$	$2^{pc},84 = 97,34$	0,820	$3,46 = 118^l,60$

C'est à peu près le même pouvoir éclairant : 1 carcel, 70 pour une dépense de 140 litres, ou bien si l'on prend la dépense en gaz pour obtenir la lumière d'une carcel, qui est un type usuel le plus fréquemment employé, on trouve 118 litres environ.

En 1843, MM. Fresnel, Arago et Mary firent des expériences desquelles il résultait, qu'avec un bec fendu, dépensant 100 litres de gaz à l'heure, on avait la lumière de 0,77 d'une carcel, avec 140 litres, de 1,10 d'une carcel et avec 200, d'une carcel, 72. Pour obtenir la lumière d'une carcel, il faudrait brûler avec ce gaz, 125 litres environ.

Ce furent ces expériences qui servirent à établir les conditions des anciens marchés entre la ville de Paris et les compagnies de gaz.

Nous avons aussi à citer, parmi les expériences qui nous inspirent toute confiance, celles faites par MM. Penot, Gustave Dolfus et Burnat de Mulhouse, en 1852, sur le gaz de cette ville. Nous en extrayons les chiffres suivants :

Nature du brûleur.		Pression.	Dépense par heure.	Puissance du bec en bougies.
Becs de 126^{l}	à 4$^{m}/_{m}$	8	80	4,070
—	—	11	95	5,520
—	—	15	115	6,440
—	—	20	125	7,900
Becs de 150^{l}	à 10 $^{m}/_{m}$	8	97	7,360
—	—	11	120	7,210

Il ne faut prendre dans ces chiffres, pour avoir des résultats comparables, que ceux qui se rapportent à des pressions de 15 à 20 millimètres, les seules qui fussent usitées dans le début. Or, comme la lumière d'une carcel égale celle de 7 bougies stéariques, on voit qu'on devait, avec le gaz de la ville de Mulhouse, pour obtenir cette lumière, à la pression de 20 millimètres, dépenser 120 litres environ.

Il ne nous reste plus qu'à citer les dernières expériences de MM. Dumas et Regnault, en 1861, entreprises dans le but de fixer les conditions du nouveau marché conclu entre la ville de Paris et la Compagnie parisienne. Il résulte de plus de 40 expériences faites dans le courant d'une année, que l'on doit estimer, en moyenne, qu'en brûlant le gaz, fourni alors par la Compagnie parisienne, comme on le brûlait en 1820, il fallait compter sur une dépense de 162 litres pour avoir la lumière d'une carcel.

Nous ferons observer que les usines ne distillaient, à l'origine, que des gailleteries et qu'aujourd'hui elles emploient des tout-venant. Il y a bien là une cause d'affaiblissement du titre, mais qui ne suffirait pas à rendre compte d'une aussi grande différence ; on se l'explique plutôt, ainsi que nous l'avons déjà dit, par les changements opérés dans la forme des cornues. Elles avaient, d'abord, peu de hauteur, 0^{m},25 à 0^{m},30 environ, et une longueur qui a été successivement de 1^{m},60, puis de 1^{m},80, 2 mètres, 2^{m},25 et enfin de 2^{m},50 à 3 mètres. La Compagnie parisienne va même jusqu'à 5 mètres avec ses cornues ouvertes par les deux bouts dont elle présente un spécimen à l'exposition. Les sections ont aussi augmenté dans d'énormes proportions, surtout depuis que l'on emploie des cornues en terre, dans le but d'obtenir du coke de meilleure défaite. Avec ces cornues en terre, on a pu également chauffer davantage.

Mais toutes ces choses sont contraires à la richesse du gaz. On a bien pu, ainsi, augmenter le rendement en volume, mais, en définitive, on a réalisé une quantité de lumière moindre d'un poids donné de charbon. Le lecteur va, au reste, pouvoir se rendre compte de ce que l'on perd en opérant ainsi, quand nous aurons montré ce que l'on gagnerait en agissant autrement.

M. Dumas écrivait, en 1828, dans son *Traité de Chimie appliquée aux arts :*

« Lorsqu'une cornue remplie de houille est soumise à l'action de la chaleur, la décomposition commence naturellement dans les parties qui touchent aux parois, et il se forme bientôt une couche de coke dont l'épaisseur augmente continuellement. C'est au travers de cette couche que le calorique doit pénétrer pour atteindre les portions intérieures de la matière ; et, comme le coke est un assez mauvais conducteur de la chaleur, il en résulte qu'à mesure que la croûte de cette matière devient plus épaisse, la production du gaz doit se ralentir.

« Il est donc de la plus haute importance de donner aux cornues une forme telle, que l'épaisseur de la couche de houille soit peu considérable. On a essayé des cornues de formes très-variées, mais quelques-unes de ces formes, qui d'abord avaient semblé avantageuses, ont été rejetées plus tard. En général ces vases se sont trouvés d'autant moins convenables, qu'ils étaient plus éloignés des conditions nécessaires pour l'effet qu'on vient d'indiquer. »

Il est impossible de mieux préciser les conditions à observer pour arriver à une bonne distillation, et qu'ont cherchée à remplir les ingénieurs qui se sont occupés des questions du gaz.

Clegg, dont le nom est toujours à citer, quand il s'agit d'une amélioration ou d'un progrès accompli dans le gaz, a imaginé un système de cornues à chapelet formé de feuilles de tôle, sur lesquelles la houille s'étale en couche mince : un mouvement de translation qui s'opère dans la cornue, et qui est donné par un moteur extérieur, permet à chaque partie de la houille de se distiller progressivement en passant par les mêmes phases de température. Ce système est connu; il donne, dit-on, un excellent rendement, tant sous le rapport du volume que sous celui de la qualité du gaz, mais il a sans doute été abandonné à cause de la complication.

D'autres systèmes ont été proposés depuis. Parmi eux nous devons mentionner celui que Jeannency présenta le 26 mai 1852 à la Société industrielle de Mulhouse. Voici en quels termes il s'explique :

« Le but que j'ai voulu atteindre a été de tirer d'une houille donnée, du gaz plus riche et en plus grande quantité qu'on ne le fait avec les appareils actuellement usités. Pour arriver à ces deux résultats, il faut remplir les conditions suivantes :

« 1° Charger une couche de houille aussi mince que possible dans la cornue;

« 2° Chauffer à une basse température ;

« 3° Éviter l'introduction du gaz brûlé ou d'air atmosphérique dans le gazomètre ;

« 4° Éviter le séjour prolongé du gaz dans la cornue.

« ...... La première des quatre conditions ci-dessus est la plus difficile à obtenir. En effet, si l'on veut, par exemple, charger une cornue de 20 ou 25 kilogrammes par mètre carré de surface rouge horizontale, au lieu de 80 à 100 kilogrammes, comme cela se pratique ordinairement, la distillation sera terminée en 30 ou 45 minutes, au lieu de durer 4 à 6 heures, comme maintenant. On remarque aussi qu'en suivant cette marche, on obtient plus de gaz, tout en chauffant moins; mais avec les cornues actuelles cette marche qui a tant d'avantages est impraticable.

« En effet, en ouvrant si souvent la cornue, on ferait entrer beaucoup plus de gaz nuisibles dans le gazomètre, et cette quantité serait d'autant plus forte, qu'on aurait laissé plus d'espaces vides, en chargeant une même couche de houille.

« De là vient la nécessité de diminuer considérablement la hauteur des cornues, si on veut suivre cette marche ; et c'est pourquoi je les fais à deux faces parallèles, distantes de 10 centimètres seulement l'une de l'autre. Mais ici se présente une difficulté : c'est que la face du fond se maintiendra bien, parce qu'elle sera supportée par la brique ; tandis que celle du haut tendra constamment à s'affaisser sous l'influence de son poids et de la mollesse du métal porté au rouge.

« La cornue serait donc promptement déformée. C'est pour obvier à cet obstacle que je place des diaphragmes reliant les deux faces de la cornue, de manière à les rendre solidaires. Elle est ainsi divisée en compartiments, ce qui ne présente aucun inconvénient. Les diaphragmes présentent, au contraire, cet avantage, que la chaleur est transportée plus facilement au centre de la masse à distiller par la conductibilité du métal, et cette circonstance a certainement une grande influence sur la rapidité avec laquelle la distillation s'opère dans mes cornues. Mes cornues ont de $0^m,48$ à $0^m,72$ de largeur.

« Pour remplir convenablement la quatrième condition énoncée ci-dessus, j'ai soin de faire mes cornues aussi courtes que possible, et je leur donne 92 à 130 centimètres de longueur dans le feu. Le gaz alors n'a qu'un très-faible parcours à faire en contact avec des surfaces rouges, et le passage s'effectue dans un espace très-étroit, ce qui fait qu'il arrive rapidement à la sortie. On sait que l'effet de la chaleur sur les gaz d'éclairage est de dépouiller leur hydrogène carboné d'une partie de son carbone, en même temps qu'elle dénature les carbures d'hydrogène qu'on doit surtout s'attacher à conserver. »

Il n'y a rien à reprendre à cette exposition : tous les faits qu'elle signale sont incontestés aujourd'hui. Il ne faut pas oublier que le degré de température nécessaire pour la formation des hydrocarbures éclairants, gaz ou vapeurs, est voisin de celui qui produit leur décomposition, de manière que tout séjour prolongé dans la cornue amène infailliblement cette décomposition. Bien que ce fait pratique soit établi depuis longtemps, nous ne pourrions citer tous les inventeurs qui ont cru, au contraire, apporter un perfectionnement en prolongeant ce séjour le plus possible.

Une commission, désignée par la Société industrielle de Mulhouse, et composée de MM. Penot, Gustave Dolfus et Burnat, fut chargée d'expérimenter les cornues de Jeanneney, et voici en quels termes elle fit son rapport dans la séance du 27 avril 1853.

« . . . Nos expériences ont été faites chez M. Cheret, mécanicien et plombier de cette ville, qui a bien voulu mettre à notre disposition la cornue qu'il emploie habituellement à produire avec du *suinter*, le gaz dont il se sert pour éclairer ses ateliers. Cet appareil n'était pas dans les meilleures conditions pour faire nos essais : il est trop petit, de sorte que les frais de combustible et de main-d'œuvre sont trop considérables, relativement à la quantité de gaz produit. Cependant, malgré ces conditions défavorables, nous avons obtenu un gaz si abondant et si riche, que nous avons pu nous convaincre que les résultats annoncés par M. Jeanneney, dans son mémoire, n'ont rien d'exagéré.

« On a fait dans cette cornue deux charges, chacune de $2^k.50$ de houille de St-Étienne, d'assez bonne qualité ; mais telle cependant qu'on en trouve souvent de meilleure dans le commerce. La charge restait seulement une heure dans la cornue, et était faite dans la proportion de 31 kilogrammes de houille par mètre carré de surface dans le feu. La température était d'un rouge vif, mais moins forte que dans les usines à gaz.

« On a obtenu, en tout, 1600 litres de gaz ; soit 320 litres par kilogramme, lorsque la même houille, distillée en grande cornue, n'a rendu que 240 litres.

« La différence en faveur des cornues plates a donc été de 80 litres par kilogramme, soit de 33,3 pour 100. Mais cette différence ne porte que sur le rendement, et il faudra encore tenir compte de celle qu'on pourra trouver dans les frais d'établissement, d'entretien, de main-d'œuvre, et jusqu'ici nous ne pouvons pas nous prononcer à cet égard, faute de données certaines fournies par la pratique. Il semble *à priori* que les dépenses de premier établissement seront moindres pour les petites cornues que pour les grandes; que l'entretien des fours sera moins coûteux, parce qu'on chauffera moins, et que, par la même raison, il faudra moins de combustible. Mais on dépensera peut-être davantage en main-d'œuvre, par suite de la nécessité de recharger plus souvent. Il faudra, en outre, avoir égard à la quantité et à la qualité de coke obtenu, etc... »

« . . . Il ne suffisait pas, comme nous l'avons dit, de déterminer la proportion du gaz recueilli. Il était encore essentiel d'en estimer le pouvoir éclairant, et nous avons consigné dans le tableau suivant les divers résultats auxquels nous sommes arrivés.

Nature du brûleur.	Pression.	Dépense par heure.	Puissance du bec.	Titre du gaz.
Bec de 75 lit. à 10 m/m	8	50.10	6.53	13.05
—	20	117.00	14.53	12.10
Bec de 100 lit. à 10 m/m	8	69.20	9.00	13.00
—	13	113.00	16.40	14.50
Bec de 125 lit à 10 m/m	1 1/2	86.10	12.60	14.60
—	9	110.50	15.20	13.88. »

Ces expériences ont précisément été faites avec du charbon de St-Étienne, le même que celui employé, en 1820, à l'hôpital St-Louis; et ce charbon, d'après M. Penot, rapporteur du travail dont nous donnons un extrait, *était d'assez bonne qualité, mais telle cependant qu'on en trouve de meilleure dans le commerce.* Ainsi, nous avons des données, à diverses époques, sensiblement comparables entre elles, qui permettent de juger les progrès successifs qui ont pu être faits, quant au rendement d'un poids donné de houille, sous le rapport : 1° du volume; 2° de la valeur éclairante du gaz.

La somme totale de lumière peut être évaluée par le produit du volume par le nombre qui exprime la valeur éclairante de l'unité de volume.

Il est vrai que la Compagnie parisienne se sert principalement du charbon des mines d'Anzin; mais pour ne pas laisser attribuer l'excellence du système des cornues de Jeanneney à ce que, dans les chiffres cités plus haut, il n'est question que de charbon de St-Étienne, nous donnons une autre expérience citée par M. Penot, sur la distillation de la houille de Bonchamp dans des cornues plates. Cette houille n'est pas très-propre à ce genre d'usage, et, néanmoins, l'on a obtenu 250 litres de gaz par kilogramme, c'est-à-dire autant qu'en donne, distillée dans une grande cornue, une bonne houille de St-Etienne. Quant à la valeur du gaz, elle a été déterminée par les essais suivants :

Nature du brûleur.	Pression.	Dépense par heure en litres.	Puissance du bec en bougies.
Bec de 75 lit. à 10 m/m	8	56.50	5.88
Bec de 100 lit. à 10 m/m	8	65.50	5.97
—	13	90.00	7.87
Bec de 125 lit. à 10 m/m	8	68.30	6.31
—	10	78.30	8.60

Pour ces gaz riches, l'influence de la pression est moins marquée qu'avec les gaz pauvres, comme on peut le voir dans les deux derniers tableaux. La plus forte pression, dans ce dernier, est de 13 millimètres; mais de l'ensemble il est permis de conclure qu'avec une dépense de 80 litres environ, à la pression de 15 à 20 millimètres, on obtiendrait une carcel (7 bougies).

Nous résumons dans un même tableau l'ensemble des expériences que nous avons rapportées. Nous rappellerons qu'il s'agit de becs brûlant à la pression moyenne de 15 à 20 millimètres.

	Dépense par heure pour obtenir la lumière d'une carcel.	Volume de gaz recueilli par tonne de houille.	Somme de lumière par tonne exprimée en heures d'éclairage de carcel.
Paris (1820) Hôpital St-Louis........	0mc.118	156mc	1322h
— — Compagnie royale....... / — — Expériences de M. Bérard.	0 .118	200	1670
— (1843) id. de M. Pouillet.........	0 .110		
— (1845) id. de MM. Fresnel et Arago.	0 .127	240	1889
— (1861) id. de MM. Dumas et Régnault	0 .162		
Mulhouse (1861) id. de M. Jeanneney..	0 .145	240	1655
— (1852) id. de MM. Penot et G. Dolfus......			
— — Usine à gaz de Mulhouse.	0 .115	240	2087
— — Cornues plates de Jeanneney (St-Étienne)..	0 .060	320	3333
— — Cornues plates de Jeanneney (Bonchamp)..	0 .080	250	3125

Ainsi, avec le système de cornues plates de Jeanneney, on obtient d'une tonne de houille de St-Étienne, de qualité ordinaire, une somme d'éclairage évaluée à 3333 becs brûlant pendant une heure et donnant la lumière d'une carcel, — tandis que, par les moyens ordinaires de distillation, on n'obtient que celle de 1300 à 2000 becs.

Il ne faudrait cependant pas donner à ces conclusions un sens trop absolu. Nous avons, en effet, parlé plus haut de l'influence de la pression; or, cette influence est plus marquée pour les gaz pauvres. Nous nous étendrons plus loin sur cette question; mais, pour le moment, nous avons besoin de poser le principe fondamental suivant :

Un même volume de gaz, brûlé DANS LES MÊMES CONDITIONS NORMALES, *à des pressions différentes, donne d'autant plus de lumière que la pression est plus faible; et cette amélioration, dans la puissance éclairante, est d'autant plus sensible que le gaz est plus pauvre.*

Nous avons admis, dans la comparaison que nous avons établie entre les différents gaz produits à diverses époques, depuis l'introduction du gaz en France, que tous étaient consommés à la pression de 15 à 20 millimètres; or, cette pression est forte, relativement du moins.

Si nous en avions adopté une plus faible, nous eussions profité pour tous les gaz, d'après le principe que nous venons d'énoncer, d'un accroissement de lumière certain, mais plus marqué pour les gaz pauvres que pour les gaz riches. Les différences si grandes que nous avons constatées eussent été moins fortes évidemment.

Ainsi, admettons qu'au lieu de 15 à 20 millimètres on ait choisi la pression de 5 millimètres, les chiffres eussent été tout différents, ainsi qu'il résulte du tableau suivant, où nous mettons en regard les dépenses respectives, pour chaque espèce de gaz, aux pressions de 15 à 20 et de 5 millimètres pour arriver à la lumière d'une carcel.

Dépense par heure pour obtenir la lumière d'une carcel.

	A la pression de 15 à 20 mill.	A la pression de 5 millimètres
Paris. Expériences de MM. Dumas et Régnault	0.162	0.123
— Bec Bengel sans cône		0.105
— Expériences de M. Brisson	0.155	0.100
Mulhouse. Expériences de M. Jeannency	0.145	0.095
— — de MM. Penot et G. Dolfus		
— Usine à gaz de la ville	0.115	0.085
— Cornues plates Jeannency (St-Étienne)	0.060	0.055
— — (Bonchamp)	0.080	0.070
— Cornues Jeannency (boghead)	0.033	0.030

On voit, d'après ce tableau, combien il est important de tenir compte de la pression lorsque l'on fait la comparaison de gaz de différentes richesses. Plus la pression sera forte et plus les écarts seront grands. Ainsi, par exemple, lorsque l'on compare le gaz de la Compagnie parisienne, expérimenté par MM. Dumas et Régnault, à celui obtenu de la houille de St-Étienne distillée dans les cornues plates de Jeannency, on trouve qu'avec une pression commune de 15 à 20 millimètres, on dépense 2,70 fois moins de ce dernier gaz pour obtenir la même lumière, tandis qu'à la pression de 5 millimètres l'avantage n'est que 2,23.

Ce serait déjà une raison, quand on fait des essais sur les pouvoirs éclairants de différents gaz, pour adopter une forte pression puisque les différences sont accusées par de plus grands écarts.

Nous avons mis, à la suite des données que nous citons, une expérience de M. Jeannency sur le boghead, gaz très-riche, et l'on voit qu'effectivement on gagne peu, avec ce gaz, à diminuer la pression. Aussi le résultat de la comparaison entre ce gaz et celui, par exemple, expérimenté par MM. Dumas et Régnault, est-il différent suivant la pression adoptée : pour de fortes pressions, le rapport entre les dépenses est celui de 162 à 33, soit 4.86; tandis qu'avec la basse pression il n'est plus que celui de 123 à 30, soit 4.10.

Nous parlerons plus loin de la préférence qu'il faut accorder aux fortes ou aux basses pressions, aux gaz riches ou aux gaz pauvres; pour le moment, nous appuierons sur ce point que, par une modification très-simple apportée au système de distillation suivi jusqu'à ces derniers temps, on a pu, d'une tonne de houille de même provenance, obtenir l'éclairage de 5333 heures d'éclairage d'un bec donnant la lumière d'une carcel, quand auparavant on en avait à peine obtenu 2000. Comment s'est-il fait que cette amélioration se soit si peu étendue et qu'il n'y ait eu guère que les usines à gaz portatif, ayant un intérêt puissant à fournir le gaz le plus éclairant, qui l'aient adoptée ? Nous ne voyons à l'Exposition que deux cornues plates du système Jeannency, et toutes les deux sont pour le boghead.

A priori, en admettant que les frais de main-d'œuvre, d'entretien et de chauffage soient les mêmes pour distiller, soit dans les grandes cornues ordinaires, soit dans les cornues Jeannency, une usine qui changerait subitement son système de distillation pour prendre les cornues plates ferait une très-mauvaise opération : elle fournirait un gaz deux ou trois fois plus riche en pouvoir éclairant, dont ses abonnés consommeraient évidemment deux ou trois fois moins pour satisfaire leurs besoins d'éclairage, et si le gaz était vendu le même prix, l'usine verrait ses recettes se réduire à la moitié ou au tiers. Elle aurait, il est vrai, moins de charbon à acheter, moins de main-d'œuvre et moins d'entretien de matériel de fabrication ; mais, comme l'intérêt du capital engagé et les frais généraux entrent pour une part très-importante dans les charges d'une usine à gaz, du moment que l'on vendrait deux ou trois fois moins de gaz, chaque mètre cube se trouverait grevé pour sa part proportionnelle à ces charges d'une somme double ou triple. Il serait donc matériellement impossible à une usine, ou du moins sans perte, de transformer ainsi son mode de fabrication sans augmenter le prix de vente.

Au reste, dans tous les marchés qui se concluent entre les municipalités et les usines, il semble que la puissance éclairante du gaz soit une question secondaire, on s'attache plus spécialement à obtenir le mètre cube de gaz au meilleur marché possible.

L'Empereur voulant se rendre compte du prix de revient réel du mètre cube de gaz afin d'arriver à faire jouir la ville de Paris d'une réduction notable sur le prix du gaz, nomma une Commission de savants illustres appartenant à l'Institut, qui eurent pour mission d'étudier la question.

Cette Commission fit ses expériences sur un four à sept cornues en fonte, de 3 mètres de longueur, établi dans une usine d'essai appartenant au sieur Pauton. Elle apporta les soins les plus minutieux à peser le charbon mis dans la cornue et dans le foyer, ainsi que les résidus; elle tient compte des moindres différences de température pour l'évaluation des volumes de gaz produits, ce qui, au reste, était rationnel ; mais elle négligea complétement de s'occuper de la richesse du gaz produit ; elle constata seulement que le gaz éclairait autant que celui de l'usine de Sèvres.

La Compagnie parisienne, de son côté, se monta sans paraître s'occuper de cette question, et ce n'est que quelques années plus tard, à la suite de plaintes nombreuses, qu'elle vint déclarer, d'après ce que nous disent MM. Ardouin et Bérard, ingénieurs attachés à cette Compagnie, qu'il lui était impossible de remplir les conditions qui lui étaient imposées pour le titre du gaz, avec les seuls charbons dont elle pouvait se servir. Les conditions furent alors révisées d'un commun accord avec la ville.

Des becs et des brûleurs.

Les becs et les brûleurs ont subi d'énormes transformations depuis quelques années : l'étude en a été faite d'une manière plus complète, quoique les travaux déjà anciens de MM. Christian et Turner, d'Édimbourg, qui datent de l'origine du gaz — ils ont été publiés en 1816 — eussent dû suffire pour mettre depuis longtemps sur la voie de toutes les améliorations dont nous avons à parler. La plus importante, sans contredit, est celle qui découle du principe généralement admis aujourd'hui, depuis les travaux de Jeanneney, qu'il faut, pour obtenir d'un volume donné de gaz le plus de lumière possible, le brûler à la plus basse pression. MM. Christian et Turner n'avaient-ils pas établi auparavant qu'il faut, tant pour les becs bougies que pour les becs ronds, adopter des orifices relativement grands, afin d'arriver au plus grand pouvoir éclairant ? et les dimensions qu'ils assignent sont précisément celles que MM. Paul Ardouin et Paul Bérard, exposants, recommandent comme les meilleures, d'après les nouvelles expériences de MM. Dumas et Regnault. Or, on ne peut brûler un volume donné de gaz dans un bec percé de trous d'un grand diamètre, qu'à la condition de le brûler à basse pression. Mais l'évaluation de la pression est une chose plus facile que de mesurer un trou microscopique ; aussi a-t-on généralement adopté l'idée de Jeanneney et l'on a eu raison, sans cependant que l'on soit autorisé à croire, comme le font MM. Ardouin et Bérard, que la vitesse de sortie du gaz, qui est une conséquence de la pression, soit un élément ayant une grande influence sur le pouvoir éclairant par suite de l'entraînement de l'air ambiant, etc. Nous établirons plus loin que cela n'est pas.

Il est encore un autre principe établi également par MM. Christian et Turner ; c'est qu'en brûlant de la même manière des quantités différentes d'un même gaz, la lumière obtenue n'est nullement proportionnelle aux volumes de gaz dépensés; elle est d'autant plus forte, relativement, que le volume de gaz est plus grand : en brûlant un volume double, on obtient plus du double de lumière. C'est le principe connu sous le nom des masses, et que n'ignore aucune des personnes initiées aux questions de l'éclairage au gaz.

Ainsi, pour obtenir d'un gaz donné la plus grande somme de lumière possible, il faudrait pouvoir le brûler dans les plus forts becs et à la plus basse pression. Cette solution est contraire à ce que l'on recherche toujours et avec raison, la division des lumières. Il est bien certain, en effet, qu'il est désavantageux d'avoir à éclairer un grand espace par un seul brûleur. Il faut que les points rapprochés du brûleur reçoivent la lumière avec un grand excès pour que ceux plus éloignés soient suffisamment éclairés. Aussi, malgré la perte qu'entraîne l'emploi de brûleurs plus petits, y a-t-il souvent économie à les employer, en les divisant bien entendu, lorsque l'on borne le problème à donner en chaque point de la pièce un minimum de lumière, sans faire entrer en compensation l'excès qui a lieu aux points plus rapprochés des becs.

Il y a donc, lorsqu'on veut établir un brûleur, deux principes dont il faut tenir compte : celui de la basse pression et celui de la masse. Tous les deux semblent découler des explications que sir Humphry Davy a donné de la source de lumière des gaz. Davy dit que la lumière blanche provient de ceux de gaz qui contiennent un élément assez fixe pour n'être pas volatilisé par la chaleur développée dans la combustion. Dans le gaz d'éclairage, cet élément fixe est le charbon fourni par la décomposition du gaz avant qu'il ne brûle. La lumière blanche est produite alors par le charbon, passant d'abord à l'état d'ignition et ensuite à celui de combustion. Par conséquent, elle ne peut émaner des gaz d'éclairage sans qu'ils éprouvent une décomposition préalable.

On prouve que le gaz subit cette décomposition préalable et que la matière charbonneuse est brûlée dans la partie blanche de la flamme, en plaçant un morceau de toile métallique horizontalement en travers de la flamme blanche; on voit alors qu'il s'en échappe une grande quantité de charbon non brûlé. Si nous considérons l'espèce de flamme qui est produite quand la décomposition des gaz n'a pas eu lieu auparavant, il paraîtra évident que cette décomposition est nécessaire pour la production d'une flamme blanche brillante. Par exemple, si l'on place la toile métallique dans la partie bleue de la flamme, qui est toujours à la base, on ne voit pas s'échapper de charbon : le gaz placé dans la partie centrale n'a pas eu le temps de subir la décomposition préalable.

Si la toile est portée à quelque distance au-dessus du bec, et que le gaz soit allumé non au-dessous mais au-dessus de la toile, cet arrangement détermine un mélange plus exact d'air et de gaz avant la combustion; alors la flamme est bleue et ne donne presque pas de lumière. L'air est en telle abondance par rapport au gaz, que celui-ci se brûle entièrement sans qu'aucune partie ait pu subir la décomposition préalable et fournir, par conséquent, ces dépôts de charbon nécessaires à la production de la lumière.

Ainsi, d'après l'explication de Davy, quand on considère une flamme qui représente un certain volume de gaz, la surface seule, en contact avec l'air atmosphérique, se consume sur une épaisseur variable et dans des conditions qui se modifient suivant la hauteur de la flamme : au bas, c'est le gaz n'ayant pas subi la décomposition préalable, au haut c'est le gaz décomposé en gaz combustible et en dépôt de charbons. Le gaz central, soustrait d'abord au contact de l'air, se décompose par suite de la chaleur développée par la surface en ignition qui l'entoure; puis, en s'élevant, il entre avec ses particules de charbon déposées dans cette enveloppe en ignition, et ce sont ces particules qui portées au blanc, et par la combustion des gaz combustibles qui les accompagnent et par leur combustion propre, donnent la lumière. Or, cette lumière sera d'autant plus intense : 1° qu'il y aura plus de particules de charbon déposées; 2° que ces particules seront élevées à une plus haute température. Ces deux conditions semblent difficiles à remplir simultanément, car s'il y a beaucoup de particules de charbon déposées, il y aura, d'un autre côté, du moins relativement, moins de gaz combustible devant aider l'élévation de température du carbone en ignition.

D'après les expériences de MM. Christian et Turner, confirmées au reste par celles de tous ceux qui ont étudié ces questions depuis, il vaut mieux, pour arriver à la plus grande intensité, faire le sacrifice de la température et chercher à obtenir la décomposition préalable du plus grand volume de gaz, l'ignition de l'enveloppe ne devant pas être supérieure à ce qui est rigoureusement nécessaire pour la combustion complète des particules de charbon, lorsqu'elles y arrivent. En d'autres termes et d'une manière générale, on obtient la plus grande somme de lumière possible, toutes choses égales d'ailleurs, lorsque le bec est près de fumer. On a alors une lumière rouge au lieu d'une lumière blanche, et l'on ne satisfait à la question d'économie que par un sacrifice sur la pureté de la lumière. Ce ne peut être là, évidemment, la limite du progrès.

Quoi qu'il en soit, acceptant les choses comme elles sont établies aujourd'hui, on peut déduire de ce qui précède qu'un volume de gaz brûle dans des conditions d'autant meilleures que le rapport du volume de la flamme à sa surface est plus grand. Nous prenons, par exemple, le bec bougie. Nous avons publié dans la première édition de notre *Traité sur l'éclairage au gaz*, des expériences sur les becs bougies, le gaz s'échappant par un seul trou; nous avions 3 becs bougies dont les orifices de sortie avaient respectivement pour diamètres un tiers de millimètre, trois quarts de millimètre et un millimètre; nous avons dépensé des volumes de gaz qui ont varié depuis 7 litres 1/2 jusqu'à 75 litres par heure, et, suivant que nous modifiions la pression et le volume, nous sommes arrivé, dans les deux limites extrêmes, à avoir à dépenser, pour obtenir la lumière d'une bougie de l'Étoile, soit 18 litres, soit 300 litres, ce qui établit *à priori* les énormes différences qu'amène dans la puissance éclairante d'un gaz la double considération de la pression et de la masse.

Ces expériences nous ont conduit au principe que nous avons énoncé de la manière suivante : *Avec les becs à un seul jet, la hauteur de la flamme, pour une même dépense de gaz, est indépendante de la grandeur de l'orifice de sortie, et sensiblement proportionnelle à cette dépense.* (Page 341, *De l'Éclairage au gaz*, 1re édition, par R. d'Hurcourt.)

Ainsi, en dépensant la même quantité de gaz dans chacun des trois becs, la flamme atteint la même hauteur; son volume est évidemment moindre pour le bec avec un trou de un tiers de millimètre que pour les autres, et, par conséquent, le rapport du volume à la surface y étant plus petit, plus de gaz s'y brûle avant d'arriver à la décomposition préalable, ce qui est une condition, comme nous l'avons établi, pour que les particules de charbon s'y brûlent à une plus haute température, mais aussi il s'en forme moins. La lumière est plus vive, mais la somme de lumière est moindre.

On sait que le bec Manchester est formé par la rencontre de deux jets de gaz sortant de deux orifices qui se croisent; il en résulte une flamme en éventail, dont le plan est perpendiculaire à celui déterminé par les axes des trous. Si l'on applique les principes que nous venons d'exposer à l'étude de ce bec, il semble naturel d'admettre que, toutes choses égales d'ailleurs, plus ce bec s'étalera, plus la surface sera grande relativement à son volume, et moins on aura de lumière ; car moins le gaz sera en position de se décomposer avant d'arriver à la surface d'ignition, moins il y aura de particules de carbone. L'expérience nous a confirmé ce fait. Mais nous en citerons une autre qui établira que la pression, ou, ce qui revient au même, la vitesse de sortie, n'a pas l'influence absolue que quelques personnes lui accordent : ce n'est pas parce que le gaz sort à une faible vitesse que la somme de lumière est plus grande, mais parce que, *généralement*, on satisfait mieux de cette manière aux conditions que nous venons de définir qui assurent le maximum de lumière d'un volume de gaz donné.

Nous avons vu chez M. Brisson un bec fendu ordinaire brûlant à la pression de 25 millim. et dépensant 120 litres environ. Ce sont de mauvaises conditions pour la lumière ; celle-ci était effectivement faible. Le corps de ce bec avait le même diamètre que le bouton, ce qui permettait d'y engager un petit tube en cuivre ayant le même diamètre intérieur que le bouton. Quand celui-ci était entièrement dégagé, on avait une flamme large et brûlant, comme nous venons de le dire, dans de mauvaises conditions ; mais à mesure que l'on élevait le petit cylindre, la flamme se rétrécissait de plus en plus, et l'intensité de la lumière augmentait visiblement. Quand, enfin, le dessus du tube était arrivé environ à la moitié du bouton, la lumière avait plus que doublé ; toujours on voyait la flamme sortir directement de la fente du bec, et la dépense restait toujours la même, ce qui n'aurait pu être, évidemment, si la vitesse de sortie s'était modifiée ; l'effet du cylindre avait été de resserrer la flamme et de diminuer ainsi l'étendue de sa surface. Il n'y a rien d'analogue ici, on le comprend, avec l'effet du champignon portant une large fente, dont on coiffe un mauvais bec fendu ou Manchester, transformant ainsi une combustion à forte pression en une autre à basse pression, résultat que l'on obtiendrait directement, et tout aussi bien, en prenant un seul bec, fendu comme l'est le champignon. Dans l'exemple que nous citons, le gaz ne vient pas remplir le tube pour en sortir ensuite par un large orifice à basse pression, ce qui ne pourrait être, d'ailleurs, puisque le dessus du tube n'arrive qu'à la moitié du bouton. Le gaz continue bien de sortir de la fente du bec, comme on le constate, et sa vitesse ne change pas. Le seul effet que l'on obtient est de resserrer la flamme, ce qui permet de recueillir une quantité double de lumière du même volume de gaz.

D'après la manière de comprendre la combustion des gaz, on peut admettre que mieux l'air arrivera sur la flamme, plus le gaz trouvera de facilité pour se consumer avant d'arriver à la décomposition préalable, et moins on obtiendra de lumière. On sait qu'effectivement on augmente notablemement la puissance éclairante d'un bec rond en diminuant le passage de l'air au-dessous du bec. C'est par cette observation que MM. Christian et Turner débutent dans le beau travail auquel nous empruntons les principes suivis aujourd'hui pour la construction des becs. Ce travail est de 1816, et il faut attendre jusqu'après 1840 pour voir une première application de ce principe à la construction des becs. C'est à M. Maccaud que nous la devons. Il adapta au-dessous de ses becs une toile métallique, à tissu serré, en forme de cornet que l'air devait nécessairement traverser avant d'arriver à la flamme. Par ce moyen il obtenait deux avantages : 1° il diminuait le volume d'air qui pouvait parvenir au bec ; 2° il tamisait cet air de manière à soustraire le bec à toutes les variations qu'entraînent les courants. Aussi la flamme était-elle d'une fixité remarquable. Ce fut un perfectionnement bien important introduit dans la construction des brûleurs et que tous les fabricants ont cherché depuis à imiter. On a construit des paniers percés de petits trous ou fendus suivant des lignes très-étroites; on en a même fait en porcelaine et en verre; mais nous ne trouvons pas qu'on ait atteint le but d'une manière aussi complète que l'a fait M. Maccaud avec la toile métallique. L'œil n'est peut-être pas aussi flatté par l'aspect de ce cône en toile métallique qui se noircit promptement, qu'il l'est, en effet, par une corbeille en porcelaine et surtout en verre ; mais l'effet en est plus certain.

Nous devons cependant signaler, parmi tous ceux qui ont suivi la voie tracée par M. Maccaud, M. Brisson, fabricant de becs, rue du Faubourg-Saint-Denis. M. Brisson a exposé un bec rond fermé en bas par une corbeille de verre non percée, comme celle du bec Monnier. Cette corbeille a des échancrures dans le haut, sur le côté, et l'ouverture du bas est élargie, de manière que l'air arrive au bec en passant par cette ouverture et par les échancrures dont nous venons de parler. Il n'y arrive qu'après avoir passé à travers une toile métallique qui vient boucher ces ouvertures, — de sorte que M. Brisson réalise ainsi les avantages du bec Maccaud, en présentant cependant à l'œil cette corbeille en verre qui séduit et avec raison. Nous avons essayé ce bec avec le plus grand soin, et nous avons constaté une puissance éclairante de 10 à 12 bougies avec une dépense de 140 litres. C'est un résultat que n'ont pas obtenu MM. Dumas et Regnault, d'après le compte rendu qui en a été publié par MM. Ardouin et Berard ; il est vrai que le gaz de la Compagnie parisienne nous a paru, ce jour-là, plus riche que d'ordinaire. Ce bec vaut 3 francs.

Le bec rond construit d'après les principes que nous venons d'énoncer, constitue, pour le gaz de houille d'un faible pouvoir éclairant, l'éclairage le plus parfait et le plus économique que l'on puisse espérer; la flamme est calme et on réalise, sous le rapport de la dépense et du pouvoir éclairant, tous les avantages que nous avons constatés avec les faibles pressions. Ces becs brûlent à basse pression, 2 à 5 millimètres, et en réalisent tous les avantages. Mais la flamme a néanmoins une teinte rougeâtre qu'on ne corrige qu'en activant le courant d'air et en diminuant également le diamètre des trous, au détriment de la dépense. De plus, ce bec est cher et demande plus de soins et d'entretien que les becs à éventail; aussi l'usage en est-il borné. Le vrai bec industriel du gaz est le bec à éventail; c'est le seul adopté pour l'éclairage public et dans presque tous les grands établissements. Il est d'un prix insignifiant et n'exige aucun soin ni frais d'entretien; mais quand on veut profiter de l'économie que donnent les basses pressions on a une flamme rougeâtre, fumeuse, vacillante et se couchant sous l'influence des plus petits mouvements d'air. Quand on constate son pouvoir éclairant, on a bien soin que la flamme ne soit agitée par aucun souffle; car, lorsque la flamme se couche sous l'influence de l'air, la teinte du photomètre, du côté du bec, noircit sensiblement. Or, cet état est l'état continuel lorsque ce bec est en service; on est donc loin d'avoir en pratique l'intensité observée dans une expérience photométrique. Pour ces raisons, nous sommes contraire aux trop faibles pressions, et nous pensons qu'une pression de 7 millimètres est une limite extrême au-dessous de laquelle on ne devrait jamais descendre. Nous préférerions 9 et même 10 millimètres; la flamme se tient mieux, et, en définitive, si l'on tient compte de ce qui se perd de lumière, avec les trop basses pressions, par la mollesse de flamme, nous sommes disposé à croire que l'on est aussi bien éclairé par le même volume de gaz, brûlant à 5 ou à 10 millimètres. Tout au moins, avec cette dernière pression, profite-t-on d'une lumière plus blanche.

Il est possible, cependant, de se soustraire à ces oscillations de la flamme d'un bec à éventail brûlant à une trop basse pression. Il suffit pour cela d'enfermer le bec dans une tulipe ou dans un globe de verre, de garnir les ouvertures du haut et du bas du globe de toiles métalliques; l'air n'arrive ainsi que tamisé et le bec est déjà soustrait, du moins en grande partie, aux influences des courants d'air. La tige du bec porte un écrou sur lequel repose une rondelle en métal ou en verre du diamètre de l'ouverture du bas. Quand le bec est allumé, on manœuvre cette rondelle, au moyen de l'écrou qui la supporte, de manière à la rapprocher de l'ouverture ; la flamme ne tarde pas à prendre une fixité remarquable. En dépassant ce point, elle s'allongerait et finirait par fumer. On rentre ainsi dans les inconvénients du bec rond, et autant prendre celui-ci. Cette disposition n'est bonne que pour le gaz riche, qui brûle plus avantageusement dans les becs à éventail que dans les becs ronds, et c'est celle que nous avions imaginée pour arriver à une grande fixité de lumière.

Il ressort de cet exposé qu'il est impossible de dire d'une manière absolue la somme exacte de lumière que l'on retire de la combustion d'un mètre cube de gaz; car cette somme de lumière peut varier dans des proportions très-grandes, suivant la consommation individuelle de chaque brûleur, et suivant la pression adoptée. S'ensuit-il que l'on ne puisse représenter la richesse d'un gaz par aucun nombre, et que l'on soit ainsi dans l'impossibilité de comparer deux gaz de provenances différentes et d'assigner un rapport? Il n'en est rien, comme nous allons le démontrer...

Lorsqu'un constructeur vend une machine à vapeur, il annonce qu'elle consomme tant de kilogrammes de charbon par force de cheval et par heure, et il prend un engagement en conséquence. Cela veut-il dire que cette dépense, qu'il garantit, subsistera quelle que soit la chaudière que l'on prenne? Évidemment non; car s'il a contracté un engagement pour $1^k,50$ on peut marcher avec telle chaudière qui en fasse consommer 15. Le constructeur entend que l'on prendra une bonne chaudière en usage dans l'industrie, d'une force proportionnée à la force de sa machine, et que l'on chauffera avec du charbon de bonne qualité. La même chose se passe pour le gaz : lorsqu'une usine prend l'engagement de livrer un gaz ayant une puissance éclairante assignée, quelle que soit la manière que l'on adopte pour fixer cette puissance, elle entend que l'on brûlera son gaz suivant un mode arrêté d'avance ; en d'autres termes, *dans des becs spéciaux*, ainsi que nous le disons dans notre dernier traité d'éclairage au gaz, en parlant du titre.

Si nous nous étendons sur cette question, c'est que nous la voyons obscurcie, comme à dessein, dans un travail sur les brûleurs, que nous avons entre les mains, et auquel les journaux spéciaux du gaz semblent accorder toute approbation. Nous tenons donc à la traiter de manière à ne laisser subsister aucun doute; il n'en est pas, au reste, de plus importante pour fixer les clauses des marchés à intervenir entre les municipalités et les usines.

On peut fixer la puissance éclairante du gaz, pour un mode de combustion assigné d'avance, de deux manières :

Supposons, par exemple, qu'un brûleur, consommant le gaz dans des conditions normales, dépense 140 litres et donne une lumière égale en intensité à celle d'une carcel ou de sept bougies de l'Étoile,

On peut dire : puisque l'on dépense 140 lit. pour 7 bougies, par $\frac{140}{7} = 20$ lit. dépensés, dans des conditions arrêtées, nous ne saurions trop le répéter, on aura la lumière d'une bougie.

La dépense du gaz, pour l'unité de lumière, donne donc une idée de sa richesse. Ce chiffre de dépense est inversement proportionnel à la valeur industriel du gaz, sous le rapport de sa puissance éclairante.

On peut aussi dire : puisque 140 litres de gaz donnent la lumière de 7 bougies, on aura, par 100 litres de gaz dépensé, la lumière de $7 \times \frac{100}{140} = 5$ bougies.

Ici le nombre des bougies donné par dépense de 100 l. sert à évaluer la richesse du gaz; il est directement proportionnel à cette richesse; on le nomme titre du gaz. C'est le mode d'évaluation qu'ont adopté la Société de Mulhouse, Jeanneney et les auteurs qui se sont occupés depuis des questions d'éclairage. Nous ne voyons pas qu'il y ait aucun avantage à vouloir aujourd'hui parler un autre langage.

Dans notre premier traité d'éclairage nous avions fixé la richesse du gaz, pour chaque brûleur, en donnant la consommation par unité de lumière obtenue, comme nous venons de l'expliquer plus haut; mais nous préférons aujourd'hui nous rattacher au mode d'évaluation de la Société de Mulhouse, d'autant mieux qu'il a été généralement accepté. M. Giroud, un des exposants pour un régulateur[1], que nous nous proposons d'étudier, et auteur du *Traité sur les brûleurs*, dont nous venons de parler, après avoir repoussé l'idée de mesurer la richesse du gaz par le moyen du titre; après avoir plaint sincèrement l'aveuglement de ceux qui restent dans une voie aussi vicieuse, croit, à tort, avoir tout sauvé, avoir paré à toutes les objections, en prenant au lieu du titre la dépense pour une unité de lumière, dépense à laquelle il donne un nom nouveau.

Autant admettre qu'un mécanicien ne doit pas vendre sa machine à vapeur en garantissant la force d'un cheval pour un poids donné de kilogr. de houille, parce qu'il se soumet ainsi à toutes les variations de rendement des chaudières, et qu'il obviera à tous ces inconvénients en venant garantir non pas une dépense de... pour un cheval vapeur; mais une force de chevaux de... pour une dépense de combustible de 100 kilogr. par exemple. Le cas est absolument semblable.

Il reste maintenant à fixer quelles sont les conditions normales dans lesquelles on doit se renfermer pour évaluer la richesse d'un gaz; en d'autres termes, quels sont les becs spéciaux que l'on doit choisir, et, bien entendu, comment ces becs doivent fonctionner.

L'intensité de lumière que l'on est dans l'habitude de prendre comme type, est celle de la lampe carcel dépensant 42 grammes d'huile à l'heure; c'est celle, en effet, qui satisfait au plus grand nombre de besoins, et que l'on réclame le plus généralement. Mais, lorsque l'on veut faire des expériences photométriques, l'installation d'une lampe présente toujours quelques embarras : en Angleterre, et dans beaucoup d'usines de France, on a préféré la bougie; elle est en spermaceti en Angleterre et en stéarine en France. Quand on a l'attention de maintenir constamment la mèche dans le même état, la bougie donne une lumière sensiblement égale, et éprouve moins de variation dans son intensité que la lampe carcel; elle lui est donc préférable sous bien des rapports.

La bougie normale, et d'ordinaire on prend celle de l'Étoile, doit brûler 9 grammes 60 de matière par heure. Quand on tient à faire une expérience rigoureuse, il faut vérifier le poids de la matière dépensée et faire la correction, s'il y a lieu, sur l'intensité calculée proportionnellement au rapport du poids réellement consumé au nombre 9 grammes 60.

D'après les expériences de Péclet, déjà anciennes, la lampe carcel, prise comme type, donne la lumière de 7 bougies. Nous avons eu bien souvent occasion de constater l'exactitude de ce chiffre.

Presque dans tous les essais photométriques on cherche la dépense d'un bec de gaz donnant la lumière d'une carcel ou de 7 bougies; mais comme cette dé-

1. Voir *Annales du Génie civil*, 6e année, page 1, un article sur les différents *Régulateurs à gaz*, avec planches.

pense est très-différente suivant la pression, il faut en choisir une qui ne soit pas trop forte, pour ne pas perdre inutilement une trop grande somme de lumière; il ne faut pas non plus qu'elle soit trop faible, afin de ne pas avoir une flamme molle, désagréable et d'une teinte rougeâtre. Il faut craindre aussi d'avoir à constater de trop grands mécomptes dans la pratique, en se basant sur une donnée d'expérience. Jeanneney a proposé la pression de 7 millimètres; nous trouvons cette pression un peu faible; nous préférerions 10, afin que le bec type soit un bec usuel, pour lequel on n'ait pas sacrifié la netteté de la flamme et sa blancheur à la question d'économie dans la dépense.

Plaçant tous les gaz que l'on voudrait comparer dans ces mêmes conditions, il ne resterait plus qu'à établir des becs spéciaux qui permissent de faire ces essais; et, alors, le titre du gaz a un sens parfaitement déterminé. On sait très-bien que, si l'on veut brûler ce gaz à une pression moindre, on aura un titre plus fort, mais une flamme moins belle; on sait aussi qu'en vertu du principe de la masse dont nous avons parlé plus haut, avec des becs plus petits le titre sera moindre, et sera plus fort, au contraire, avec de plus grandes dépenses.

Le gaz expérimenté par MM. Dumas et Regnault dépenserait dans ces conditions 140 litres, environ, pour 7 bougies; son titre serait donc $\frac{100}{140} \times 7 = 5$.

Messieurs Dumas et Regnault ont cru devoir adopter pour bec d'essai un bec rond remplissant des conditions déterminées: ils ont pensé que, puisque le gaz remplaçait l'huile, il importait de choisir le brûleur qui se rapprochait le plus de la forme de la lampe. Cependant un des plus grands avantages de l'éclairage au gaz, qui a puissamment contribué au succès de cette industrie, est précisément d'être débarrassé de toutes les sujétions des lampes à l'huile, verres qui noircissent et se cassent....

De plus le bec rond, dans l'éclairage au gaz, est le bec d'exception; le bec éventail est le plus usuel. Le bec rond ne convient qu'aux gaz pauvres, dont il relève le titre. Ainsi, MM. Dumas et Regnault ont obtenu la lumière d'une carcel avec un bec rond, brûlant sans cône dans une cheminée basse et ne dépensant que 105 litres. Avec le gaz riche, au contraire, l'usage du bec rond est désavantageux; le gaz de boghead, brûlé dans ce bec, par exemple, perd de 15 à 30 pour 100 de son titre. En faisant donc des essais comparatifs sur différents gaz, et prenant pour bec type le bec rond, on a des chiffres : 1° qui ne s'appliquent nullement aux conditions le plus généralement admises, à l'éclairage public entre autres; 2° qui ne sauraient donner les rapports exacts des richesses des différents gaz, puisque ce bec ne doit avoir qu'un usage très-borné avec le gaz riche, car son emploi en diminue notablement le titre, — tandis que le gaz pauvre, brûlé dans le bec éventail, à la même pression que dans le bec rond, conserve le même titre.

Nous ferons aussi observer, sans qu'il soit nécessaire d'entrer ici dans de plus grands détails, que le bec rond est un bec capricieux, pour lequel les moindres détails ont une grande importance. Pour que ce bec donne son maximum de lumière, il faut que la flamme ait une hauteur déterminée, et, s'il faut ensuite la modifier pour arriver à une intensité déterminée, comme dans le cas des expériences photométriques de la ville de Paris, le bec brûle dans des conditions anormales, et l'on ne saurait tirer aucune conclusion exacte des résultats. Nous préférons de beaucoup, pour les raisons que nous venons de donner, le bec éventail comme bec type. Pour ce bec, et pour un même bec, le titre est sensiblement constant, quelle que soit la dépense, ce qui permet d'en faire varier l'intensité sans erreur bien sensible pour le calcul du titre. Cette circonstance dans le titre, qui est un fait expérimental, au moins pour le gaz de Paris, s'explique par les raisons suivantes. Quand on prend un même bec, dont on fait varier la dépense, la pression augmente avec cette dépense, et, par cette raison, le titre doit diminuer progressivement; mais comme la masse du gaz brûlé augmente en même temps, le titre doit aussi augmenter en vertu du principe de la masse. Or ces deux effets en sens contraires peuvent être égaux; c'est ce qui arrive ici et c'est ce qui explique la constance du titre.

En résumé, le bec qui donne les résultats comparatifs les plus exacts, sans faire éprouver dans la pratique ces mécomptes dont nous avons parlé, est le bec éventail, brûlant à une pression de 8 à 10 millimètres environ, et donnant la lumière d'une carcel brûlant 42 grammes d'huile, ou de 7 bougies. Les richesses des gaz sont en raison inverse des dépenses observées, et se calculent alors d'après la considération du titre, ainsi que nous l'avons dit.

Nous répétons que cette double influence de la pression et de la masse n'est pas la même pour tous les gaz; elle est d'autant plus forte que les gaz sont plus pauvres. Aussi l'emploi des petits becs, avec les gaz riches, est-il moins préjudiciable qu'avec les gaz pauvres; mais ces derniers, par contre, gagnent davantage avec les becs à grosses dépenses. On peut voir, ainsi, combien il est important, lorsque l'on veut comparer deux gaz de nature différente, de bien choisir le type de lumière; car les résultats sont différents suivant la nature du choix. Si la dépense du bec type est forte, le gaz le plus pauvre gagnera à la comparaison; si la pression adoptée est forte, l'avantage sera, au contraire, en faveur du gaz riche.

L'emploi du gaz riche est donc avantageux quand on tient à diviser la lumière. Les établissements de luxe sont dans ce cas; ils emploient beaucoup des becs simulant la bougie; or, dans ces conditions, ils éprouvent des pertes notables en brûlant des gaz pauvres. Un autre inconvénient résulte de la chaleur développée par cette masse de gaz consommé forcément pour arriver à un besoin de lumière donné. Beaucoup de plaintes sérieuses et motivées sont faites à ce sujet. Si, pour diminuer cette chaleur, et obtenir le plus de lumière possible du volume de gaz dépensé, ces établissements prennent des becs ronds, le gaz y est imparfaitement brûlé, d'après les expériences de MM. Paul Ardouin et Paul Bérard, ingénieurs attachés à la Compagnie parisienne. Ces messieurs estiment que, dans un bec rond fonctionnant dans de bonnes conditions, c'est-à-dire à très-basse pression, avec faible courant d'air, etc., il ne passe que 6 d'air contre 1 de gaz.

Voici comment ils décrivent l'un des procédés qu'ils ont employés pour constater ce chiffre.

« Le second procédé dont nous nous sommes servis pour mesurer la quantité d'air brûlée par les becs consiste dans l'emploi d'un tube en tôle de 15 centimètres de large sur 80 centimètres de hauteur. A ce tube fermé à sa partie supérieure était adapté, dans cette même partie, un tube en plomb qui se joignait à un condenseur de 20 litres de capacité, destiné à recueillir les produits de la combustion. A la suite de ce condenseur venait un compteur à gaz pour 10 becs qui mesurait l'air, lequel se rendait dans un gazomètre aspirateur. A l'extrémité inférieure du tube de tôle était brasée une platine de cuivre présentant une ouverture dans laquelle était mastiquée l'extrémité supérieure du verre. L'aspiration produite par le gazomètre, aspiration qui était réglée au moyen de robinets, déterminait dans le bec un courant d'air que l'on rendait plus ou moins rapide. On voit que par ce mode d'expérimentation on pouvait faire brûler tous les becs à verre employés dans les conditions habituelles de leur combustion.

« L'erreur provenant de l'imperfection du compteur employé n'allant pas au-dessous de 1 à 2 pour 100, on peut considérer comme exactes les mesures que nous allons donner, surtout si l'on observe que les expériences qui suivent ont surtout pour but de déterminer les rapports des nombres plutôt que des chiffres précis. »

En relisant cette description qui montre que MM. Ardouin et Bérard n'ont négligé aucun détail pour arriver à une rigueur qui doit satisfaire les plus difficiles, puisqu'il ne peut s'agir que d'une erreur qui ne va pas à 1 ou 2 pour 100, nous regrettons vivement que ces messieurs n'aient pas complété leur expérience, en recherchant quelle est la nature des gaz recueillis, produits de la combustion. Là était, selon nous, la question capitale, la seule même qui puisse offrir quelque intérêt; car démontrer qu'il faut, pour obtenir la plus grande somme de lumière d'un bec rond, le disposer de telle sorte qu'il n'y passe que 6 d'air contre 1 de gaz, n'est pas donner à un fabricant une indication dont il puisse se servir pour disposer son brûleur; mais ce qui est très-important, au point de vue de l'hygiène, c'est de connaître la nature des gaz que cet éclairage économique force à respirer.

Or, en parcourant toutes les analyses de gaz de houille qui ont été publiées, nous trouvons qu'il faut toujours compter sur un minimum de $1^{m},50$ d'oxygène pour brûler complétement 1 mètre de gaz, en transformant tout le carbone en acide carbonique; ce qui correspond à $7^{m},50$ d'air atmosphérique. C'est là un minimum, nous le répétons, car souvent c'est 9 mètres cubes d'air. Or si, pour la combustion du bec rond économique, 1 mètre cube de gaz ne trouve que 6 mètres cubes d'air, en admettant même qu'il prenne tout, que doit-il se passer? Nous l'ignorons. Nous ne disons pas qu'il doit se former infailliblement de l'oxyde de carbone; mais il nous semble que si l'on voulait en produire avec le gaz d'éclairage, ce serait un des moyens que l'on pourrait tenter : *envoyer moins d'air qu'il n'en faut pour la combustion complète du gaz.*

Nous nous rappelons les plaintes et les récriminations, d'autant plus vives qu'elles étaient intéressées, contre ce pauvre gaz à l'eau, à l'occasion de cet oxyde de carbone. Il n'en contenait pas plus cependant que le gaz de houille et, après tout, on le brûlait. D'après nos idées, on a même singulièrement exagéré ce danger, qui ne pouvait, d'ailleurs, exister qu'en cas de fuite. Mais, dans le cas qui nous occupe, il n'en est pas de même; si chaque bec rond économique devient une petite fabrique d'oxyde de carbone, il est utile au moins de le savoir; car, ici, l'abonné ne peut éviter de le respirer. C'est à ce point de vue, surtout, que nous regrettons vivement que MM. Ardouin et Bérard n'aient pas achevé leur expérience.

Il serait également curieux de rechercher si les becs brûlant à basse pression ne sont pas dans les mêmes conditions, n'exigeant que 6 d'air, pour leur combustion, — ce qui devrait les faire rejeter s'il était constaté qu'il y a formation d'oxyde de carbone.

Il n'y a pas le moindre doute que l'on éviterait, pour la plus grande partie du moins, ces inconvénients avec du gaz plus riche : d'abord on en dépenserait moins, et, de plus, comme on pourrait le brûler à une plus haute pression sans avoir à supporter une trop grande perte dans le pouvoir éclairant, la combustion serait plus complète, la lumière plus blanche, et l'on recueillerait moins de gaz nuisibles.

Il serait donc à désirer que les usines à gaz des grandes villes, en France, fissent ce que font quelques-unes d'Angleterre; elles fabriquent et délivrent deux espèces de gaz, l'un plus riche que l'autre, qu'elles vendent évidemment selon la richesse : ainsi, sur les 13 usines qui desservent la ville de Londres, 5 délivrent du gaz riche, et les recettes totales pour ce dernier gaz et pour toute la ville de Londres sont le dixième environ de l'autre. La chose serait plus utile en

France, où le pouvoir éclairant au gaz ordinaire est moindre qu'en Angleterre, et l'on satisferait à un besoin qui devient de plus en plus grand, et à des convenances hygiéniques.

Nous avons dit que la dépense du bec bougie est proportionnelle à la hauteur, quelle que soit la pression, quel que soit le diamètre de l'orifice de sortie. — Nous ajouterons que cette dépense est d'autant plus forte que le gaz est plus pauvre : ainsi elle est de 3 litres 50 par centimètre de hauteur pour le gaz de Paris, de 1 litre 70 pour le gaz portatif. Nous avons expérimenté des gaz pour lesquels elle n'était que de 1 litre par centimètre.

Cette propriété que nous avons, le premier, signalée dans la première édition de notre *Traité sur le gaz*, est remarquable. Nous proposâmes alors de s'en servir pour donner une première idée de la richesse du gaz. Nous avons remarqué que, depuis, les Anglais donnent la dépense, pour une hauteur de 15 centimètres du bec bougie, du gaz dont ils veulent faire apprécier le pouvoir éclairant. Voici en quels termes, alors, nous proposions notre nouveau mode.

« Nous ne quitterons pas cette matière sans faire connaître un moyen de juger de la puissance éclairante d'un gaz, non d'après la densité qui peut offrir quelques anomalies, comme nous l'avons fait observer; mais en nous mettant à même de juger directement des principes réellement éclairants, qui sont contenus dans le gaz. Ce moyen nous est suggéré par les résultats d'expériences que nous avons obtenus en cherchant à établir de quelle manière variait la dépense d'un bec avec la grandeur de l'orifice pour une même hauteur de flamme. Ils sont, au reste, conformes aux idées émises par MM. Robert Christian et Edward Turner, et ils nous ont conduit à cette conséquence remarquable : *Pour les becs à un seul jet, ayant des orifices dont les diamètres sont de* 0mm,33, 0mm,66 *et* 1 *millimètre, et sur lesquels nous avons opéré, la dépense est sensiblement la même pour une même hauteur de flamme, bien que les lumières obtenues soient toutes différentes.*

« Nous savons en outre que plus un gaz est riche en principes carbonés, moins il faut de pression pour que la flamme atteigne une hauteur déterminée, et par conséquent moins la dépense est grande. C'est l'évaluation de cette dépense qui va nous servir à déterminer directement la puissance éclairante d'un gaz, car au lieu de rechercher la mesure directe des intensités de lumière, ce qui présente toujours beaucoup de difficultés, comme nous l'avons expliqué, nous nous bornerons à produire avec le gaz à comparer une même hauteur de flamme, et les dépenses nous donneront des termes de comparaison. Que l'orifice adopté pour le bec soit plus grand ou plus petit que celui qui est reconnu comme le plus avantageux pour l'intensité de lumière, peu importe; nous savons que les dépenses observées sont les mêmes pour des becs convenablement établis, suivant la nature de chaque gaz. Et nous aurons, sinon un rapport rigoureux, du moins une échelle graduée, et qui suit exactement la même marche que la richesse du gaz sous le rapport de sa puissance éclairante.

« Que l'on calcule donc la dépense d'un gaz pour une hauteur déterminée, soit de 5 centimètres, au moyen d'un bec à un jet, et ayant une ouverture dont le diamètre soit compris entre 0mm,5 et 1 millimètre. Cette dépense servira à évaluer la richesse de ce gaz. Nous n'avons pas à nous inquiéter non plus si ce bec type qui sert à brûler les gaz a une ouverture qui se modifie avec le temps, nous savons que la dépense est indépendante de la grandeur de l'orifice pour une même hauteur de flamme. »

Il nous reste à parler des appareils photométriques. Nous avons vu exposé celui de MM. Dumas et Regnault, maison Brunt. Cet appareil a été installé pour contrôler la puissance éclairante du gaz de la Compagnie parisienne. Il est bien compliqué; aussi doutons-nous qu'il soit généralement adopté. Nous lui reprochons de viser à une rigueur inutile en pratique. Il y a des causes d'erreurs dont on n'est pas maître et qui ont une bien autre importance que celles que l'on voudrait éviter. Nous parlerons, entre autres, de la température atmosphérique, de l'état hygrométrique de l'air, qui exercent, on le sait, une grande influence sur le pouvoir électrique du gaz. On ne sait pas si cette influence est la même sur le gaz, l'huile ou la bougie. Elle agit évidemment dans le même sens, mais rien ne dit qu'elle suive la même loi pour tous ces corps. La difficulté la plus grande que l'on rencontre dans ces expériences, est d'arriver à égaliser deux teintes différentes ; on n'y parvient que par beaucoup d'habitude. Il faut, dans ce cas, pour mieux juger, éloigner et rapprocher successivement l'une des lumières du point qui semble donner l'égalité. Il est bon, aussi, de ne pas laisser l'œil à la même distance de l'écran. Nous avons remarqué également qu'un papier trop transparent présente plus de difficulté pour l'appréciation de l'égalité des teintes.

Les photomètres dont on se sert en France et aussi en Angleterre, sont établis d'après le principe de Rumfort. Ce savant proposa de placer une tige cylindrique verticale, le plus rapprochée possible d'un écran couvert d'une feuille de papier blanc.

Les deux lumières à comparer sont placées de manière à projeter, pour chacune, l'ombre de la tige sur l'écran, et on en fait varier les distances de manière à ce que les teintes des deux ombres projetées soient égales.

Il est indispensable :

1° Que les deux lumières soient sur une même ligne horizontale;

2° De n'observer l'égalité des teintes qu'au point situé au niveau des lumières. Si les distances respectives des lumières à ces points sont dans un rapport donné, d'où l'on conclut celui des intensités des lumières, il est évident que, pour tous les autres points de l'écran, leurs distances aux deux lumières seront dans un autre rapport, et que, par conséquent, les teintes ne sauraient être égales.

3° Enfin, que toutes les lignes qui mesurent les distances de chaque lumière à la tige viennent frapper l'écran suivant le même angle. En effet, bien que les distances des lumières aux ombres éclairées puissent rester les mêmes, on voit les teintes changer en faisant varier l'inclinaison de l'une des lumières.

Chaque lumière éclaire la partie non éclairée par l'autre ; et, par conséquent, les distances à mesurer sont celles qui séparent (sur le même plan horizontal passant par les lumières) chaque lumière du point de l'ombre projetée par l'autre lumière.

Ce qu'il faudrait plus rigoureusement, c'est que les lignes menées des deux lumières aux points des ombres respectivement éclairées par elles, fissent toujours le même angle avec l'écran.

Cette condition est bien difficile à obtenir avec une tige verticale comme celle proposée par Rumfort. Dans une lettre que nous adressâmes, le 19 mars 1855, au *Journal de l'éclairage au gaz*, nous disions que, dans de nombreuses expériences que nous venions de faire, nous avions remplacé la tige par une feuille de zinc ou de fer-blanc enduite de noir de fumée, posée verticalement contre l'écran et perpendiculairement à sa surface; de sorte que les distances des deux lumières se mesurent, toutes les deux, à partir du même point, qui est celui d'intersection de la ligne, suivant laquelle se coupe l'écran et la feuille enduite de noir de fumée, avec le plan horizontal passant par les deux lumières. Et rien n'est plus facile alors que de manœuvrer ces lumières, de manière à ce que la tige qui réunit chacune d'elles au point d'intersection fasse toujours, avec l'écran, le même angle. Cette disposition a été depuis généralement adoptée.

Le journal de l'*Éclairage au gaz*, dans le même numéro où il publiait notre lettre, faisait connaître le photomètre à compartiments de M. Foucault. Ce savant physicien proposa également un diaphragme métallique très-mince, noirci pour éviter toute pénombre et reflet; mais, au lieu de l'appliquer directement contre l'écran, il rend ce diaphragme mobile dans deux rainures, l'une au-dessus, l'autre au dessous, de manière que, soit par un bouton, soit par une vis, il peut à volonté l'approcher ou l'éloigner de l'écran.

Nous avons remarqué que, lorsqu'on regarde les deux ombres, que donnent les deux lumières à comparer, à travers un écran translucide, et que ces deux ombres sont portées par une tige, on observe de grandes différences, suivant que l'on regarde à droite ou à gauche. Ainsi, telle teinte peut paraître plus forte en regardant d'un côté, et devenir, au contraire, plus faible lorsqu'on la regarde de l'autre. M. Foucault a fait la même observation en regardant du côté des lumières. Mais avec le disque appliqué directement contre l'écran, nous n'avons jamais rien observé de semblable. Néanmoins, nous conseillons de n'appliquer l'écran translucide que contre une ouverture circulaire de 3 centimètres de diamètre environ, que le disque partage suivant un diamètre vertical, et d'adapter contre cette ouverture, du côté de l'observateur, un tube noirci à l'intérieur, et de même diamètre, de 5 centimètres environ de longueur, de manière à forcer l'observateur à se placer vis-à-vis de l'écran, et à le soustraire ainsi aux reflets de lumière extérieurs.

Nous avons recommandé de varier la distance de l'œil à l'écran; aussi faut-il que l'écran ait assez de largeur pour que, lorsque l'observateur s'en éloigne, sa vue ne soit pas blessée par les rayons directs des lumières.

En résumé, il suffit de prendre une feuille de zinc de $0^m,50$ de large, sur $0^m,40$ de hauteur. Cette feuille peut se tenir verticalement sur une table, au moyen de deux joues latérales: — on perce, au milieu, à la hauteur des lumières, une ouverture de $0^m,03$ de diamètre, que l'on recouvre, du côté des lumières, d'une feuille de papier blanc; du même côté on fixe verticalement une lame de zinc noircie, de cinq centimètres de largeur, et de l'autre côté, celui de l'observateur, on ajuste sur le trou un tube de même diamètre, noirci à l'intérieur, et de 5 centimètres de long. Voilà un photomètre qui ne vaut pas 10 francs, dont nous nous sommes toujours servi; et, pourvu qu'on ait les attentions que nous avons recommandées, il donne de bons résultats; nous ne pensons pas que les autres plus compliqués en fournissent de meilleurs.

Dans un second article, nous étudierons les appareils divers, compteurs, régulateurs, conduites, le gaz portatif, puis les machines à gaz et appareils de chauffage, et nous terminerons par l'installation des petites usines.

D'Hurcourt.

XXIII

LES MÉTAUX BRUTS

A L'EXPOSITION DE PARIS.

PAR M. **H. DUFRENÉ**, INGÉNIEUR CIVIL.

Planche CI.

DE L'ACIER[1].

XI. — Produits exposés.

Il est impossible de nier, après une visite à l'Exposition, l'immense développement acquis par la métallurgie de l'acier, et le rang important occupé aujourd'hui par ce métal naguère employé dans de si faibles proportions. Si les aciers de première qualité sont encore rares et chers, l'acier puddlé diminue de prix en augmentant, à la fois, de production et de qualité, tandis que le métal Bessemer se montre partout se substituant à la fonte et au fer dans l'artillerie, dans les chemins de fer, dans la construction, sans pouvoir cependant dépasser la limite qui le sépare de l'acier véritable que rien encore n'a pu détrôner. Le métal Bessemer s'est fait canon, rail, pont, organe de machine, rien n'a pu le faire outil tranchant, lime ou burin.

S'il faut en accuser quelqu'un ou quelque chose, c'est la méthode et non l'ouvrier; il suffit de voir les objets exposés par nos fabricants pour se convaincre que ce qu'on a fait et ce qu'on peut faire encore doit consoler de ce qu'on ne peut aborder. L'exposition de MM. Petin, Gaudet et Ce, de la Société anonyme d'Imphy-Saint-Seurin et de la Société de la Voulte, Terre-Noire et Bessége fait voir que la fabrication du métal Bessemer est chez nous au moins au niveau de celle des aciéries anglaises. Le lingot de 25,000 kilogrammes de MM. Petin, Gaudet est d'une grande homogénéité. Terre-Noire a exposé un autre lingot bien réussi et un pignon de 500 kilogrammes dont la fusion et le moulage sont remarquables; cette usine produit 5,000 tonnes de métal Bessemer par an. Les aciers naturels sont bien représentés par les produits d'Allevard et de MM. Gouvy frères, à Hombourg, MM. Verdié et Ce ont apporté de beaux échantillons d'acier puddlé et, entre autres, une balle pesant 288 kilogrammes. Nous avons la même appréciation à porter sur les produits de l'usine de Monterhausen et sur ceux de MM. Boigues, Rambourg et Ce. MM. Holtzer et Ce d'Unieux et MM. Bouvier et Ce, du Chambon, se distinguent parmi les exposants d'aciers fins de cémentation et fondus.

M. Émile Martin présente des échantillons assez beaux d'acier fondu et de métal mixte analogue au métal Bessemer; ces produits sont obtenus au moyen d'un procédé particulier dont nous avons dit plus haut quelques mots.

1. Voir le 5e fascicule, t. I, p. 445.

En Angleterre, les fabricants, bien qu'en petit nombre, ont soutenu leur réputation. On ne peut refuser des éloges aux aciers fondus de Bradford, Bowling iron Co, à ceux de Sheffield, Burgs et Co, à ceux de Leeds, Taylor frères et Co et Monkbridge iron et Co. Une mention toute spéciale doit être accordée aux produits des usines connues sous le nom d'Atlas-Works à Sheffield. Sir John Brown, qui en est le directeur, a été en Angleterre le promoteur du métal Bessemer. Atlas-Works ne le cède en importance ni au Creusot, ni à Seraing, ni aux usines d'Essen qu'on est habitué à désigner comme les plus grands établissements métallurgiques. Nous mentionnerons, en passant, dans les grandes colonies anglaises, les échantillons d'aciers fondus et puddlés exposés par l'Acadia iron charcoal Co.

Les métaux bruts ne brillent, dans l'exposition des États-Unis, ni par le choix des échantillons, ni par la manière dont on les a disposés, néanmoins on ne peut s'empêcher de signaler les produits de MM. Park frères et Ce et ceux de la Compagnie Shelby (Alabama).

L'Italie est pauvre : M. Gregorini a cependant des aciers assez fins et le métal Bessemer qu'expose M. Novello Ponsard de Pise mérite l'attention.

La Suède et la Russie qui viennent ensuite dans la classification de la commission impériale, nous offrent des résultats plus brillants. On ne peut s'empêcher d'admirer la magnifique exposition de M. Aspelin de Norberg-Fagesta et celle de Wattholme-Schebo dont les aciers Bessemer sont d'une parfaite homogénéité.

Après avoir mentionné aussi ceux de Nova-Carlsdal, nous citerons encore les aciers cémentés d'Uddeholm. Si la Suède n'est pas aussi bien représentée qu'on aurait pu le penser à l'égard de cette dernière espèce d'acier, il faut se rappeler que Saint-Étienne et Sheffield emploient principalement les fers de Suède pour les convertir en aciers de cémentation ; les aciers suédois sont donc un peu de tous les pays.

Quoique à un moindre degré, cette remarque peut s'appliquer à la Russie dont les aciéries n'ont envoyé de remarquable que le métal Bessemer du gouvernement de Wiatka et les produits des usines d'Oboukhoff.

L'Autriche se rapproche beaucoup de la Suède pour l'excellente qualité de ses fers et de ses fontes à acier. Nous avons dit plus haut combien les produits de la Styrie et la Carinthie s'étaient prêtés au traitement par la méthode Bessemer, aussi les usines autrichiennes sont-elles bien représentées au Champ de Mars : Turrach, Heft, Neuberg n'ont pas moins réussi que les usines anglaises dans cette fabrication. On doit citer, en outre, les usines de Leoben pour leurs beaux échantillons d'acier fondu.

Tout le monde s'est arrêté devant la splendide exposition de M. Krupp d'Essen, la plus importante de la Prusse. Son lingot de 40,000 kilogrammes pour le coulage duquel il a fallu vider 1,500 creusets, est un tour de force, mais sa fabrication courante ne laisse rien à désirer. M. Krupp a été pour la Prusse ce qu'est sir John Brown pour l'Angleterre, le symbole de la grandeur des entreprises et de la réussite dans le travail. Pour être plus modestes, les expositions de MM. Mannesmann, frères, de Remscheid, et des usines de Georges Marien, d'Osnabruck, n'en sont pas moins intéressantes. Ces dernières, sur le compte desquelles nous aurons à revenir, montrent des échantillons de Bessemer très-réussis et des rails, fer et acier, dont l'adhésion semble parfaite. Les rails, les essieux et les bandages envoyés par la Société du Phœnix, les aciers de Borsig, les aciers puddlés de Wetter-sur-Ruhr sont au premier rang parmi les produits allemands, — la Société de Bochum a envoyé des cloches en acier fondu et des roues de wagons qui dénotent un ensemble de moyens puissants et efficaces.

La Belgique, qui termine la circonférence que nous venons de parcourir, offre les beaux aciers puddlés des établissements Cockerill, de Scraing, dont la production atteint 5,000 tonnes par an. Nous avons remarqué aussi, parmi les exposants belges, M. Balieux, à Monceau-sur-Sambre, pour ses aciers puddlés.

LE FER ET LA FONTE

I. — Notice historique.

On comprend assez facilement comment la découverte de l'or, de l'argent, du cuivre a pu s'effectuer : les affleurements des filons qui les contiennent, la surface des amas dont ils forment l'élément utile, les alluvions qui en proviennent offrent toujours des pépites ou des morceaux dont l'éclat métallique et les propriétés physiques ont dû, à première vue, éveiller l'attention. Un foyer construit grossièrement de pierres métallifères ou allumé sur la saillie d'un filon a pu, par ses effets, guider les travaux métallurgiques; les auteurs anciens sont pleins de semblables récits véridiques à force d'être probables.

Il est difficile d'admettre la même origine pour la découverte du fer; rien ne l'annonce dans la nature, ses minerais ont rarement l'éclat métallique, son existence dans le sol à l'état natif n'est pas prouvée et l'affinité qu'il possède pour l'oxygène et pour le soufre est une raison pour ne pas l'admettre. Cependant la présence du fer météorique sur le sol, quelques cas isolés de réduction accidentelle peuvent servir à expliquer l'antiquité à laquelle remonte la première notion du fer. Strabon[1] dit qu'on en trouvait, à l'état natif, en Turdétanie (Espagne méridionale). Pline parle d'une pluie de fer spongieux tombée en Lucanie, l'an 52 avant Jésus-Christ[2]. Il semble enfin assez rationnel d'admettre que le disque ou la sphère de fer qu'Achille, devant Troie, offre en prix aux Grecs, était un aérolithe véritable[3]. Quoi qu'il en soit, de tous les métaux usuels, le fer est le plus récemment employé en grand. Le cuivre, ou plutôt le bronze, le remplaçait chez les anciens, dans presque toutes ses applications. Sur tous les points où les archéologues ont fouillé le sol, l'âge de bronze précède l'âge de fer, tous les historiens anciens qu'on interroge constatent l'antériorité de l'airain et le haut prix du fer.

Sans remonter jusqu'à Tubal-Caïn, les Chinois et les Égyptiens le connaissaient et l'employaient trois ou quatre mille ans avant notre ère. Les Hébreux apprirent à le fabriquer pendant leur séjour dans la vallée du Nil : Job dit qu'il se tire de la poussière[4] et Moïse le mentionne à chaque instant. Le pont jeté par Sémiramis sur l'Euphrate est formé de pierres réunies par des crampons de fer[5]. Plus tard, on s'en sert pour construire le temple de Salomon[6] et Homère, qui vivait à peu près à la même époque, le qualifie de métal difficile à travailler. Les armes sont en airain, mais on sait fabriquer des haches en fer probablement aciéreux, et les tremper[7]. Cependant les outils du batteur d'or Laercée, son enclume, son marteau et ses tenailles sont en bronze[8] ; mais ce fait ne peut faire révoquer en doute la fabrication des outils en fer; rien n'oblige deux industries différentes à avoir des outils semblables de même matière.

1. Strab., l. III, c. II, 8. — 2. Plin., l. II, LVII. — 3. Hom., *Iliade*, ch. XXIII. — 4. Job, c. XXXVII, v. 2. — 5. Diod., l. II, VIII. — Hérod., l. I, CLXXXVII. — 6. Rois, c. XXVII, v. 14 et 16. — 7. Hom., *Iliade*, ch. XXIII; *Od.*, ch. IX. — 8. Hom., *Od.*, ch. III.

Les Clazoméniens et les Spartiates se servaient, dès le neuvième siècle, de monnaie de fer. Elle était extrêmement pesante : 10 mines, environ 900 francs d'aujourd'hui, pesaient 800 kilogrammes; le fer qui la composait était très-cassant.

Pline[1] rapportait la découverte du fer aux Dactyles Idéens (prêtres de Cybèle). Ce qu'il y a de certain, c'est que les Phéniciens exploitèrent longtemps les mines de Crète avant d'aller en Espagne. Théodore de Samos trouva l'art de fondre le fer[2] et Glaucus de Chio celui de le souder[3]. Le soufflet de forge est mentionné pour la première fois par Hérodote[4].

Vers 400 ans avant notre ère, les Chalybs, en Paphlagonie, vivaient de l'extraction du fer[5]; ils passaient pour fort habiles, et il faut remarquer que l'on donna plus tard à l'acier le nom de Chalybs.

En 390, les Romains, dont les casques étaient d'airain, ne purent résister aux Gaulois armés d'épées en fer; aussi, après la bataille d'Allia, les remplacèrent-ils par des casques de ce métal.

Au commencement de l'empire romain, le meilleur fer était celui de la Sérique (le Népal); ensuite venait celui des Parthes; l'Inde en fournissait en abondance[6] et le fer ainsi que l'acier de Norique étaient fort estimés[7]. Bilbilis (Baubola), Turriasso (Tarrazona) et Côme étaient renommées pour la fabrication des outils en acier et en fer[8]. Les meilleurs minerais étaient ceux de l'île d'Elbe[9], de la côte d'Espagne, entre le Sucron (Xucar) et Carthagène[10], de l'île de Meroë[11]; ceux d'Italie étaient connus, mais un sénatus-consulte en avait interdit l'exploitation[12]. Les Germains produisaient très-peu de fer[13], et, à l'époque où vivait Tacite (80), les Finnois armaient encore leurs flèches avec des os pointus[14]. Les Arabes ne produisaient pas du tout de fer et l'achetaient, au poids de l'or, des marchands phéniciens[15].

Il n'en était pas de même dans les Gaules; les forges y étaient nombreuses il y a deux mille ans : on citait celle des Pétrocoriens (Périgord) et des Bituriges-Cubes (environs de Bordeaux)[16]; les environs d'Avaricum étaient célèbres pour leurs minerais[17]. Du reste, dans l'Europe occidentale, les emplois du fer étaient nombreux : les Vénètes en faisaient des chaînes pour leurs navires[18], les Bretons de la monnaie, les Celtibériens des épées renommées[19], les Celtes des cottes de maille, invention gauloise[20].

Quant aux procédés que suivaient les anciens pour produire ce métal, on ne peut les connaître qu'approximativement; il y a tout lieu de croire qu'ils étaient analogues à ceux qu'on suit encore dans l'Ariége, en Catalogne, en Corse, en Kabylie et dont l'ensemble porte le nom de méthode catalane. On a trouvé des loupes spongieuses de fer dans d'anciens travaux ayant beaucoup de ressemblance avec ceux dont nous parlons[21]. Aristote et Pline, qui l'a copié, font observer que dans la calcination du minerai, le fer devient d'abord liquide comme de l'eau, puis spongieux[22]. Diodore de Sicile, en parlant des productions de l'île d'Elbe, explique la méthode d'une manière un peu plus claire : « Les ouvriers, dit-il, brûlent « la mine dans des fourneaux construits avec art, ils la fondent au milieu d'un

1. Plin., l. VII, LVII. — 2. Pausan., l. I, c. II. — 3. Hérod., l. I, XXV. — 4. Hérod., l. I, LXVIII. — 5. Xénoph., *Anab.*, c. V. — 6. Diod., l. II, 36. — 7. Petron., *Sat.*, c. LXX. — 8. Plin., l. XXXIV, XLI. — 9. Plin., id., id. — 10. Strab., l. III, c. III, 6. — 11. Diod., l. I, 32. — 12. Plin., l. III, c. XXV. — 13. Tacit., *Germ.* VI. — 14. Tac., *Germ.* XLVI. — 15. Diod., l. III, 46. — 16. — Strab., l. IV, c. II, 2. — 17. Cés. *de Bel. gal.*, l. V, c. 12. — 18. *Id.*, l. III, c. 13. — 19. Diod., l. V, 33. - 20. Varron., l. IV, c. 20. — 21. *Mémoires de l'Acad. des Inscript.*, t. XLVI, p. 513. — 22. Plin., l. XXXIV, XLI.

« feu violent et partagent la fonte en plusieurs pièces de même dimension ayant « la forme de grosses éponges[1]. » Ces portions de loupe agglomérées et probablement peu ou mal cinglées étaient transportées principalement à Poplonium (Piombino) et à Diccarchics (Pouzzoles) où on les forgeait pour les corroyer et en faire des instruments et des outils.

Telle était la métallurgie du fer dans l'antiquité. L'obtention directe du métal d'un minerai très-riche et très-facile à extraire, l'usage de soufflets à bras, le combustible abondant, la main-d'œuvre à vil prix, tels en sont les points les plus saillants.

Il est difficile d'indiquer l'époque où l'on commença à scinder les opérations en deux et à produire d'abord la fonte pour la convertir ensuite en fer. On constate cependant en Styrie au huitième siècle, l'existence de fourneaux ayant au plus deux mètres de hauteur et servant sans doute à produire de la fonte d'affinage en petite quantité. Dès le neuvième et le dixième siècle, les forges de la Saxe, de la Bohême, de l'Espagne et des Pays-Bas sont très-prospères. La fonte qu'on y produit n'est destinée qu'à l'affinage; on s'en sert cependant aussi pour y tremper des barres de fer qui se transforment en acier par voie de cémentation. Au treizième siècle, on commence à mouler la fonte dans les Pays-Bas et les premiers poêles de fonte sont coulés en Alsace, vers 1445. — En 1409, on signale le premier haut fourneau d'Alsace établi à Riembach : il était beaucoup moins haut que ceux que nous désignons aujourd'hui sous ce nom. Les deux écrivains métallurgistes du seizième siècle, Agricola et Perez de Vargas, mentionnent la trempe en paquets et l'emploi du grillage. Agricola ne donne que deux mètres de hauteur aux fourneaux, et leur production ne dépasse pas, par jour, 100 à 150 kilos de métal. A cette époque, la Champagne était déjà renommée pour ses fers et les ouvriers allemands ayant porté leur industrie en Suède, la supériorité des fers suédois commençait à s'établir.

En Angleterre, la métallurgie était moins avancée qu'en Allemagne ; le premier haut fourneau n'y fut installé qu'en 1540 et le premier canon de fonte fut fondu à Londres, en 1547, par Owen.

En 1612, Simon Sturtevant proposa la substitution de la houille au bois. D'après la brochure qu'il publia à cette époque [2], il y avait alors 800 forges en Angleterre et chacune d'elles dépensait en moyenne pour 500 livres sterling de charbon de bois. En appliquant son procédé, il pensait que la dépense serait réduite des neuf dixièmes. Il y avait là une grande exagération, mais en en faisant la part, on doit reconnaître que l'économie à réaliser était énorme à cette époque où le bois commençait à devenir rare en Angleterre, en présence du bon marché de la houille et du haut prix du fer. Rovenzon, Gombleton, Jorden, suivirent la voie ouverte par Sturtevant sans plus de succès pratique. Ce n'est que vers 1620 ou 1621 que Dud Duddley réussit à fabriquer du fer marchand en employant un combustible minéral. Il ne produisait d'abord que 3 tonnes de fer par semaine; mais cette quantité s'éleva plus tard jusqu'à 7 tonnes. Il vendait alors son fer 12 livres sterling la tonne quand le fer au bois valait en moyenne 15 à 16 livres et même jusqu'à 18. Suivant son calcul [3], un haut fourneau ne donnait que 15 à 20 tonnes de fonte par semaine, et employait deux cordes ou charges de charbon de bois par tonne de fonte produite.

A cette époque, les souffleries étaient encore mues à bras; mais les moteurs hydrauliques commençant à se répandre, on put se servir des soufflets en bois à pistons, que l'évêque de Bamberg avait inventés en 1620 et répandus dans

1. Diod., l. V. 13. — 2. Sim. Sturt., *Metallica*. London, 1612. — 3. Dud Duddley's *Metallum Martis*. London, 1665.

le Hartz. La trompe fut découverte en Italie en 1640, et remplaça, dans les forges catalanes où on la trouve encore, les doubles soufflets qu'on avait employés jusque-là.

Les mines françaises avaient pris un essor remarquable : la Champagne, le Berry, le Dauphiné, les provinces pyrénéennes étaient devenus des centres importants de production. En 1640, Louis XIII accorda au général d'Erlach le privilége des forges d'Alsace; en 1667, on comptait dans les districts de Foix et de Mirepoix 44 forges catalanes.

Les tentatives de Dud Duddley n'avaient eu en Angleterre qu'un succès d'estime : on y comptait, en 1720, 60 hauts fourneaux tous au bois, produisant 17,000 tonnes de fonte; mais 66 ans plus tard, le bois était abandonné; le nombre des hauts fourneaux avait doublé et leur production avait atteint 125,000 tonnes. Cette transformation s'était opérée de 1740 à 1796.

A partir de cette époque, les inventions se succèdent rapidement. Le puddlage est découvert par H. Cort, en 1784; en 1800, le laminoir est appliqué en Lorraine. Les flammes perdues sont utilisées pour la première fois par Aubertot de Vierzon, en 1807; en 1815, M. Nielson, directeur de l'usine à gaz de Glascow, propose d'employer l'air chaud dans les hauts fourneaux; en 1817, le Creusot marche à la méthode anglaise; en 1835, MM. Dufournel, Thomas et Laurens imaginent de chauffer les chaudières au moyen des chaleurs perdues; en 1840, les premiers fours à puddler à courant d'air forcé sont adoptés à Hayange. Depuis lors, une foule de perfectionnements de détail se produisent tous les jours; il est impossible de les mentionner tous dans une rapide nomenclature.

Nous avons essayé d'esquisser l'histoire de la métallurgie du fer; il ne sera pas sans intérêt de finir cette notice en disant quelques mots sur la manière dont l'ancienne législation avait compris la protection qu'on doit accorder à une industrie aussi importante.

Le 30 mars 1413, le roi Charles VI établit à son profit un droit de 1/10 sur les métaux extraits des mines. Comme une grande partie des ouvriers qui y travaillaient étaient étrangers, on leur accorda une sorte de naturalité. Ils avaient toutes franchises et libertés et étaient exempts de tailles, gabelles, droits d'aide, quart du vin, péages, etc. — En 1483, ces priviléges furent étendus aux ouvriers de martel, fondeurs, affineurs, laveurs, appuyeurs, etc. Il fut confirmé de nouveau en 1515; mais l'édit du 8 avril 1634 décida que les maîtres de forge n'auraient droit à aucune exemption d'aide. En 1601, le fer et la fonte furent délivrés du droit de mine; mais ce droit fut remplacé par un impôt de 1 fr. 20 par 100 kilogrammes (mesures actuelles). L'ordonnance de 1680 augmenta cet impôt, et le porta pour le fer à 2 fr. 40, pour l'acier à 3 fr. 60, et pour le minerai à 60 cent. La même ordonnance, restée en vigueur jusqu'à 1789, prescrivait aux propriétaires de mines de construire des fourneaux pour les exploiter, et autorisait les maîtres de forges à tirer le minerai à la charge de payer au propriétaire pour toute indemnité 1 sol par 500 livres.

II. — La métallurgie actuelle.

Comme nous venons de le voir, la fabrication du fer a précédé celle de la fonte, et l'utilisation des propriétés de ce dernier métal est un fait relativement récent.

Les besoins croissants des industries qui emploient le fer, l'élévation du prix de la main-d'œuvre, le défrichement des forêts, ont nécessité la production du fer en grandes masses, l'intervention de machines puissantes et l'emploi des combustibles minéraux.

Aujourd'hui le fer s'obtient par trois procédés différents :

1° L'affinage au bas foyer, qui donne le fer au moyen de la décarburation de la fonte dans un feu de charbon de bois;

2° Le puddlage, ou l'affinage au four à réverbère, qui a pour but de décarburer la fonte en la maintenant à l'état liquide et en la brassant dans une atmosphère oxydante produite par la combustion de la houille;

3° La méthode catalane, à l'aide de laquelle on l'extrait directement du minerai.

III. — Production de la fonte. — Les hauts fourneaux.

La fig. 1 représente deux coupes d'un haut fourneau et la fig. 2, page suivante, montre le creuset à une plus grande échelle.

Les deux premières méthodes exigent la production préalable de la fonte, et le haut fourneau est l'appareil au moyen duquel on l'obtient. Il se compose de

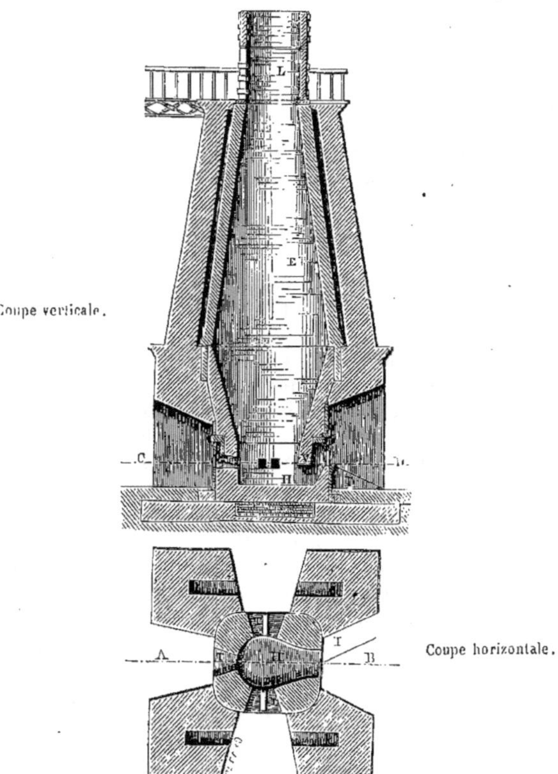

Fig. 1. Haut fourneau.

quatre parties superposées qui sont en partant du sol : 1° le *creuset* H, dans lequel se rassemble la fonte à l'état de fusion ainsi que les laitiers dont le trop plein s'écoule sur la *dame* I; 2° l'ouvrage G, capacité à peu près cylindrique faisant suite au creuset et recevant le vent des tuyères qui y pénètrent par les ouvertures T; 3° les *étalages* F, sorte de tronc de cône dont la petite base coïncide avec la partie supérieure de l'ouvrage, et dont la grande est tournée vers le haut du fourneau; 4° la *cuve* E, second tronc de cône beaucoup plus allongé adossé par sa grande base aux étalages et se terminant en L, à la partie supérieure du fourneau nommé *gueulard*.

C'est là qu'on introduit les charges composées de combustible, de minerai et de fondant. Cette dernière matière est variable selon la nature de la gangue qui accompagne l'oxyde de fer dont on veut obtenir la réduction. Si cette gangue est siliceuse, le fondant choisi est le carbonate de chaux qui prend le nom de *castine;* si elle est alumineuse, on est obligé de se servir d'argile comme flux et on l'appelle alors *erbue*.

Si nous supposons le fourneau plein de couches alternatives de ces diverses substances, voici ce qui se passe : le combustible venant à brûler dans l'ouvrage par suite de l'introduction du vent des tuyères, il s'y produit une chaleur considérable et un dégagement d'acide carbonique qui tend à monter vers le gueulard. En rencontrant dans sa marche ascendante le charbon des couches supérieures à l'état incandescent, ce gaz partage avec lui son oxygène et, au prix d'un refroidissement marqué, se transforme en oxyde de carbone. Cependant, vers le

Fig. 2. — Creuset du haut fourneau.

haut des étalages et à la base de la cuve, la température est encore fort élevée, et l'oxyde de fer du minerai se réduit au contact de cet oxyde de carbone. Les gaz continuent leur marche et s'échappent par le gueulard ou sont recueillis pour servir au chauffage de l'air lancé par les tuyères, à la vaporisation de l'eau des chaudières, au puddlage ou à quelques autres emplois.

Le vide que déterminent la combustion du charbon, ainsi que la fusion du fer et des gangues, amène l'abaissement successif des charges consécutives, de sorte que les dernières couches de minerai déposées pénètrent peu à peu dans l'intérieur du haut fourneau. De cette marche descendante des matières solides combinée avec la rapide ascension des substances gazeuses, il résulte différents phénomènes que nous allons énumérer. Le minerai, en s'affaissant, subit d'abord l'action de la chaleur qui le dessèche et l'amène au rouge sombre, puis celle de l'oxyde de carbone qui le réduit en partie vers le bas de la cuve. En pénétrant dans les étalages, la gangue et le fondant réagissent l'un sur l'autre; l'oxyde de fer qui avait échappé à la réduction se dépouille de son oxygène, et le fer se combine au carbone que lui fournit le combustible, au silicium qu'il emprunte à la gangue ou au fondant, et enfin au soufre provenant du coke, quand c'est là la substance adoptée pour produire la chaleur et déterminer la réduction. En arrivant dans l'ouvrage où la température est extrêmement élevée, la fusion s'accomplit; la fonte gagne le fond du creuset où elle s'accumule, et les matières étrangères fondues se superposent à elle en vertu de leur plus faible densité.

Au fur et à mesure que le creuset s'emplit de fonte, il se vide de laitier qui s'épanche par-dessus la dame et coule sur le sol de l'usine, d'où on le transporte au dehors. Quand le creuset est plein on procède à la coulée qui se fait en débouchant, au moyen d'un ringard, le trou pratiqué à sa partie inférieure. Des rigoles de section triangulaire, pratiquées dans la salle qui constitue le sol de la halle de coulée reçoivent alors la fonte liquide et lui donnent la forme de prismes triangulaires que l'on désigne sous le nom de *gueuses*.

IV. — Nature des fontes.

Plusieurs circonstances influent sur la nature de la fonte produite : la température, le degré de pureté du combustible, la proportion d'oxyde de fer contenu dans le minerai, le rapport entre la quantité de cette dernière substance et celle du coke ou du charbon, sont les plus importantes.

On est habitué à ramener toutes les espèces de fonte à trois principales : la fonte grise, la fonte blanche et la fonte truitée.

Dans la fonte grise, le carbone est en partie combiné au fer et en partie interposé mécaniquement; c'est cette proportion de carbone non combiné et à l'état graphiteux dont la dissémination communique à la masse métallique la couleur et l'apparence qui la caractérisent. Il est probable que cette séparation du carbone en deux parties a pour cause la différence des affinités du fer pour ce corps à des températures différentes. Au moment où la combinaison se produit a lieu le maximum d'absorption, et la quantité de carbone combiné dépassant la capacité de saturation à l'instant où a lieu le refroidissement, la séparation s'effectue. La fonte grise s'attaque facilement à la lime, elle est douée d'une certaine malléabilité, et c'est la seule qu'on puisse employer dans la construction des machines. C'est aussi la seule qui puisse supporter une seconde fusion, à cause de l'affinage partiel qui se produit dans les cubilots, et dont le résultat est la perte d'une portion du carbone.

Dans la fonte blanche, tout le carbone est combiné. Son aspect est plus homogène; mais sa ténacité très-grande la rend impropre à être burinée ou limée; aussi ne peut-on l'employer que comme matière première pour la production de l'acier et du fer. Sa structure est généralement grenue; mais elle revêt souvent l'aspect cristallin; les Allemands l'appellent alors *Spiegeleisen*, et les Français fonte spéculaire, miroitante ou lamelleuse. Elle contient généralement du manganèse, et provient principalement, comme nous l'avons vu plus haut en parlant de l'acier, de minerais spathiques, de fer oxydulé magnétique ou d'hématites. Elle joue un grand rôle dans la fabrication de l'acier naturel, et la nécessité où l'on se trouve de la mélanger au métal Bessemer à la fin de l'opération a beaucoup accru l'importance de sa fabrication.

La fonte truitée n'est qu'un intermédiaire entre la fonte grise et la fonte blanche.

Lorsqu'elles proviennent de hauts fourneaux marchant au charbon de bois, les fontes sont toujours plus pures que lorsqu'elles sont produites au moyen du coke, et il y a, pour expliquer ce fait, une double raison. En premier lieu, le charbon de bois ne contenant pas de soufre, on n'en trouvera pas de traces dans la fonte si le minerai n'en renferme pas. En second lieu, comme il est nécessaire, quand on emploie le coke, de chercher à éliminer la majeure partie du soufre, on se trouve conduit à augmenter la quantité de chaux employée comme fondant. Dès lors, en raison du peu de fusibilité des laitiers qui en est la conséquence, la température doit être maintenue à un degré plus élevé. Il en résulte que la silice, étant alors réduite par le fer, se combine avec lui et altère la qualité du produit. Ce phénomène se manifeste également quand on marche au charbon de bois mais la quantité de silicium combiné est moins grande parce que la température de l'opération est moins élevée. Comme le soufre contenu dans le combustible ne peut être entièrement entraîné par la chaux à l'état de sulfure, une portion se combine au fer et passe dans la fonte. Quant au phosphore, il provient principalement du minerai, et les fontes en bois n'en sont pas exemptes; on ne peut obtenir de produits qui en soient dépourvus qu'au moyen d'un meilleur choix dans les matières premières.

V. — **L'affinage au bois.**

La transformation de la fonte en fer, au moyen du charbon de bois, s'opère à l'aide de procédés dont l'ensemble est désigné sous le nom de méthode allemande. C'est en effet en Allemagne qu'elle a pris naissance, ainsi que nous l'avons vu dans la notice historique qui précède.

L'appareil dont on se sert consiste en un bas foyer, sorte de creuset construit dans le sol au moyen de quatre plaques de fonte, et dans lequel pénètre une tuyère. On y place du charbon de bois, au milieu duquel on fait avancer une gueuse de fonte qu'on recouvre de scories riches et de battitures. On donne alors le vent, la fusion se fait lentement, et les gouttes de fonte, en passant devant l'orifice de la tuyère, subissent l'action de l'oxygène qui brûle une portion du carbone et du silicium. Il se produit des silicates de fer de plus en plus riches, qui réagissent à leur tour sur la fonte non décarburée. L'oxyde de fer des scories basiques cède son oxygène au carbone de la fonte en se réduisant lui-même; les silicates deviennent alors neutres et cessent de réagir sur la fonte. On favorise à la fois l'action du vent et celle des scories en brassant le mélange au moyen d'un ringard. Le bain s'épaissit, le fer prend nature, et l'ouvrier, rassemblant en une seule *loupe* les grumeaux de fer mêlés aux scories, la présente au marteau à cingler. Une suite de réchauffages et de corroyages donne alors le fer en barres.

VI. — **L'affinage à la houille.**

Comme nous l'avons dit en commençant cet article, c'est en Angleterre qu'on a d'abord employé la houille pour transformer la fonte en fer. On se sert d'un four à réverbère, qu'on appelle four à puddler (du verbe anglais *to puddle*, brasser fortement). Il y a quelque temps, on faisait, et on fait encore quelquefois, subir à la fonte à puddler une opération préalable, ayant pour but de la blanchir et de brûler une partie du carbone et du silicium qu'elle contient. On la pratiquait au moyen d'un creuset rectangulaire formé de plaques de fonte, dans lequel on fondait les gueuses à l'aide du coke et d'un violent courant d'air. La fonte, ainsi partiellement décarburée, prenait le nom de *fine metal*, et c'était ce produit intermédiaire qui était soumis au puddlage. Aujourd'hui on s'en passe généralement, et on préfère, par économie de temps, de combustible et de main-d'œuvre, traiter directement la fonte d'affinage, malgré une différence de travail un peu plus grande et un rendement journalier des fours un peu plus faible.

La planche CI représente un four à puddler suivi d'un four à rechauffer et d'une cheminée; la figure 1 est une coupe verticale et la figure 2 une coupe horizontale de l'appareil. Il se compose essentiellement d'un foyer E chauffé à la houille, d'une voûte H amenant les flammes vers la cheminée et d'une sole F, sur laquelle se traite le métal. De là, la flamme gagne le rampant I puis le four à réchauffer J, et enfin la cheminée K. La porte G sert au puddleur pour introduire les gueuses qu'il range sur la sole près du foyer et pour retirer les balles après avoir exécuté les opérations que nous allons décrire. La sole, composée de sable recouvert de scories, étant amenée à la température convenable, et la fonte que le puddleur y a placée étant fondue, on commence par remuer fortement le bain au moyen d'un rabot en fer afin d'en renouveler la surface, puis on ajoute des scories riches et des battitures. L'atmosphère oxydante du four réagit sur la fonte et en brûle le carbone et le silicium pendant que l'oxyde des scories et des battitures échangeant son oxygène avec ces corps, les transforme en silice et en oxyde de carbone en se réduisant lui-même. Il en résulte que la quantité de fer augmente peu à peu dans le bain, tandis que le silice passe dans les scories et l'oxyde de carbone dans l'atmosphère en produisant, par son passage à travers la masse, un bouillonnement prononcé. Le métal s'épaissit peu à peu et devient pulvérulent sous l'action du rabot mis en mouvement par le puddleur qui, rassemblant les granules de fer en une seule masse, l'extrait du four pour la porter sous le marteau-pilon dès que la décarburation est terminée et que la température de la balle a été amenée au point où la soudure peut s'exécuter facilement.

VII. — **La méthode catalane.**

Il est encore quelques pays qui se trouvent dans des circonstances assez favorables, relativement à la nature et à la richesse du minerai ainsi qu'au prix du charbon de bois et de la main-d'œuvre, pour qu'on puisse entreprendre d'y suivre cette méthode, sur laquelle nous avons déjà dit quelques mots.

La figure 3 représente la coupe verticale du creuset employé dans cette

Fig. 3. Forge catalane.

fabrication. Il est analogue à celui dont on se sert dans la méthode allemande et se compose de deux murs, B et G, dans l'angle desquels on dispose une cavité E terminée à droite par un revêtement réfractaire C, et à gauche et en face par des parois inclinées revêtues de barres de fer. Le vent y est fourni par une tuyère A très-inclinée. On commence par emplir le creuset de charbon de bois et on dispose par-dessus des lits alternatifs de minerai broyé et de combustible, sauf du côté de la paroi opposée à la tuyère où on ne place pas de minerai; on termine le chargement par une couche de minerai en poudre dont on a fait une sorte de mortier. On allume alors le charbon et on donne le vent : la combustion fournit de l'acide carbonique qui se transforme en oxyde de carbone en passant au travers des couches supérieures incandescentes. L'oxyde de fer se trouve réduit, et, la température étant extrêmement élevée, le fer produit s'agglomère et s'enveloppe de scories fondues. L'ensemble finit par former une masse spongieuse qu'on porte sous un lourd marteau dont l'action en soude les particules et exprime les scories. La loupe cinglée est divisée en plusieurs morceaux qu'on réchauffe et qu'on transforme en barres.

VIII. — Nature des fers.

Quelle que soit la méthode employée pour produire le fer, il n'est jamais absolument pur et les proportions ainsi que la nature des substances étrangères qu'il retient influent considérablement sur sa valeur et sur ses applications.

La méthode catalane donne du fer doux ou du fer aciéreux : dans le premier cas, il est nerveux et tenace mais peu homogène ; dans le second, il donne un acier médiocre, mais assez propre à la construction des outils aratoires. Du reste, l'ouvrier n'est pas tout à fait maître de produire à volonté l'une ou l'autre de ces variétés.

L'affinage au bas foyer fournit un fer très-pur ; mais il coûte cher à cause de la valeur du combustible employé, du haut prix de la main-d'œuvre et du déchet considérable subi dans l'opération.

Le puddlage ne produit jamais du fer aussi pur que le traitement au charbon de bois, mais on est cependant arrivé à améliorer la qualité de ce métal de telle sorte que l'extension qu'a prise la méthode anglaise a aujourd'hui réduit presqu'à l'impuissance les usines qui continuent à fabriquer du fer au bois.

Il faut dire cependant que ces fers ont encore leurs emplois et qu'il sera difficile de les remplacer par d'autres dans certaines applications. Il y a, du reste, une tendance très-accusée dans l'industrie en général et en particulier dans la construction des machines à diriger vers une destination spéciale les différents produits du genre fer. Chacun d'eux a ses qualités particulières et répond à un besoin donné : depuis la plus mauvaise fonte de moulage jusqu'à l'acier fondu, il n'est pas une de ces variétés qui n'ait son application, et c'est pour avoir comblé une lacune dans la production que le procédé Bessemer a été accueilli avec tant d'empressement, aussi bien dans la construction que dans la mécanique.

Trop cher pour se substituer au fer, trop imparfait pour remplacer l'acier, le métal Bessemer s'est merveilleusement prêté à une foule d'emplois où le fer était trouvé trop lourd, à l'égard de sa résistance, ou d'une durée trop faible à l'usage par rapport à son prix. On ne saurait nier, non plus, que l'industrie continuera à employer le fer ou le métal Bessemer dans un grand nombre de cas où il serait préférable de se servir d'acier, tant que le commerce ne lui fournira pas ce dernier métal à un prix peu supérieur à celui du fer.

Les applications de la fonte ne sont devenues générales que depuis un petit nombre d'années ; autrefois, on en fabriquait peu de bonne qualité et elle était alors presque uniquement réservée au moulage des ornements. Quant à la fonte de machines, attaquable au burin ou à la lime, on la connaissait à peine, et son rôle était extrêmement borné. L'extension donnée à sa fabrication, de même que la production à bon marché de l'acier de qualité supérieure, a causé une véritable révolution dans l'art de l'ingénieur, bien que la substitution de ce dernier métal au fer et à la fonte n'ait pas encore atteint tout le développement qu'on est fondé à espérer des progrès de la métallurgie.

Un autre *desideratum* de l'industrie du fer, c'est la fabrication économique du fer fondu. Un assez grand nombre d'inventeurs ont essayé de résoudre la question; mais dans notre opinion, on s'est beaucoup plus préoccupé des moyens de décarburer la fonte à la température de la fusion du fer que des appareils à l'aide desquels pourrait s'effectuer l'opération. En effet, en admettant que, dans les conditions de bon marché et de pratique que doit présenter toute opération métallurgique, la décarburation complète de la fonte, ainsi effectuée, ne soit plus un problème, la fusion du fer ne peut avoir lieu qu'à une température extrêmement élevée et difficile à produire d'une manière économique. De plus, elle ne peut s'accomplir que sur des soles ou dans des vases fermés ou revêtus de matière beaucoup plus réfractaire que celle dont on se sert aujourd'hui. L'emploi de la chaux pure, qui a réussi pour opérer la fusion de ce métal et même celle du platine, dans des essais de laboratoire, serait peut-être applicable en grand, mais la difficulté consiste à pouvoir s'en servir d'une manière industrielle. On ne peut douter que la découverte d'un moyen d'empêcher ou de retarder le ramollissement ou la fusion des soles, des creusets, etc., ne fût une invention d'une haute portée en métallurgie.

Cependant cet obstacle écarté et la production du fer fondu pratiquement réalisée, on ne peut dire que son emploi deviendra général. Il existe certainement, entre le fer martelé ou laminé et le fer fondu, une différence analogue à celle qu'on trouve, par exemple, entre le cuivre fondu et le cuivre en planche de même épaisseur. La cristallisation qui accompagne le refroidissement après la fusion diminue toujours la ténacité d'un métal; le passage de l'état liquide à l'état solide est toujours accompagné d'une tendance des molécules à se grouper d'une manière stable et il en résulte qu'elles occupent, les unes par rapport aux autres, des positions relatives toutes différentes de celles qu'elles prennent sous l'influence du marteau ou du laminoir. On sait d'ailleurs que cet équilibre instable est détruit, au moins partiellement, par diverses causes, telles que la chaleur et le mouvement vibratoire, et que la texture fibreuse d'une barre de fer disparaît pour faire place, sous ces influences, à un groupement cristallin. Le moulage du fer fondu ne pourrait donc s'appliquer qu'à une classe déterminée d'objets en raison de sa constitution physique, et le martelage aurait toujours sa nécessité dans tous les cas où l'on veut profiter des deux qualités les plus essentielles du fer : sa résistance à l'allongement et sa flexibilité.

IX. — Les minerais riches.

Le choix du minerai est d'une immense importance en métallurgie : sa richesse et sa pureté indispensables dans la méthode catalane sont des qualités qu'il peut présenter, à un moindre degré, dans le traitement des hauts fourneaux au coke et même au bois. A l'époque où les forêts abondaient, dans les contrées dont le sol est en même temps riche en fer, comme le Berry, la Franche-Comté, le Périgord, il était naturel d'installer les usines à proximité des mines, de manière à avoir sous la main à la fois le combustible et la matière première. Ces conditions se sont modifiées lors de l'adoption de la méthode anglaise : le poids des combustibles l'emportant de beaucoup sur celui du minerai, il devint plus avantageux de se rapprocher des houillères et de faire voyager la mine. En France, où les voies de communication ne sont encore ni complètes, ni parfaites, la métallurgie s'est trouvée dans une situation difficile en présence de la production des pays voisins, et, dans cette circonstance, la concentration des usines, l'amélioration des chemins, ainsi que le perfectionnement de l'outillage et des procédés peuvent seuls l'aider à soutenir la concurrence étrangère.

Dans notre pays, les minerais sont extrêmement variés dans leur nature comme dans leur richesse, et les mélanges sont généralement nécessaires pour arriver à constituer une bonne moyenne de production. Aussi commence-t-on à employer une notable quantité de minerais étrangers de qualité supérieure qu'on tire pour la plupart de l'Espagne, de l'île d'Elbe et de l'Algérie, où les beaux gisements de fer oxydulé des environs du lac Fezzara (*Motka el Hadid*, en arabe la carrière de fer) sont aujourd'hui exploités sur une grande échelle. Ces minerais, qui arrivent à bon marché dans le midi de la France, reviennent cher dans le Nord. Mais, dans cette partie du territoire, on peut avoir les minerais allemands où ceux de Dielette qui ne sont pas moins bons. Néanmoins, le voisinage des usines prussiennes, belges et anglaises fait aux usines du Nord une situation plus difficile qu'à celles du Midi, auxquelles le marché de la Méditerranée est ouvert presque sans partage.

Le maître de forges français a à surmonter des difficultés plus grandes que celles qui attendent le métallurgiste anglais : tout ce qui entrave la marche du premier facilite celle du second. La nature a tout fait pour l'Angleterre, au point de vue métallurgique : son sol recèle d'excellents minerais ; le fer hydraté, l'hématite rouge, le fer carbonate lithoïde sont presque les seuls qu'on y exploite. Le plus ordinairement, les mines de houille renferment, en abondance, le fer carbonaté, de sorte que, non-seulement le même puits peut donner à la fois, le minerai et le combustible, mais encore le sous-sol fournit souvent l'argile réfractaire nécessaire à la construction des hauts fourneaux. Du reste, les hommes y ont secondé la nature et l'admirable ensemble des voies de communication anglaises assure à nos voisins un avantage qui rend pour nous la concurrence difficile.

X. — Les combustibles gazeux.

Le rôle du combustible dans la métallurgie n'est pas moins important que celui du minerai ; aussi a-t-on été conduit à des tentatives, les unes couronnées de succès, les autres accompagnées de revers, faites dans le but, soit d'utiliser des matériaux de qualité inférieure, soit d'employer les produits jusqu'alors perdus dans la combustion.

Dans les fours à puddler et à rechauffer, la quantité de chaleur réellement employée à fondre ou à rechauffer le métal est très-minime, par rapport au calorique développé dans la combustion. Dans les hauts fourneaux, la réduction des oxydes et la fusion de la fonte n'utilisent non plus qu'une fraction de la chaleur totale. L'emploi des gaz combustibles sortant des hauts fourneaux et des fours à rechauffer et à puddler, a donc constitué un progrès considérable dans l'histoire de la métallurgie : le chauffage de l'air des soufflerics, la production de la vapeur nécessaire à la marche des machines employées dans les forges, le puddlage au gaz, — telles en sont les applications les plus saillantes.

L'emploi des combustibles de qualité inférieure ne peut s'introduire dans la pratique des opérations, en métallurgie, qu'à la condition de les transformer préalablement en gaz ; aussi cette question de la conversion en gaz de la tourbe, des houilles inférieures, des débris de toutes sortes, etc., et de l'emploi de ces gaz est-elle tout à fait aujourd'hui à l'ordre du jour. Sa solution contient, en germe, une phase nouvelle pour la métallurgie, et constituera, dans son développement, la source d'une richesse nouvelle, non-seulement en raison de ce qu'elle mettra en valeur, mais encore à cause de ce qu'elle fera économiser. Une remarque et un exemple feront ressortir ce que nous venons d'affirmer.

La houille, ne pouvant être introduite en nature dans le haut fourneau, doit être au préalable carbonisée et réduite en coke. Cette opération ne peut s'exécuter sans une perte énorme qui porte précisément sur l'hydrogène, c'est-à-dire sur la partie la plus précieuse de la houille, l'élément dont la puissance réductrice est la plus considérable et dont le pouvoir calorifique est le plus grand. Tous les moyens proposés ou adoptés pour atténuer cette perte ne la compensent pas. Il en résulte une autre conséquence, c'est que tous les combustibles minéraux ne pouvant être convertis en coke, un petit nombre d'entre eux seulement peuvent être appliqués au traitement du fer.

En réalité, dans les hauts fourneaux, on peut en grande partie se passer du carbone en nature : c'est ce qu'a compris et proposé M. Fournel, de Nancy. Cet ingénieur emploie, pour se procurer les gaz indispensables à la production de la chaleur et aux réactions chimiques, un fourneau séparé dans lequel il introduit un combustible quelconque[1]. Les gaz sont lancés dans le fourneau de fusion au contact de l'air des tuyères, et le coke ou charbon produit dans le gazogène est mêlé au minerai en petite proportion. Il se produit de l'oxyde de carbone réducteur, par la réaction du charbon sur l'acide carbonique et sur la vapeur d'eau résultant tous deux de la combustion du gaz. La présence de l'hydrogène concourt à la fois à augmenter la température et à épurer la fonte produite en enlevant le soufre et le phosphore pour lesquels son affinité est bien connue. On pourrait ainsi obtenir, dans des conditions très-économiques, des fontes beaucoup plus épurées que par les méthodes actuelles.

Maintenant que nous avons jeté un coup d'œil rapide sur l'ensemble des procédés aujourd'hui suivis dans la métallurgie de la fonte et du fer, nous allons examiner les produits exposés.

XI. — Les fers et les fontes à l'Exposition de 1867.

Les usines françaises ont fait preuve, à l'Exposition non-seulement d'une vitalité remarquable, mais encore d'une tendance considérable à sortir du sentier battu et à tenir la tête du mouvement progressif qui s'est récemment accentué avec tant d'énergie.

Parmi les fontes de moulage, nous avons remarqué les échantillons envoyés par les usines de Marquise, par la Société métallurgique de la Vienne, par l'usine de Niederbronn. Les établissements de la Voulte, Terre-Noire et Bessége, qui produisent par an 94,000 tonnes de fonte brute et 7,500 tonnes de fonte moulée, exposent des échantillons qui ne laissent rien à désirer. Les fontes d'affinage de Montataire, de Maubeuge, d'Abainville, du Creusot soutiennent la réputation de ces établissements. Nous avons à faire une mention spéciale à l'égard des usines de MM. Ménans et Cie dont les 13 hauts fourneaux donnent plus de 40,000 tonnes de fonte par an, principalement destinée à la fabrication du fer.

L'usage de la fonte trempée se généralise beaucoup et il en existe, dans l'exposition française, de nombreux spécimens. Ainsi, MM. Boignes, Rambourg et Cie exposent, entre autres choses, des cylindres de laminoir en fonte trempée et tournée. Audincourt a envoyé, dans les mêmes conditions, un cylindre trempé et tourné, pesant près de 2,000 kilogrammes. MM. Ricot, Patret et Cie, de Varignez-sur-Saône, présentent aussi des pièces de cette nature parmi lesquelles des croisements de voie bien réussis et dont la cassure laisse voir l'effet de la trempe.

1. Voir des détails très-complets sur le procédé de M. Fournel (production directe du fer et de l'acier), page 698 de la sixième année des *Annales du Génie civil.*

Un autre fait dont le développement est plus facile à observer en Allemagne qu'en France, c'est l'extension donnée à la production des fontes à acier ou *Spiegeleisen* dont l'adoption du procédé Bessemer a généralisé l'emploi. Plusieurs exposants français en ont envoyé, et en particulier MM. Petin-Gaudet et Cie et la Compagnie des hauts fourneaux de Saint-Louis, dont les produits sont très-beaux.

Les exposants anglais sont en assez petit nombre, mais la qualité des spécimens exposés compense leur faible quantité. L'usine d'Acklam (Middlesborough), qui possède 3 hauts fourneaux, ayant chacun 23 mètres de hauteur et produisant près de 1,000 tonnes de fonte par semaine, se distingue au premier rang pour ses belles fontes grises au coke, ainsi que l'établissement de la Société connue sous le nom de West-Cumberland Hematite Iron Company. On peut citer, encore comme produits hors ligne, ceux de Lillesball, à Shiffnal (Shropshire). Nous avons également remarqué les fontes, pour l'artillerie, de la Compagnie de Blaenavon, dans le Monmouthshire.

Dans les Colonies anglaises, sont les belles fontes au bois de Saint-Maurice et les échantillons apportés du Canada, par la Compagnie minière d'Ottawa. Ce sont des fontes tout à fait analogues aux produits suédois et obtenues au moyen de minerais magnétiques.

En Amérique, nous ne trouvons guère à citer que les fontes au bois des minerais du lac Supérieur qu'a exposés la Peninsula Iron Company.

La métallurgie italienne fait bonne figure à l'Exposition : M. Gregorini a exposé les fontes des hauts fourneaux de Bondione et d'Allione; M. Glisenti de Brescia, présente des fontes de moulage d'une excellente qualité ; enfin nous citerons, en dernier lieu, M. Damioli pour ses fontes lamelleuses qui ont une très-belle apparence.

L'exposition suédoise et russe montre que ces deux pays ont su tirer parti de leurs excellents minerais et de l'avantage qu'ils ont sur nous d'avoir le bois à bon marché. Il suffit de citer, en Russie, les fontes de M. Rastorgonieff, provenant de l'usine de Kychtyne, dans le gouvernement de Perm et celles de Youkajarvi, des minerais limoneux de la Finlande. En Suède, il faudrait tout mentionner; nous attirerons cependant l'attention sur les produits de l'usine de Finspong, près de Norkoping, qui donne par an 7000 tonnes de fontes dont 5000 sont affinées en vue d'obtenir du fer, et sur ceux de l'établissement de Lesjvefors, dont les fontes sont très-manganésifères.

En Autriche, on remarque les fontes dures de Vordernberg, fabriquées au moyen de minerais spathiques. Cette fonte réussit bien dans la fabrication des roues moulées en coquille. Citons aussi les fontes blanches de M. de Fridau, les fontes malléables de MM. Hanns et fils, enfin la fonte grise que M. Lohninger de Misslineg est parvenu à obtenir en traitant des scories riches sans addition de minerai.

Les usines prussiennes présentent un ensemble de produits des plus remarquables. Nous avons annoncé en parlant des usines françaises que la production du spiegeleisen était plus considérable dans l'exposition allemande. Il suffit pour s'en convaincre de voir les fontes exposées par le comte de Furstenberg, et par M. Schneider de Neuzkirchen près Siégen. — Les fontes pour acier puddlé du Phœnix sont très-remarquables ; de même celles de Waldenburg (Niederschlemen), celles des usines de George-Marie à Osnabruck, celles de Friedrich-Wilhelm-Hütte près Siegbourg.

Quant à la Belgique, qui termine notre revue en ce qui concerne la fonte, elle a envoyé les fontes grises de MM. Duprey et Cie, de Marcinelle et la belle fonte miroitante qu'expose la Compagnie des Charbonnages et hauts fourneaux d'Ougrée. Enfin nous mentionnerons les produits remarquables des établissements John Cockerill de Seraing, qui donnent par an 50 millions de kilog. de fonte pour le moulage ou l'affinage.

Si l'examen de la texture des fontes donne, à première vue, une idée suffisamment exacte de sa constitution intime et de ses propriétés, ce fait provient principalement des conditions purement physiques de leur solidification.

Il n'en est pas tout à fait de même pour le fer; la pression exercée sur lui pendant son refroidissement, le sens et la nature des efforts qui tendent à agréger ses molécules, la manière même dont s'effectue la cassure des barres contribuent à modifier sa texture ou tout au moins l'apparence de ses qualités.

Malgré cette difficulté plutôt relative que réelle, c'est encore, après les expériences directes qui conduisent à en apprécier la résistance, l'état cristallin ou nerveux, homogène ou non, révélé en pliant ou en cassant une barre, qui peut en faire apprécier la qualité.

Parmi les fers fins exposés par les usines françaises, on remarque, au premier rang, ceux de Bains (Vosges), les beaux fers à câbles de M. de Beurges, à Manois (Haute-Marne), ceux de Châtillon-sur-Seine, ceux de MM. Lasson et Cie à Abainville. Il faut mentionner les beaux fers puddlés à nerf de MM. Muaux et Cie, Boutancourt, les fers spéciaux de Maubeuge, les fers fins de la Souche de la Voulte, Terre-Noire et Bessége. Les usines de Fraisans, dont la production en fers au bois et au coke atteint aujourd'hui 23,000 tonnes par an, exposent des échantillons remarquables. MM. Petin-Gaudet et Cie, et la Compagnie de Châtillon et Commentry ont envoyé des spécimens de leur fabrication très-réussis parmi lesquels on doit citer les dimensions considérables et l'énorme longueur de plusieurs des barres des tôles et des plaques exposées qui témoignent d'une grande puissance d'outillage. Terminons la revue des produits français en parlant des fers du Creusot et en signalant l'extrême variété des échantillons et la manière méthodique dont on les a disposés.

Nous avons déjà parlé des fontes de la Compagnie Lilleshale, nous avons les mêmes éloges à faire de ses fers dont la production dépasse 137,000 tonnes annuellement. Les fers à grains de Low-Moor sont d'une homogénéité complète; nous en dirons autant des barres envoyées par la Monkbridge Iron Company de Leeds. Les forges de Round-Oak dans le South-Staffordshire, qui appartiennent au comte de Duddley, exposent une très-belle collection de spécimens pour la plupart irréprochables. Les fers à grains sont d'une grande homogénéité et les fers à nerf ne se rompent, dit-on, que sous une charge de 25 à 32 tonnes par pouce carré anglais ou environ 40 à 50 kilog. par millimètre carré. Les fers du Yorkshire de MM. Taylor et Cie, de Leeds, paraissent aussi d'une excellente qualité. Nous avons remarqué aussi un spécimen intéressant du puddlage mécanique exposé par la Compagnie de Dowlais Iron and Steel Works Radnor.

Les Colonies montrent le fer du Canada, exposé par la Compagnie Acadia Iron Charcoal, ainsi que des échantillons du fer des forges de Radnor.

La Russie a eu l'idée d'envoyer des météorolithes et entre autres celui de Pallas, dont le poids est considérable et l'existence légendaire. Parmi les produits de ce pays les plus beaux sont ceux de Hula-Bankowa, ceux de l'usine d'Alapaev dans le gouvernement de Perm, les fers puddlés de Vothinsk (gouvernement de Viatka). —Les différents spécimens envoyés par M. Demidoff, ainsi que les échantillons des fers de Finlande (Youkajarvi) sont également remarquables.

La manière dont les hauts fourneaux et les forges de Suède sont exploités, donne beaucoup de ressemblance aux produits de ces établissements, dont la supériorité est incontestable, au moins pour certaines applications spéciales. Nous mentionnerons la collection des exposants de fer et plus spécialement l'usine de

Finspong, près Norkoping, qui produit 2,000 tonnes par an, celle de Kiblafors, dont les fers servent à la fabrication des fusils, enfin l'établissement de Lesjvefors, donnant annuellement 1360 tonnes de fer au bois. La production individuelle des usines suédoises n'est pas très-considérable ; mais leur nombre est très-grand dans la Péninsule ou l'industrie métallurgique est beaucoup plus disséminée qu'en Angleterre et même qu'en France.

En Autriche, dont les excellents fers au bois sont très-appréciés et rivalisent avec les produits suédois, nous citerons la Société des chemins de fer de l'État dans le Banat, les forges de Vuefer (Tyrol), l'usine de Janovitz (Moravie), celle de Krems, près Gratz (Styrie), enfin l'établissement de Klein Hollenstein pour l'excellence de leurs fers.

La Prusse est aussi bien représentée à l'Exposition par ses fers que par ses fontes. Nous avons remarqué les produits des forges de Dillingen-sur-Saar ; les fers doux pour fusils, de MM. Remy et Cie, à Alf-sur-Moselle ; les fers à rails du Phœnix, à Laar, près Ruhrort ; ceux de l'usine royale de Kœnigshutte (Haute-Silésie). La Société des usines d'Aix-la-Chappelle, celle des usines d'Horde (Westphalie), enfin M. Borsig, de Berlin, ont envoyé des échantillons qui prouvent une bonne fabrication.

En Belgique, nous signalerons les beaux fers pour tôle de Seraing, les fers au coke de M. Bonehill, à Monceaux-sur-Sambre, remarquables par leur belle cassure nerveuse, les rails de la Société de Châtelineau ; enfin la Société de Marcinelle et Couillet, qui produit par an 150,000 tonnes de fer, expose de beaux spécimens de sa fabrication.

H. DUFRENÉ, ingénieur civil.

XXI

LES

APPAREILS MÉTÉOROLOGIQUES ENREGISTREURS

A L'EXPOSITION UNIVERSELLE.

Par **M. A.-F. POURIAU**,

Docteur ès sciences, Sous-Directeur et Professeur à l'École impériale d'agriculture de Grignon.

(Pl. XVII, LXV, LXXVII, LXXVIII, C et CXXXIV.)

IV

III. Suisse (*suite et fin*).

2° — Barographe et thermographe, de M. Hipp de Neuchâtel.

Barographe. — Le barographe exposé par M. Hipp de Neuchâtel se compose d'un baromètre anéroïde dont les mouvements sont transmis à une aiguille indicatrice, à l'extrémité de laquelle est fixée une pointe de cuivre destinée à servir de style. Cette pointe se meut horizontalement entre un cadre et une bande de papier qui passe entre deux cylindres, l'un en métal, l'autre en drap, et dont la rotation en sens inverse détermine le déroulement uniforme.

Un pendule électrique produit à des intervalles égaux la fermeture du courant et en même temps la chute d'un petit marteau sur le cadre qui surmonte l'aiguille; à cet instant, deux piqûres sont tracées sur la bande de papier, l'une par une pointe fixée au cadre lui-même, la seconde par le style de l'aiguille. La première piqûre correspond à la pression barométrique moyenne du lieu d'observation, la seconde à la pression au moment de l'enregistration.

Thermographe. — Le thermomètre enregistreur de M. Hipp est un thermomètre métallique de Bréguet, acier et laiton, dont les variations sont transmises à une aiguille indicatrice et enregistrées sur une bande de papier par l'intermédiaire d'un mécanisme en tout semblable à celui adopté pour le barographe précédent.

3° — Thermomètre, baromètre, hygromètre enregistreurs, de M. L.-A. Gros-Claude, fabricant à Genève (Pl. C).

Les trois instruments exposés par M. Gros-Claude fils étaient placés dans des conditions qui rendaient leur étude presque impossible, mais, grâce aux renseignements que l'inventeur s'est empressé de nous fournir, nous sommes en mesure d'indiquer à nos lecteurs les principes sur lesquels repose la construction de ces appareils.

Dispositions générales. — Les instruments cités plus haut effectuent leurs diverses enregistrations sans le secours de l'électricité, ce qui établit une différence capitale entre les appareils de M. Gros Claude et ceux précédemment décrits.

Tous trois se composent de deux parties distinctes : 1° la partie qui a pour but de communiquer à une aiguille indicatrice les mouvements de l'instrument météorologique et qui est différente pour chacun ; 2° celle destinée à marquer sur une carte d'enregistration la position de cette aiguille, aux divers instants de la journée. Le principe de l'enregistration étant le même pour les trois instruments, c'est par sa description que nous commencerons notre exposé.

Mécanisme enregistreur. — Le principe du mécanisme enregistreur consiste dans les dispositions suivantes :

Une aiguille indicatrice propre à chacun des trois instruments porte à l'une de ses extrémités une pointe sur laquelle un marteau de forme convenable vient frapper à des intervalles égaux, tous les quarts d'heure, par exemple, de manière à faire marquer à cette pointe un point sur une carte qui est animée d'un mouvement uniforme.

Le marteau est mis en mouvement par une horloge.

L'horloge choisie par M. Gros-Claude est simplement une de celles appelées vulgairement *Coucou de la Forêt-Noire;* elle renferme un mécanisme de sonnerie qui, avec peu de modifications, peut parfaitement soulever le marteau au lieu de donner un coup de sonnette, le rôle de la pendule, dans ce cas, consistant à tirer, à un moment voulu, un fil qui va du coucou au marteau.

On peut, au moyen de la même pendule, faire fonctionner plusieurs instruments météorologiques, et, de plus, comme le mécanisme de ces horloges est assez puissant, rien n'empêche de placer le thermomètre à une assez grande distance de l'habitation.

Pour plus de généralité, M. Gros Claude admet le cas où, par suite d'un très-grand éloignement des instruments, on serait obligé d'avoir recours à l'électricité et aux électro-aimants, ces derniers ayant pour rôle de faire agir le marteau, et la pendule celui d'interrompre et de rétablir le courant à des intervalles égaux comme dans les appareils précédemment décrits. Mais, tout en prévenant que son mécanisme d'enregistration comporte parfaitement cette application des courants, l'inventeur ajoute qu'il s'est appliqué à pouvoir se passer de l'agent électrique, parce que son usage augmente forcément les frais des appareils, et exige des manipulations et des soins qui ne sont pas toujours à la portée ou du goût de tous les observateurs.

Ces préliminaires exposés, nous allons passer à la description du mécanisme enregistreur proprement dit.

Chacun des instruments météorologiques est muni d'un marteau, M M' M'', à tête circulaire *a a'* (fig. 1 et 2, pl. C), dont l'axe B B' est terminé par deux pointes de vis *c c* que l'on peut toujours resserrer en cas d'usure. Au-dessous de ce marteau se meut l'aiguille indicatrice E, propre à chaque instrument, et dont la pointe *x* qui la termine est destinée à s'enfoncer dans la carte d'enregistration toutes les fois que le marteau vient frapper un coup sec sur la tête de cette pointe.

Le soulèvement du marteau M M' M'' s'opère à l'aide d'un levier coudé *q p r* dont l'extrémité *q* est en communication avec l'horloge par l'intermédiaire d'un fil de laiton F. Quand l'extrémité *q* est tirée dans le sens de la flèche, l'extrémité opposée *r* s'abaisse et vient s'appuyer sur la queue *l* du marteau, ce qui détermine le soulèvement de ce dernier.

D'autre part, l'axe B B' du marteau porte une pièce *t* munie elle-même d'un cliquet *g* dont la pointe recourbée *u* repose sur un rateau *f* portant 96 dents de rochet. Or, quand le marteau M se soulève pour frapper, le cliquet *g* est forcé d'avancer d'une certaine quantité, et l'extrémité *u*, engagée entre deux dents du rateau, oblige ce dernier à avancer; quand, au contraire, le marteau retombe, le cliquet recule en sautant par-dessus une dent et le rateau reste immobile. Au-dessous de l'aiguille se trouve un cadre ou porte-carte QQ' dans lequel est engagée la carte destinée à l'enregistration. Ce porte-carte est mobile et solidaire du rateau *f*, de telle sorte que lorsque ce rateau avance, le porte-carte avance aussi.

Le marteau se soulevant tous les quarts d'heure ou 96 fois en vingt-quatre heures et le rateau possédant 96 dents, il résulte de ces dispositions que lorsque l'extrémité *u* du cliquet *g* a successivement sauté de la première à la dernière dent, le porte-carte est arrivé au bout de sa course et la carte a reçu 96 piqûres qui serviront à tracer la courbe météorologique correspondant aux variations de l'un des instruments mis en expérience.

On enlève alors la carte de son cadre, on en glisse une nouvelle, puis, à l'aide du bouton G qui fait lever en même temps le cliquet *g*, on ramène le porte-carte à son point de départ et l'instrument est de nouveau prêt à marcher pendant vingt-quatre heures.

Dispositions particulières destinées à assurer la marche régulière de l'appareil enregistreur.

Il est nécessaire que le marteau se lève toujours de la même quantité afin que le coup de marteau soit toujours de la même force; il faut aussi que le cliquet *g* avance de quantités égales et qu'en reculant il saute une seule dent et jamais plus; pour obtenir ces divers résultats, M. Gros-Claude a adopté des dispositions particulières que nous croyons utile de décrire.

On comprend que si le fil destiné à soulever le marteau allait directement de l'horloge à la queue de ce marteau, ce dernier pourrait être tiré plus ou moins suivant l'allongement ou le raccourcissement que ce fil métallique doit forcément éprouver par suite des variations de la température extérieure; il en résulterait alors que le marteau ne serait plus soulevé d'une quantité constamment égale.

Or, c'est pour obvier à ce premier inconvénient que l'inventeur a interposé entre le marteau et le fil de traction un levier en équerre *qpr* (fig. 1 et 2), dont l'extrémité *q* est tirée par ce fil tandis que l'autre extrémité agit sur la queue *l* de ce marteau. Par suite, quand la pièce *r* descend (pl. C), elle presse sur la pièce *l* fixée au bras C du marteau, de telle sorte que ce dernier est forcé de se lever; mais les deux pièces *r* et *l* ayant des centres de rotation différents, il arrive un moment, *toujours le même*, où ces deux pièces doivent forcément se quitter : à cet instant, le marteau ayant atteint la limite de sa course, devient libre de céder à l'action de la pesanteur, il retombe, frappe sur la pointe de l'aiguille et lui fait imprimer un petit trou dans la carte.

Quand, ensuite, le mécanisme de l'horloge cesse de tirer le fil et que le bras de levier *p* tend à remonter, la pièce *r* tourne autour de son axe au moment où elle vient rencontrer la pièce *l*; elle prend alors la position indiquée dans la figure 2, et elle la conserve jusqu'à ce quelle soit sollicitée à descendre de nouveau.

Comme complément de cette première disposition, nous avons la pièce *t* fixée à l'axe BB' du marteau et que l'on peut à volonté allonger ou raccourcir, de façon qu'en éloignant ou rapprochant les deux centres de mouvement du marteau et du cliquet il devient facile d'obliger ce dernier à reculer exactement d'une dent tous les quarts d'heure.

Enfin, il importe aussi que, lorsque le marteau a frappé sur la tête de l'aiguille, il puisse se relever un peu de manière à prendre une position fixe qu'il devra conserver jusqu'à ce qu'il soit sollicité à se lever de nouveau ; cette condition est indispensable pour que la pointe de l'aiguille indicatrice E ait la liberté, après avoir quitté la carte, de se mouvoir librement sans rien toucher, ni papier, ni marteau. — Cette condition est réalisée à l'aide du mécanisme suivant (fig. 3 et 4, pl. C) :

mm' est une pièce mobile autour de l'axe O, mais qu'un ressort *h* maintient continuellement appuyée contre la pièce *l*. — Quand le marteau se lève, la pièce *l*, pressée par la pièce *r*, descend en passant par dessus la pointe *n* (fig. 3) d'une autre petite pièce en acier qui ne peut tourner que d'une certaine quantité autour d'une vis. Quand le marteau retombe, la pièce *l* remonte et rencontre alors cette même pointe *n*; mais cette fois elle entraîne dans son mouvement la pièce tout entière jusqu'à ce que cette dernière occupe la position représentée fig. 4, position qu'elle ne peut dépasser à cause de l'arrêt *i*. A ce moment la pièce *l* quitte la pointe *n*, mais aussitôt que le marteau a frappé, par l'effet du contre-coup d'une part et de l'action du ressort *v* qui est venu butter contre la pointe de vis *x'* (fig. 2), le marteau remonte un peu ; dans ce même instant la pièce *l* redescend aussi un peu et vient s'engager dans une coche ménagée dans la pièce *m m'*; le marteau se trouve alors arrêté et reste suspendu au-dessus de l'aiguille.

Un quart d'heure après, quand la pièce *r* vient appuyer de nouveau sur la pièce *l* et la faire tourner, la pièce mobile *m m'* est repoussée, ou l'extrémité *l* se dégage de la coche, la pièce *n* tourne autour de sa vis de manière à reprendre la position de la figure 3, et le marteau remonte comme il a été dit tout à l'heure.

Des cartes d'enregistration. — Les cartes d'enregistration sont de petites feuilles quadrillées de la grandeur du porte-carte spécial à chaque instrument et dont la figure 1, planche C, donne un spécimen. Il est facile, au moyen de la lithographie, de faire exécuter des cartes semblables, parfaitement divisées et ayant toutes les mêmes divisions.

D'après M. Gros-Claude, les dispositions très-simples que nous venons de décrire sont applicables à tous les instruments météorologiques ; elles permettent d'obtenir une enregistration régulière et exacte, comme le prouvent les observations faites à Genève depuis plusieurs années et que l'inventeur s'est offert de mettre à notre disposition. Si on voulait avoir plus ou moins de quatre enregistrations par heure, il suffirait de changer le rateau et de diminuer ou d'augmenter le mouvement du cliquet qui fait avancer ce dernier ; mais quatre observations par heure sont, à notre avis, nécessaires et suffisantes.

Mécanisme pour transmettre les mouvements de l'instrument météorologique à l'aiguille indicatrice.

Baromètre (fig. 5). — M. Gros-Claude se sert d'un baromètre à siphon semblable à ceux que l'on emploie pour les baromètres à cadran. Sur la surface du mercure renfermé dans la branche courte et évasée repose un flotteur *f* destiné à communiquer à l'aiguille indicatrice les variations de la pression atmosphérique. Ce flotteur a un diamètre presque égal à celui de la petite branche et une surface inférieure concave, de façon à recevoir le ménisque convexe de la colonne mercurielle et à participer aux plus petits mouvements de celle-ci.

L'axe *a* de l'aiguille indicatrice porte une tige comparable à un fléau de balance ; à l'extrémité B de ce fléau vient s'accrocher, par l'intermédiaire d'un couteau, la tige du flotteur, tandis que l'autre extrémité C porte un contre-poids Q que l'on peut rapprocher ou éloigner à volonté du centre de rotation, de manière à rendre la pression du flotteur sur la colonne mercurielle aussi faible que l'on veut. De même, le couteau de suspension du flotteur étant mobile, il en résulte que l'on peut augmenter à volonté le bras de levier de ce flotteur et faire décrire à l'aiguille indicatrice des arcs plus ou moins grands. Dans le baromètre de M. Gros-Claude les oscillations de la colonne sont multipliées par 2,5, ce qui permet d'enregistrer des variations barométriques très-faibles.

En outre, la partie horizontale du tube barométrique repose sur une griffe *mm* à laquelle est fixée une tige taraudée K qui passe librement dans la pièce fixe *h*, mais qui est vissée dans le bouton *i*. Il en résulte qu'en tournant ce bouton on fait monter ou baisser le tube à volonté, et, par suite, occuper à l'aiguille la position que l'on veut sur la carte d'enregistration.

L'inventeur s'est préoccupé aussi d'annuler l'influence de la température sur les indications de l'aiguille, et, à cet effet, il compose la branche du fléau sur laquelle agit le flotteur de deux métaux disposés de telle façon que les variations de longueur de cette barre métallique compensent sensiblement la dilatation ou la contraction du mercure dans les mêmes conditions.

Enfin, l'ébranlement produit par chaque coup de marteau sur l'aiguille indicatrice a encore pour résultat favorable de diminuer beaucoup l'erreur due à la capillarité en détruisant en grande partie l'adhérence du mercure au tube.

Thermomètre (fig. 6 et 7, pl. C). — Le thermomètre adopté par M. Gros-Claude est un thermomètre métallique dont la disposition a été imaginée, dit l'auteur, par son père. Il se compose d'un ressort bimétallique R R' ayant la forme de deux fers à cheval réunis, de telle sorte qu'un des bouts D étant fixe, l'autre *d* est obligé de se mouvoir suivant une ligne droite A B sous l'influence des variations de température.

A cette extrémité mobile *d* a été fixée une pièce *a c* qui supporte par son milieu un arc *b c* dont les deux bras sont reliés par un fil de soie *x x'* maintenu toujours tendu, et qui s'enroule sur une poulie *o* dont l'axe est en même temps celui de l'aiguille indicatrice *m*.

Par suite de cette disposition, l'extrémité mobile *d* du ressort bimétallique agit sur l'aiguille comme la main du tourneur, armé d'un archet à percer, sur le stylet, c'est-à-dire en lui communiquant un mouvement circulaire alternatif, suivant que le ressort s'allonge ou se raccourcit. Cet appareil est très-sensible parce que le mouvement du ressort est communiqué directement à l'aiguille, et que celui-ci n'a à vaincre que le frottement de l'aiguille sur ses deux pivots, frottement qui est très-faible et que la tension des fils n'augmente pas sensiblement, parce qu'elle agit en sens inverse de chaque coté de la poulie.

Les cartes d'enregistrement ne portent que 33 degrés, mais cependant elles peuvent servir à noter des variations de température comprises entre 30 et + 43. A cet effet, il suffit de faire tourner un bouton placé sous l'instrument pour faire avancer ou reculer l'aiguille de 10 degrés, et d'inscrire ensuite sur la carte des chiffres indiquant des températures dix fois plus fortes ou dix fois plus faibles.

Hygromètre. — M. Gros-Claude a adopté l'hygromètre de Saussure dont le cheveu va d'un point fixe à un rouleau qui porte l'aiguille indicatrice, en passant par une poulie de renvoi ; un ressort tient toujours ce cheveu également tendu.

IV. Suède.

Appareil enregistreur pour les observations du baromètre et du thermomètre, exposé par M. A.-G. Théorel, d'Upsal.

L'appareil dont il s'agit, ayant été brisé dans le voyage d'Upsal à Paris, n'a pu être remonté et mis en état de fonctionner au Champ de Mars; de plus, la partie relative au thermographe figurait seule dans la section suédoise.

Le principe de ce thermographe est analogue à celui du psychromètre électrique décrit précédemment (fascicule IX, page 320); les enregistrations s'effectuent par l'intermédiaire d'électro-aimants et de crayons qui tracent sur un tableau vertical; seulement le mécanisme destiné à mettre en mouvement les diverses parties de l'appareil nous a paru fort délicat et assez compliqué, ce qui nous fait douter que cet instrument puisse être d'un usage suffisamment pratique.

V. Italie.

Anémométrographe, exposé par M. Pierre Parnisetti, d'Alexandrie.

Cet instrument a pour objet d'enregistrer simplement la vitesse du vent.

Il se compose (fig. 8, pl. C) d'un moulinet de Robinson dont l'axe vertical A, muni d'une vis v sans fin, engrène avec une roue dentée R qui compte 200 dents. Celle-ci porte sur l'une de ses faces une came c qu'elle entraine avec elle dans son mouvement de rotation, de telle sorte qu'à chaque tour de la roue R cette came vient rencontrer l'extrémité l' du levier ll', et relever par suite l'extrémité l qui soutient un poids q par l'intermédiaire du fil f.

Le poids repose sur un autre levier mn portant à son extrémité m une pointe i maintenue à une distance convenable du disque OO' par un ressort en acier x.

Une horloge H communique au disque OO' un mouvement uniforme de rotation à l'aide de l'axe gh et des roues coniques ss.

Quand on veut enregistrer la vitesse du vent, on applique sur le disque OO' un carton circulaire sur lequel sont tracés, d'une part, une série de cercles concentriques tels que l'intervalle compris entre deux cercles consécutifs correspond à un jour du mois; d'autre part, une série de 24 rayons équidistants partageant le disque en 24 secteurs égaux correspondent aux 24 heures de la journée.

L'horloge une fois montée, le disque tourne lentement et uniformément, de manière à faire un tour entier dans l'espace de 24 heures.

D'autre part, chaque fois que la roue dentée R a fait un tour entier par suite de la rotation de l'axe du moulinet, le poids q, soulevé par l'extrémité l du levier, puis abandonné à lui-même, retombe sur le levier mn et enfonce la pointe i dans le carton circulaire; immédiatement après, le ressort x relève cette pointe et le disque continue à tourner.

Pour calculer la vitesse du vent dans un temps donné, il suffit d'additionner le nombre de points tracés par la pointe i pendant ce même temps, et de multiplier par ce nombre le chemin parcouru par le moulinet et correspondant à un tour entier de la roue R.

Si le rayon du moulinet a 40c/m, par exemple, et la roue dentée 200 dents, on trouve par le calcul:

Circonférence du moulinet		2m,512
Chemin parcouru par le vent correspondant à un tour du moulinet	2m,512 × 3	7m,536
Chemin parcouru correspondant à un tour de la roue R	7m,536 × 200	1507m,2

soit 1500 mètres ou 1 kilomètre 1/2 en nombre rond.

Chaque point marqué sur le carton correspond donc à un chemin parcouru par le vent, égal à 1500 mètres, et il sera facile de déterminer sur le carton même le temps correspondant à ce chemin parcouru.

Toutes les 24 heures, on fait avancer la table XX' qui porte l'horloge et le disque, de manière à faire passer la pointe *i* d'un cercle à l'autre.

VI. Autriche.

Thermo-indicateur enregistreur électrique, par Léopolder Jean, à Vienne.

Cet instrument est formé de deux parties distinctes :

1° D'un thermomètre métallique de Bréguet dont les deux métaux nous ont paru être l'argent et le laiton, et qui est muni d'un cadran sur lequel se meut une aiguille à laquelle sont transmises mécaniquement les variations de longueur de la spire.

2° D'un enregistreur qui se compose d'un cylindre auquel un mouvement d'horlogerie imprime une rotation uniforme et que l'on recouvre d'une feuille de papier destinée à recevoir les enregistrations.

L'enregistrement s'effectue à l'aide d'un style auquel les variations de longueur de la spire métallique sont transmises par l'intermédiaire d'une double paire d'électro-aimants.

VII. Angleterre.

Anémométrographe de Beckley, exposé par MM. R. et J. Beck, de Londres (fig. 9 et la pl. CXXXIV).

Au lieu d'un baromètre anéroïde enregistreur annoncé par le *Catalogue officiel*, nous avons trouvé dans la section anglaise un anémométrographe exposé par MM. Beck, de Londres, et dont nous allons indiquer les dispositions principales.

Cet instrument se compose, comme dans les appareils Secchi et Wild : 1° d'une girouette angulaire propre à indiquer les directions successives du vent; 2° d'un moulinet de Robinson destiné à en mesurer la vitesse.

L'enregistreur est un cylindre KK' qu'un mouvement d'horlogerie fait tourner avec une vitesse uniforme et qui est entouré d'une feuille de papier préparé au blanc de zinc. Cette feuille porte d'abord deux colonnes verticales intitulées, l'une *velocity in miles*, l'autre *direction*. La première colonne est elle-même subdivisée en cinq autres correspondant à des vitesses en milles depuis 0 jusqu'à 50 ; la seconde porte huit divisions verticales propres à l'enregistration des huit rhumbs principaux du vent.

Enfin, sur cette même feuille, sont tracées 24 lignes horizontales qui correspondent aux 24 heures de la journée.

Au-dessus du cylindre enregistreur s'en trouvent deux autres, C et C', qui reçoivent chacun un mouvement de rotation, le premier, de l'arbre de la girouette, le second, de celui du moulinet. Le mouvement de rotation de l'arbre A de la girouette est transmis directement à l'un de ces cylindres par l'intermédiaire de deux roues d'angle, tandis que celui de l'arbre B du moulinet n'arrive au deuxième cylindre que diminué de vitesse, de telle sorte que la quantité dont tourne ce second cylindre est seulement proportionnelle au chemin parcouru par le vent.

Ces deux cylindres supérieurs CC' sont munis chacun d'une hélice en laiton qui fait relief à leur surface et qui n'appuie jamais que par un seul point sur la feuille métallique qui recouvre le cylindre inférieur. C'est le contact du laiton sur la couche de blanc de zinc qui produit les traits noirs d'enregistration.

Direction du vent. — Il résulte de ces dispositions que, tant que la direction du vent reste la même, le point de l'hélice qui correspond à cette direction, trace dans la colonne propre à ce rhumb une ligne droite par suite du mouvement de rotation du cylindre inférieur; si, au contraire, le vent vient à changer, le cylindre supérieur en relation avec l'arbre de la girouette tourne en même temps, l'hélice touche alors le papier métallique par un autre point et imprime un trait dans une autre colonne après avoir laissé sur ce même papier la trace du passage du vent d'une direction à l'autre.

Vitesse du vent (fig. 10). — Si le cylindre inférieur K K' était immobile, on comprend que l'hélice du cylindre C de la vitesse, en tournant, tracerait indéfiniment une ligne droite sur le papier; mais, par suite du mouvement de rotation de ce cylindre K K', l'hélice trace, au contraire, une série de lignes courbes $Q_1 Q_2$, etc., qui commencent toutes sur la ligne 00 pour finir à la ligne 50 toutes les fois que le cylindre C supérieur a fait un tour entier. Si l'on considère deux courbes successives $Q_1 Q_2$, on voit que si la première finit en d' par exemple, la seconde commence en d'' à l'extrémité opposée de la ligne droite $d' d''$, et en un point d'' d'autant plus rapproché du point d que la vitesse de rotation du moulinet devient plus grande à l'instant considéré.

Or, il est évident que les distances des divers points des courbes Q à la ligne 0 sont proportionnelles aux angles de rotation du cylindre C, de telle sorte que la détermination de la vitesse du vent, dans un temps donné, pourra toujours être ramenée à la mesure d'un certain nombre d'ordonnées.

En effet, supposons que l'on se propose de déterminer le chemin parcouru par le vent dans l'espace d'une heure, de 1 heure à 2 heures du matin, et que la feuille de papier métallique, après déroulement, offre le dessin représenté figure 10.

On voit que, dans l'espace d'une heure, l'hélice a tracé : 1° la portion de courbe $m d'$; 2° trois courbes entières ; 3° la portion de courbe $g n$.

A l'aide d'une règle préparée d'avance, ayant pour longueur celle d'une génératrice du cylindre $d' d''$ par exemple, et divisée en 50 parties égales, je suppose, on mesure les longueurs des ordonnées $m m'$ et $k n$, ce qui donne :

$$m m' = \frac{20}{50} \text{ de tour, } k n = \frac{36}{50} \text{ de tour, } m m' + n k = \frac{56}{50} = 1^{t} + \frac{12}{100}.$$

Le chemin total parcouru par le cylindre C dans l'espace d'une heure est donc égal à 4 tours et 12 centièmes.

Si, d'autre part, on connaît le rapport entre la vitesse du cylindre C et celle du moulinet, et que ce rapport soit celui de 1 à 100, par exemple, il suffira, pour traduire en kilomètres le résultat précédent, de résoudre l'équation suivante :

$$K = 2 \pi R \times 3 n \times 100, \text{ dans laquelle on a :}$$

K, nombre de kilomètres parcourus en une heure.
$2 \pi R$, circonférence du moulinet.
3, nombre constant fourni par l'expérience.
n, nombre de tours du cylindre de la vitesse.
100, rapport de la vitesse du cylindre et du moulinet.

Dans la pl. CXXXIV, qui représente l'anémométrographe tel qu'il a été adopté par le *Board of trade* (bureau de Commerce) de Londres, la girouette angulaire est remplacée par deux moulinets M, analogues aux deux roues à ailes de Piazza-Smith.

VIII. France (*Appendice*).

1° — **Barométrographe** de M. Bréguet.

M. Bréguet a exposé, à Billancourt d'abord, au palais de l'Exposition ensuite, un instrument destiné à enregistrer d'une manière continue les indications du baromètre anéroïde.

Cet instrument, représenté figure 1, se compose de trois parties principales, savoir:

Fig. 1.

1° Une boîte barométrique; 2° une pendule ordinaire à balancier; 3° un cylindre enregistreur.

De la boîte barométrique. — La boîte barométrique B est formée de quatre boîtes métalliques réunies ensemble après que le vide a été fait dans chacune séparément.

Les faces, supérieure et inférieure, sont ondulées comme dans le baromètre anéroïde ordinaire ; mais, par suite de la réunion de ces quatre boîtes en une seule, le mouvement est quatre fois plus grand que celui d'une boîte unique pour une même variation de pression.

Au-dessus de la boîte est fixé un ressort d'acier plat R, très-fort, qui, en agissant sur les boîtes barométriques en sens contraire de la pression atmosphérique, maintient l'affaissement de celles-ci dans des limites convenables.

Ce ressort R commande le levier indicateur *ll* par le moyen d'une bielle à pointe *b* qui, en agissant sur ce levier en un point très-voisin de son axe, produit à l'autre extrémité une multiplication considérable du mouvement.

De la pendule. — La pendule ordinaire à balancier est destinée à communiquer un mouvement régulier de rotation au cylindre qui doit recevoir les enregistrations. Ce mouvement est obtenu à l'aide d'un pignon faisant partie du mécanisme de l'horloge et qui engrène avec la couronne dentée qui surmonte le cylindre enregistreur.

Du cylindre enregistreur. — Le cylindre enregistreur C fait un tour entier en une semaine; il porte à sa surface un papier glacé sur lequel on a déposé préalablement du noir de fumée en l'exposant au-dessus de la flamme d'une chandelle.

Sur cette feuille se trouvent tracées des lignes horizontales et verticales : aux premières correspondent les temps, aux secondes les hauteurs barométriques ; l'intervalle de deux traits verticaux représente une durée de six heures, de telle sorte que la journée est divisée en quatre périodes.

L'extrémité de la grande branche du levier *ll* est munie d'un ressort très-mince, terminé en pointe, qui vient appuyer sur le cylindre et y tracer une ligne blanche sur le fond noir : c'est la courbe barométrique (fig. 2).

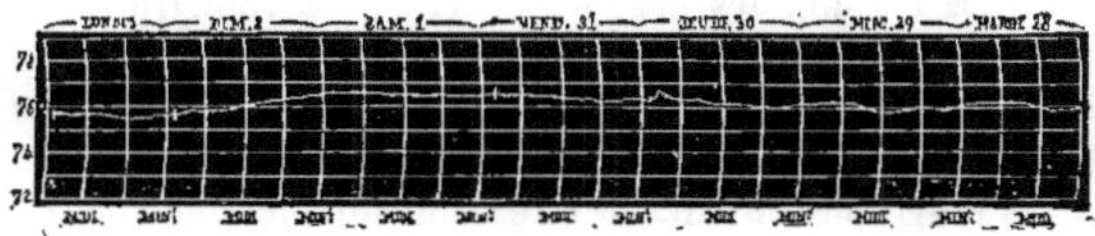

Fig. 2.

Au moyen d'une règle divisée, on peut trouver facilement l'heure exacte des maxima et des minima ou bien encore la pression à une heure déterminée. A la fin de chaque semaine, on enlève le papier de dessus le cylindre, on le trempe dans un vernis afin de fixer le noir de fumée, et on remplace cette feuille par une autre également recouverte de noir.

Il est indispensable, pour que ce barométrographe fournisse des indications exactes, qu'il soit tout à fait à l'abri des trépidations du sol ; autrement le levier *ll*, en raison de sa grande mobilité, s'agiterait, et l'extrémité pointue, en se déplaçant, tracerait sur le cylindre des traits qui n'appartiendraient nullement à la courbe barométrique.

2° — **Baromètre à index automobile** de M. de Vézian.

Si nous étudions ici, à la suite du barométrographe de M. Bréguet, le baromètre à index mobile, exposé par M. de Vézian, ingénieur des ponts et chaussées, c'est que l'on peut dire que, grâce à cet index, cet instrument *enregistre* à chaque instant la tendance du baromètre à monter ou à descendre.

Le baromètre en question est un baromètre métallique, mais, au lieu de posséder une aiguille mobile à la main, il est muni d'un index automobile que l'aiguille même du baromètre métallique entraîne dans son mouvement.

On sait qu'au point de vue de la prévision du temps, pour le jour même ou pour le lendemain, le point capital à observer dans un baromètre n'est pas la hauteur absolue de la colonne mercurielle, mais la tendance de cet instrument à monter ou à descendre.

Or, avec les baromètres ordinaires, métalliques ou autres, on effectue cette détermination à l'aide d'un index avec lequel on repère la position de l'aiguille barométrique ou celle du niveau supérieur de la colonne de mercure ; mais ce mode d'observation réclame une grande exactitude, et, de plus, il cesse de pouvoir être employé lorsque plusieurs personnes doivent venir successivement consulter l'instrument.

Pour obvier à ces inconvénients, M. de Vézian a eu l'idée ingénieuse de substituer aux index fixes un index automobile, qui, sans que l'on soit obligé d'y porter la main, permet de reconnaître le sens du mouvement barométrique avec la même facilité que lorsqu'il s'agit de lire sur le cadran d'une pendule.

La figure 11, pl. C, représente l'aiguille AA' du baromètre munie de son index automobile BM*bm*.

Tant que le baromètre est descendant, l'aiguille entraîne l'index en se superposant à la branche gauche B; tant que le baromètre est montant, l'aiguille entraîne l'index en se superposant à la branche droite M. Cet entraînement de l'index est produit par la pression de l'aiguille sur l'une des deux petites pointes saillantes, *m* et *b*, du contre-poids de cet index.

Quand l'aiguile se trouve isolée entre les deux branches, cela indique que le baromètre vient d'éprouver un *rebroussement* dans sa marche, circonstance si importante à noter, qui échappe aux procédés ordinaires d'observation et que les barométrographes seuls peuvent saisir.

Pour rendre plus certains les pronostics tirés du baromètre, M. de Vézian a joint à son instrument à index automobile une légende qu'il propose de substituer à celle ordinairement en usage, la nouvelle étant obtenue en y faisant entrer les éléments de la direction du vent et de l'état du ciel.

Le tableau des prévisions ne saurait être évidemment le même pour tous les climats. Celui reproduit par M. de Vézian a été dressé spécialement pour la Belgique et est extrait presque textuellement de l'ouvrage intitulé : *Règles de climatologie*, par M. Houzeau, ancien aide à l'Observatoire de Bruxelles; il pourra néanmoins servir pour les autres contrées de l'ouest de l'Europe, au moyen de quelques modifications ou additions suggérées par les observations locales.

Nous ne pouvons, faute d'espace, reproduire cette légende dans ce recueil; mais ceux de nos lecteurs que la question intéresse pourront facilement se la procurer en s'adressant à M. de Vézian, à Chartres.

Ces deux dispositions, dit M. de Vézian en terminant la notice relative à l'instrument et à la légende qui l'accompagne, ne mettront certainement pas entre les mains des savants un instrument meilleur, mais elles sont de nature à étendre l'usage du baromètre en fournissant avec plus de netteté et de commodité les pronostics relatifs au temps.

3° — **Anémométrographe de M. Hervé-Mangon,** exposé à Billancourt par M. Bréguet.

Cet instrument est une modification de celui imaginé par M. de Moncel.

L'anémométrographe de M. de Moncel comme celui de M. Hervé-Mangon se trouvent décrits d'une manière complète : le premier dans l'ouvrage de l'inventeur intitulé *Exposé des applications de l'électricité*; le second dans les *Annales de l'École des ponts et chaussées.* Nous nous abstiendrons d'en donner une description et nous prierons nos lecteurs de se reporter aux ouvrages cités.

Prix des divers instruments météorologigues enregistreurs.

Pour terminer cette revue des instruments météorologiques enregistreurs qui figuraient à l'Exposition universelle, nous indiquons les prix de ces divers appareils tels qu'ils sont parvenus à notre connaissance.

1. *Météorographe Secchi.*

1° Météorographe de luxe.	fr. 18.000
2° Météorographe simple.	10.000
3° Météorographe très-simple.	3.000

II. *Météorographe Salleron.*

Le Météorographe construit par M. J. Salleron, pour l'École impériale d'agriculture de Grignon, reviendra, tout installé, à la somme de	1.500

Mais il ne faut pas oublier que cet instrument n'enregistre pas les variations de la température.

III. *Instruments de MM. Hasler et Escher, à Berne.*

Thermomètre métallique avec cage simple	260
Baromètre	380
Anémométrographe avec double cage	920
Pluviomètre avec cage simple	540
Météorographe universel avec double cage	2.100
Horloge à enregistrer, avec mouvements de marche et de contact, pouvant marcher huit jours	225
Batterie de douze grands éléments	144
Hygromètre enregistreur à double cage	330

IV. *Instruments de MM. Hipp, à Neuchâtel.*

Thermomètre enregistreur électrique	200
Baromètre — —	240
Pendule électrique avec accessoires	100

V. *Instruments de M. Gros Claude fils, à Genève.*

Barométrographe	250
Thermométrographe	200
Hygrométrographe	150

A. Pouriau.

III

MACHINES A VAPEUR

PAR M. **JULES GAUDRY**, Ingénieur au chemin de fer de l'Est,

(Planches XCV, XCVI, XCVII, XCVIII et XCIX.)

LOCOMOBILES.

I

Les locomobiles ou machines à vapeur ambulantes sont représentées à toutes les expositions industrielles et agricoles par un grand nombre de spécimens. Le concours universel de 1867 offre au moins une centaine de locomobiles de toutes formes, tant au Champ de Mars qu'à l'annexe de Billancourt. La France, l'Allemagne, l'Angleterre et la Belgique, plus la Suède, ont seules fait les frais de cette exhibition considérable. Tous les constructeurs de ces nations n'ont pas exposé. Partout où l'on fabrique des machines à vapeur on fournit des locomobiles à l'industrie, et si chaque atelier d'Europe ou des États-Unis avait envoyé ses spécimens, l'Exposition nous offrirait plusieurs centaines de ces machines à vapeur ambulantes si répandues aujourd'hui partout, dans tous les genres de travaux.

Le premier projet de locomobile connu jusqu'ici en France est celui du brevet d'invention Girard en 1809. M. Hallette, le célèbre constructeur d'Arras, l'un des fondateurs de la fabrication des machines en France, prit également un brevet en 1823 pour une *machine à vapeur ambulante;* en 1839 Bourdon, Rouffet et Cavé, construisirent des locomobiles dont les deux premières ont figuré à des expositions publiques.

En 1849 parurent les *batteuses locomobiles* à vapeur de Lotz, de Nantes. Mais ce fut à l'Exposition universelle de 1851 que les locomobiles se révélèrent définitivement avec éclat, pour une application générale dans la forme que nous lui connaissons aujourd'hui et qui semble devenue classique. L'exposition de 1851 en offrit 17 specimens. Dès l'année suivante, l'utilité de ces appareils avait été comprise en France, et M. Calla choisissait avec le tact de l'ingénieur praticien parmi les types de Londres celui de Clayton ; il l'étudiait à nouveau ; il le modifiait suivant nos idées françaises. A partir de ce moment les locomobiles naturalisées chez nous entraient largement dans nos exploitations industrielles ou agricoles et dans les chantiers de constructions publiques ou privées.

Duvoir-Albaret, Cumming, Lotz, Thomas et Laurens furent aussi les premiers pionniers de l'industrie des locomobiles en France, avec des types originaux qui ont encore leurs caractères particuliers.

L'Exposition universelle de Paris en 1855 prouva que l'enseignement de l'exhibition de Londres n'avait pas été perdu, et elle offrit presque autant de locomobiles françaises que d'anglaises. Il en fut de même au concours agricole universel de 1856. Au concours général et national de 1860, il n'y en eut pas moins de 60 sortant toutes des ateliers français. On y distingua les machines de Rouffet, Farcot, Thomas, Daubrée, Frey, Gargan, Duvoir-Albaret, Cumming, Bréval, Cail et Calla qui, nous l'avons dit, peut être considéré comme le vulgarisateur des locomobiles auxquelles il consacra un atelier spécial et important, prenant pour point de départ la machine anglaise de Clayton. Celui-ci et Hornsby, Garett, Tuxford, Ransomes, Dray, Smith, Exall-Andrews, furent les premiers propagateurs de ce genre de machine en Angleterre.

La plupart de ces célèbres maisons se trouvent en concours au Champ de Mars et à l'enclos de Billancourt, et l'impression générale que nous avons d'abord recueillie est que les différences de types s'effacent de plus en plus. Chaque constructeur ne caractérise plus guère ses œuvres que par des détails d'installation et des formes extérieures d'organes : encore ne sont-elles pas exclusives, et il n'est pas rare qu'un même constructeur ait plusieurs types représentant tous les systèmes connus. Les locomobiles françaises affectent au contraire une variété infinie. En général, elles se reconnaissent de suite à la table dite de fondation qui porte solidairement tout le mécanisme moteur et n'est elle-même appuyée sur la chaudière que par un petit nombre d'attaches dont l'enlèvement suffit pour isoler le mécanisme. Cette table d'assise ou de fondation, dont le caractère rationnel ne peut être contesté, est regardée à peu près partout autre part qu'en France comme une complication pratiquement inutile, qui ajoute au poids et au prix de revient d'un appareil qui doit être essentiellement léger et peu coûteux. En outre la locomobile française est plus complète, pourvue de tous les appareils propres à faciliter le service et à le rendre économique : tuyau d'évacuation, réchauffeur d'eau, alimentateur perfectionné, appareil de détente variable, changement de marche par coulisse, etc.

La locomobile anglaise au contraire n'a guère tous ces accessoires que dans les expositions et concours. Pour la pratique elle est réduite au maximum de simplicité et de légèreté, et il nous sera permis de dire qu'elle réalise plus complétement, à notre avis, le programme des conditions générales que nous avons détaillées au Traité des machines à vapeur que nous avons publié il y a quelques années. Toutefois nous n'osons recommander en France la locomobile anglaise surtout dépourvue de sa table de fondation, tant il y a, en France, parti pris à cet égard.

Une autre impression générale éprouvée dans l'étude comparative des locomobiles à l'Exposition de 1867 est la perfection de leur exécution, égale aujourd'hui à celle des meilleures machines à vapeur. On paraît en avoir fini presque partout avec ces constructions dignes de l'enfance de l'art, qui ont tant retardé la vulgarisation des locomobiles loin des centres industriels. Il y a encore des œuvres pitoyables ; mais la grande majorité des machines exposées mériterait, au contraire, le reproche d'excès de luxe, s'il n'était admis qu'on ne paraît pas aux expositions publiques sans une certaine élégance de vernis et de poli qui ne constitue pas le mérite d'un appareil, mais qui attire cependant complaisamment l'attention. Nos bonnes maisons françaises valent certainement aujourd'hui les célèbres spécialistes anglais.

Nous allons passer en revue les principaux types exposés en y joignant quelques autres qui sont caractéristiques et ont droit à tout notre intérêt, quoique absents du Champ de Mars ou de l'enclos de Billancourt. Les types ne sont pas assez tranchés pour donner lieu à un classement méthodique ; nous diviserons simplement par nation les locomobiles dont nous allons rendre compte.

Quelque peine que nous ayons prise, nous n'avons pas pu toujours réunir tous les documents voulus pour notre description. Quant aux dessins qui accompagnent celle-ci, nous prions le lecteur de ne les considérer que comme des croquis indiquant l'agencement général. Quelques constructeurs ont bien voulu nous donner leurs plans pour l'exécution des dessins exacts ; nous aurons soin d'en avertir en décrivant les locomobiles, et nous les remercions au nom de nos lecteurs.

Nous commencerons par étudier la locomobile dans son ensemble pièce à pièce, et pour en rendre la connaissance bien complète, nous décrirons d'abord un type, celui de M. Calla, qui forme le trait d'union entre les systèmes anglais et français. La planche XCV la représente en élévation longitudinale ; la planche suivante la donne en deux élévations transversales : l'une vue d'avant, l'autre vue d'arrière. Comme en toute machine à vapeur, on distingue la chaudière et le mécanisme proprement dit, à quoi s'ajoute le train de roulement pour la rendre ambulante. Ce dernier consiste en une paire de grandes roues R, dont l'essieu est fixé sur ou près la boîte à feu B de la chaudière. Une autre paire de roues plus petites R' forme avant-train mobile autour d'une cheville-ouvrière, comme sous toute voiture. De l'avant-train dépend la flèche ou le brancard d'attelage T et U qui sont articulés à l'ordinaire.

Quant à la chaudière qui crée la vapeur motrice, comme il importe qu'elle soit réduite aux moindres poids et volume, on emploie généralement le type multitubulaire des locomotives de chemins de fer, qui se compose essentiellement d'une *boîte à feu* ou foyer B, d'un corps tubé A contenant le faisceau des tubes traversés par la fumée et les gaz chauds qui, du foyer B, aboutissent dans la *boîte à fumée* C et de là dans la *cheminée* DD'. Celle-ci est en deux morceaux rejoints à charnières. On relève la partie mobile D pour travailler. On la rabaisse comme il est indiqué dans le dessin pour voyager.

Le *mécanisme moteur* est placé sur le sommet de la chaudière, et il repose tout entier sur la table de fondation A' qui est d'un seul jet de fonte. E est le *cylindre* où le *piston* se meut alternativement sous l'action de la vapeur admise et émise à temps voulu par le *distributeur* ci-après. F est la *tige* du piston ; *d d* sont les *glissières* qui dirigent sa course rectiligne. Sous la glissière inférieure est *l'égoutoir j* qui recueille l'huile ou la graisse employée au lubrifiage des glissières. On filtre cette graisse et on l'emploie de nouveau. G est la bielle motrice qui transmet l'action du piston à la manivelle H de l'arbre moteur I, sur lequel est calée la poulie-volant K où on applique la courroie de commande des engins à mouvoir. Tels sont les organes fondamentaux de la machine à vapeur. Elle se complète pratiquement par ceux qui suivent :

La *pompe alimentaire* M qui envoie l'eau dans la chaudière ; l'*aspiration* se fait dans une bâche par le tuyau à crépine K. Le *refoulement* dans la chaudière a lieu par le tuyau L.

Le *distributeur de vapeur* au cylindre comprend deux séries d'organes placés de part et d'autre du cylindre. Le distributeur proprement dit, étant sur le côté opposé à celui que montre la figure, n'a pu être représenté ; mais il consiste simplement, comme dans les machines à vapeur classiques, en un *tiroir à coquille* que meut un excentrique calé sur l'arbre moteur du volant, et qui démasque à temps voulu les passages de la vapeur soit à son *admission* dans le cylindre, soit à son *émission*. Quant aux passages de la vapeur hors du cylindre, celle qui vient de la chaudière est prise sur la boîte à feu par la tubulure à robinet O ; une manette *g* descendant sur la façade du foyer sert à ouvrir et à fermer à volonté le robinet d'introduction. En sortant du cylindre, la vapeur descend en une tubulure ménagée dans le corps de la table de fondation. A l'autre extrémité se trouve un tuyau de raccord *n* qui conduit la vapeur dans la cheminée, où son émission produit un tirage énergique qui est l'âme de la chaudière tubulaire.

L'autre série d'organes distribuant la vapeur, et visible en la planche XCV, a pour objet spécial de *régler* les passages de la vapeur proportionnellement au travail moteur à fournir et d'uniformiser ainsi la vitesse. On y distingue le *pendule* à action centrifuge, dont les boules N tournent en s'écartant plus ou moins suivant la vitesse acquise. Par le jeu de deux petits leviers que relie la tringle *ff*, le tuyau O introduisant la vapeur est plus ou moins obstrué par une valve intérieure.

Les organes accessoires pour la sûreté et la régularité du service sont nombreux. On remarque surtout le *manomètre* à cadran Q, qui indique la pression dans la chaudière ; les *soupapes* de sûreté P, qui se lèvent automatiquement pour laisser évacuer la vapeur accidentellement en excès; *l'entonnoir* X, qui est une tubulure sur le flanc du foyer et dont on démonte le bouchon à étrier quand on veut remplir la chaudière à froid ; le robinet *p*, dit de *vidange*, placé également sur le flanc du foyer mais vers le bas; le *cendrier* *q*, sous le foyer, avec sa chaîne pour ouvrir à volonté la porte par laquelle passe l'air appelé dans le foyer suivant l'activité à donner au feu.

La robineterie comprend : les *robinets jauges* *r* et le *tube jauge* *h*, qui indiquent le niveau d'eau dans l'intérieur de la chaudière; les *robinets purgeurs*, placés au bas du cylindre à vapeur pour évacuer l'eau et l'air qui s'y amassent ; des tubes S S' conduisant à terre les produits évacués; enfin le double *robinet graisseur* *i*, pour introduire dans le cylindre l'huile lubrifiante nécessaire au frottement du piston. Le manomètre et les tubes de la pompe alimentaire ont aussi leurs robinets pour fermer au besoin le passage de l'eau.

Voyons maintenant, en prenant l'ensemble des locomobiles connues, comment les divers organes qu'on vient de relater sont plus ou moins modifiés dans les types si variés des constructeurs.

I. *Chaudières*. Le type tubulaire direct, dit des locomotives, que nous venons de voir, est le plus généralement admis; mais l'Exposition nous offre des systèmes particuliers, tubulaires ou non, dont la description aura lieu en leur place. Nous relaterons cependant ici les chaudières *tubulaires en retour*, dont la forme extérieure est celle d'une tonne cylindrique ayant la boîte à fumée et la cheminée sur la même façade que la porte du foyer. On a rendu *amovibles* le foyer et le faisceau tubulaire : en démontant un joint mastiqué et boulonné, on peut les retirer pour les nettoyer à fond. Ce système, éminemment propre aux locomobiles, a apparu à l'exposition de Paris en 1856 dans la locomobile Thomas et Laurens, et à l'exhibition de Londres en 1862 dans celle de Ransomes. On le retrouve chez plusieurs exposants du concours actuel qui s'en disputent la priorité d'invention. Une discussion s'est élevée à cet égard dans les *Annales du Génie civil* de l'année dernière; nous ne voulons pas nous rendre juge.

Dans les très-petites locomobiles, on fait quelquefois usage de chaudières verticales tubulaires ou en forme de deux calottes concentriques, avec lame d'eau intermédiaire. L'Exposition n'en offre d'exemple que pour les machines dites *demi-fixes* qui ne diffèrent des locomobiles que par l'absence du train de roulement.

Par contre, nous y signalerons un système de chaudière appliqué aux locomobiles, et d'un système tout à fait spécial. C'est celui bien connu de M. Belleville, lequel est composé d'une série de tubes chauffés extérieurement et dérivés du serpentin. L'eau y est refoulée par un injecteur *self-acting* et réglable. Cette eau, chauffée graduellement dans son trajet dans le serpentin, arrive à se vaporiser et même à se surchauffer avec une rapidité qui rendra l'appareil précieux pour les locomobiles qu'il importe de préparer très-vite à fonctionner.

Nous avons dit que le type multitubulaire direct des locomotives de chemin de fer était prédominant aussi pour les locomobiles, surtout en Angleterre. On sait qu'il y a deux types pour l'assemblage du corps tubé aux deux coffres extrêmes qui sont l'un, la boîte à fumée, et l'autre la boîte à feu. Dans l'un, dit de Stephenson, ces deux coffres sont en saillie et raccordés au corps tubé par collets emboutis ou par cornières. La planche où est représentée la locomobile de Calla donne ce type. Au lieu de la forme rectangulaire du foyer ici donnée, le constructeur anglais Bury préférait, à l'origine des chemins de fer, un foyer cylindrique plus simplement armé contre la déformation et que surmontait une calotte sphérique. Beaucoup de constructeurs de locomobiles ont adopté, surtout en France, cette forme de foyer cylindrique, mais avec dessus plus ou moins plat. Elle est caractéristique dans les types de Rouffet et de Duvoir-Albaret, que nous décrirons.

L'autre forme de chaudière, dite de Crampton, est celle où les deux coffres extrêmes forment sans saillies le prolongement du corps tubé. Nous la retrouverons préférée dans beaucoup de locomobiles étrangères ou françaises à cause de sa simplicité.

L'addition d'un dôme-réservoir de vapeur tend à se répandre. Il y a beaucoup de divergences sur la place qui lui est assignée ; il est mis près de la cheminée par les constructeurs qui veulent prendre la vapeur aussi peu aqueuse que possible. C'est un problème dont plusieurs semblent très-préoccupés, et nous verrons divers systèmes d'installation dans ce but.

Une particularité que l'on remarquera dans beaucoup de locomobiles françaises est l'agencement de la boîte à fumée, rattachée au corps tubé par quelques boulons, et construite en mince tôle aussi économiquement que possible; tous les constructeurs étrangers installent au contraire leur boîte à fumée avec autant de soin que dans les locomotives des chemins de fer. Il en est de même du cendrier.

La cheminée rabat en arrière au moyen d'une charnière. Rarement elle est en plus de deux pièces, et presque toujours, au contraire, elle est à tirage forcé par le jet de la vapeur d'émission, lequel est assez faible lorsque cette vapeur a servi à réchauffer l'eau alimentaire ainsi que cela se pratique souvent. Quelquefois un robinet, dit *souffleur*, permet de lancer dans la cheminée un jet de vapeur pris à la chaudière.

On verra diverses formes des couronnements de la cheminée en vue d'empêcher la projection des escarbilles. A l'exposition de Londres il y eut une locomobile de Ransomes, avec cheminée à *pavillon* conique, comme sur les locomotives des chemins de fer destinées à brûler du bois. Au Champ de Mars il y a deux *pare-étincelles* du même système : celui de la locomobile suédoise où le cône a sa grande base en bas, et celui de Renaud, de Nantes, où il a la forme d'une boule.

La construction proprement dite de la chaudière ne donne lieu à aucune observation, non plus que ses armatures. Les tôles sont destinées à supporter une pression effective de régime qui excède rarement 4 kilogrammes par centimètre carré de surface. Elles sont réduites au minimum d'épaisseur, surtout en Angleterre, en vue de l'allégement. On y emploie, disent les constructeurs anglais, les matériaux de premier choix, les fers du Yorkshire et du Staffordshire, ou même les tôles d'acier.

Le coffre intérieur de la boîte à feu, le foyer proprement dit, se fait ordinairement en fer dans les locomobiles et non en cuivre comme dans les machines de chemin de fer. Deux ou trois constructeurs soudent les tôles, au lieu de les réunir, à rivures; ils ont même exposé des chaudières entièrement soudées, sans rivures, et ils ont présenté des ouvrages, vrais tours de force, pour prouver la possibilité de généraliser leur système.

Les tubes de fer ne sont généralement préférés aux tubes en laiton que par économie. Plusieurs maisons anglaises de premier ordre tiennent à ne livrer que des locomobiles à tubes de laiton, dans l'intérêt de leur réputation. Les maisons qui se prévalent de l'expérience acquise paraissent aussi disposées à ne pas multiplier les tubes et à préférer plutôt un accroissement de diamètre, un grand espacement et la disposition en carré plutôt qu'en quinconce, ainsi que la facilité des démontages et du nettoyage.

Les proportions suivantes nous ont paru les plus usuelles :

Diamètre des tubes, de 65 à 70 millimètres.

Écartement des tubes, de 25 à 50 millimètres.

Longueur au plus, $2^m,50$.

Surface de chauffe par cheval nominal de $1^m,30$ à $1^m,60$.

Les dimensions du foyer, de la grille et de la cheminée dépendent de la nature du combustible à brûler. Quand le foyer doit brûler de la houille, il est assez petit ; il est très-grand pour le bois et la tourbe ; il a des dimensions moyennes quand on se propose d'y brûler tout combustible indifféremment.

Si, en terminant cet examen d'ensemble des chaudières de locomobile, nous le portons sur la fabrication, nous remarquerons que la grosse chaudronnerie est presque partout très-soignée, mais que la petite tôlerie de la boîte à fumée, de la cheminée et des bâches est au contraire très-négligée, sauf dans quelques maisons de premier ordre.

2° *Accessoires de chaudières.* Ils offrent peu de variété et de particularités.

Le cendrier est un accessoire indispensable. En Angleterre surtout, il est très-bien fermé avec une porte mobile servant à régler l'activité du passage d'eau sous la grille et par conséquent à régler l'action du feu. Dans toute locomobile bien installée, les précautions sont au moins prises pour que le cendrier reçoive les escarbilles sans qu'il y ait aucun danger de communiquer des incendies, quelle que soit la proximité des matières inflammables près desquelles les locomobiles peuvent être appelées à travailler.

Le robinet de vapeur, dit souffleur, pour injecter de la vapeur dans les cheminées et activer le tirage, se remarque sur quelques locomobiles.

Les soupapes de sûreté sont au nombre de deux. En France, elles sont généralement équilibrées par des poids et mis côte à côte. En Angleterre, elles sont distancées, et l'une d'elles est mise sous clef pour être à l'abri des surcharges si communes et si dangereuses.

Partout l'indicateur de pression, proprement dit, est le manomètre métallique à cadran gradué. Les Anglais le recouvrent d'un grillage protecteur.

Les indicateurs de niveau d'eau sont partout les robinets-jauges et le tube jauge accoutumés. Ce dernier est souvent protégé par un grillage, comme celui du manomètre, ou par un fourreau métallique fendu de manière à laisser voir suffisamment le niveau de l'eau dans le tube de verre.

Le sifflet avertisseur se voit rarement.

L'entonnoir d'emplissage de la chaudière est un accessoire que toute locomobile emporte ; il s'adapte à un appendice *ad hoc* appliqué sur le flanc de la chaudière et fermé soit par un bouchon à vis suivant l'usage anglais, soit par un autoclave à la façon de M. Calla.

Les tampons de nettoyage, robinet de vidange et trou d'homme pour entrer dans la chaudière ne nous ont offert aucune particularité. Nous avons seulement constaté leur existence sur toutes locomobiles bien comprises.

3° *Alimentateur.* L'injecteur Giffard, appareil délicat à manier, ne se trouve que sur un petit nombre de locomobiles, surtout en Angleterre ; on lui préfère une pompe ordinairement à petite course de plongeur mue par un excentrique. Quelquefois il n'y a qu'un seul et même excentrique pour la pompe et pour le distributeur de la vapeur au cylindre. Quelquefois aussi l'aspiration se fait, comme dans la locomobile d'Albaret, dans une bâche attenant à la machine, et où on peut la chauffer par une injection de vapeur lorsque celle-ci est momentanément en excès. Le plus souvent la pompe aspire tout simplement au moyen d'un tube flexible dans un baquet posé sur le sol. Souvent en France l'eau refoulée est chauffée soit en traversant un tube contourné dans la boîte à fumée, ce que font quelquefois aussi les Anglais, soit au moyen d'un appareil spécial dont le type varie, mais qui a pour principe l'emploi de la vapeur amenée du cylindre après son action sur le piston.

En général, ces appareils chauffeurs d'eau alimentaire n'existent sur les locomobiles anglaises que pour les besoins de l'exposition, sauf sur les grosses locomobiles de 12 chevaux et plus, où l'économie du combustible commence à devenir importante.

Une particularité remarquée à l'Exposition de 1867 est l'addition d'un levier à bras pour manœuvrer la pompe alimentaire après l'avoir déclanchée d'avec la machine, lorsqu'on veut la faire fonctionner sans mouvoir la machine elle-même dont elle dépend. Nous retrouvons cette installation en Suède, de même qu'en Angleterre et en France. On remarque aussi quelques alimentateurs automatiques; mais quoique de date ancienne, ils ne paraissent pas se généraliser.

4° *Mécanisme moteur*. Le mouvement des locomotives, à cylindre fixe horizontal, à tige de piston guidée par des glissières et à bielle actionnant directement un arbre coudé que porte un volant ainsi qu'une ou plusieurs poulies de commande par courroie, tel est le système usuel des locomobiles. Au delà de 12 chevaux le mouvement est généralement double, c'est-à-dire qu'il y a deux cylindres accolés dont les pistons conjugués commandent l'arbre par des manivelles disposées respectivement à angle droit.

L'axe du mécanisme est parallèle à celui de la chaudière. Cependant au concours général de Paris, en 1860, on a vu une locomobile de Cumming dont le cylindre était transversal au corps de la chaudière. Il y a eu aussi, à diverses époques, quelques essais de locomobiles à cylindre oscillant. Mentionnons aussi la locomobile à piston-fourreau, exposée par Cowan, à Londres, en 1862. Enfin, dans l'une des annexes de l'enclos du Champ de Mars, on voit en ce moment une locomobile à piston rotatif de M. Mollard, à Lunéville, aussi simple que légère : elle sera décrite ci-après.

Parmi les systèmes spéciaux nous en citerons deux autres très-remarquables à l'Exposition : la première est la locomobile verticale de M. Belleville et celle de la maison Wehyer et Lorreau, où la chaudière portant le mécanisme accoutumé est installée dans une sorte de chambre roulante. Ce type, très-bien étudié par MM. Thomas et Laurens, avait déjà été vu, mais à l'état rudimentaire, au concours régional de Versailles, exposé par M. de Selve, agriculteur.

L'Exposition de 1867 ne nous offre pas le système de Tuxford où le mécanisme, ordinairement vertical avec ou sans bielle en retour, était renfermé dans un coffre à l'avant. Ce système a été très-apprécié par une école d'ingénieurs et vivement critiqué par d'autres, parce que le mécanisme est, disent-ils, peu abordable. Une locomobile exposée à Billancourt a son mécanisme distribué comme à l'ordinaire sur la chaudière, mais avec recouvrement d'un coffre à panneaux tombants. C'est la seule réminiscence du mécanisme enfermé que nous ayons retrouvée à l'Exposition de 1867.

Les cylindres et pistons ont peu de particularités. Ils sont garnis des graisseurs et purgeurs accoutumés. Nous verrons que la place du cylindre est très-variée surtout en France. Il est quelquefois engagé dans le dôme de vapeur, dans le prolongement de la boîte à feu ou dans celui de la boîte à fumée, afin d'éviter son refroidissement. Quand il est en dehors, on a du moins soin de bien l'envelopper avec du bois et de la tôle. En France, nous enveloppons de même très-soigneusement tous les appareils contenant de la vapeur ainsi que la chaudière. En Angleterre la boîte à feu reste assez souvent découverte en tout ou en partie, mais le cylindre à vapeur est au contraire très-soigneusement protégée, ce que ne font pas tous nos constructeurs français.

Dans l'installation du cylindre, on s'attache à rendre aisément démontable, pour la visite, celui des couvercles que ne traverse pas la tige du piston.

Les glissières ou guides de celui-ci sont très-variés depuis la glissière unique de Duvoir-Albaret qu'on a vue à l'exposition de 1856 à Paris, jusqu'à la quadruple glissière anglaise.

La plupart des grandes maisons anglaises signalent le plus qu'elles peuvent à l'attention ce fait que les glissières et en général tout le mécanisme, autant que possible, est fait en fer, parfois même en acier, ou du moins écroui et trempé. Leur formule usuelle est celle-ci : on a évité l'emploi de la fonte partout où il a été rigoureusement possible. La locomobile suédoise témoigne de la même préoccupation. Sont également en acier ou du moins aciérés, les boulons et pièces qui se démontent souvent et dont la déformation serait un inconvénient.

5° Le *mécanisme de distribution*, organe si délicat des machines à vapeur, est radicalement simple dans les locomobiles. Il se compose usuellement d'un simple *tiroir à coquille* donnant admission à la vapeur par ses bords extrêmes, et émission par le dessous de la coquille. Il est mû par un seul excentrique. On n'adapte le changement de la marche et la coulisse avec arbre de relevage que lorsqu'on en fait la demande pour des besoins spéciaux.

Les appareils spéciaux pour la *détente* ne se rencontrent guère que sur les grosses locomobiles. On évite, au contraire, cette complication sur les petits appareils où il y a plus d'économie à simplifier le mécanisme qu'à épargner un peu de vapeur.

Le régulateur ou modérateur de vitesse est un organe usuel dans toute locomobile, mais les systèmes sont très-variés. En Angleterre, il est très-simple et dans la forme vulgaire de pendule à boules actionnant une valve ou un papillon.

On verra, au contraire, divers systèmes perfectionnés dans les locomobiles françaises, allemandes, belges, suédoises, etc. Parmi eux on distinguera les systèmes isochrones de Foucaud, Farcot, etc., ainsi que le système Meyer et le modérateur à anneau de Duvoir-Albaret, qui ont été l'objet de nombreuses publications descriptives.

6° Le *bâtis du mécanisme* des locomobiles françaises se caractérise généralement par la table de fondation d'un seul jet de fonte qui porte tout ce mécanisme depuis le cylindre jusqu'aux chaises à palier portant l'arbre de couche. On verra cette table reliée à la chaudière par un petit nombre d'attaches parfois sans aucune trouée dans les tôles. C'est là une idée fixe en France, et beaucoup de praticiens ne comprennent pas la locomobile autrement. Partout autre part qu'en France, on omet généralement la table de fondation. Le cylindre est boulonné sur la chaudière ; un autre support sert d'appui aux glissières de la tige de piston, et l'arbre de couche porte sur deux chaises à palier isolées ; il en est ainsi du pendule modérateur, etc. Dans les locomobiles anglaises de Ransomes et dans quelques autres à son imitation, les chaises de l'arbre et le cylindre sont reliés au cylindre par deux tiges-armatures ; c'est une tendance vers l'idée de solidarité du mécanisme.

Il est évident que la table de fondation est rationelle en théorie, mais elle ajoute beaucoup au poids et au prix d'un appareil qui doit être essentiellement léger et peu dispendieux. Dans la pratique, elle a contre elle l'exemple de plus de 20,000 locomobiles étrangères, qui font un très-bon service et n'ont jamais eu cette plaque. J'ai eu moi-même l'exemple d'une locomobile dépourvue de table, et qui, au bout de 14 ans, ne manifestait aucun de ces tiraillements qu'on prétend éviter au prix de la complication en question. Il est à remarquer que le jeu laissé au piston, aux deux extrémités du cylindre, est suffisant pour se prêter aux mouvements de la dilatation d'une extrémité à l'autre du mécanisme; et qu'en ovalisant les trous d'assemblage sous les écrous des boulons, les effets de la dilatation ne sont pas à redouter. Ainsi deux courants d'idées contraires ont lieu relativement aux bâtis et supports des locomobiles. Dans *l'idée française*, tout est solidaire dans le mécanisme et indépendant de la chaudière au degré maximum. Dans *l'idée anglaise*, au contraire, tout est isolément distribué sur la chaudière. Les supports, tables ou bâtis, diffèrent d'ailleurs beaucoup dans la forme ainsi qu'on le remarquera dans les dessins.

7° Le *train de roulement*, qui rend la machine à vapeur ambulante, comporte ordinairement 4 roues. Les deux grandes sont fixes et à proximité du foyer. Les petites roues d'avant sont en avant-train mobile, comme dans les véhicules ordinaires des routes. Il y a eu, et il y a encore quelques exemples de locomobiles à deux roues et à brancard fixe pour l'attelage. On remarquera notamment la locomobile de Vehyer et Lorreau, qui n'a pas de roues par elle-même et est installée dans une voiture à 2 roues. MM. Thomas et Laurens, Rouffet et M. de Selve, au concours de Versailles, en 1858, ont employé le même système.

On remarquera que les trains des locomobiles anglaises sont très-largement proportionnés comme pour des voitures de vitesse. Nos fabricants français font des machines déplaçables plutôt que vraiment ambulantes. Ils donnent souvent un trop petit diamètre aux roues. Pour la construction de celles-ci, il y a deux systèmes à peu près également suivis. Celui des roues de bois, soit avec moyeu de fonte, soit de pur charronnage. Dans l'autre système, le moyeu et les jantes sont en fonte, quelquefois avec addition d'une frette en fer autour de la jante, et les rais sont en fer rond. C'est ce que nous appelons en France des roues Calla, parce que celui-ci les ayant empruntées à un des constructeurs anglais dans nos premières locomobiles françaises, elles ont été très-souvent faites ainsi par nos fabricants à son imitation. On verra quelques exemples de roues en fer imitées de celles des chemins de fer, et aussi quelques exemples de roues en fonte.

Une locomobile belge a des ressorts de suspension. Elle est seule. Une locomobile anglaise eut également des ressorts à l'Exposition universelle de 1855. Je n'en connais guère d'autre exemple; mais la locomobile-voiture dont nous avons parlé offre et a toujours offert des ressorts installés avec les particularités que nous relaterons.

L'avant-train joue autour d'une cheville ouvrière. En France, il est généralement d'une simplicité radicale. En Angleterre, son installation compliquée et soignée le rend analogue à celui des meilleures voitures de vitesse.

On remarquera trois systèmes de cheville ouvrière : 1° une cheville vulgaire traverse un œil ménagé dans l'essieu des roues d'avant-train; 2° à la cheville sont ajoutées deux plaques de friction : l'une attenant à la cheville ouvrière elle-même et au corps de la locomobile, l'autre attenant à l'essieu. Quelquefois, au lieu de la plaque, on adopte des croissants comme dans les avant-trains des voitures ordinaires; 3° la cheville et les plaques de friction sont remplacées par des rotules sphériques qui permettent aux roues et à leurs essieux de s'incliner sur les inégalités du chemin, sans que les véhicules ressentent au même degré les effets de cette inclinaison.

8° *Le mode d'installation* des locomobiles pour travailler est, sauf un petit nombre d'exceptions, conforme à celui que représente la figure suivante. On y voit une locomobile proprement dite du système Calla, actionnant en plein champ un engin fixe, qui est ici une pompe rotative de M. Coignard pour une élévation d'eau. Cet appareil est pourvu d'une poulie qui lui appartient; c'est

Locomobile Calla. — Pompe rotative Coignard.

la grande poulie à 6 bras en *s* qu'on remarque en bas, à gauche. On la réunit à la poulie-volant de la locomobile par une courroie de transmission sans fin, médiocrement tendue, en cuir ou en caoutchouc. La locomobile, surtout en Angleterre, porte généralement deux poulies d'inégal diamètre, une à chaque bout de l'arbre de couche : la plus grande est le volant proprement dit, l'autre est en général beaucoup plus petite, afin de permettre de varier les vitesses.

Nous avons déjà dit qu'on n'appliquait le mécanisme de changement de marche qu'à des cas spéciaux. On donne donc aux engins à actionner la direction voulue à l'aide de la courroie de transmission, dont à volonté on tient les bandes parallèles ou croisées.

Dans la figure qui précède, on a supposé la locomobile assez lourde pour ne pas se déranger de sa place en travaillant. Mais ordinairement on la cale, soit avec les premiers matériaux venus qu'on trouve sous la main, soit à l'aide de buttoirs, que plusieurs constructeurs fournissent comme accessoire de service. Il n'est pas possible d'indiquer ici les procédés de conduite et de direction. L'auteur de la présente étude y a consacré des détails étendus dans son Traité de l'installation et de la conduite des machines à vapeur. Il faut ajouter que les principaux fabricants de locomobiles livrent à l'acheteur des *instructions* qui sont parfois de petits traités véritables et très-instructifs, et qu'ils permettent au besoin qu'on vienne faire un certain apprentissage dans leurs ateliers.

En terminant cette revue générale, nous remarquerons qu'on fait aujourd'hui des locomobiles depuis 2 jusqu'à 30 chevaux. Mais, pour le courant des travaux où la machine est réellement ambulante, la force de 6 chevaux reste toujours la moyenne. C'est là, par excellence, la locomobile des fermes et des chantiers, réduite au minimum du poids facile à traîner par la bonne disposition du train de roulement. Quant aux usages de la locomobile, on peut dire qu'elle s'applique aujourd'hui à tout et partout. Cependant ses principales applications sont le pompage, la scierie, le levage des fardeaux par les treuils, le labourage, la mouture.

Nous arrivons maintenant à la description des locomobiles de l'Exposition de 1867 et de celles qui peuvent s'y rattacher.

Nous ferons un premier groupe des locomobiles anglaises, un second des locomobiles françaises, et nous réunirons dans un troisième les locomobiles belges, allemandes et suédoises.

II

Locomobiles anglaises.

(Pl. XCVII et XCVIII.)

Il existe, en Angleterre, environ quinze établissements de premier ordre comparables aux plus grandes fabriques de machines à vapeur; plus, un égal nombre d'ateliers secondaires spécialement affectés à la construction du matériel agricole, et, en particulier, des machines à vapeur. Clayton, Ransomes, Ruston-Proctor, Robey, Marshall, May, Barrett, Barrows, Garrett, Tuxford, Turner, Fox-Walker, Hornsby, Howard, Fowler, etc., que nous retrouvons à l'Exposition de 1867, comme à presque tous nos concours depuis 1855, sont depuis longtemps connus en France et dans le monde entier. Quelques-unes de ces maisons ont construit plusieurs milliers de locomobiles. Clayton touche au nombre de 8000. La plupart de ces maisons célèbres ont exposé, non-seulement des séries multiples d'un même système, mais parfois plusieurs types différents.

Nous allons les passer en revue en y joignant, quand il se pourra, quelques renseignements sur la fabrique elle-même.

Si nous examinons d'abord dans l'ensemble les locomobiles anglaises, nous constaterons les particularités suivantes:

1° Adoption à peu près générale de la chaudière dite multitubulaire directe ou des locomotives, très-largement proportionnée, eu égard à la force nominale que la force effective dépasse environ d'un tiers.

2° Mécanisme radicalement simple, avec l'absence caractéristique de notre table de fondation française.

3° Uniformité sensible des types; on compte à peine trois ou quatre formes caractéristiques et un peu tranchées. Les constructeurs ne se spécialisent guère que par des agencements secondaires ou par des formes.

4° Les types de chaque constructeur sont aujourd'hui à peu de chose près ce qu'ils étaient à l'origine. Il ne faut pas en conclure qu'aucun progrès n'a été fait, car chaque détail révèle au contraire une grande étude. Mais il faut reconnaître que, pour les locomobiles comme pour le matériel des chemins de fer, les Anglais ont adopté des formes traditionnelles consacrées dans le public. Nous croyons que la vulgarisation si merveilleuse de ces machines, en Angleterre, est due en grande partie à cette uniformité des types; leur variation a, au contraire, pour effet de dérouter ceux qui les emploient, de les tenir dans l'incertitude, et de leur ôter toute confiance dans le succès d'appareils sur lesquels les fabricants eux-mêmes sont si peu d'accord.

5° On remarquera encore que les locomobiles anglaises sont étudiées avec un grand soin au point de vue des facultés ambulatoires; leurs grandes roues, l'agencement de l'avant-train, la légèreté relative de la machine doit appeler toute l'attention.

6° Il ne faut pas demander aux locomobiles anglaises de concourir avec quelques-unes de nos françaises pour l'économie du combustible. Ce n'est guère qu'à l'Exposition et entre les mains de conducteurs d'élite, qu'on a comparés aux *jokeys d'entraînement*, qu'elles obtiennent certains résultats très-vantés. Cependant, par les excellentes proportions respectives de toutes les parties, plusieurs maisons sont arrivées à des perfectionnements économiques sensibles. Nous avons déjà dit que les Anglais considéraient la simplicité et les allures aisées comme une économie beaucoup plus pratique pour le courant du service que l'épargne d'un peu de charbon, se résumant à un faible chiffre eu égard à la force réduite de l'appareil.

7° Enfin, les visiteurs de l'Exposition ont été frappés de l'exécution soignée des locomobiles anglaises; nous pouvons affirmer que les bonnes maisons livrent leurs machines dans l'industrie à peu près dans le même état de fabrication, en y joignant une série très-complète d'agrès de service. Les matériaux de construction sont du premier choix et l'ajustage est aussi soigné, aussi parfait que les œuvres offertes à la réception des plus exigeants ingénieurs de la marine et des chemins de fer. Si nous appelons encore avec insistance l'attention sur ce point, c'est que ce soin de construction est un des plus sûrs moyens de vulgariser de plus en plus la locomobile.

Nous entamerons maintenant la description des locomobiles exposées.

1° *Clayton, Shuttleworth et Cie*, usine de Stamp-End, à Lincoln.— Cette maison, dont les ateliers situés entre un canal et deux railways sont très-considérables, a des succursales de vente dans toutes les capitales. Elle s'est placée sous le patronage des principaux souverains et d'une multitude d'hommes puissants en Europe. Elle est un exemple de l'admirable initiative des négociants anglais pour *lancer* leurs entreprises et les faire réussir en y joignant la perfection du travail.

Nous avions à l'Exposition la 7502e locomobile de Clayton ainsi que sa 6000e batteuse à blé. Lors de l'exposition de Londres en 1862, la maison avait à peu près construit 5000 locomobiles et 4000 batteuses, dont 500 dans les douze derniers mois. Ces nombres dépassaient peut-être la production totale de la France; ils montrent quelle différence il y a entre les deux nations pour l'application de cet engin utile.

Nous avons déjà dit que la locomobile de Clayton était celle qui avait servi de point de départ à M. Calla pour la construction de ses premières machines en France. Depuis 1855, elle a peu varié; entre la machine originaire et celle d'aujourd'hui il y a même encore de l'identité, ainsi qu'on peut le voir par la comparaison des fig. 1 et 2, pl. XCVII. La premiere est la locomobile de 1851, et la seconde est celle de 1867. Les seules différences sont: 1° La position des roues; elles étaient sur les flancs de la boîte à feu; elles sont aujourd'hui en avant de cette même boîte à feu. 2° La pompe alimentaire était accolée au cylindre à vapeur, et le plongeur à grande course était conduit par la crosse du piston; elle est aujourd'hui inclinée sur le flanc du corps de la chaudière et avec plongeur à petite course mû par un excentrique. 3° L'enveloppe de la chaudière était en feutre et bois cannelé; elle est maintenant en tole. 4° Le mécanisme était d'une simplicité radicale: pas de glissières; la tige du piston prolongée passait dans un simple anneau, l'arbre moteur était actionné à un bout et muni d'un volant-poulie à l'autre bout; la chaise-palier était entre eux et par suite le cylindre était un peu sur le côté de la chaudière. Cet agencement, qui peut encore être recommandé à cause de la simplicité pour les très-petites locomobiles de 3 chevaux au plus, avait été modifié dès 1855. A cette époque la chaise fut double, en deux pièces distinctes, recevant l'appui de l'arbre à ses extrémités, le piston reporté dans l'axe de la chaudière actionnant cet arbre en son milieu; aujourd'hui ces chaises sont creuses, à la façon des bâtis bien connus des *Outils-Withworth.* La tige du piston fut guidée entre une paire de glissières, et la bielle à fourche fut remplacée par une bielle droite. A partir de 1862, les roues de bois à moyeu de fonte à graissage *self-acting*, d'un modèle breveté, remplaçaient également ces roues primitives en fonte avec rais de fer rond qu'on s'est habitué en France à nommer *roues Calla.* L'avant-train avec cheville ouvrière, munie de deux plaques de friction respective, est encore une particularité distinctive des locomobiles Clayton, ainsi que le panier en fil de fer servant de *pare-étincelles* qui couronne la cheminée.

Nous compléterons cette étude comparative en faisant connaître les prix[1] de ces machines à diverses époques. L'élévation de 1855 s'explique par les additions faites au mécanisme. A partir de 1862, la seule modification importante est la substitution des roues de bois aux roues de fonte et fer. L'abaissement du prix est dû à la concurrence et au progrès de la fabrication. Le prix est évalué en livres sterling, valant 25 francs de France. L'estimation en chevaux est relative à la force nominale, que dépasse notablement la force réelle.

1. Ces prix se rapportent à la machine prise à l'usine et livrée avec tous les accessoires de service, y compris la bâche en toile goudronnée.

MACHINES.	ANNÉES.			
	1851.	1855.	1862.	1867.
A UN CYLINDRE.	livres.	livres.	livres.	livres.
3 chevaux...............	135	»	»	»
4 —	155	175	165	150
5 —	175	190	180	165
6 —	195	210	210	180
7 —	215	230	215	195
8 —	»	250	230	210
9 —	D. 255	»	»	»
A DEUX CYLINDRES.				
10 chevaux [1].............	D. »	285	290	260
12 —	»	»	335	300
14 —	»	»	375	365
16 —	»	»	415	375
18 —	»	»	455	410
20 —	»	»	495	445
25 —	»	»	»	540
30 —	»	»	»	640

Il serait intéressant de mettre en comparaison le poids des machines avec ces prix ainsi que leur rendement de travail. Les seuls documents que nous possédions sont les suivants: la houille brûlée, l'eau vaporisée ou pour mieux dire dépensée, le blé battu se rapportant à un travail journalier de 10 heures. Les données du tableau sont extraites du catalogue du constructeur. On remarquera que les machines de 1865, quoique plus compliquées, ne sont pas plus lourdes que les premières, mais que leur travail est bien supérieur. Quant au rendement de blé battu, s'il n'y a pas erreur, il faut attribuer l'énorme accroissement de 1855 au perfectionnement de la batteuse sinon en totalité, du moins en bonne partie.

FORCE.	MACHINES DE 1851.					MACHINES DE 1855.				
	Prix.	Poids.	Houille brûlée.	Eau vaporisée.	Blé battu.	Prix.	Poids.	Houille brûlée.	Eau vaporisée.	Blé battu.
	fr.	k.	k.	k.	hecto.	fr.	k.	k.	k	hect.
3 chevaux.	3375	1524	150	1218	20	»	»	»	»	»
4 chevaux.	3875	2040	200	1627	36	4375	2000	175	1455	70
5 chevaux.	4375	2550	255	2034	36	4550	2500	225	1816	90
6 chevaux.	4875	2805	300	2440	»	5250	2725	275	2180	110
7 chevaux.	5375	3060	357	2486	62	5750	3000	325	2540	125
8 chevaux.	»	»	»	»	»	6250	3225	375	2905	160
9 chevaux. Double cylindre.	6375	3825	460	3616	86	»	»	»	»	»
10 chevaux. Double cylindre.	»	»	»	»	»	7125	3750	475	3632	190

Arrivant maintenant à la locomobile exposée en 1867 et représentée en la figure 2, on remarquera son mécanisme horizontal avec quadruple glissière et sa

1. La force de 10 chevaux avec un cylindre coûte 230 et 240 livres.

pompe alimentaire à action continue *self-acting*, le batis creux, la fonte remplacée par le fer partout où il a été possible, l'aciérage des parties frottantes, les cales de rappel en cas d'usure sous les paliers, l'excentrique à toc pour le renversement de la marche à la main; les vastes proportions de la chaudière pour brûler indifféremment tous combustibles. On remarquera que le constructeur n'enveloppe pas son foyer.

Clayton possède un autre type breveté, qui fut exposé à Londres en 1862 sous le nº de construction 4706, qu'il recommande comme économique et qui a été souvent imité. Ce n'est déjà plus la très-petite locomobile réduite au maximum de simplicité. C'est la locomobile d'une certaine force où l'économie du combustible a une importance notable et qu'on a dû compliquer un peu plus. Cependant celle de Londres avait seulement la force de 4 chevaux et elle avait des roues de charron, ce qui prouve que le constructeur la propose pour toute force et pour toute destination. Ce qui la caractérise est la position du cylindre et de la boîte du tiroir dans l'intérieur de la boîte à fumée suffisamment prolongée en hauteur. Le cylindre est à double enveloppe avec espace annulaire rempli de vapeur. Au contact des 400 degrés auxquels, dit le constructeur, s'élève la chaleur moyenne dans la boîte à fumée, il n'y a pas de condensation de vapeur dans le cylindre, et d'autre part en raison de la double enveloppe il n'y a pas à craindre le grippement du piston ni la brûlure des garnitures. Ce système s'applique avantageusement surtout aux locomobiles à double cylindre. Il est intéressant de comparer les prix lors des trois expositions universelles en livres sterling (25 fr.).

FORCE.	ANNÉES		
	1855.	1866.	1867.
	liv.	liv.	liv.
4 chevaux. 1 cylindre......	»	170	160
6 — —	220	205	170
8 — —	255	235	220
10 chevaux. 2 cylindres....	»	295	270
14 — —	»	380	345
18 — —	»	460	420
20 — —	»	500	455

Le système Clayton avec cylindre dans la boîte à fumée a eu des imitateurs nombreux parmi lesquels nous relaterons ci-après Howard, Gargan et Elwell-Poulot. A l'exposition de Londres, en 1862, il y avait une locomobile de Cambridge ainsi disposée : elle avait deux cylindres dans un coffre rectangulaire très-élevé en prolongement supérieur de la boîte à fumée. Sa chaise porte-arbre avait la forme du type Hornsby ci-après, voir fig. 11. La soupape de sûreté unique était très-élevée dans une sorte de dôme.

2º *Ransomes et Sims*, à Ipswich (voir fig. 4). — Ce constructeur, qui possède comme le précédent une des plus vastes fabriques de machines agricoles d'Angleterre, a envoyé à toutes les expositions des locomobiles d'une exécution remarquable. L'une de celles qui sont au Champ de Mars porte le numéro de construction 1369. On signalera les particularités suivantes : 1º La chaudière appartient au type Crampton et elle est complétement enveloppée, ce qui est assez rare en Angleterre. Elle contient des tubes analogues à ceux des locomotives des chemins de fer, mais très-écartés. 2º Le mécanisme moteur est pourvu d'un tiroir spécial pour la détente. Le pendule modérateur est pourvu d'un ressort outre les boules accoutumées. La partie supérieure du mécanisme moteur est consolidée par deux tiges entretoises reliant le cylindre à vapeur à la chaise porte-arbre. Ransomes ne craint pas comme Clayton les pièces de fonte : les supports et glissières sont en fonte. 3° L'avant-train est caractéristique pas ses roues de bois, œuvre de pur charronage, réparable et remplaçable partout ; la cheville ouvrière est sphérique, se prêtant aux oscillations du véhicule sur les mauvaises routes. Toute l'installation de cet avant-train est fort simple et analogue à nos types français. Par le démontage de 3 clavettes, tout le train peut quitter la chaudière si on veut la fixer au sol, avec une assise qu'on obtient difficilement en la laissant sur les roues.

Depuis 1859 la locomobile Ransomes n'a presque pas varié. Celle de l'Exposition universelle de Paris en 1855 était au contraire assez différente dans les détails d'agencement du mécanisme beaucoup plus ramassé. Cette machine de la orce de 7 chevaux avait un cylindre de $0^m,18$ de diamètre sur $0^m,24$ de course. Elle était garantie pour consommer $2^k,30$ de houille par cheval et par heure, et pour actionner une batteuse rendant 145 hectolitres de blé battu par jour. Son prix rendu à Londres était de 5482 fr. avec tous les accessoires de service. Nous pourrions comparer les locomobiles des expositions 1862 et 1867 comme nous l'avons fait ci-dessus pour celles de Clayton. On reconnaîtrait de même un grand abaissement de prix, quoiqu'il y ait eu progrès et même un renforcement de certaines pièces dont il résulte un accroissement de poids. Nous donnerons seulement le tableau comparatif des machines de diverses forces en 1867, dans lesquelles le foyer et les tubes sont comme précédemment en fer. Chaque prix comprend tous les accessoires de service et le transport à Londres, moins l'emballage.

1° *Tableau comparatif des locomobiles de Ransomes.*

	SIMPLE CYLINDRE.							
Force en chevaux	3 chev.	4	5	6	7	8	10	12
Prix en francs	3250 fr.	3750	4125	4500	4875	5250	6000	6750
Houille brûlée par heure à la pression de 3 atmosph. effectiv.	11 kilogr.	14	17	20	23	27	33	40
Eau vaporisée par heure à la même pression	73 kilogr.	91	118	136	159	182	227	273
Nombre de tours de volant par minute	200	150	150	150	150	150	140	130
Poids de la machine vide	1734 kil.	2091	2443	2650	3060	3213	3723	4284

2° *Tableau comparatif des locomobiles de Ramsomes.*

	DEUX CYLINDRES.					
Force en chevaux	10 chev.	12	14	16	18	20
Prix en francs	6500 fr.	7500	8375	9375	10250	11125
Houille brûlée par heure à la pression de 3 atm. effectives.	33 kil.	40	46	52	56	64
Eau vaporisée par heure à la même pression	227 kil.	273	318	364	409	445
Nombre de tours de volant par minute	140	130	125	125	120	120
Poids de la machine vide	»	4335	5202	»	»	6477

Les locomobiles de Ransomes ont fonctionné à peu près dans toutes les sections anglaises de l'Exposition de 1867. Celles qui ont actionné les outils Withworth dans la grande galerie et les machines marines dans l'annexe de la berge, étaient à double cylindre et reconnaissables à leur cheminée conique terminée par un panier pare-étincelles. A Londres, en 1862, une des locomobiles de cette maison, forte de 20 chevaux, portant le n° 707, et coûtant 13,500 fr., eut comme particularité principale d'avoir une chaudière tubulaire en retour de flammes et à foyer amovible selon le type dit en France système Thomas et Laurens. M. Ransomes continue à fournir ce type à l'industrie.

3° *Robey et Cie. Perseverance Iron Works*, à Lincoln (fig. 5), expose plusieurs locomobiles appartenant à peu près au type n° 2 de Clayton son voisin. Leurs principales particularités sont la porte fumivore percée de trous et l'addition dans la boîte à fumée de tampons coniques qui viennent se placer à l'entrée des tubes pour varier le tirage. La vivacité de ce tirage est telle, par moment, dit le constructeur, qu'il nettoye les tubes en attirant les escarbilles sans rendre nécessaire aucun autre nettoyage. Ce type se construit depuis 4 jusqu'à 12 chevaux nominaux et coûte de 3,750 à 6,950 avec des roues de bois et un train d'attelage très-complet et très-bien installé à l'anglaise. Le même type à 2 cylindres se construit pour les forces de 10 à 25 chevaux.

En 1865, la compagnie Robey a exposé aussi un autre type sous le numéro de fabrication 950, fort de 10 chevaux, différent par la boîte à feu qui est composée de 2 coffres concentriques complets, laissant passer la lame d'eau sous le cendrier. C'est là que se rendent les résidus. Le constructeur recommande ce type qui coûte 4,050 francs pour locomobile de 4 chevaux à un seul cylindre, et progressivement jusqu'à 12,375 francs pour force de 25 chevaux. La locomobile de 9 chevaux exposée à Billancourt, porte le numéro de construction 1183.

Les ateliers de Robey, situés dans la même ville que ceux de Clayton et de Ruston-Proctor ci-après, sont également considérables. Autour d'un grand enclos voisin du railway, sont 9 grands corps de bâtiments principaux remplis surtout par des forges. Quatre grandes cheminées desservent les chaudières des moteurs, des rails font communiquer les ateliers. Cette fabrique de matériel agricole a été fondée en 1848.

4° *Marshall fils et Cie, Britania Iron Works*, à Gainsborough. — La locomobile du Champ de Mars porte le numéro de construction 706; elle est élégante, soignée, forte de 5 chevaux, et appartenant comme la précédente au type Clayton sauf des différences de formes. Les principales sont dans l'installation des roues et celle de l'essieu des grandes roues qui est coudé horizontalement pour arriver dans le foyer tout en reportant les roues sur les flammes de ce foyer. La pompe est verticale. Les principales pièces du mouvement sont en acier, les autres en fer écroui; la chaudière, en tôle du Yorkshire et enveloppée de feutre, bois et tôle, sauf la boîte à feu qui reste découverte. Suit un tableau des principales dimensions :

1° *Tableau comparatif des locomobiles de Marshall.*

	SIMPLE CYLINDRE.								
Force nominale, en chevaux . . .	2 1/2	3	4	5	6	7	8	9	10
Diamètre du cylindre en millimèt.	143	152	174	190	215	228	240	260	276
Nombre de tours par minute. . .	180	180	150	125	126	125	125	125	110
Prix courants, avec accessoires, en francs	2600	3085	3750	4125	4500	4875	5210	6625	6000
Poids de la machine vide, en kilog.	1400	1750	210	2400	2700	3150	3600	3800	4250

2° *Tableau comparatif des locomobiles de Marshall.*

	DOUBLE CYLINDRE.					
Force nominale, en chevaux . . .	8	10	12	14	16	20
Diamètre du cylindre en millimèt.	174	190	215	228	240	266
Nombre de tours par minute. . .	125	125	125	125	125	110
Prix courants, avec accessoires, en francs..	5875	6500	7500	8375	9375	11025
Poids de la machine vide, en kilog.	3700	4350	4750	5500	5850	8000

5° *Ruston, Proctor et Cie. Sheaf Iron Works*, à Lincoln (fig. 6). Cette maison, l'une des plus ingénieuses dans l'art de cette réclame anglaise qui s'impose à l'attention publique en y joignant le mérite des œuvres de vraie valeur, expose plusieurs locomobiles de diverses forces également analogues au type n° 2 de Clayton, son voisin. La chaudière est en tôle du Yorkshire et enveloppée de même que le cylindre à vapeur en feutre, bois et tôle. Les pièces du mécanisme sont toutes en fer. Les glissières et pièces frottantes sont aciérées et trempées. Le constructeur annonce qu'il donne au piston moteur 538 millimètres carrés de surface par cheval. Le prix, rendu à Londres, Hull ou Liverpool est 3,750 francs pour force de 4 chevaux et progressivement jusqu'à 6,000 fr. pour force de 10 chevaux, y compris les accessoires de service. Les deux locomobiles exposées sont de la force de 8 et 10 chevaux. Celle de 10 chevaux est à deux cylindres et elle porte le numéro de construction 1084. Elle est à détente variable par le changement de position qu'on peut donner à l'excentrique suivant un agencement breveté par M. Chapman, sur lequel les renseignements nous manquent. Une autre particularité des locomobiles de Ruston, est la circulation du tuyau de refoulement de l'eau alimentaire dans la boîte à fumée. Les machines à deux cylindres sont de 8 à 30 chevaux; leur prix va progressivement de 5,625 à 16,125 francs. La maison Ruston-Proctor est celle qui a exposé dans la classe 63 la jolie petite locomobile de terrassier, dite *Prince impérial*.

7° *Garrett et ses fils, — Leiston Works*, à Suffolk (fig. 7), — exposent plusieurs locomobiles à simple ou à double cylindre, disposition analogue à celle de Clayton, sauf quelques détails secondaires. La force varie de 2,5 à 12 chevaux, avec simple cylindre et prix correspondant de 3,250 à 6,875. Et pour le double cylindre, de 8 à 25 chevaux, avec prix croissants, de 6,000 à 12,250.

Les locomobiles de M. Garrett ont paru, depuis 1851, à toutes les expositions et concours, où leur bonne et solide construction a toujours été signalée. Leurs ateliers de fabrication de machines agricoles datent de 1778. Des deux côtés d'une rue sont placés perpendiculairement les bâtiments principaux séparés respectivement par des cours suivant le système moderne.

A l'exposition de Londres, l'une des locomobiles à 2 cylindres, de Garrett, se distinguait par sa cheminée conique, dite à pavillon, pour brûler du bois, par ses roues de pur charronnage, sa coulisse de changement de marche, du type dit *coulisse simple.* La chaudière contenait 27 tubes de locomotive, mais très-écartés.

8° *Barrett Exall et Andrewes.* — *Reading Iron Works*, à Reading, comté de Berkshire (fig. 8). Cette vieille maison, dont on a vu les machines à toutes les expositions, se distingue peu des précédentes. On remarquera cependant la circulation du tuyau de refoulement de la pompe alimentaire dans la boîte à fumée et cette particularité du mouvement moteur où toutes pièces, notamment les glissières, sont en forme de tiges faites sur le tour. Toutes les pièces qui fatiguent sont en acier. L'enveloppe très-complète de la chaudière, du type Crampton, est aussi une particularité des locomobiles de Barrett, d'ailleurs exécutées avec tant de soin d'ajustage. La chaudière est garantie faite en tôle de première qualité, du Yorkshire, notamment en provenance de Lowmoor ou de Farnley; la chaise porte-arbre est en deux pièces. Dans le train on remarquera la cheville ouvrière en rotule et les roues de pur charronnage, tout en bois, qu'on peut réparer partout. Les locomobiles, de Barrett, sont réputées très-économiques de consommation; il nous est affirmé qu'une même maison en a demandé 60 pour elle, en plusieurs années, et qu'une entreprise italienne en a pris successivement 15.

Suit un tableau comparatif de quelques dimensions et du travail des locomobiles de différentes forces, lequel est extrait du catalogue du constructeur :

Tableau comparatif des locomobiles de Barrett.

FORCE EN CHEVAUX.	DIAMÈTRE DU CYLINDRE.	COURSE DU PISTON.	POIDS.	HOUILLE CONSOMMÉE EN 10 HEURES.	EAU VAPORISÉE EN 10 HEURES.	PRIX.
	millim.	millim.	kilogr.	kilogr.	kilogr.	fr.
2 chevaux...........	123	203	1150	100	681	»
3 —	148	203	1300	125	999	3060
4 —	158	254	2000	150	1362	3825
5 —	178	304	2250	200	1725	4208
6 —	200	304	2500	250	2288	4590
7 —	215	304	2750	300	2451	4973
8 —	228	555	3000	350	2815	5354
10 —	254	555	3500	450	3541	6120

Les prix comprennent les agrès de service, même la bâche, mais non le mouvement de renversement de marche qui s'ajoute, en sus, sur la demande, non plus que l'emballage et l'expédition. La maison Barrett construit des locomobiles à 2 cylindres, dont la force croît de 10 à 20 chevaux, avec prix correspondants de 6,630 à 11,348 francs. Comme justification de ses consommations de houille le constructeur nous a fourni les procès-verbaux d'expériences constatant une dépense de 2,54 livres, à des concours publics en 1867, sur une machine de 10 chevaux, à un seul cylindre, avec un rendement de travail en chevaux effectifs de moitié en sus de la force nominale. Lors de l'exposition de Londres, en 1862, la maison Barrett avait construit, paraît-il, 690 locomobiles environ.

9° *Barrows et Carmichael* à Banburg-Oxfordshire (fig. 9). La locomobile exposée est forte de 8 chevaux, très-soignée d'exécution et radicalement simple; elle porte le numéro de construction 310, coûte 5,250 francs et elle se distingue par les particularités suivantes : 1° le foyer en tôle de Lowmoor est assez large pour brûler indifféremment de la houille ou du bois; 2° la chaudière appartient au type Crampton pur et n'est enveloppée qu'en partie; 3° le cylindre à vapeur du mouvement est placé à l'avant de la chaudière pour prendre, dit le constructeur, de la vapeur sèche dans la région la plus calme; 4° le cylindre est pourvu d'une enveloppe de fonte avec espace annulaire contenant de la vapeur; 5° les soupapes de sûreté sont sur cette enveloppe; la crosse du piston s'appuie sur une glissière unique suivant le système français de Duvoir-Albaret. La machine exposée a deux autres particularités non indiquées sur la figure : 1° la pompe alimentaire est accolée au cylindre à vapeur et son plongeur à grande course est actionné par la crosse du piston; 2° le pendule modérateur a un ressort à boudin, autour de la tige, outre les boules, comme dans le régulateur dit isochrone de Foucaud.

Outre le type exposé, la maison Barrows-Carmichael possède l'autre type représenté figure 10, lequel se rapproche beaucoup plus des types usuels et notamment du système de Clayton. On remarquera notamment sa boîte à feu élevée, sa chaise porte-arbre en une seule pièce et la position verticale de la pompe.

10° *Hornsby et ses fils* à Grantham (fig. 11). Ce type de locomobile qui a paru à tous les concours où il a obtenu presque toujours les premiers prix pour ses économies de consommation, est l'un des plus caractéristiques. Ses particularités principales sont : 1° la position du cylindre dans le dôme de vapeurs prolongeant par le haut la boîte à feu. Cette forme de dôme peu rationnelle en théorie au point de vue de la solidité n'a cependant pas donné lieu jusqu'ici à des plaintes. Je ne crois pas que le cylindre ait une double enveloppe comme dans la locomobile de Barrows qui précède; 2° les deux chaises, porte-arbre, de la locomobile Hornsby et les tiges qui la relient au dôme de vapeur, sont encore par leur forme, une particularité de ce système; 3° toutes les pièces du mouvement, y compris la double glissière, sont en forme de tiges faites au tour comme chez Barrett. Le fer forgé a été employé au lieu de la fonte, partout où il a été possible; les pièces sujettes à fatigue ont été trempées au paquet; 4° l'eau refoulée par la pompe circule dans la boîte à fumée. Dans les concours la pompe aspire en une tonne close où l'eau est chauffée par une injection de vapeur, venue de la chaudière.

On a expliqué les remarquables abaissements de dépense de houille de la machine Hornsby dans les concours par le chauffage de l'eau alimentaire, par le milieu chaud où se trouve le cylindre et par l'habileté extraordinaire du chauffeur. Notre devoir est de dire, qu'à notre connaissance et en service courant, le même degré d'économie n'a pas été conservé, bien qu'on ait été satisfait de l'appareil dans son ensemble. En faisant cette rectification, nous ne voulons que garantir contre toute illusion au sujet des locomobiles en général.

Les locomobiles Hornsby varient, comme d'usage, de 4 à 24 chevaux, avec prix correspondants de 3,750 à 13,250 fr., y compris les agrès de service, et frais de livraison à Londres, Hull ou Liverpool.

L'usine très-considérable de M. Hornsby est située en pleine campagne sur le bord du Northern-railway; elle se compose principalement de deux grands bâtiments parallèles séparés par une cour; l'un est la forge et l'autre un atelier mécanique à deux étages, — à quoi s'ajoutent quatre groupes de bâtiments à un ou deux étages avec cours séparatives; six groupes de chaudières ont leurs cheminées respectives.

La locomobile exposée en 1856, à Paris, où elle obtint le prix principal à cause de ses économies de combustible, a été décrite en divers recueils. J'en ai donné les principales dimensions dans mon *Traité des machines à vapeur*. La locomobile de 10 chevaux, exposée à Londres en 1862, sous le numéro de fabrication 1401 était très-luxueuse et du même type que celle qui nous est venue à l'Exposition de 1867. Voici quelques-unes de ses dimensions : cylindre 254 millimètres, course 355 millimètres. Dans la chaudière 34 tubes de 70 millimètres, foyer 70 centimètres de large sur 50 centimètres de long, pression de régime 3 atmosphères effectives. Cheminée 3 mètres de haut sur 25 centimètres de diamètre. Diamètre des roues 1m,30 pour les grandes et 0m,906 pour celles de l'avant-train. Les jantes ont 25 centimètres de large.

11° *Howard. Britania Iron Works* à Bedford, fig. 12. Nous relatons ce type de locomobile quoiqu'il diffère peu de celle du système de Clayton, et quoiqu'il ne soit pas à l'Exposition de 1867. C'est celle qui accompagne les célèbres laboureuses mécaniques de ce constructeur. Pour cette destination spéciale, elle a des roues de grands diamètres et à très-larges jantes, qui ont souvent un mécanisme additionnel, bien connu, de roues dentées avec chaîne pour les rendre propulsives. Elle est de la force de 8 à 10 chevaux, à deux cylindres, enfermés dans le prolongement supérieur de la boîte à fumée suivant le système Clayton, dont le mécanisme moteur, y compris les quadruples glissières, est en fer forgé. Le prix de la machine de 10 chevaux, sans son appareil propulsif, est de 5,520 fr., livrable à l'un des principaux ports anglais. L'appareil propulsif coûte, mis en place, 2,755 francs au plus.

La maison Howard, l'une des plus réputées pour la construction du matériel agricole depuis la *charrue-Howard* jusqu'à sa *laboureuse à vapeur*, a un magnifique atelier neuf sur le bord du railway, avec lequel il communique par un raccordement direct. Les vastes galeries principales, construites avec élégance, presque avec luxe, sont juxtaposées perpendiculairement au railway, au milieu d'un spacieux enclos; deux de ces galeries sont occupées par une forge à comble de fer sur colonnes de fonte ayant environ 7 mètres de haut; elles sont très-bien éclairées par la toiture. On y compte environ cent feux de forge maréchale par groupe de 2 fourneaux dos à dos sous la même cheminée.

12° *Fowler à Leeds*, fig. 8, Pl. XCVIII. Dans ce type de locomobile, la chaudière appartient au type Crampton, le cylindre est accolé sur le côté du dôme de vapeur et placé à l'avant de la chaudière, là où la vaporisation est moins tumultueuse et la vapeur moins aqueuse comme il a été dit ci-dessus à propos de la locomobile de Barrows. On remarquera encore la forme de la double glissière, la position des roues d'avant si exceptionnellement placées à l'extrémité de la machine et la pompe alimentaire qui est *self-acting* et à jet continu, l'eau revenant au baquet quand le niveau est suffisant dans la chaudière. Cette locomobile, très-simple, et d'excellente construction, est de la force de 6 à 25 chevaux avec prix correspondants très-élevés de 5,125 à 16,250 francs.

M. Fowler, le vulgarisateur par excellence du labourage à vapeur, possède à Leeds des ateliers considérables ayant pour spécialité les machines à vapeur de toutes sortes applicables à l'agriculture et à la traction sur les routes de terre. Il y a joint récemment la spécialité des locomotives de chemin de fer. Ceux de ses types de machines qui ne sont pas à l'Exposition de 1867 y figurent en dessins.

13° *May et Brown. Nordwils foundry*. La petite locomobile exposée a été construite en 1866 sous le n° 328. Elle appartient à peu près au type Clayton avec roues de fonte et fer. Mouvement à quadruple glissières, train du pur type anglais. La pompe alimentaire qui peut être mue à la main a des particularités, mais nous n'avons pu obtenir aucun document sur la machine.

14° *Turner*, — *Saint-Peter's Iron Works* à Ipswich, — encore inconnu dans nos concours français, expose au Champ de Mars une petite locomobile de 5 chevaux sous le numéro du constructeur 279, presque entièrement analogue au type de Ransomes son voisin, mais avec absence de ses tiges-entretoises. D'après son catalogue, la maison Turner se contente de construire des locomobiles de 2 à 10 chevaux, à un seul cylindre, au prix correspondant de 2,250 à 5,875. Nous avons déjà vu à l'exposition de Londres les locomobiles de Turner où l'enveloppe très-complète de la chaudière à la façon française était caractéristique.

15° *Fox et Walker*. *Atlas Iron Works*, à Bristol. Cette maison, qui construit du gros matériel mécanique et des locomotives de chemin de fer, a exposé une locomobile de 12 chevaux, ne différant du type Clayton n° 2 que par des formes de pièces, la position des grandes roues sur le flanc du foyer et par la pompe alimentaire qui est inclinée et appliquée contre la boîte à fumée, ayant jet continu *self-acting* et circulation d'eau refoulée dans ladite boîte à fumée. La chaudière est faite en tôle du Yorkshire, le corps tubé seul est enveloppé de feutre, bois et tôle. On a employé le fer partout où il a été possible spécialement pour la quadruple glissière. Les parties qui fatiguent sont aciérées et trempées. Suit un tableau comparatif des machines de diverses formes de la maison Fox, celle affective étant garantie deux fois et demie la force nominale ;

	SIMPLE CYLINDRE.						DOUBLE CYLINDRE.		
Force en chevaux	2 1/2	4	6	7	8	10	10	12	14
Prix avec accessoires de service, en francs	2375	3750	4500	4875	5250	6000	6500	7500	8375
Nombre de tours du volant	100	150	150	150	150	140	140	130	125
Consommation de houille par heure.	15k	20	24	28	32	40	40	48	55
Poids de la machine vide en kilog.	1400	1900	2500	2650	2800	3500	3750	4200	5000

16° *Tuxford* à Boston Lincolnshire. Ce constructeur, dont la locomobile avait jusqu'ici constitué un type à part dans tous nos précédents concours, a exposé sous le numéro de fabrication 3250 une machine dite du type breveté d'Allen, qui a été enlevée au cours de l'Exposition, mais dont nous retrouverons un spécimen dans la section française (voir Malo, fig. 12, Pl. XCVIII). Jusqu'ici ce qui distinguait la locomobile de Tuxford, si combattue par une école d'ingénieurs, et si approuvée par une autre, était l'installation du mécanisme dans une boîte fermée, mise à l'avant au bout d'une chaudière tubulaire en retour. Ce mécanisme moteur était vertical, tantôt avec cylindre en bas et mouvement par bielle directe, tantôt à cylindre en haut, et renversé avec mouvement de bielle soit en retour soit directe. Le Conservatoire des arts et métiers possède dans ses galeries et dans les plans du *portefeuille* une locomobile de ce système, vrai chef-d'œuvre d'exécution. Il nous est affirmé que tout en fabricant les types usuels, M. Tuxford continue à livrer à l'industrie le type qui lui fut propre dès l'origine. En France, les ateliers de construction de Stehelin, en Alsace, se sont approprié ce système.

La figure 10, planche XCVIII, représente la machine du Conservatoire, elle est indiquée en coupe. On voit que la chaudière se compose d'un foyer ordinaire de locomotive suivi d'un gros tube chauffeur et qu'il a ensuite au-dessus un groupe de 17 petits tubes ramenant les gaz en retour vers la façade. Dans le mécanisme le cylindre est vertical et reposant sur son fond. L'extrémité de la tige du piston porte un T transversal d'où pend une paire de tiges ramenant au pied du cylindre l'attache de la paire de bielles motrices qu'actionne l'arbre de couche. Ce mouvement n'est autre chose que celui des machines marines dites de Bury qui ont été en vogue il y a quelques années. Un même excentrique meut la pompe alimentaire verticale installée à côté du cylindre ainsi que le tiroir distributeur. La poulie à disque, le volant et le pendule modérateur sont hors de la boîte. Les roues sont en bois à moyeu de fonte, leur diamètre est 1m,30 et 0m,90; l'avant-train très-complet est muni de deux grands disques et d'une simple cheville ouvrière. Cette machine fabriquée avec un grand soin se construit depuis la plus petite force jusqu'à celle de 20 chevaux. Celle du Conservatoire est de 6 chevaux, son piston moteur a 176 millimètres de diamètre et 310 millimètres de course, elle a été livrée on 1855 sous le nº de fabrication 106.

Jules GAUDRY.

LOCOMOTIVES. — QUELQUES RECTIFICATIONS.

Nous avons remarqué, et on nous a fait remarquer, certaines erreurs de détail dans le long travail descriptif auquel nous nous sommes livré dans les premier et sixième fascicules, relativement aux locomotives. Relevant aujourd'hui celles qui regardent les locomotives du Midi, nous avons à rectifier ainsi qu'il suit :

1° La disposition des ressorts de suspension avec balanciers, indiquée en la planche XX, figure 7, ne doit pas être appliquée aux machines en construction, comme nous l'avions cru sur le vu d'un dessin resté à l'état d'étude. Les ressorts sont tous indépendants.

2° Des renseignements mal compris par nous, nous le croyons volontiers, nous ont également trompé sur l'hypothèse du découplement des roues. Ce qu'on se propose est la substitution, au besoin, de ces roues de 1m,60, si approuvées des Anglais, par des roues de 1m,30, sans aucune autre modification.

3° Nous avons aussi commis une bien grosse erreur, qui nous vaut la verte semonce d'un lecteur : nous nous sommes laissé dire que, sous la couleur qui enduit les boîtes à graisse, celles-ci étaient en bronze, suivant la mode anglaise La vérité est qu'elles sont en fer. Nous avons aussi dit que les supports des glissières étaient en bronze : nos souvenirs de l'Exposition, rapportés dans notre cabinet, nous ont servi très-mal, et, pour calmer le mécontentement de notre réclamant, nous nous empressons de dire que lesdits supports sont un peu plus jaunes que nous ne pensions, et qu'ils sont en laiton.

4° Une autre erreur que nous regrettons sérieusement est relative aux locomotives à huit roues. Nous avons indiqué le dessin exposé par la Compagnie du Midi comme ayant été simplement un projet : la vérité est qu'un lot considérable de machines semblables a été mis en service dès les premiers temps de l'application des locomotives à huit roues couplées aux chemins de fer. Nous sommes d'autant plus heureux d'avoir l'occasion de rétablir les faits, que les ingénieurs de la Compagnie du Midi ont eu une part considérable au progrès des chemins de fer, et qu'ils ont les plus justes droits à la reconnaissance de l'industrie.

5° A l'égard de la locomotive de montagne de M. Forquenot, nous avons laissé passer sans correction qu'elle était montée sur *dix paires* de roues. Le lecteur a sans doute reconnu que nous avons voulu dire *dix roues* ou cinq paires, ainsi que l'indique le dessin.

Sur la figure 7, Pl. II, qui représente la même machine, une ligne non venue accuse une interruption entre les secondes et troisièmes roues, d'où l'on pourrait conclure que les roues forment deux groupes d'accouplement. C'est une erreur; toutes les roues d'un même côté sont mises en connexion par une suite continue de bielles articulées.

En terminant ces rectifications, nous dirons que, si nous avons trouvé le plus souvent un cordial empressement pour nous fournir les éléments de nos études de l'Exposition, nous avons aussi parfois rencontré l'accueil inhospitalier d'exposants naïfs qui en sont encore à garder le secret d'un diamètre de piston ou d'une surface de chauffe. Il y a telle machine dont nous n'avons pu prendre les croquis si sommaires de nos planches qu'au milieu des difficultés de tous genres, et il y a des documents fournis comme officiels dont nous avons pu constater l'inexactitude sur place.

Malgré les soins consciencieux que les rédacteurs des *Annales du Génie civil* ont apportés aux *Etudes sur l'Exposition*, ils peuvent donc craindre d'avoir commis quelques erreurs de détail comme celles qui précèdent. Les gens qui ont le bonheur d'être infaillibles s'en indigneront peut-être; mais ceux de nos lecteurs qui ont publié des études analogues se rappelleront à quel point elles sont ingrates, difficiles, parfois décourageantes. Ils se contenteront de nous avertir confraternellement de nos méprises, et, heureux nous-même d'être mieux éclairé, nous rectifierons au plus tôt ce qui pourrait tromper le lecteur.

Pour compléter notre étude des locomotives, nous aurions eu à décrire cinq autres systèmes spéciaux qui sont venus dans la dernière période de l'Exposition. Nous nous réservons de publier les principales. Mais nous les relaterons du moins ici.

1° Locomotive de montagne, de M. Dubied (dessin dans la section suisse).

2° Projet de chaudière de locomotive de M. Colson, de Gand, exposée en dessin et modèle dans la section belge. La forme extérieure est celle usitée; mais, au lieu des tubes accoutumés, tout l'intérieur du foyer rectangulaire et du corps cylindrique est rempli de petits bouilleurs verticaux contenant l'eau, donnant 222 mètr. carrés de chauffe, dont 83 mètr. sont considérés comme directs.

3° Locomotive Fell, pour la traversée du mont Cenis, par le plateau de la montagne, en attendant la percée du tunnel; construite chez M. Gouin. On sait qu'empruntant l'idée ancienne du baron Seguier, la machine Fell a deux paires de roues horizontales appuyées sur les flancs latéraux d'un rail central fixe, le long duquel il se produit une sorte de touage. Les roues de support ordinaires sur les rails de la voie, proprement dites, ajoutent leur action à celles des roues centrales. Un même mécanisme à deux cylindres commande toutes ces roues par l'intermédiaire de bielles. Suivent les principales dimensions : surface de grille, $0^{mq}.93$; surface de chauffe, 61 mètres, dont 56 par 160 tubes. Dans un corps cylindrique ayant $0^{m}.90$ de diamètre et des tôles en acier de 8 millim. pour 8 atm. de pression. Les cylindres ont 406 millim. de diamètre sur une course égale. La base de la machine est de $3^{m}.70$, sur ses trois paires de roues accoutumées, dont deux seulement sont accouplées et ont $0^{m}.712$ de diamètre.

Nous indiquerons simplement pour mémoire : 4° la locomotive funiculaire d'Agudio, sur laquelle M. Soulié a déjà publié une étude spéciale; et 5° le *Mahovos* de M. Schubersky. Ses avantages et ses inconvénients ont été examinés dans les *Annales du Génie civil* (février 1868).

Jules Gaudry.

V

LE GÉNIE RURAL

A L'EXPOSITION UNIVERSELLE DE 1867

Par M. **J. GRANDVOINNET.**

PRESSES ET PRESSOIRS.

(Planches CXXXI et CXXXII.)

OBSERVATIONS PRÉLIMINAIRES.

Nombre d'industries ont besoin d'exercer, sur les matières qu'elles mettent en œuvre, une pression énergique, et se servent, dans ce but, d'appareils mécaniques plus ou moins compliqués, connus sous le nom de *Presses* ou *Pressoirs*. Nous pouvons citer entre autres l'économie domestique, la viticulture, l'huilerie, la sucrerie, la pharmacie, la poterie, etc.

Bien que le problème paraisse général dans son énoncé, — *Exercer une pression énergique,* — les presses qui doivent le résoudre ne peuvent être faites sur un modèle uniforme ; en effet, si l'obtention d'une forte pression est le but général, il faut, *première distinction,* que cette pression atteigne par unité de surface un certain nombre de kilogrammes dépendant de la matière à presser et de la qualité des produits qu'on veut obtenir.

En second lieu, le chemin parcouru par la pression est en rapport direct avec la compressibilité de la matière.

Enfin, il faut un récepteur particulier pour chaque matière à presser, et, dans quelques cas, des dispositions et même des appareils favorisant l'écoulement des liquides.

En résumé, nous devons, dans l'étude des diverses presses, tenir compte :

1° Du mécanisme de compression au point de vue de la pression qu'il peut donner par unité de surface pressée ou de son efficacité, et au point de vue de l'économie du travail moteur ou de l'effet utile mécanique.

2° De l'étendue de la compression qu'il peut donner.

3° Du récepteur de la matière à comprimer et des moyens de chargement et de déchargement, parfois de l'écoulement des liquides.

En ayant égard aux diverses circonstances qui peuvent se présenter on peut classer ainsi les presses, en excluant toutefois les presses à copier et à imprimer qui forment une classe bien distincte.

Presses pour matières solides	à faible course..	Presses monétaires.
		Presses à briques, tuiles et poteries.
	à grande course..	Presses à coton et analogues.
		Presses à foin.

Presses pour l'extraction des liquides	à faible course . .	Presses à huile.
		Presses pharmaceutiques.
	à moyenne course	Presses à pulpe, à tan, etc.
		Presses à fromages.
	à grande course. .	Presses à fruit.
		Presses à vin et à cidre ou pressoirs.

Des mécanismes de compression.

Le moyen primitif employé pour comprimer fut le *chargement direct* de la matière à presser, par des objets lourds, des pierres, des masses métalliques, de l'eau, etc. (fig. 1). Il n'y a point ici d'organes mécaniques, et, par suite, aucune perte de travail moteur.

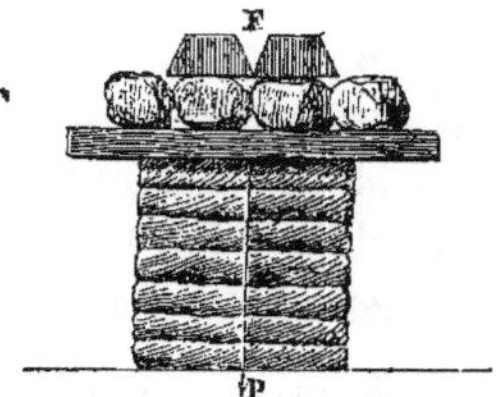

Fig. 1. — Pression directe.

La force motrice F parcourt un chemin C, égal à celui que parcourt la pression P elle-même; il n'y a pas de frottement. On a donc, dans ce cas :

$$F \times C = P \times C \text{ (équation du travail),}$$

d'où

$$F = P \text{ (équation d'équilibre des forces).}$$

Mais si ce mode est le plus avantageux au point de vue de l'effet mécanique, il a le grave inconvénient d'être très-limité dans l'intensité de pression qu'il peut donner, et d'exiger relativement beaucoup de temps; enfin, les poids moteurs doivent parfois être apportés d'une certaine distance et élevés d'une certaine hauteur, ce qui diminue beaucoup l'effet utile. Il est encore employé dans quelques cas où la pression nécessaire est assez faible, — dans les fromageries, par exemple.

Le second moyen consiste dans l'emploi d'un levier à l'extrémité duquel sont suspendus les poids moteurs (fig. 2). On peut ainsi, avec peu de charge, exercer sur la matière à comprimer une forte pression, le levier multipliant l'effort

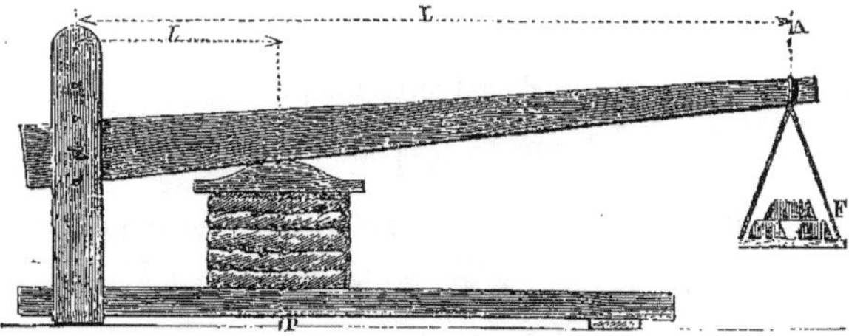

Fig. 2. — Presse à levier simple

moteur par le rapport des bras de levier L et l. Dans ce cas, l'équation du travail est théoriquement, c étant le chemin parcouru par la pression :

$$F \times c \times \frac{L}{l} = P \times c,$$

et celle de l'équation des forces :

$$P = F \times \frac{L}{l}.$$

Pratiquement, il faudrait tenir compte du frottement des tourillons du levier et de celui qui s'exerce sur le tasseau transmettant la pression à la matière à comprimer. Le travail de ces frottements est assez faible par suite du peu de chemin qu'ils parcourent. Plus la course de la pression est grande, par rapport au bras de levier, et plus est gros le tourillon, plus est importante la perte du travail par frottement.

Soit, par exemple, a le chemin décrit par le frottement du levier sur le tasseau, l le plus petit bras du levier, 2α l'angle compris entre les positions extrêmes du levier.

a sera égal à la flèche d'un arc 2α, de rayon l; donc

$$a = l(1 - \cos \alpha).$$

Cette longueur a est parcourue de la circonférence vers le centre, pendant la moitié de la course, et en sens inverse pendant l'autre moitié. Le travail de ce frottement est, en désignant par f le coefficient de frottement :

$$f.\,P \times 2\,l\,(1 - \cos \alpha).$$

Le frottement du tourillon de rayon r est égal à $f.\,P\left(1 - \frac{l}{L}\right)$, puisque la pression S du levier sur le tourillon doit, avec la force F, équilibrer la pression P; ces trois forces étant supposées parallèles, on a donc :

$$F + S = P;$$

d'où

$$S = P - F.$$

D'autre part, au moment où la rotation va commencer, on a :

$$P \times l = F \times L;$$

donc

$$F = P \times \frac{l}{L},$$

et

$$S = P - P \times \frac{l}{L},$$

ou

$$S = P\left(1 - \frac{l}{L}\right).$$

Le chemin parcouru par ce frottement, pour un angle α de deplacement de levier, est égal à

$$2\pi r \times \frac{\alpha}{360}.$$

Le travail de frottement sera donc représenté par la formule

$$f.\,P\left(1 - \frac{l}{L}\right) 2\pi r \frac{\alpha}{360},$$

et l'équation pratique du travail, pour le pressoir à levier simple, sera :

$$F \times c \times \frac{L}{l} = P \times c + f.\,P \times 2l(1 - \cos \alpha) + f.\,P \times \left(1 - \frac{l}{L}\right) \times 2\pi r \times \frac{\alpha}{360};$$

ou, en mettant pour c sa valeur en fonction de l, tirée de l'équation $\frac{c}{l} = \sin.\,\alpha$,

$$F \times l.\sin \alpha \times \frac{L}{l} = P \times l.\sin \alpha + f.\,P \times 2\,l(1 - \cos \alpha) + f.\,P \times \left(1 - \frac{l}{L}\right) \times 2\pi r \,\frac{\alpha}{360},$$

ou

$$F \times L \sin.\,\alpha = P.\,l.\sin \alpha + f.\,P\left[2\,l(1 - \cos.\,\alpha) + \left(1 - \frac{l}{L}\right) 2\pi r \frac{\alpha}{360^{\circ}}\right].$$

Soient, par exemple,

$$L = 10\,l, \qquad \alpha = 15^\circ, \qquad f = 0.1, \qquad r = 0.015\,l, \quad \text{ou} \quad \frac{15}{1000} \times l,$$

nous aurons :

$$F \times 10\,l.\sin 15^\circ = P.l.\sin 15^\circ + 0,1.P\left[2\,l.(1 - \cos 15^\circ)\right.$$
$$\left. + 0,9 \times 6.2832. \times \frac{15}{1000}\,l \times \frac{15^\circ}{360}\right],$$

ou $\quad 2.58819.\,l.\,F = 0,258819\,P.\,l. + 0,00681484.\,Pl + 0,0000003533\,Pl,$

ou $\quad 2.58819\,F = 0,26563419343\,P,$

d'où $\quad P = 9.7434\,F,$

tandis que, théoriquement, c'est-à-dire en supposant le frottement nul, on devrait avoir $P = 10\,F$.

Le travail utile pour chaque demi course est ici $P \times l.\sin\alpha$.

Le travail moteur $\quad \dfrac{P}{9.7434} \times 10\,l.\sin\alpha.$

Le rapport de travail utile au travail moteur, ou le rendement, est donc

0,97434.

Le troisième moyen se retrouve encore dans quelques anciennes huileries. Il consiste dans l'emploi du *coin* comme multiplicateur de l'effort moteur (fig. 3).

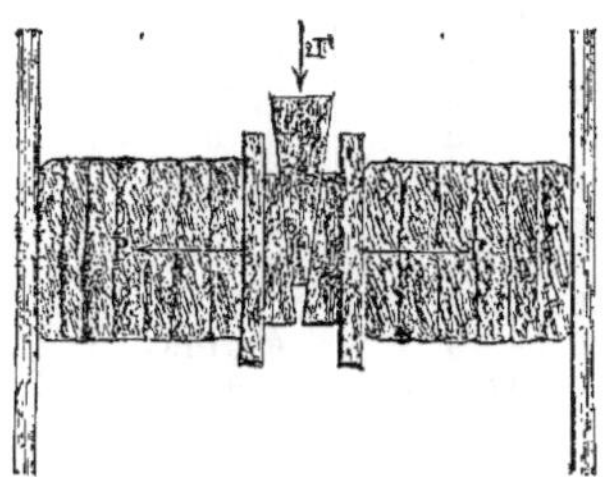

Fig. 3. — Presse à coin simple.

En appelant α le demi-angle du coin supposé symétrique, γ l'angle de frottement, et F l'effort moteur suivant l'axe du coin, on aura :

$$\frac{F}{2} = P \times \operatorname{tg}(\alpha + \gamma), \qquad \text{ou} \quad P = F \times \frac{1}{2\operatorname{tg}(\alpha+\gamma)}. \tag{1}$$

S'il n'y a pas d'autre frottement que celui du coin, c'est-à-dire si le bloc intermédiaire de compression repose sur de très-grands galets parfaitement polis et graissés, le travail utile est égal à la pression P multipliée par le chemin qu'elle parcourt, chemin égal à l'épaisseur du coin.

Le travail moteur est égal à la force motrice F, multipliée par le chemin qu'elle parcourt dans le même temps ou par la longueur du coin. Or e étant l'épaisseur du coin, et b la longueur suivant l'axe, on a :

$$\frac{e}{2b} = \operatorname{tg}\alpha,$$

et par suite $\quad e = 2b\,\operatorname{tg}\alpha. \qquad (2)$

Multipliant l'équation (1) par l'équation (2), nous aurons :

$$P.e = F \times b\,\frac{2\operatorname{tg}\alpha}{2\operatorname{tg}(\alpha+\gamma)}.$$

Or Pe, c'est le travail utile, et $F.b$, le travail moteur; le rapport du premier au second, ou le rendement, est donc égal à

$$\frac{Pe}{F.b} = \frac{2 \operatorname{tg} \alpha}{2 \operatorname{tg} (\alpha + \gamma)}, \quad \text{ou} \quad \frac{\operatorname{tg} \alpha}{\operatorname{tg} (\alpha + \gamma)}.$$

Si le frottement était nul, γ serait nul aussi, et on aurait, pour rendement théorique :

$$\frac{\operatorname{tg} \alpha}{\operatorname{tg} \alpha} = 1.$$

Soit par exemple $\gamma = 5°,43$, ce qui correspond à un coefficient de frottement d'un dixième; on aura :

VALEURS de l'angle du coin ou 2α.	RAPPORT théorique entre la pression et la force motrice.	RAPPORT pratique entre la pression et la force motrice.	RENDEMENT ou effet utile.	OBSERVATIONS.
2	28.645	4.2456	0.14821	
6	9.540	3.26115	0.34182	
12	4.755	2.41090	0.50679	
18	3.155	1.90351	0.60301	
24	2.350	1.56515	0.66536	
30	1.865	1.32205	0.70848	
36	1.540	1.13815	0.73960	
42	1.300	0.99340	0.76268	
48	1.125	0.87600	0.78004	
96	0.4502	0.3607	0.81514	
114	0.3247	0.25788	0.79421	
132	0.22261	0.16520	0.74208	
150	0.13398	0.08173	0.61003	
168	0.05255	0.00247255	0.04705	Il faut une force infinie, pour faire mouvoir le coin le moins résistant.
168.34	0.05000	0.00000000	0.00000	

Ce tableau montre que l'effet utile augmente d'autant plus que le coin multiplie moins la force, jusqu'à une limite supérieure à ce que l'on peut adopter en pratique. Si l'on voulait multiplier par 10 l'effort moteur comme avec le levier précédent, le rendement serait excessivement petit, égal à environ 10 p. 100.

L'examen de la quatrième colonne du tableau fait prévoir qu'il y a un maximum de rendement : il existe pour une valeur de α égale à $\frac{90° - \gamma}{2}$: l'angle de frottement étant supposé ici de 5°.43′, le maximum de rendement a lieu pour un angle de coin $2\alpha = 84°.17'$.

Lorsqu'on emploie la presse à coin, le moteur est presque toujours un poids tombant d'une certaine hauteur; le travail du poids F tombant d'une hauteur H est alors $F \times (H + b)$ pour l'enfoncement total du coin, b représentant la longueur du coin : la formule est du reste identique.

Dans ce mode d'emploi, on perd une grande partie du travail moteur dans le choc; car une partie de ce travail est employé à mouvoir les molécules du corps choqué, qui change plus ou moins de forme : plus ce dernier corps s'approche de l'état parfait d'élasticité, moins il y a de perte.

Lorsque le tasseau de pression, au lieu de reposer sur de grands galets, glisse sur une surface plane d'appui, il fait naître une résistance de glissement assez importante qui diminue encore notablement le rendement. Aussi la presse à coin tend à disparaître : il n'y en avait aucune à l'Exposition de 1867.

Le quatrième mode consiste dans l'emploi d'une *vis* qui peut être mobile ou fixe (fig. 4).

Dans le premier cas, supposons d'abord la force motrice appliquée tangentiellement à la vis ; comme le filet de cette dernière est un plan incliné enroulé

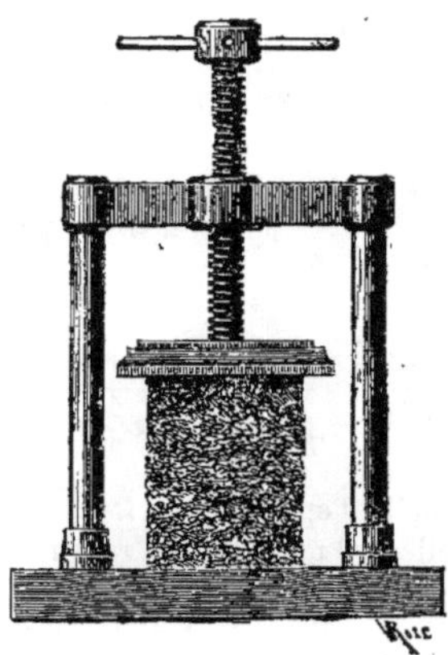

Fig. 4. — Presse à vis mobile (simple).

sur un cylindre, ou une face de coin, nous aurons la même formule que pour le coin :

$$F' = P \times \operatorname{tg}(\alpha + \gamma). \qquad (3)$$

Le chemin parcouru par la force motrice est égal à la circonférence moyenne du filet, tandis que celui parcouru par la pression ou la résistance est égal au *pas* seulement; α étant l'inclinaison du filet de la vis, on a, pour la valeur du pas :

$$2\pi r \,.\, \operatorname{tg} \alpha = p. \qquad (4)$$

Multipliant l'une par l'autre les équations (3) et (4), nous aurons :

$$F' \times 2\pi r \operatorname{tg} \alpha = P.p \times \operatorname{tg}(\alpha + \gamma),$$

d'où

$$F' \times 2\pi r = P.p \times \frac{\operatorname{tg}(\alpha + \gamma)}{\operatorname{tg} \alpha}. \qquad (4')$$

Or $F \times 2\pi r$ représente le travail moteur, et $P \times p$ le travail utile; le rapport entre ce dernier et le premier nous donne pour effet utile :

$$\frac{P.p}{F' \times 2\pi r} = \frac{\operatorname{tg} \alpha}{\operatorname{tg}(\alpha + \gamma)}, \qquad (5)$$

ce qui montre que l'effet utile est indépendant du rayon de la vis, et ne dépend que de l'inclinaison du filet et du coefficient de frottement.

L'équation est identique à celle trouvée pour le coin, sauf que $2\pi r$ remplace la *longueur du coin*, et le pas p, *l'épaisseur du coin*.

Pour plus de simplicité, nous avons négligé le frottement qu'exerce la pointe de la vis sur le tasseau compresseur ; mais il convient d'en tenir compte. Appelons r' le rayon extrême de la face inférieure de la vis reposant sur le tasseau, et cherchons les conditions d'équilibre entre la portion de force motrice tangentielle et le frottement sur la pointe de la vis. Le frottement provient de la pression P; il est donc égal à $f.P$, et se trouve réparti également entre toutes les molécules de la base de la vis; la résultante est égale à fP, et appliquée à une distance du centre égale aux deux tiers du rayon; nous aurons donc :

$$F'' \times r = f.P \times \frac{2}{3} r', \qquad (6)$$

d'où

$$F'' = f.P \times \frac{2}{3} \frac{r'}{r}.$$

Par suite, l'équation (3) deviendrait :

$$F' + F'' = P \times \operatorname{tg}(\alpha + \gamma) + f.P \times \frac{2}{3} \frac{r'}{r}, \qquad (7)$$

et celle du travail (4') :

$$(F' + F'') \times 2\pi r = P \times p \left(\frac{\operatorname{tg}(\alpha + \gamma) + \frac{2}{3} f \times \frac{r'}{r}}{\operatorname{tg} \alpha} \right). \qquad (8)$$

Et l'effet utile :

$$\frac{P.p}{(F' + F'')\, 2\pi r} = \frac{\operatorname{tg} \alpha}{\operatorname{tg}(\alpha + \gamma) + \frac{2}{3} f \times \frac{r'}{r}}. \qquad (9)$$

Enfin, comme il serait difficile d'appliquer la force motrice tangentiellement à la vis, on arme la tête de celle-ci d'un levier de rayon L; alors la force F nécessaire pour remplacer $F' + F''$ est donnée par la formule des leviers :

$$F \times L = (F' + F'') \times r, \qquad \text{d'où} \quad F' + F'' = F \times \frac{L}{r}.$$

En mettant cette valeur de F' et F'' dans les équations (7), (8) et (9), nous aurons les véritables formules pratiques de la vis mobile :

$$F \times \frac{L}{r} = P \times \operatorname{tg}(\alpha + \gamma) + fP \times \frac{2}{3} \frac{r'}{r},$$

d'où

$$P = F \times L \times \frac{1}{r.\operatorname{tg}(\alpha + \gamma) + \frac{2}{3} f.r'}, \qquad (10)$$

travail moteur

$$F \times 2\pi L = P.p. \left[\frac{\operatorname{tg}(\alpha + \gamma) + \frac{2}{3} f \frac{r'}{r}}{\operatorname{tg} \alpha} \right], \qquad (11)$$

et enfin l'effet utile

$$\frac{P.p}{F \times 2\pi L} = \frac{\operatorname{tg} \alpha}{\operatorname{tg}(\alpha + \gamma) + \frac{2}{3} f \frac{r'}{r}}, \qquad (12)$$

équation identique à l'équation (9) : ce qui montre que le rendement d'une vis est indépendant de la grandeur du levier moteur.

Soit par exemple une vis de 5°.01 d'inclinaison (une vis du pressoir à boisseau de M. Chollet-Champion).

Soit $L = 2^m$, et $r = 0^m.05$, $r' = 0^m.025$;

enfin $\gamma = 5°.43'$, d'où $f = 0.1$.

L'équation 10 nous donne :

$$P = F \times 2^m \times 89.731, \qquad \text{d'où} \quad P = 179.462\,F. \qquad (13)$$

La pression obtenue est près de 180 fois l'effort moteur; si c'est un homme seul qui presse le levier, il peut pendant quelque temps exercer un effort de

12 kil.; il pourra donc exercer, par la pointe de la vis, une pression de 2153k.544.

Si l'on n'eût pas tenu compte du frottement de la vis, sur son filet et sous sa pointe, le multiplicateur eût été donné par la formule

$$P = 457.44 \,.\, F,$$

au lieu de l'équation pratique (13), et la pression serait de 5489.28; ainsi le calcul pratique ne donne que 0.392 de l'indication théorique pure.

Lorsque la vis est fixe (fig. 5), ce qui se rencontre le plus fréquemment dans les grandes presses, la perte de force, par le frottement de l'écrou contre le siége

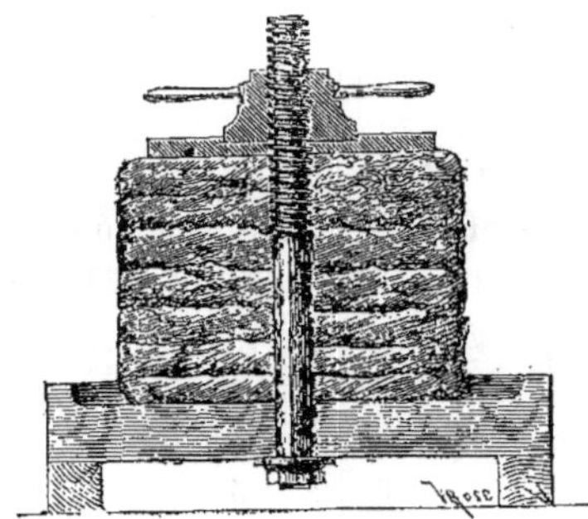

Fig. 5. — Presse à vis fixe (simple).

qui lui est ménagé sur le tasseau, est plus grande que celle occasionnée par le frottement du dessous de la vis mobile : cette perte dépend du diamètre de l'écrou; si l'on reste dans la limite de la pratique, on peut compter sur une perte quatre fois plus grande que la portion spéciale du frottement du bas de la vis.

Or, dans l'équation (10), ce frottement entre en dénominateur, et est proportionnel au rayon extérieur; au lieu de $P = F \times 2^m \times 89.731$ de l'exemple ci-dessus, on n'aurait guère que $P = F \times 2^m \times 74.2$, et la pression exercée par un homme ne serait que de 1780k.8, au lieu de 2153k.5.

L'effet utile, pour le cas de la vis mobile dans l'exemple particulier ci-dessus, est donné par la formule (12), et l'on a :

$$\text{Effet utile} = \frac{\operatorname{tg}.5^\circ.01'}{\operatorname{tg}(10^\circ.44') + \frac{2}{3}\, 0.1 \times \frac{0.025}{0.05}} = \frac{0.0877818}{0.1895546 + 0.0333} = 0.3938.$$

Pour la vis fixe à écrou mobile :

$$\text{Effet utile} = \frac{\operatorname{tg}.5^\circ.01'}{\operatorname{tg}(10^\circ.44') + \frac{2}{3}.\, 0.1 \times \frac{0.06}{0.05}} = \frac{0.0877818}{0.1895546 + 0.08} = 0.3256.$$

L'étude précédente des presses à vis simple montre que, si la vis est mobile, il faut la faire reposer par une partie aussi étroite que le permet la dureté de la matière sur laquelle elle s'appuie; il convient alors de mettre acier sur acier. Il en est *à fortiori* de même pour le dessous de l'écrou et pour son siége. Tout au moins faut-il ici de très-bonne fonte un peu dure et un graissage permanent.

La vis elle-même doit être parfaitement graissée; elle doit du reste avoir un diamètre suffisant pour résister à la pression qui tend à la *faire fléchir* si elle est mobile, et à l'*étendre* si elle est fixe. Ceci est une question de résistance des matériaux qu'il est facile de traiter.

Si l'emplacement ne permet pas de mettre à la presse à vis un levier assez long pour produire, avec un ou deux hommes, la pression voulue, on agit sur ce levier par une corde s'enroulant sur un treuil, ce qui permet de multiplier l'effort moteur.

En désignant par F''' l'effort moteur agissant avec un bras de levier L', par S et S' les pressions des tourillons sur les coussinets, de rayons r et r', on aura, comme équation d'équilibre entre ces trois forces et la tension T de la corde agissant avec un bras de levier R, égal au rayon du treuil :

$$F''' \times L' = T \times R + fS \times r + fS' \times r'; \quad (13)$$

alors, en outre, on aura :

$$F''' \times L' = F \times L = T \times L. \quad (14)$$

Soit par exemple, pour la disposition précédente de vis fixe :

$$L' = 0^m.375, \quad R = 0.075, \quad f = 0.1, \quad S = S' = \frac{1}{2}T, \quad r = r' = 0.01125;$$

on aura par le treuil horizontal, supposé sans poids lui-même :

$$F''' \times 0.375 = T \times 0.075 + 2(0.1 \times 0.5T \times 0.01125),$$

d'où

$$T = \frac{F''' \times 0.375}{0.076125} = F''' \times 4.9261.$$

En ne tenant pas compte des frottements, ce serait :

$$T = F \times 5.$$

Cette valeur de T remplacera, dans les formules (10), (11) et (12), la lettre F.

Nous aurions par l'équation (13) par exemple :

$$P = 4.9261\,F''' \times 89.731,$$

d'où

$$P = 884.05 \times F = 884.05 \times 8^k = 7072^k.4.$$

Car, à la manivelle, il ne faut guère compter que sur 8 kil. d'effort si le travail doit durer quelque temps, sinon on peut espérer 12 kil.; mais alors, par la même raison, on pourrait supposer sur le levier 18 kil. de traction au lieu de 12.

Enfin si le treuil est vertical, il faut, dans l'équation (13), ajouter le frottement du pivot, de rayon r'', qui serait égal à

$$f \cdot Q \times \frac{2}{3} r'',$$

f étant le coefficient de frottement, Q le poids du treuil et r'' le rayon extrême du pivot.

Au lieu d'employer, comme addition à la presse à vis, un treuil, on peut employer une ou plusieurs paires d'engrenages; on a alors ce qu'on appelle un *pressoir à engrenages*.

Si les engrenages sont cylindriques et d'un grand diamètre, leur addition, qui permet de multiplier beaucoup l'effort moteur, n'entraîne que très-peu de perte par le frottement.

En effet, si le jeu des engrenages entraîne un frottement de glissement et de roulement, ce dernier est négligeable, et l'on a, pour expression du frottement des dents d'engrenages :

$$T_m = T_u \left[1 + f \cdot \pi \left(\frac{1}{n} + \frac{1}{n'}\right)\right]. \quad (15)$$

T_m représentant le travail moteur, T_u le travail utile, f le coefficient de frottement, n et n' le nombre de dents des engrenages. La seule inspection de l'équation (15) montre que la perte de travail moteur est d'autant plus faible que les nombres de dents sont plus grands.

Ainsi le pressoir à boisseau de MM. Chollet-Champion, qui est muni d'une première paire de roues, dont les nombres de dents sont 9 et 45, nous donnerait, pour $f = 0.1$:

$$T = T_u \left[1 + 0.1 \times 3.14 \left(\frac{1}{9} + \frac{1}{45} \right) \right] = T_u \times (1 + 0.041887),$$

c'est-à-dire que la perte de travail par le fait de cette première paire de roues qui multiplie par 5 n'est que de 4.18 p. 100.

En outre il faut tenir compte des frottements des tourillons ou des pivots des arbres de ces engrenages.

En résumé, et approximativement, un pressoir à trois paires d'engrenages et on ne va pas au delà) peut rendre :

$$0.90 \times 0.90 \times 0.90 \times 0.33 = 0.24.$$

Comme il ne faut pas toujours compter sur un bon graissage, on admettra pour rendement pratique :

Pressoir à 3 paires d'engrenages de	0.200	à	0.240 au plus. La force de l'homme est multipliée par	18000
— 2 paires	0.223	à	0.267	4500
— 1 paire et un treuil	0.215	à	0.253	4500
— 1 paire	0.248	à	0.297	900
— 1 levier sur une vis fixe	0.275	à	0.330	180
— 1 levier sur vis mobile	0.325	à	0.390	180
— à coin avec choc	0.350	à	0.400	12
— à 1 levier seul	0.950	à	0.970	10
Pressoir à pression directe sans mécanisme	1.000	à	1.000	1

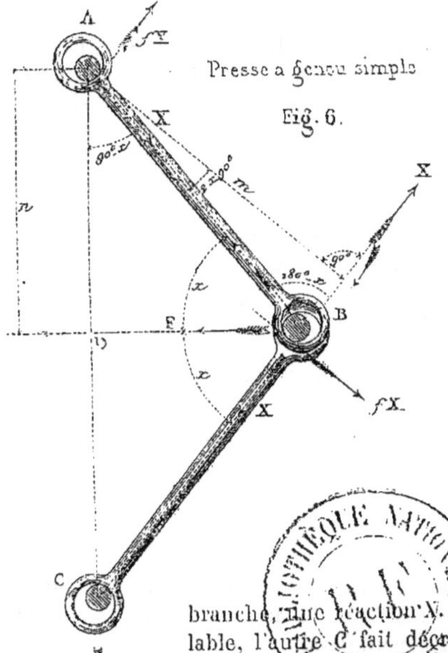

Les mécanismes de compression que nous venons de décrire sont les plus fréquemment employés, mais non les seuls. Une disposition ingénieuse, adaptée pour la première fois par M. Samain, consiste à agir sur la matière à presser par la fermeture d'un genou. Dès le commencement de ce siècle, Poinsot (*Éléments de statique*) décrivait un genou simple (fig. 6) capable d'exercer une pression croissante à l'aide d'une force constante. Depuis, M. Samain a fait une presse basée sur l'emploi de deux genoux symétriques dont un seul est représenté par la figure 6.

La force motrice F est ordinairement appliquée, comme nous le supposons ici. Cette force F fait naître, dans la longueur de chaque branche, une réaction X. L'un des sommets A étant inébranlable, l'autre C fait décrire une verticale dans le prolongement de AC, en exerçant, suivant cette direction, une pression P.

Lorsque la force F parcourt suivant BD, et de B en D, un petit chemin, chaque branche AB du genou se rapproche de la droite AC, et l'angle du genou augmente. Le tableau suivant montre qu'entre $\alpha = 60°$ et

$\alpha = 89°25'$, à chaque chemin d'un centimètre décrit par le point B vers D, l'angle α augmente d'une quantité à peu près constante, qui est de 39 minutes au commencement et de 34 à la fin.

Chaque branche AB doit donc être considérée comme prenant un mouvement de rotation autour de A, dès que la force motrice agit. Quatre forces agissent visiblement sur cette pièce tournante AB : 1° la force motrice F, qui tend à faire tourner, suivant le sens de la flèche z, avec un bras de levier n; 2° la réaction du second bras sur le point B d'un bras de levier m; 3° chaque tourillon réagit sur les sommets A et B avec une force égale à X et fait naître un frottement fX tendant à faire tourner aussi en sens contraire de la flèche Z, avec un bras de levier égal au rayon du tourbillon r.

Si donc nous appelons a la longueur AB d'une branche du genou d'axe en axe; α le demi-angle intérieur du genou, l'équation d'équilibre de rotation de la pièce AB autour de A sera :

$$F \times n = Xm + 2frX. \tag{16}$$

Or $$\frac{n}{a} = \cos(90° - \alpha) = \sin\alpha, \quad \text{d'où} \quad n = a\sin\alpha;$$

$$\frac{m}{a} = \sin(180° - 2\alpha) = \sin 2\alpha, \quad \text{d'où} \quad m = a\sin 2\alpha.$$

L'équation (16) devient donc :

$$F \times a\sin\alpha = X(a\sin 2\alpha + 2f.r),$$

d'où $$X = F \times \frac{a\sin\alpha}{a\sin 2\alpha + 2f.r}. \tag{17}$$

La force X, agissant dans le prolongement de BC, peut être supposée décomposée en deux : l'une normale, au plan du guide ou de la glissière, et détruite par la réaction de ce corps; l'autre dans le prolongement de AC, et qui n'est autre chose que la pression exercée P. Il est visible que l'on a, en considérant la seconde branche comme s'avançant parallèlement à elle-même

$$X = P \times \frac{\cos\gamma}{\sin(\alpha - \gamma)}. \tag{18}$$

Car il doit y avoir équilibre entre les trois forces X, P et R.

Mettant dans l'équation (17) cette valeur de X, on aura :

$$\frac{P.\cos\gamma}{\sin(\alpha-\gamma)} = F \times \frac{a\sin\alpha}{a\sin 2\alpha + 2f.r}; \quad \text{d'où} \quad P = F \times \frac{a\sin\alpha\sin(\alpha-\gamma)}{\cos\gamma(a\sin 2\alpha + 2f.r)}, \tag{19}$$

équation qui donne la valeur de la pression P obtenue par le coude.

Si le frottement pouvait être négligé, on aurait :

$$P = F \times \frac{a\sin^2\alpha}{a\sin 2\alpha}, \quad \text{d'où} \quad P = F \times \frac{\sin^2\alpha}{2\sin\alpha\cos\alpha},$$

ou $$P = F \times \frac{\sin\alpha}{2\cos\alpha}, \quad \text{ou enfin} \quad P = F \times \frac{1}{2}\operatorname{tg}\alpha. \tag{20}$$

On voit par suite que si la force motrice F reste constante, la pression obtenue va en croissant à peu près comme la moitié de la tangente du demi-angle α du coude : la pression faible au commencement devient de plus en plus forte quoique la force motrice reste constante. C'est une particularité précieuse, puisqu'en réalité, au fur et à mesure du pressurage, la matière pressée réagit avec une intensité de plus en plus grande.

Le tableau suivant donne les valeurs successives de $\frac{P}{F}$ pour tous les cas où le frottement des tourillons pouvant être négligé, le coude forme à l'origine un angle de 120 degrés (2 α). Le chemin parcouru par la pression est à chaque instant égal à la longueur d'un des bras du coude multiplié par le double de la différence existant entre les sinus de l'angle actuel et de l'angle précédent. Nous avons supposé dans ce tableau $a = 1$, $\alpha = 60°$, ce qui donne pour chemin total de la puissance F, 0,50 centimètres, et pour chemin total de la pression ou résistance 0,2679492. La première colonne donne les chemins parcourus par la force motrice d'une manière uniforme de 4 en 4 centimètres, la deuxième colonne, les accroissements successifs du demi-angle du coude, la troisième la valeur de ces angles ; les *entêtes* sont du reste suffisamment explicites.

CHEMINS parcourus par la force motrice.	ACCROISSEMENTS successifs de l'inclinaison des bras du coude.	VALEURS successives du demi-angle du coude.	RAPPORT DE LA PRESSION A LA FORCE MOTRICE		MOITIÉ DU CHEMIN parcouru par la pression en millim.	RAPPORT entre le travail de la pression et le travail moteur. FROTTEMENT de 1/10.	TRAVAIL	
			le frottement négligé.	le frottement étant d'un dixième.			de la pression P.	de la force motrice F.
mètr.	min.	degrés						
0.00	00	60.00	0.86602	0.81362				»
0.02	78	61.19	0.91390	0.86161	11.2607	0.940	0.018800 × F	0.02 × F
0.04	78	62.36.'30	0.96494	0.91205	10.5965	0.94145	0.018829	0.02
0.06	77	63.54.	1.02063	0.96751	10.1153	0.94257	0.0188514	0.02
0.08	76	65.10	1.08045	1.02700	9.5057	0.94523	0.0189046	0.02
0.10	75	66.25	1.14536	1.0916	8.9458	0.95658	0.0191316	0.02
0.12	75	67.40	1.21711	1.1629	8.5097	0.943	0.01886	0.02
0.14	74	68.54	1.29780	1.2411	7.9647	0.958	0.01916	0.02
0.16	73	70.07	1.38249	1.3272	7.4336	0.950	0.0190	0.02
0.18	73	71.20	1.48002	1.4241	7.0095	0.952	0.01904	0.02
0.20	72	72.32	1.58902	1.5323	6.4951	0.953	0.01906	0.02
0.22	72	73.44	1.71356	1.6558	6.0767	0.954	0.01908	0.02
0.24	72	74.56	1.85738	1.7984	5.6556	0.955	0.01910	0.02
0.26	71	76.07	2.02293	1.9623	5.1623	0.971	0.01942	0.02
0.28	70	77 17	2.21567	2.1531	4.6843	0.972	0.01944	0.02
0.30	71	78.28	2.45028	2.3850	4.3380	0.973	0.01946	0.02
0.32	70	79.38	2.73324	2.6644	3.8677	0.976	0.01952	0.02
0.34	69	80.47	3.08141	3.0076	3.4134	0.977	0.01954	0.02
0.36	70	81.57	3.53530	3.4541	3.0565	0.979	0.01958	0.02
0.38	69	83.06	4.13478	4.0394	2.6111	0.980	0.01960	0.02
0.40	69	84.15	4.96550	4.8546	2 2112	0.983	0.01966	0.02
0.42	70	85.25	6.23711	6.0915	1.8337	0.984	0.01968	0.02
0.44	69	86.33 1/2	8.31388	8.0949	1.3941	0.987	0.01974	0.02
0.46	68	87.42	12.21801	12.0240	0.9981	0.989	0.01978	0.02
0.48	69	88.51	24.90786	23.400	0.6042	0.900	0.01980	0.02
0.50	69	90.00	∞	∞	0.2014			0.02

Ainsi il paraît démontré que le travail de frottement des articulations du genou est très-peu important, de 3 à 6 p. 100 dans l'hypothèse faite ci-dessus.

Le mouvement est donné au genou par l'intermédiaire d'une double vis passant au travers des écrous qui forment les sommets d'angle du double coude. Si nous appelons F' la force nécessaire sur la vis pour exercer l'effort F, suivant le prolongement de l'axe de cette vis, nous aurons (équation 5)) :

$$\frac{F \times p}{F' \times 2\pi r} = \frac{\operatorname{tg} \alpha}{\operatorname{tg} (\alpha + \gamma)}.$$

Exemple : soit $\alpha = 5^\circ.01$, et $\gamma = 5^\circ.43$, on aura :

$$\frac{Fp}{F' \times 2\pi r} = \frac{\text{tg } 5^\circ.01'}{\text{tg } 10^\circ.44'} = 0.4631,$$

d'où

$$0.4631 \times 2\pi r F' = F.p.$$

Or le pas étant de 24 millim., et le rayon de 43.50 millim. on a :

$$\alpha = 5^\circ.01,$$

et l'on a

$$F' = \frac{F \times 0.024}{0.4631 \times 6.2832 \times 0.0435} = F \times 0.18960,$$

ou

$$F = \frac{F' \times 2\pi r \times 0.4631}{p} = F' \times 5.27392.$$

La multiplication de la puissance par la vis est donc de 5.27; par le genou, de 1 à 23, sans compter que l'on agit sur la vis avec des leviers multipliant beaucoup.

L'effet utile, malgré cette grande multiplication de la puissance, doit être :

$$0.4631 \times 0.955 = 0.44226.$$

Pressoir à vis mobile et levier simple. — MM. Mabille font cette espèce de pressoir, mais ils ne l'avaient point exposée.

Il se compose de deux colonnes en fer fixées sur la maie : le haut de ces colonnes est boulonné dans les douilles d'une pièce faisant écrou, la vis est coiffée d'un manchon de fonte, auquel on adapte un levier en bois; il faut pour manœuvrer ce pressoir, tourner tout autour de la maie. Voici les prix :

Pour 3 barriques :	maie en fonte	320 fr.,	en bois	270 fr.,	soit par barrique	106 fr.	66	ou	90 fr.	00
— 6	—	380	—	340	—	63	33		56	66
— 9	—	500	—	440	—	55	50		48	89
— 12	—	700	—	580	—	58	33		48	33

MM. Mabille font des pressoirs à vis fixe avec écrou à simple lanterne, qui n'ont rien de particulier à signaler.

Pour 3 barriques :	maie en fonte	320 fr.,	maie en bois	270 fr.,	ou par barrique	106 fr.	66	ou	90 fr.	00
— 6	—	380	—	340	—	63	33		56	66
— 9	—	500	—	440	—	55	55		48	89
	—	700	—	580	—	58	33		48	33

Pressoir à vis fixe et levier simple. — Plusieurs de ces pressoirs étaient exposés tant au Palais qu'à Billancourt; nous pouvons donner comme bons modèles,

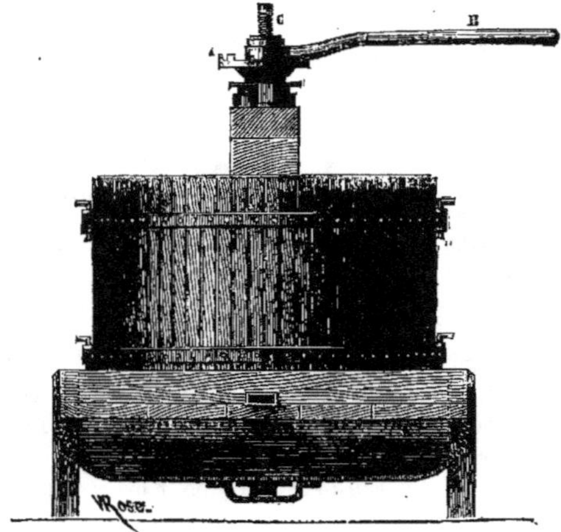

Fig. 7. — Presse à vis et levier simple.

celui de M. Guilleux, de Segré (Maine-et-Loire). La fig. 7 indique suffisamment la disposition générale : il se compose d'une maie en chêne consolidée en dessous par un fort sommier que traverse la vis dont la tête en dessous est fortement arrêtée : la vis s'élève au centre d'une cage cylindrique à claire-voie qui se défait en deux dès qu'on ôte les chevilles à équerre qui les retiennent ensemble.

Sur le haut de la vis se trouve l'écrou, libre de tourner et de descendre, en entraînant un sommier qui appuie sur le marc ou sur la pulpe de pommes par l'intermédiaire d'une planche et de quelques pièces de bois.

Si le levier est simplement enfilé sur le côté de l'écrou, il faut pour opérer la pression tourner tout autour de la charge, ce que l'emplacement dont on dispose pour le pressoir ne permet pas toujours : la table doit être placée à une certaine distance des murs, et il faut un espace circulaire de 5 mètres de diamètre. La disposition de l'écrou pour levier simple est représentée par le détail fig. 7 *bis.*

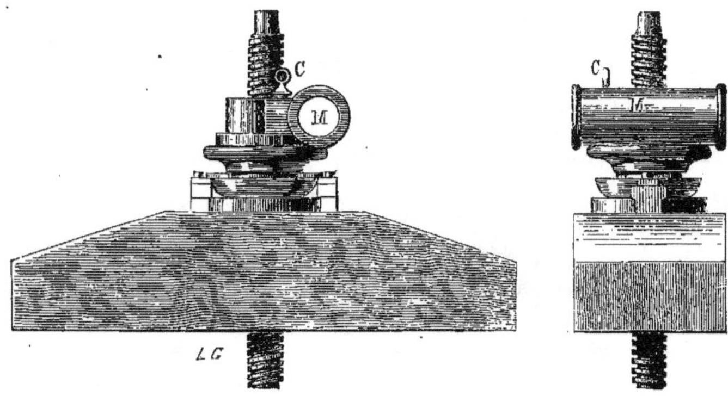

Fig. 7 *bis*. — Détail du pressoir à lanterne, de M. Guilleux.

Nous donnons ci-dessous une indication sommaire des dimensions, poids et prix de ces pressoirs et de ceux à encliquetage.

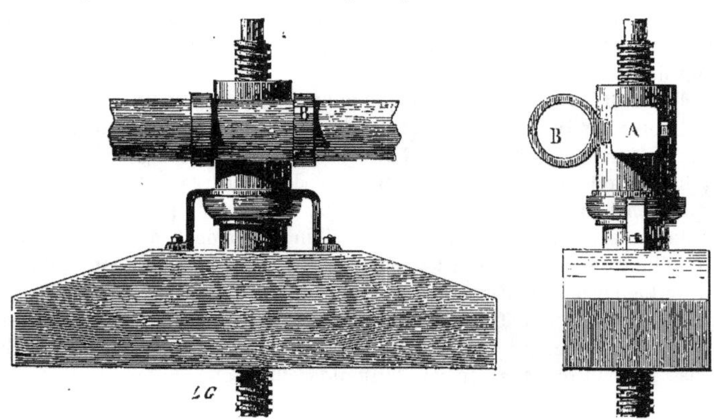

Fig. 7 *ter*. — Détail du pressoir à encliquetage, par clavette de Guilleux.

Pressoir à vis et levier à encliquetage. — Ils ne diffèrent des précédents que dans la disposition de la tête d'écrou et du levier qui, muni d'un encliquetage, permet d'opérer la pression entière sans tourner autour de la maie : ce pressoir peut être placé et fonctionner dans un très-petit appartement, dans un angle, touchant même les murs de deux côtés : il ne faut en tout que 3^{m},10 de long sur 1^{m},65 de large pour la grande dimension, et même lorsque la vendange est terminée le levier s'enlève, et l'espace occupé n'est plus que de 1^{m},65 de côté. La fig. 7 *ter* de la page précédente représente l'écrou et le levier à encliquetage perfectionné dit à clavette; sur la fig. 7 d'ensemble, c'est l'encliquetage à plateau.

Dimensions et prix des pressoirs à levier simple et à leviers à encliquetage de M. Guilleux.

NUMÉROS D'ORDRE des pressoirs.	DIMENSIONS de la table carrée.	CAGE RONDE.		VOLUME de la cage.	TRAVAIL fait par jour.	POIDS approximatifs.	PRIX DES PRESSOIRS		PRIX par kilogrammes.	PRIX PAR HECTOLITRE de travail journalier.	PRIX PAR HECTOLITRE de contenance de la cage.
		diamètre.	hauteur.				à levier simple.	à levier à encliquetage.			
	mèt.	mètr.	mètr.	litres.	hectol.	kilogr.	fr.	fr.	fr. c.	fr. c.	fr. c.
1	1.22	0.82	0.54	285	15	240	230	260	1.02	16.33	86.00
2	1.44	1.05	0.65	563	25	500	250	280	0.53	10.60	47.00
3	1.55	1.15	0.75	779	50	650	270	300	0.44	5.70	36.50
4	1.65	1.25	0.80	982	60	750	320	360	0.45	5.67	34.60

Ces pressoirs ne peuvent guère donner qu'une pression de 40,000 kilogrammes, mais d'après ce que nous écrit un habile praticien, M. Delprat, ancien élève de l'École centrale, cette pression suffirait à un bon travail.

« ..... Dans ma pratique je ne dépasse guère 2 kilogrammes par centimètre carré de marc et le vin exprimé par la dernière pressée est détestable, fermente à peine et ne peut donner à nos eaux-de-vie qu'un goût âpre et dur. On comprend donc qu'il est inutile, je dirai même qu'il est nuisible de pousser si loin la pression des marcs de vendange.

« Si d'un autre côté l'on considère que nous n'avons du moins ici que très-peu de bras à notre disposition dans nos champs, que le temps est extrêmement précieux pendant les vendanges, on sera peut-être conduit à admettre que, dans nos contrées, il vaut mieux faire usage d'un mode de pressurage plus expéditif que celui plus long, mais plus complet obtenu par l'emploi de pressoirs à engrenages. Nous nous servons tout simplement d'un levier de 3 à 4 mètres engagé dans une lanterne à déclic qui tourne autour de l'écrou. Les hommes du pressoir se font aider pour pousser la barre par les bouviers qui, de temps en temps, apportent la vendange. On obtient ainsi une pression définitive de 2 kilogrammes par centimètre carré de marc, pression bien suffisante si l'on tient à ne pas introduire dans son vin le liquide affreusement âpre contenu dans la rafle.

« Nous nous servons de vis du diamètre de 0^{m},08, peut-être un peu trop fort, car ces vis pourraient aisément supporter 55,000 kilogrammes : nous ne les soumettons qu'à l'effort de 40,000 kilogrammes au plus. Si l'on fait usage de fortes vis, il faudrait au moins les utiliser et nous ne le pourrions pas dans notre système, commode mais un peu primitif : il faudrait faire usage d'engrenages mais alors consacrer une grande partie du temps de nos hommes au pressurage. D'ailleurs, l'emploi utile de fortes vis entraînerait une telle force de *bois* pour nos pièces de *charge* intermédiaires que nos bras ne pourraient manœuvrer ces dites pièces. Il est bon de dire ici que nous n'encaissons pas notre vendange, nous la laissons libre. Je ne parlerai pas des cages, de leurs avantages ou inconvénients, je ne les ai jamais employées : je sais seulement que toute *gêne* dans l'écoulement du vin donne lieu à une augmentation de travail, et je suis disposé à préférer le système libre.

« J'ai trouvé : 1° que le volume de vendange mis dans le début sous la presse est au volume de vendange apporté de la vigne comme 0,46 est à 1 ; 2° que le volume du marc définitivement pressé était au volume primitif mis sous la presse comme 0,37 est à 1. Ces chiffres sont des moyennes ; enfin 3° pendant l'opération du pressurage il se fait une perte de liquide (de l'eau bien entendu) en évaporation de 5 à 10 pour 100. »

Ces observations sont fort intéressantes. Nous ajouterons toutefois que la pression nécessaire par centimère carré de marc doit être d'autant plus grande que la hauteur de la cage est plus grande et qu'elle varie avec les vins à faire suivant la qualité, etc. Si en employant des engrenages on met plus de temps pour la pressée, la différence sur l'ensemble des opérations n'est pas très-importante et en revanche il n'est pas besoin d'aides temporaires pour le pressoir, aides que l'on ne trouverait pas toujours.

Ce genre de pressoirs convient surtout dans les petits et moyens vignobles et dans toutes les exploitations faisant du cidre.

Ordinairement un homme suffit pour toutes les manutentions et pour presser le marc jusqu'aux deux tiers : un aide est nécessaire pour achever l'opération. Il est d'un usage assez général dans l'Anjou pour la fabrication des vins blancs, et dans les départements voisins (Sarthe, Mayenne), pour les cidres.

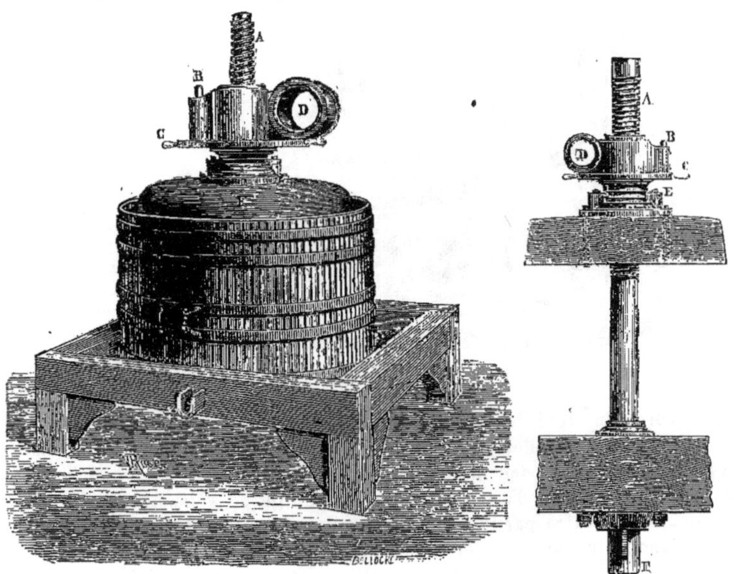

Fig. 8. — Pressoir à encliquetage à clavette, de M. Juveneton. Fig. 8 *bis*. — Détail.

On peut adapter aux pressoirs un appareil de transport qui se fixe ou s'enlève en quelques instants et ne coûte que 90 à 100 fr. suivant le numéro du pressoir.

Le pressoir de M. Juveneton, à Tournon (Ardèche), représenté par les fig. 8 et 8 *bis*, page précédente, et la fig. 8 *ter* qui suit, est d'un système analogue et très-bien disposé : la vis seule, avec sa lanterne, était exposée.

Fig. 8 *ter*.

Fixation de la vis.

Pressoir à vis, à levier, à encliquetage et treuil. — Les pressoirs dont nous venons de parler ne peuvent donner une pression tout à fait suffisante avec deux hommes si le marc a une surface dépassant 1^{m2},33. Dans ce cas on peut ajouter un treuil portatif ou fixé dans un coin du chais de manière à augmenter la force pour finir la pressée. Le treuil peut multiplier par 5 ou plus à volonté : on pourrait donc obtenir 160,000 à 200,000 kilogrammes, ce qui suffit pour un fort pressoir.

A l'exposition de Billancourt, M. Pichot exposait un pressoir de ce genre d'une construction simple et solide, mais ne présentant rien de particulier à signaler. Ce treuil est à arbre transversal et à levier simplement passé dans l'arbre.

MM. Chollet-Champion exposent un pressoir dont le treuil en fonte est à arbre vertical (fig. 9) : il se fixe facilement contre un poteau et est armé à la partie inférieure d'une roue d'angle commandée par un pignon fixé sur l'arbre d'une manivelle. Le treuil vertical est préférable parce que le levier des pressoirs à lanterne marche horizontalement ; de sorte que la corde attachée à son extrémité décrit un arc de cercle et varie de hauteur suivant la quantité de vendange à presser. Il en résulte qu'avec le treuil placé horizontalement, la corde s'enroule mal, ce qui force à arrêter assez souvent pour l'enrouler convenablement et empêcher que la corde fasse plusieurs tours l'un par dessus l'autre, ce qui donne un tirage irrégulier : il peut arriver aussi que dans un emplacement res-

Fig. 9. — Pressoir à vis, à levier et treuil, de MM. Chollet Champion.

treint la corde du treuil horizontal vienne gêner l'homme qui le fait mouvoir.

Le treuil de MM. Chollet-Champion est monté sur un bâtis de fonte portant tous les axes, ce qui prévient tout déplacement ; l'arbre du treuil est vertical et assez long pour contenir la corde pour toute quantité de vendange ou de marc à presser. Il porte à sa partie inférieure une roue conique dentée commandée par un pignon d'un diamètre beaucoup moindre, et tel que la roue fait un tour pour six et demi du pignon. Or, la manivelle ayant un rayon cinq fois plus grand que celui de l'arbre du treuil et faisant 6,5 tours pour un de l'arbre, on multiplie théoriquement la force motrice par 32,5. Le levier multipliant lui-même par 75 à 100 et la vis par 3,62 (pratiquement), on a une multiplication totale de 13,650 pratiquement : l'homme qui agit sur la manivelle peut exercer pendant quelque temps 8 kilogrammes et même 12 pendant quelques instants, ce qui donne une pression de 109 à 164,000 kilogrammes avec un seul homme. Le treuil de MM. Chollet-Champion est donc une addition précieuse à faire à tout pressoir à lanterne, à levier, à encliquetage, dont on veut augmenter la force. Ce petit treuil ne coûte que 60 francs (n° 1) ou 100 francs (n° 2).

Le pignon, l'arbre et la manivelle motrice de ce treuil sont solidaires et retenus à leur place par un petit levier à bascule, un *chien*, qui s'engage dans une rainure faite sur le milieu de l'arbre; on peut ainsi changer la manivelle de côté, ce qui rend le treuil applicable dans toutes les positions.

Ce treuil se fixe, comme l'indique la figure, à l'aide de 7 boulons directement sur un poteau ou contre un mur ou, pour plus de solidité, par l'intermédiaire d'un madrier.

Voici comment on se sert de ce treuil : on fixe la corde à l'extrémité du levier et à l'arbre du treuil ; on embraye le pignon en plaçant la manivelle du côté le plus commode pour la manœuvre et on agit sur cette manivelle : la corde est attirée par le treuil; dès que le levier est à bout de course, on soulève le petit levier à bascule d'embrayage, placé au centre de la douille, on débraye le pignon et on repousse le levier en bois jusqu'à ce qu'il vienne reprendre un autre cran du plateau (si l'encliquetage est à plateau) ou jusqu'à ce que la clavette ait repris un nouveau trou (si l'encliquetage est à clavette). Dans cette dernière manœuvre l'arbre du treuil a tourné de manière à dérouler la corde : il ne s'agit donc plus que de réembrayer à l'aide du petit levier à bascule pour recommencer l'opération.

Voici d'abord le prix des pressoirs à treuil simple de M. Pichon, qui ne multiplie la force du levier que par 4.

N°		heures		hectolitres		litres		prix		par hectolitre	
N° 1, faisant en	3 heures		9 hectolitres		20 litres avec deux hommes			300 fr., ou par hectolitre		32 fr.	60
2	—	3	—	11	—	80	—	350	—	29	66
3	—	4	—	18	—	40	—	400	—	21	74
4	—	4	—	26	—	00	—	450	—	17	31
5	—	5	—	32	—	00	—	500	—	15	62
6	—	6	—	40	—	09	—	550	—	13	75

Des attestations nombreuses prouvent que l'addition de ce simple treuil à manivelle fait rendre à un marc 5 pour 100 de plus que ne l'eût fait un pressoir à levier seulement.

Voici les prix des pressoirs à treuil à engrenages de MM. Chollet-Champion, plus forts encore que les précédents, dits *pressoirs à lanterne, à cliquet*, et *treuil vertical complet :*

Nos	vis	avec treuil	sans le treuil	sans la maie, ni levier
1	avec vis de 70 mill.	et treuil n° 1 275 fr.,	sans le treuil 215 fr.,	sans la maie, ni levier. 100
	— 80	— 305	— 245	110
2	— 90	— 365	— 305	150
	— 100	— 480	— 420	175
3	— 110	— n° 2 620	— 520	215
	— 120	— 790	— 690	240
4	— 130	— 910	— 810	330
	— 140	— 1050	— 950	370

Si l'on veut des vis à filets renforcés, elles coûtent en plus de 9 à 10 pour 100.

Pressoirs à vis, levier et engrenage.—M. Loquay n'expose que son pressoir à trois paires d'engrenages; mais il en fait à une seule paire ainsi disposés : deux colonnes fixées dans la maie supportent en haut un chapeau ou traverse au centre de laquelle passe la vis : celle-ci se termine par une grande roue dentée commandée par un pignon placé sur l'axe d'une des colonnes qui lui sert de tourillon et de centre au levier. En faisant tourner le levier on entraîne le pignon qui commande la roue, et par suite fait tourner la vis qui fait baisser son écrou placé au milieu d'une traverse guidée par les deux colonnes. La construction de ce pressoir laisse à désirer comme simplicité, eu égard au but à atteindre.

Le pressoir à levier et à deux vis du même constructeur est pour ainsi dire formé de deux pressoirs du modèle précédent accolés et ayant leur pignon commun ; mais il est mieux combiné ; les deux vis sont reliées en haut par une traverse, au milieu de laquelle passe l'axe du pignon commandeur et sur lequel est fixé le double levier moteur. Le pignon commande en même temps deux roues égales, dont les moyeux forment les écrous des deux vis et entraînent la charge, mais seulement dans leur mouvement de descente pour la pressée et d'ascension pour le *dépressage*, pour permettre d'enlever le plus vite possible la pression. Les grandes roues ont une seconde denture commandée par un pignon plus grand que celui qui sert à presser : il peut être à volonté amené en contact. Dans le premier cas la multiplication était de 7.6, elle n'est plus que de 3.8 pour desserrer : on a donc, dans ce dernier cas, une vitesse double. C'est déjà un progrès sur le précédent modèle ; mais ce système, s'il peut donner une bonne pression, laisse à désirer sous le rapport de la solidité et de la simplicité.

M. Loquay assure que la pression se fait toujours avec une régularité parfaite lorsqu'il y a deux vis, et qu'il n'en est pas ainsi pour les pressoirs à une seule vis ; car si la charge descend inégalement, la vis tend à plier, ou à se tordre et peut se briser parce qu'elle n'est retenue que par le pied.

Pressoir à deux ou plusieurs paires d'engrenages. — Dans la plupart de ces pressoirs, les grands leviers qui exigent beaucoup de place sont remplacés par des volants à chevilles ou des manivelles, et la multiplication de la force se fait par deux ou trois paires successives d'engrenages qui agissent sur l'écrou de la vis ou sur la vis elle-même. En raison de la multiplicité des organes, les combinaisons sont ici extrêmement nombreuses ; nous n'examinerons que les plus convenables.

Parmi les pressoirs à deux paires d'engrenages, nous pouvons citer celui de M. Marillier, d'Argenteuil.

La vis traverse le fond de la maie et peut tourner ; la partie filetée est en haut et traverse un écrou encastré dans un fort sommier de charge. Sous la maie, en bas, le corps de la vis dépasse et porte une roue dentée commandée par un pignon sur l'arbre duquel, et au dessous, se trouve une roue conique commandée par un pignon claveté sur l'arbre d'un volant moteur de grand diamètre, portant des poignées ou une manivelle, dont le rayon est d'environ $0^{m}.72$. Les deux paires d'engrenages multipliant la force motrice par environ 5,4 chacune, la vis ayant environ $0^{m},080$ de diamètre et un pas de 24, voici quelle serait la pression pratique approximative. La vis repose sur un pivot :

$$P = F \times \frac{L}{r} \times n \times \frac{s}{tg\,(\alpha + \gamma) + 0.33\, tg\, \gamma} \qquad (22)$$

Or, $\alpha = 5^{\circ}\,59'\,20''$ environ et γ, $5^{\circ}.42'.40''$; $L = 0.72$ et $r = 0.035$; nous aurons donc :

$$P = F \times \frac{0.72}{0.035} \times 5.4 \times 5.4 \frac{1}{tg.\,11^{\circ}.42' + tg.0{,}33.\,5^{\circ}42'.40''} = 1953{,}4 \times F.$$

Or, on peut compter qu'un homme exercera un effort d'environ 30 kilog. sur les chevilles de la roue ; la pression sans tenir compte du frottement des engrenages, serait donc de 58,602 kilogr.

Le frottement des engrenages peut diminuer le rapport de la pression à la force motrice d'environ 9 p. 100.

Le rendement ou l'effet utile mécanique est égal à

$$\frac{58802^{k} \times 0{,}024}{0.2832 \times 0.72 \times 5.4 \times 5.4 \times 30} = 0.3554$$

sans les frottements d'engrenages, et à environ 0,293 si l'on tient compte de tous les frottements. La pression peut donc être estimée pratiquement à 30,000 kilogr. pour un marc de 1.5 carré et 0.70 de hauteur : ce qui donne par centimètre carré de marc une pression de $2^{k}.222$, ce qui est un peu faible ; il est vrai qu'en disposant un volant moteur un peu fort avec de fortes chevilles, on peut y mettre deux hommes qui donneraient une pression à peu près double.

Il y a deux modèles du pressoir Marillier : l'un sur roue, l'autre fixe.

Le desserrage est lent, car rien n'est disposé pour changer alors de vitesse.

Le pressoir Coq, exposé aussi à Billancourt, est fait suivant le même principe et locomobile. Seulement, c'est la première paire d'engrenages qui est cylindrique; elle a 42 dents et est commandée par un pignon de 14 dents placé sur l'arbre du volant moteur. Sur l'extrémité de l'arbre de la roue cylindrique est un pignon conique de 12 dents, commandant une roue de 72 dents fixée sur la partie inférieure du corps de la vis, qui fait ainsi un tour pour 18 du volant. Ce dernier a 0,435 de rayon.

La pression (sans tenir compte du frottement des engrenages) est donc donnée par la formule (22) : en y mettant pour L, r, n, α et γ, les chiffres, on trouve 7288 F; ou pour un homme 21,864 kilogr. pour un marc de 0,70 de diamètre et 0,85 de hauteur, ce qui fait $5^{k},682$ par centimètre carré de marc. C'est un bon chiffre. En outre, le pignon peut être débrayé et le volant fixé sur l'arbre du pignon conique, ce qui donne une vitesse de desserrage trois fois plus grande que celle du serrage définitif.

Le pressoir de M. Lotte, exposé aussi à Billancourt, est portatif, et d'une disposition assez recommandable. Il se compose, comme l'indique la fig. 10 (page suivante), d'une vis fixe placée au centre d'une cage cylindrique, et dont l'écrou, solidaire avec une grande roue d'engrenage, est mû par deux paires d'engrenages multiplicateurs.

Lorsqu'on agit sur le volant A, à chevilles, de 0,2725 de rayon, le pignon B, de 10 dents, qui est fixé sur le bout de l'arbre de ce volant, commande la roue C de 87 dents : cette dernière est fixée au bas d'un long arbre vertical, qui porte un très long pignon D de 8 dents qui commande la dernière roue de 120 dents fixée sur le haut de l'écrou mobile. Donc ce dernier fait 130 tours et demi (8.7 × 15) pour un tour de volant.

La vis ayant un pas de 18 millimètres pour un rayon moyen de 0.041, l'inclinaison du filet est de 4 degrés.

Or, on a dans ce cas :

$$P = F \times \frac{L}{r} \times n \times \frac{1}{tg\,(\alpha + \gamma) + 1.33\,tg\,\gamma} \qquad (21)$$

Dans ce pressoir $L = 0{,}2725$, $r = 0{,}041$, $n = 130{,}5$, $\alpha = 4^{o}$ et $\gamma = 5^{o}.42'.40''$.

En mettant ces chiffres dans la formule 21, nous trouvons $P = F \times 3200$.

Dans la position qu'occupe le volant, l'homme ne peut guère donner que 15 kilogr. sur les chevilles ; donc P = 48,000 kilogr. sans tenir compte du frottement des engrenages ; soit, si ces frottements sont pris en considération, environ

Fig. 10. — Pressoir à engrenages, de M. Lotte.

40,000 kilogr. pour un marc de $1^{m}.260$ de diamètre ou de $1^{m2}.2469$; soit par centimètre carré $2^{k}.2$ environ. En mettant deux hommes pour finir le marc on peut doubler cette pression.

Le rendement est ici :

$$\frac{48{,}000 \times 0^{m},018}{130.5 \times 2\pi.\ 0{,}2725 \times 15} = 0{,}257$$

Si l'on tient compte du frottement des engrenages et des tourillons, ce rendement s'abaissera à 0,213, soit un peu plus de 21 p. 100.

Lorsque l'on veut desserrer, on débraye le long pignon P, en agissant sur la vis de rappel C, car l'arbre du pignon est articulé à sa partie inférieure ; bientôt la grande roue de 120 dents est débrayée, et comme elle porte en dessus des chevilles elle sert de volant moteur, ce qui permet un très-prompt desserrage.

Ce pressoir est d'une belle et bonne exécution.

Le pressoir à deux vis et à trois paires d'engrenages de M. Loquay est représenté par la fig. 11 qui suit. Il rappelle le pressoir à deux vis et à levier déjà décrit ; mais ici le levier moteur est remplacé par une paire de roues coniques G, H, multipliant la force motrice par 5.5 et en outre par une paire I, J, multipliant par 9.27, ou en tout par 50.

La dernière paire de roues P, F multipliant par 7.9, il en résulte que les vis font un tour pour 395 de la manivelle de 0,39 de rayon, placée sur un volant.

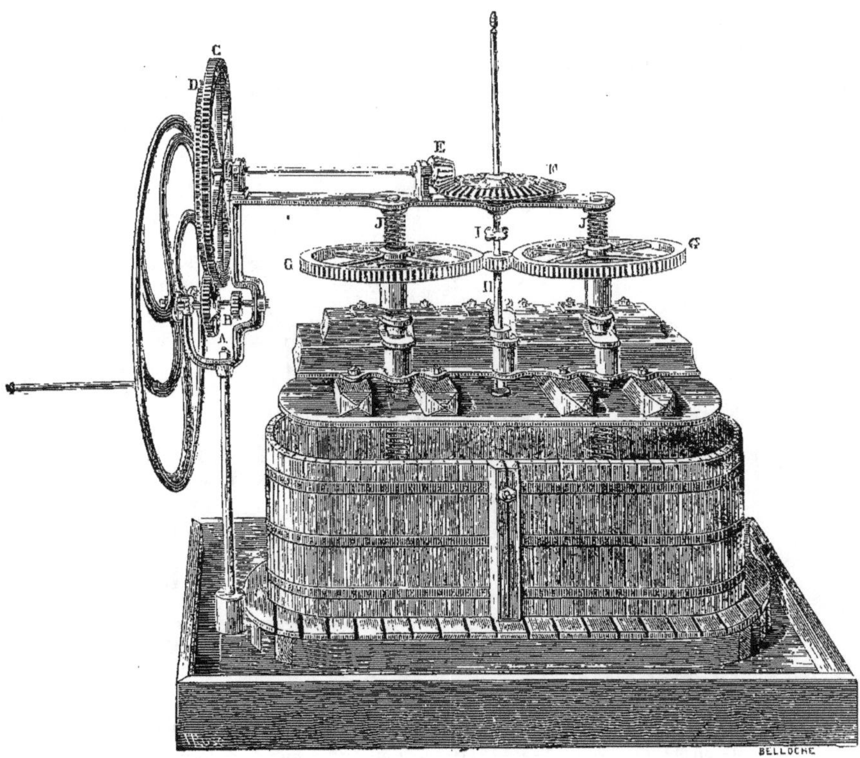

Fig. 11. — Pressoir à engrenages et à 2 vis, de M. Loquay.

En adoptant un pas de vis de 24 pour 80 millimètres de diamètre, la pression obtenue dans ce pressoir sera donnée par la formule (21).

$$P = F \times \frac{L}{r} \times n \times \frac{1}{\operatorname{tg}(\alpha + \gamma) + 1.33 \operatorname{tg} \gamma} = F \times \frac{0,39}{0,0575} \times 395$$

$$\times \frac{1}{\operatorname{tg} 11^{\circ}.42 + 1.33 \operatorname{tg} 3^{\circ}.42'.40''}$$

d'où $P = F \times 8881$. Or, F à la manivelle ne peut guère dépasser 15 kilogr. ; donc $P = 133{,}215$ kilogr., et le rendement serait :

$$\frac{133215 \times 0,024}{395 \times 2\pi \times 0,39 \times 15} = 0,22.$$

C'est donc un très-fort pressoir rendant peu d'effet utile mécanique, comme tous les pressoirs à trois paires d'engrenages, même sans tenir compte des frottements de ces organes, ce qui diminuerait encore le rendement jusqu'à 20 p. 100 seulement.

La première paire de roues peut être remplacée par une autre ne multipliant la vitesse que dans le rapport de 1,5 au lieu de 9,27, ce qui donne une vitesse six fois plus forte pour le desserrage que pour le *pressurage*.

Toutefois, dans ce pressoir, la pression et les vitesses ne sont pas obtenues par des moyens assez simples.

Le pressoir Lemonnier-Nouvion, dit Châtillonnais, a une très-grande réputation en Bourgogne. Le modèle exposé à Billancourt est représenté par la fig. 12, sauf qu'une paire d'engrenages cylindriques et une manivelle remplacent chaque levier à déclic. Tout le mécanisme est en dessous de la maie, que le corps de la vis traverse.

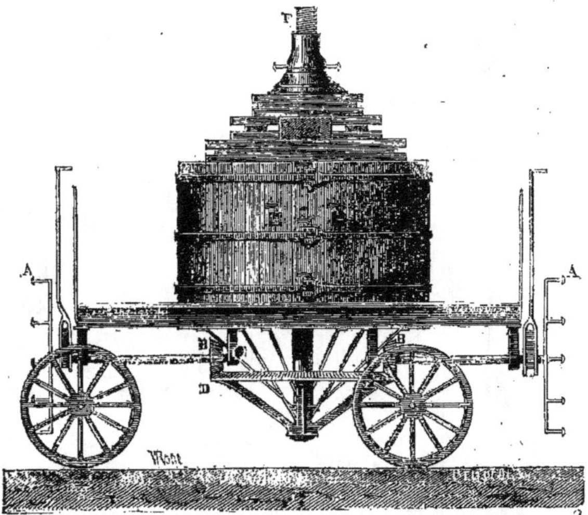

Fig. 12. — Pressoir de MM. Lemonnier et Nouvion.

Le pignon placé sur l'arbre de la manivelle motrice a 14 dents et conduit une roue de 90 dents; sur l'arbre de cette dernière un pignon conique de 10 dents conduit une grande roue de 102 dents : la multiplication est donc de 6.43×10.2 ou de 65.586 : c'est-à-dire que la vis fait un tour pour 65.586 tours de manivelle. La vis a un diamètre moyen de 0,1015 et 25 de pas; ce qui donne pour l'inclinaison des filets $\alpha = 4^o.30'$.

Le rayon de la manivelle est de $0^m.40$ au plus, c'est-à-dire que $L = 0,4$, $r = 0,05075$, $n = 65,586$, $\alpha = 4^o.30$ et $\gamma = 5^o.42'.40''$; mettant ces chiffres dans la formule 21, on a :

$$P = F \times \frac{0,4}{0,05075} \times 65,586 \times \frac{1}{\text{tg } 10^o.12'.40'' + 1.33 \text{ tg } 5^o.42'.40''} = 1651.5 F.$$

Pour $F = 15$ kilogr. par homme ou 30 kilogr. en tout, $P = 49545$, et en tenant compte du frottement des engrenages, 40,000 kilogr. au moins.

Le rendement ou l'effet utile mécanique est

$$\frac{49,545^k \times 0,025}{65,586 \times 2\,\pi . \times 0,4 \times 30^k} = 0,25,$$

en ne tenant pas compte des frottements des engrenages, et, en les prenant en considération, 0,207 seulement, ou environ 21 p. 100.

Pour commencer la pression ou pour desserrer, on peut marcher plus vite en débrayant le petit pignon, engageant le plus grand de 21 dents dans les dents de la roue de 90 dents, et adaptant la manivelle sur le bout de son arbre; on a alors une vitesse une fois et demie plus grande, ce qui n'est pas tout à fait assez rapide.

Pressoirs de MM. E. Mabille. — MM. E. Mabille frères, constructeurs à Amboise, exposent à Billancourt deux pressoirs à engrenages et une vis à lanterne, d'une exécution remarquable. La plus importante est leur pressoir *perfectionné*, à débrayage spontané, du grand modèle; la multiplication de la force s'y fait comme dans tous les pressoirs de cette classe, par des leviers (les volants à chevilles), une vis et son écrou, et enfin deux paires d'engrenages. On effectue la *pressée* en trois temps : d'abord en faisant tourner directement l'écrou en employant comme levier le bâti quadrangulaire qui porte les engrenages; ensuite en agissant sur le volant horizontal à chevilles, après avoir rendu *folle* la seconde roue, en enlevant la clavette qui la relie au pignon (ce dernier commande une roue placée sous l'écrou); enfin, on remet la clavette, pour que la seconde roue tourne solidairement avec le pignon, et l'on agit sur le volant vertical à cheville. Dans ce dernier cas, tous les moyens de multiplication de la force motrice sont mis en jeu; l'écrou descend très-lentement, mais il opère une pression très-forte (175,000 kilogrammes pour deux hommes au volant).

Tout le mécanisme est porté par un bâti quadrangulaire en fonte et fer, qui repose sur l'écrou même et tourne avec lui. Le volant a un diamètre de 1m, 23 au milieu des poignées, ce qui donne à la force motrice (la main de l'homme) un bras de levier de 0m.615; le pignon conique n'ayant que 0m.150 de diamètre moyen, le bras de levier de la résistance n'étant que de 0m.075; on a donc ainsi sur les dents de la roue conique une pression égale à celle qu'exerce l'homme multipliée par le rapport entre les bras de leviers, 0,615 et 0,75, ou par 8.2. Or un homme peut exercer pendant quelques instants sur les chevilles du volant un effort d'environ 30 kilogr.; il aura donc une pression de 246 kilogr. environ sur la roue conique; on peut de même calculer les pressions successives jusque sur la vis. Ou plus simplement : le chemin décrit par la main motrice est au chemin décrit par le milieu du filet de la vis dans le rapport d'un tour de vis de 0,115 de diamètre à 71.15 tours de volant de 1m23 de diamètre ou 761 fois plus grand; l'effort sur le filet de la vis sera donc égal à 761 fois celui qu'exercera l'homme sur les chevilles du volant; si cet effort est de 30 kilogr., la pression horizontale sur le filet de vis sera 761 fois 30 ou 22830 kilogr.

La roue conique ayant 84 dents fera un tour pour 4.941 tours du volant et du pignon, qui n'a que 17 dents; la première roue droite, qui a 72 dents, fera un tour pour 3 de son pignon de 24 dents ou de la roue d'angle, ou pour 14,823 tours de volant : enfin, la troisième roue, de 48 dents, fera un tour par 4,8 de son pignon de 10 dents ou de la deuxième roue, ou pour 71,15 tours du volant.

La vis ayant 0m,115 de diamètre au milieu de la partie hélicoïdale de son filet, et un pas de 36 millim., l'effort vertical ou la pression exercée par l'écrou, sera égale à l'effort horizontal réel, 18,721 kilogr., divisé par la tangente d'un angle égal à la somme de l'angle du filet (5° 41' 20") et de l'angle de frottement (5° 42' 40"), soit 11° 24' : la pression verticale est donc égale à 92,846 kilogr. pour l'effort d'un seul homme exerçant un effort de 30 kilogr. Il faut encore tenir compte du frottement de l'écrou sur son siége, ce qui ne laisse que 58,600 kilogr. environ.

Si les tourillons, les engrenages et la vis ne donnaient aucun frottement, on aurait : pression horizontale sur le filet de vis, 22,830 kilogr., et pression verticale, 229,180 kilogr. On perd donc par le seul fait du frottement des diverses pièces multipliant la force, 75 p. 100 de l'effort total, c'est-à-dire que le pressoir ne rend que 25 p. 100 de l'effort moteur. Avec deux hommes, ce pressoir peut donner une pression effective de 116,000 kilogr. d'après notre calcul. MM. E. Mabille annoncent 175,000 kilogr. : c'est un chiffre sur lequel on peut, à la rigueur, compter, car un homme peut, au dernier moment, exercer plus de 30 kilogr. ; cette pression s'exerçant sur un marc de $1^{m}.90$ de diamètre ou $2^{m2}.83.53$, c'est un peu plus de 6 kilogr. par centimètre carré, pression plus que suffisante pour faire le vin et le cidre. Encore faut-il ne pas oublier qu'à la fin d'une pression et pendant quelques instants, les hommes peuvent exercer chacun une pression de plus de 30 kilogr. Cette dimension de pressoir permet un marc de 28 hect. environ.

Pour éviter toute rupture par une pression trop énergique des hommes sur le volant, MM. Mabille ont imaginé un très-ingénieux mode de *débrayage spontané;* le moyeu du volant vertical est creux et porte à l'intérieur et au fond un taquet qui est poussé, ainsi que le moyeu tout entier, par un ressort en boudin logé dans une boîte cylindrique qui enveloppe l'extérieur du moyeu du volant et est fixée solidement au bout de l'arbre, fileté par un écrou; tant que la pression ne dépasse pas un certain chiffre, le taquet, grâce au ressort, entre dans une *encoche* trapèze à bords arrondis, ménagée dans une rondelle adhérente à l'arbre du pignon, et entraîne par suite cet arbre; mais si la pression devient trop grande le taquet glisse dans son encoche, parce qu'il peut alors comprimer le ressort qui le contient, et le moyeu du volant s'écarte un peu de la rondelle d'embrayage; cet écartement, égal à la compression que subit le ressort, augmente avec la force et finit par être tel que le taquet d'embrayage s'échappe de l'encoche et le volant est fou sur son arbre. Il est donc impossible aux ouvriers inhabiles ou mal intentionnés de casser le pressoir : il faut toutefois que les ouvriers qui tournent le volant évitent le retour de celui-ci.

Le second pressoir exposé par M. Mabille, est plus petit et d'un système différent : c'est le pressoir à engrenages et à vis sans fin; la pression peut se faire rapidement, car on dispose de quatre vitesses et tout est bien disposé pour marcher rapidement et permettre à deux hommes d'agir en même temps pendant les quatre phases de la *pressée.*

Sur l'arbre supérieur un pignon de 12 dents conduit une roue de 27 dents : sur l'arbre de cette dernière, un pignon de 12 dents conduit une roue de 27, placée sur l'extrémité d'un arbre qui porte en son milieu une vis sans fin de trois filets, qui conduit une roue à dents hélicoïdale de 56 dents. Chacun de ces trois arbres peut recevoir une manivelle à chacune de ses extrémités, ce qui constitue trois vitesses différentes de marche. En outre, à l'aide d'une petite manivelle, on peut débrayer la vis sans fin en l'écartant avec tout le bâti de la roue qu'elle commande. Alors, et c'est la première phase d'une *pressée,* on peut tourner directement la roue dentée qui est solidaire avec l'écrou de la vis. On fait donc alors un tour de roue pour un tour de vis; pour continuer et presser un peu plus, on met une manivelle sur l'arbre de la vis sans fin et on fait 56 tours de manivelle pour un tour de vis ; ensuite, on met la manivelle sur l'arbre inférieur externe et on fait 126 tours de manivelle pour un de la vis; enfin, pour donner la plus forte pression possible, on met les manivelles sur l'arbre supérieur et il faut faire 283.5 tours de manivelle pour un de la vis : appliqués à la manivelle, les hommes ne peuvent guère donner chacun plus de 15 kilogr., en tout 30 ; la multiplication de force donnerait donc théoriquement 8505 kilogr. pour la pression horizontale sur le filet de vis, multipliée par le rapport entre le rayon de la manivelle et le rayon de la vis, soit 8505 $\times$ 88, ou 74,844 kilogr.

et pratiquemen environ 19,000 kilogr. La vis ayant un diamètre moyen de 0m,075 et un pas de 21mm, la pression verticale réelle sera égale à la pression horizontale, divisée par la tangente de l'angle 10° 55' 30", somme de l'inclinaison de la vis (5° 12' 90") et de l'angle de frottement (5° 42' 40"), soit 164,200 kilogr. Théoriquement, ce devrait être 820,380. Le rendement est donc de 0,2000. Malgré ce faible rendement, inhérent à tous les pressoirs à engrenages, c'est un excellent instrument, capable d'une énorme pression.

Voici les prix des divers pressoirs à engrenages de MM. Mabille :

N° 2. — Pressoir à levier continu et deux paires d'engrenages.

Pour						
Pour	3 barriques :	maie en fonte 400 fr.,	maie en bois 350 fr.,	ou par barrique	133f.33	ou 116f.66
—	6	— — 490	— 440	—	81 66	— 72 33
—	9	— — 630	— 570	—	70 00	— 63 33
—	12	— — 830	— 760	—	69 16	— 63 33

N° 3. — Pressoir à deux paires d'engrenages et engrenage à vis sans fin.

Pour						
Pour	6 barriques :	maie en fonte 400 fr.,	maie en bois 350 fr.,	ou par barrique	66f.66	ou 58f.33
—	13	— — 490	— 440	—	37 69	— 33 85
—	22	— — 630	— 570	—	28 63	— 25 90
—	34	— — 830	— 760	—	34 58	— 22 35

Les constructeurs exagèrent peut-être un peu le travail que peuvent faire ces derniers pressoirs.

N° 4. — Pressoir à volants et trois paires d'engrenages.

Pour						
Pour	3 barriques :	maie en bois 390 fr.,	avec claie circulaire 440 fr.,	ou par barrique	130f.00	ou 147f.67
—	6	— — 480	— 530	—	80 00	— 80 58
—	9	— — 620	— 680	—	68 80	— 75 50
—	12	— — 830	— 900	—	67 50	— 75 00

Ce dernier modèle nous paraît le meilleur.

Lorsque le volant est monté avec débrayage spontané, ce mécanisme se paye à part environ 50 fr.

Voici une autre indication de prix pour ce même n° 4 tout complet, avec maie en bois.

Pour					
Pour	8 hect. de vin ou	4 hect. de cidre	410 fr.,	ou par hect. de vin 51f.25	et par hect. de cidre 103f.50
—	16 —	8 —	500 —	31 25 —	62 50
—	24 —	12 —	615 —	25 625 —	51 25
—	32 —	16 —	850 —	26 56 —	53 12
—	40 —	20 —	1050 —	26 25 —	52 50
—	50 —	25 —	1200 —	24 00 —	48 00
—	60 —	30 —	1350 —	22 50 —	45 00

Ces premiers sont efficaces, d'une manœuvre rapide par suite des changements de vitesse.

Pressoirs de MM. Chollet-Champion. — Le pressoir dit à boisseau, breveté, de ces excellents constructeurs, est représenté par la fig. 13. On voit qu'il se compose d'une pièce principale formant à la fois crapaudine de l'écrou par son fond et un bâti en forme de collier reliant solidement toutes les parties du mécanisme. La crapaudine se trouve tellement renforcée par les côtés du boisseau ou collier dans lequel tourne l'écrou, qu'il est presque impossible qu'elle rompe, ce qui arrive parfois à d'autres pressoirs. La grande roue à dents intérieures forme en même temps *écrou.*

La multiplication de la force se fait par 3 paires d'engrenages : la première est cylindrique, le pignon a 9 dents et conduit une roue de 45. Sur l'arbre de celle-ci est un pignon conique de 10 dents qui commande une roue de 42 dents; enfin sur le haut de l'arbre de cette dernière est un pignon droit de 10 dents qui commande la roue à dents intérieures de 65 dents dont le moyeu forme l'écrou de la vis. Par ce mécanisme, la vis fait un tour pour 136,5 de la manivelle

$$\left(\frac{45}{9} \times \frac{42}{10} \times \frac{65}{10}\right).$$

La vis ayant 100 millimètres de diamètre extérieur et 24 millimètres de pas, l'inclinaison du filet moyen est de 4°,54′. Le rayon de la manivelle est 0,33 = L, le rayon moyen de la vis $0^m,0445 = r$, l'angle de frottement $5°,42',40'' = \gamma$. Mettant ces chiffres dans la formule générale (21), nous avons :

$$P = F \times \frac{0.33}{0.0445} \times 136.5 \times \frac{1}{\text{tg } 10°, 36', 40'' + 1.33 \text{ tg } 5°, 42', 40''} = 3160.3 \text{ F}.$$

Un homme pouvant à la rigueur, pendant quelque temps, exercer sur une manivelle 15 kilogr., la pression qu'il donnera avec ce pressoir, sera donc de 47,404 kilogr., sans tenir compte du frottement des engrenages, qui peut réduire cette pression à 35,000 kilog. environ, et avec deux hommes à 70,000 kilogr.

Le rendement ou l'effet utile est donné par la formule

$$\frac{47404^k.5 \times 0.024}{136.5 \times 2\pi \times 0.33 \times 15^k} = 0.2679.$$

En tenant compte des frottements, ce rendement s'abaisse à 0,2014, soit 20 p. 100.

Un des principaux avantages de ce beau pressoir, c'est la variété de vitesse du travail.

Fig. 13. — Pressoir à boisseau, de M. Chollet-Champion.

Pour commencer la pression on fait tourner directement le *boisseau* à la main, ce qui donne un tour de la force motrice pour un tour d'écrou ; on continue dès qu'on sent une forte résistance, en plaçant la manivelle sur l'arbre inférieur portant le pignon d'angle (les deux pignons droits débrayés). Ce pignon de 10

Fig. 14.

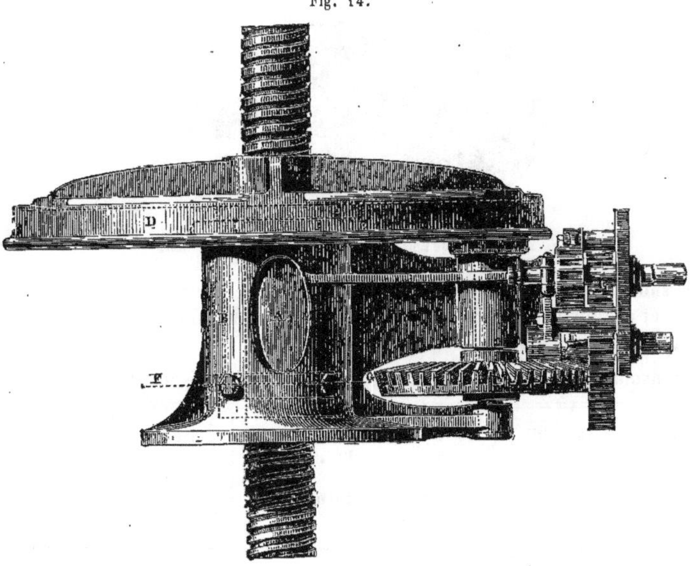

Fig. 15.

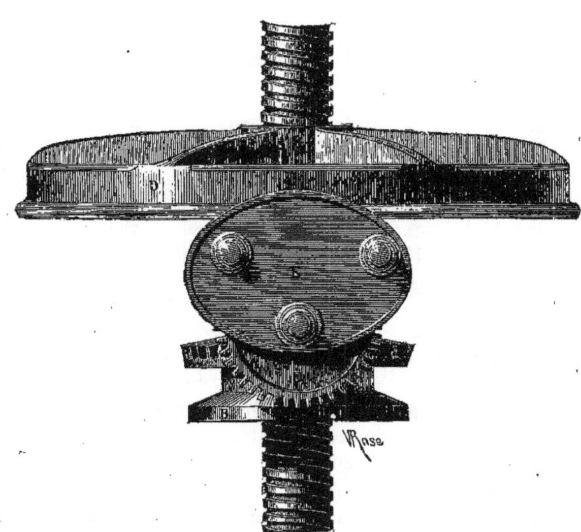

Engrenages du pressoir à boisseau, de M. Chollet-Champion.

dents commandant une roue de 42 sur l'arbre de laquelle est un pignon droit de 10 dents commandant la roue à dents intérieures, on doit faire alors 27 tours de manivelle pour 1 tour d'écrou; puis dès qu'il est difficile de tourner, on place la manivelle sur le bout de l'arbre du gros pignon droit de 15 dents qui commande la roue de 45 dents; la multiplication de la force motrice est alors dans le rapport de 81 tours de manivelle pour un tour d'écrou. Enfin, pour terminer

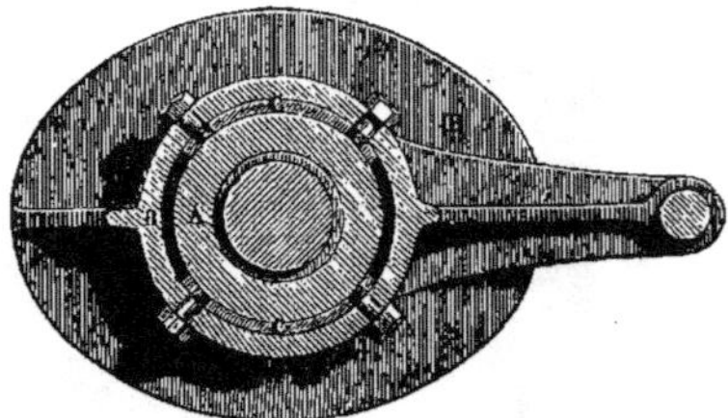

Fig. 16. — Plan du boisseau du pressoir Chollet-Champion.

la pression, on place la manivelle sur le plus petit pignon droit n'ayant que 9 dents et commandant la même roue de 45; on obtient alors 1 tour de vis pour 136,5 tours de manivelle.

Nous avons décrit le pressoir n. 3 du nouveau tarif ainsi détaillé :

NUMÉROS des MODÈLES.	DIAMÈTRE des VIS.	PAS DES FILETS.	PRESSION PRODUITE.	PRIX pour PRESSOIR EN BOIS.	PRIX pour PRESSOIR EN PIERRE.
	millim.		kilogrammes.	fr.	fr.
1	60	24	30.000	225	240
	70	18	40.000	250	270
	80	12	50.000	280	300
2	80	24	40.000	280	300
	90	18	60.000	325	350
	100	12	80.000	370	400
3	100	24	70.000	360	400
	110	18	100.000	410	450
	120	12	130.000	450	500
4	120	30	150.000	560	600
	130	24	100.000	600	650
	140	18	100.000	700	750
	150	12	220.000	820	900

La formule (21)

$$P = F \times \frac{L}{r} \times n \times \frac{1}{tg\,(\alpha + \gamma)\,1.33\,tg\,\gamma} \qquad (21)$$

montre que, pour avoir une forte pression avec une série d'engrenages donnée dans ses rapports, un diamètre de volant moteur et un rayon de vis fixé, le seul moyen consiste à diminuer l'inclinaison α du filet de la vis. Or chaque filet résiste à la pression, ou réaction de l'écrou, comme une pièce encastrée par une de ses extrémités : la meilleure forme est alors celle dite d'égale résistance ou d'une demi-parabole du côté opposé de la pression. On imite cette forme, en faisant de forme trapézoïdale le filet dans la section diamétrale de la vis; on a ainsi ce qu'on peut appeler des *filets couchés* ou *renforcés*, et l'on peut en mettre théoriquement deux fois plus sur une même longueur de vis, ce qui, en réduisant le pas de 50 pour cent, double la pression dont est capable la vis. Il ne faudrait pas pousser aussi loin ce principe; mais il est certain que cette forme de filets renforcés est la meilleure. Pour une même hauteur d'écrou, il y aura plus de filets engagés, plus de surfaces frottantes, et par suite moins d'usure.

Dimensions des pressoirs de MM. Chollet-Champion.

Nos 2.	Vis d'un pas de 23 millim.,	le dernier axe fait	131	tours pour un de l'écrou-manivelle de	0.33
3	—	23	190	—	0.35
4	—	30	308	—	0.38
	—	23	302	—	0.38

Ces trois numéros peuvent recevoir sans crainte l'effort moteur de deux hommes, ce qui ferait une pression double.

Pressoir à genou de M. Samain. — Cette presse, d'un usage général, se compose, comme le montre la figure 17, de quatre doubles bielles AC, BD,

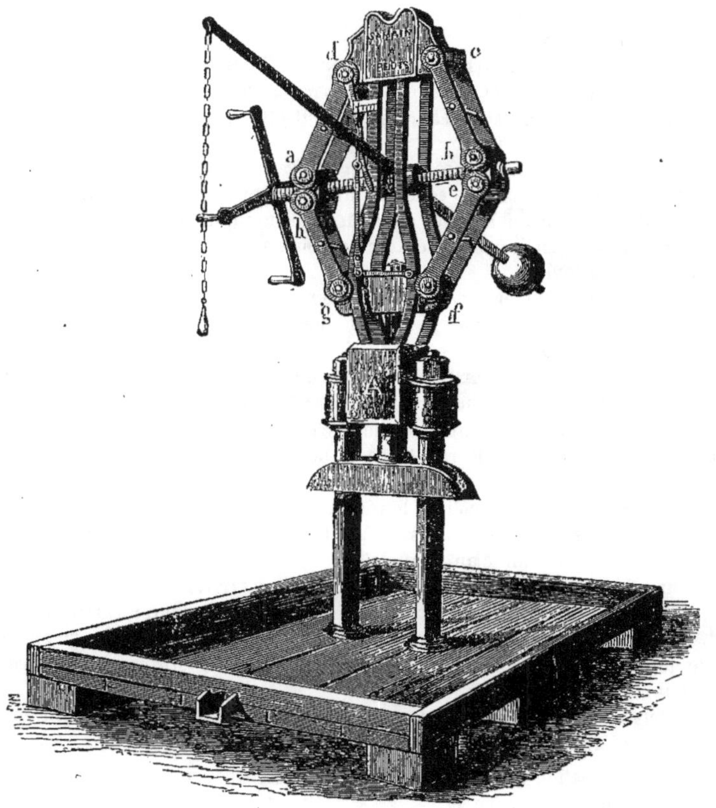

Fig. 17. — Presse à genou ou à losange, de M. Samain.

EG, FH, articulées et formant par leur ensemble un losange; les sommets horizontaux de ces losanges sont des écrous filetés en sens inverse pour le passage d'une vis à filetages opposés aussi. C'est d'abord sur ces écrous à oreilles que s'articulent les quatre branches du double genou. Lorsqu'on fait tourner la vis, les sommets horizontaux s'écartent ou se rapprochent suivant le sens de la rotation. Les deux branches supérieures du losange s'articulent en haut sur les oreilles d'une forte pièce de fonte supportée par de petites colonnes en fer forgé qui la relient au chapeau des deux colonnes inférieures fixées sur la maie ; par suite, dès que le losange se rétrécit horizontalement, le haut des branches supérieures étant invariable, les branches du bas seules peuvent descendre, et elles entraînent avec elles une tige passant dans la douille, qui guide le chapeau ou angle inférieur ; cette tige porte un piston ou une pièce formant charge et transmettant la pression à la matière à comprimer.

Les tiges en fer qui relient les deux sommiers subissent des efforts d'allongement; si elles étaient parfaitement droites elles s'allongeraient peut-être d'une quantité infiniment petite, mais sans utilité ; M. Samain a eu l'heureuse idée de les courber un peu vers le bas de façon que plus la pression croît plus elles se redressent. Les sommets des courbures tendent donc à se rapprocher, et ils poussent alors les petites branches d'un levier-aiguille dont l'extrémité parcourt un cadran que l'on peut graduer en faisant agir la pression sur la petite branche d'une très-forte romaine.

L'ensemble forme un dynamomètre d'une utilité incontestable puisqu'il permet de fixer par expérience la pression par centimètre carré pour les diverses matières à comprimer ; aussi cette presse peut-elle servir pour toute espèce de matières.

On fait tourner la vis motrice par divers moyens : 1° par des bras ou un volant à chevilles placés sur une de ses extrémités ; 2° pour terminer la pression par un grand levier *fou* sur le corps de la vis, mais muni d'un *cliquet* ou *chien* qui engrène dans le sens convenable avec des roues à rochet fixées sur la vis à droite et à gauche du levier.

L'homme peut exercer sur ce grand levier un effort presque égal à son poids, ce qui permet d'exercer, pour la fin de l'opération, une pression énorme même avec un seul homme.

Nous avons déjà fait remarquer (*Théorie du genou*) que si l'effort moteur est constant, la pression obtenue ira en croissant de plus en plus rapidement au fur et à mesure du redressement du genou ; c'est une condition tout particulièrement favorable, puisque la résistance de la matière à comprimer *croît* de plus en plus.

C'est surtout ce qui constitue le mérite de la presse Samain sous toutes ses formes ; la pression y est progressive par le fait même du mécanisme et indépendamment de l'homme qui l'emploie.

Enfin, si l'on continuait à redresser le coude, on arriverait avant qu'il ne soit vertical à exercer une pression presque infinie; donc l'appareil casserait. Aussi M. Samain a-t-il disposé son aiguille de dynamomètre de telle façon qu'elle arrête le levier moteur en l'accrochant, ou bien l'aiguille fait mouvoir un *pied de biche* qui vient caler le levier moteur.

Ce débrayage spontané est une excellente addition puisqu'il prévient toute rupture de l'appareil.

La seule objection que l'on peut faire à la presse à genou, résulte de l'examen du tableau théorique, page 99.

La multiplication de la force motrice par le genou ne commence que pour un angle de coude égal à 127°,48', et la course que l'on obtient de ce point jusqu'au rendement complet n'est que d'environ le quart de la course de la force motrice. Or, à moins de faire des genoux très-grands, on est limité dans l'étendue de la pression : pour les matières qui diminuent beaucoup de volume par la pression, le foin, le coton, la vendange, c'est un inconvénient assez grave ; il force dans les

Voici les dimensions et prix des divers numéros du pressoir Samain :

NUMÉROS des pressoirs.	DIAMÈTRE DES VIS.	PAS DE VIS.	PRESSION en kilogrammes.	PRIX TOTAL.							VENDANGE BLANCHE.	VENDANGE ROUGE CUVÉE.	PRIX par hectolitre. VENDANGE BLANCHE.			PRIX par hectolitre. VENDANGE ROUGE CUVÉE.		
				DEMI FIXE.				LOCOMOBILE.										
				Maie en bois.		Maie en fonte.		Maie en fonte.		Maie en bois								
		millim.		mètr.	fr.	mètr.	fr.		fr.		hectol.	hectol.	fr.	fr.	fr.	fr.	fr.	fr.
1	7	18	25.000	1.20	370	1.20	470	2 roues	610	2 roues.	10	20	37.00	47.00	61.00	18.50	23.50	30.50
	8	12	35.000	1.50	420	1.20	500	—	640	—	14	28	30.00	35.71	45.71	17.85	17.85	22.85
2	9	24	40.000	1.60	450	1.40	560	—	700	4 roues.	16	32	28.12	35.00	43.75	17.50	17.50	21.87
	10	18	60.000	2 00	600	1.40	600	—	750	—	24	48	25.00	25.00	31.25	12.50	12.50	15.62
3	11	24	70.000	2.20	700	1.70	750	—	900	—	28	56	25.00	26.78	32.14	12.50	13.39	16.07
	12	18	100.000	2.60	880	1.70	800	—	960	—	40	80	22.00	20.00	24.00	11.00	10.00	12.00
4	13	24	120.000	2.80	1.050	2.00	1.100	4 roues	1.370	—	48	96	21.87	22.91	28.54	10.93	11.45	14.27
	14	18	160.000	3.20	1.300	2.00	1.200	—	1.470	—	64	128	20.31	18.75	22.99	10.15	9.37	11.48

pressoirs à vin et à cidre à répartir la pression sur une large maie avec peu d'épaisseur de marc, ce qui donne un bon travail, mais exige plus de place.

La hauteur du mécanisme est assez considérable : de 2m,20 à 3m,70, suivant les forces.

Voici un aperçu des prix et des forces de ces pressoirs. M. Samain estime que sa force nominale doit être du quadruple de celle réelle ; ceci nous semble exagéré, aussi n'en tiendrons-nous pas compte.

Le mécanisme tout entier en fer forgé :

1re force de pression réelle de		100.000k	1700 fr.	ou par 1000k	de pression	17 fr.	00.
2e	—	80.000	1400	—	—	17	50.
3e	—	60.000	900	—	—	15	00.
4e	—	40.000	650	—	—	16	25.
5e	—	20.000	400	—	—	20	20.

M. Samain a exposé, en modèle à Billancourt et au Palais, et en première force à l'annexe, un nouveau système de presse qu'il appelle *presse sans frottement*. Elle est représentée par la figure 18.

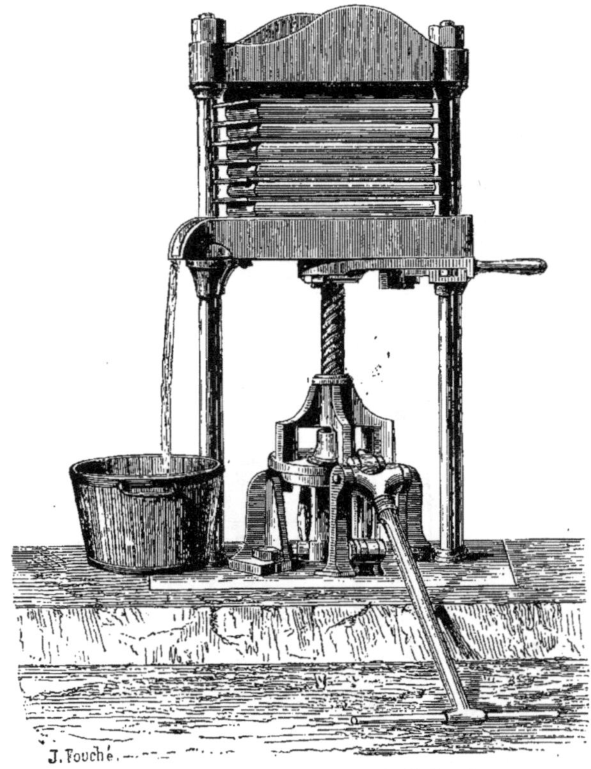

Fig. 18. — Presse dite sans frottement, de M. Samain.

Elle se compose essentiellement d'une maie mobile entre quatre colonnes, servant de guide ; cette maie est soulevée par une vis à filets excessivement inclinés ($\alpha > \gamma$) sur laquelle se trouvent deux écrous soulevés alternativement par le jeu de quatre pieds de biche chacun. Ces pieds reposent en bas sur le balancier moteur qui reçoit un mouvement circulaire alternatif.

Lorsque l'on abaisse le levier moteur, deux pieds de biche s'abaissent et laissent alors descendre en tournant l'écrou qu'ils soutenaient et qui vient s'appliquer sur un disque guidé, aux deux bouts d'un diamètre, pour l'empêcher de tourner; d'autre part, deux autres pieds de biche s'élèvent dans le même temps et soulèvent le second écrou au-dessus de son disque de repos. Cet écrou ne peut tourner par suite de ce mouvement d'élévation, car la pente que les filets auraient à monter est trop raide; donc ces filets d'écrou soulèvent ceux de la vis qui porte la maie et s'élèvent alors d'une quantité proportionnée à l'étendue du mouvement du balancier.

Lorsque l'on soulève le balancier tout se passe de même, mais les écrous ont changé de rôle; celui qui vient de soulever la vis retombe seul, et l'autre qui était retombé se relève en soulevant la vis et la maie qu'elle supporte.

On voit qu'alternativement chaque écrou fait l'office d'un double encliquetage muet, puisque l'écrou descend sur la vis en tournant pour revenir prendre sa place primitive, sans qu'il y ait d'autre bruit qu'un petit choc sur le disque d'arrêt.

Le travail utile est, comme dans tous les pressoirs, le produit de la pression exercée par le chemin qu'elle parcourt.

Le travail moteur, le produit de la force motrice par le chemin parcouru par son point d'application.

Les travaux résistants nuisibles sont: 1° celui de l'axe de l'arrêt moteur : ce frottement n'est pas nul mais son travail est insignifiant, puisque le chemin parcouru est très-petit, quoique souvent répété; 2° le travail du frottement des quatre pieds de biche à leurs huit extrémités, peu important par la raison que nous venons d'indiquer; 3° le frottement des disques (qui soulèvent l'écrou) dans les rainures qui leur servent de guides. Ce frottement n'est pas insignifiant; chaque double pied de biche, en soulevant un disque par un diamètre, a une tendance à pousser ce disque contre une des coulisses; c'est donc une portion de la pression totale P qui appuie et fait naître un frottement; le pied de biche peut être comparé à une bielle qui donnerait évidemment du frottement dans la glissière qui la guiderait. Ce frottement sera d'autant plus petit que les pieds de biche seront plus longs; 5° le travail perdu à soulever un écrou à chaque *aller* et *retour* du levier moteur; 6° enfin le frottement des douilles de la maie contre les colonnes-guides.

En réalité tous ces frottements sont peu importants eu égard à ceux que donnerait une vis, surtout avec écrou tournant sur son siége. On peut donc, avec quelque raison, sinon d'une manière absolue, l'appeler presse sans frottement.

Elle a le grand avantage de permettre toute la longueur de course nécessaire à la matière à comprimer.

Pressoirs hydrauliques à vis centrale d'E. Mannequin (Pl. CXXXII).

Le problème de mécanique que doit résoudre tout pressoir est celui-ci : avec un effort moteur très-faible, exercer une pression considérable. On peut y arriver par des moyens extrêmement variés : 1° en multipliant (suivant l'expression fausse, mais consacrée) la force motrice, à l'aide de *leviers*, de *vis* et d'*engrenages*, ce que nous avons vu dans l'article précédent; 2° en foulant de l'eau par un petit piston sous un grand piston, ce qui *multiplie* la force dans le rapport inverse des surfaces des pistons, en vertu du principe de l'égalité de pression posé par Pascal :

« Toute pression exercée en un point quelconque d'une masse liquide se transmet en tous sens avec la même intensité sur toute surface égale à celle qui reçoit la pression. » Si donc le piston fouleur n'a qu'un centimètre carré et qu'on le charge de 300 kil., le piston foulé de 100 centimètres carrés supportera cent fois 300 kil. ou 30,000 kil.

La première classe de pressoirs, dite à *engrenages*, présente une très-grande variété de dispositions, en raison même de la multiplicité de combinaisons qu'il est possible de faire avec des leviers, des genoux, une ou deux vis, et une, deux ou trois paires d'engrenages (cylindriques coniques, hélicoïdaux, etc.), et en outre, en raison de la diversité de position que ces pièces peuvent occuper l'une par rapport à l'autre et par rapport au *cuveau.*

La seconde classe de pressoirs, dits *hydrauliques*, présente peu de variétés : on y trouve toujours une *pompe foulante* et ensuite un, deux ou trois pistons recevant l'eau refoulée. S'il y a une vis, ce n'est que pour la facilité d'arrangement des *charges.*

Le pressoir de M. E. Mannequin, représenté par la fig. 19 et pl. CXXXII, est de cette dernière classse. En voici une description succincte.

Sur un cadre en bois K est boulonnée une pièce de fonte A, au centre de laquelle passe la vis dont la tête d'arrêt est en dessous ; cette pièce en fonte forme deux corps de pompe avec cuir embouti dans lesquels peuvent se mouvoir deux pistons en fonte B, qui supportent par l'intermédiaire d'une plaque de fonte la table ou fond de bois D du cuveau. Lorsque les pistons s'élèvent, ils soulèvent le cuveau : la vis fixe, placée entre les deux cylindres, traverse le fond du cuveau et est entourée, jusqu'au-dessus de la vendange à presser, par un tuyau de fonte G boulonné sur la table en bois ; il en résulte que le vin ne peut couler entre la vis et cette table.

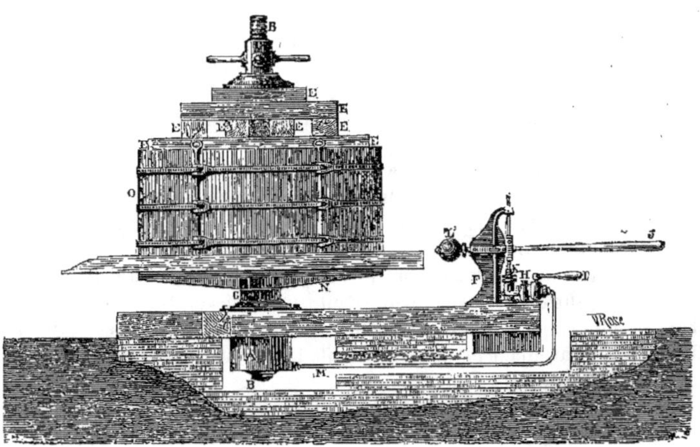

Fig. 19. — Pressoir hydraulique à un piston et à vis centrale de E. Mannequin.

Un tuyau à deux branches J amène en dessous des deux pistons l'eau que l'on refoule à l'aide d'une petite pompe à balancier, vue sur la droite du dessin.

Lorsque l'on veut se servir du pressoir, on remplit de vendange le cuveau formé de trois pièces réunies à charnières ; on met quelques pièces de bois ou *charges*, puis on abaisse l'écrou à poignées en le faisant tourner directement à la main : la pièce plate, sous l'écrou, est articulée à genou sphérique très-grand avec l'écrou, de façon à prendre bien toutes les positions de la charge sans que l'écrou cesse de descendre verticalement.

Cette première opération donne une légère pression, obtenue rapidement, et place l'écrou comme *arrêt*.

On agit ensuite sur le balancier de la pompe; il porte un contre-poids qui aide le piston foulant à remonter : le centre de rotation de ce balancier peut être mis en trois points différents, de façon à donner à l'homme qui foule l'eau un bras de levier d'autant plus grand que la pression qu'il doit vaincre est plus forte.

Au commencement du serrage, on n'a qu'un petit bras de levier; on exerce donc moins de pression, mais on va plus vite. A la fin, ayant à vaincre une très-forte pression, on prend un grand bras de levier qu'on peut agrandir encore en ajoutant un levier à douille, mais on va plus lentement.

Comme la pression obtenue ne dépend absolument que du rapport entre la surface des grands pistons et celle du petit, et non d'une application d'engrenages, les pressoirs hydrauliques ont ordinairement une très-grande puissance : les cinq modèles de M. Mannequin sont faits pour des contenances de 27 à 112 hectolitres et donnent une pression de 175,000 à 300,000 kilog.

Une soupape de sûreté s'ouvre dès que la pression, par centimètre carré, dépasse le moindrement celle utile pour faire le vin.

Il n'y a donc pas de rupture à craindre, le poids dont la soupape est chargée étant calculé convenablement.

La pression réelle sur le marc est à très-peu près la pression théorique, puisqu'il n'y a que le frottement des pistons contre des cuirs emboutis logés dans une rainure en haut des corps de pompes et vue à part sur la planche.

La vis ne sert pas à presser mais à régler les charges : elle n'est soumise qu'à un effort d'allongement et non à la torsion, et la descente facile et rapide de l'écrou permet de presser du coup peu ou beaucoup de marc, sans être forcé de faire marcher les pistons pendant tout leur cours.

Pour enlever la pression, il suffit d'ouvrir un robinet; l'eau refoulée s'écoule rapidement et les pistons descendent par leur propre poids, pendant qu'on fait remonter à la main l'écrou afin de laisser le plus de place possible pour le service. En général, il suffit de recouper le marc une seule fois pour retirer tout le vin.

Le reproche fait à tous les pressoirs hydrauliques, c'est que, dans l'intervalle du travail, le cuir se sèche et qu'il n'est plus étanche lorsque l'on veut travailler. Le remède est facile : conserver toujours de l'eau dans les cylindres, ou au moins en mettre quelques jours avant le moment des *pressées*. En revanche, ces pressoirs sont simples, efficaces et exempts de toutes ruptures.

Les anciens pressoirs hydrauliques de M. E. Mannequin étaient à un seul piston, et par suite la vis centrale le traversait, ce qui forçait (fig. 20, page suivante) à placer un cuir embouti autour du bas de la vis : on avait ainsi deux cuirs au lieu d'un.

Le cuveau est en trois pièces qui se montent et se démontent facilement; les brèches d'assemblages ont des repères dans la table même :

C, corps de pompe; B, tête de la vis; B, vis; E E E, charges en bois; O, cuveau; N, pièce de fonte soulevée par le piston et qui porte la table en bois du cuveau; U, levier moteur à contre-poids L; H, soupape de sûreté qui se soulève et laisse échapper l'eau dès que la pression dépasse celle qui est utile, fort inférieure à celle qui pourrait causer des ruptures.

Après quelques minutes d'attente, pour laisser écouler le vin, on ouvre le robinet I; alors l'eau refoulée sous le piston revient dans la pompe, et ce piston n'ayant plus de résistance en dessous descend de lui-même avec la table et le cuveau.

En général, il suffit de recouper le marc une fois.

Fig. 20. — Pressoir hydraulique à vis centrale et à deux pistons de E. Mannequin.

En comparant au pressoir hydraulique les divers pressoirs à engrenages sans dynamomètre ni débrayages de sûreté, on voit que ces derniers ont l'inconvénient de ne pas indiquer la pression atteinte : aussi pensant bien faire, on fait souvent agir plusieurs hommes, et, faute d'un appareil équivalant à la soupape de sûreté du pressoir hydraulique, on cause quelque rupture d'autant plus fâcheuse qu'elle arrête le travail.

Les pressoirs à engrenages ayant toujours en définitive une action tangentielle sur la vis, celle-ci est soumise à un effort de torsion, tandis qu'ici, dans le pressoir hydraulique, elle n'est soumise qu'à un effort de traction. Calculée pour résister au triple de la pression maximum qui fait soulever la soupape, elle ne peut être rompue.

L'écrou mobile permet de faire des marcs aussi hauts que le cuveau, ou aussi petits que cela peut être nécessaire, sans qu'on soit forcé de mettre plus de charges en bois, ni de faire monter les pistons.

Dans le modèle exposé à Billancourt, le diamètre de chacun des deux pistons était de 0m,262, celui de la soupape de 8 millimètres : ce modèle pourrait donner théoriquement 215,000 kilog. de pression.

M. Mannequin fait cinq grandeurs de pressoirs hydrauliques à deux pistons.

Les nos								
1	pouvant contenir le marc de	27	à	34	hectolitres de vin	dans une pression de	175.000k	théoriq.
2	—	34		41		—	190.000	—
3	—	41		54		—	210.000	—
4	—	43		68		—	250.000	—
5	—	91		114		—	300.000	—

Pressoir hydraulique de MM. Mabille frères.

Ce pressoir est représenté en coupe dans la planche CXXXII. On voit que la vis A est soudée à un piston d'un assez grand diamètre, dans lequel est un autre petit piston B. Les pistons et la tige de la vis A joignent au corps de pompe ou à la boîte par des cuirs emboutis complétement étanches, s'ils sont en bon état d'entretien.

Pour presser un marc, dès qu'il est entassé dans le cuveau, on met les charges en bois nécessaires; puis on agit sur l'écrou à volant et à percussion par les poignées, on donne ainsi très-rapidement un commencement de pression; puis on agit sur la pompe foulante et on envoie de l'eau par le tuyau E au-dessus du gros piston. Dès que la compression de l'eau est suffisante, ce piston descend avec la vis et son écrou qui, par les charges, comprime le *marc*. On continue jusqu'à ce que la pression atteigne le maximum, alors la soupape laisse échapper l'eau; on cesse de pomper et on arrête cette soupape pendant quelques minutes pour donner au vin le temps de s'écouler, puis on fait remonter la vis en envoyant l'eau par le tube F sur le petit piston B, ou dans la cavité intérieure du grand piston; celui-ci monte en renvoyant l'eau dans le réservoir d'aspiration de la pompe.

Le tuyau G sert à expulser l'eau qui a pu passer sous le piston. Sur le corps de pompe est boulonnée la maie fixe en fonte I : on voit que la vendange ou le vin ne peuvent passer en dessous, car un double tuyau fixe entoure la vis; l'extérieur est en fonte et l'intérieur en cuivre.

Ce pressoir est un peu compliqué.

Les pistons sont en fer forgé; le plus petit n'a que 35 millimètres de diamètre et sa course est de $0^m,30$. Cinq coups de balancier suffisent pour faire remonter la vis en moins d'une minute.

La pompe est munie d'un robinet à double distribution, de sorte que pendant qu'elle introduit l'eau sur un des pistons, elle ouvre le tuyau d'extraction par l'autre piston; il suffit donc de tourner le robinet pour faire fonctionner le pressoir soit de bas en haut, soit en sens contraire.

Ce pressoir peut être à maie, en fonte ou en bois. Voici les prix de vente :

Pour		à maie en fonte		à maie en bois		soit par hectol.			
8 hectol.	à maie en fonte	580 fr.,	à maie en bois	530 fr.,	soit par hectol.	72 fr.	25	à 66 fr.	25
16	—	650	—	600	—	40	62	37	50
24	—	850	—	790	—	35	41	32	91
32	—	1100	—	1040	—	34	37	32	50

Pressoir hydraulique de M. Chollet-Champion (Pl. CXXXI).

La fig. 21 représente l'ensemble de ce pressoir. La planche CXXXI représente en outre la partie mécanique en élévation, en plan, en coupe verticale avec tous les détails utiles à l'échelle. La fig. 2, coupe verticale, représente la charge au plus bas de sa course. Le couvercle *l* du corps de pompe arrête la tige de la soupape de sûreté qu'il ouvre, et alors l'eau introduite précédemment dans tout le corps de presse B peut s'échapper par le tuyau en caoutchouc *g* fixé sur le couvercle percé en ce point.

Notons, avant d'aller plus loin, que lorsque la machine est pleine d'eau, on ouvre et on referme ensuite le bouchon des chambres à clapets de la pompe C afin de chasser l'air qui peut s'y trouver. Cette opération terminée, on peut faire marcher la pompe en ayant soin d'abord de placer le robinet dans la position indiquée par les fig. 1 (vue d'ensemble), 5 (détail vu extérieurement) et 11 (coupe verticale du robinet. On voit (fig. 5) que l'extrémité de la poignée du robinet forme aiguille et que trois mots gravés, *monter*, *fermer*, *descendre*, indiquent où il faut placer le robinet pour chacune des opérations à effectuer. Dans cette position du robinet, si l'on agit sur le balancier de la pompe, l'eau aspirée est refoulée dans le petit corps de presse *b* qui est forcé de s'élever en entraînant avec lui le grand corps et tout ce qu'il porte, car le petit corps de presse est fixé sur

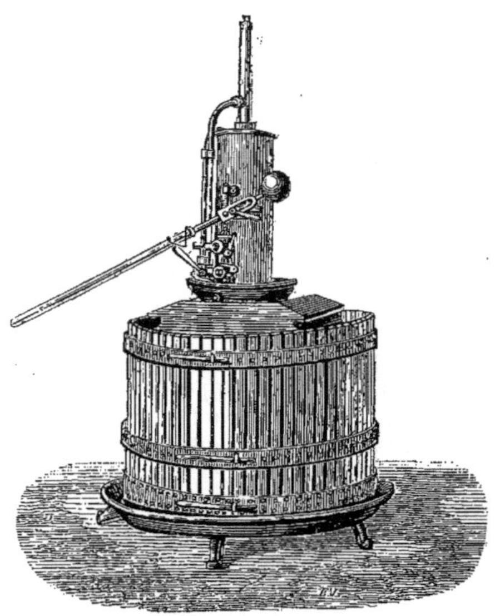

Fig. 21 — Vue perspective du pressoir hydraulique de M. Chollet-Champion.

le couvercle du grand. Ce couvercle, en s'élevant, abandonne à elle-même la tige de la soupape de sûreté qui se ferme et interrompt la communication entre le dessous du piston C et le tuyau de caoutchouc *g*.

Si l'on continue de pomper, l'eau qui se trouve en dessous du piston C est forcée de passer par le robinet *d* et par le tuyau d'alimentation de la pompe et de là au-dessus du piston, l'espace compris entre ce piston et le couvercle servant de réservoir d'eau : on peut ainsi faire monter l'appareil jusqu'à ce que le fond de la presse B vienne toucher le dessus du piston C.

Pour faire descendre le corps de presse, c'est-à-dire pour opérer la pression, il faut tourner peu à peu le robinet dans le sens indiqué par le cadran jusqu'à ce qu'il soit placé sur le mot — *descendre* : — quand il est, comme l'indique la fig. 12, l'eau existant dans le petit corps de presse *b* trouvant une ouverture libre et sans retenue dans le robinet *d*, fuit dans le tuyau d'alimentation, pressée qu'elle est par le poids de la presse qui alors descend. C'est pour la faire descendre lentement que l'on n'ouvre que peu à peu le robinet. S'il était nécessaire, on pourrait ouvrir peu à peu, mais aussi vite que l'on voudrait; l'eau vient alors par le tuyau d'alimentation, passe dans la pompe C par le robinet *d*, puis dans la partie inférieure de la presse B qui l'a pour ainsi dire aspirée. L'eau peut aussi passer par le clapet de sûreté et de communication J dont le ressort est tendu au-dessous de la pression atmosphérique : par conséquent celle-ci fait ouvrir la soupape qui, par dessous, est soumise à une pression moindre que celle de l'atmosphère, puisque sous le piston C il s'est formé une espèce de vide pendant que le corps de presse descend; mais aussitôt qu'il ne descend plus, la soupape se ferme. On peut alors pomper l'eau que l'on envoie dans la presse, entre son fond et le dessous du piston C, et qui ne trouvant pas d'issue la fait descendre et presser sur la charge.

Voici les principales dimensions de ce pressoir très-recommandable :

Diamètre du piston C..........................	0m.202
Surface	0 .032028
Diamètre de la tige du piston..............	0 .090
Surface réelle..............................	0 .00636174
Diamètre extérieur du corps de presse......	0 .290
Diamètre du piston de la pompe...........	0 .022

Surface du piston de la pompe : 0m.00038013 millimètres carrés.

Surface de pression (piston moins la tige)..........	0.025666
Rapport de la surface de pression du grand piston et de celle du petit..........................	67.54
Diamètre de l'orifice de la soupape de sûreté......	0m.006
Surface — —	0 .000028.27
Charge sur le levier................................	8k.247
Pression par millimètre carré.....................	0k.2917
— centimètre carré....................	29.17
— en atmosphère.....................	28 atmosph. 23

Ce pressoir a pour avantages principaux :

1° *La rapidité du serrage*, ce qui constitue une notable économie de temps, condition principale du pressage du vin. En effet, au commencement de la pressée, la presse descend d'abord par son propre poids avec la vitesse que l'on veut et qui ordinairement est progressive. Dès que la résistance est suffisante pour arrêter cette descente, on commence à faire marcher le balancier de la pompe foulante, en prenant pour centre de rotation le point le plus rapproché de la main de l'homme : la course du piston est ainsi maxima. Dès que la résistance devient trop forte, on diminue la course de la pompe en rapprochant le centre de rotation, et on procède ainsi avec une course de pompe décroissante (voir la coulisse du balancier *b*) fig. 1, pl. CXXXI). Ainsi, le bras de levier moteur va en croissant avec l'énergie de la résistance du marc.

2° *Le bas prix.* Ces pressoirs sont vendus de quatre forces différentes : la presse seule, la presse avec une maie en bois, avec une maie en fonte, fixe ou montée sur deux roues.

NUMÉROS.	PRESSANT		PRIX DE LA PRESSE		PRESSOIR à maie en bois complet.	PRESSOIR à maie en fonte complet.	LE MÊME. — Locomobile.	LARGEUR des maies en bois carrées.	DIAMÈTRE des maies en fonte.
	vendange blanche cuvée.	vendange rouge cuvée.	pour maie en bois.	pour maie en pierre.					
1	12h	24h	375f	390f	500f	625f	800f	1m.50	1m.20
2	25	50	525	575	775	850	1000	2 .00	1 .40
3	40	80	800	825	1230	1200	1600	2 .60	1 .70
4	70	140	1550	1600	2240	2000	2300	3 .20	2 .00

3° *Application facile de la presse hydraulique dans les maies en pierre, en bois, en fonte; transport facile.* On voit en effet qu'il n'y a qu'à sceller la tige du piston soit dans la pierre, le beton, le bois ou la fonte, sans autres frais que ceux exigés par les pressoirs non hydrauliques les plus simples.

Il est facile à placer sur un train de roues, puisqu'il n'y a aucun mécanisme en dessous.

4° *Simplicité, facilité d'entretien, sécurité.* Les organes de la pompe sont des plus simples, et leur agencement est facile à comprendre. Le levier dont le manche est en fer creux formant douille, peut être enlevé s'il gêne après le travail; il porte une coulisse embrassant un tourillon, formant l'axe de rotation, et qu'il est facile d'éloigner ou de rapprocher suivant le plus ou moins de résistance à vaincre : le piston de cette pompe est articulé dans une mortaise du levier et sa tige *i* (pl. CXXXI, fig. 1) est guidée. Deux clapets montés chacun dans une chambre spéciale complètent la pompe; chaque chambre à clapet est fermée par un bouchon à vis facile à enlever pour nettoyer ou visiter les clapets.

La soupape de sûreté est disposée sur le côté de la pompe (fig. 5), et le ressort qui la comprime est calculé de façon à céder dès que la pression approche de la charge de sécurité que peut supporter la fonte dont la presse est faite.

Tous les organes sont en vue et sous la main.

5° *Facilité de manœuvre.* La seule manœuvre à faire c'est de tourner le robinet dont la manivelle porte un doigt indicateur parcourant un petit cadran à arrêts sur lequel sont indiquées les diverses positions pour *monter*, *descendre* (ou presser) et *fermer* la presse; et de pomper, en agissant sur le balancier à contrepoids;

6° *Peu encombrant.* On peut voir que l'ensemble de la presse tient fort peu de place, et que toutes les pièces sont groupées dans ce but. Il n'y a pas de réservoir d'eau spécial : c'est l'espace en dessus du piston qui en tient lieu, et comme il est placé au-dessus de la pompe, *celle-ci s'alimente le plus facilement possible.*

Le pressoir hydraulique dont nous venons de parler, a subi, depuis l'Exposition de 1867, un heureux perfectionnement indiqué par les fig. 22, 23 et 24, qui suivent. Voici le but de la modification. Lorsqu'on veut se servir du pressoir hydraulique de M. Chollet-Champion, il faut commencer par s'assurer si le corps de presse contient assez d'eau; il vaut mieux qu'il y en ait plus que moins, le surplus s'écoulant dans le vase inférieur.

Ensuite on dévisse presque entièrement le bouchon A de manière à laisser échapper l'air qui peut se trouver enfermé dans la pompe, ce qui nuirait à son fonctionnement; cela fait, si l'on veut faire remonter le corps de presse, on dévisse le volant D et l'on visse celui C jusqu'à ce qu'il soit à fond et bien serré; alors on pompe et le corps de presse remonte.

Pour le faire descendre, on dévisse légèrement le volant C, et le corps de presse descend de lui-même sur la matière à presser; ensuite, pour presser. On continue à dévisser le volant C jusqu'à ce qu'il soit à fond et serré, on pompe d'abord avec le levier G (fig. 22) sans sa rallonge *h*, en poussant le volant I du côté gauche afin de faire toute la course possible; dès que la résistance paraît trop grande, on remet la rallonge et l'on continue à presser en rapprochant de plus en plus le volant I du côté droit. Enfin, lorsque la résistance est à son plus haut degré, on visse le volant D jusqu'à complet serrement pour éviter le desserrage de la vendange ou du marc en pression.

Dans le cas où la pompe ne fonctionnerait pas bien, on dévisserait les deux bouchons A et B; on nettoierait parfaitement les petites soupapes et leurs siéges avec un chiffon imbibé de bonne huile, et en enlevant toute crasse qui empêcherait ces soupapes de jouer; on remettrait ensuite tout en place en ayant soin de chasser l'air par le bouchon A. Pour faire ce nettoyage, on tourne le robinet E dans la position indiquée en pointillé sur la fig. 22 afin de ne pas perdre d'eau, puis on le ramène à sa première position dès que l'on veut faire marcher de nouveau la presse.

Si cette machine doit rester dans un endroit exposé à la gelée, il faut faire remonter la presse à son point le plus haut et mettre un morceau de bois debout en dessous pour la retenir dans cette position; puis bien vider toute l'eau, celle de l'intérieur du corps de la presse se vide à l'aide d'un tuyau en plomb formant syphon ; on graisse bien toutes les pièces afin d'éviter l'oxydation. Avec ces précautions qui n'ont rien de difficile, on aura une presse en état de servir

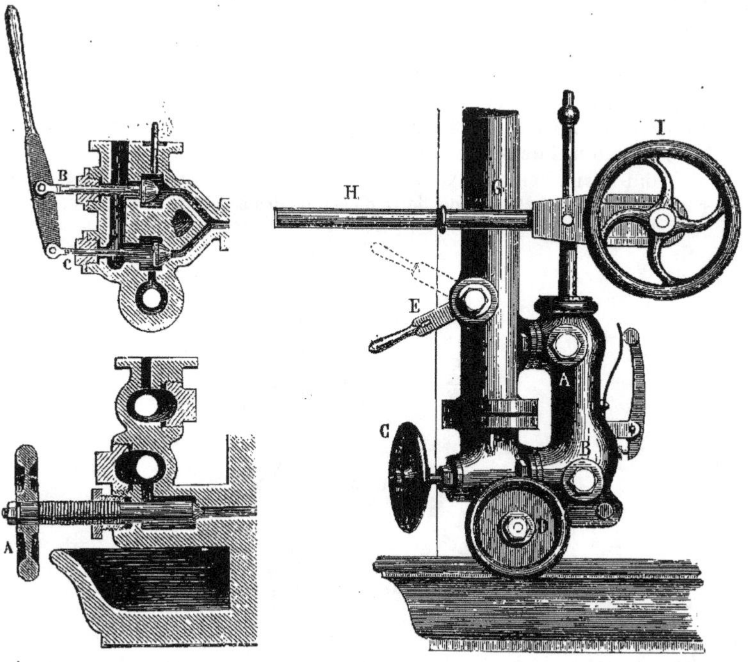

Fig. 23 et 24. Coupe verticale. Fig. 22. Détail du nouveau pressoir hydraulique de Chollet-Champion.

l'année suivante, surtout si, huit ou quinze jours avant de l'employer, on y met de l'eau pour tremper et assouplir les cuirs des pistons.

Les fig. 23 et 24 donnent les coupes nécessaires pour faire comprendre la nouvelle disposition des soupapes B et C remplaçant le robinet actuel indiqué dans la planche LXXXI dans tous ses détails ; leur manœuvre se fait toujours forcément bien. Le bouchon à volant A sert à empêcher l'eau de perdre sa pression lorsque l'on cesse d'agir sur le balancier moteur.

M. Laurent, à Dijon (Côte-d'Or), exposait un beau pressoir hydraulique, d'une disposition analogue à l'ancien pressoir Mannequin à un seul corps de presse.

Voici les prix des divers modèles :

N°s 1	pouvant presser le marc de	18 h.	900 fr.,	ou par h.	50f.00,	si locomobile	1100 fr.	ou par h. 61. 11
2	—	25	1100	—	64 90	—	1250	— 50 00
3	—	38	1350	—	35 52	—	1390	— 41 80
4	—	56	1650	—	19 46	—	»	— »

Jusqu'ici nous ne connaissons pas de données certaines sur l'intensité de la pression nécessaire pour faire les divers vins et le cidre. Les praticiens agissent suivant la routine locale, et très-peu cherchent à se rendre compte de la pression qu'ils exercent sur leur vendange ou leur marc par centimètre carré. L'emploi du dynamomètre sur les pressoirs, comme le fait M. Samain et même M. Mabille, a non-seulement l'avantage d'éviter les ruptures mais de permettre d'arrêter la pression à volonté à un chiffre donné. Les pressoirs hydrauliques jouissent aussi de cet avantage et à un plus haut degré même, car en changeant le poids qui presse la soupape, on peut faire varier à volonté la pression en dessous de celle indiquée comme limite par le constructeur.

Il est certain en outre que la pression nécessaire à l'extraction des jus serait plus faible si l'on pouvait disposer la matière à presser de façon que le liquide puisse très-facilement arriver du centre du marc jusqu'à la circonférence. On a proposé de le drainer avec des tuyaux de poterie très-résistants, ce qui offre au liquide des conduits intérieurs.

M. de Saint-Trivier fait mieux : il place, dans le marc, de petits cônes drai-neurs en fonte formés chacun de deux pièces faciles à réunir par un ou deux

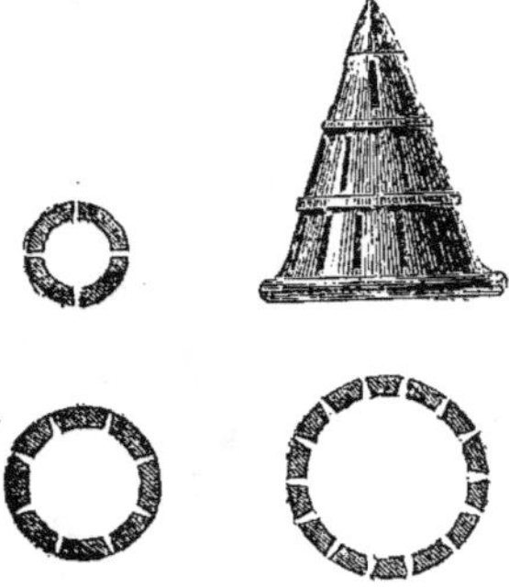

Fig. 25. — Cônes draineurs en fonte pour pressoir, par M. de Saint-Trivier.

anneaux de fer (fig. 25). Toutefois nous n'aimons pas le fer dans la vendange ou dans les pommes à cidre; il serait préférable de faire ces cônes draineurs en porcelaine grossière d'une seule pièce.

Dans notre examen des presses de l'Exposition de 1867, nous avons dû nous restreindre aux appareils les plus agricoles : nous passons donc sous silence les presses à huile et autres ayant un caractère industriel.

J.-A. GRANDVOINNET,
Ingénieur, Professeur de Génie rural.

IX

CONSTRUCTIONS CIVILES.

HABITATIONS.

PAR **M. LUCIEN PUTEAUX**, ARCHITECTE-CONSTRUCTEUR.

(Planches XI, CXVI, CXVII, CXXXV, CXXXVI, CXLI et CXLII.)

II

Dans un précédent numéro de cette Revue, M. A. Foucher de Careil a décrit d'une façon très-complète les maisons ouvrières exposées par l'Empereur. Nous n'avons donc point à revenir sur les spécimens d'habitations construites entre les avenues Rapp et La Bourdonnaye, pas plus que sur les maisons en béton de ciment anglais de l'avenue Daumesnil; contentons-nous d'indiquer que ce n'est pas seulement à l'occasion de l'Exposition universelle de 1867 que l'Empereur a étudié la question des maisons ouvrières. Elle a été depuis longtemps une de ses plus vives préoccupations, et il a constamment favorisé les projets de logements à bon marché.

C'est ainsi que, en 1850, Sa Majesté faisait attribuer une subvention de 200,000 francs à la cité Napoléon, vaste caserne bâtie sur les hauteurs de la rue Rochechouart. Créée en 1849, la cité Napoléon fut le premier établissement type fondé à Paris, en vue d'offrir aux ouvriers des logements spécialement affectés à leur usage. Placé au centre d'un quartier populeux, contenant près de 200 logements, destinés soit à des ménages d'ouvriers, soit à des célibataires, ce vaste établissement, qui renfermait en outre une salle d'asile, des bains, un lavoir et un séchoir, semblait réunir tous les éléments possibles de prospérité, mais il ne tarda pas, malgré les encouragements du gouvernement, à être déserté de ceux mêmes en vue desquels il avait été édifié. Les ouvriers, toujours si avides d'indépendance et de liberté, ne purent s'habituer à vivre dans un bâtiment dont les grilles s'ouvraient et se fermaient à une heure déterminée. Cette première tentative échoua donc complétement.

Vers cette même époque, faisant appel au talent de nos architectectes, l'Empereur ouvrait un concours et fondait, sur sa cassette particulière, un prix de 5,000 francs à décerner à l'auteur du meilleur projet d'habitations à bon marché dans les grandes villes. L'un des lauréats du concours, envoya à la commission d'examen, réunie au ministère d'État, le plan très-simple d'une maison, élevée sur cave, d'un rez-de-chaussée et de trois étages carrés, dont la distribution répondait aux besoins d'un ménage d'ouvriers. « Pourquoi, disait-il, au lieu de cités ouvrières, dont les ouvriers ne veulent à aucun prix, ne pas disséminer, dans tous les quartiers de la capitale, un grand nombre de maisons convenablement aménagées, bâties à peu de frais et destinées, par suite, à faire baisser le prix des loyers, en établissant partout une concurrence aux propriétaires? Les terrains à bon marché ne manquent pas; on en trouve, à de modestes conditions, jusque dans les centres les plus populeux; une maison où la pierre de taille est remplacée par le moellon et où les pans de bois sont recouverts de plâtre; une maison où, sans nuire aux conditions de solidité et de salubrité qu'exigent impérieusement nos édiles du Paris moderne, l'entrepreneur aura ménagé les matériaux coûteux; une maison, en un mot, qui, tout en conservant une physionomie coquette, ait été construite économiquement, ne doit pas coûter plus de 400 francs le mètre superficiel en toute hauteur. Dans de pareilles conditions, tout en assurant au capitaliste un intérêt suffisamment rémunérateur, on peut donner à la classe ouvrière des logements propres, sains, aérés, commodes, bien distribués, pour un prix modéré. Qu'est-il besoin, dès lors, de l'initiative gouvernementale ? En face d'aussi grands besoins, elle sera toujours impuissante; faisons appel à la spéculation privée et démontrons que, sans mettre en avant l'idée philanthropique, on peut faire une bonne affaire, pécuniairement parlant, en construisant des maisons pour la classe ouvrière. »

L'Empereur, dont les vues sont essentiellement pratiques, ne se contenta pas de récompenser l'auteur du projet; il le fit appeler, et, le mettant à l'épreuve, lui commanda l'érection de trente maisons conformes à ses plans, qui seraient disséminées, soit isolément, soit par groupes de 2 à 4, dans les divers quartiers de la capitale, notamment au boulevard Mazas, près la gare du chemin de fer de Lyon, à Grenelle et à Batignolles. Ces maisons, construites en 1853, et habitées depuis cette époque, se recommandent à ces deux titres : économie de construction, commodité de distribution. Aussi ont-elles servi de modèles et de types à des entreprises rivales, notamment à M. Cazeaux, qui fit bâtir, en 1854, plus de vingt maisons identiques, rue Campagne-Première, près le boulevard Montparnasse.

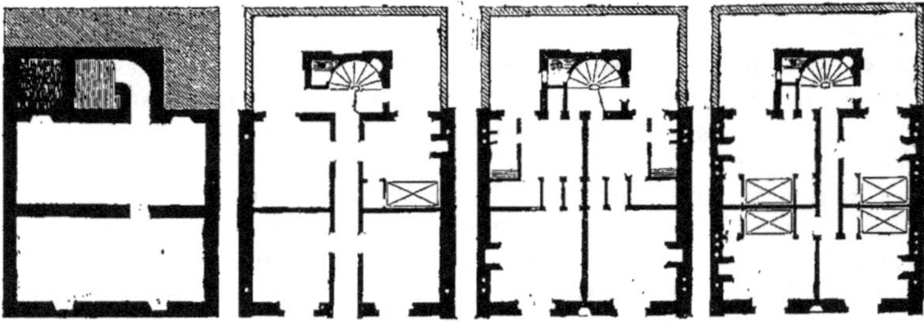

Fig. 1.

Voici la description sommaire d'une de ces maisons : Nous en donnons les plans et l'élévation qui ont figuré parmi les produits du Génie civil à l'Exposition et obtenu une double médaille : une d'argent dans la classe 93, et une de bronze dans la classe 65.

Construite en moellons, avec piles en pierre, pans de bois sur le derrière, cage d'escalier en dehors, cette maison, double en profondeur, élevée sur cave, d'un rez-de-chaussée, de trois étages carrés et d'un comble, ne coûte, au total, que 32,000 francs, y compris l'acquisition du terrain, qui y entre pour 4,000 francs. Le rez-de-chaussée est occupé par des boutiques; le premier et le deuxième étage se composent de deux logements. Chacun de ces logements comprend deux grandes chambres à feu pourvues de vastes armoires et éclairées en premier jour sur la rue et sur la cour, et une petite cuisine. Le dernier étage est réservé à des chambres à feu pour célibataires, avec alcôve.

Cette maison, dont le prix de location ne dépasse pas une moyenne de 7 fr. 50 par mètre superficiel de logement, convient non-seulement à des ouvriers, mais à tout individu dont les ressources sont modestes et qui ne peut mettre un prix élevé à son loyer. Pourquoi, par esprit de méfiance et de caste, faire une maison spéciale pour l'ouvrier? Pourquoi laisser subsister un schisme? Pourquoi ne pas admettre aux bénéfices de la combinaison, si elle est heureuse, la classe non moins intéressante des employés? Est-ce que les petits rentiers eux-mêmes n'ont pas, autant au moins que l'ouvrier, besoin de logements à bon marché? Telle est l'idée générale qui a présidé au projet des maisons Puteaux.

Au moment même où ce projet recevait sa réalisation, par décret des 22 janvier et 20 mars 1852, le gouvernement affectait une somme de 10 millions de francs à l'amélioration des logements d'ouvriers dans les grandes villes. Ce décret ne tarda pas à produire son effet, et, devant l'attrait d'une subvention, un certain nombre de compagnies puissantes et de capitalistes offrirent leur concours.

Deux traités furent passés presque simultanément, au nom de l'État, avec deux de ces compagnies représentées, l'une, par MM. Emile et Isaac Pereire, l'autre, par M. le baron de Heeckeren, sénateur, et William Kennard.

MM. Pereire s'étaient engagés notamment à faire construire des cités ouvrières jusqu'à concurrence d'une somme de 4,550,000 francs, moyennant une subvention du gouvernement égale au tiers de la dépense. Dans les habitations destinées aux ouvriers célibataires, le prix de location d'un cabinet garni restait fixé à 0 fr. 20 c. par nuit. La location des logements des ouvriers mariés était tarifée à raison de 7 fr. 50 par année et par mètre superficiel.

MM. Pereire construisirent, en exécution de ce traité, deux bâtiments considérables situés, le premier à La Chapelle, le second à Batignolles.

La maison de La Chapelle, destinée principalement aux ouvriers chefs de famille, avait quatre étages élevés sur caves; chaque étage présentait trente-sept chambres à feu et une cuisine. Le prix moyen des logements était d'environ 225 francs.

L'établissement de Batignolles, construit à l'angle du boulevard de ce nom et de la rue Boursault, était exclusivement affecté aux ouvriers célibataires. Il avait également quatre étages contenant quarante-huit cabinets garnis.

Mais ces maisons, véritables casernes, rappelant le système de la Cité ouvrière, si malheureusement tenté rue Rochechouart, ne devaient rencontrer aucune faveur dans l'esprit public.

MM. de Heeckeren et Kennard, qui s'étaient engagés à faire construire, rue de Montreuil, une série de bâtiments, jusqu'à concurrence d'une somme de plus de quatre millions, ne tentèrent même pas l'épreuve. Quant à MM. Pereire, ils firent, à La Chapelle aussi bien qu'à Batignolles, une expérience qui leur coûta fort cher, car ils se virent obligés de rendre partie de la subvention reçue et d'approprier leurs bâtiments à une autre destination.

Il est vrai de dire que l'établissement du boulevard des Batignolles, destiné à un garni de célibataires, était aussi mal conçu que possible. Dans une longue et même pièce, s'étendant comme un vaste dortoir, sans distribution de cloisons, on avait imaginé de tracer une cinquantaine de cellules, très-étroites, ne contenant que l'espace bien strict pour loger un lit, une table et une chaise; les séparations en planches minces ne s'élevaient, comme des stalles d'écurie, qu'à la hauteur de deux mètres, de telle sorte qu'il suffisait à l'habitant de la cellule de monter sur son lit pour plonger un regard indiscret chez son voisin. Non-seulement on n'était point chez soi, mais encore, lorsqu'on voulait ouvrir la fenêtre, il fallait s'entendre avec le locataire mitoyen. Heureux encore ceux dont la triste case était éclairée par une fenêtre; car la plupart de ces cabinets, particulièrement ceux qui régnaient dans la partie centrale de la pièce, ne recevaient d'air et de jour que par le haut. Aussi ne se rencontra-t-il pas un seul occupant sérieux. C'est à peine si, de loin en loin, un pauvre diable, ne sachant où trouver un gîte pour la nuit, venait passagèrement chercher un abri dans ce dortoir cellulaire.

Nous affirmons que ce vaste établissement, destiné à loger près de 200 personnes, ne trouva jamais, dans ses jours de prospérité, plus de 10 locataires à la fois. Après plusieurs années d'attente et de non-valeurs, MM. Pereire se décidèrent à transformer cette immense caserne en habitation bourgeoise. Aujourd'hui, grâce à des frais considérables et à une appropriation toute particulière, cette maison renferme des appartements du prix de 2,500 à 3,000 francs. Que nous sommes loin du cabinet meublé à 0 fr. 20 c. la nuit!

Disons, d'ailleurs, que l'ouvrier célibataire destiné à vivre en garni, et en vue duquel avait été créé l'établissement de MM. Pereire, est en général très-mal logé. Ainsi, les braves habitants de la Creuse, venus à Paris pour exercer l'état de maçon, vivent généralement en commun, dans une chambrée; sept ou huit lits sont installés dans la même pièce; chaque lit est partagé par deux individus, accouplement aussi contraire à la propreté qu'aux bonnes mœurs. Une ménagère, qui est généralement la femme d'un maçon, entretient le logis, fait les lits, blanchit le linge, le raccommode, et le soir, après le travail des hommes, trempe la soupe; chacun fournit son pain épargné sur la nourriture du jour. Logement et soins coûtent huit francs par mois. Ces pauvres gens eussent été peut-être mieux installés dans le garni modèle de MM. Pereire, mais cela eût contrarié leurs habitudes; et puis, à la chambrée, ils se connaissent tous; ils sont du même département, souvent du même village. Vienne Noël, ils retourneront ensemble au pays pour placer leurs économies de l'année et acheter un petit champ souvent stérile; ils y resteront pendant la saison des gelées, temps où les travaux de maçonnerie sont suspendus, et ils reviendront en bande, comme les hirondelles, à la belle saison.

Il y a à Paris 30,000 maçons originaires du département de la Creuse, qui vivent ainsi et ne s'en trouvent pas plus mal.

Une entreprise analogue à celle de MM. Pereire, et également subventionnée par l'État, s'était proposé, vers la même époque, de construire sur un terrain spacieux, situé entre les rues de Reuilly et de Picpus, pour le logement des ouvriers mariés, 110 maisons divisées par groupes et entourées de jardins. Des bains, un lavoir, un séchoir, une salle d'asile devaient être mis à la disposition des locataires. Chaque habitation se composait d'un rez-de-chaussée comprenant deux pièces, d'un premier étage formé de trois chambres, d'un grenier et d'une cave. Le prix de location était de 365 francs par an, ou 1 franc par jour. On promettait au locataire, pour le cas où il ajouterait cinquante centimes par jour pendant quinze ans, qu'il deviendrait propriétaire de la maison qu'il habitait. Par ce moyen, il pouvait acquérir, au prix d'une somme de 2,900 francs versée par petites fractions, en quinze ans (ce qui portait à 183 fr. le montant de chaque annuité), un immeuble d'une valeur d'environ 6,000 francs. Comment se fait-il que le projet dont nous parlons, qui avait la sanction et l'appui du gouvernement, n'ait pas été mené à bonne fin ?

Parmi les opérations de cette nature, ayant reçu une subvention du gouvernement, en exécution du décret précité du 22 janvier et du 20 mars 1852, on ne peut guère citer comme ayant complétement réussi à Paris, à part le système des maisons isolées dont nous avons parlé au début de cet article, que l'entreprise de M. le comte de Madre.

Les maisons ouvrières de M. de Madre sont bâties sur un immense terrain situé à l'extrémité occidentale de la rue Saint-Maur, derrière l'hôpital Saint-Louis. Elles occupent une assez grande superficie et sont pourvues de cours, avec fontaines pour les eaux de la ville ; promenades ombragées, ayant l'aspect de véritables squares. Il y a même, pour les cas de mauvais temps, un promenoir couvert destiné à la récréation des enfants. On rencontre des ateliers très-clairs pour les ouvriers qui travaillent chez eux. Quant aux logements, ils sont convenablement aménagés et ne se louent que 210 francs, prix très-modéré pour un appartement composé de trois pièces. Enfin, un établissement de bains, à bon marché, un lavoir, un ouvroir chauffé et éclairé servant aux veillées, complètent les avantages de cette modeste colonie de la rue Saint-Maur. Disons toutefois que la cité de M. le comte de Madre n'est pas exempte de reproches. Les escaliers des maisons sont mal éclairés, et ils aboutissent à des couloirs encore plus sombres. Les cabinets sont également obscurs et trop petits ; il n'y en a qu'un par étage, servant à plusieurs logements.

Mais, tandis que ces diverses entreprises s'exécutaient à Paris, le décret du 22 janvier 1852 produisait également son effet dans les départements. Dès 1850, une société connue sous le nom de Compagnie Montricher s'organisait à Marseille pour la création d'une cité ouvrière. Cette société obtenait une subvention de 50,000 francs. Un rapport du ministre de l'intérieur, du mois d'avril 1854, constate que les vastes bâtiments de la cité ouvrière de Marseille suffisent à peine à loger les ouvriers qui demandent à s'y établir ; qu'elle contient 145 chambres meublées, un jardin, un restaurant, des bains, un lavoir et une infirmerie. Les malades reçus à l'infirmerie, dit ce rapport, sont soignés gratuitement par un médecin ; le soir des leçons de lecture, d'écriture, d'arithmétique et de dessin sont données gratuitement aux locataires. Le succès de cette entreprise suggéra à ses auteurs la pensée d'élever sur d'autres points de la même ville diverses constructions pour le logement des ouvriers mariés ou célibataires, et le gouvernement, approuvant ce nouveau projet, accorda à la Compagnie marseillaise une seconde subvention de 200,000 francs.

A Lille, une subvention était également accordée à MM. Scrive frères, pour la construction de 234 maisons sur le territoire de Marcq-en-Barœul, louées sur le pied de 4 p. cent du capital engagé. MM. Scrive frères ont exposé cette année un modèle en relief de leurs maisons. C'est tout un village. Chaque habitation comporte quatre logements, et chaque logement comprend un rez-de-chaussée, deux pièces, et un escalier accédant à deux pièces au premier étage et à un grenier.

Mais, si heureux qu'aient pu être les efforts faits à Marseille ou à Lille pour l'établissement de maisons de cette nature, il faut cependant reconnaître que de toutes les villes où de semblables édifices se sont élevés, Mulhouse est celle qui a le plus complétement réussi. Les bâtiments de la Société mulhousienne forment plusieurs groupes de maisons présentant l'aspect d'une véritable cité, et dont chacune est destinée à une seule famille. Devant les habitations s'étendent des jardins d'un are de superficie, qui ont leur issue sur des rues de 8 mètres de largeur, bordées de trottoirs plantés d'arbres. La subvention de 300,000 fr. accordée par le gouvernement à cette œuvre intéressante fut précisément employée à couvrir les dépenses nécessitées par l'établissement des rues, trottoirs, égouts, fontaines, palissades et, en général, de tout ce qui est d'utilité publique, comme plantations d'arbres, bains et lavoir, boulangerie, restaurant, etc., etc.; ce qui permit de dégrever chaque maison de la part proportionnelle qu'elle aurait eue à supporter de ces frais généraux, et de réduire son prix à ce que coûtent seulement sa construction et le terrain qu'elle occupe. Les maisons de Mulhouse se divisent en plusieurs classes, d'après leur importance déterminée par le prix de location. En 1854, leur nombre était déjà de 300 et les dépenses, évaluées alors à 450,000 francs, firent obtenir à la compagnie des constructeurs une somme de 150,000 francs; mais depuis lors l'opération a pris de plus vastes proportions : de 1858 à 1866, on a construit plus de 800 maisons dont la majeure partie a été vendue. On sait comment se font ces ventes. La société cède ses maisons aux ouvriers au prix de revient, en leur accordant pour se libérer de longs termes de 14 ou 16 ans et sous certaines conditions qui ont pour objet le maintien de l'ordre, de la propreté, et d'une certaine uniformité extérieure, sans avoir rien de gênant pour les acheteurs. Cette faculté d'acquérir, mise ainsi à la portée des ouvriers, exerce une influence des plus heureuses sur leur bien-être. Tant que les maisons n'ont pas trouvé d'acquéreurs, elles sont mises en location.

Par suite du traité intervenu avec l'État, et à cause même de la subvention, le prix de location ne doit pas dépasser 8 p. 100 du prix de revient. Parmi les différents modèles, le plus intéressant est celui que la Société mulhousienne a fait construire, à titre de spécimen, dans le parc de l'Exposition. Il consiste en un îlot de quatre maisons adossées et réunies. On comprend tout de suite la grande économie de ce genre de constructions, résultant de la communauté de deux murs mitoyens. Chaque logement se compose d'une cuisine, et de trois chambres à coucher. Chaque maison élevée seulement d'un rez-de-chaussée, mais possédant un jardin de 160 mètres carrés, est vendue moyennant 2,650 francs, dont 300 francs payables comptant et le reste par à-compte mensuels de 20 francs. Le prix de la maison se trouve ainsi soldé en 14 ans.

Les différentes compagnies dont nous venons d'indiquer les opérations avaient reçu, dès le mois d'avril 1864, quatre millions et demi environ sur les dix millions de crédit accordés par l'État pour l'amélioration des logements d'ouvriers. Mais, renonçant peu de temps après aux subventions de cette nature, le gouvernement affecta le surplus de cette somme à des établissements de bienfaisance. Les sacrifices faits dans le but de diminuer les loyers de la classe laborieuse n'en sont pas moins constants. C'est sur la cassette particulière de l'Empereur que furent prélevés les fonds ayant servi à l'érection dans le parc du Champ de Mars de la maison dite des ouvriers de Paris (Pl. XI). Cette maison est formée d'un corps de logis double en profondeur, agrandi de deux ailes simples sur les côtés d'une cour. Elle est bâtie en moellons, sur cave et élevée de deux étages. Au rez-de-chaussée, sont deux boutiques avec chambre à coucher et cuisine. Dans l'axe, à droite et à gauche de chaque boutique, se trouve l'escalier. Les deux étages ont la même distribution et contiennent chacun deux logements. Chaque logement se compose d'une salle à manger de $3^{m},40 \times 3^{m},20$, d'une chambre à coucher faisant suite à la salle à manger et de même éclairée sur le devant, de $3^{m},40 \times 3^{m},20$, d'une autre chambre éclairée sur la cour, de $3^{m},20 \times 3^{m},85$, d'une cuisine également éclairée sur la cour de $2^{m},36 \times 1^{m},20$, et d'un cabinet de garde-robe de $1^m,20 \times 0^m,90$, situé derrière la cage de l'escalier, et dans lequel on accède par une porte donnant dans la cuisine. Les deux chambres ne se commandent pas : on y pénètre de la salle à manger par l'intermédiaire d'un tambour faisant saillie dans la première pièce et y formant ainsi cloison d'alcôve garnie d'une porte de service. La distribution ne serait donc pas mauvaise, si les closets, — faute capitale et sur laquelle il n'est besoin d'insister, — n'étaient situés dans la cuisine même. Le sol est carrelé dans la cuisine, et parqueté en frises de sapin dans les chambres. Tandis que les chambres sont garnies de cheminées dans la salle à manger, il n'existe qu'un trou d'attente correspondant à un tuyau de fumée, pour la pose d'un poêle portatif fourni par les locataires. Il est en effet d'usage dans la classe ouvrière que le poêle fasse partie du mobilier de la famille. Il n'y a pas de concierge. Un des boutiquiers devra répondre pour les autres locataires, et faire une partie de l'office de principal locataire ou de concierge. Les lettres sont reçues dans une boîte avec contre-poids et poulies, qui les montent à l'usage du destinataire, avec timbre indicateur. Nous avouons ne pas apprécier grandement l'utilité de ce monte-charge joujou, dans une maison où les visites du facteur ne doivent pas être très-fréquentes et où la correspondance n'a aucun caractère d'urgence. Le prix de location annuelle serait de 500 francs pour les boutiques, et de 300 francs pour les logements. Cette maison a été construite, sans architecte, par les ouvriers eux-mêmes; mais cela ne constitue pas une économie sensible dans le prix de revient, et il suffit de voir la maison pour regretter l'architecte, ou plutôt son défaut de concours. Cette maison, bien que l'œuvre d'ouvriers, ne saurait être considérée comme la véritable expression des désirs de la classe ouvrière; cependant, avec des modifications, elle pourrait, non sans avantage, être bâtie dans les quartiers périphériques de Paris. Il est, du reste, probable que cette société des ouvriers recevra de nouveaux encouragements. N'a-t-on pas annoncé que l'Empereur lui abandonnait, à titre d'apport social, ses quarante maisons de l'avenue Daumesnil?

Après avoir ainsi rappelé les efforts du gouvernement, il convient de dire quelques mots des tentatives faites dans le même sens par des compagnies qui ont pris à tâche d'associer l'action individuelle à l'œuvre de l'État. Ces sociétés ne se sont point seulement préoccupées d'assurer aux phalanges des travailleurs qu'elles emploient des logements convenables; elles ont fondé des écoles, des cours du soir, où, après le rude labeur de la journée, l'ouvrier va puiser les premières notions de la science. C'est par l'éducation, l'instruction, la satisfaction donnée aux besoins de l'intelligence que, de nos jours, le patron cherche à rattacher à son usine son nombreux personnel. En même temps qu'on rapproche l'habitation des ateliers, on fonde des écoles du soir gratuites comme à Guebwiller, à Mulhouse; des ouvroirs, comme le fait la Compagnie de Saint-Gobain, à Chauny. Comme exemple de ce que l'initiative particulière a produit en ce genre, nous signalerons, à Paris, les heureux résultats obtenus par M. Paul Dupont, imprimeur, député au Corps législatif. Pour loger ses ouvriers, M. Paul Dupont a fait édifier, en 1863, à Clichy, à la porte même de ses ateliers, deux vastes maisons, bâties en pierre de taille, très-convenablement agencées et dont le prix du loyer varie, suivant l'importance, depuis 80 francs jusqu'à 300 francs; mais est, en tous cas, inférieur de 25 à 30 p. 100 à celui des maisons environnantes. Ainsi logé à proximité de son travail, le chef de famille vit complétement dans son ménage; il y prend ses repas et vient s'y délasser à l'heure du repos. Tout en réalisant une économie sérieuse, il se trouve à l'abri des entraînements funestes du cabaret. La plupart des logements ont la jouissance d'un petit jardin qui, indépendamment des arbres fruitiers, peut aisément suffire à fournir des légumes au ménage. Chaque maison est placée sous la surveillance d'un délégué nommé par les locataires. C'est lui qui reçoit les observations et qui veille à l'ordre général. Un règlement est affiché à tous les étages. Des prix sont décernés à la fin de l'année au logement et au ménage qui ont été le mieux tenus. Ces locations sont très-recherchées et toujours retenues à l'avance. Elles sont accordées, à titre de récompense, aux plus laborieux. Ces maisons, malgré leur apparence de casernement, sont exemptes des inconvénients propres à la cité ouvrière. Cela vient de ce que tous les locataires se connaissent, puisqu'ils passent leur vie dans les mêmes ateliers; et, qu'intéressés au succès des affaires par leur participation, ils aiment la maison pour elle-même et comme si elle leur appartenait. Mais la maison, nous l'avons dit, n'est qu'un des avantages offerts par M. Dupont à ses ouvriers, l'école en est le complément. Nul n'ignore que M. Dupont a élevé le travail de la femme, en l'admettant comme compositrice dans ses ateliers. Il est un de ceux qui croient que la moralité de la femme ne peut être assurée que par l'indépendance personnelle que donne un travail suffisamment rétribué. Or, le travail de la composition étant une œuvre d'adresse qui n'exige ni efforts, ni bras nerveux, qui distrait et amuse au lieu de fatiguer, et dont on s'acquitte alternativement debout ou assis, il a pensé, avec raison, que cette occupation convenait particulièrement aux aptitudes de la femme. Nous avons remarqué avec une grande satisfaction qu'à l'Exposition, ce qui, dans la classe 95, parmi les divers travaux manuels, captivait le plus particulièrement l'attention des visiteurs, c'était l'atelier de composition et d'imprimerie des jeunes femmes apprenties de M. Dupont. Mais, pour exercer ce travail, il faut non-seulement savoir lire, il faut encore connaître l'orthographe. Cette éducation sommaire est donnée gratuitement aux filles des ouvriers qui travaillent dans la maison. L'école des filles est ouverte tous les jours de 6 à 7 heures du soir, et confiée à une institutrice brevetée. On y donne des leçons d'écriture, d'orthographe, d'histoire et de géographie, de lecture des manuscrits, de rédaction usuelle, de calcul appliqué aux usages ordinaires de la vie et aux règlements des travaux d'imprimerie, de reliure, de brochure, de réglure, non-seulement aux élèves les plus jeunes, mais encore à toutes celles, mariées ou non, qui demandent à en profiter. Quant aux apprenties, c'est pour elles *une obligation* de suivre les cours. A côté de l'école a été fondé un ouvroir, où le dimanche, à quatre heures, après les offices, quarante jeunes filles environ se réunissent pour travailler en commun à confectionner des vêtements destinés aux pauvres. Pour compléter l'instruction des hommes, on a créé des conférences typographiques, des cours du soir, et mis à leur disposition, le dimanche soir, une salle de réunion où se trouve une bibliothèque, et tous les avantages que les gens riches vont chercher au cercle : le feu, la lumière, les livres et les journaux, moins le jeu qui les ruine. Les arts d'agrément eux-mêmes ne sont pas oubliés. Depuis 1862, il existe un cours de chant, et les élèves sont constitués en société orphéonique. Enfin, il s'est formé une société de crédit pour acheter en gros des aliments : — légumes secs, haricots, lentilles, pois, pommes de terre, vin, — et jusqu'à des vêtements et des objets de ménage qu'on délivre aux ouvriers, escompte déduit, et au prix d'achat.

Sous ce dernier rapport, la Compagnie du chemin de fer d'Orléans a atteint les plus merveilleux résultats. Sur l'initiative de M. Polonceau, il a été fondé un magasin de denrées et de vêtements achetés en gros et revendus à prix coûtant, frais de gestion compris, au moyen de livrets sur lesquels l'acheteur demande ce qui lui convient et consent à la retenue du montant du prix sur son salaire à la fin du mois. En 1866, il y a eu 6,674 personnes ainsi approvisionnées pour les denrées et 1,666 pour les vêtements; la valeur des objets fournis s'est élevée à 1,662,000 francs; l'économie réalisée par les agents de la Compagnie, calculée à raison de 25 p. 100 sur les prix du commerce de détail, représente un chiffre de plus de 360,000 francs par an ; chaque consommateur achetant pour 200 à 400 francs par an, c'est donc 50 à 100 francs de bénéfices à ajouter aux salaires annuels. Cette même Compagnie a fait établir un réfectoire à Ivry pour ses ouvriers. En 1866, on y a servi environ 330,000 repas qui ont coûté 196,000 francs, soit un peu moins de 0,60 centimes par repas ; la consommation, paraît-il, couvre entièrement les frais, y compris l'amortissement des capitaux dépensés en construction du local. Des cours du soir ont été également organisés pour les ouvriers d'Ivry, avec classe particulière pour les filles. Ajoutons qu'une participation directe aux bénéfices a lieu depuis 1844 pour tous les employés de la Compagnie, sans exception, depuis l'administrateur général jusqu'au simple aiguilleur, et que cette participation augmente en moyenne le traitement de 20 p. 100, sans pour cela que les appointements fixes soient moindres que dans les autres compagnies. Sans qu'elle ait une organisation aussi complète que celle du Chemin de fer d'Orléans, il faut tenir compte des efforts tentés dans la même voie par la Compagnie des chemins de fer du Midi qui a su créer, dans la partie la plus aride et la plus déserte des Landes, à Morceux, une chapelle et des écoles primaires; un magasin de comestibles, à Bordeaux, avec distribution de denrées le long de la ligne par wagons spéciaux, et au prix de revient; par la Compagnie des chemins de fer de l'Est, dont la société des magasins de consommation est, il est vrai, abandonnée à l'initiative privée des ouvriers, mais dont le local, établi à la Villette, est fourni par la compagnie, qui fait également pour cette œuvre un sacrifice annuel de 6,000 francs à titre de subvention.

A côté de ces puissantes et riches associations financières qui font facilement le bien, parce que leurs revenus sont considérables, il serait injuste de passer sous silence les tentatives faites par des particuliers. Nous citerons en première ligne, à Paris, l'établissement de la Belle-Jardinière, fondé par M. Parisot qui, par legs, a laissé aux employés de sa maison, une dotation de 600,000 francs, produisant une rente annuelle de 30,000 francs, pour servir 250 pensions viagères à ses anciens ouvriers et ouvrières ; l'imprimerie de M. Napoléon Chaix, qui possède une école professionelle pour l'enseignement pratique des jeunes apprentis; la fabrique d'habillements militaires de M. Dusautoy; l'entreprise de peinture Leclaire et Ce, qui associe ses ouvriers aux bénéfices du patron, et ouvre des cours techniques spéciaux pour ses apprentis; et sur une moins vaste échelle, mais avec non moins d'esprit de philanthropie, M. Lemaire, fabricant de jumelles et lorgnettes de théâtre, qui, tout en formant ses apprentis au travail, développe leur intelligence, en leur faisant donner des leçons le soir dans sa propre maison; et bien d'autres chefs d'établissement qui ont compris que le meilleur moyen d'attacher l'ouvrier à l'atelier, c'est d'assurer son bien-être physique et moral, de le lier par la reconnaissance du bienfait. Au fond, il n'y a peut-être là qu'un acte de bonne administration; — toujours est-il qu'il n'en faut pas moins savoir gré au patron dont la judicieuse prévoyance moralise ainsi le travailleur.

La Compagnie du Creusot mérite, dans cet ordre d'idées, une mention particulière. Situé à 400 kilomètres de Paris entre Autun et Châlon-sur-Saône, encadré d'un côté par les vignobles de la Bourgogne, de l'autre par les forêts du Morvan et les pâturages du Charolais, le Creusot, qui ne se composait, il n'y a guère plus d'un demi-siècle, que d'une agglomération de misérables cabanes, est aujourd'hui une ville de 25,000 habitants. L'établissement industriel comprenant l'exploitation de minerais, la houillère, les hauts-fourneaux, les forges, ateliers de construction, etc., couvre une superficie de 125 hectares de terrain. Près de 10,000 ouvriers sont employés dans cette usine sans rivale, qui est une des gloires de la France. Les maisons adoptées par la Compagnie pour loger ses ouvriers, et dont les dessins figurent dans le grand hangar qu'elle a élevé au Champ de Mars, près du pont d'Iéna, appartiennent à deux types : l'un est représenté par une maison isolée, bâtie en maçonnerie, couverte en tuiles, et composée d'un rez-de-chaussée divisé en deux pièces pour un seul ménage, du prix de 1,895 francs, compris le terrain. L'autre type est une maison élevée d'un rez-de-chaussée et d'un premier étage auquel on accède par deux escaliers extérieurs adossés le long du pignon. Chaque étage comporte deux logements distincts. Les loyers se trouvant réduits à 50 p. 100 du prix normal, ces maisons, d'ailleurs fort commodes, sont très-recherchées par les ouvriers ; aussi ne les concède-t-on qu'aux plus dignes. 700 ménages, représentant 2,800 personnes environ, reçoivent ainsi, à titre de récompense, des logements dont le prix varie de 100 à 140 francs par an. Les maisons sont généralement accompagnées de petits jardins, qui sont cédés par l'usine aux employés, moyennant une location purement nominale de 2 fr. par an. L'habile administrateur du Creusot a également pourvu aux destinées morales et intellectuelles de la population, en fondant des écoles de filles et de garçons. L'instruction qu'on y donne n'est pas absolument gratuite, mais la rétribution mensuelle est réduite à 0,75 centimes pour les enfants d'ouvriers et à 1 fr. 50 c. pour ceux qui sont étrangers à l'usine. Elle n'est pas non plus obligatoire, mais nul enfant n'est reçu dans l'établissement, s'il ne sait lire et écrire. L'enseignement a un caractère spécial ; au programme de l'instruction primaire, ont été ajoutés des cours d'arithmétique, de comptabilité, de dessin, de géométrie descriptive, de mécanique, de physique et de chimie. Aussi il est peu de travaux que l'ouvrier du Creusot ne sache très-vite comprendre et exécuter, et il n'est guère de personnel d'atelier aussi puissant et aussi intelligent. La condition morale de la population du Creusot est donc aussi satisfaisante que sa situation matérielle.

Nous ne quitterons pas le département de Saône-et-Loire sans parler des habitations ouvrières de la Compagnie des mines de Blanzy, qui a élevé dans le parc, non loin du Palais, entre les rues de Normandie et d'Alsace, un spécimen de maisons d'ouvriers mineurs pour deux ménages. Les ouvriers mineurs qui travaillent par postes alternatifs, de peur d'être dérangés dans leur sommeil par ceux de leurs camarades qui rentrent, préfèrent la maison isolée à la maison commune. Aussi la Compagnie qui, pour faciliter et hâter le recrutement des travailleurs, avait fondé quatre grands corps de bâtiment contenant 652 loge-

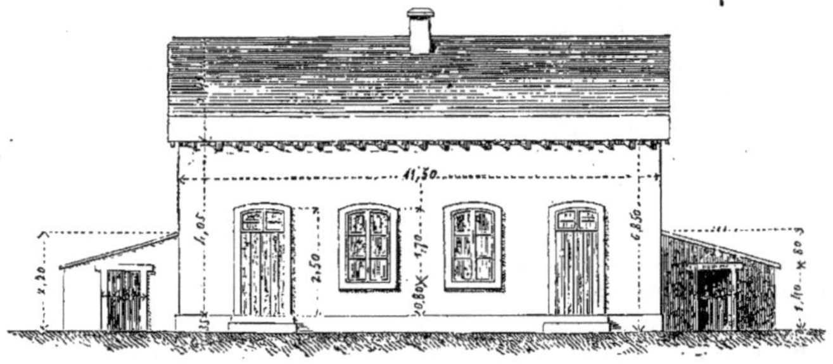

Fig. 2.

ments, sous forme de cité, se vit-elle obligée de renoncer à ce système pour adopter celui des petites maisons isolées. Cependant, pour économiser la valeur d'un mur mitoyen et épargner des frais de couverture, deux ménages, comme on le voit, ont été groupés dans une même maison. Cette maison, bâtie en maçonnerie et recouverte en tuiles, se compose d'un simple rez-de-chaussée et d'un petit grenier. Un mur de refend transversal de $0^m,50$ d'épaisseur la divise en deux parties, formant deux logements complétement séparés. Chaque logement se compose de deux pièces à rez-de-chaussée et est surmonté d'un grenier; une cave, une petite annexe servant d'écurie à porc et un jardin de 120 mètres carrés suffisant pour la culture des légumes nécessaires à chaque ménage, complètent l'ensemble de cette habitation tout à fait rudimentaire. La première pièce est une grande salle de $5^m,00 \times 5^m,00$ munie d'une cheminée qui sert tout à la fois de vestibule, de cuisine, de salle à manger et de chambre à coucher pour le père et la mère de famille; à la suite, est une pièce plus petite de $3^m,50 \times 4^m,00$, où sont les lits des enfants et l'armoire à serrer le linge (voir Pl. CXXXV, fig. 3). Le premier étage, qui est mansardé, contient une chambre et un grenier; on y accède au moyen d'un escalier placé dans la salle d'entrée. Chaque logement coûte à la société 2,000 francs, soit 4,000 francs par maison. Le loyer de ces logements avec leurs jardins n'est cependant fixé qu'à 4 fr. 50 c. par mois, soit 54 francs par an. La Compagnie, qui prend encore à sa charge l'impôt et les réparations, fait donc de réels sacrifices pour loger son personnel. Ne faut-il pas donner de sérieux encouragements à ces hommes qui passent la plus grande partie de leur existence dans les entrailles de la terre! Soldats du travail, à part la fatigue et la tristesse de leur labeur, les mineurs sont exposés aux plus grands dangers. Les explosions du grisou, les éboulements, les inondations, font chaque année quelque victime, lorsqu'il ne se produit pas, comme dernièrement encore, une de ces terribles catastrophes qui détruisent des escouades entières de ces hardis pionniers des souterrains. Il faut de plus à l'ouvrier qui sort de la mine une ample provision d'air et de lumière. Aussi, indépendamment des jardins, les maisons sont-elles précédées d'une petite cour bordée de larges rues formant boulevards. L'ensemble de ces habitations constitue plusieurs villages : celui dit du *Bois-Roulot* a été fondé par les ouvriers eux-mêmes auxquels on a concédé le terrain sous la condition de bâtir, en leur faisant des avances jusqu'à concurrence de 1,000 francs, remboursables sans intérêt en dix annuités; ceux du *Bois du Verne* et du *Magni*, ont été créés par la Compagnie. Nous donnons le plan du plus important de ces villages : celui des *Alouettes* (voir Pl. CXXXV, fig. 2). Les rues sont spacieuses et droites. De distance en distance, sont disséminés des puits pour l'eau potable et des fours à cuire le pain. A côté des habitations, s'élève une vaste église construite aux frais de la Compagnie à Montceau-les-Mines; une salle d'asile, dirigée par les sœurs de Saint-Vincent-de-Paul, reçoit 250 enfants des deux sexes, de 3 à 6 ans; 8 écoles gratuites, pour 1,550 enfants, délivrent gratuitement les livres classiques. Si bien que là où il n'existait, il y a une trentaine d'années, qu'un hameau sans importance, les administrateurs de Blanzy ont attiré une population de 6,000 âmes.

Nos diverses compagnies houillères font toutes des sacrifices pour le logement de leurs ouvriers. A Épinac, tout mineur qui justifie de 280 journées de travail assidu obtient, à la fin de l'année, la remise du prix de son loyer. A Decize, les maisons sont louées 60 francs par année et vendues à l'ouvrier avec des facilités de payement exceptionnelles et sans intérêt.

Parmi toutes les institutions fondées en vue d'améliorer la condition physique et morale de la population, une des plus intéressantes, sans contredit, est celle des crèches. « Rien ne peut remplacer l'*éducation des langes,* » a dit Napoléon au commencement de ce siècle, et cependant la création des crèches, due à l'initiative de M. Marbeau, ne date que de 1844. C'est en voyant des femmes du peuple, que le travail appelait hors de chez elles, confier leurs nouveau-nés à des mains inintelligentes, que l'idée vint au charitable M. Marbeau de fonder des refuges où les petits enfants recevraient les soins hygiéniques et moraux que leurs mères, en quête du pain quotidien, ne peuvent leur donner elles-mêmes. Moyennant la faible rétribution journalière de 20 centimes, la crèche garde, du matin au soir, les *babies* âgés de 15 jours au moins et de trois ans au plus. Ils sont remis à leur famille pour la nuit. Pendant le jour, la mère vient allaiter ou voir son enfant aux heures que lui permet son travail. Grâce à l'ordre parfait qui préside à tout, aux sévères observations de l'hygiène, à la propreté qui y règne, la crèche est pour l'enfant du peuple un lieu béni, où son corps se fortifie pendant que son intelligence se développe. Bien portant, frais, vigoureux, doux et aimant, l'enfant devient un sujet de joie, au lieu d'être une gêne et une charge pour ses parents, et le bonheur de la famille est assuré. Aussi ce n'est pas sans une douce émotion que nous avons visité la crèche Sainte-Marie, du Champ de Mars, et nous croyons faire plaisir à nos lecteurs, en leur donnant le dessin de ce modeste édifice (Voir Pl. CXXXV, fig. 1).

A travers l'ouverture de la porte, on aperçoit l'ingénieuse *pouponnière* de M. Jules Delbruk, que nous avons reproduite, avec son personnel enfantin. Mais laissons à son inventeur le soin de décrire la pouponnière. « Ce meuble se nomme une *pouponnière*, du nom de poupon, tout petit enfant. C'est le premier champ d'activité de l'enfant, comme le berceau est son premier lieu de repos. Il a été inventé pour la crèche. Les enfants, dès qu'ils ne dorment plus, y trouvent : 1° un asile où ils sont à l'abri de tout danger ; 2° un appui pour essayer leurs premiers pas dans la mesure exacte de leurs forces : eux seuls en sont les juges ; 3° une galerie à double rampe, où ils font leur premier tour du monde ; 4° une salle à manger, où une femme suffit à leur distribuer la pâtée comme à une nichée d'oiseaux. » C'est le dimanche que le spectacle de la crèche du Champ de Mars est intéressant ; car, ce jour-là seulement, elle est égayée par ce charmant petit monde de bambins. Nous rêvons une crèche semblable dans le voisinage de toute agglomération ouvrière.

A propos de constructions à bon marché destinées aux ouvriers, je pense qu'il convient aussi de signaler des tentatives faites dans une autre voie. Il est très-beau, sans doute, de se préoccuper du sort des travailleurs, mais on a assez généralement le tort de n'entendre par le mot de travailleurs ou ouvriers, que ceux qui manient des outils ou remuent des moellons, sans songer à renfermer dans la classe des travailleurs les ouvriers de la pensée, les négociants, les employés et les petits rentiers qui sont des travailleurs retirés ; à ceux-là personne ne pense et cependant c'est pour eux surtout que la cherté des loyers devient une charge onéreuse, alors qu'elle va *crescendo* ainsi que la cherté des vivres, lorsque leurs ressources ne varient plus : tel est aussi le sort de tous les petits fonctionnaires.

L'un de nos collaborateurs, M. Rouget de Lisle, s'est préoccupé de cette question : de ses propres deniers et à ses risques et périls il a voulu édifier une maison qui pût servir de type, destinée plus spécialement à ces ouvriers de la pensée dont nous venons de parler, et il a cherché à donner le plus de confort et de commodités dans l'espace le plus restreint.

J'ai voulu visiter cette maison modèle qui est située Grande-Rue, n° 84, à Saint-Mandé, à deux pas de la forêt et à proximité des diverses voies de communications qui sillonnent cette localité. J'ai été heureux de constater que si M. Rouget de Lisle n'a pas du premier coup atteint la perfection, il a du moins réalisé des innovations utiles.

Sa maison se compose de 4 pavillons distincts, renfermant au besoin chacun deux logements séparés. Ces logements se subdivisent en un grand nombre de petites pièces, un trop grand nombre même, car par cette distribution qui sacrifie tout à la commodité, on arrive à n'avoir plus en quelque sorte que des compartiments un peu étroits. C'est d'ailleurs le seul reproche que je ferai à la construction de M. Rouget de Lisle; mais je signalerai son excellent système de ventilation qui a eu pour résultat de supprimer complétement l'humidité des murs du sous-sol, et je signalerai aussi sa toiture en terrasse arrangée de façon que tous les locataires y ont accès. Cette petite terrasse peut aussi servir pour faire sécher le linge de la famille et en même temps elle est disposée de manière à faciliter beaucoup les secours à porter en cas d'incendie.

Voici quelques données sur la construction de M. Rouget de Lisle :

Le terrain acheté à la ville de Paris, à 20 fr. le mètre, offre une superficie de 335 mètres. — Les dépenses de construction se sont élevées à 32,000 fr.

Les logements sont au nombre de 4 ou de 8, à volonté; ces derniers d'un prix de 450 à 550 fr.

L'on voit que c'est des situations modestes que s'est préoccupé notre collaborateur : sa maison prête sans doute à la critique, mais elle se distingue par un cachet d'originalité, et d'ailleurs, je le répète, ce n'est là qu'un premier essai dans une voie en quelque sorte inexplorée. Si M. Rouget de Lisle construit une deuxième maison, il évitera sans doute les quelques inconvénients que présente la maison actuelle.

Nous aurions à décrire, pour compléter notre étude, bien d'autres habitations : contentons-nous de mentionner, en passant, les maisons que MM. Japy frères ont fait construire aux limites des départements du Doubs et du Haut-Rhin; celles qui ont été construites à Montluçon, et dans le Nord par la Compagnie des mines d'Anzin, les maisons de Guebwiller, etc... pour quitter la France et nous occuper des pays étrangers.

En Angleterre, la Société d'amélioration du sort des classes ouvrières a exposé une série de dessins fort intéressants et qui représentent des plans et des modèles exécutés à Londres et dans les districts manufacturiers et agricoles. Nous avons un spécimen des habitations construites entre Grays'inn-road et Lower-road, Pentonville, près Bagnigge-Wells : c'est une espèce de phalanstère. Neuf familles occupent une maison tout entière, avec une chambre commune au rez-de-chaussée, moyennant un loyer pour chacune d'elles de 7 fr. 50 c. par semaine. Quatorze autres familles sont réparties dans sept autres maisons, où elles occupent, moyennant 4 fr. 35 c. par semaine chacune, un étage composé de deux chambres. Dans ce dernier système auquel nous donnons la préférence, les logements sont séparés et il n'y a pas de communauté entre les locataires. Un bâtiment placé au centre sert à loger 30 femmes seules, soit des veuves, soit des femmes âgées, ayant chacune leur chambre avec l'usage d'un lavoir commun. Le loyer de ces chambres est de 2 fr. 50 c. par semaine. — Trente vieilles femmes vivant ensemble dans la même maison! Un pareil établissement serait certainement impossible en France. Mais ce qui ne réussit point chez un peuple peut obtenir quelque succès chez un autre. Tandis que les tentatives de garnis modèles échouaient à Paris, la Société dont nous parlons établissait à Londres, dans Charles Street, Drury Lane, un système de garnis pour 82 ouvriers, à raison de quatre *pence* (0,40 centimes) par nuit, ou 2 fr. 50 c. par semaine; et fondait également dans George Street, Bloomsbury, une maison garnie modèle pour 104 ouvriers. Dans ce dernier établissement, les dortoirs, élevés de 3^{m},10 sont divisés, comme l'étaient ceux des maisons de MM. Pereire, par des séparations de bois mobiles de 2^{m},10 de haut. Chaque compartiment, ou stalle, a sa porte particulière et est muni d'un lit, d'une chaise et d'un coffre à habits. Au rez-de-chaussée se trouve un café ou salle commune de 10 mètres de long sur 6 mètres de large, garni de chaque côté de deux rangs de tables de bois avec leurs siéges. A chaque étage, il y a des cabinets de toilette revêtus d'ardoise; les cuvettes sont en fer verni avec un robinet à eau. Ces garnis sont aussi recherchés à Londres qu'ils ont été peu appréciés à Paris. Faut-il en voir la raison dans le misérable état où se trouvent les logements ordinaires des ouvriers en Angleterre, état d'incurie dont on ne peut se faire une idée sans avoir visité les garnis de Londres? L'établissement que cette Société présente comme le plus important et le plus complet, est une vaste maison, destinée à recevoir un grand nombre de familles (le plan en relief figure dans la galerie des machines classe 93). Ce qui, dans ce projet, appelle d'abord l'attention, c'est la disposition particulière d'un escalier commun et ouvert qui conduit à des galeries ou corridors soutenus par une série d'arcades, également exposés à l'air et recevant les portes extérieures de chaque appartement. L'architecte honoraire de la Société, sir Henry Roberts, qui habite presque toute l'année une villa à Florence, nous a appris qu'il avait emprunté cette idée à l'architecture italienne, et, comme nous manifestions notre étonnement de voir adopter par un pays froid et humide comme l'Angleterre un système de galeries ouvertes, il nous a répondu que, grâce à un petit vestibule, servant de pièce d'entrée, les habitants de ces maisons n'avaient jamais à souffrir des courants d'air, et que, pendant une épidémie cholérique très-forte, ils avaient été préservés de toute atteinte. Ce projet semble donc, au contraire, avoir été accueilli avec faveur de l'autre côté du détroit.

L'Association métropolitaine a également exposé des plans et modèles pour l'amélioration des logements d'ouvriers dans les villes, mais le jury n'a récompensé dans la section anglaise, que les maisons pour familles d'ouvriers agricoles de lord Digby. Ces cottages ont certainement leur intérêt, mais il sera toujours plus facile de loger les populations des campagnes que celles des villes [1].

C'est ainsi qu'en Prusse, M. le baron de Behr a trouvé pour son pays (Poméranie) un excellent type de maisons économiques pour familles d'ouvriers agricoles. Nous nous associons donc pleinement aux éloges qui lui ont été donnés par notre collègue, M. A. Foucher de Careil, en priant nos lecteurs de se reporter à la description qu'il leur en a faite (voir Pl. CXLI et CXLII).

Il est à noter que les ouvriers de l'Angleterre et ceux de l'Allemagne accordent aux habitations isolées une préférence marquée sur les maisons à nombreux locataires, et qu'auprès d'eux, les sociétés de consommation qui leur procurent des aliments et des vêtements à bon marché, et celui des banques populaires, ayant pour but de mettre le crédit à la portée du plus grand nombre, rencontrent une faveur dont elles ne jouissent pas en France.

En Allemagne, la plupart des grands établissements donnent à leurs ouvriers, au bout d'un certain temps de services, une pension égale à leur salaire, et déposent, dans une caisse spéciale, au nom des plus méritants, des gratifications qui leur sont remises en cas de maladie. On leur acorde même parfois des subventions de terres et de jardins qui leur permettent d'allier le travail agricole au travail industriel.

N'avait-on pas annoncé que l'Allemagne devait envoyer à l'Exposition universelle un produit de ses usines destiné très-certainement à faire sensation? Il

1. Nous apprenons que des médailles supplémentaires, ayant été mises à la disposition du jury des récompenses dans les derniers mois, il a été justement décerné une médaille d'or à l'Association métropolitaine et à la Société d'amélioration du sort des classes ouvrières en Angleterre.

s'agissait d'un modèle de maisons complétement en fer, plus solides et plus commodes, plus chaudes en hiver et plus fraîches en été que les bâtiments de pierre ou de briques. Désormais on se commanderait une maison dans une fonderie. L'architecte donne ses plans ; on fond toutes les parties, et, huit jours après, la maison est construite et peut être habitée. Elle se démonte et se transporte facilement. Le bon marché serait incroyable, si nous nous en rapportons à l'estimation suivante : une maison à trois étages, avec sept pièces habitables, revient à 25,000 francs ; elle pèse 870,000 kilogrammes. Le transport coûte environ 5 ou 600 francs, d'Allemagne à Paris. Pour donner une idée du chauffage, nous dirons que les murs sont creux et que la chaleur d'un calorifère placé au rez-de-chaussée s'y répand rapidement et s'y conserve. L'éclairage au gaz s'y appliquerait aisément. Nous n'avons pu juger ce curieux spécimen. Nous ignorons même s'il existe ; mais nous croyons à sa réalité. Sans aller plus loin, nous avons aux portes de Paris, aux docks Saint-Ouen, un échantillon d'une vaste construction tout en fer. Il est regrettable que des circonstances particulières n'aient pas permis à la Compagnie d'achever ses bâtiments. La carcasse seule en est montée. Bien qu'en l'état l'expérience ne puisse être concluante, nous persistons à penser que ce système de construction serait applicable, dans les grandes villes, aux habitations particulières. Au fer et à la fonte constituant les points d'appui et la charpente, on pourrait allier avec avantage les briques creuses pour remplir les vides et monter les cloisons. Nous ne désespérons pas de voir un jour, à Paris même, une semblable maison.

M. A. Foucher de Careil a étudié les habitations ouvrières de Berlin, et particulièrement celles élevées par la Société de construction. Il s'en est surtout occupé au point de vue économique et social. Nous pouvons donc, sans redondance, les envisager sous le côté architectural. (Se reporter aux planches CXVI et CXVII.) Ce sont de grands corps de bâtiments élevés sur cave, de cinq ou six étages carrés, doubles en profondeur. Au rez-de-chaussée se trouvent de vastes ateliers, des squares, des cours spacieuses parsemées de fleurs et de parterres. Les étages supérieurs sont divisés en logements. Ces logements, très-convenablement distribués, se composent d'une petite antichambre donnant accès à une grande chambre à coucher, éclairée de deux larges fenêtres, d'une dimension d'environ 4 mètres carrés ; d'une chambre plus petite, de 2 mètres sur 3^{m},75, destinée aux enfants, prenant jour sur le derrière, et d'une cuisine suffisamment grande pour un modeste ménage. Un pareil local représente, à Paris, un loyer d'environ 250 francs. Après avoir loué l'aménagement intérieur, il ne nous reste qu'à féliciter également l'auteur des façades. L'écueil, en pareille matière, c'est de faire des bâtiments à l'aspect monotone et ressemblant à des casernes. Cet écueil nous paraît ici avoir été heureusement évité, et ces façades, qui portent l'empreinte germanique, sont réjouissantes à l'œil, malgré une grande régularité de lignes. Dans l'emplacement disponible des cours et squares, s'élèvent çà et là, au milieu de massifs de verdure, de petites maisonnettes qui rappellent les élégantes logettes des gardes du bois de Boulogne.

Ne quittons pas la section allemande, sans nous demander pourquoi la maison d'ouvriers de MM. Jean Liebig et Ce (Bohême), dont la dimension nous paraît être de mesure ordinaire, contient cependant une inscription indiquant qu'elle n'est qu'aux deux tiers de sa grandeur naturelle ? Cette maison serait-elle destinée à un pays de géants ? Elle n'est point très-remarquable, en tout cas, et nous n'en avons admiré que le curieux mobilier composé de vieux bahuts et de grandes armoires d'un style original, rappelant le moyen âge.

Passons maintenant à un autre ordre d'habitations et étudions les constructions exclusivement composées de bois, qui figurent en si grand nombre à l'Exposition. La maison de bois a dû être le premier type, bien informe sans doute, des édifices somptueux que le génie de l'homme a élevés depuis et décorés de tous les prestiges du luxe et de la magnificence. Thucydide nous apprend que les cabanes de l'Attique étaient formées d'un assemblage de bois et de charpente. Ces constructions pouvaient se démonter à volonté, se transporter et se remonter ailleurs. Dès que la guerre du Péloponèse fut déclarée, Périclès ordonna d'abattre dans toute l'Attique les maisons de bois et d'en déposer les matériaux à Athènes, afin de les soustraire au feu de l'ennemi.

C'est également par la facilité avec laquelle, à l'aide du moindre outil et au moyen de quelques vis, elle peut se monter et se démonter que se recommande la maison portative de la Louisiane à l'usage des émigrants. Semblable au colimaçon qui traîne sa maison avec lui, l'émigrant, peut, avant de choisir définitivement le lieu où il se fixera avec sa famille, transporter sa maison d'un État dans un autre : le tout se démonte en moins d'une heure et se reconstruit dans le même laps de temps, sans clous ni chevilles.

Le cottage américain qui a été fait à Chicago (Illinois), par M. Lyman Bridges, constructeur d'habitations improvisées, est plus vaste, et nous représente le curieux échantillon d'une de ces maisons de bois, si communes dans cette partie de l'Amérique et dont les matériaux proviennent des immenses forêts de pins de l'Etat de Wisconsin. Un mur en briques crues, recouvert à l'extérieur de lamelles de bois juxtaposées obliquement, et revêtu à l'intérieur de panneaux également en bois sur lesquels on applique la tenture, forme le corps de ce logis, composé d'un pavillon et de deux ailes en retour. Une véranda soutenue par de minces et sveltes poteaux orne la façade du rez-de-chaussée, exactement comme dans les *log-houses* des pionniers américains.

Un spacieux vestibule, dans lequel s'ouvrent à la fois l'escalier qui conduit au premier étage, les portes du salon, de la chambre de famille, du cabinet de lecture (bibliothèque), de la salle à manger et de la cuisine, donne accès dans la maison. Les chambres à coucher, également ouvertes sur un palier commun, occupent tout le premier. Le type de cette habitation plus confortable qu'élégante est généralement adopté aux États-Unis par les fermiers de l'Ouest.

Mais ce n'est pas dans la représentation de ce spécimen, adopté par les émigrants, ni dans celui que nous offre la Louisiane, pas plus que dans celui de la ferme hollandaise, élevée près de la taillerie de diamants de M. Coster (quart belge), qu'il faut chercher le vrai modèle de la maison en bois. Il faut prendre ce modèle chez les peuples du Nord, là où la nature, en couvrant le sol d'essences résineuses, semble avoir indiqué à l'homme que son habitation construite avec du bois sera facilement bâtie, peu coûteuse, solide et élégante; aussi suffit-il de jeter les yeux sur les spécimens que nous fournissent la Russie, la Norwége et la Suède, pour nous convaincre de leur supériorité.

Une grande partie du sol de la Suède étant couvert de vastes forêts, leur exploitation, après l'agriculture et l'élève du bétail, forme une des principales ressources de la richesse nationale. Ces forêts se composent, pour la plupart, d'arbres aciculaires, notamment de pins et de pinastres, qui croissent lentement, mais qui n'en donnent qu'un bois plus durable. Les chênes, les hêtres, les bouleaux, les tilleuls et les ormes sont également en très-grand nombre. En dehors de la fabrication des maisons, plusieurs industries importantes trouvent leur élément dans ces immenses forêts, telles que l'abattage et le flottage des arbres, la fabrication du charbon, la préparation de la poix et la construction des vaisseaux. Les maisons sont expédiées toutes faites, et lorsqu'elles arrivent dans les villes, il n'y a plus qu'à en monter les différentes pièces numérotées.

La maison suédoise du Champ de Mars est la reproduction exacte d'une habitation d'un paysan de Dalécarlie : le système de construction, la forme extérieure et la disposition de l'intérieur sont la copie de la maison où Gustave Wasa, le libérateur de la Suède, trouva un refuge en 1519, après son évasion des prisons de Christiern II, et où il vécut pendant quelques mois caché sous des habits de paysan. C'est, paraît-il, un *fac-simile* fidèle de cette maison historique, appelée *maison de Gustave Wasa*, telle qu'on la conserve précieusement en Suède. Les lambris intérieurs sont formés d'écorces de bouleau ; l'extérieur des murailles est recouvert de petites bandes en bois sous forme d'écailles. Un escalier à vis de colimaçon donne accès au premier étage, entouré d'un balcon à galerie et éclairé dans toute sa longueur par des fenêtres à petits carreaux plombés comme au moyen âge. La toiture est couverte d'une couche de terre végétale où pousse un gazon épais et dru. Ce singulier système de couverture ne donnerait, grâce à un enduit préalable de goudron, aucune humidité à l'intérieur de l'habitation et serait parfaitement approprié aux besoins du pays.

Comme la précédente, la maison norwégienne est construite en troncs d'arbres superposés horizontalement et emboîtés par des entailles ; mais elle est recouverte, au dehors comme au dedans, de revêtements en planches. Les chambres, avec leurs parois de sapin, lisses et jaunes, rappellent l'intérieur d'un navire.

Mais, parmi ces différents spécimens de maisons en bois, celui qui nous paraît le mieux compris, le plus pratique, et par conséquent dont nous donnerons une description plus complète, est l'*Isba* ou la maison du paysan russe. Le modèle construit au Champ de Mars a été exécuté d'après les plans du ministère des domaines par M. Gromoff, riche marchand de bois de Saint-Pétersbourg, avec l'aide d'ouvriers russes envoyés tout exprès à Paris. Nous avons vu cet hiver ces braves gens au travail. L'originalité de leurs costumes était déjà tout un spectacle. Un large pantalon en grosse étoffe de couleur brune, enfoui dans de larges bottes de cuir à hautes tiges, comme en portent en temps de chasse nos gentilshommes campagnards, était rehaussé par une chemise en indienne rose. Cette chemise, serrée à la taille à l'aide d'un étroit ceinturon de cuir, a quelque ressemblance, quant à la forme et à la manière d'en disposer les pans autour des reins, avec les blouses de nos paysans. Une petite toque en velours noir, évasée par le haut, complétait ce costume populaire et éminemment national.

Rien de plus étonnant et de plus curieux que la simplicité primitive des instruments qui ont servi à la construction de l'Isba. Une hache, un rabot et un fer de scie, rien de plus. On ne saurait donner trop d'éloges à l'habileté avec laquelle les ouvriers russes se servent de ces outils d'une fabrication tout à fait primitive. Rien de plus étonnant encore que l'ardeur calme et soutenue qu'ils mettent dans l'accomplissement de leur besogne. Leur maintien, un peu triste peut-être, mais plein de réserve et de tranquillité, était d'autant plus frappant, qu'il formait un contraste singulier avec les allures vives, joyeuses et bruyantes de nos ouvriers français, et l'espèce de fièvre d'action, de tohu-bohu général qui régnait alors dans ce grand chantier cosmopolite.

L'Isba est entièrement bâtie en sapins, ou plutôt en pins, bois résineux qui constituent en Russie l'essence des forêts. Sa charpente, comme celle des maisons suédoises, se prépare et se taille généralement sur les bords d'un fleuve, à peu de distance de la sapinière qui en fournit les éléments. Cette industrie est exercée sur une grande échelle par de riches marchands de bois qui façonnent toutes les pièces dont se compose l'Isba. C'est sur le chantier même que le paysan vient acheter sa maison, ou plutôt les matériaux destinés à la construire. L'Isba non montée s'appelle *Sroub*, et coûte dans son ensemble, y compris les poutres transversales, les planchers, les plafonds, etc., de 60 à 120 roubles[1].

Toutes les pièces ainsi préparées sont remises à l'acquéreur, et, autant que possible, flottées sur le fleuve afin d'éviter les frais de transport. Quand le *Sroub* est arrivé au lieu de destination, le paysan se met à l'œuvre, il monte lui-même sa maison; tous les Russes sont d'instinct excellents charpentiers, depuis l'illustre contre-maître de Saardam jusqu'au dernier mougik.

Le mécanisme de la construction de l'Isba, fort apparent du reste, est des plus simples. Il se compose de troncs d'arbres à peine dégrossis posés horizontalement les uns sur les autres, et se rejoignant aux angles à l'aide de fortes entailles solidement emboîtées. La partie inférieure de chaque pièce de bois est évidée de façon à permettre à la convexité de la pièce de dessus de s'y ancrer solidement. Cet assemblage, visible à l'extérieur, forme une muraille dont la

Fig. 3.

force de résistance est à toute épreuve, et qu'il n'est possible de démolir ou plutôt de démonter que morceau à morceau, en commençant par le faîte. Les étroits interstices qui s'ouvrent entre les joints de chaque poutre sont soigneusement calfeutrés, soit avec de la mousse, soit avec des tampons d'étoupe, absolument comme la coque d'un navire.

Ce mode d'assemblage, dont nous donnons la figure, présente les plus grands avantages, non-seulement parce qu'il ferme tout accès au vent et au froid, mais encore parce qu'il est au point de vue de la construction le plus logique. Il est vrai que la résistance des bois à l'écrasement ou à la rupture par compression est proportionnelle à la surface de la section transversale des pièces et en raison inverse de leur longueur. Quand on les soumet à un effort perpendiculaire au sens de leurs fibres, ils s'aplatissent en se fendillant; mais quand l'effort agit dans le sens de leur longueur, les fibres se refoulent d'abord aux extrémités des pièces ou elles s'infléchissent vers le dehors en donnant lieu à un renflement

1. Le rouble vaut environ 4 fr.

latéral. Ici ce qui assure la solidité de l'assemblage, c'est que l'arbre, seulement dépouillé de son écorce, est conservé dans son entier et à peine entamé dans les entailles servant à l'emboîtement.

L'Isba consiste généralement en deux maisonnettes reliées entre elles par une petite cour couverte. La première, notablement plus importante, constitue le corps de logis principal. C'est là que se trouve le poële. La seconde, plus basse et plus petite, sert de grenier, ou bien encore de boutique de mercerie, ou de cabaret (*kabak*). Cette dernière destination est la plus fréquente.

La cour, couverte, s'utilise de diverses façons. Elle peut être à la fois, ou à tour de rôle, une écurie pour les chevaux, une remise pour les instruments aratoires et pour les voitures, une étable pour le bétail. Cet aménagement nous semble très-commode et très-habilement agencé.

Le type de l'Isba exposé au Champ de Mars a été emprunté à la Russie centrale et plus particulièrement au Gouvernement de Jaroslaw, si renommé pour ses jolies femmes. On n'a voulu prendre, comme véritable spécimen de l'Isba, ni la cabane du mougik pauvre, qui ne contient bien souvent qu'une seule chambre de triste apparence, ni la maison du paysan riche, agrémentée d'un grand nombre de fort jolies découpures en bois et enjolivées de coloriages aux teintes brillantes, jaunes, rouges ou vertes, empruntés au mode de décoration de l'architecture byzantine. Le modèle que nous avons sous les yeux a été choisi dans les régions mixtes de la classe des mougiks.

Lorsqu'on voyage en poste, rien n'est charmant comme de traverser les villages russes exclusivement composés de maisonnettes en bois. L'entrée de ces villages ou plutôt de la partie de la route que l'installation symétrique des Isbas, échelonnées de chaque côtés, a transformée en rue, est clôturée par une petite barrière très-coquettement ouvragée. On nomme cette barrière *okalitza.*

La façade de l'Isba (voir Pl. CXXXVI) rappelle, par sa forme élégante et sa grâce rustique, les plus jolis chalets de la Suisse. Son fronton en sapin finement découpé, son toît pointu, à pente rapide pour faciliter l'écoulement des neiges, son faîtage couronné de deux têtes de cheval sculptées à jour, les dentelures d'ornements en bois qui se projettent en avant, le gracieux encadrement des portes et des fenêtres, donnent à cette construction, merveilleusement appropriée au climat qui l'a vue naître, un cachet de nationalité des plus saisissants.

Un mot encore sur la toiture de l'Isba. Les planches dont elle se compose sont très-souvent enluminées de couleurs voyantes, de rouge par exemple, qui est la nuance en faveur. Rouge et beau étant synonymes en Russie, tout ce qui est beau est rouge, et par conséquent tout ce qui est rouge est beau ; mais très-souvent aussi, l'économie prenant le pas sur le pittoresque, les planches sont remplacées par le chaume. Quant aux tuiles et aux ardoises, leur usage est complétement inconnu dans le pays. Aussi un des plus grands étonnements du Russe, lorsqu'il traverse l'Allemagne, est-il de voir miroiter au soleil les toitures de tuiles rouges des petits villages germaniques.

On entre dans l'Isba par une porte pleine, massive, fermée au moyen d'un loquet en fer. Au rez-de-chaussée se trouve un vaste sous-sol très-bas de plafond et qui sert à loger le petit bétail, tel que moutons et brebis, lorsqu'il ne parque pas dans la cour. Mais, plus souvent encore, surtout dans le Nord, cette partie de l'habitation renferme un moulin à blé, le paysan russe présidant lui-même à la fabrication de son pain. Ce moulin, tout à fait primitif et qui rappelle celui des anciens Romains, encore en usage chez les Arabes, se compose de deux meules, ou plutôt de deux grosses pierres, superposées l'une sur l'autre, et mises en rotation par un mouvement imprimé à une frêle baguette adhérente au plafond et fixée au centre de la meule supérieure.

Un palier formant galerie conduit à un escalier de moyenne largeur, dont les marches, la marquise et les colonnettes sont, comme l'habitation tout entière, en bois de sapin.

Après avoir franchi la porte décorée à l'extérieur de la croix byzantine, on entre dans une espèce de vestibule appelé *seny*. Dans les habitations des pauvres gens, le seny n'a pas de fenêtres; il prend le nom de pièce froide et tient lieu d'antichambre.

La seconde pièce de ce premier étage de l'Isba est la chambre proprement dite *swetlitza*, le point central de la maison. (Voir le plan de l'Isba, Pl. CXXXVI.) C'est le *home* des Anglais, le sanctuaire de la famille ; la femme y règne en maîtresse absolue. C'est elle qui préside à tous les détails de l'intérieur ; son autorité, hautement reconnue, est scrupuleusement respectée. Hâtons-nous de dire que la femme russe, essentiellement douce et bonne, n'abuse point de son pouvoir.

La paroi intérieure des murs de l'Isba est recouverte d'un lambris de planches lisses et luisantes qui suppléent, sans désavantage, aux tentures de papier, ou à la blancheur uniforme du lait de chaux.

Des bancs de bois, peints en chêne, adossés à la boiserie, font le tour de la pièce; ils tiennent lieu de chaises, de fauteuils et même de lits, surtout dans la belle saison.

Le siége unique, en dehors du banc circulaire, est un pliant formé de minces lamelles de sapin s'emboîtant les unes dans les autres. Ce pliant, très-bon marché d'ailleurs, laisse beaucoup à désirer sous le rapport de l'élégance et de la commodité ; il est étroit et passablement dur.

Tout indique du reste que l'intérieur d'un mougik n'est pas celui d'un sybarite. Il est impossible de rencontrer des meubles d'une facture plus primitive. C'est l'enfance de l'art. Une petite étagère à claire-voie, appendue au mur, contient la vaisselle à usage journalier. Cette vaisselle se compose exclusivement d'ustensiles en bois de tremble, qui a la propriété de supporter également bien le froid et le chaud, ou de tilleul, dont on tire en Russie un si merveilleux parti. Avec l'écorce de cet arbre, on fait des sandales, des sacs de transport (*koulky*); avec son bois, des cuillers, des câbles, des harnais, des tonnes, des barriques, grossières il est vrai, mais très-bon marché. Les assiettes et les cuillers que nous avons sous les yeux ne manquent pas d'originalité dans leur forme rustique, bien que ces dernières, de petite dimension, recourbées et vernissées, ressemblent à s'y méprendre aux petites pelles rondes dont on se sert dans nos bureaux pour sabler l'écriture. Il se fabrique par an, dans le district de Semenoff, gouvernement de Nijni-Nowgorod, une prodigieuse quantité de ces cuillers, représentant des sommes considérables ; elles sont exportées dans toutes les provinces de l'empire.

La vaisselle de luxe, celle dont on ne se sert qu'aux fêtes carillonnées et dans les occasions solennelles, telles qu'un mariage, un baptême, la réception d'un convive auquel on veut faire honneur, est précieusement serrée dans une petite armoire appendue au mur, comme l'étagère, et lui servant de vis-à-vis.

Cette armoire en bois blanc est très-simple, elle fait cependant un excellent effet avec ses festons arrondis et ses découpures à jour. Assiettes en faïence commune d'un blanc grisâtre, rehaussées de fleurettes bleues, tasses ornées de dessins rouges, verts et jaunes ; plateaux de métal colorié, flacons de verres destinés à contenir le *wodky*, détestable eau-de-vie de grain, forment l'ensemble des richesses ménagères fièrement étalées derrière le vitrage de la petite armoire.

Terrines pour le beurre, baquets oblongs destinés aux ablutions des enfants, pots, cruches, vases, jattes, tamis, boîte à sel, assez semblable aux nôtres, mais plus ouvragée, cruchon avec anses, couvercle et goulot, très-lourd de forme et dans lequel on sert le *kwass*, sorte de boisson fermentée qui a beaucoup d'analogie avec la bière sans houblon, complètent, y compris une lanterne, les ustensiles de ménage d'un mougik aisé. Il va sans dire que tout cela est en bois.

Un long outil, formé d'un manche arrondi et d'une lame tranchante en forme de croissant, mérite une mention spéciale; c'est le *rézetz*[1] : il est fort utile au paysan russe, qui en use journellement pour hacher les choux, un des principaux éléments de son alimentation, surtout en hiver, lorsqu'ils sont aigris et depuis longtemps en conserve.

Afin de donner à ces choux la saveur particulière qui en fait le mérite, on les découpe, à l'aide du *rézetz*, dans un baquet (*korito*) creusé dans le tronc d'un tilleul; l'essence du bois donnant une saveur particulière à ce genre de conserves.

C'est principalement dans le *seny* que sont réunies les diverses pièces de ménage que nous venons d'énumérer. Signalons encore la hache (*tapor*), le principal instrument de travail du mougik, et un vase en terre cuite placé dans l'encoignure de la porte d'entrée et appendu au mur par de minces ficelles. Ce vase contient de l'eau pour se laver les mains; tout à côté se trouve un essuie-mains, plus long que large, orné à ses extrémités de toile d'Andrinople rouge vif et de broderies au point de chaînettes d'un dessin charmant.

Mais de tous ces ustensiles, plus ou moins primitifs, il en est un essentiellement national, qui tient, dans l'intérieur d'un paysan russe, la même place que la cafetière dans nos fermes du nord de la France : c'est le *samovar*, sorte de machine en cuivre destinée à faire bouillir la fabuleuse quantité d'eau que, sous le nom de thé, le paysan russe absorbe avec une paire de sucre — c'est-à-dire deux morceaux de sucre de la grosseur d'une noisette.

Les fenêtres basses et étroites de l'Isba ne permettent pas à la lumière d'éclairer largement la chambre; elle sont plus particulièrement organisées pour empêcher l'introduction du froid, qu'afin de donner une ouverture à l'air et au soleil. Celles que nous voyons au Champ de Mars ne nous présentent pas une idée très-exacte des fenêtres véritablement en usage dans le pays, où on leur donne la forme de petits châssis glissant sur des tringles verticales, et se fermant, comme dans la plupart des anciennes maisons de Londres, au moyen d'un système à guillotine. En outre, elles sont doubles, et dans l'espace qui sépare les deux châssis, on répand une couche de sable fin, sur lequel sont implantés de petits cornets remplis de sel. Le sel, comme on le sait, a la propriété d'absorber l'humidité et de prévenir la congélation des vitrages.

Le modèle des fenêtres de l'Isba du Champ de Mars n'est point, comme on le voit, la représentation exacte de celles du pays, puisqu'elles sont simples et à vantaux ordinaires.

Il en est de même pour la serrurerie qui, dans le pays, est moins bien soignée que celle dont on nous offre le spécimen. C'est ainsi que généralement il ne doit pas entrer de pièces en cuivre dans la composition des serrures, loqueteaux, charnières, etc. C'est simplement du fer forgé et encore la plupart du temps n'y a-t-il point du tout de serrures. Les portes, surtout celles de l'intérieur de la maison, comme d'ailleurs chez presque tous nos paysans, se ferment au loquet. Mais nous avons cependant un échantillon très-remarquable de la vraie serrure

1. Du mot *rézat*, couper.

russe, à la porte d'entrée de l'Isba. C'est une pièce tout en fer, très-bien forgée, avec embrèvement dans le bois et véritablement remarquable. On trouve encore un curieux échantillon de serrurerie dans le gros cadenas appendu à un clou dans l'antichambre ou *Seny*. Ce cadenas a même déjà servi et provient d'une des constructions de la contrée.

Mais ce qui attire particulièrement l'attention dans la chambre claire de l'Isba, c'est le poêle qui occupe un espace relativement considérable.

Fig. 4.

Ce poêle, dont nous donnons le dessin, établi dans l'encoignure droite de la pièce contre la porte d'entrée, a la forme d'un vaste calorifère. Il est revêtu de carreaux de faïence rehaussés de dessins teintés de bleu, de vert et de brun, alliage ordinaire des couleurs employées dans ce genre de faïence. Ce poêle joue un grand rôle dans l'existence du mougik : d'abord il le préserve du froid en entretenant autour de lui une chaleur de 22° à 32° centigrades ; il lui sert ensuite pour faire la cuisine ; il est en outre d'une utilité capitale pour la fabrication de son pain. Chaque famille, comme nous l'avons dit, manipule sa farine, et il faut une grande force calorique pour faire lever la pâte. Le four du poêle sert encore à la cuisson de grands gâteaux ou espèces de pâtés (*kouliabaka*), mets national, généralement très-estimé, composé avec du riz, de la farine et des tendons d'esturgeons.

La plate-forme qui règne dans le prolongement de la partie supérieure du poêle, généralement beaucoup plus large que le spécimen de celle que nous voyons dans l'Isba du Champ de Mars, fait l'office de lit. Un escabeau avec gradins y donne accès. C'est là que tous les membres de la famille, hommes femmes et enfants, s'étendent tout habillés pour y passer chaudement la nuit. Une couche de sable fin ou de cendre préserve les dormeurs du contact trop rude de leur étrange matelas. Quelquefois encore, cette plate-forme est réservée aux vieillards, pour lesquels les hommes valides et les jeunes gens ont une grande déférence. Souvent aussi une petite stalle en bois, de peu d'élévation, adossée au poêle, sert de logement particulier à l'aïeul. Quant au lit, entouré de rideaux d'indienne à ramage, garnis dans le bas d'une broderie en application très-riche, il figure comme un meuble de parade.

Pendant la belle saison, les bancs de bois placés au pourtour de la chambre claire, servent de lits.

Le sommet du poêle est encore d'une grande utilité au mougik; il s'y couche après le bain, où il va régulièrement deux ou trois fois par semaine.

Dans les Isbas, dont nous avons le modèle à l'Exposition, le poêle a généralement pour appendice et corollaire un tuyau d'échappement de fumée qui traverse le faîtage et s'élève au dessus de la toiture. Quand la construction du poêle est ainsi disposée, la maison reçoit le nom d'*Isba blanc;* mais, par contre, dans le nord de la Russie principalement, où la barbarie a laissé quelques traces, le poêle n'a point de tuyau d'échappement de fumée. De sorte que, au lieu de se répandre au dehors, elle fait irruption dans la pièce. L'habitation est alors qualifiée du nom d'*Isba noir* (*Tschernaga Isba*). Ce mode de construction très-défectueux est, de plus, fort nuisible à la santé des habitants; il engendre même des maladies d'yeux assez dangereuses; mais les mougiks semblent tellement se plaire dans cette âcre et sombre atmosphère, que les propriétaires dont ils dépendent ne peuvent obtenir que très-difficilement la transformation, si utile pourtant, de l'Isba noir en Isba blanc. Peut-être faut-il voir la cause de cet entêtement systématique dans ce fait, que la fumée détruit les mouches et empêche la trop grande multiplication des punaises, dont les maisons de bois sont généralement infestées.

Nous avons passé en revue tout l'ameublement de l'Isba; il ne s'y trouve, comme on l'a sans doute remarqué, ni commode, ni armoire, à part celle qui renferme la vaisselle de luxe. Le paysan serre son linge et ses vêtements dans des coffres de bois ou de métal assez grossièrement établis, couverts de ramages de couleur, et qui sont superposés en gradins dans le *seny*, ou anti-chambre. Ce genre de coffre, nommé *soundouk*, se compose d'une réunion de compartiments semblables, quant à la forme, mais de dimensions différentes et s'emboîtant les uns dans les autres, depuis le plus grand qui enserre toute la collection, jusqu'au plus petit qui n'est plus alors qu'une boîte. Ce meuble, fort incommode, est d'origine tatare; il se vend à très-bas prix, en bloc et à la douzaine; on le déboîte chez soi, et les cinq ou six caisses dont il est formé sont placées par rang de taille les unes au-dessus des autres.

Chez le paysan riche, on rencontre encore une malle de luxe, en fer-blanc, ornée de ciselures, et se fermant à l'aide d'une serrure, mauvaise il est vrai, mais qui, en revanche, fait entendre, sous la pression de la clef, une détestable musique.

Entre les deux gradins de coffres exposés dans l'Isba spécimen, on remarque un escalier en bois assez semblable à une échelle de meunier, qui donne accès par une porte-trappe dans les combles de la maison. On dépose là certaines provisions alimentaires, telles que fruits et légumes secs, grains et conserves. Comme ce grenier forme une salle assez vaste, quelquefois, surtout en été, quand il y a de nouveaux époux dans la famille, cette pièce leur sert de chambre à coucher; mais toutefois pour un temps très-court, les propriétaires de qui les paysans dépendent ayant l'habitude de donner une habitation particulière à tout jeune ménage établi sur leurs terres.

Si nous n'avons rien oublié, voilà donc de quels éléments se compose l'intérieur d'une Isba. La manière de vivre du paysan russe est en harmonie avec sa demeure. Cette existence partagée entre le travail, les pratiques religieuses et les innocentes distractions de la musique, de la danse et des jeux gymnastiques, est donc des plus simples. Puis, s'il est vrai qu'on est toujours assez riche quand on sait borner ses désirs et se contenter du nécessaire, peu soucieux de véritable bien-être, ignorant des besoins intellectuels, le mougik a autour de lui les moyens de satisfaire amplement à toutes les nécessités de la vie. Le sol de la Russie, extrêmement fertile dans ses parties cultivées, lui donne une alimentation grossière peut-être, mais saine, abondante et infiniment plus variée que celle de nos paysans, qui dans certaines provinces, en Picardie notamment, vivent de laitage, de légumes communs et ne se permettent le luxe d'un morceau de viande qu'une fois par semaine. Mais il est juste de dire que ce régime d'anachorète est imposé à tout Picard bien pensant par la plus sordide, la plus patiente et la plus mal comprise des économies. Heureux celui qui après dix ans de privations de toutes sortes, lesquelles ont amoindri ses forces, ruiné sa santé, celle de sa femme et de ses enfants, peut acheter un lopin de terre ! Le paysan russe, toujours un peu en tutelle, ne connaît point la rage de possession qui tourmente nos villageois. Sa fortune à lui, c'est son courage, sa force, sa bonne volonté et l'appui du maître. Actif, industrieux, doué au suprême degré du don d'imitation, il fabrique lui-même les objets de première nécessité. Charrues, outils de jardinage, voitures, ustensiles à usages divers, rien ne l'embarrasse. Il sait également tirer un merveilleux parti des produits naturels de la terre. Le pin et les autres arbres résineux lui fournissent de la térébenthine, du noir de fumée, du goudron ; le bouleau ne lui rend pas de moins bons offices. Avec sa séve fermentée il fait une liqueur très-agréable au goût, avec ses feuilles une teinture d'un beau jaune, avec son écorce du tan, des boîtes pour les fruits de conserve, pour le beurre, le caviar, les gelées de pommes. A toutes ces ressources, en quelque sorte inépuisables, il faut joindre l'industrie manufacturière, qui, des grands centres, s'est répandue dans les villes de second ordre et surtout dans les villages où elle a pris une grande extension. Aujourd'hui, non-seulement chaque bourgade a sa spécialité de fabrication telle que le drap, la toile, les bas de coton, le linge de table, la porcelaine, la poterie, mais encore chaque famille a son métier particulier. Les tapis, exposés sur les bancs circulaires de l'Isba, proviennent du village de Doubowka, gouvernement de Saratow ; ils sont en poil de vache et ont été faits par des femmes. Les paysannes russes, du reste, se font remarquer par leur adresse à manier l'aiguille, la navette et le fuseau. Elles exécutent des travaux de broderies qui semblent sortir de la main des fées.

La seconde maison de l'Isba destinée, comme on le sait, à servir de magasin de mercerie, et plus souvent encore de cabaret, consiste en une seule pièce que précède un portique élégamment surmonté d'une marquise à baldaquin. Elle est néanmoins construite de la même façon que celle que nous venons de décrire, c'est-à-dire avec des troncs d'arbres superposés les uns sur les autres, sans clous ni chevilles et des ornementations en bois découpé.

Au Champ de Mars, on a utilisé cette maisonnette en y établissant une exposition très-intéressante des produits essentiellement nationaux, tels que costumes d'une origine ancienne, conserves alimentaires, engins de pêche, ustensiles de ménage très-primitifs employés chez les peuplades les plus barbares ; modèles réduits de tentes sibériennes, et yakoutes, traîneaux de Lapons et de Kamtchadales, conduits, les premiers par des rennes, les seconds par des chiens.

Ces petits modèles en bois, assez grossièrement taillés, ressemblant à s'y méprendre à des jouets d'enfants, transportent en imagination le visiteur dans les contrées sauvages où l'hiver dure huit mois ; où l'homme habite des cabanes creusées sous terre, des huttes recouvertes de gazon et élevées sur des tréteaux à quatre mètres du sol, afin d'y ménager une sorte de hangar dans lequel on fait sécher le poisson ; ou bien encore, durant l'été très-court, mais aussi chaud qu'en Italie, des tentes formées, soit d'écorces de bouleaux, soit d'étoffes grossières.

Le parc du Champ de Mars nous offre le spécimen de deux modèles de ces tentes, — grandeur naturelle, — que nous décrirons plus particulièrement.

C'est d'abord l'*Ourassa*, demeure d'été des Lapons nomades. L'*Ourassa*, dont

Fig. 5.

nous avons relevé le croquis pour nos lecteurs, est une tente d'écorce de bouleau, de forme pyramidale, soutenue par de longues perches qui s'entrecroisent au sommet. Une ouverture destinée à l'introduction de l'air et de la lumière est ménagée à l'extrémité supérieure de ce faisceau de lattes, mais le plus souvent cet air et cette lumière sont écartés du passage par les colonnes de fumée qui s'échappent de l'intérieur de la tente. En effet au centre même de la tente est creusée une petite fosse, dans laquelle on entretient le feu destiné à cuire les aliments de la famille. Les chaudrons et les marmites de cuivre sont suspendus par une chaîne au-dessus du foyers.

La table d'un Lapon riche n'est pas précisément dépourvue de luxe. Les oiseaux à migration qui arrivent par bandes au commencement de l'été, lui fournissent des rôtis excellents. Coqs de bruyère du Nord, poules de neige, perdrix blanches, gélinottes se mêlent agréablement aux jambons d'ours, à la soupe de renne, aux poissons de toutes espèces, aux oies sauvages, aux baies si nombreuses, si variées, et dont les charmants arbustes sont une des merveilles du règne végétal laponique. On y trouve encore les choux et les raves, les œufs d'oiseaux aquatiques, les racines de l'angélique, la farine de lichen avec laquelle on fait une pâte aussi saine que nourrissante.

La nature, comme on le voit, ne laisse pas les peuples des contrées boréales dans le dénûment que semblent révéler à nos yeux leurs costumes si grossièrement ajustés, leurs visages mornes sans expression et presque sans regard. On a sans doute voulu mettre la physionomie du spécimen exposé en rapport avec le costume de la nation qu'il représente. Mais, s'il y a quelque chose de vrai dans ce type, la laideur physique en a été exagérée. Les habitants de la Laponie, en général très-robustes, sont bien conformés dans leur petite taille qui ne dépasse guère 1^{m},30. Hospitaliers et bons, serviables et doux, ne voyant rien au delà du cercle de leur vie intime, profondément indifférents à tout ce qui n'a pas un rapport direct avec les besoins matériels de la vie, ils sont heureux à leur façon.

La tente dont nous avons donné la description, est entourée de petits réservoirs suspendus à des pieux et qui contiennent diverses provisions; des coffres placés sur les replis de la tente, servent à la maintenir contre les coups de vent et les tempêtes de neige appelées *bouranes*, auxquelles elle ne résiste pas toujours. En moins d'une demi-heure, les femmes abattent ou relèvent une hutte semblable, faite essentiellement pour la vie nomade.

L'habitation d'hiver des Yakoutes, appelée *yourte*, se trouve placée — dans le quart russe — à droite de l'Isba, à côté d'un massif de sapins, ce qui donne à cet ensemble une couleur locale. La *yourte* se compose d'une tente en feutre de poil de chameau, à dessins rouges sur fond blanc, montée sur des tresses en osier à larges maillures, avec une toiture en coupole révélant son origine orientale. L'étoffe qui la recouvre est également propre à garantir ses habitants du soleil brûlant de l'été et des rigueurs extrêmes de l'hiver.

Les Yakoutes placent toujours leurs demeures dans les forêts et quelquefois sur le bord des rivières poissonneuses; chaque cabane est ordinairement isolée. Quelquefois ils en réunissent deux ou quatre, rarement cinq; mais ces groupes sont toujours à une grande distance les uns des autres, de telle sorte que les plus rapprochées sont à plus de trois ou quatre lieues d'une autre, et les plus éloignées à plus de douze lieues. Le motif de cet isolement est de se procurer une chasse plus abondante.

Mais quelque désolée que soit la contrée, quelque misérable que soit la demeure, sous l'humble tente des Sibériens et des Lapons, comme sous le toit du mougik, une place d'honneur est réservée au chef de la famille; personne n'oserait s'asseoir sur la mousse d'ours (*muscus polytricum*) ou sur la peau de renne qui lui sert de siége pendant le jour et de couche pendant la nuit.

Tandis que dans le midi du Kamtchatka les cabanes sont perchées sur des échasses, comme des nids d'oiseaux, dans le nord elles sont creusées sous terre. Si la chaleur s'y conserve davantage, en revanche l'air concentré et les exhalaisons qui s'y renferment y composent une atmosphère insupportable.

Tels sont les tristes échantillons de la demeure humaine dans la Russie boréale; mais on rencontre encore en France des types d'habitations qui, sous le rapport rudimentaire, ne le cèdent en rien à ces derniers. Pendant un séjour que nous fîmes en 1861, aux bains de mer de Royan, nous visitâmes toute une colonie de pauvres pêcheurs qui, pour échapper au payement de loyers, vivaient dans les excavations des rochers de l'embouchure de la Gironde. Ces grottes obscures formaient dans leurs détours des séparations naturelles faisant l'office de cloisons, et servaient de demeure à plusieurs familles. Les anciens troglodytes qui, selon Ptolémée, habitaient des cavernes souterraines sur les bords du Danube, n'étaient certainement pas plus mal logés. Dans certaines de nos provinces encore, notamment dans le Jura, dans le Berri et dans les marais de la Vendée, on remarque de misérables cabanes à demi creusées dans le sol et recouvertes, en guise de toit, de branchages et de terre, avec une cheminée de jonc tressé, qui nous représentent la hutte primitive des Gaulois.

Mais sans aller si loin, aux portes de Paris et dans Paris même, on rencontre des masures, débris d'anciens quartiers, qui font tache au milieu des splendeurs de la nouvelle capitale.

On se rappelle ce qu'était, il n'y a pas longtemps, ce quartier vulgairement qualifié de petite Pologne, du nom d'une guinguette très-fréquentée, — quartier qui, longeant le parc Monceaux, avait pour limites, au nord, la rue de Valois du Roule, au midi, la rue de la Bienfaisance, la place Laborde, et venait aboutir à la rue de Courcelles. Là on voyait s'élever des maisons à façades vermoulues, ratatinées et rabougries, des masures dont les lucarnes donnaient entrée à tous les vents; des abris, en un mot, dont pour la plupart la pluie avait pourri le bois, gauchi les planches, et rongé la toiture. Ce coin de la ville, autrefois un des plus misérables, en est devenu un des plus beaux et des plus somptueux.

Pendant longtemps aussi, non loin du cimetière de Clichy et près des fortifications, nous avons eu le triste spectacle d'une cité, habitée par des chiffonniers, et se composant d'une série de baraques, bâties en plâtras, déchiquetées et puantes, à contrevents pourris et à vitres de papier graisseux, avec des croisées d'où pendaient, en surplomb sur la ruelle, des guenilles et de sales haillons. Aujourd'hui encore, au-dessous des buttes Saint-Chaumont, le long de la rue de Meaux et du boulevard du Combat, se trouve une villa étrange, habitée presque exclusivement par ces industriels nocturnes qui se promènent, passé minuit, le long des ruisseaux, la hotte au dos et le crochet à la main. Ces maisons ont un étage. Au rez-de-chaussée, se trouve un logement qui n'a pour tout plancher qu'une aire de salpêtre, mélangée de débris de tuiles, d'ardoises et de gravois. On accède au premier étage à l'aide d'une échelle de meunier, munie d'une corde, en guise de rampe; là se trouve encore un logement, composé d'une seule pièce, où vivent dans une étrange promiscuité des individus de tout sexe. Les murs dépourvus de papier de tenture n'ont pas même été blanchis à la chaux; un poêle de fonte, répandant une chaleur malsaine, sert tout à la fois pour le chauffage de la pièce et pour la cuisine des habitants. Un lit en bois peint, deux à trois chaises en grosse paille, une table boiteuse, composent tout le mobilier qui, le plus souvent, n'appartient même pas au locataire, mais au maître du garni. Un quartier de Grenelle, désigné sous le nom de l'île des Singes, situé derrière les usines de Javel, offre encore une physionomie bizarre. Les maisons dont il se compose, formant les rues Alphonse, Virginie et des Bergers, ne sont ni moins malsaines ni moins misérables que celles que nous venons de décrire. Il est vrai qu'elles sont également honorées de la présence des chiffonniers. Certains habitants de ce quartier se sont même établis au fond de vieilles carrières, où d'étranges spéculateurs louent des chambres meublées. On descend dans ces trous, — véritables tanières, — au moyen d'échelles, et, lorsque arrive une crue des eaux de la Seine, ces locataires d'habitations souterraines sont obligés de déménager au plus vite, sous peine d'être submergés. Parlerons-nous de la cité Doré — triste antiphrase — dont les ruelles fangeuses et fétides, bordées de maisons basses et malpropres, s'étendent, comme une plaie cancéreuse, le long du boulevard de la Gare, à deux pas de la barrière d'Italie! Ce cloaque immonde est également habité par une population en guenilles, qui se recrute parmi les chiffonniers et les marchandes des quatre saisons.

Hâtons-nous d'ajouter que les admirables travaux d'embellissement et d'assainissement entrepris par nos édiles remplacent, chaque jour, au centre de Paris, ces rues étroites et tortueuses, ces sombres cloaques, foyers d'insalubrité, par de vastes et splendides artères, remplies d'air, de lumière et d'espace; mais, il faut le reconnaître, ces travaux mêmes se produisent avec tant de rapidité qu'ils sont devenus une cause de perturbation et d'inquiétude pour la population peu aisée qui ne trouve plus à se loger. Les vides se produisant dans les quartiers populeux ont donc rendu plus impérieuses et plus évidentes encore les nécessités de constructions nouvelles adaptées aux besoins des classes moyennes et des classes ouvrières de la capitale. Or, dans les circonstances actuelles, ce n'est pas en accordant une subvention à quelques constructeurs qu'on peut obvier au mal : il faudrait exciter la spéculation particulière par une combinaison attirant les capitaux dans l'industrie du bâtiment; en impliquant, par exemple, la suppression d'impôts fonciers pendant vingt ans pour quiconque bâtirait à Paris des maisons destinées soit à des habitations d'ouvriers, soit à des appartements d'un loyer modeste. Si l'on considère que, dans certains quartiers de Paris, et notamment dans le quinzième arrondissement, il existe de nombreux terrains propres à bâtir et encore livrés à la culture, d'une valeur variant de 20 à 30 francs le mètre (nous en connaissons rue des Fourneaux à 5 francs le mètre), presque improductifs pour l'Etat, qui, par l'exécution de ce projet, se transformeraient en jolies habitations, donnant satisfaction aux besoins du moment, on demeure convaincu que l'État, loin de regarder cette remise momentanée d'impôt comme une perte, devrait l'envisager comme un produit considérable dans l'avenir. Le même encouragement pourrait être accordé aux constructeurs dans les grands centres manufacturiers. Telles sont nos conclusions pour les villes, où les maisons doivent forcément avoir plusieurs étages et réunir un grand nombre de locataires, vivant dans des logements séparés, sous un même toit.

Quant aux habitations rurales, nous les souhaitons isolées, ou groupées deux à deux entre cour et jardin.

En terminant, si nous nous demandons quels progrès l'Exposition universelle de 1867 a fait faire aux maisons ouvrières, il faudra les rechercher, suivant nous, moins dans l'art de bâtir, — chaque peuple ayant son architecture nationale, — que dans les institutions mêmes, qui tendent à améliorer le bien-être physique et moral des populations. A cet égard, — force nous est bien de le reconnaître, — nous avons beaucoup à puiser dans les institutions similaires créées dans les pays étrangers.

Lucien PUTEAUX.

XXXVIII

HYDROPLASTIE

(Électro-chimie. — Galvanoplastie.)

PAR **A. DE PLAZANET**,
INGÉNIEUR DES ARTS ET MANUFACTURES.

(Planche LVI et LXXIII.)

I

ÉLECTRO-CHIMIE [1]. (*Suite.*)

Argenture galvanique.

Voici l'une des plus importantes et des plus utiles applications de l'électro-chimie.

Il est bien peu de familles qui n'aient maintenant leur service de table en orfévrerie argentée, leurs couverts de *Ruolz*, comme on dit, je ne sais trop pourquoi, car l'argenture galvanique inventée par MM. Elkington a été vulgarisée par la maison Christofle; c'est une économie bien comprise pour les gens riches, c'est une sorte de luxe utile et peu coûteux pour les petites bourses. Cela a été si bien compris dans ces derniers temps que l'orfévrerie d'argent massif a été remplacée dans de grandes maisons (je parle des plus riches et des plus illustres), par l'orfévrerie argentée.

Examinons en quelques mots les avantages de celle-ci; avantages qui tendent à l'introduire dans les palais et qui l'amèneront, je l'espère, jusque dans la chaumière du paysan.

Si on compare le prix de l'orfévrerie argentée à celui de l'orfévrerie massive, on arrive très-approximativement aux résultats suivants, en supposant qu'il s'agisse d'une bonne argenture galvanique, soit 72 grammes par douzaine de couverts de table.

La somme nécessaire à la réargenture est sensiblement égale aux intérêts pendant un an du capital immobilisé par l'orfévrerie d'argent; or la bonne argenture galvanique peut durer au moins trois ans. On a donc comme bénéfice : 1° de n'avoir pas immobilisé son capital; 2° l'intérêt de ce capital pendant deux ans sur trois.

Mais ce n'est pas tout, et des considérations d'un autre ordre plaident aussi en faveur de l'argenture galvanique; l'une des principales est la tranquillité d'esprit pour le propriétaire d'une quantité importante d'orfévrerie. Quelle surveillance ne faudrait-il pas aux maîtres d'hôtels, aux restaurateurs pour ne point être victimes soit de la fraude, soit de la négligence. Rien de pareil maintenant,

1. Voir les numéros 9 et 10, page 416.

le voleur connaît assez l'aspect du *Ruolz* pour ne pas se voler lui-même en le dérobant, et en tout cas la perte serait peu considérable.

A un point de vue plus général on peut dire aussi que la masse énorme de capital immobilisée par l'orfévrerie d'argent massif pourra être utilement mise en circulation et contribuer à la richesse du pays. On aura une idée du chiffre auquel ce capital peut s'élever lorsqu'on saura que les couverts argentés fabriqués par la seule maison Christofle et Cie, de 1842 à 1860, auraient représenté, en argent massif, une valeur d'environ 220 millions. Loin de nuire au développement artistique, l'argenture le favorise en permettant d'exécuter à des prix relativement très-bas, des objets d'art que les souverains eux-mêmes hésiteraient à acquérir s'ils étaient en métal précieux.

Enfin, et c'est là, à mon sens, l'importance capitale de l'argenture galvanique, combien de ménages modestes n'avaient pour tous ustensiles de table et de cuisine que des vases de cuivre et des couverts d'étain ou de fer; ils ont remplacé par de l'orfévrerie argentée ces ustensiles souvent dangereux, toujours malpropres et d'un aspect désagréable.

J'ai insisté un peu sur les avantages des produits de l'argenture galvanique, parce qu'ils sont aujourd'hui l'objet d'une grande industrie qui touche en plusieurs points à l'économie domestique. C'est pour le même motif que je vais décrire avec détail les opérations qui amènent à coup sûr à des résultats satisfaisants.

Tous les procédés industriels d'argenture galvanique aujourd'hui en usage reposent sur l'emploi du cyanure double d'argent et de potassium. Les formules varient légèrement, mais on opère toujours en dernière analyse dans un bain contenant du cyanure d'argent tenu en dissolution dans un excès de cyanure de potassium.

Sous l'influence du courant électrique, cette dissolution sera décomposée, et si l'on a placé un objet métallique au pôle négatif et une lame d'argent au pôle positif, l'argent provenant de la décomposition du cyanure d'argent se portera au pôle négatif et formera un dépôt métallique sur l'objet qui s'y trouve, pendant que le cyanogène se rendra au pôle positif et formera du cyanure d'argent aux dépens de l'anode. Le bain se trouvera donc théoriquement maintenu au même état de saturation; en pratique, il n'en est pas tout à fait ainsi, pour divers motifs que nous signalerons plus tard.

Parmi les formules assez nombreuses et les diverses méthodes de préparer les bains d'argenture, nous n'en signalerons que deux, aussi remarquables par leur simplicité que par la perfection de leurs résultats : la première est indiquée par M. H. Bouilhet, la deuxième par M. Alfred Roseleur.

Pour obtenir 100 litres de bain, M. Bouilhet prend 2 kilogrammes d'argent vierge et les dissout dans 6 kilogrammes d'acide nitrique de façon à obtenir du nitrate d'argent fondu ; on dissout ce nitrate d'argent dans 25 litres d'eau et, d'autre part, on dissout 2 kilogrammes de cyanure de potassium dans 10 litres d'eau. On verse peu à peu la solution de cyanure dans la solution d'argent et on obtient un précipité de cyanure d'argent. On s'arrête aussitôt qu'il ne se forme plus de précipité et on décante. Le cyanure d'argent est lavé, puis dissous dans 2 kilogrammes de cyanure de potassium et on ajoute de l'eau de manière à former 100 litres.

Pour donner à ce liquide les qualités d'un vieux bain, M. Bouilhet conseille d'y ajouter 1 kilogramme de prussiate jaune de potasse.

La seule objection qu'on puisse faire à cette méthode, c'est qu'entre des mains inexpérimentées, et c'est le cas ordinaire des argenteurs, au moins en province, il peut arriver qu'on dépasse le point voulu et qu'on verse un excès de cyanure de potassium. On perdrait alors une partie du cyanure d'argent qui resterait en dissolution dans cet excès de cyanure de potassium.

La méthode indiquée par M. Roseleur ne diffère guère de celle-ci que par l'emploi de l'acide cyanhydrique au lieu du cyanure pour la préparation du cyanure d'argent. Voici comment il procède :

Pour préparer 100 litres de bain on prend 2,500 grammes d'argent vierge, qu'on transforme en nitrate d'argent fondu; on dissout ce nitrate d'argent dans 12 à 15 fois son poids d'eau distillée, et on verse dans cette dissolution de l'acide cyanhydrique jusqu'à ce que l'addition d'une nouvelle quantité de cet acide ne produise plus de précipité. On recueille sur un filtre et on lave le précipité de cyanure d'argent. D'autre part, on a mis en dissolution 5 kilogrammes de cyanure de potassium et on y fait dissoudre le cyanure d'argent qui forme, en se dissolvant, le cyanure double d'argent et de potassium et constitue le bain d'argenture. On donne à ce bain les qualités des vieux bains en le faisant bouillir pendant quelques heures.

Ce même bain peut être employé à chaud pour obtenir rapidement une argenture de moyenne épaisseur sur des objets de petite dimension. Les fabricants de boutons de métal l'emploient avec avantage pour ceux de leurs produits qui nécessitent une argenture plus épaisse que celle qu'on obtient au trempé. MM. Parent et Hamet de Paris, dont la fabrication est très-importante et très-soignée, et qui tiennent à livrer au public des objets argentés solidement emploient cette méthode.

Je dois dire que la plupart des argenteurs ne prennent pas les précautions indiquées plus haut et se contentent de faire dissoudre dans du cyanure de potassium du nitrate ou du chlorure d'argent. Ils introduisent ainsi dans le bain du nitrate de potasse ou du chlorure de potassium; de plus ils se servent de la même méthode pour entretenir leurs bains, il arrive donc promptement que ceux-ci acquièrent une densité trop grande et se laissent difficilement traverser par le courant électrique. Quelle que soit la méthode employée pour la préparation du bain, voyons comment nous devons l'employer.

Le plus souvent on se contente malheureusement d'opérer de la manière suivante :

On place le bain dans une cuve en bois doublé de gutta-percha; sur les re-

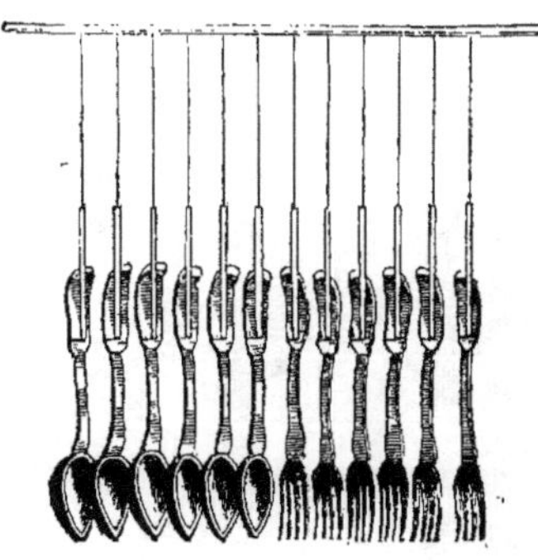

Fig. 1.

bords de cette cuve on dispose deux galeries en cuivre, isolées l'une de l'autre, et dont l'une porte les tringles à objet, fig. 1, et l'autre les tringles à anodes[1] ;

1. Voir les numéros 9 et 10, planche LXXIII, fig. 15.

on fait communiquer le pôle positif d'une pile de Bunsen avec la galerie qui supporte les anodes, et l'autre galerie est reliée au pôle négatif. Pour les petits objets on se sert de l'appareil représenté fig. 2.

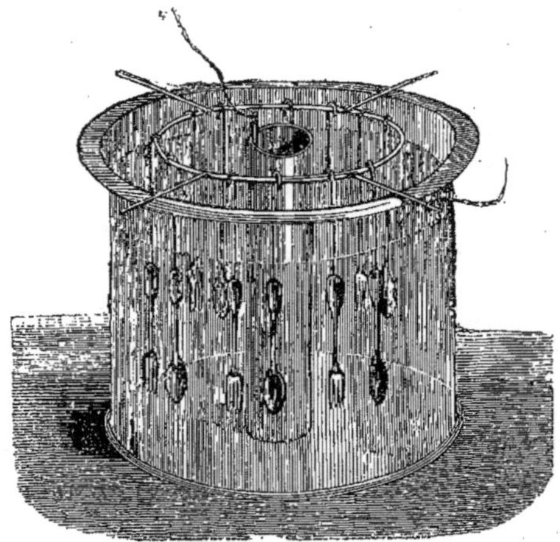

Fig. 2.

Par cette méthode on s'expose à de longs tâtonnements pour déposer un poids voulu d'argent et souvent à de graves erreurs; il faut en effet, ou bien peser les couverts avant la mise au bain, puis les peser de nouveau lorsqu'on suppose

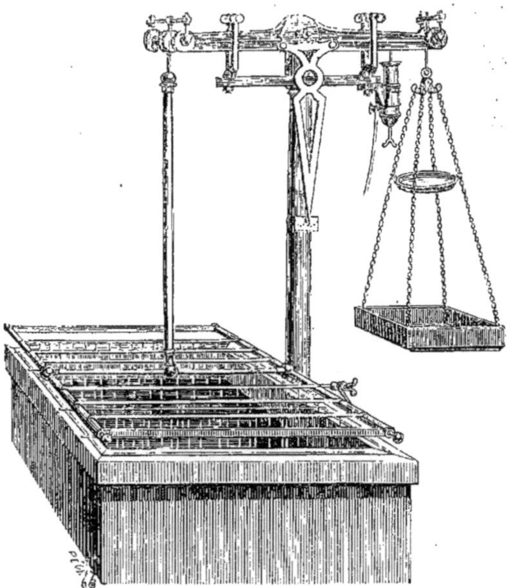

Fig. 3.

le dépôt complet; ou bien peser une pièce seule qu'on prend comme *montre* et d'après laquelle on induit le poids déposé sur les autres. Il est évident qu'il arrivera le plus souvent, surtout aux personnes opérant en petit et qui n'ont pas une très-grande habitude de ces opérations, de n'atteindre à peu près le poids désiré qu'après plusieurs tâtonnements, et d'être souvent forcées de désargenter, parce qu'elles auront dépassé le but; d'autres moins scrupuleuses se contenteront d'une approximation insuffisante, lésant ainsi soit les intérêts de leurs clients, si elles se trompent en moins, soit, si ce sont des ouvriers et qu'ils se trompent en trop, les intérêts de leurs patrons.

Il y a donc un intérêt capital à pouvoir se rendre un compte exact du poids d'argent déposé, à pouvoir régler ce poids à l'avance, à suspendre sûrement le dépôt dès que le poids voulu est atteint. Toutes ces conditions sont réunies dans l'appareil très-ingénieux imaginé par M. Roseleur[1], à qui nous en empruntons la description détaillée et qui se trouve représenté, fig. 3, page précédente, et 4.

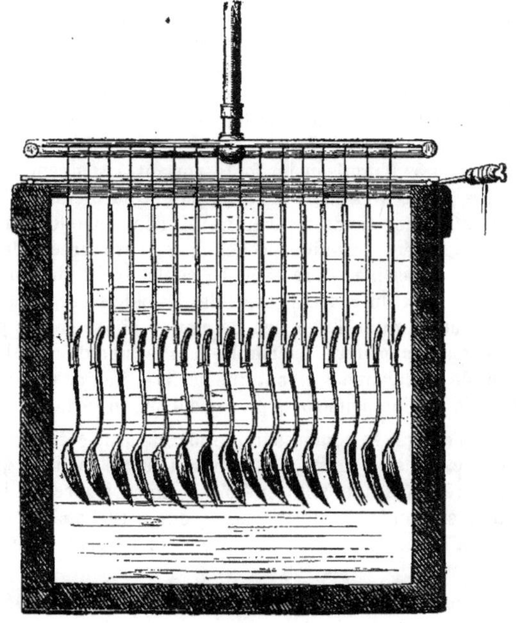

Fig. 4.

Balance métallo-métrique Roseleur. — L'appareil se compose : 1° d'une cuve en bois, doublée à l'intérieur d'une feuille de gutta-percha, qui le rend parfaitement étanche et ne s'altère pas au contact du bain d'argent. Le rebord supérieur de cette cuve porte une galerie de laiton qui y est fixée par de petites pointes qui, traversant la gutta-percha, vont s'enfoncer dans le bois. Cette galerie porte à l'une de ses extrémités une presse en cuivre qui sert à attacher le conducteur positif de la batterie. Cette galerie sert à maintenir dans le bain les anodes solubles d'argent qu'on y maintient à l'aide de fils de platine;

2° D'une colonne de fonte qui s'adapte à l'une des parois de la cuve, au moyen d'un empattement muni de fortes vis. Cette colonne porte horizontalement et à sa partie supérieure deux bras en fonte munis à leurs extrémités de deux enfourchements verticaux, qui peuvent s'ouvrir ou se fermer par des clavettes de fer.

1. Voir les *Manipulations hydroplastiques*, 2e édition, pages 249 et suivantes.

Ces deux fourchettes sont destinées à maintenir le fléau et à empêcher que de trop fortes oscillations ne fassent sortir les couteaux de leurs cuvettes.

Au centre des deux bras que porte la colonne, sont adaptées deux cuvettes en acier poli, creusées en coin et destinées à recevoir les couteaux du fléau.

L'un des bras de la colonne porte à son extrémité un anneau horizontal en fer dans lequel se trouve serré un fort tube de cristal, lequel sert de gaîne, tout en l'isolant de la colonne, à un godet en fer poli, fig. 5 : ce godet porte à sa partie inférieure une petite poche en peau d'agneau, de chevreau, ou même de caoutchouc qui en ferme le fond. Ce fond est donc relativement mobile et monte ou descend au moyen d'une vis de pression placée immédiatement au-dessous, et maintenue par un petit étrier. Ce fond mobile a pour but de permettre d'abaisser ou d'élever, suivant le besoin, le niveau du mercure que nous introduirons plus tard dans le godet de fer. Ce godet porte encore latéralement une autre vis de pression en laiton, qui sert à le faire communiquer avec le conducteur négatif de la batterie voltaïque qui doit décomposer la liqueur argentifère.

Fig. 5.

3° D'un fléau en fonte portant à son centre deux couteaux très-aigus en acier poli de la meilleure trempe, et à chacune de ses extrémités, deux cuvettes parallèles séparées par une encoche, également creusées dans l'acier, et destinées à recevoir les couteaux du plateau à poids et ceux du cadre à suspendre les objets à argenter. L'un des bras de ce fléau est aussi muni d'une tige de platine qui se trouve placée immédiatement au-dessus du godet d'acier isolé dans le tube de cristal que porte l'anneau du bras de la colonne. Suivant que le fléau incline d'un côté ou de l'autre, cette tige de platine pénètre dans le godet ou en sort.

4° Du plateau à poids, qui se compose d'une platine armée de deux couteaux d'acier fondu entre lesquels est une tige qui soutient quatre chaînettes, lesquelles se relient à leur extrémité à une boîte en bois destinée à recevoir la tare, et supportent, au tiers environ de leur longueur, une petite assiette en tôle sur laquelle on déposera les poids qui doivent représenter l'argent à appliquer galvaniquement.

5° Du porte-objet, fort tube en laiton, terminé à son extrémité supérieure par une platine à tige munie de deux couteaux en acier fondu, et à son extrémité inférieure par un cadre en laiton qui a les mêmes dimensions que l'orifice de la cuve, et sur lequel viendront s'appuyer les tringles chargées d'objets à argenter.

6° Enfin, d'un nombre plus ou moins grand de tringles à suspension (fig. 3). Ces tringles sont en laiton, aplaties et creusées à leurs deux extrémités, pour empêcher le roulement et faciliter les contacts. Les fils en cuivre rouge qu'elles portent en râtelier y sont soudés à l'étain dans des trous préparés à l'avance. Ces fils sont tournés à leur extrémité d'une façon commode pour la suspension du couvert qui peut facilement entrer ou sortir de l'espèce de crochet terminal dont la figure présente en place la dimension exacte (fig. 4). Dans leur partie droite et dans toute la longueur qui doit plonger dans la solution argentique, ces fils sont engaînés d'un petit tube de caoutchouc qui a pour but d'empêcher l'argent du bain de se déposer là où il serait inutile, et aussi de permettre, en le relevant à volonté à la partie supérieure de la tige, de désargenter aux acides les parties de crochets qu'on n'a pas pu se dispenser d'argenter en même temps que les couverts.

Les divers organes de l'appareil étant décrits, nous devons maintenant indiquer les précautions à prendre pour leur mise en place, car du bon montage dépend la précision de l'instrument et l'exactitude des opérations.

On commence par disposer la cuve sur quatre briques placées à chacun des angles, pour que, l'air circulant librement, le fond de bois ne puisse se pourrir; puis, avec le niveau d'eau, on s'assurera de la parfaite horizontalité de cette cuve.

On vissera ensuite la colonne montante et, avec le fil à plomb, on s'assurera qu'elle est parfaitement verticale. Puis, retirant les deux clavettes des fourchettes de la colonne, on placera le fléau avec la plus grande précaution pour éviter d'ébrécher les couteaux qui doivent reposer dans le fond des cuvettes du centre de la colonne, on refermera les fourchettes avec leurs clavettes; dans cet état le fléau doit osciller très-librement sur les couteaux, sans rencontrer aucun point de frottement.

On placera ensuite le cadre à objets dont les deux couteaux entrent dans deux des cuvettes d'une extrémité du fléau, celle placée au-dessus de la cuve.

Enfin, on placera à l'autre extrémité du fléau le plateau à poids, en prenant pour les couteaux les mêmes précautions.

On versera avec précaution un peu de mercure dans les six cuvettes où reposent les couteaux, jusqu'à ce que la partie polie de ces derniers soit recouverte. Ce mercure présente les avantages suivants :

1° Il s'oppose à l'action corrosive et oxydante de l'air humide ou des vapeurs acides de l'atelier sur l'acier poli des couteaux et des cuvettes.

2° Il rend les frottements beaucoup plus doux et assure l'exactitude des pesées.

3° Il augmente considérablement les surfaces de contact pour le passage du courant électrique qui, sans lui, serait forcé de circuler par le tranchant des couteaux.

4° Il empêche que l'électricité, en traversant la partie aiguë des couteaux, ne détrempe, en l'échauffant outre mesure, l'acier dont ils sont composés.

Ensuite, on verse dans le godet d'acier, isolé de la colonne par le tube de cristal, assez de mercure pour que le fil de platine que porte le fléau vienne exactement affleurer ce mercure lorsque l'équilibre de la balance est parfait, c'est-à-dire, lorsque l'aiguille est exactement sur le zéro du cadran; la surface du mercure de ce godet doit être nettoyée de temps en temps pour éviter que la poussière ne puisse interrompre le passage de l'électricité; la petite poche du fond sert à hausser ou à baisser le niveau de ce mercure pour le maintenir toujours à la hauteur convenable.

1° On emplit jusqu'à quelques centimètres du bord la cuve avec le bain d'argent.

2° On accroche les anodes sur leurs tringles respectives qui reposent toutes sur la galerie clouée sur le bord de la cuve, de sorte que cette dernière étant reliée par la vis de pression au réophore positif de la pile, tout le système y communique également.

Les anodes d'argent doivent être entièrement plongées dans le liquide, sans quoi elles se couperaient au niveau de ce dernier qui est, au contraire, sans action sur les fils de platine qui servent à les suspendre. On dispose les anodes parallèlement à des distances égales, de manière qu'une anode tapisse chacune des parois opposées de la cuve, et que les autres laissent entre elles un espace suffisant pour contenir très-librement deux tringles chargées de couverts, c'est-à-dire 20 à 25 centimètres environ.

3° On place transversalement sur la cuve et à ses deux extrémités deux règles de bois sur lesquelles vient s'appuyer le cadre porte-objets, qui se trouve ainsi isolé de la galerie des anodes, et sur lequel on dispose toutes les tringles chargées de couverts, de manière à avoir deux tringles entre chaque case formée par deux anodes, et en ayant bien soin d'égaliser à droite et à gauche les distances entre les couverts et les anodes.

Il est bien entendu qu'avant leur mise au bain, les couverts auront été parfaitement préparés, décapés et mercurés.

On met dans le plateau de bois placé à l'autre extrémité du fléau, des poids quelconques, de la grenaille de plomb, par exemple, jusqu'à ce que l'équilibre soit parfaitement établi et que l'aiguille s'arrête sur le milieu du cadran, et on enlève les deux planchettes qui empêchaient le cadre porte-objets de reposer sur la cuve.

On rompt ensuite l'équilibre en plaçant, sur la petite assiette de tôle prise entre les chaînes, un poids égal à celui de l'argent qu'on veut déposer sur la totalité des couverts. Par la rupture de l'équilibre, la tige de platine placée sous le bras du fléau pénètre dans le mercure du godet en acier, et il suffit alors de relier la batterie à l'appareil par les deux fils conducteurs qu'on serre sous les deux presses du godet et de la galerie à anodes, pour que l'opération marche plus régulièrement.

Il va de soi que lorsque les couverts auront pris au bain une quantité d'argent égale aux poids placés sur la petite assiette de tôle, à l'autre extrémité du fléau, l'équilibre sera rétabli, l'aiguille sera revenue au zéro du cadran, et la tige de platine sortant du mercure du godet aura interrompu l'action du courant galvanique et arrêté le dépôt d'argent, comme si on avait coupé le fil conducteur de la batterie.

L'opération sera ainsi sûrement terminée, sans surveillance ni contrôle ; il y a mieux : les résultats n'en seront pas modifiés quelle que soit la durée d'immersion des objets terminés, ainsi que cela aurait lieu dans les conditions ordinaires; car, d'une part, les couverts ne pourront pas recevoir un excès de charge, puisque la pile ne peut plus fonctionner; et d'autre part, si le bain venait à redissoudre une partie de l'argent déposé, les couverts devenant plus légers, l'équilibre se romprait de nouveau; le fil de platine rentrerait dans le godet à mercure, et le courant galvanique reprendrait sa marche et son action : il en résulterait ainsi une série d'hésitations entre le dépôt galvanique et la dissolution par le cyanure, qui maintiendraient l'équilibre et par conséquent la charge prédestinée dans leur état normal.

La fig. 6, page suivante, représente un appareil à balance de petite dimension à l'aide duquel on peut argenter à la fois six couverts.

Il porte une petite sonnerie qui sert à avertir l'opérateur et que l'aiguille de l'appareil met en mouvement.

Il se conçoit, d'après ce qui précède, qu'on ne tient pas compte d'une cause d'erreur assez importante, l'accroissement de volume des objets par le dépôt d'argent. Si je dépose 1 kil. d'argent sur des couverts, ceux-ci auront pris un accroissement de volume d'environ 1/10 de décimètre cube, soit 100 centimètres cubes, et par suite perdront d'après le principe d'Archimède une partie de leur poids égale à 100 centimètres cubes du bain. — La balance ne sera donc mise en équilibre que lorsque les couverts auront reçu non pas seulement 1 k. mais 1 k. + un poids de 100 centimètres cubes de liquide.

Cette erreur est compensée par une autre erreur en sens contraire, ce qui permet de ne tenir compte ni de l'une ni de l'autre. En effet, on ne dépose pas de l'argent seulement sur les couverts, mais aussi sur les crochets qui les soutiennent. — Pour que le résultat fût complètement exact il faudrait *que le rapport entre la surface des crochets et la surface des couverts fût égal au rapport entre le poids spécifique du liquide du bain et le poids spécifique de l'argent.* C'est ce qui a

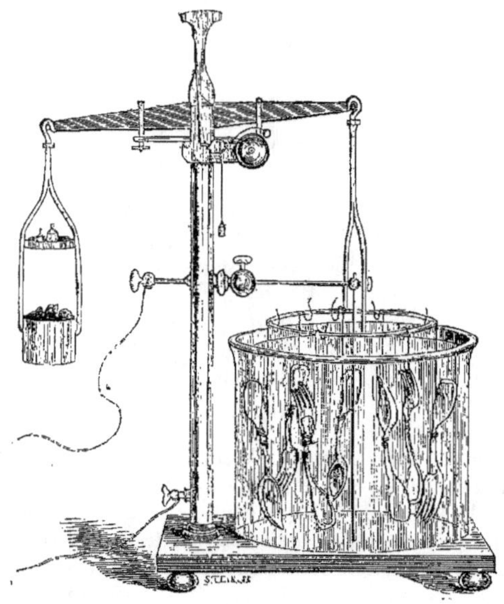

Fig. 6.

sensiblement lieu dans la pratique.— Toutefois on concevra que l'exactitude n'est pas absolue puisque le bain change de densité et que les crochets changent de surface par suite du dépôt d'argent. Dans tous les cas on se rapprochera le plus possible de la vérité en désargentant souvent les crochets et en maintenant le bain au même degré aréométrique; malgré ces observations, hâtons-nous de dire que l'appareil tel qu'il est employé en industrie donne une exactitude plus que suffisante et doit être recommandé tant dans l'intérêt des argenteurs que dans celui du public.

Que l'on emploie la balance *métallo-métrique* d'*Alfred Roscleur* ou qu'on se contente d'opérer par la méthode ordinaire, voici la série des opérations qu'on devra faire subir à une pièce pour la recouvrir d'une couche solide, épaisse et adhérente :

1° Dégraisser à la potasse bouillante ; — 2° Dérocher à l'acide sulfurique étendu d'eau ; — 3° Passer à la vieille eau forte et rincer ; — 4° Passer à l'eau forte vive et rincer ; — 5° Passer aux acides composés à brillanter et rincer ; — 6° Passer au nitrate de mercure et rincer ; — 7° Mettre au bain pendant un quart d'heure ; — 8° Gratte-bosser et remettre au bain [1].

Pour faciliter le décapage des couverts on se sert d'un petit instrument en gutta-percha nommé décape-couvert et représenté fig. 7, page suivante. Un seul mouvement suffit pour détacher tous les couverts à la fois, et on décape le couvert d'un seul coup sans avoir à craindre de points de contact des couverts entre eux.

Le dépôt s'effectue avec d'autant plus de finesse et de régularité que le courant

1. Voir, pour le détail de ces opérations, l'article *Décapages*, numéros 9 et 10, page 419 et suivantes.

est moins actif. Il faut environ 6 heures pour déposer 72 grammes d'argent de bonne qualité sur une douzaine de couverts de table. M. H. Bouilhet donne les chiffres suivants que sa grande expérience me permet d'accepter et de reproduire sans contrôle.

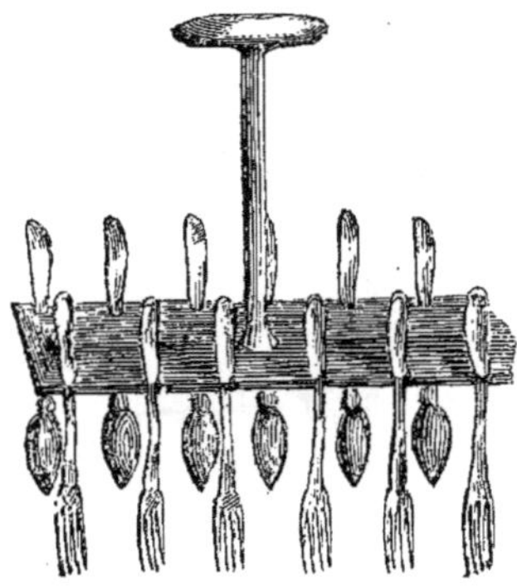

Fig. 7.

Pour un bain de 600 litres il convient d'employer 4 éléments Bunsen de $0^m,25$ sur $0^m,40$ et on obtiendra en quatre heures 450 grammes d'argent déposé. — On se souvient que le bain dont il s'agit contient 2^k d'argent pour 100 litres. Au sortir du bain les pièces sont, si besoin est, gratte-bossées et brunies. — Nous avons déjà parlé de la première opération : quant au brunissage il se fait à l'aide d'outils en acier ou en sanguine de diverses formes suivant les surfaces et qui s'emploient au tour ou à la main. On mouille les brunissoirs avec une dissolution de savon, ou une décoction de réglisse.

Désargenture. — On est souvent exposé, soit à cause d'un mauvais décapage, soit à cause de l'état du bain ou pour d'autres motifs, à obtenir une argenture imparfaite, et on se trouve dans la nécessité de désargenter les pièces tout en conservant intact le métal sous-jacent. On y arrive aisément à l'aide du mélange suivant :

Acide sulfurique.	10 litres.
Acide nitrique	1 litre.

On opère plus rapidement à chaud.

Il faut avoir soin de tenir ce liquide à l'abri de l'air et de le renouveler assez fréquemment. Lorsqu'il est ancien et qu'il a absorbé l'humidité de l'air en grande quantité, il attaque le cuivre. — Il est bon aussi de prendre la précaution de chauffer légèrement les objets qu'on veut désargenter et en tout cas de les sécher complètement.

Avec ces précautions le cuivre est totalement préservé.

Il sera utile pendant la durée de l'opération d'argenture de retourner les objets de bas en haut, parce que la densité du bain est plus grande au fond qu'à la surface et le dépôt y est plus abondant.

Il est important d'observer de temps en temps l'aspect des anodes ; pendant l'opération elles doivent être grises et redevenir blanches si on les laisse plongées dans le bain sans faire passer le courant. — Si elles restent grises ou noirâtres, cela indique que le bain ne contient pas assez de cyanure ; si, au contraire elles restent blanches pendant l'argenture, le bain est trop riche en cyanure ou ce qui revient au même trop pauvre en argent.

On remarque quelquefois à la surface des objets des stries dues le plus souvent à de petits courants ascendants et descendants. Ces courants viennent de ce que les parties du bain en contact avec les objets deviennent moins denses en abandonnant leur argent et forment un courant ascendant ; d'autre part, le cyanogène forme sur l'anode du cyanure d'argent qui se dissout dans le liquide en contact et rend sa densité plus grande que celle de la masse du liquide qui l'environne, d'où courant descendant. Pour éviter cet inconvénient on agite de temps en temps les objets, ou mieux on leur imprime un mouvement de va-et-vient en suspendant les objets et en imprimant au cadre qui les porte un petit mouvement à l'aide d'un excentrique. Cette disposition est indiquée dans la fig. 8.

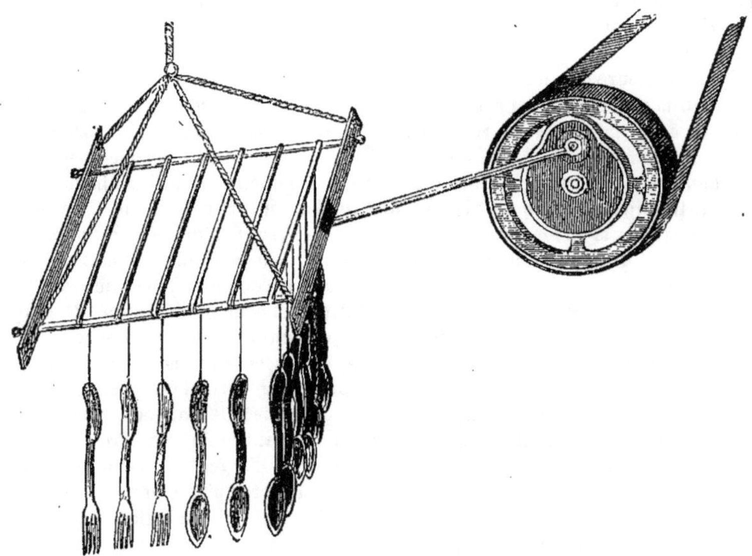

Fig. 8.

Il arrive assez fréquemment qu'il se dépose du sous-cyanure d'argent en même temps que de l'argent métallique. Ce sous-cyanure noircissant rapidement à la lumière, l'argenture devient jaune comme si elle avait été exposée à des émanations sulfhydriques.

Deux moyens sont employés pour prévenir ce résultat : l'un consiste simplement à laisser les pièces au sortir du bain dans une solution chaude de cyanure de potassium; l'autre, dû à M. Mourey, consiste à barbouiller la pièce d'une bouillie claire de borax et à la chauffer légèrement, puis à la plonger dans de l'acide sulfurique étendu d'eau.

C'est aussi, à l'aide d'une dissolution de cyanure de potassium, qu'on rend leur blancheur aux pièces en argent ou argentées, et ce corps est la base des préparations liquides ou en poudre qu'on vend au public sous des noms plus ou moins fallacieux.

Entretien et régénération des bains d'argenture. — La quantité d'argent déposé est presque toujours plus grande que celle qui est abandonnée par les anodes, il faut donc remettre dans le bain un peu de sel d'argent. Nous conseillons d'employer le cyanure d'argent dissous dans son poids de cyanure de potassium. De plus, à la longue, les bains se décomposent, il s'y forme une grande quantité de carbonate de potasse et d'ammoniaque. On peut remettre le bain en état, soit en employant le cyanure de calcium qui précipite du carbonate de chaux et forme du cyanure de potassium, soit en ajoutant de l'acide cyanhydrique qui chasse l'acide carbonique et reforme du cyanure de potassium. Je préfère ce dernier moyen parce que le carbonate de chaux produit par le cyanure de calcium n'est pas complétement insoluble dans le bain, et aussi parce que le cyanure de calcium lui-même, si on en met en excès, ne donne que des résultats très-médiocres.

L'argent déposé par ces procédés est ordinairement mat.

Je n'ai obtenu que des résultats incomplets en essayant d'obtenir de l'argenture brillante d'après le procédé indiqué par M. Bouilhet, mais cet insuccès était peut-être dû à des circonstances spéciales; je n'en citerai pas moins le procédé.

« La meilleure manière d'employer ce réactif, dit M. Bouilhet, est de mettre dans un flacon bien bouché 10 grammes de sulfure de carbone avec 10 litres de bain et de la laisser 24 heures en contact; au bout de ce temps il se forme un précipité noirâtre et la solution est bonne à employer. Avant chaque opération d'argenture, on verse 1 centimètre cube de cette liqueur par litre de bain. »

Pour terminer ce que nous avions à dire sur l'argenture galvanique, il ne nous reste plus qu'à signaler aux argenteurs un écueil assez fréquent, c'est la mauvaise qualité du cyanure de potassium. Rien n'est plus variable que la richesse de ce produit en cyanure réel. On trouve dans le commerce, désignés sous le même nom, des produits qui ne contiennent pas plus de 30 pour cent de cyanure réel et d'autres qui sont presque chimiquement purs. C'est toujours de ces derniers que nous avons entendu parler dans ce que nous avons dit de la dorure et de l'argenture, et nous allons donner un moyen qui permet de reconnaître en quelques secondes, avec une approximation plus que suffisante en pratique, la quantité de cyanure réel qui se trouve dans un cyanure de commerce.

On sait que si l'on verse une solution de nitrate d'argent dans une solution de cyanure de potassium, il se forme d'abord un précipité blanc de cyanure d'argent, mais que ce précipité se redissout aisément par l'agitation tant qu'il reste du cyanure de potassium dans la liqueur, en formant un cyanure double de potassium et d'argent soluble dans l'eau. Le précipité ne deviendra persistant que lorsque tout le cyanure de potassium préexistant dans la liqueur aura été employé à faire du cyanure double.

Or, on a constaté par expérience que 1 gramme du cyanure de potassium le plus pur possible, peut dissoudre 1^{gr},38 de nitrate d'argent fondu avant que le précipité de cyanure d'argent devienne persistant.

Ceci posé, rien de plus simple que les essais de cyanure.

On commence par faire une liqueur titrée qui contienne 1^{gr},38 de nitrate d'argent par 100 centimètres cubes, on pèse 1 gramme du cyanure à essayer et on le met en dissolution dans l'eau distillée.

A l'aide d'une pipette graduée, on mesure 100 centimètres cubes de la liqueur titrée et on verse peu à peu cette liqueur dans le cyanure de potassium en ayant soin d'agiter. Lorsque le précipité se redissout difficilement, on verse avec plus de précaution et goutte à goutte, et on s'arrête aussitôt qu'une goutte de liqueur produit un précipité qui ne se redissout pas malgré l'agitation.

Il suffit alors de lire sur la pipette graduée le nombre de centimètres cubes employés pour se rendre compte de la richesse du cyanure. Si on a employé les 100 divisions, le cyanure est parfait, on le dit à 100°; si on a employé 50 divisions on saura qu'il faut employer deux fois plus de cyanure pour produire le même résultat.

Il existe d'autres méthodes plus scientifiques pour l'essai du cyanure, mais celle-ci basée sur des données expérimentales et d'une extrême simplicité nous a paru la meilleure pour les praticiens qui, en somme, n'ont besoin que de se rendre compte par comparaison de la valeur respective des cyanures.

On rencontre trois sortes principales de cyanures de potassium dans le commerce, et nous fabriquons nous-même ces trois sortes dont voici les richesses respectives :

1° Cyanure de potassium pur, 95° à 100°, employé pour les bains de dorure et d'argenture ; 2° Cyanure à 70°, employé pour les bains de cuivrage et de laitonisage ; 3° Cyanure à 50°, employé en photographie pour enlever les taches de nitrate d'argent.

Ce dernier doit être absolument proscrit des bains galvaniques qu'il rend promptement trop denses en y introduisant une énorme quantité de carbonate de potasse.

Cuivrage galvanique. — Ce cuivrage galvanique s'emploie soit pour donner aux métaux pauvres, fer, fonte, zinc, étain, l'aspect du cuivre ou du bronze, soit pour les préparer à recevoir un dépôt d'un métal plus riche, or, argent ou platine. L'adhérence de ces derniers métaux est en effet bien plus complète grâce à l'interposition de cette couche de cuivre, et souvent même il serait absolument impossible de se dispenser du cuivrage.

Enfin, le cuivrage galvanique sert encore de préparation aux pièces qui doivent recevoir un épais dépôt de cuivre dans le bain acide de galvanoplastie. Si on portait dans ce dernier bain des objets en fer, fonte ou zinc sans les préserver d'abord par une couche de cuivre galvanique, ils seraient attaqués par le liquide du bain et ne donneraient lieu qu'à une réduction du sel de cuivre à l'état de boue métallique.

Les bains de cuivrage s'emploient le plus souvent à froid et se disposent comme les bains de dorure et d'argenture. Les menus objets se cuivrent dans une passoire, disposée comme l'indique la fig. 9. On peut employer plusieurs

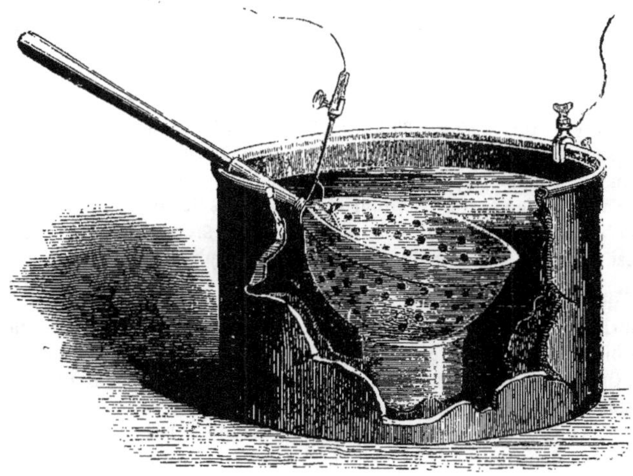

Fig. 9.

formules. Nous citerons les deux suivantes, dont nous préférons la seconde, qui donne un bain fonctionnant bien dès le début :

PREMIÈRE FORMULE.

1k carbonate de cuivre (récemment préparé),
3k cyanure de potassium à 70°,
25 litres eau.

On préparera soi-même le carbonate de cuivre, en précipitant par du carbonate de soude une dissolution de sulfate de cuivre, filtrant et lavant le précipité.

DEUXIÈME FORMULE.

500 grammes acétate de cuivre.
500 — carbonate de soude,
500 — sulfite de soude,
750 — cyanure de potassium.
15 litres eau.

Ce bain s'emploie à froid ou à chaud sur tous les métaux usuels, avec une pile Brunsen et une anode de cuivre rouge.

Pour obtenir le cuivrage jaune ou laitonisage, il suffit de remplacer dans la formule précédente l'acétate de cuivre par

300 grammes sulfate de zinc,
200 — acétate de cuivre.

Le laitonisage est préféré au cuivrage rouge, toutes les fois qu'il s'agit de donner à un objet l'aspect du bronze.

Les teintes qu'il donne sont plus agréables à l'œil et plus faciles à obtenir, mais en revanche, il est plus difficile de déposer bien régulièrement du cuivre jaune que du cuivre rouge, à cause de l'inégale réductibilité des deux métaux qui se trouvent dans le bain de laitonisage. On a un dépôt trop rouge si la source d'électricité est trop faible, et un dépôt trop blanc si elle est trop forte.

On ajoute quelquefois un peu d'acide arsénieux au bain de laitonisage; le dépôt devient plus brillant; il ne faut user de ce moyen qu'avec précaution.

Le laitonisage des fils de fer ou de zinc se fait dans l'appareil indiqué fig. 10, page suivante.

Platinage. — Diverses solutions de platine avaient été indiquées et essayées avec des succès contestables, lorsqu'en 1846, MM. Roseleur et Lanaux découvrirent un procédé qui permet d'obtenir le platine à épaisseur avec une adhérence parfaite et avec toutes les propriétés physiques de ce métal.

Ce procédé d'abord breveté, puis abandonné par les inventeurs au domaine public, est devenu depuis quelques années d'une application assez fréquente.

Voici comment il convient de procéder :

On transforme 10 grammes de platine en chlorure de platine, aussi neutre que possible, et on met le chlorure en dissolution dans 500 grammes d'eau distillée. On ajoute une dissolution de 100 grammes de phosphate d'ammoniaque dans 500 grammes eau distillée, et enfin on redissout le précipité qui s'est formé en versant, peu à peu et en agitant, une solution de 500 grammes phosphate de soude dans un litre d'eau.

On fait bouillir ce liquide pendant plusieurs heures, jusqu'à ce que le bain, d'alcalin qu'il était, devienne sensiblement acide.

Ce bain employé à chaud et sous l'action d'une forte batterie, donne un dépôt de platine adhérent et d'épaisseur presque illimitée, sur le cuivre et ses alliages. Il faut éviter d'y plonger des objets en fer, zinc, étain ou plomb, car le bain se décomposerait promptement et abandonnerait son platine sous la forme d'une poudre noire.

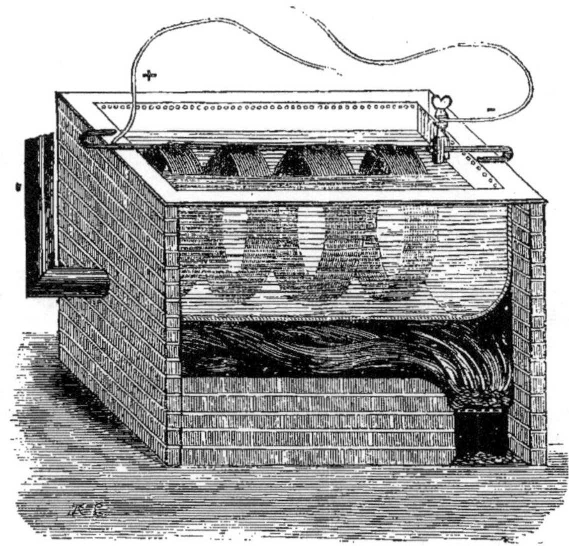

Fig. 10.

Nous avons présenté à l'Exposition divers objets platinés par cette méthode, et notamment des capsules de cuivre platiné, qui ont résisté parfaitement aux acides nitrique et sulfurique à chaud.

Faudrait-il conclure de là qu'on peut à coup sûr remplacer le platine par du cuivre platiné dans ses diverses applications, la concentration de l'acide sulfurique par exemple ? Ce serait une erreur ; la nature même des dépôts galvaniques, qui ne sont que des réseaux à mailles plus ou moins serrées, rend à peu près impossible pratiquement cette application du platinage.

En revanche, le procédé que nous venons de décrire donne d'excellents résultats pour la décoration des lustres, pendules, candélabres, etc., et il est aujourd'hui appliqué par un assez grand nombre d'industriels habiles, parmi lesquels je citerai MM. Gavois, Laudry, Poly frères, Hamelin et Imbert, de Paris.

Nickelage. — On imite quelquefois le platinage par le nickelage; le dépôt de nickel se rapproche du platinage blanc, qu'on obtient dans les vieux bains de platine. Mais le nickel est très-altérable et noircit promptement, ce qui a restreint notablement ses applications. Quoi qu'il en soit, voici une formule qui donne des résultats assez bons :

Sulfite de soude liquide à 25 degrés.......	10 litres.
Azotate de nickel........................	500 grammes.
Ammoniaque	500 grammes.

Antimoniage. — L'antimoine, déposé galvaniquement, a l'aspect du platine gris, il s'obtient très-aisément de la manière suivante :

On fait bouillir 250 grammes de sulfure d'antimoine dans une solution de carbonate de soude (2k pour 10l d'eau), on filtre à *chaud*, et le liquide filtré peut servir immédiatement à l'antimoniage. En refroidissant, ce bain laisse déposer une poudre brune, qui n'est autre chose que du kermès : il va donc sans dire qu'il doit toujours être employé à chaud.

Nous recommandons l'emploi de ce bain trop peu connu, qui peut rendre d'assez grands services dans un grand nombre de cas, en remplaçant le platinage ou l'oxydé sur argent, dont le prix est bien supérieur. L'antimoniage réussit non-seulement sur le cuivre et ses alliages, mais aussi sur le fer et la fonte.

Zincage. — Le zincage galvanique s'effectue très-facilement dans le bain suivant :

Eau..........................	10 litres.
Protochlorure de zinc............	500 grammes.
Cyanure de potassium...........	500 grammes.

Mais il est peu employé parce qu'il ne protége pas le métal sous-jacent contre l'oxydation avec autant d'efficacité que le zincage par immersion dans un bain de zinc fondu, qu'on appelle très-improprement *galvanisation*.

Ferrage. — La principale application du ferrage est de rendre plus durables les planches gravées ou les clichés galvanoplastiques destinés à l'impression.

Les formules de ferrage sont très-nombreuses, et la plupart des praticiens en font mystère. On obtient des résultats satisfaisants à l'aide du procédé qui consiste à opérer dans du chlorure double d'ammonium et de fer.

Je me suis également bien trouvé de la formule suivante :

Sulfate de soude..................	1k
Sulfate de fer et d'ammoniaque....	1k
Eau............................	10 litres.

Le courant doit être faible. On trouve de très-beaux spécimens de ferrage dans la vitrine de M. Samson et dans celle de M. Feuquieres. Ce dernier a de plus créé, pour ainsi dire, la galvanoplastie de fer, dont nous dirons quelques mots en parlant de la galvanoplastie proprement dite.

Bismuthage. — Ses applications sont peu importantes ; le dépôt de bismuth n'est pas plus beau que celui d'antimoine, auquel il ressemble beaucoup, et son prix de revient est vingt fois plus élevé. Cependant, à titre de curiosité, j'ai présenté à l'Exposition quelques objets, que j'ai réussi à couvrir de bismuth, en couche brillante et adhérente, par la méthode que voici :

On précipite une solution de nitrate acide de bismuth par la potasse caustique, et on redissout le précipité dans quantité suffisante de sulfite de soude. On opère avec ce bain à froid et avec très-peu d'électricité.

Plombage. — Le plombite de soude ou de potasse abandonne aisément son métal, mais le plombage n'a que très-peu d'applications industrielles. C'est aussi dans une dissolution de plombite alcalin qu'on obtient les *anneaux colorés* de nobili.

Ici se termine ce que nous avions à dire de l'électro-chimie ; dans un prochain article nous nous occuperons de la galvanoplastie proprement dite.

XLVII

LA MINÉRALOGIE ET LA GÉOLOGIE

A L'EXPOSITION DE PARIS DE 1867

PAR M. **A.-F. NOGUÈS**,

Professeur de sciences physiques et naturelles à l'École centrale lyonnaise et à l'École Saint-Thomas d'Aquin (Oullins).

IV

2° COMBUSTIBLES MINÉRAUX.

GRAPHITE. — ANTHRACITES. — HOUILLES. — LIGNITES. — TOURBES. — BITUMES. PÉTROLES.

Les combustibles minéraux ou charbons fossiles sont des charbons qui se trouvent en couches considérables dans l'intérieur de la terre; ils laissent pour résidu de leur calcination une proportion plus ou moins grande de coke; ils fournissent à l'industrie de précieuses sources de chaleur. Mais leur emploi dans les diverses applications industrielles et métallurgiques dépend de leur richesse en charbon, de leur état d'agrégation, de l'abondance et de la nature des matières volatiles qu'ils renferment, enfin de la quantité du coke qu'ils laissent pour résidu de leur distillation.

Les combustibles minéraux sont formés essentiellement de carbone mélangé avec des éléments gazeux, oxygène, hydrogène et azote, contenant en outre des mélanges de diverses substances métalliques, de l'argile, du carbonate calcique, de la silice, des pyrites, etc. Les différences dans la composition des charbons fossiles sont en partie en rapport avec l'ancienneté des couches terrestres qui les contiennent. A mesure que les combustibles sont plus anciens, par suite que la décomposition de la matière organique est plus avancée, la proportion des matières volatiles, de l'oxygène et de l'hydrogène va en diminuant, la quantité de carbone va donc en augmentant graduellement.

De nombreuses analyses ont prouvé que la quantité d'oxygène diminue du bois à la tourbe, de celle-ci au lignite, du lignite à la houille et de celle-ci à l'anthracite, tandis que la proportion de l'hydrogène reste à peu près constante. Un combustible minéral est donc d'une époque de formation d'autant plus récente qu'il contient une plus forte proportion de matières gazeuses et que le rapport de l'oxygène à l'hydrogène est plus élevé. Par suite, la composition des combustibles minéraux se rapproche de plus en plus de celle du bois à mesure qu'ils appartiennent à des terrains plus modernes.

Au contraire, les charbons fossiles sont d'autant plus riches en carbone qu'ils sont enclavés dans un terrain plus ancien. Comme la puissance calorifique d'un combustible dépend de la quantité de carbone qu'il contient dans un poids déterminé de matière, il en résulte que cette puissance croît à mesure que l'on emploie des charbons plus anciens.

Nous diviserons les charbons fossiles ou combustibles minéraux en six sections :

1° Graphites;
2° Anthracites, combustibles des terrains primaires;
3° Houilles, combustibles des terrains primaires supérieurs (houillers);
4° Lignites, combustibles des terrains tertiaires et secondaires;
5° Tourbes, combustibles des terrains quaternaires et modernes;
6° Bitumes, huiles minérales, pétroles, asphaltes.

Les terrains primaires proprement dits (siluriens et dévoniens) ne fournissent que bien rarement un combustible capable de remplacer la houille pour les usages métallurgiques, comme par exemple dans la fusion des minerais de fer.

Ceux d'un âge plus moderne que la houille, comme les lignites, ne produisent pas, sous le même volume, une température propre au travail des hauts-fourneaux. Du reste, les caractères physiques s'accordent avec ces distinctions géologiques : l'anthracite, plus compacte et plus dur que la houille, offre généralement une cassure conchoïdale ; la houille, presque toujours schisteuse, est fragile et s'écrase par le plus léger choc. Les lignites, en général, possèdent un tissu qui rappelle leur origine végétale, tandis que dans l'anthracite et la houille, la structure ligneuse a disparu; enfin, la densité décroît de l'anthracite à la houille, de la houille au lignite, et du lignite à la tourbe.

D'après les analyses de MM. Berthier, Regnault et Rivot, la richesse en coke augmente avec l'ancienneté des combustibles minéraux; le graphite contient de 92 à 94 p. 100 de charbon, l'anthracite de 80 à 90 p. 100, les houilles de 60 à 80, les lignites de 40 à 50, et les tourbes de 20 à 38 p. 100.

Pour acquérir une connaissance exacte des qualités d'un combustible, il faut connaître son pouvoir calorique ou la quantité de chaleur qu'il dégage en brûlant, afin de savoir quel est l'effet qu'il est capable de produire dans une circonstance donnée. Il faut remarquer que, sous des poids égaux, les différents combustibles dégagent des quantités de chaleur très-inégales. Le pouvoir calorifique des anthracites et des houilles est au moins égal à celui du charbon végétal, mais celui des lignites est plus faible : les bitumes, les asphaltes et le pétrole ont un pouvoir calorifique supérieur à celui de la houille et du coke.

A cause de leur grand pouvoir calorifique, les combustibles minéraux ont d'importants usages industriels; ils servent au chauffage d'appareils à vapeur, des fours employés en métallurgie, des foyers domestiques, à la fabrication du gaz de l'éclairage, etc.

1° Graphite ou Plombagine.

Le graphite paraît d'origine organique; la concordance des couches ou des amas de ce minéral avec la direction des strates dans lesquelles il est intercalé, montre qu'il est contemporain des couches qui le renferment. Dans les Alpes, le graphite se trouve dans des terrains d'une époque relativement récente; on en a trouvé dans les terrains houiller, jurassique et même tertiaire. Au col de Chardonnet, près de Briançon, il est intercalé dans des couches sédimentaires avec empreintes végétales; sur d'autres points des Alpes, il gît dans les calcaires jurassiques.

Il nous semble qu'on peut facilement admettre, au moins pour la région alpine, que le graphite n'est qu'une houille ou un anthracite modifié par l'action des causes ignées, comme, par exemple, l'éruption ou l'éjaculation de certaines roches éruptives, diorites, porphyres, serpentines et autres, causes qui ont fait perdre à la houille et à l'anthracite leurs matières volatiles et leur ont donné une structure cristalline.

Il est donc supposable que, dans la plupart de ses gisements, le graphite a pour origine des végétaux enfouis dans le sol. Mais il est bien difficile d'admettre cette origine végétale pour le graphite des aérolithes et pour celui qui colore certaines roches cristallines. Ce graphite peut avoir la même origine que le diamant et appartenir aux mêmes causes qui ont fourni le carbone à l'acide carbonique de la primitive atmosphère et aux premières roches carburées ou carbonatées.

Le graphite affecte deux modes de gisements : on le trouve dans les terrains primaires anciens ou même dans le sol primordial (gneiss, micaschiste, schiste argileux, calcaire). Il s'y montre en amas et en veines intercalées dans les plans de stratification des roches (Pontivy, en France) ; dans le Cumberland, il constitue des rognons alignés en forme de chapelets, qui traversent comme des filons les schistes argileux et des masses de porphyres pétrosiliceux. Dans le Lyonnais, on a signalé du graphite dans les schistes de Sain-Bel, dans le gneiss ou micachiste de Chaponost, Francheville et Vaugneray (environs de Lyon); on l'a trouvé dans le calcaire métamorphique des environs de Louhoussoa (Basses-Pyrénées), dans les schistes et calcaires primaires des Corbières (Aude) et de l'Aveyron.

Il se trouve quelquefois dans des roches cristallisées d'origine ignée ou plutonique; on l'a observé au milieu du granite (dans les Pyrénées, Savoie, États-Unis), dans les syénites (Norwége), dans les porphyres (Hartz, Angleterre), dans les serpentines ou diorites (Pyrénées, Piémont).

Le graphite affecte aussi un autre mode de gisement, comme nous l'avons déjà dit : il est quelquefois intercalé au milieu des roches sédimentaires.

Bavière. — Les principaux gisements de la Bavière sont placés dans le calcaire blanc saccharoïde ou dans le gneiss des environs de Passau.

Le graphite de la Bavière sert principalement à la fabrication des creusets dits de mine de plomb, destinés aux fondeurs en métaux et surtout aux fondeurs en cuivre.

Les crayons se fabriquent avec du graphite de première qualité ; les qualités inférieures, qui ne donnent que de la poudre, servent pour adoucir les frottements dans les machines en bois; broyée avec de la graisse, cette poudre graphiteuse forme une espèce de pommade onctueuse, qui sert à adoucir le frottement des engrenages et des axes tournants.

La Bavière a exposé quelques produits fabriqués en graphite : des creusets et des crayons.

M. Louis Raum fabrique des creusets, à Nuremberg. Creusets en graphite, des grandeurs numéro 1 à 400. Le numéro correspond au volume d'un kilogramme, de sorte que le numéro 1 correspond à la capacité d'un kilogramme de matière, le numéro 400 contient donc 400 kilogrammes de matière. Les prix s'estiment à raison de 5 kreutzers par kilogramme de capacité, marchandises prises à Nuremberg. Un tel creuset en graphite doit pouvoir supporter de 30 à 40 fusions de laiton. La coulée peut se faire en divers compartiments; le creuset peut successivement passer du froid au chaud sans se casser ni se fendiller.

L'importante maison Gruber et Raum n'a rien exposé; d'ailleurs, M. Louis

Raum, dont la fabrique a été fondée en 1866, est le seul fabricant bavarois qui ait envoyé des creusets en graphite à l'Exposition de 1867. Est-ce que les produits de la Bavière n'ont pas osé lutter avec leurs congénères anglais?

La fabrication des crayons noirs et des crayons colorés est une industrie importante de la Bavière, florissante principalement à Munich et Nuremberg. Le graphite du pays n'est pas d'une qualité supérieure ; les industriels bavarois emploient de préférence celui du Cumberland et de la Bohême, seul ou mélangé. Le graphite de Sibérie ne peut, à cause de sa dureté, être employé pour faire des crayons tendres ; cependant la maison Faber, de Nuremberg, qui l'emploie presque exclusivement, sait en tirer un excellent parti et fabriquer avec lui des crayons d'une qualité supérieure, très-estimés.

M. Nopitsch a exposé une collection de crayons de toutes sortes et de toutes qualités ; nous y avons remarqué des crayons en hélice, brevetés en Bavière, en France et en Angleterre, ainsi que les crayons Fideivis à mine mobile.

La fabrique de M. Nopitsch, à Schweinau, près de Nuremberg, occupe environ 100 ouvriers; elle utilise une machine à vapeur de 10 chevaux, et environ 40 machines auxiliaires.

La maison Berolzheimer et Illefelder, à Fürth, fabrique des crayons de toutes nuances et de toute dureté ; elle occupe 95 ouvriers des deux sexes et 75 familles. L'exposant n'emploie pour ses produits que le graphite de première qualité, provenant du Cumberland, de la Bohême et de l'Espagne.

M. J.-J. Rehbach, à Ratisbonne, a exposé des crayons de diverses nuances pour architectes, dessinateurs, sténographes, menuisiers, charpentiers ; des pastels et crayons ordinaires pour portefeuilles et écoliers; enfin des crayons de stéatite.

Les produits de l'exposant se distinguent par la pureté de la matière, la douceur du trait, la force de la mine, et par un degré de dureté uniforme ; ils sont expédiés en France et en Angleterre, où ils sont très-appréciés.

La fabrique de M. J.-J. Rehbach occupe 300 ouvriers et 2 machines à vapeur de la force totale de 25 chevaux, avec trois générateurs. En outre, dans l'atelier de menuiserie, se trouvent en activité environ 100 machines isolées, à raboter, à scier, etc. La fabrique consomme 10,000 quintaux de charbon de terre par an, pour 30,000 florins de cèdre de Floride, environ 15,000 florins d'autres bois, et 12,000 florins de graphite de Bohême.

M. J. S. Stædler, fabricant de crayons et pastels à Nuremberg, emploie 150 ouvriers, 3,000 quintaux de bois de cèdre, 100 quintaux de graphite, 70 quintaux de cinabre et 100 quintaux d'autres couleurs.

M. Lothar de Faber, raison sociale : A. W. Faber, à Stein, près Nuremberg et Geroldsgrün, en Haute-Franconie. La maison Faber, dont les crayons sont très-connus et très-estimés, existe depuis 1761 ; elle appartient à l'exposant depuis 1839; elle occupe plus de cinq cents ouvriers.

On emploie dans la fabrique la vapeur et la force hydraulique, deux machines à vapeur, de 20 chevaux chacune et une roue hydraulique de douze chevaux, ce qui donne une force totale de 64 chevaux. La production par semaine est de 345,600 crayons.

Les crayons, même les moins chers, ont le bois de cèdre durci à la vapeur; les crayons fabriqués de 4, 5 et 10 degrés de dureté répondent complétement à toutes les exigences de l'art et aux besoins les plus variés.

Les crayons d'artistes, inventés par l'exposant, présentent, d'après l'inventeur, sur tous les autres, les avantages suivants : 1° Ils sont plus économiques, parce que leur bois, ou mieux leur porte-crayon, ne s'endommage pas quand on le taille, et qu'il peut durer longtemps ; 2° il sont aussi plus commodes que ceux dont le bois se raccourcit en même temps que le crayon, ce qui les rend difficiles à tenir pour dessiner ou pour écrire ; 3° ils sont plus propres, parce qu'ils ne se taillent pas avec le couteau, mais avec la lime.

La maison Faber emploie le graphite de Sibérie, principalement le graphite Alibert, dont nous parlerons plus bas.

Les crayons à graphite de Sibérie se distinguent des crayons ordinaires par les qualités suivantes : 1° Leur mine est extrêmement pure et ne contient pas de parties étrangères; 2° ils restent pointus et le graphite ne s'use que peu; 3° ils sont plus doux, plus délicats et uniformément durs ; 4° le crayon est d'une seule pièce; sa finesse et sa dureté donnent des traits de la plus grande délicatesse.

Ces qualités de graphite de Sibérie, qui le font rechercher par la maison Faber, sont les mêmes, tournées en défaut par une maison rivale (Berolzheimer et Illefelder); mais le public, le meilleur juge dans des questions d'exellence et de supériorité des produits des deux maisons, semble accorder ses préférences et ses faveurs aux crayons Faber, devenus populaires en France et en Allemagne.

La maison Faber a établi (1862) à Geroldsgrün une fabrique d'ardoises, qui occupe 300 ouvriers et produit de 2,000 à 2,500 douzaines d'ardoises par semaine.

Les crayons, dits mine de plomb, se fabriquent avec du graphite de première qualité ; ces crayons, rares et fort chers d'ailleurs, se laissent tailler sans se briser. Le graphite est scié en petits prismes rectangulaires et obtenu sous forme de baguettes, que l'on introduit dans des rainures creusées dans des cylindres ou des prismes de bois de cèdre, de genévrier ou de cyprès.

La plupart des crayons du commerce sont formés avec la poussière qui provient du sciage du graphite. Au moyen de la gomme ou de la colle de poisson on fait une pâte qui donne des crayons assez bons, auxquels il manque un peu de tenacité.

Les crayons de qualité inférieure sont formés avec cette même poussière ou avec des graphites inférieurs que l'on mélange avec des matières terreuses ou avec du sulfure d'antimoine ou de charbon de terre.

Le graphite sert aussi à frotter la fonte et la tôle pour les préserver de la rouille : on en couvre les poêles de terre pour leur donner l'aspect de la fonte.

On l'emploie en galvanoplastie pour métalliser les surfaces non conductrices que l'on veut recouvrir d'une couche métallique.

Angleterre et ses colonies. — L'Angleterre possède, dans le Cumberland, des gites de graphite de première qualité ; ce graphite, qui sert à la confection des excellents crayons anglais, est exporté sur le continent : la plupart des fabricants français et bavarois l'emploient seul et plus souvent mélangé avec les graphites du pays et ceux de la Bohême. Malheureusement ces gites d'excellent graphite du Cumberland sont presque épuisés aujourd'hui.

Dans la galerie affectée aux produits de l'exploitation des mines et de la métallurgie, l'Angleterre a exposé quelques échantillons de ses graphites. M. Reckit et fils, Hull and London Black leads, exposition de plusieurs échantillons de graphite.

La compagnie Patent Plumbago Crucibles (la compagnie brevetée des creusets en plombagine) Battersea Works, à Londres, a exposé du graphite et des creusets fabriqués avec cette matière. Ces creusets d'une qualité supérieure sont en usage depuis plusieurs années en Angleterre, aux colonies, en France et dans d'autres pays étrangers.

Ils ont été adoptés dans les arsenaux de la Grande-Bretagne et de la France, la plupart des fondeurs et des affineurs les emploient. Ils passent sans inconvénients du chaud au froid ; ils supportent sans dangers 40 à 50 fusions.

S'il faut s'en rapporter aux dires de la compagnie, ces creusets offrent une grande économie sur le travail et sur le métal ; dans la fusion de l'acier, l'économie du combustible est d'une tonne 1/2 pour chaque tonne d'acier fondu. Pour la fusion du zinc, ils durent plus que les creusets en fer : ils évitent la grande perte qui provient de l'alliage avec le fer. Pour la fusion de la fonte, ils durent autant que les autres creusets tout en faisant le double du travail.

Les exposants suivants ont envoyé au Champ de Mars des produits de leur fabrication dont la matière première est le graphite anglais :

MM. Doulton et Watts, creusets en graphite et autres objets allant au feu; M. Hynam John, 61 Princes-square, Wilson street, Finsbury, London graphite non ouvré, et creusets de diverses dimensions.

M. Juleff John, Fore-street, Redruth, creusets de Cornouailles et pots de graphite.

MM. Adam William, 45, Hyde-Park street, Glasgow, creusets en graphite; Smaill, R, et Ce, Newcastle-Upon-Tyne, argile comprimée et creusets en graphite. Les creusets anglais ont une réputation d'ailleurs bien méritée qui les fait rechercher par les chimistes et les fondeurs.

La fabrication des crayons en graphite, depuis quelques années, a diminué de son importance d'autrefois ; pour ce produit, l'Angleterre aujourd'hui importe de la Bavière. Cependant les crayons en graphite de Cumberland sont toujours recherchés et n'ont rien perdu de leur réputation, que quelques maisons anglaises maintiennent toujours au même niveau en ne livrant que de bons produits.

La maison Brockedon William et Ce, 34 Great-Ormond-Yard, à Londres a exposé de beaux échantillons de graphite pur du Cumberland (breveté) pour crayons.

MM. Cohen, Barnet S. 9, Magdalen-row, à Londres, fabricants de crayons en graphite, ont exposé les produits qu'ils fabriquent. M. Wolf et fils, en même temps que les crayons fabriqués, nous montrent les beaux graphites qui servent à leur fabrication.

M. Lemière (H), à Madagascar, a envoyé à l'Exposition des échantillons d'un beau graphite tiré des mines de Madagascar. La Compagnie pour l'exploitation des mines de graphite du Canada, à Buckingham, a exposé quelques échantillons des matières qu'elle retire du sein de la terre.

Le graphite du Canada a déjà figuré à l'Exposition universelle de 1855. Ce graphite est fréquemment disséminé en petites paillettes dans les calcaires cristallins et forme aussi des veines qui ont quelquefois une épaisseur considérable. Deux de celles-ci se trouvent près de Grenville, sur l'Outaouais, dont l'une a été exploitée il y a quelques années. Le graphite est en trois filons détachés, ayant chacun une épaisseur d'à peu près douze centimètres, et il est ici accompagné de wollastonite, orthose, idocrase, grenat, zircon et sphène. De beaux échantillons de graphite ont été trouvés en plusieurs autres localités. Le graphite de ces calcaires étant très-cristallin et lamelleux, il ne peut pas être scié comme le graphite de Cumberland, et d'ailleurs sa couleur est grisâtre et son éclat métallique, de sorte qu'il ne conviendra pas à la fabrication des crayons. Il peut pourtant très-bien servir pour les creusets réfractaires.

Le graphite du Canada, dans le terrain laurentien inférieur, se trouve à la fois disséminé sous forme de lames cristallines dans les couches calcaires ou siliceuses et accumulé dans les filons qui les traversent. Parmi les couches graphiteuses, il y en a qui renferment jusqu'à 40 ou 50 pour 100 de graphite, qu'on peut séparer par des procédés mécaniques.

Ce graphite du terrain laurentien, qu'on a exploité depuis plusieurs années à Ticonderoga, dans l'État de New-York, ressemble beaucoup à celui de Ceylan. On vient d'ouvrir dans les cantons de Buckingham et Lochaber plusieurs gisements de ce minéral. Les échantillons exposés au Champ de Mars offrent du graphite purifié ainsi que de la matière brute ; le gisement de ce graphite paraît inépuisable et semble pouvoir donner lieu à une industrie importante (Logan et Sterry-Hunt). La Commission géologique du Canada, la Compagnie des graphites de Lochaber et M. Alexandre Morris ont aussi exposé divers échantillons de graphite. Ceux du nord Elmsley offrent des variétés provenant d'une couche de roche siliceuse d'une grande épaisseur, renfermant de 40 à 50 pour 100 de graphite, dont on parvient à retirer, par des procédés mécaniques, 25 pour 100 à l'état de pureté.

L'Australie du Sud renferme quelques gisements de graphite ; l'exposition des colonies anglaises contient des creusets fabriqués avec le graphite de cette contrée. Les gisements de Spencero Gulf sont assez importants pour être fructueusement exploités par une Compagnie (Compagnie Mussinie).

Les variétés amorphes et cristallines de graphite de Ceylan (Indes) sont estimées et recherchées; mais celles qui sont cristallisées, à cause de leur texture cristalline, ne peuvent servir à la fabrication des crayons.

États-Unis d'Amérique. — Les États-Unis d'Amérique possèdent d'importants dépôts de graphite. Dans ce pays, cette matière est principalement employée à la fabrication des creusets réfractaires pour la fusion des métaux ; les gisements principaux sont en Pensylvanie, dans les États de New-York, de New-Jersey, dans le Massachusetts et à Baltimore ; dans l'État d'Alabama, on trouve du graphite dans la vallée de Stone; les nodules de graphite, qui abondent en grenat, sont très-purs.

Les États-Unis d'Amérique, quoique bien pourvus de graphite propre à la fabrication des creusets pour les fonderies, ne sont pas très-riches en graphite pour la fabrication des crayons; aussi reçoivent-ils de la Bavière la plus grande partie de ceux qui s'y consomment. Dans la classe 7, nous avons remarqué quelques échantillons de crayons exposés par des Américains.

M. J. Dixon et Ce de Jersey City, de l'État de New-Jersey, a exposé du graphite en poudre pour la confection des creusets réfractaires, et des creusets fabriqués en Amérique.

Brésil. — Le graphite se trouve dans plusieurs provinces du Brésil, principalement dans celles de Rio Grande du Sud et de Cearã. Dans cette dernière, il forme des ondulations dans le gneiss, et imprègne les calcaires saccharoïdes de petites lames cristallines. M. Victor Sallard, au Cearã, a exposé du graphite brut et du graphite lavé.

Suède et Norwége. — Le royaume uni de Suède et Norwége renferme quelques gîtes de graphite, qui sert à la fabrication des creusets réfractaires ; mais la plus grande partie de ces appareils sont importés de la Bavière et de l'Angleterre. Les principaux gisements de graphite, dans le royaume scandinave, sont ceux de Fagersta (Suède) et de Friederichswarn (Norwège). Les usines de Fagersta ont exposé des échantillons de graphite.

Russie. — La Sibérie est riche en dépôts de graphite d'une excellente qualité. Il est dur, se taille très-bien et acquiert un beau poli. On l'emploie comme pierre d'ornementation; on en fabrique une foule d'objets de luxe, de fantaisie ou d'art. Outre le poli, il reçoit des décorations métalliques ; les métaux s'y appliquent très-bien ainsi que les émaux.

M. Alibert a exposé des échantillons de graphite amorphe brut, taillé et décoré.

Les objets exposés forment un trophée qui attire l'attention des minéralogistes et des amateurs des choses rares et curieuses.

M. Alibert a découvert sa mine de graphite au sommet du mont Balougol, en plein des monts Saïan; elle se trouve près des frontières de la Chine, à 400 kilomètres d'Irkoutsk, dans une contrée sauvage et très-froide où le thermomètre se tient en permanence, pendant l'hiver, à 12 et 15 degrés au-dessous de zéro.

Le graphite Alibert gît dans le granite; il est expédié à Nuremberg, et n'arrive à sa destination qu'après deux ans de voyage. Des traîneaux le transportent de la mine jusqu'au fleuve Amour; de là, il gagne Nicolaweski, après avoir parcouru une distance de 4,000 kilomètres. Du port de Nicolaweski, le graphite continue son voyage par le Pacifique et l'Atlantique, et n'arrive en Europe qu'après avoir effectué ce long trajet.

MM. Samsonoff et Mamontoff ont exposé du graphite provenant de la province de Semipalatinsk, district de Serguiopol (Sibérie).

M. Sidoroff, à Krasnoïarsk, a exposé du graphite brut et des objets fabriqués avec cette matière, tels que briques réfractaires, creusets et crayons. Ce graphite a deux provenances : 1° celui de Sibérie provient des bords des rivières Toungouska, Kourcïba, Orana et Oussa; 2° le graphite de Finlande vient des gîtes de Kuopio et de Saint-Michel.

Grèce. — L'exposition hellénique n'est pas riche en matières premières tirées du sol; cependant la Grèce est un pays privilégié, où la nature semble s'être complue à répandre toutes les richesses : beauté du ciel, végétaux et minéraux, tout est donné à profusion.

M. Valassopoulo (Jean), à Sparte, a exposé des graphites, des lignites et des porphyres.

Italie. — L'Italie ne possède que quelques rares gîtes de graphite situés en Piémont. M. Rigotti Paul, à Malo (Vicence), a exposé quelques échantillons de graphite. M. Brocchiardi Bonaventura, de Turin, a envoyé à l'Exposition des creusets fabriqués avec l'argile et le graphite qu'il a découverts dans l'arrondissement de San Gennaro.

Ces divers produits sont loin d'avoir la valeur de ceux qui sont fabriqués avec les graphites de l'Angleterre, de la Bohême ou de la Bavière. Cependant, en Piémont, on trouve des variétés d'une bonne qualité et très-propres à fabriquer des creusets supérieurs.

Autriche. — L'Autriche possède de riches et d'importants gîtes de graphite en Bohême et en Hongrie; les plus remarquables gisements se trouvent à Mugrau, Altstadt, Zaptau, à Swarbock, etc.

Ces graphites sont d'excellente qualité; ils sont en partie exportés en Bavière pour servir à la fabrication des crayons et en partie employés sur place et dans certaines villes industrielles de l'Allemagne.

Les exposants autrichiens qui ont envoyé du graphite au Champ de Mars sont plus nombreux que ceux des autres pays. M. Buhl, à Altstadt en Moravie, a exposé divers échantillons de graphite; M. le baron François de Kaiserstein, à Raabs (Basse-Autrich), du graphite brut et du graphite lavé; M. Klein, à Zoptau, du graphite et produit des mines ; M. Eggerth et Cie, à Mugrau, près Oberplan (Bohême), du graphite brut; M. Holzmeister, à Altstadt, a exposé les produits des mines de graphite; M. Hobacdk, à Prague (Bohême), du graphite brut; M. Preindlsberger, à Vienne, échantillons de minéraux qui accompagnent le graphite et graphite naturel; M. Umrath, à Oels (Moravie), graphite.

M. le prince Jean-Adolphe, de Schwarzenberg, a exposé du graphite brut et du graphite travaillé provenant des mines de Schwazbach en Bohême. Ce graphite, d'un noir plus foncé que celui de Sibérie, se taille et se polit très-bien; le poli qu'il prend est très-beau : on le façonne en vases, socles et autres objets d'ornement, dont quelques échantillons sont exposés au Champ de Mars, section autrichienne, classe 40. Le ton de ce graphite est plus mat et d'un éclat moins brillant, ou moins métallique que celui du graphite de Sibérie de la mine Alibert.

Espagne. — L'Espagne, dont le sol des montagnes est constitué par les terrains primordiaux et primaires, renferme quelques gîtes de graphite de bonne qualité, qui est exporté jusqu'en Bavière. Mais l'Exposition de 1867, qui d'ailleurs nous montre de nombreux minerais métallifères de l'Espagne, ne renferme ni graphite brut ni produits obtenus avec cette matière.

France.—La France possède en Bretagne, dans les Pyrénées (Lahoussoa, Ariége), les Alpes, l'Aveyron, des graphites employés pour la fabrication des creusets et des briques réfractaires.

M. Ruffié, à Foix, propriétaire des mines de l'Ariége, a exposé divers échantillons de minerais de son département, parmi lesquels se font remarquer plusieurs échantillons de graphite accompagnant, dans la vitrine de l'exposant, de l'ocre, de la stibine, barytine, carbonate et silicate de cuivre, cuivre gris, feldspath en voie de décomposition, pegmatite, talc blanc, manganèse, kaolin, hématite, oligiste.

M. Ch. Mène donne les résultats analytiques suivants sur la composition des graphites de France, de l'Angleterre, de la Bavière, de la Bohême, etc.

PROVENANCES des échantillons de graphite analysés.	Densité.	Matières volatiles.	Carbone.	Cendres.	COMPOSITION DES CENDRES P. 100.				
					Silice.	Alumine.	Fer.	Chaux, magnésie.	Alcalis, perte.
Graphite.									
De Cumberland (très-beau).	2.3455	1.10	91.55	7.35	0.525	0.283	0.120	0.060	0.012
De Cumberland (ordinaire).	2.2379	3.10	80.85	16.05	»	»	»	»	»
De Cumberland (en poudre).	2.4092	6.10	78.10	15.80	0.585	0.305	0.075	0.035	0.000
De Passau (Bavière).......	2.3032	7.30	81.08	11.62	0.537	0.356	0.068	0.017	0.022
De Mugrau (Bohême).....	2.1197	4.10	91.05	4.85	0.618	9.285	0.080	0.007	0.010
De Fagersta (Suède)......	2.1092	1.55	87.65	10.80	0.586	0.315	0.072	0.005	0.022
De Ceylan (cristallisé).....	2.3501	5.10	79.40	15.50	»	»	»	»	»
D'Australie du Sud.......	2.3701	2.15	25.75	72.10	»	»	»	»	»
D'Altstadt (Moravie)......	2.3272	1.17	87.58	11.25	»	»	»	»	»
De Zoptau (Autriche)......	2.2179	2.20	90.63	7.17	0.550	0.300	0.143	0.000	0.007
De Ceara (Brésil)........	2.3865	2.55	77.15	20.30	0.790	0.117	0.078	0.015	0.000
Du Canada (Buckingham)...	2.2863	1.82	78.48	19.70	0.650	0.251	0.062	0.005	0.012
De Madagascar..........	2.4085	5.18	70.69	24.13	0.596	9.596	0.068	0.012	0.006
De Pissie (Hautes-Alpes)...	2.4572	3.20	59.67	37.13	0.687	0.687	0.081	0.015	0.009
De Brussin (Rhône).......	2.2029	0.28	93.00	7.72	»	»	»	»	»
De Schwarzback (Bohême)..	2.3438	1.05	88.05	10.90	0.620	0.285	0.063	0.015	0.017
De l'Oural (Mont Alibert) ..	2.1759	0.72	94.03	5.25	0.642	0.247	0.100	0.008	0.003

Le même chimiste a fait trois analyses de creusets en plombagine de provenance anglaise et d'une qualité supérieure. Voici ses résultats :

	Silice.	Alumine.	Oxyde de fer.	Graphite.	Eau.	Chaux.	Perte.
N° 1.....	51.40	22.00	3.50	20.00	1.80	0.20	1.10
N° 2.....	45.10	16.65	0.95	34.50	2.50	0.00	0.30
N° 3.....	50.00	20.00	1.50	25.50	3.00	0.50	0.50

2° Anthracite.

L'anthracite est composé essentiellement de carbone; indépendamment de l'eau, il renferme une petite quantité de matières volatiles et ne donne pas d'huiles à la distillation ou à peine des traces. Il contient, par mélange, des matières terreuses, telles que l'argile schisteuse, le sable quartzeux, les pyrites de fer, le carbonate calcique; la dolomie et la sidérose s'y montrent cependant rarement. Les cendres de l'anthracite sont donc habituellement composées de sable, d'argile, d'oxyde ferrique et de silicate aluminique.

L'anthracite est d'un noir grisâtre, d'un éclat demi-métallique, opaque, brillant, irisé quelquefois à sa surface; il ne tache pas les doigts comme la houille, est très-compacte et très-peu hygrométrique; sa densité varie de 1, 24 à 2; sa dureté est très-variable, certaines variétés rayent le verre et prennent un assez beau poli (anthracite du Don).

L'anthracite brûle difficilement, il ne s'embrase qu'en grandes masses et à une chaleur très-élevée; il ne s'agglutine pas et décrépite à la première impression de la chaleur; sa flamme est très-courte, sans fumée ni odeur.

En France, l'administration des mines considère comme anthracites tous les combustibles minéraux qui ne donnent pas de coke par la distillation en vase clos, ni des matières huileuses et gazeuses en notables quantités, et dont le résidu fixe de la distillation, abstraction faite des cendres, s'élève au moins à 85 p. 100.

M. Dumas cite (Comptes rendus, 18 mars 1867) des nodules de charbon anthraciteux qui rayent le verre et même des corps plus durs; sa densité est de 1,66; un fragment de cette matière a donné les résultats suivants : « 0,200 de matière brute ont laissé 0,008 de cendres. On a pulvérisé avec soin le reste de cette matière, et on l'a soumis à des lavages par décantation. 0,500 de matière obtenus par lavage ont donné 0,021 de cendres, grises, non frittées et sans action sur le tournesol rougi. »

« La matière obtenue par les opérations de lavage et de décantation a été analysée :

I. 1.000 n'ont donné aucune trace d'azote.

II. 0.100 ont fourni 0.343 acide carbonique et 0.005 eau.

III. 0.200 ont fourni 0.687 acide carbonique et 0.014 eau.

Soit, en centièmes :

	II	III
Carbone.........	93.44	93.67
Hydrogène.......	0.65	0.77

« En mettant de côté les cendres, on arrive en définitive, pour la matière charbonneuse pure, aux nombres suivants :

Carbone.................	97.6
Hydrogène................	0.7
Oxygène.................	1.7
	100.0

c'est-à-dire à la composition de l'anthracite.

« On ne peut s'empêcher, dit M. Dumas, en terminant sa note, de remarquer « que ce produit offre ce contraste singulier qu'avec l'apparence, l'opacité, la « densité et la composition de l'anthracite, il possède une dureté et prend un « poli qui fait involontairement penser au diamant en voie de formation. L'ob-

« jet de cette note est seulement d'appeler d'une manière plus spéciale, « au moment où l'Exposition universelle réunit les productions de tous les « pays, l'attention des géologues sur les anthracites, qui renferment peut-être « des nodules analogues; de faire connaître, s'il se peut, l'origine des nodules « qui nous occupent, et de fournir, dans tous les cas, un document utile à l'his- « toire des matières charbonneuses. »

M. Mène a obtenu artificiellement des nodules charbonneux qui rayent le verre et l'acier ; voici, du reste, ce qu'il a écrit à M. Dumas, à propos de la note précédente :

« Il y a au Creusot une couche de charbon anthraciteux...... La houille en « était noire, terne, un peu brillante parfois, friable et ne donnant pas de coke « dans les fours à coke ; elle brûlait difficilement et à la manière des anthracites; « sa densité est de 1,420...........

« Lorsqu'on porte cette houille à une haute température (au moufle d'un four- « neau à coupelle), elle perd ses principes volatils et se convertit en une matière « friable et d'apparence un peu métallique, gris d'acier. Lorsque la température « a été soutenue longtemps sur cette houille (deux heures environ) et que la « matière a été prise en morceaux, on la retrouve dans le creuset sous la même « forme, et presque toujours alors ces morceaux peuvent rayer le verre et l'acier « avec le cri du diamant. Cette substance a, dans ce cas, pour densité 1,637 ; sa « composition est :

Matières volatiles............	1.0	
Charbon fixe...............	96.8	100.0 en moyenne.
Cendres...................	2.2	

« En faisant l'expérience dans un four à coke, c'est-à-dire en introduisant « dans le four, à travers la houille, soit un creuset rempli de ce charbon, soit « de la houille anthraciteuse elle-même, on retrouve au défournement l'anthra- « cite avec un éclat métallique très-remarquable ; sa dureté est très-grande et « les morceaux sont volumineux (relativement parlant); sa densité et ses pro- « priétés, de même que l'analyse, sont les mêmes que pour la substance obtenue « au creuset de platine............

« J'ai voulu employer cette poussière de carbone dur au polissage des métaux « comme l'acier, et j'ai toujours échoué par la difficulté d'obtenir un produit « très-fin : mes poudres rayaient toujours le métal. »

FRANCE.

L'anthracite peut être considéré comme une houille modifiée par les causes internes, qui ont changé sa texture primitive et lui ont fait perdre une partie des matières volatiles qu'elle contenait originairement.

L'anthracite commence à se montrer dans le terrain dévonien (Sablé), mais son gisement habituel est dans le carboniférien inférieur (Régny) ; il se rencontre aussi dans le terrain houiller proprement dit (Anzin, Estérel, Communay).

Les couches de ce combustible exploitées dans le canton de Lamure, dans l'Oisans (Isère) et sur quelques points du revers occidental de la chaîne de Belladone et de son prolongement, en Savoie, sont placées dans les strates des grès de la période houillère. Les gisements du Briançonnais, de la Maurienne, de la Tarentaise, du Valbonnais (Savoie) dépendent aussi du terrain houiller. Les grès qui les renferment ressemblent complétement aux grès à anthracite de Lamure.

On peut prendre le type des anthracites dans les mines du Marais (Allier), de Lamure (Isère), de Bully (Loire), de Sablé, etc.

Les houilles anthraciteuses diffèrent des anthracites par une proportion plus considérable d'hydrogène ou d'oxygène, de 6 à 7 pour 100; elles brûlent avec une flamme plus longue que les anthracites, d'un blanc bleuâtre, et décrépitent souvent; exemple : mines de Vicoigne, Fresnes, Vieux-Condé (Nord), couches inférieures du bassin belge, entre Charleroi et Namur.

La valeur de l'anthracite comme combustible dépend à la fois de la proportion et de la nature des matières avec lesquelles il se trouve mélangée, et de la propriété de ne pas décrépiter au feu ou de décrépiter facilement.

Quoique l'anthracite développe, en brûlant, une température très-élevée, cependant il est rarement possible de l'employer dans les hauts-fourneaux, tant à cause qu'il est presque toujours pyriteux, que parce qu'il se brise en petits fragments à la première impression de la chaleur; dès lors, il encombre le creuset au bout d'un temps très-court.

Actuellement l'anthracite est employé, en Amérique, à tous les usages domestiques et industriels. La France, quoique ayant depuis quelques années accompli certains progrès, est en retard sous ce rapport. Il est hors de doute que la consommation de l'anthracite prendrait une grande extension si l'on employait pour l'utiliser des appareils ou des méthodes de fabrication en rapport avec sa nature.

Au Creusot on le mélange avec de la houille, et le coke ou le combustible qui en résulte donne de très-bons résultats dans son emploi pour la métallurgie. Le temps n'est pas éloigné où les charbons d'anthracite remplaceront les cokes ordinaires dans l'industrie métallurgique, partout où il y aura économie. On fabrique aujourd'hui, avec un certain succès, des cokes en calcinant des mélanges d'anthracite et de houille.

Certaines variétés d'anthracite, comme par exemple celles de Lamure, seraient d'un emploi très-économique pour le chauffage domestique.

Les débris ou menus d'anthracite et ceux qui se délitent facilement par l'action de la chaleur ont peu de valeur, car on ne peut les utiliser dans les foyers qu'en les mélangeant avec des houilles en gros morceaux ou avec des anthracites qui ne se délitent pas.

On peut, pour les employer avec succès, agglomérer ces menus ou les transformer en coke en les mêlant préalablement avec une certaine quantité de houille grasse.

L'anthracite uni à la houille et à une petite quantité d'argile sert à fabriquer les bûches économiques.

L'usage le plus ordinaire de l'anthracite est son emploi comme combustible ordinaire pour la cuisson de la chaux, des poteries, etc. Mêlé au bois, il produit un très-bon combustible, employé souvent pour le chauffage domestique ou pour opérer des évaporations; rarement, en France et en Belgique, il est utilisé dans les fonderies et les usines métallurgiques.

La France est riche en gîtes d'anthracite; ceux des bords de la Mayenne, aux environs de Sablé, sont utilisés pour la cuisson de la chaux, dont l'agriculture locale et celle des départements voisins font une grande consommation. On exploite également de l'anthracite à Lamure et sur quelques autres points du département de l'Isère, dans les départements des Hautes-Alpes, de la Côte-d'Or, Saône-et-Loire, de l'Allier, dans la Savoie; dans le bassin houiller d'Anzin, les couches de Fresnes et de Vieux-Condé sont formées d'anthracite.

Les douze millions de tonnes de houille que produit la France peuvent être réparties de la manière suivante :

Anthracite....................	1.000.000 tonnes.
Houilles maigres anthraciteuses......	1.500.000
Houilles grasses, maréchales.......	1.000.000
Houilles grasses à longue flamme...	3.000.000
Houilles maigres à longue flamme..	4.000.000
Houilles ligniteuses.............	1.500.000

Cet approvisionnement national est complété par les importations étrangères de la Belgique, de l'Angleterre et de l'Allemagne.

Anthracite des Alpes. Bérard, à Moutiers (Savoie). — Les terrains houillers des Alpes, plus ou moins relevés sur les versants de ces montagnes contiennent des couches charbonneuses passées à l'état d'anthracite. Les anthracites de Lamure sont le type de l'espèce minérale ; ceux de la Maurienne sont encore plus complétement privés de matières volatiles ; les grains et les cailloux de quartz qui les accompagnent semblent avoir subi une texture cristallisée.

M. L. Bérard, à Moutiers, a exposé des plâtres et des anthracites que l'exposant emploie comme combustible.

La collection minéralogique exposée par le ministère du commerce, de l'agriculture et des travaux publics renferme de l'anthracite de la Savoie. Ce charbon compacte a un aspect brillant, métallique, sa cassure est conchoïdale, ses bords tranchants. A côté se trouvent des schistes graphiteux, des quartzites et diverses autres roches traversées par le tunnel des Alpes (Mont-Cenis).

Gard. La Compagnie des houilles de Portes (Gard) a exposé un coke de bonne qualité obtenu en mélangeant la houille avec 1/4 d'anthracite, donnant un rendement de 75 pour 100.

En outre, les vitrines de la compagnie renferment des échantillons du charbon anthraciteux de la couche Chauvel, de la houille grasse (couche Rouvière) et du charbon sec à vapeur (couche Saint-Augustin).

Le charbon anthraciteux mélangé avec la houille sert à fabriquer le coke métallurgique.

L'usine du Creusot a, la première, fait usage de ce coke mixte ; depuis lors l'emploi s'en est répandu, et partout où les deux variétés de charbons se rencontrent on peut obtenir des résultats analogues.

Var. Dans le Var, le terrain houiller existe sur plus de 60 kilomètres de longueur en direction ; aux environs de Toulon, on a reconnu et exploité cinq couches de houille anthraciteuse dans une épaisseur de terrain qui ne dépasse pas cinquante mètres. Des échantillons de ces houilles anthraciteuses figurent à l'Exposition ; mais dans la profondeur la qualité du charbon s'améliore, comme le prouvent les houilles exposées par la Compagnie Senequier (Fréjus) et la Société des mines de la Madeleine.

Loire. Le bassin houiller de la Loire contient des couches de houille anthraciteuse et d'anthracite véritable (Bully, Régny, etc.). A l'Exposition, dans une annexe de la classe 40, dans le parc, se montrent les produits des mines d'anthracite des concessions de Charbonnière et du Désert, près Saint-Symphorien-de-Lay (Loire) ; Madame Bélanger, propriétaire. Ces concessions occupent une surface de 1.160 hectares ; elles sont traversées par 4 couches de combustible, d'une épaisseur moyenne de 2 à 3 mètres.

L'anthracite de Viremoulin est d'un noir brillant, moins foncé que celui de la houille ; il donne à la calcination de 9 à 10 pour 100 de cendres et environ 80 pour 100 de charbon pur.

M. Seytre, à Saint-Étienne (Loire), a exposé des houilles, de l'anthracite et du coke obtenu par le mélange de ces deux combustibles minéraux.

Mayenne. Compagnie des mines d'anthracite de Montigné, à Laval. Les anthracites de la Mayenne et de la Sarthe forment des couches irrégulières dans les terrains dévonien et carboniférien; le charbon y est un peu bitumineux. Les échantillons provenant des mines de Montigny n'ont pas l'aspect cristallin et métallique des anthracites des Alpes; ils se rapprochent davantage de la nuance des houilles.

M. Guillier, conducteur des ponts et chaussées, à Angers, a fait une collection des roches et matériaux de construction du département de la Sarthe. Cette collection, faite avec goût et beaucoup de soin, est très-bien étiquetée; elle renferme les combustibles du pays, savoir des schistes avec anthracite, des grès quartzeux avec anthracite, de l'anthracite.

L'anthracite, renfermé dans les couches du carboniférien inférieur, se vend sur place 2 francs l'hectolitre.

L'exposition collective du ministère de l'agriculture, du commerce et des travaux publics, renferme des combustibles anthraciteux des départements de Maine-et-Loire, de la Vendée et des Deux-Sèvres.

Maine-et-Loire. Les échantillons exposés proviennent des concessions de Montjean, de Saint-Lambert, de Désert, de Layon, etc., dans le bassin anthracifère de la Basse-Loire. Ces combustibles présentent la composition suivante :

Composition	Montjean.	St-Lambert.	Désert. Reine du roc.	Layon.
Matières volatiles.	17	8	16	12
Carbone fixe.	75	80	79	75
Cendres	8	12	5	13
	100	100	100	100

Toute l'extraction est absorbée pour la fabrication de la chaux, sauf quelques menus que l'on associe à 7 ou 9 pour 100 de brai, et avec lequel on fabrique des agglomérés pour le chauffage des générateurs à vapeur.

Vendée et Deux-Sèvres. Les échantillons exposés proviennent du bassin houiller de Vouvant et des concessions de Faymoreau, d'Epagne et de Saint-Laurent : la production de ces mines est absorbée par les fours à chaux.

La fabrication de la chaux a transformé le sol du pays. Les terres arables, granitiques ou argileuses, ne pouvaient sans cet amendement nourrir les populations qu'elles portaient ; aujourd'hui, il y a de l'excédant, et dans les bonnes années on exporte des blés et des farines.

ÉTRANGER.

Espagne. — L'Espagne a exposé des bitumes, des asphaltes, des lignites, des houilles de diverses qualités; mais dans ce pays, il n'existe pas de véritables anthracites.

Italie. — L'Italie, en fait de combustibles, ne possède que de l'anthracite, des lignites et de la tourbe.

L'anthracite forme quelques bancs assez étendus dans la vallée d'Aoste. M. Martinez, à Aoste, a exposé quelques échantillons provenant de ce gisement ;

mais la grande quantité de cendres que laisse la combustion de ce charbon en rend l'emploi difficile. Son extraction annuelle se réduit à 400 quintaux métriques représentant une valeur de 950 francs, répartis sur deux mines en exploitation.

Il existe aussi un petit dépôt d'anthracite à Seni, au centre de la Sardaigne. M. Gaviano, à Cagliari, a exposé quelques échantillons de ce combustible ainsi que des minerais de fer et de plomb.

PORTUGAL. — Le Portugal a exposé quelques échantillons d'anthracite de la vallée du Douro. La Compagnie Arouquense, à Arouca (Avero), exploite les charbons de la mine de Pijão; M. Prasceres Eduardo Ayalodos a envoyé des anthracites de la même mine; M. Oliveira, à Porto, de l'anthracite de la mine de S. Pedro de Cova.

Le Portugal n'est pas riche en charbon fossile; il possède seulement quatre ou cinq mines en exploitation. Les mines de San Pedro de Cova peuvent produire environ 6,000 mètres cubes d'anthracite par an; elles approvisionnent Porto du combustible nécessaire aux bateaux à vapeur. Actuellement, la Compagnie Arouquense, formée à Lisbonne pour l'exploitation des charbons minéraux, extrait des anthracites des mines de Pijão.

RUSSIE. — Dans la Russie méridionale se trouvent de vastes surfaces occupées par le terrain carboniférien; c'est dans les contrées baignées par le Donets et circonscrites par les cours du Dniéper et du Don que se montrent les dépôts houillers les plus riches de tout l'Empire. Ce terrain houiller contient à l'Est de l'anthracite, et à l'Ouest de la houille proprement dite. En 1850, l'exploitation de l'anthracite de la Russie méridionale a produit 2,360,000 pounds.

L'administration des Cosaques du Don a envoyé à l'Exposition de 1867 une colonne sculptée en anthracite dur et poli des mines de Grouschevka, près de Novo-Tcherckask; cette colonne est surmontée d'un vase poli de la même matière.

L'anthracite du pays des Cosaques du Don contient 96 pour 100 de carbone; il est d'excellente qualité et peut servir à tous les usages auxquels on emploie les bons anthracites. Actuellement, on en extrait plus de 6,000,000 de pounds.

AUTRICHE. — L'empire d'Autriche est riche en gîtes de combustibles minéraux; mais la plupart ne sont pas exploités. Deux exposants ont envoyé de l'anthracite au Champ de Mars, savoir : M. Fridau, à Vienne, et la Compagnie d'exploitation des mines de Saint-Pancrace, à Nurschau (Bohême). La galerie V, classe 40, renferme des anthracites de Vordemberg.

Ces anthracites contiennent une notable proportion de matières volatiles; ce sont plutôt des houilles anthraciteuses du terrain carboniférien supérieur que de véritables anthracites; elles n'en ont ni l'éclat métallique, ni la dureté.

GRANDE-BRETAGNE. — Les combustibles minéraux atteignent des proportions immenses dans le Royaume-Uni de la Grande-Bretagne; en 1866 sur 66,645,450 tonnes de charbon extraites de houillères anglaises, il a été exporté 5,368,164 tonnes de houille et 1,644 tonnes d'anthracite.

Plusieurs exposants anglais ont envoyé à l'Exposition de 1867 les produits anthraciteux qu'ils exploitent : ces anthracites, d'un prix inférieur à la houille, sont généralement employées pour les générateurs à vapeur; dans le pays de Galles, elles sont aussi employés à la fusion des minerais de fer.

La Compagnie Aberdare Coal, à Cardiff, la Compagnie Bodringalt Coal, à Cardiff, ont exposé des charbons propres à la génération de la vapeur pour machines de bateaux et locomotives.

M. Jones, à Llanelly, la Compagnie Ystalyfera Iron and tin Plate, à Swansea et M. Vikerman et Ce, à Tenby, ont exposé des anthracites d'excellente qualité; ils renferment, en moyenne, de 92 à 94 pour 100 de carbone, très-peu de matières volatiles et une petite quantité de cendres.

Ces anthracites sont très-durs, ils brûlent sans fumée; leur densité est de 1,4; leur puissance d'évaporation est considérable, plus de 9,000 kilogrammes d'eau par kilogramme de charbon.

La Compagnie Vikerman emploie l'anthracite pur de Kilgetty à la préparation de la fonte.

États-Unis d'Amérique. — La plupart des États qui forment la République de l'Union, ont envoyé à l'Exposition universelle des produits naturels du règne minéral. De magnifiques collections minéralogiques de la Californie, du Massachusetts, de l'Illinois, du Wiscontin, de l'Alabama, du Colorado, de la Nevada, sont exposées dans la section américaine. La splendide collection des fossiles primaires du Cincinnati, rassemblée par le *Geological survey* de l'Illinois, remplit à elle seule une grande vitrine horizontale.

Parmi les richesses minérales des États-Unis, étalées avec profusion au Champ de Mars, nous avons remarqué des anthracites et d'autres combustibles.

L'anthracite se rencontre principalement dans la Pennsylvanie, dans quelques États de la Nouvelle-Angleterre, dans les États de New-York, de la Caroline du Nord, de la Californie

La Pennsylvanie livre annuellement au commerce 10,000,000 de tonnes d'anthracite.

Les anthracites de la Pennsylvanie décrépitent moins que ceux de l'Europe; ils servent à la fusion des minerais de fer; leur densité varie dans les diverses localités; leur inflammabilité est en raison inverse de leur densité. Ces charbons sont actuellement employés, en Amérique, à tous les usages domestiques et industriels.

3° Houilles.

Les houilles sont essentiellement composées de carbone, de matières volatiles et de substances minérales non combustibles qui forment les cendres. Leur composition assez constante dans la nature des corps qui la forment est très-variable dans les proportions de ces corps. La quantité de coke qu'elles donnent à la distillation varie avec la température; cependant la différence est peu considérable, elle est au plus de 6 p. 100. Les houilles les plus médiocres produisent au moins 45 p. 100 de coke, la plus grande partie en donnent 60 et même jusqu'à 85 p. 100.

Les matières volatiles que laissent dégager les houilles à la distillation sont des mélanges en proportions variables de carbures d'hydrogène gazeux, d'hydrogène pur, d'oxyde de carbone, d'acide carbonique, d'acide sulfhydrique, d'azote, de sulfhydrate d'ammoniaque, d'eau, de goudron et des vapeurs huileuses.

Les houilles sont fréquemment mélangées d'un grand nombre de substances, telles que l'argile, le calcaire, la sidérose et les pyrites. La plus commune est l'argile (silice et alumine), unie à la houille en mélange intime; le calcaire est plus rare, tandis que la sidérose accompagne habituellement la houille. Les pyrites nuisent beaucoup aux houilles dont elles restreignent les usages, car celles qui sont pyriteuses sont impropres aux usages sidérurgiques.

Il résulte des analyses de M. Regnault, que pour les houilles grasses maréchales, la somme des quantités d'oxygène et d'hydrogène est à peu près de 11 pour 100, et les quantités d'oxygène et d'hydrogène sont à peu près égales. Pour les houilles grasses et dures, la somme des quantités d'oxygène et d'hydrogène est à peu près 9, et la différence des poids de ces deux gaz est encore très-petite; pour les houilles sèches à longue flamme, la somme des quantités d'oxygène et d'hydrogène s'élève jusqu'à 16, et la proportion d'hydrogène diminue.

Ainsi, les houilles grasses passent aux houilles sèches non flambantes par la diminution de l'oxygène et de l'hydrogène, aux houilles sèches flambantes et aux lignites, par une augmentation de ces deux éléments, plus rapide pour l'oxygène que pour l'hydrogène (Péclet).

La houille est opaque, d'un beau noir de velours, non cristalline ; sa cassure est lamelleuse ou schisteuse, sa poussière noire ou d'un brun très-foncé ; sa densité varie de 1,16 à 1,6. Elle est peu dure et très-fragile, peu hygrométrique ; à 100°, elle perd à peine de 0,01 à 0,05 de son poids ; plongée dans l'eau, elle absorbe une quantité de ce liquide, environ de 0,10 à 0,60, par capillarité.

L'hectolitre de houille en morceaux pèse de 80 à 90 kilogrammes.

La houille brûle aisément avec flamme, fumée et odeur bitumineuse ; elle se ramollit et se gonfle pendant la combustion, de telle sorte que les morceaux se collent entre eux. Lorsqu'elle a fini de flamber, elle donne un charbon poreux, solide, dur, à surface mamelonnée et métalloïde : c'est le coke.

Au point de vue des caractères physiques ou de la minéralogie, on peut diviser les houilles en trois variétés, savoir : 1° les houilles sèches ; 2° les houilles grasses ; 3° les houilles maigres.

Les houilles sèches ressemblent à l'anthracite : leur couleur tire sur le gris d'acier, leur cassure est plutôt conchoïdale que schisteuse ou feuilletée. Elles brûlent avec difficulté, ne se gonflent pas et ne se collent que légèrement. Elles donnent souvent un résidu abondant ; elles contiennent généralement des pyrites, et produisent alors en brûlant une odeur sulfureuse. Elles ne peuvent, dans ce cas, être employées au travail des hauts-fourneaux ; mais elles peuvent être brûlées dans les fourneaux à réverbère.

2° Les houilles grasses sont généralement feuilletées, tachent les doigts, ont une couleur noir foncé ; elles brûlent avec une longue flamme, leurs fragments se collent par la combustion ; elles donnent un coke boursoufflé ; (houilles maréchales de Saint-Étienne, Rive-de-Gier, Aveyron, Alais, nord du pays de Galles, Mons, etc.).

3° Les houilles maigres sont généralement un peu plus légères que les houilles grasses, leur noir est aussi moins vif; elles s'allument avec une grande facilité et brûlent avec une longue flamme sans s'agglutiner. Elles peuvent fournir beaucoup de gaz par la distillation et laissent un résidu noir et peu cohérent qui ne peut être employé comme coke de bonne qualité.

Les houilles maigres servent pour le chauffage des générateurs à vapeur et aux usages de la grille qui exigent de la flamme.

Le rédacteur spécial qui, dans ces études, fera connaître les combustibles au point de vue industriel, indiquera les diverses qualités de houille qu'emploie l'industrie dans telle ou telle circonstance donnée.

Les hypothèses les plus bizarres ont été hasardées sur la formation de la houille. Petzholdt l'attribue à l'action simultanée du temps, d'une forte pression et de l'absence de l'air. Hutton la considère comme le résidu de la distillation sèche du bois, accompagnée d'une forte pression. M. Rivière attribue l'origine d'une partie des combustibles minéraux à l'action des gaz ou des vapeurs carburées. Selon M. Boutigny, les combustibles minéraux, à l'exception de la tourbe et du bois altéré, dérivent tous des carbures d'hydrogène existant primitivement à l'état de gaz et de vapeurs dans l'atmosphère, ensuite à l'état sphéroïdal, puis à l'état liquide à la surface de la terre et ensuite dédoublés, sous l'action combinée de l'atmosphère et de la haute température du globe.

Mais, dans cette hypothèse, comment expliquer les traces certaines et distinctes d'organisation végétale que des observateurs habiles, tels que MM. Ehrenberg, Goppert et Link, ont découvertes dans la houille?

A l'exposition prussienne, galerie V, classe 40, M. Goppert, professeur à l'Université de Breslau, à côté de ses plantes fossiles, donne la notice suivante sur l'origine de la houille de la Silésie.

« En général, la houille passe pour être dépourvue de structure proprement dite. Dans la houille des arrondissements de Nicolaï et de Kyslowitz, qui fournissent maintenant dix millions de quintaux de houille par an, je trouvai, il y a plusieurs années, les conditions structurales de cette houille si fréquemment et si bien conservées, que même à l'œil nu j'y pus distinguer bien des plantes qui doivent avoir contribué à la formation de la houille.

« D'après mes observations, la majeure partie de ces plantes se composerait de sigillaires, avec les stigmariées y attenantes ; puis viendraient les araucariées, les lépidodendrées, les calamariées, les noeggerathiées et les fougères.

« Les photographies tirées d'après des exemplaires recueillis par moi ont pour but de faire connaître cette particularité que nulle part encore, à ce que je crois, on n'avait observée, qu'on était accoutumé à ne pas même soupçonner et qui, pourtant, se présente si fréquemment et sur une si vaste échelle.

« Les sigillaires doivent leur nom à M. Adolphe Brongniart, qui les a appelées ainsi à cause des marques semblables à un cachet que l'on peut remarquer sur les faces longitudinales des troncs.

« Les lépidodendrons, Sagenaria (Sternberg et Presl), arbres squammeux, sont des lycopodiacées, ornées de cicatrices foliacées, squammiformes et d'un dessin agréable. Les calamariées (calamites, schloteim et asterophyllites, Brongniart) sont d'arborescentes équisetées. L'intérieur de tous ces arbres est peu ferme et contient, à proportion de leur diamètre, peu de bois, tout comme encore les fougères arborescentes dont la présence, en général, n'est pas si fréquente dans la houille.

« Elles doivent avoir été jadis inondées, puis avoir été comprimées; la substance intérieure assez peu ferme des troncs en aurait été expulsée ou exprimée, et par la voie humide transformée en houille.

« Les araucariées, plus fermes et non encore transformées au même degré, qui s'y rencontrent aussi en quantité énorme et qui ressemblent aux conifères de notre période, se sont conservées encore comme fragments. Elles sont isolées, plus rarement dispersées en troncs adhérents par toute la masse de houille. Les minéralogistes leur ont donné le nom de lignite minéral, ou essence d'anthracite fibreux.

« Les noeggerathiées, qui sont parentes des palmiers et des cycadées, se remarquent aussi dans la houille en grandes feuilles superposées. L'état de conservation est moins prononcé pour les branches, les feuilles et les fruits de toutes les plantes mentionnées ici et de quelques autres végétaux moins répandus.

« Cependant j'ai observé moi-même dans la houille toutes ces traces végétales; je les ai décrites et dessinées dans mes ouvrages (*Ueber die Bildung, Structur der Steinkolenlager, etc. Zwei Preisschriften. Haarlem*). Cette publication n'avait en général pour objet que d'appeler l'attention sur ce phénomène particulièrement remarquable de la formation des houilles de la haute Silésie, dont les mines ont fourni, en 1865, l'énorme quantité de 86,093,394 quintaux de houille.

« Si nous ajoutons que, sur cet espace de 16 à 20 milles carrés, on extrait des mines de Silésie 7,917,222 quintaux de minerai de fer, et, 5,372,048 quintaux de calamine, représentant dans leur ensemble, une valeur de 9,000,000 de thalers, on peut s'imaginer combien c'est à juste titre qu'on dit de la Silésie : C'est la perle de la monarchie prussienne. » (Goppert.)

La houille a été formée par des masses de végétaux marins, terrestres ou lacustres accumulés dans des golfes ou des fiords, dans des estuaires, et ainsi altérés ou modifiés par une forte pression, due aux couches qui les ont recouverts et par l'influence d'une température élevée. D'après M. Brongniart, à l'époque houillère, la surface de la terre dans les contrées où se trouvent les dépôts de houille, offrait des conditions climatériques analogues à celles qui existent maintenant dans les archipels des régions équinoxiales, et probablement aussi une surface parsemée d'îles. L'uniformité du climat et une humidité constante paraissent favoriser, d'une manière remarquable, le développement et la variété des formes spécifiques parmi les fougères et les plantes analogues.

Le terrain houiller est constitué par des grès, des poudingues, des argiles schisteuses, des calcaires et de la houille. Ces diverses roches forment des assises plus ou moins puissantes qui alternent à plusieurs reprises. Ce terrain est principalement développé dans les parties occidentales de l'Europe; les îles britanniques, la France, la Belgique, certaines parties de la Prusse et de l'Allemagne, sont avec l'Amérique les contrées où il se trouve sur des étendues considérables.

Par rapport à leur manière de se comporter au feu, les houilles sont divisées en cinq catégories ou variétés, selon qu'elles donnent un coke fritté, cohérent ou pulvérulent à la distillation en vase clos ; ce sont :

1° Les houilles grasses et dures à courte flamme, qui donnent un coke fritté ; un peu boursouflé (79 pour 100), excellent pour la fusion des minerais (houilles des bassins de la Loire, du Gard, du Nord, etc.).

2° Les houilles grasses maréchales donnent un coke très-boursoufflé (70 p. 100), se ramollissent considérablement ; elles ne pèsent que de 80 à 85 kilogrammes l'hectolitre. Elles conviennent aux fours à réverbère et aux feux des maréchaux, forgerons, serruriers, cloutiers, etc. Les bassins houillers du Gard et de la Loire sont riches en houilles de cette variété; mais les plus estimées sont celles de Saint-Étienne et de Mons dans le bassin du nord.

3° Les houilles grasses à longue flamme fournissent un coke toujours un peu boursouflé (60 pour 100), peu propre aux opérations métallurgiques ; elles se ramollissent un peu sur la grille et s'agglutinent légèrement en brûlant avec une flamme abondante et très-vive. Elles sont surtout employées pour le chauffage domestique et pour la fabrication du gaz de l'éclairage. La houille de Mons, certaines couches de Montrambert (Loire) et surtout le cannel-coal des Anglais appartiennent à cette variété.

4° Les houilles sèches ou houilles maigres à longue flamme donnent un coke toujours fritté et de peu de consistance (60 pour 100); elles sont peu denses; l'hectolitre pèse environ 80 kilogrammes. On les emploie pour chauffer les chaudières à vapeur et pour les grilles (houilles de Blanzy dans Saône-et-Loire, de Commentry (Allier).

5° Les houilles sèches sans flamme ou à courte flamme fournissent un résidu pulvérulent; elles brûlent difficilement, elles sont plus dures que les charbons gras : l'hectolitre pèse 90 kilogrammes. Elles servent aux usages domestiques, à la cuisson de la chaux, des briques, etc.; le bassin de Charleroi contient des types de cette variété.

Le pouvoir calorifique des houilles est très-variable (8,000 en moyenne) ; il est nécessairement lié à leur composition. Pour les houilles de bonne qualité, il est, terme moyen, à peu près le même que celui du charbon de bois, ou bien double de celui du bois sec. Dans les ateliers métallurgiques on admet que le pouvoir calorifique de la houille, est, à volumes égaux, cinq fois celui du bois, et, à poids égaux, environ deux fois ou dans le rapport 15/8.

FRANCE.

L'ensemble des bassins houillers distribués irrégulièrement à la surface de la France a une superficie d'à peu près 350.000 hectares, produisant par an environ 12.000.000 tonnes de houille de diverses qualités. On trouve, à l'Exposition, des houilles de tous nos bassins houillers : nous allons les examiner comparativement; ensuite, nous examinerons la production houillère étrangère.

M. Burat divise les houillères de la France en cinq groupes distincts, savoir :

Houillères du Nord. Bassin houiller de la Belgique, resté découvert depuis Aix-la-Chapelle jusqu'au delà de Mons, qui se prolonge dans les départements du Nord et du Pas-de-Calais, au-dessous des terrains plus modernes.

Société houillère des mines d'Anzin (Nord). houille, coke. La société houillère des mines d'Anzin (directeur général, M. de Marsilly) l'une des exploitations les plus importantes du bassin houiller du Nord, a exposé, outre de la houille de diverses qualités et du coke: 1° des appareils qu'elle emploie pour l'extraction des houilles : laveuse mécanique, essieux et roues pour chariots de mines, parachutes, fontaine, modèles de ventilateurs; 2° un plan général des concessions et des coupes des couches qu'elle exploite ; 3° un modèle d'un groupe de maisons, avec jardins et accessoires.

La Compagnie d'Anzin exploite une concession qui embrasse une surface de 28,000 hectares, sur laquelle sont ouverts 24 puits d'extraction en activité et 9 puits d'exhaure et d'aérage. Elle emploie un matériel puissant qui travaille avec le concours de 7,700 ouvriers. Le capital immobilisé par la Compagnie, depuis son origine, peut être évalué à plus de 100,000,000 de francs.

Les mines d'Anzin, sous le rapport du matériel et des travaux, peuvent être présentées comme un modèle de bonne exploitation ; la production de la houille est toujours allée en croissant, tandis qu'en 1846 elle est montée à 6,605,404 hectolitres, et s'est successivement élevée à 12,901,152 hectolitres en 1865, pour atteindre le chiffre de 13,500,000 hectolitres de charbons en 1866.

La profondeur moyenne des travaux aux mines d'Anzin est comprise entre 250 et 300 mètres ; cependant la fosse chaufour a une profondeur de 650 mètres ; elle traverse à la fois le faisceau des charbons demi-gras au nord et celui des couches grasses au sud ; elle a une longueur totale de 5 à 800 mètres. A Anzin, comme aux mines d'Aniche, on exploite des houilles de différentes qualités : houilles grasses, demi-grasses, houilles sèches flambantes, houilles maigres.

Les charbons d'Anzin sont les équivalents de Cardiff ; les houilles sèches et demi-grasses mélangées, avec les variétés maigres à longue flamme du bassin de la Loire, donnent un excellent combustible pour l'usage de la marine.

Les charbons maigres à courte flamme blanche d'Anzin sont plus solides et plus gailleteux que les houilles grasses ; ils brûlent avec peu de fumée et développent une puissance calorifique supérieure. Les houilles grasses et demi-grasses d'Anzin sont collantes, peu sulfureuses; leur densité est de 1,284 ; le poids de l'hectolitre est d'environ 80 kilogrammes ; elles sont composées de :

Carbone....................	71.7
Cendres....................	3.5
Matières volatiles............	25.0

La Compagnie des mines d'Anzin a exposé un modèle de maisons d'ouvriers.

Ces maisons d'ouvriers mineurs sont composées d'un rez-de-chaussée et d'un étage ; elles sont accompagnées d'un petit jardin.

La Compagnie possède déjà 1450 maisons, dont le type figure à l'Exposition ; elles sont louées, aux mineurs, 5 à 6 fr. par mois.

La Compagnie des mines de Béthune a exposé des spécimens du matériel d'exploitation qu'elle emploie ; savoir : dessins d'une installation de puits d'extraction, chevalet avec guidonnage de fosse en bois, cages avec parachutes, wagons plate-forme avec berlines et culbuteurs.

Les houillères françaises des départements du Nord et du Pas-de-Calais peuvent être assimilées, sous le rapport des installations et des moyens mécaniques d'extraction, d'épuisement et d'aérage, aux exploitations les mieux entendues et le mieux outillées ou organisées de l'Angleterre, de la Belgique et de la Prusse ; elles peuvent, par conséquent, lutter avec avantage avec les grandes exploitations des pays étrangers où l'industrie des mines est le plus avancée.

« Sous le rapport des élaborations du combustible minéral, aucun pays n'est aussi avancé que la France ; il n'en existe aucun dans lequel une plus forte proportion de menu charbon extrait soit soumise à l'épuration par le lavage au moyen d'appareils plus variés et plus perfectionnés ; aucun dans lequel les procédés d'agglomération, industrie d'ailleurs d'origine française, aient été plus étudiés ; dans lequel enfin la transformation en coke se fasse avec une moindre perte de matières combustibles. » (Lan et Callon.)

Houillères de l'Est. Bassin de la Sarre à découvert en Prusse, qui se prolonge souterrainement sous les terrains secondaires de la Moselle ; bassin de Ronchamps (Haute-Saône).

Houillères de l'Ouest. Bassin de la Basse-Loire ; bassin de la Vendée.

Houillères du Centre. Bassin de Saône-et-Loire (Blanzy, le Creusot, Epinac) ; bassins de l'Allier, (Commentry, Bézenet) ; nombreux bassins lacustres, dont les principaux sont ceux de Décize, de Brassac, d'Ahun, de Saint-Éloi ; bassin de la Loire (Saint-Étienne, Rive-de-Gier).

Houillère du Midi. Bassins de l'Aveyron (Decazeville, Aubin) ; bassins du Gard (La Grand'Combe, Portes, Bessèges) ; bassin de Carmaux, bassin de Graissessac.

« Les cinq groupes de houillères alimentent d'abord les contrées où ils se trouvent ; les plus riches, ceux du Nord et du centre, réagissent ensuite sur les autres, en venant compléter l'approvisionnement des régions les plus pauvres, notamment de l'Est et de l'Ouest.

« La plus grande partie des produits s'expédie, en effet, soit par les voies navigables, soit par des chemins de fer spéciaux comme ceux d'Alais à la Grand'-Combe, de Saint-Étienne à Lyon, de Montceau-les-Mines à Chagny, de Commentry à Montluçon, d'Anzin à Somain, etc., qui relient les bassins houillers au réseau général des chemins de fer, ou bien aux rivières ou canaux.

« Le trait le plus prononcé de la richesse houillère de la France, continue M. Burat, est la zone longue et étroite qui traverse la Belgique et pénètre dans le Nord. Cette zone houillère marque le littoral du massif de transition du Rhin.

« Depuis les environs d'Aix-la-Chapelle on peut la suivre par Liége, Charleroi, Mons, Valenciennes, Douai et Béthune, sur une longueur de plus de 400 kilomètres. C'est un seul et même bassin dont la surface est d'environ 250,000 hectares, et qui est le plus riche du continent.

« C'est probablement la continuation de ce bassin qui se montre sur la rive droite du Rhin, où se trouve le riche bassin de la Ruhr. »

Cette longue zone de terrain houiller a produit en 1865, 15,356,291 tonnes de houille, ainsi réparties : Liége et Namur 2,634,645 tonnes ; Hainaut belge, 9,206,056 ; bassin du Nord et du Pas-de-Calais 3,515,598. En 1865, l'approvisionnement de la France fait par sa propre production houillère et par l'importation de l'Angleterre, de la Belgique et de l'Allemagne, a été effectué dans les conditions suivantes :

Production des houillères françaises		12.000.000 tonnes.
Importation de la houille.		
Angleterre	1.421.320 tonnes.	
Belgique	3.404.549	
Allemagne	972.270	
Divers	22.035	
Total		5.820.175
Importation du coke.		
Angleterre	28.828 tonnes.	
Belgique	485.915	
Allemagne	187.525	
Divers	841	
Total	703.109	
Représentant en houille		1.300.000
Total de la consommation		19.210.175 tonnes.

C'est donc plus de 7,000,000 tonnes de houille que la France achète à l'étranger. Certainement que la production nationale serait plus importante si des obstacles, venant à la fois des terrains, des ouvriers et des compagnies n'arrêtaient le développement des exploitations. La France, sans être privilégiée comme l'Angleterre, pourrait développer l'exploitation houillère et suffire à sa consommation.

La production française des douze millions de tonnes représente une valeur de 132 millions de francs ; l'importation étrangère, de sept millions de tonnes représente une valeur de 127,157,788 francs. Voici du reste la production houillère des principales contrées de l'Europe.

	Surface des bassins houillers.	Production annuelle.
Iles britanniques	1.570.000 hectares.	98.000.000 tonnes.
Prusse, Saxe, Bavière	600.000	20.000.000
France	350.000	12.000.000
Belgique	150.000	12.000.000
Autriche, Bohême	150.000	3.000.000
Espagne	150.000	400.000

Malgré les difficultés de toute sorte, la production houillère n'a cessé de suivre un mouvement ascendant très-marqué, mais insuffisant pour subvenir aux besoins de plus en plus croissants de notre industrie. Nous demandons à l'étranger ce que le pays pourrait lui donner. L'exploitation de la houille au-dessous des morts-terrains est une réserve pour l'avenir et dont l'industrie de nos descendants profitera.

Le nord de la France s'approvisionne en charbons par la Belgique et les mines locales. L'Est est presque exclusivement alimenté par la Prusse rhénane. L'extraction du bassin de Sarrebruck dépasse actuellement 3 millions de tonnes, dont plus du tiers est exporté en France. Le prolongement de ce bassin dans le département de la Moselle produit 150,000 tonnes; l'extraction du bassin de Ronchamps, à peu près 200,000 tonnes, ce qui donne à nos contrées industrielles de l'Est un approvisionnement naturel d'environ 1,400,000 tonnes. Actuellement cet approvisionnement ne suffit pas, et l'Alsace et la Franche-Comté reçoivent des houilles des bassins de la Loire et de Saône-et-Loire; tandis que celles de la Belgique se dirigent plus spécialement sur les marchés de la Champagne.

Le Centre et le Midi tirent les charbons des bassins de la Loire, du Gard, de Saône-et-Loire, de l'Aveyron, du Puy-de-Dome, etc.; le littoral s'approvisionne en combustibles minéraux, principalement par l'Angleterre; les contrées de l'Ouest n'ont à leur disposition que :

Les anthracites de la Sarthe..........................	105.000 tonnes.
Les houilles du bassin de la basse Loire................	110.000
Celles du bassin de la Vendée........................	50.000
De Saint-Pierre-la-Cour et quelques autres petits bassins...	20.000
Total.............	290.000 tonnes.

Le supplément nécessaire à la consommation du marché littoral, de Brest à Nantes et à Bordeaux, est presque exclusivement fourni par les charbons anglais. Les charbons du Nord soutiennent la concurrence des houilles anglaises à Rouen, celle des charbons de Sarrebruck sur les marchés de la Haute-Marne, celle des charbons du centre à Melun et à Montereau ; le département de la Seine reçoit des charbons de provenances très-diverses; mais il s'approvisionne principalement avec la houille du nord de la France et la houille belge. Les houilles anglaises viennent principalement du bassin de Newcastle et de celui de Cardiff dans le sud du pays de Galles.

La France exporte ses houilles en Suisse, en Italie et dans quelques autres pays limitrophes; en 1852, elle a exporté environ 400,000 quintaux métriques de charbons provenant de ces divers bassins. Les douze millions de tonnes de combustibles que la France extrait de son terrain houiller, peuvent se répartir de la manière suivante :

Anthracites	1.000.000 tonnes.
Houilles maigres anthraciteuses......	1.500.000
Houilles grasses maréchales..........	1.000.000
Houilles grasses à longue flamme......	3.000.000
Houilles maigres à longue flamme.....	4.000.000
Houilles ligniteuses...............	1.500.000

Houillères du Nord. Exposants de cette région : houillères Brunay (Pas-de-Calais); Compagnie des mines de houille de Courrières; Société des mines de Lens; Compagnie des mines de houille d'Aniche ; Société anonyme des houillères et du chemin de fer de la Lys-Supérieure à Fléchinelle; Compagnie des usines à gaz du Nord.

Le bassin houiller du Nord présente une zone continue de 6 à 10,000 mètres de largeur, représentant une surface de 250,000 hectares; il s'étend de Liége vers Namur, Charleroi, Mons, Valenciennes, Douai et Béthune ; en France des houillères importantes sont ouvertes dans ce bassin, dans les départements du Nord et du Pas-de-Calais. Il forme, le long des terrains primaires ou paléozoïques, une bordure linéaire ou littorale; sa longueur est de plus de 400 kilomètres. Cette zone houillère présente des variations considérables dans l'épaisseur des dépôts qui la constituent ; à partir de l'ouest de Mons, elle est recouverte par les terrains secondaires. Les morts-terrains superposés ont, sous les territoires d'Anzin et d'Aniche, des épaisseurs de 80 à 120 mètres, et même de 130 à 140 mètres dans le Pas-de-Calais.

Des expériences comparatives faites avec soin ont permis de classer les charbons français relativement aux charbons anglais. Les houilles du Nord et du Pas-de-Calais peuvent être assimilées à celles de Cardiff, recommandées par leur pouvoir calorifique ; d'après les expériences faites par les soins du ministère de la marine, elles vaporisent, dans les chaudières réglementaires, de $8^k,16$ à $8^k,30$ d'eau par kilogramme de charbon de Cardiff.

Les houilles du bassin du Nord présentent des résultats équivalents ; celles d'Anzin, éprouvées de la même manière, ont vaporisé $8^k,13$, $8^k,43$ et $8^k,75$ d'eau par kilogramme de charbon. Pour les charbons du Pas-de-Calais, de Nœux, nous trouvons des résultats identiques. *Houillères du Nord.* De Valenciennes à Douai, la zone houillère présente trois étages successifs : 1° Les charbons maigres anthraciteux exploités à Vieux-Condé, Hergnies, Fresnes, Vicoigne ; 2° Les charbons demi-gras exploités à Anzin ; 3° Les charbons gras, exploités à Denain, Lourches et au sud d'Aniche.

Compagnie des mines de houille à Aniche. M. E.-A. Vuillaumin, administrateur-gérant, à Auberchicourt (Nord). Cette compagnie, qui a obtenu une médaille d'argent, a exposé divers échantillons : 1° de houille grasse, contenant 20 pour 0/0 de matières volatiles, variété propre à la verrerie, à la fabrication du coke ; 2° de houille sèche, à 14 pour 100 de matières volatiles, propre au chauffage des générateurs ; 3° des agglomérés fabriqués avec la houille sèche d'Aniche ; 4° du coke avec la houille grasse de Douai ; 5° une coupe du bassin houiller.

La concession d'Aniche occupe une longueur de 14 kilomètres ; l'épaisseur des morts-terrains superposés au terrain houiller varie de 125 à 230 mètres ; la profondeur la plus considérable atteinte par les travaux est de 350 mètres ; l'on voit par les coupes transversales qu'il existe des réserves considérables en profondeur et en direction. En 1839, la fosse de la Renaissance fut foncée pour atteindre le faisceau des houilles sèches ; elle fut bientôt suivie de quatre autres. Ce gisement comprend 12 couches de houille sèche, flambante et sans fumée, ne collant pas et contenant de 13 à 14 p. 100 de matières volatiles ; les échantillons du n° 2, ci-dessus en proviennent. La puissance des veines varie de $0^m,40$ à $0^m,90$. Le faisceau des houilles grasses est situé au sud du premier gisement ; il est exploité par les fosses d'Aoust et Tendon ; il comprend trois couches ployées en forme de V. Enfin plus au sud, la zone houillère se termine par des couches de houille grasse fortement inclinées, avec pendage à l'envers.

L'ensemble des travaux d'Aniche occupe environ 200 hectares sur une surface houillère de 9,000 que comprend la concession.

En 1840, l'extraction de la houille s'est élevée à 800,000 hectolitres et en 1865 à 4,700,000 hectolitres ; pour atteindre cette production, la compagnie a immobilisé un capital de 8,694,733 fr. depuis 1839 à 1855.

Compagnie des usines à gaz du Nord. La compagnie des usines à gaz du Nord a exposé des échantillons de houille qu'elle traite ; mais les parties les plus intéressantes de ses vitrines sont les produits chimiques dérivés de la distillation des goudrons et contenus dans des éprouvettes, savoir : de l'acide picrique, alun, ammoniaque, sulfate d'ammoniaque, bleu d'aniline desséché, rouge d'aniline cristallisé, violet d'aniline liquide, violet parme d'aniline, aniline, huile de goudron, ammoniaque liquide, naphtaline, mirbane, benzoïle, créosote, carburine.

On voit rassemblés sur un même point les produits nombreux et importants que la chimie sait tirer des goudrons de houille. Toute la série des dérivés se trouve représentée, à partir de la matière première et brute, tirée des entrailles de la terre, jusqu'à ces magnifiques et splendides matières tinctoriales qui communiquent à la soie leurs riches couleurs.

Le bassin houiller du Nord (Anzin, Aniche), en 1865, a donné une production de 2 millions de tonnes de houille.

Houillères du Pas-de-Calais. Le bassin du Pas-de-Calais n'a été reconnu que vers 1845; il est recouvert par le terrain crétacé inférieur avec fossiles; les concessions les plus importantes sont celles de l'Escarpelle, de Dourges, de Courrières, de Lens, de Bully, de Nœux, de Fléchinelle. En 1855, ce bassin était parfaitement délimité et produisait 300,000 tonnes de houille; en 1865, le chiffre d'extraction s'élève à 1,534,800 tonnes.

Compagnie des mines de houille de Courrières (Pas-de-Calais). M. C. Mathieu, directeur-gérant, à Hétin-Liétard. Cette Compagnie a une concession de 5,317 hectares ou 53 kilomètres carrés, sur laquelle quatre puits sont actuellement en exploitation; la production annuelle est d'environ 3,000,000 d'hectolitres; en 1865, elle était seulement de 203,690 tonnes. Les puits traversent les couches du terrain crétacé dont les fossiles accompagnent au Champ de Mars les échantillons de houille.

La Compagnie de Courrières extrait de ses mines des charbons de diverses qualités : houilles maigres, houilles grasses à courte flamme, houilles maréchales, houilles grasses bitumineuses, houilles à gaz.

Les houilles maigres sont extraites de la veine Noisiez; elles renferment 13 à 14 p. 100 de matières volatiles, 84,36 de carbone et 1 de cendres. Pour atteindre cette veine, on traverse la couche à *pecten calypso, ostrea carinata, cyprina oblonga.*

La veine Saint-Nicolas donne des houilles grasses à courte flamme contenant 22,30 p. 100 de matières volatiles, 75,84 carbone, 1,80 de cendres.

Les houilles grasses maréchales proviennent du sondage de Mouligny; elles donnent 75,30 de coke, et 29,70 de matières volatiles.

Les houilles grasses bitumineuses de la veine Mathilde sont plus riches en matières gazeuses; elles en donnent 34,40 p. 100, carbone, 62,13, cendres 3,47. On rencontre, pour les atteindre, les couches crétacées avec *pecten asper, ostrea lateralis, pecten elongatus.*

La veine Désirée produit une bonne houille à gaz contenant 38,60 p. 100 de matières volatiles, 59,32 de carbone et 2,03 de cendres *pecten orbicularis, tourtia.*

Société anonyme des houillères et du chemin de fer de la Lys supérieure, à Fléchinelle (Pas-de-Calais). La concession de Fléchinelle est l'une des moins étendues du bassin houiller du Pas-de-Calais; elle comprend une superficie de 600 hectares et produit annuellement 9,000 tonnes de houille. Cette houille grasse et maigre est très peu sulfureuse et de bonne qualité; elle est très-propre à fabriquer du coke métallurgique dont des échantillons non lavés sont exposés dans les vitrines de la Société avec la houille qui la produit.

Société des mines de Lens. La concession exploitée par la Société des mines de Lens s'étend sur 6,239 hectares, situés dans l'arrondissement de Béthune: quatre puits sont en pleine exploitation; ils ont donné en 1866, 360,000 tonnes de houille grasse maréchale à longue flamme; la production en 1865 a été de 273,301.

Les échantillons exposés portent l'indication des couches d'où ils proviennent.

Les puits d'extraction sont :

1° Sainte Anne, fosse n° 3, qui enlève le combustible de 9 couches ou veines exploitées.

2° Puits Saint-Louis, fosse n° 4, 8 veines exploitées;

3° — Sainte-Élisabeth, fosse n° 1, 11 veines;

4° — Grand Condé, fosse n° 2, 8 veines.

Houillères de Brunay (Pas-de-Calais). Les houillères de Brunay possèdent une concession de 3,809 hectares et extraient annuellement 84,000 tonnes de houille de bonne qualité, utilisée principalement pour les générateurs à vapeur, le chauffage domestique et les usines, comme l'indiquent les étiquettes des échantillons exposés.

Houillères de l'Est. Exposants de cette région : Compagnie houillère de la Moselle; Sociéte civile des houilles de Ronchamps (Haute-Saône). Parmi nos houillères de l'Est, les plus importantes sont celles de la Moselle qui produisent 150,000 tonnes, de Ronchamps (Haute-Saône), dont la production annuelle s'élève à 220,000 tonnes.

Compagnie houillère de la Moselle. M. Maximilien Pougnet, à Carling (Moselle). Cette Compagnie a exposé divers échantillons de houille et de minerais de fer des mines de Caumont-Morange, qu'elle traite avec le coke fabriqué avec le charbon de ses houillères.

Le terrain houiller de la Moselle est le prolongement souterrain du bassin de Sarrebruck, dont nous parlerons en traitant des houilles prussiennes. Les sondages de Rosselle et de Stiring sont en pleine activité; ils ont donné une production annuelle de plus de 150,000 tonnes de charbon maigre et gras de bonne qualité et très-propre aux usages métallurgiques. De nouveaux puits en fonçage augmenteront prochainement la production du bassin de la Moselle et accroîtront la richesse industrielle de nos départements de l'Est.

Société civile de houilles de Ronchamps. La concession de Ronchamps est située sur les derniers versants du massif des Vosges; elle est exploitée par plusieurs puits: puits Saint-Charles, Sainte-Barbe, Saint-Joseph, Sainte-Pauline, Notre-Dame-d'Éboulet, qui ont donné 15,000 tonnes en 1845; plus de 60,000 en 1850; 59,878 en 1854; 85,000 en 1860; 212,000 en 1865, enfin 210,908 tonnes en 1866.

La houille de Ronchamps est homogène et d'une seule qualité; elle est grasse et propre à la fabrication du coke; sa composition moyenne est de 25,47 à 35,32 p. 100 en matières volatiles, cendres : 5,67 à 6,76, carbone, 68,86 à 61,92.

La Compagnie des houilles de Ronchamps a exposé comme échantillon extrait de ses mines, une pyramide quadrangulaire de houille grasse (dans un pavillon du parc).

Houillères du Centre. Exposants de cette région : Société anonyme des houillères et du chemin de fer d'Epinac; Compagnie des mines de houille de Blanzy; Compagnie anonyme des houillères d'Ahun; Mines de Sainte-Foy-l'Argentière (Rhône); Schneider et Ce, au Creusot; réunions des Compagnies houillères de la Loire; Société anonyme des houillères et du chemin de fer de la Hoche et de la Vernade à Saint-Eloy.

Les houillères du centre de la France, situées sur le pourtour du plateau central, forment un groupe important, qui comprend une série de bassins à couches peu nombreuses, mais souvent très-puissantes: elles dépassent quelquefois 10 mètres; cependant les charbons sont moins purs que dans les bassins houillers du Nord.

La production des houillères du Centre est évaluée à près de 6,000,000 de tonnes.

Le bassin de la Loire nous offre les charbons les plus propres pour la forge et pour les usages métallurgiques ; avec une surface de 25,000 hectares, il a donné en 1865 un produit de 3,000,000 de tonnes de houille.

Le bassin de Saône-et-Loire est bien connu par les exploitations de Blanzy, du Creusot et d'Épinac ; les bassins de Bézenet et de Commentry, dans l'Allier, ceux de Decize, dans la Nièvre, de Brassac et de Saint-Éloi, dans le Puy-de-Dôme, d'Ahun, dans la Creuse donnent aussi des chiffres élevés de production.

Production des bassins houillers du centre.

	1863	1865
Loire (Saint-Étienne, Rive-de-Gier).	2.813.383 tonnes.	3.037.000 tonnes.
Allier (Commentry, Bézenet).	717.626	750.000
Saône-et-Loire (Blanzy, Creusot, Épinac).	615.210	870.000
Brassac.	161.861	
Decize.	90.067	
Sainte-Foi-l'Argentière	26.880	
Saint-Éloi.	23.000	
Ahun.	8.743	

Les charbons de la Loire tiennent le milieu entre le Cardiff et les charbons de Newcastle, pour le chauffage des bateaux à vapeur ; ceux de Saône-et-Loire et de l'Allier se rapprochent le plus de Newcastle. Les charbons de Blanzy ont donné de $6^k,10$ à $6^k,60$; ceux de Bézenet, de $5^k,85$ à $6^k.40$, tandis qu'une série d'essais des meilleurs charbons du bassin de Newcastle donne, pour la quantité d'eau vaporisée par heure, de $6^k,30$ à $6^k,37$.

Il faut ajouter que pour la solidité et la cohésion, l'avantage est même en faveur des charbons français.

Le bassin de la Loire a une puissance présumée d'environ 1400 à 1500 mètres, dont 57 à 78 mètres de houille, formant de 28 à 30 couches ; le bassin d'Auvergne présente une épaisseur d'environ 1300 mètres au centre, avec 17 couches de houille. Dans le bassin de Saône-et-Loire la houille a des allures très-variables ; elle éprouve, au Creusot, des renflements dans lesquels son épaisseur atteint 30 et 40 mètres. On y reconnaît 29 mètres de charbon répartis dans 500 mètres de dépôts. Dans le bassin de Brassac, sur une épaisseur totale de 1200 mètres de dépôts, il y aurait 17 mètres de houille, répartis sur trois étages.

Société anonyme des houillères d'Epinac. La Société d'Épinac exploite, dans le bassin d'Autun, des couches de houille formées dans un golfe du sol primitif. Elles ont la forme d'un fer à cheval et sont divisées en plusieurs bancs, de 1 à 4 mètres de puissance, par des barres de grès et de schistes.

Le bassin d'Autun produit annuellement environ 160,000 tonnes de houille.

Les houilles exposées par la Société d'Épinac présentent les caractères généraux des charbons de Saône-et-Loire ; elles contiennent :

Charbon.	54.0.	51.5
Cendres	14.0.	12.0
Matières volatiles.	33.0.	26.5

La houille d'Épinac est très-brillante, schisteuse, fragile, à poussière d'un noir brun ; elle produit un coke boursouflé ; en brûlant elle se fendille, se boursoufle et s'agglutine faiblement ; sa densité est de 1.352.

Compagnie des mines de houille de Blanzy (Saône-et-Loire). La Compagnie des mines de houille de Blanzy, outre les houilles, le coke et les briquettes, a exposé un modèle en relief d'un puits d'exploitation et une cage armée de son parachute.

Le bassin houiller de Blanzy comprend les concessions de Montchanin, Montceau-les-Mines, Blanzy; il forme un affleurement parallèle au bassin du Creusot; il est recouvert par les grès triasiques. En longueur, il s'étend depuis les Porrots jusqu'à Charrecey, c'est-à-dire sur plus de 40 kilomètres; sa plus grande largeur est dans les environs de Montceau-les-Mines.

Les pendages des bassins houillers du Creusot et de Blanzy tendent l'un vers l'autre, ce qui conduit à penser qu'il y a un raccordement souterrain; sur certains point déjà les travaux des mines se sont engagés sous le trias. La continuité de nos terrains houillers au-dessous des couches triasiques ou jurassiques qui les recouvrent a une trop grande importance pour l'avenir de notre industrie, pour que tout ce qui se rattache à ce problème géologique ne préoccupe pas à la fois le mineur, l'industriel et l'économiste. En interprétant les observations qui ont été faites dans les bassins de Blanzy et du Creusot, on arrive à conclure :

1° Que partout où la superficie du sol est formée par le grés bigarré il y a probabilité de l'existence sous-jacente du terrain houiller; 2° que, vers le nord-est, les limites du bassin houiller doivent se trouver à peu près vers les lignes de disparition des grès houillers et bigarrés sous les calcaires jurassiques; 3° que, vers le sud-ouest au contraire, le bassin houiller doit s'étendre à la fois sous les grès bigarrés et sous les calcaires jurassiques (Burat).

Les couches exploitées à Blanzy et à Montceau-les-Mines sont régulières; les charbons qu'elles produisent sont très-chargés d'oxygène, et, par suite, sujets aux inflammations spontanées. La production de la houille est de plus de 400,000 tonnes par an; sa composition moyenne est de :

Carbone.	76.48
Cendres	2.28
Matières volatiles.	21.24

sa densité est d'environ 1,362; elle donne un coke fritté, l'hectolitre de houille pèse 87k.

Les puits de Blanzy ont traversé d'abord des couches de 1 à 3 mètres d'épaisseur, peu réglées; ensuite ils ont atteint en profondeur des couches de 10 à 20 mètres de puissance (puits Cinq-Sous, Saint-François, Sainte-Marie).

A Montchanin on exploite un amas plutôt qu'une couche de houille.

Les deux couches de Montceau-les-Mines sont découpées par des failles en gradins, qui les rejettent en profondeur.

Schneider et Cie, au Creusot. La Compagnie du Creusot a fait établir un hangar particulier, dans le parc, pour installer son exposition. Outre les houilles, les cokes du Creusot et de diverses provenances, on y remarque les minerais que traitent les fonderies de ce magnifique centre industriel, pour donner les fers, les fontes et les tôles que la compagnie livre au commerce français et étranger,

La Compagnie Schneider a exposé un plan en relief de la houillère du Creusot; une machine d'extraction à deux cylindres avec bobines et frein à vapeur, un modèle en relief des halles de la forge nouvelle du Creusot; des plans, coupes et élévations des mines, hauts-fourneaux, fonderies et forges du Creusot.

La couche de houille du Creusot a une puissance normale de 8 à 10 mètres; sa puissance s'élève à 15 et 20 mètres dans les parties où elle se renfle; elle est inclinée de 60 à 80 degrés, par conséquent fortement relevée par suite d'une faille.

La houille du Creuzot présente la composition moyenne suivante :

Charbon.	65.4
Cendres.	3.4
Matières volatiles.	31.2
	100.0

Elle est d'un noir brillant, peu schisteuse, fragile. On trouve au Creusot toutes les variétés de houille : grasse, maigre, anthraciteuse ; l'hectolitre pèse environ 79 kilogrammes.

Compagnie anonyme des houillères d'Ahun (Creuse). Les houilles et cokes proviennent des concessions d'Ahun, la longueur du bassin est de 12 kilomètres et de 1500 à 2000 mètres de largeur; il contient sept couches, dont la plus puissante a des épaisseurs variables de 0m50 à 4 mètres.

Société anonyme des houillères et du chemin de fer de la Hoche et de la Vernade à Saint-Éloi (Puy-de-Dôme). Cette Société a exposé des houilles grasses, des houilles maigres et du coke. Ces houilles sont données par 4 couches, de 3 à 4 mètres de puissance, qui produisent annuellement 90,000 tonnes de charbon.

Réunion des houillères de la Loire. Le bassin houiller de la Loire embrasse une surface de 22,000 hectares et a une épaisseur présumée de 1500 mètres; mais, sur cette superficie, environ la moitié est stérile ; c'est donc une étendue d'environ 12,000 hectares qui produit les 3 millions de tonnes de houille que ce bassin livre annuellement au commerce.

Le bassin houiller de la Loire occupe une dépression dans le sol micaschisteux. Il est limité, au sud, par le Pilat; au nord, par la chaîne parallèle de Riverie et de Fontanès; à l'ouest, par le plateau granitique des bords de la Loire, base des montagnes du Forez. Le bassin houiller s'étend du nord-est au sud-ouest, depuis les bords du Rhône jusqu'à la Loire ; fort étroit à sa limite occidentale, il se renfle vers le nord, atteint sa plus grande largeur vers Roche-la-Molière et Saint-Étienne, se rétrécit de nouveau au delà de Saint-Chamond, et devient très-peu large en aval de Rive-de-Gier, et se prolonge en une bande très-étroite jusqu'à Givors, même paraît sur la rive gauche du Rhône entre Ternay et Communay.

Ce bassin a la forme d'un triangle, dont la base suivrait la Loire de Fraisse à la Fouillouse, sur une longueur de 12 kilomètres, et dont le sommet serait placé à Tartaras, à 3 kilomètres de la base ; une ligne passant par Tartaras, Rive-de-Gier, Saint-Chamond, Saint-Étienne, Firminy et Fraisse, suit à peu près le grand axe du bassin.

La houille du bassin de la Loire est de bonne qualité et s'adapte à tous les usages métallurgiques, elle donne un coke boursouflé; son rendement varie de 70 à 75 p. 100; sa densité varie de 1,28 à 1,29; elle est compacte, d'un noir plus ou moins éclatant, quelquefois terne. Elle brûle en produisant une flamme jaune ou blanchâtre, longue accompagnée de beaucoup de fumée; elle chauffe fortement; sa puissance calorifique dépasse 8,000.

La houille de Rive-de-Gier a présenté la composition moyenne suivante :

	I	II	III	IV	V
Charbon.	82.04	84.83	82.58	81.71	87.45
Cendres.	3.57	2.99	2.72	5.32	1.17
Matières volatiles. . .	14.39	13.18	14.70	12.97	11.38
	100.00	100.00	100.00	100.00	100.00

Le bassin houiller de la Loire se divise en quatre systèmes ou groupes principaux, qui sont de bas en haut : 1° le système des couches de Rive-de-Gier, qui paraît s'étendre sous la surface entière du bassin; 2° le système inférieur de Saint-Étienne, comprenant les couches de Saint-Chamond, celles du nord et de l'ouest de Saint-Étienne; 3° le système moyen de Bérard, centre du bassin de Saint-Étienne, sorte d'ellipse irrégulière dont Saint-Étienne occuperait le centre; le système inférieur ou du bois d'Aveize, qui forme deux îlots très-étroits, ou une série de petites crêtes allongées parallèlement à l'axe du bassin, au sud de Saint-Étienne (Grüner).

Le système de Rive-de-Gier se subdivise en trois étages : 1° une brèche à la base formée de granite, de quartz et de micaschiste; 2° l'étage houiller formé d'une série de schistes et de grès à grains serrés, alternant avec un petit nombre de couches de houilles; l'ensemble peut avoir une épaisseur de 80 120 mètres.

A la base se trouve une couche de charbon friable et pyriteux, de 3 mètres d'épaisseur et d'une exploitation facile : c'est la *gentille*. A environ 40 à 50 mètres au-dessus, se trouve une couche de houille de 1^m à 1^m,30, dure, d'un abattage difficile, fortement chargée de cendres ; on la désigne sous le nom de *la bourrue*.

A 30 mètres plus haut, se trouve la couche dite la *bâtarde* ou *bâtardes*, divisée en deux par un nerf de grès de 7 à 8 mètres, d'une qualité de houille médiocre et d'une épaisseur de 0^m,50 à 4 mètres. A 25 ou 30 et 40 mètres plus haut, se trouve la *grande masse*, d'une puissance de 3 à 4, 8, 12 et même 15 mètres, où sont établies les principales exploitations; enfin, au-dessus, il y a une ou deux petites veines inexploitables; 3° un conglomérat stérile termine tout le système: l'épaisseur totale de ces dépôts va de 4 à 500 mètres; les 4 couches de houille ont une puissance totale moyenne de 10 à 20 mètres.

A Roche-la-Molière et Fraisse, on connaît deux couches exploitables ayant ensemble une épaisseur de 3 à 5 mètres.

Dans le système inférieur de Saint-Étienne, sept couches, d'une puissance réunie de 10 à 12 mètres, sont exploitées aux concessions de Montcel, Chazotte, Chaney, etc.

Dans le système moyen de Saint-Étienne, on connaît neuf ou dix couches, ayant ensemble environ 10 mètres dans le district de Bérard, 10 à 15 mètres à Montsalson et jusqu'à 20 mètres à la Ricamarie.

Dans le système supérieur de Saint-Étienne, on connaît huit couches de houille de 15 à 20 mètres au bois d'Aveize, et seulement 3 couches d'environ 5 mètres à la Chauvetière.

L'épaisseur totale de ces trois groupes de couches de Saint-Étienne est de 800 à 1,200 mètres, contenant de 20 à 24 couches de houille dont l'épaisseur réunie est de 47 à 58 mètres.

Les couches du système de Saint-Étienne sont rompues; celles de Rive-de-Gier ont une allure plus régulière. Le long de la limite occidentale du bassin houiller de la Loire, les couches se dirigent nord-sud, comme la chaîne granitique sur laquelle elles reposent; vers Saint-Chamond, les couches de houille inclinées vers le nord, courent de l'est 32° à 36° nord, à l'ouest 32° à 36° sud, parallèlement au schiste micacé qui forme la limite méridionale du terrain houiller.

Le bassin houiller de la Loire est représenté, à l'Exposition universelle de 1867, par dix sociétés houillères qui, sous le rapport de la richesse et de la diversité des produits, en sont l'expression la plus considérable.

Nous les grouperons en quatre régions principales : I. *Rive-de-Gier;* II. *Saint-Chamond;* III. *Saint-Étienne*; IV. *Les concessions de la région occidentale* (Béraudière, Montrambert, Roche-la-Molière, Firminy).

I. *Société anonyme des houillères de Rive-de-Gier.* Cette Société possède les concessions de la Grand-Croix, du Reclus, de la Cappe, de Causon, etc., embrassant une surface de 1,318 hectares dont la production s'est élevée en 1865 à 3,185,532 quintaux métriques de houille : elle occupe près de 1,500 ouvriers.

II. *Société anonyme des mines de Saint-Chamond.* Les concessions de Saint-Chamond possèdent une superficie de 3,542 hectares, qui ont produit en 1865, par un travail de 217 ouvriers, 310,565 quintaux métriques de houille.

Cette Société fait des recherches pour atteindre les couches puissantes de Rive-de-Gier qui doivent passer sous le système de Saint-Chamond; elle a exposé des échantillons des terrains traversés par un puits qui a déjà atteint une profondeur de 700 mètres.

III. *Société anonyme des mines de la Loire.* Cette Société possède les concessions de Montsalson, de Villars, du Quartier-Gaillard, de la Chana et du Cluzet dont l'étendue totale est de 1,942 hectares. La Société, qui n'avait produit que 170,000 tonnes de houille en 1855 avec 10 puits, a extrait en 1866, en employant 1743 ouvriers, 337,000 tonnes de charbon.

La concession du Quartier-Gaillard a donné les échantillons exposés sous les nos 1 à 7. Les puits d'extraction exploitent deux couches, l'une de 10 mètres, l'autre de 4 mètres de puissance : la houille que l'on en extrait est grasse à longue flamme, et donne 60 p. 100 de coke et 8 p. 100 de cendres; elle est propre à la fabrication du coke, au chauffage domestique, à la forge et à la fabrication du gaz.

Les nos 8 et 9 de la concession de Montsalson sont des houilles grasses contenant 3 pour 100 de cendres et donnant 58 pour 100 de coke, provenant d'une couche de 8 mètres.

Les nos 10, 11 et 12 de la même concession proviennent du puits St-Félix que coupe une couche de 9 mètres d'une houille grasse à longue flamme, donnant 50 pour 100 de coke et 1 à 1 1/2 pour 100 de cendres et très-propre à la fabrication du gaz et pour la forge maréchale.

Les nos 13 et 14 sont des échantillons de houille grasse, donnant 60 pour 100 de coke et 9 pour 100 de cendres; elle donne un coke d'excellente qualité; elle s'emploie pour le traitement métallurgique.

La concession de Villars (échantillons nos 15 à 19) exploite deux couches de houille, l'une de 5 à 6 mètres, l'autre de $1^m,20$ de puissance. Le charbon que l'on en extrait est employé pour les verreries, les usines à gaz, les chaudières à vapeur; il donne 58 pour 100 de coke et de 7 à 8 pour 100 de cendres.

La *Société des mines de la Loire* a aussi exposé un petit modèle d'exploitation par la méthode des remblais.

Société des mines de houille de Beaubrun. La concession des mines de Beaubrun a une étendue de 289 hectares; en 1865, par un travail de 1123 ouvriers, l'extraction a donné 2,626,267 quintaux métriques de houille. Et, outre les échantillons de houille, la Société a exposé les plans et coupes de ses exploitations et des modèles réduits des machines qu'elle emploie pour l'extraction du charbon et l'épuisement des eaux.

Les houilles des systèmes de St-Étienne ont entre elles, quoique dans des concessions différentes, la plus grande analogie, car les mêmes houilles sont exploitées aux puits des diverses concessions. Cette similitude dans les propriétés et les qualités des charbons nous dispense de décrire les échantillons exposés par chaque société houillère. Nous avons donné les traits généraux du système houiller, ce qui le constitue; nous avons fait connaître les qualités essentielles des houilles du bassin de la Loire; nous avons donné l'analyse de cinq échantillons de Rive-de-Gier, et celle des produits exposés par la Société des mines de la Loire.

Les industriels et les ingénieurs qui s'occupent de combustibles trouveront donc, dans ces études, les moyens de comparer les houilles françaises entre elles et avec celles qui viennent de l'étranger.

Société anonyme des houillères de St-Étienne. Cette Société exploite les concessions de Terrenoire, du Treuil, de Méons, de Bérard, de Cote-Thiollière, de la Roche et de Chaney, embrassant une surface de 1241 hectares, produisant (1866) 5,268,000 quintaux métriques de houille, par un travail de 1920 ouvriers.

Cette Société a exposé des échantillons nombreux de houille et d'agglomérés.

Les agglomérés ou briquettes sont fabriqués dans une usine spéciale, située à Givors : plus de 100 ouvriers y sont employés.

Les agglomérés présentent quelques avantages sur les charbons en roche ; ils subissent très-peu de déchet par le transport (1 pour 100); mis en tas, ils conservent pendant longtemps leurs qualités sans altération ; ils contiennent peu de cendres (4 à 7 pour 100), et, par conséquent, n'encrassent pas les grilles des foyers.

La fabrication des agglomérés, qui, dans le bassin de la Loire, a lieu principalement à Givors et à la Chazotte, présente pour nos charbons un avantage particulier.

La plupart de nos houilles flambantes, analogues au Newcastle, n'ont qu'un pouvoir calorifique assez faible comparativement au Cardiff; elles manquent aussi de tenue au feu. En mélangeant des charbons légers avec des charbons anthraciteux, on obtient des briquettes d'une qualité supérieure pour le chauffage des machines. En outre, l'industrie des agglomérés, qui est toute française, permet d'utiliser le menu des charbons et les débris les plus tenus de l'abattage de la houille.

L'industrie est parvenue à faire avec ses mauvaises houilles des combustibles convenable, propres à la forge et à la grille. Les charbons de la Basse-Loire nous en offrent un exemple ; ils ont été transformés en houilles manufacturées d'une assez bonne qualité.

La Compagnie des mines et fours à chaux de la Basse-Loire, dont nous avons déjà parlé en traitant des houillères de l'Ouest, parvient à communiquer de bonnes qualités à une houille qui n'était naguère propre à autre chose qu'à la cuisson de la pierre à chaux. Cette Compagnie a exposé des échantillons de houille criblée et lavée et devenue bonne pour la forge et la grille, et de houille agglomérée au brai sec par le moyen d'une machine.

Société des mines de Chazotte. La concession des mines de Chazotte est d'une étendue de 606 hectares ; elle a produit en 1865 un total de 1,753,320 quintaux métriques de houille, et occupe 920 ouvriers. Elle a exposé des échantillons de houille et principalement des agglomérés, dont la fabrication est un des éléments principaux de son activité et de son commerce.

La Société des mines de houille de Montcel possède une concession d'une contenance de 123 hectares qui a produit en 1865, par un travail de 249 ouvriers, 582,610 quintaux métriques de houille.

La Société des mines de houille de Villebœuf a extrait en 1865, sur une concession de 212 hectares et par un travail de 158 ouvriers, 233,454 quintaux métriques de charbon.

IV. *Société anonyme des houillères de Montrambert et de la Béraudière.* Les houilles de Montrambert sont surtout recherchées par les usines à gaz; les échantillons exposés renferment beaucoup de matières volatiles et de 60 à 74

p. 100 de coke.—La concession que la Société exploite a une étendue de 1146 hectares; elle a produit en 1865, par un travail de 1,200 ouvriers, 2,931,1000 quintaux métriques de houille.

Société des mines de Roche-la-Molière et Firminy. Cette Société est propriétaire d'une concession de 5,856 hectares; elle a extrait en 1865, par un travail de 1,708 ouvriers, 3,676,857 quintaux métriques de houille. Outre les échantillons de houille et de coke, la Société a exposé les plans et coupes des concessions et des couches qu'elle exploite.

Échantillon nº 1, houille, pour fine forge, donnant 75 p. 100 d'un coke de première qualité;

Nº 2, houille donnant 74 p. 100 de coke;

Nº 3, houille pour fondeurs de cuivre et d'acier, 64 p. 100 de coke;

Nº 4, houille pour le chauffage domestique, 72 p. 100 de coke;

Nº 5, houille propre à la fabrication des huiles de houille, 64 p. 100 de coke.

En résumé, dans le bassin houiller, sur un territoire concédé de 22,000 hectares, il a été extrait en 1865, par un travail de 14,275 ouvriers, 3,047,000 tonnes de houille.

Houillères de Commentry. Les houillères de Commentry embrassent une surface concédée de 2,480 hectares; l'épaisseur moyenne de la couche de Commentry est de 14 mètres.

La production de la houille a suivi une ascension croissante assez rapide.

1840.	14.000 tonnes.
1850.	90.000
1855-1856.	240.000
1860-1861.	370.000
1865-1866.	480.000

La houille de Commentry colle bien; elle est très-propre à la fabrication du coke; elle donne un coke boursouflé, 63 p. 100; sa densité est de 1.319; elle donne à l'analyse :

	I	II
Charbon.	60.0	82.72
Cendres.	6.0	0.24
Matières volatiles.	34.0	17.04
	100.0	100,00

Houillères du Midi. Exposants de cette région: Mines de Portes et Sénéchas; Compagnie des mines de la Grand'Combe; Société anonyme des houillères de Rulhe: Société anonyme des mines de Carmaux; Compagnie houillère de Banne; Compagnie de Graissessac; Compagnie générale des charbons des Alpes; Ministère.

Les houillères du Midi sont situées sur les versants du Lot, de la Garonne, de l'Hérault et du Gard; deux bassins sont surtout importants, le bassin de l'Aveyron (Aubin et Decazeville) et le bassin d'Alais (Gard); les petits bassins de Graissessac et de Carmeaux apportent leur contingent de production à la consommation industrielle et au chauffage domestique des départements du Midi. Une certaine quantité est même exportée, par la Méditerranée, en Italie, en Espagne et en Algérie.

Le bassin de l'Aveyron a une étenduede 12,000 hectares; l'extraction en 1863, s'est élevée à 570,000 tonnes, pour descendre en 1865, à 460,000 tonnes. Sur une partie de son périmètre, le bassin houiller est limité par des grès de trias ou des calcaires jurassiques; l'ensemble des dépôts qui le forment peuvent être divisés en quatre étages distincts, savoir: 1er étage ou étage supérieur, qui renferme une couche de charbon d'une puissance de 30 mètres (exploitée à Lassale, la Vaysse, les Étuves, etc.), recouverte par des grès schisteux et des schistes bitumineux. Cette grande couche contient des barres et des rognures de schistes; elle est sur certains points pyriteuse; mais la houille devient de bonne qualité quand elle s'isole; 50 mètres de grès stérile la séparent de l'étage suivant.

2e étage. Le deuxième étage (du Fraysse) est composé de trois couches distinctes, de 1 à 5 mètres de puissance, exploitées dans la vallée des Combes;

3e étage. Le troisième étage (de Campagnac) renferme une couche de 6 à 15 mètres de puissance, exploitée à Cerles, à Passelaygue, au Mazel;

4e étage. L'étage inférieur comprend une série de couches, de 1 à 3 mètres de puissance, exploitées à Ruhle.

La Société anonyme des houillères de Ruhle (Aveyron) a exposé des houilles et des cokes provenant du bassin houiller de l'Aveyron, concession de Ruhle. Les houilles que cette Société exploite ont les mêmes qualités que celles provenant des étages supérieurs du bassin: elles peuvent, sous le rapport calorifique, être assimilées au Newcastle; leur puissance calorifique est de 8,092.

Les charbons de Ruhle sont à longue flamme et faciles à allumer; ils sont d'un beau noir éclatant, à cassure schisteuse dans un sens, conchoïde dans un autre. Ils donnent des cendres presque blanches, elles sont collantes et donnent du coke pour les usages métallurgiques; leur rendement en coke est en moyenne de 53 à 60 p. 100; elles ont donné à l'analyse la composition moyenne suivante :

	I (Berthier).	II (Berthier).	III (Regnault).
Charbon.	58.5	50.6	82.12
Cendres.	3.1	7.4	5.13
Matières volatiles. . . .	38.4	42.0	12.75
	100.0	100.0	100.00

Le bassin du Gard extrait aujourd'hui 1.100.000 tonnes de houilles; cette production le place à la tête des bassins du Midi, et lui donne le troisième rang dans la production de la France. La portion du terrain houiller, dite du Bessèges, qui, en 1830, exploitait 2.000 tonnes de houille,

1836....................	30.000
1859....................	160.000

aujourd'hui, par le chemin de fer, en expédie 350.000 tonnes. La production des mines de la Grand'Combe s'élève à 500.000 tonnes; les charbons extraits du ravin de l'Oguègne montent aujourd'hui à 160.000 tonnes par an.

M. Callon porte à dix-huit le nombre des couches de houille du terrain houiller du Gard, et à 25 mètres l'épaisseur moyenne de la réunion des couches; leur puissance varie de 1 mètre et même moins, à 3 et 4 mètres.

Le terrain houiller du Gard est divisé en deux parties par une saillie de talcschistes, qui sépare le bassin de Portes et la Grand'Combe du bassin de Bességes, Au sud du massif primordial, les deux petits bassins se réunissent et le terrain houiller est recouvert, de ce côté, par les dépôts du trias, du lias et plus loin par les calcaires néocomiens et le terrain tertiaire.

Compagnie des mines de la Grand'Combe. Cette Compagnie a exposé des échantillons des houilles qu'elle extrait de ses concessions, des plans et coupes géologiques, des documents statistiques et un plan en relief de ses exploitations. Les travaux actuels de la Compagnie sont dirigés par M. Chalmeton, dont le nom est attaché aux progrès remarquables qui ont été réalisés depuis la direction de M. Robiac.

Les houilles du bassin du Gard offrent différentes variétés; il y en a de grasses, de sèches et d'anthraciteuses: les unes sont très-propres à la fabrication du coke, les autres sont plus spécialement affectées à la fabrication du gaz ; enfin d'autres, flambantes et analogues au Newcastle, sont recherchées pour le chauffage domestique, la forge et les générateurs à vapeur.

Ces houilles sont d'un beau noir luisant, peu ou point pyriteuses; elles donnent de 55 à 70 p. 100 d'excellent coke pour les hauts-fourneaux.

Houilles grasses. Les houilles grasses du Gard brûlent avec une flamme très-longue et très-vive; elles s'agglomèrent en brûlant et donnent, les unes un coke résistant, d'autres un charbon volumineux et friable. Celles de la Grand'Combe sont très-estimées pour la fabrication du coke. Voici du reste l'analyse de quelques échantillons de différentes couches :

	I	II	III	IV	V
Charbon..........	68.0	70.0	59.5	71.3	65.6
Cendres..........	10.4	4.2	13.9	7.1	13.8
Matières volatiles...	21.6	25.8	26.6	21.6	20.6
	100.0	100.0	100.0	100.0	100.0

Houilles sèches anthraciteuses. Ces houilles de la Grand'Combe (Dur-Gazay) sont noires, brillantes, dures, parfois un peu friables; elles brûlent avec une flamme courte et ne s'agglomèrent pas par la calcination. Elles présentent la composition suivante :

	I	II
Charbon...............	78.0	76.8
Cendres................	7.4	8.6
Matières volatiles.........	14.6	14.6
	100.0	100.0

La Société anonyme des mines de Portes et Sénéchas a exposé des houilles et cokes des concessions qu'elle exploite aux environs d'Alais, sur les limites du bassin houiller du Gard. Ces houilles, analogues à celles des autres parties du terrain houiller exploité à la Grand'Combe et à Bességes, sont employées à la fabrication du gaz de l'éclairage et du coke; la Société en fait usage dans ses fonderies.

La Société des mines de Portes fabrique le coke en mélangeant la houille grasse avec un tiers de charbon anthraciteux; ce mélange donne un rendement de 75 pour 100.

Le charbon gras exposé provient de la couche Rouvière, le charbon sec à vapeur de la couche Saint-Augustin, et la houille anthraciteuse de la couche dite Chauvel.

Société anonyme des mines de Carmaux (Tarn). Cette Société extrait annuellement 120.000 tonnes de houille d'un terrain houiller d'une faible épaisseur, contenant quatre couches de houille de 1 à 3 mètres de puissance.

La Société a exposé plusieurs échantillons de houille d'excellente qualité : houille grêle, houille noisette pour forge, houille menue pour coke. La houille du petit bassin houiller de Carmaux est d'un très-beau noir éclatant; elle brûle avec une longue flamme, qui dure longtemps; elle se ramollit et se boursoufle. Elle est composée de :

Charbon	71.5
Cendres	3.5
Matières volatiles	25.0
	100.0

Compagnie des mines de Graissessac (Hérault). Le petit bassin houiller de Graissessac, d'environ 18 kilomètres de long sur 1 kilomètre de large, produit annuellement 150,000 tonnes de houille de bonne qualité. La Compagnie qui l'exploite a exposé des échantillons de coke, de houille et des agglomérés ou briquettes.

La houille grasse de Graissessac, à longue flamme, est propre à la forge, à la grille, au chauffage des chaudières à vapeur et à la fabrication du coke et du gaz de l'éclairage.

Bassin du Var. Dans le Var, le terrain houiller forme une zone longue et étroite, souvent interrompue par les recouvrements du trias. La houille que l'on a extraite jusqu'ici est anthraciteuse ; plusieurs échantillons ont figuré à l'Exposition.

M. Beringuier a exposé des houilles et des schistes bitumineux de la Madeleine (Var) ; M. Sénéquier et Cie, des échantillons de houille et de schiste bitumineux de Fréjus (Var).

Ces houilles du Var ont probablement été exposées pour attirer l'attention des industriels et des économistes sur des gisements inexploités aujourd'hui, mais qui peuvent devenir par la suite des centres importants d'extraction. Un jour arrivera où l'on sera moins difficile qu'aujourd'hui sur les qualités de la houille, alors aussi le prix de ce précieux combustible sera plus élevé. A cette époque, le bassin du Var et d'autres lambeaux houillers dédaignés de nos jours deviendront le champ d'une exploitation active et productive, une source de richesse et d'industrie pour les contrées qui renferment ces gîtes houillers, véritables réserves pour l'avenir.

Ministère de l'agriculture, du commerce et des travaux publics. Dans la grande vitrine affectée à l'exposition spéciale du ministère du commerce, des travaux publics et de l'agriculture, le corps impérial des mines a rassemblé une collection des houilles de la France, que nous passerons rapidement en revue ; car ces combustibles ont déjà été, en grande partie, examinés dans ce qui précède, en traitant de chaque exposant en particulier.

Dans le compartiment de la Loire-Inférieure, avec le terrain dévonien, nous remarquons des anthracites, des marbres, du calcaire, des marnes, des houilles et des grès houillers. La Moselle nous montre les échantillons nombreux provenant des houillères de Schönecken et de Carling. Ce sont des houilles demi-grasses à longue flamme, bonnes pour la grille. La concession de Schönecken exploite onze couches par trois puits, dont la production en 1866 a dépassé 150,000 tonnes. Ces houilles ont donné :

	I	II	III	IV	V
Charbon	59.2	59.7	58.9	60.7	58.0
Cendres	2.5	3.6	3.2	1.4	2.1
Matières volatiles	38.3	36.7	37.9	37.9	39.9
	100.0	100.0	100.0	100.0	100.0

Le département de Maine-et-Loire est représenté par des échantillons des charbons anthraciteux provenant de Montjean, Saint-Lambert, de Désert, etc., qui renferment de 73 à 80 pour 100 de carbone fixe, de 5 à 11 de cendres et de

8 à 23 pour 100 de matières volatiles. On associe quelques menus de 7 à 8 p. 100 de brai pour fabriquer des agglomérés, dont des échantillons sont exposés.

Le bassin de la Vendée (Vendée et Deux-Sèvres) contient de la bonne houille ; il s'appuie sur le sol primitif en présentant ses couches fortement inclinées ; les lambeaux les plus importants sont ceux de Chantonnay et de Vouvant. Les échantillons exposés sous la vitrine du ministère du commerce proviennent des concessions de Faymoreau, d'Epagne et de Saint-Laurent (bassin de Vouvant).

Dans le compartiment de l'Hérault, nous avons seulement remarqué les lignites d'Azillanet et de la Caunette ; dans l'Ariége, le bois des tourbières de la Poterie.

La houille est une matière précieuse et remarquable, non-seulement par ses usages économiques et industriels, comme source de chaleur et de force ; mais aussi par les composés importants qui en dérivent. Si nous nous transportons, par la pensée, dans la galerie des arts chimiques, nous serons étonnés par la variété, la beauté et l'importance des produits dérivés de la houille. Parmi les substances dérivées du goudron de houille ou coaltar, nous distinguerons : l'acide picrique, la nitro-benzine, la benzine. La nitro-benzine convenablement traitée donne l'aniline [1]. De celle-ci dérivent les principes colorants connus sous les noms de mauve, magenta, roséine, azuline, azaléine, fuschsine, etc.

La paraffine est un produit de la distillation de certaines houilles, destiné à faire des bougies qui brûlent avec une belle flamme blanche.

Au point de vue industriel, la houille est de la chaleur emmagasinée, et comme la chaleur se convertit en travail, la houille est donc, en dernier résultat, de la force et du travail. Aussi ce produit, que l'on arrache des entrailles de la terre, transforme les contrées les plus abruptes en centres populeux : partout où s'établissent des exploitations houillères, des villes s'élèvent ; des industries nouvelles surgissent, des fortunes s'édifient.

La houille a transformé la marine ; elle entraîne tous les jours ces immenses convois de chemins de fer qui font disparaître les distances en rapprochant les hommes ; enfin elle a créé la métallurgie moderne.

ÉTRANGER.

Grande-Bretagne et Colonies anglaises. — L'extraction de la houille, en Angleterre, augmente chaque année. En 1864, le nombre des houillères en activité montait à 3,268 employant un personnel de 307,512 mineurs, qui ont extrait du sol 92,787,873 tonnes de houille dont 8,800,480 tonnes ont été livrées à l'exportation.

En 1865, la production houillère s'élève, d'après le rapport de M. Robert Hunt, à 98,150,587 tonnes, ainsi réparties.

Comtés de :

Durham et Northumberland	25.032.674 tonnes.
Cumberland	1.431.047
Yorkshire	9.355.100
Derbyshire	4.595.750
Nottinghamshire	1.095.500
Leicestershire	965.700
Warwickshire	859.000
Staffordshire et Worcestershire	12.200.089

1. Voir les travaux remarquables sur l'aniline et ses dérivés publiés par M. D[e] Kœppelin, dans les *Annales du Génie civil*, et aussi dans les *Études sur l'Exposition*. (Voir 1re série, page 29).

Lancashire	11.962.000
Cheshire	850.000
Shropshire	1.135.000
Gloucestershire et devonshire	1.875.000
Monmouthshire	4.125.000
Pays de Galles (sud)	7.911.507
Pays de Galles (nord)	1.983.000
Écosse	12.650.000
Irlande	123.500

Sur cette production, 9,000,000 de tonnes ont été exportées, et près de 29,000,000 de tonnes ont été employées dans les usines sidérurgiques et autres; 60,000,000 de tonnes restent pour la consommation du pays, les usages domestiques et autres, ou une moyenne de plus de deux tonnes par tête de la population. L'Europe, en dehors de l'Angleterre, ne produit pas plus de 55,000,000 de tonnes de houille, les États-Unis environ 20,000,000 de tonnes; donc la Grande-Bretagne produit à elle seule plus que le restant du monde.

C'est à cause de cette abondante production de charbon que l'Angleterre a atteint une si haute position comme nation manufacturière.

Depuis l'exposition de 1855, la production des houilles anglaises a augmenté de 59 p. 100, pendant cette période de 12 ans.

Les exploitants français et belges ne produisent pas la houille à si bon marché qu'en Angleterre : cette infériorité résulte des conditions géologiques du sol plutôt que de l'exploitation, car le matériel de nos houillères ne le cède à celui d'aucun pays; il pourrait même être proposé pour modèle à l'Angleterre. Nos terrains houillers sont moins riches et moins réguliers que ceux de nos voisins ; nos couches de houille sont moins puissantes que celles des Anglais; nos terrains moins solides et moins résistants exigent un boisage plus coûteux; enfin les frais généraux de nos mines sont plus élevés que ceux des houillères d'outre-Manche. Si à cela on ajoute que les charbons anglais sont plus purs, ce qui dispense de toute manutention et prévient les déchets du triage, et que les ouvriers mineurs sont fortement disciplinés, on s'expliquera aisément que le charbon anglais puisse être livré à un prix inférieur à celui des houilles françaises.

Dans le pays de Galles, le rendement moyen des couches exploitées est de 20 à 25 hectolitres par mètre carré; dans le bassin de Newcastle, il est moins élevé : il est d'environ 15 à 20 hectolitres ; dans nos bassins du nord, ce rendement est de 7 à 8 hectolitres par mettre carré. Par suite l'effet utile du mineur, qui est de 50 à 60 hectolitres par jour en Angleterre, descend dans nos houillères à 20 ou 25 hectolitres, environ la moitié de l'effet obtenu par le mineur anglais.

Exposants anglais. Compagnie Aberdare-Coal, à Cardiff : houille propre à la génération de la vapeur; Compagnie Blaenovon, à Londres : houille propre à la génération de la vapeur et coke; Compagnie Bodringalt-Coal, à Cardiff : houille propre à la génération de la vapeur pour machines de bateaux et locomotives; Compagnie Bwllfa-Colliery, à Londres : houilles fossiles ; Copper Miners in England, Governor et Cie : houille d'Aberdare; Davis et fils, à Cardiff : houille propre à la génération de la vapeur; Insole et fils, à Cardiff : houilles, coke, fossiles ; Compagnie Lilleshall, à Shiffnall : houille.

Les charbons anglais n'avaient nul besoin de se produire à l'Exposition pour être appréciés; leur réputation est faite depuis longtemps. Tous les ingénieurs et les industriels connaissent les propriétés du Cardiff (pays de Galles) et du Newcastle (Durham). Les exposants qui ont envoyé des échantillons de houilles pour soutenir la vieille réputation anglaise sont des exploitants de Cardiff principalement; par suite notre tâche sera plus facile, car nous décrirons ensemble ces différents échantillons de houille.

La houille connue sous le nom de Cardiff (pays de Galles) est un charbon sec, ne donnant qu'une flamme courte, mais ayant beaucoup de tenue au feu, peu de cendres et un pouvoir calorifique considérable; il vaporise, dans les chaudières réglementaires, de $8^k,16$ à $8^k,30$ d'eau par kilogramme de charbon.

La houille du pays de Galles est brillante et peu friable, presque exempte de pyrites; elle se rapproche, par sa composition des houilles anthraciteuses; elle donne par calcination un coke parfaitement aggloméré, environ 83 pour 100. Elle présente la composition suivante :

	I	II
Charbon	80.4	77.7
Cendres	3.0	2.7
Matières volatiles	16.6	19.6
	100.0	100.0

Le coke que cette houille donne est de très-bonne qualité et trouve de l'emploi pour les hauts-fourneaux; elle est d'un noir peu éclatant, imparfaitement feuilletée; sa densité est de 1,31; elle laisse des cendres blanches.

Les houilles des exposants de Cardiff étant presque identiques, toute comparaison nous paraît superflue : ces exposants ont eu le soin d'indiquer l'usage spécial de leurs produits, que nous allons comparer aux houilles de Newcastle. Le Newcastle (Durham) est un charbon plus léger que le Cardiff, tenant moins sur la grille, brûlant avec une longue flamme, donnant un coke boursouflé et d'une puissance calorifique moindre.

Cette houille est feuilletée dans un sens; elle est noire, luisante; sa densité est de 1.34. Elle donne un coke boursouflé de très-bonne qualité; en brûlant elle se gonfle un peu et se colle; elle brûle avec une flamme jaune, lumineuse et sans fumée. Elle est composée de :

	I	II	III
Charbon	76.0	81.9	87.95
Cendres	5.4	5.4	1.40
Matières volatiles	18.6	12.7	10.65
	100.0	100.0	100.00

Dans le pays de Galles, sur une épaisseur d'un terrain houiller de 1,000 mètres, il y a quarante-cinq couches, d'une puissance qui varie de $0^m,15$ à $2^m,60$, et dont l'ensemble forme une épaisseur de 25 mètres.

Dans le bassin de Newcastle, sur une épaisseur d'environ 500 mètres, il existe quatorze couches exploitées qui, réunies ont une puissance totale de 12 mètres. Dans le Lancashire, dans un terrain houiller de 700 mètres, on trouve quinze couches qui, ensemble, présentent une épaisseur totale de 14 mètres.

Les Anglais distinguent quatre catégories de houilles de bonne qualité; ce sont : 1° le caking-coal, houille collante qui peut être employée directement dans le travail du fer; 2° splint coal, houille esquilleuse, brûle avec une flamme longue; elle est employée au chauffage des chaudières à vapeur et à la fabrication du coke; 3° le cherry-coal, houille molle et tendre qui s'écrase sous une forte pression; on la mélange toujours avec la houille collante dans les hauts-fourneaux destinés à la fusion des minerais de fer; 4° le cannel-coal, houille compacte mate, ne tache pas les doigts, brûle avec une belle flamme, s'enflamme facilement même à une bougie allumée; elle est employée dans la fabrication du gaz et pour le chauffage domestique.

Dans la colonie de Victoria on a découvert des couches de houille qui ont subi un commencement d'exploitation. Le gouvernement a accordé quatre concessions; au 31 décembre 1865, trois de ces concessions étaient en exploitation et ont produit 1,933 tonnes de houille.

Dans la Nouvelle-Galles du Sud (Australie), plusieurs couches puissantes de houille, dont d'immenses échantillons ont figuré à l'Exposition, sont aussi en pleine exploitation. Cette houille de bonne qualité est extraite par la Compagnie Bulli, par M. Mitchell dont la concession possède neuf couches de 2 mètres d'épaisseur et par M. Brown.

Belgique. — Exposants de cette contrée : Compagnie des charbonnages belges, à Frameries près Mons, coke et charbon; Dehaynin (Félix), à Marcinelle et Gosselies, près Charleroi : briquettes, charbons agglomérés, produits de la distillation des goudrons, essence de houille et dérivés; Dehayrin-Desse (Camille) et Cie, à Charleroi, Société anonyme pour l'exploitation des établissements de John Cockerill, charbons et coke; Société anonyme des charbonnages de Bellevue, Baisieux, etc., coke et houille; Société des charbonnages du Bois-du-Luc, coke et houille; Société anonyme des charbonnages de Boussu et de Sainte-Croix-Sainte-Claire, houille; Société anonyme des charbonnages de Crachet et de Picquery, coke et houilles; Société anonyme des charbonnages du levant de Flénu; Société civile des charbonnages de La Louvière et la Paix; Société anonyme du charbonnage des Produits, houille, coke et dérivés de la houille; Société des charbonnages des Quatre-Jean; Société anonyme des charbonnages de l'Espérance, houille et coke; Société des charbonnages des Six-Bonniers.

Quatorze sociétés, représentent, à l'Exposition, l'industrie de l'extraction de la houille du bassin belge. Les centres importants de productions, sont : Liége, Namur et le Hainaut, qui comprend les districts houillers de Charleroi, du Centre et du Borinage, au couchant de Mons.

Le bassin belge nous offre toutes les variétés de charbons que nous avons signalées dans le bassin du Nord de la France, qui en est, d'ailleurs, la continuation : ce sont principalement des charbons maigres à longues flammes; des houilles grasses maréchales, et surtout des houilles grasses à longue flamme.

Les couches les plus récentes et supérieures du terrain houiller donnent une qualité de houille spéciale, dite le flénu, maigre, à longue flamme et fortement chargée de gaz; les couches moyennes fournissent des charbons gras, propres à la fabrication du coke et friables; les couches inférieures contiennent des charbons secs, maigres et plus ou moins anthraciteux. On évalue à 80 le nombre de couches exploitables du bassin de Charleroi; dans le district du Borinage, M. Plumat porte le nombre de veines et couches de houille à 156.

Les mineurs belges des environs de Mons distinguent les houilles qu'ils extraient du sol en trois sortes principales: 1° le charbon de forge, fragile, non tachant, d'un noir peu prononcé, d'un aspect homogène, composé de :

Charbon	71.5
Cendres	5.2
Matières volatiles	23.3
	100.0

Il rend, en grand, de 65 à 70 p. 100, d'excellent coke.

2° Le charbon dur se casse en fragments rectangulaires; d'un noir éclatant ou sans éclat; brûle avec une flamme vive et soutenue, presque sans fumée; mais s'embrase avec lenteur,[1] se colle et se boursoufle peu; rend de 55 à 60 p. 100 de coke. Il est composé de :

Charbon	65.3
Cendres	1.7
Matières volatiles	33.0
	100.0

3° Le flénu est d'un noir brillant, maigre, les faces de cassure portent des stries caractéristiques; il se conserve à l'air pendant très-longtemps; il brûle avec une flamme longue, vive et éclairée; il s'embrase très-facilement, il colle et donne un coke très-boursouflé, léger et peu solide. Il est composé de :

	I	B
Charbon	58.5	51.0
Cendres	3.0	5.0
Matières volatiles	38.5	44.0
	100.0	100.0

Cette variété est surtout employée pour la préparation du gaz d'éclairage et le chauffage des chaudières à vapeur. Les houilles belges et en particulier celles de Mons sont d'excellente qualité; elles donnent une petite quantité de cendres blanches et ne sont pas pyriteuses.

La Société des charbonnages du Bois-du-Luc (Hainaut) a exposé un échantillon de houille de chacune des 22 couches exploitables de la concession qu'elle possède; les charbons gras des couches moyennes sont propres à la fabrication du coke dont 10 échantillons sont aussi exposés. Les autres échantillons de houille représentent des charbons pour chauffage domestique, verreries, machines à vapeur.

Les autres Sociétés du Hainaut ont exposé des échantillons de houille analogues aux précédents : charbons gras pour la fabrication du coke métallurgique, charbons demi-gras pour chauffage ordinaire et la forge; quelques-unes y ont ajouté les produits dérivés de la houille. La Société anonyme des charbonnages de l'Espérance cote ses charbons de 14 fr. à 25 fr. la tonne suivant qualité; et le coke lavé de 25 fr. à 26 fr. les 1,000 kilogrammes.

Les agglomérés de houille sont estimés et recherchés en Belgique comme en France. Cette faveur de l'industrie a excité l'intérêt de quelques Sociétés houillères; elles fabriquent maintenant des agglomérés, et par suite utilisent, d'une manière plus lucrative que par le passé, les menus et les débris de l'abatage. Cependant la fabrication de ces produits n'a pris en Belgique, ni l'importance, ni les proportions que nous lui connaissons actuellement en France. MM. Dehaynin ont exposé de nombreux échantillons de briquettes, de charbons agglomérés et des produits de la distillation du goudron.

Statistique houillère de la Belgique. Trois contrées, nos voisines, l'Angleterre, la Belgique et la Prusse possèdent des ressources industrielles d'une grande importance, dues à leur vaste production houillère. Nous recevons de ces pays ce qui nous manque pour notre approvisionnement en combustibles minéraux. Nous avons déjà évalué l'extraction de la Grande-Bretagne; comparons-la maintenant à celle de la Belgique.

En 1841, il existait en Belgique 183 mines de houille concédées et 117 tolérées embrassant ensemble une superficie de 124,218 hectares; en 1850, 310 mines de houille sur 130,569 hectares; en 1864, sur une superficie de 134,138 hectares se trouvaient 288 mines; enfin au 1er janvier 1865 les travaux des mines concédées s'exerçaient sur une étendue de 190,532 hectares, soit 3 p. 100 de la surface du pays.

Les siéges de l'exploitation houillère s'élevaient, au 1er janvier 1865, à 341, en pleine activité, ainsi distribués : Hainaut 210; Namur 31; Liége 100.

En 1841	l'exploitation de la houille	occupait	en Belgique...	37.629	ouvriers.
En 1850	—	—	— ...	47.949	
En 1860	—	—	— ...	78.232	
En 1864	—	—	— ...	79.779	

Sur ce dernier nombre (79.779), appartenaient à la province de :

Hainaut..................	60.546
Namur....................	1.870
Liége....................	17.363

Les salaires payés à ces ouvriers houilleurs pour 1864 montent à 57,015,374 fr.; les autres frais de l'exploitation s'élèvent à 42,849,366 fr., ce qui donne un total de dépense de 99,864,740 fr.

Le prix moyen des charbons belges tend à s'abaisser depuis plusieurs années, après avoir subi un mouvement de hausse. En 1851, le prix moyen de la tonne était de 7 fr. 97; en 1856, il s'est élevé à 12 fr. 83, pour tomber à 11 fr. 14 en 1860 et à 9 fr. 98 en 1864.

C'est bien entendu que le prix spécial de chaque espèce de houille commerciale diffère assez sensiblement de la moyenne générale indiquée ci-dessus. En 1864, le prix de la houille sèche à courte flamme n'excédait pas 5 fr. 99 la tonne, tandis que le flénu avait une valeur moyenne de 16 fr. 95. Le prix de la houille grasse à longue flamme approche le plus de la moyenne générale.

La valeur moyenne de la houille extraite en Belgique de 1861 à 1864 est de 107,460,237 fr. par an.

La Belgique consomme une grande partie de la houille qu'elle extrait; elle exporte l'excédant de sa production principalement en France, dans les Pays-Bas, en Prusse et dans divers autres pays. Le tiers des houilles produites est exporté notamment en France.

En 1850, la production s'est élevée à 5,820,588 tonnes, dont 3,833,401 ont servi à la consommation intérieure et 1,987,184 à l'exportation; sur ce nombre, 1,756,568 tonnes ont pénétré en France.

En 1864, la production houillère s'est accrue : 11,158,336 tonnes de charbon ont été extraites; la Belgique en a consommé 7,834,742 tonnes; 3.323.594 tonnes ont été exportées à l'étranger. Sur ce chiffre, la France a pris 3.150.185 tonnes. En cette même année, la Belgique a reçu 65,562 tonnes de houille venant : de la France, 50,930; de l'Angleterre, 13,288; de la Prusse, 1,031; des Pays-Bas 313 tonnes.

Pays-Bas. — Le Limbourg possède quelques mines de charbon, qui ont donné en 1865 une production de 534.380 quintaux. Plusieurs des îles des Indes-Orientales, Bornéo entre autres, possèdent des mines de combustibles minéraux; dans ces dernières années, on a ouvert, dans cette dernière île, deux mines de charbon, qui ont atteint ensemble une production de 4,000 tonnes. Les exposants réunis des Indes-Orientales ont envoyé au Champ de Mars quelques échantillons du combustible extrait de Bornéo.

Prusse et États de l'Allemagne du Nord. — La Prusse est riche en gisements de houille; la surface du terrain houiller est d'environ 220.000 hectares. Dans certains bassins, dans celui de la Rühr, par exemple, la puissance des couches va jusqu'à 40 mètres. Les bassins houillers de la Silésie et de Waldenburg présentent une exploitation très-facile, ce qui permet de livrer la houille à un prix inférieur à celui du marché français et belge. Si à cela on ajoute que les frais d'exploitation sont moins élevés que chez nous et les transports plus faciles, on concevra que la houille se produise à meilleur marché en Prusse qu'en France, et que par conséquent ce produit vienne sur nos marchés de l'Est faire concurrence aux charbons indigènes.

En 1856, la production de la houille s'est élevée en Prusse à 8.857.691 tonnes et à 18.590.200 tonnes en 1865. A l'Exposition, près de la grotte de sel gemme de Stassfurth, on a remarqué deux pyramides qui représentent la quantité de houille extraite des mines de la Prusse dans l'intervalle de 1855 à 1865. Chacune de ces pyramides est formée de sept dés de charbon minéral, nombre égal à celui des bassins houillers prussiens. La proportion des échantillons exposés à la masse du combustible extrait est celle d'un centimètre cube pour huit tonnes et demie de houille; le plus gros bloc correspond au bassin houiller de la Westphalie et le plus petit à celui de Minden.

Les Prussiens sont réellement ingénieux; ils ont fait un large emploi de la méthode de représentation graphique : une colonne prismatique représente le mouvement de la production minière de la Prusse. Les faces de la pyramide sont en tôle de Tombac et les écussons qui les relient en maillechort. Des cubes superposés représentent la valeur en or des richesses arrachées, par le travail et l'industrie, aux entrailles de la terre. De 1835 à 1844, la somme retirée, correspondant au plus petit cube, est de 25.900.000 fr.; de 1845 à 1854, de 46.700.000 fr., de 1855 à 1864, de 123.600.000 fr. En 1865, la valeur monte à 180.750.000 fr. Des lignes noires gravées sur ces cubes les divisent en tranches inégales, qui indiquent la part de chaque espèce minière dans le produit général. La houille, à elle seule, représente les deux tiers, et tout le charbon minéral, anthracite, houille et lignite, environ les trois quarts du capital que les mineurs ont conquis,

La production houillère de la Prusse a trois centres principaux, savoir : le bassin de la Rühr, comprenant les districts houillers de Bochum et d'Essen; le bassin de Sarrebruck, et le bassin de la Silésie ou de Tornawitz.

En 1858, la production de ces trois centres s'est élevée à 10.417.000 tonnes, ainsi réparties :

Silésie..................	3.634.134 tonnes.
Saxe-Thuringe............	45.611
Westphalie...............	4.006.270
Provinces du Rhin.........	2.731.280

La production va en s'accroissant, soit pour satisfaire aux besoins de l'industrie nationale, soit pour alimenter nos centres manufacturiers de l'Est; les seules mines de la haute Silésie ont fourni en 1865 un total respectable de 8.609.340 tonnes de houille. En 1860, l'exportation du charbon s'est élevée à 792.104 tonnes de houille et 225.490 tonnes de coke. Le nombre des ouvriers employés dans les mines de charbon minéral, en Prusse, était en 1859, de 75.426.

A l'Exposition de 1867, l'industrie houillère est représentée par un nombre considérable d'exposants et par de beaux échantillons des divers bassins houillers de la Prusse, savoir : Haute Silésie, Waldenburg, Lobejün, Harz, Osnabrück,

Rühr, Sarrebruck, contenant des houilles grasses, des houilles flambantes, des houilles maigres, des houilles sèches.

Exposants prussiens. Le bassin houiller de Sarrebruck est situé sur la lisière méridionale du massif primaire du Rhin; la partie découverte du terrain houiller présente une surface elliptique d'environ 230 kilomètres carrés; le grand axe de l'ellipse, dont la longueur est de 33 kilomètres, partant de Hostenbach, Hausweiler et Sarrebruck au sud-ouest, se termine au nord-est vers Bexbach en Bavière; le petit axe a une longueur de 15 kilomètres. L'épaisseur connue du terrain houiller est de 3.000 mètres à 3.500 mètres.

La partie productive du terrain houiller de la Sarre se divise en quatre étages, renfermant chacun une variété générale de houille.

1° L'étage inférieur contient des charbons gras, durs, recouverts souvent d'un silicate alumineux et de dolomie, qui leur donnent un aspect blanchâtre. Cet étage, d'une épaisseur totale de 850 mètres, avec 40 couches exploitables, est exploité aux mines de Dudweiler, Saint-Ingbert, Sulzbach, Altenwald, Heinitz, Kœnig.

2° Le deuxième étage des charbons secs et durs, d'une épaisseur totale de 680 mètres, renferme 20 couches de houille d'une puissance réunie de 18 mètres. Il est exploité dans la vallée de Sulzbach (mine de Jagersfreude) aux mines de Friedrichsthal, Reden, Louisenthal, Von der Heydt.

3° Le troisième étage des houilles maigres à longue flamme a une épaisseur d'environ 290 mètres avec 11 couches de houille d'une puissance totale de 13 mèt., exploitées aux mines de Von der Heydt, Prinz Wilhelm, Gerhard, Quercheid.

4° Le quatrième étage, d'une épaisseur totale de 850 mètres, renferme 12 couches exploitables d'une puissance totale de 14 mètres, d'un charbon très-maigre, terreux, généralement très-impur, exploité à Geislautern, Hostenbach, Krouprinz.

Les exposants qui ont envoyé des houilles du bassin de la Sarre à l'Exposition sont assez nombreux; nous citerons ceux dont les produits ont été les plus remarqués :

1° La direction des mines de Sarrebruck, outre la houille, le coke et le minerai de fer, a exposé quatre modèles pour représenter les méthodes d'exploitation dans le bassin houiller de Sarrebruck; 2° une carte du bassin houiller avec profils; 3° des renseignements statistiques sur le prix de la houille et le nombre des ouvriers que les mines emploient.

La moyenne du prix de revient est de 6 fr. 80 par tonne; le prix de la journée est de 3 fr. 75 à 4 fr. pour les mineurs; la moyenne du salaire des ouvriers est de 3 fr. 20; la consommation moyenne du bois est évaluée à 75 c. par tonne de houille.

Les charbons gras criblés gros se vendent à 13 fr. 75 par tonne, les fins à 6 fr. 25; les charbons maigres de 10 fr. 62 à 10 fr., selon la qualité; les cokes lavés à 20 fr. et les cokes non lavés 17 fr. 50 la tonne. Dans ces conditions, on peut évaluer à 2 fr. 50 par tonne le bénéfice de l'exploitation, soit 7.200.000 fr. pour les charbons.

2° Lamarche et Schwartz, cokes fabriqués avec les houilles de Sarrebruck.

3° Le ministère royal du commerce, de l'industrie et des travaux publics, à Berlin, a fait représenter graphiquement la consommation et la circulation des combustibles fossiles en Prusse pour 1860, 1862 et 1864, et spécialement pour le terrain houiller de Sarrebruck pour 1864.

Le tableau suivant, emprunté à M. Burat, comme beaucoup d'autres renseignements statistiques, fait connaître la composition des houilles des quatre étages du bassin de la Sarre.

	Mines.		Carbone.	Hydrogène.	Oxygène.	Cendres.
Charbons gras	Dudweiler	I.	83.36	5.19	9.65	1.52
		II.	81.29	5.30	8.54	4.87
	Heinitz	I.	80.53	5.16	11.91	2.50
		II.	78.97	5.10	13.22	2.71
Charbons maigres	Gerhard	I.	72.38	4.46	15.05	8.11
		II.	70.20	4.70	13.27	11.83
	Van der Heydt	I.	70.30	3.52	18.14	8.04
		II.	65.37	3.64	19.30	11.69
	Reden	I.	71.52	4,06	14.79	9.63
		II.	69.46	4.19	17.35	9.00
	Geislautern	I.	68.62	3.76	17.57	10.05
		II.	73.77	4.35	17.83	4.05
	Kronprinz	I.	62.90	3.84	17.40	15.86

Le bassin houiller de la Rühr est un des plus importants de la Prusse ; il a fallu vaincre, pour mettre le terrain houiller en exploitation, des difficultés qui paraissaient d'abord insurmontables ; mais la persévérance des ingénieurs et des industriels a doté la Prusse d'un centre de production houillère qui dépasse déjà 8.000.000 de tonnes, tandis que l'extraction, en 1865, dans le bassin de Sarrebruck, a été seulement de 2.872.999 tonnes.

MM. Schulz Benno, la Société de Rühr-Rhein, Sellerbeck, la Société civile des charbonnages d'Herné près Bochum, la Société du Phœnix, près de Ruhrort, l'administration des forges de Henrich, près Hattingen-sur-la-Ruhr, etc., ont exposé des houilles et des cokes du bassin de la Rühr, présentant la composition suivante :

Carbone	75 à 85
Cendres	1.24 à 1.28
Matières volatiles	23.76 à 13.72

Le bassin houiller de Tornawitz ou de la Silésie est le plus vaste de la Prusse; il s'étend depuis la frontière du pays jusqu'à la Pologne et la Moravie; ce terrain houiller occupe l'espace compris entre Zabrze, Ruda, Kœnigshütte et Siemianowitz, et un petit territoire près de Czernitz, Byrdultau et de Niedobschutz et près de Nicolaï. Il est recouvert par le trias (muschelkalk) et des couches tertiaires et quaternaires.

En 1865, le bassin de la Silésie a fourni 8.609.340 de tonnes houille, sur un espace de 16 à 20 milles carrés.

Le professeur Goeppert, de Breslau, a exposé une collection remarquable de plantes fossiles du terrain houiller, des échantillons de houille de la haute Silésie, et des photographies figurant la structure des plantes qui ont fourni la houille.

Les mines de Zabrze, de Kœnigshütte, celles de Nicolaï, de Czenitz, etc., sont représentées à l'Exposition par des échantillons des diverses variétés de houille que la haute Silésie livre au commerce. Ces houilles contiennent :

Carbone	80 à 92
Cendres	1.2 à 1.3
Matières volatiles	18.8 à 6.7

Autriche. — L'empire d'Autriche est riche en gîtes houillers; mais le plus grand nombre n'est pas exploité. Les plus importants sont situés en Bohême, en Moravie et dans la Silésie autrichienne; en Hongrie, l'exploitation houillère est encore fort peu avancée. Les bassins houillers les plus dignes d'attention sont situés en Bohême, dans les cercles de Pilsen et de Lakonitz; dans la Bohême méridionale, il y a de petits bassins houillers aux environs de Budweif et de Nachod. On a découvert des gisements de houille dans le district de Hansruck.

La production houillère de l'Autriche est insuffisante pour les besoins de l'industrie, des chemins de fer et des navires à vapeur; elle a été de 3.000.000 de tonnes, produites par une surface houillère de 150.000 hectares. L'approvisionnement en combustibles exige une importation de houille qui, en 1850, a dépassé 133.129 tonnes.

M. Henri Drasché, à Vienne, a exposé des échantillons de houille, des coupes et plans des couches qu'il exploite et des modèles d'exploitation des houillères. Ces mines de charbons, situées près de Glogynitz (Basse-Autriche), produisent annuellement 360.000.000 de kilogrammes de houille, ou 360.000 tonnes.

La Société des mines de l'Adriatique, la Société pour l'exploitation des mines de la Transylvanie et quelques autres exposants ont envoyé au Champ de Mars des échantillons des houilles autrichiennes.

Russie. — La production houillère de la Russie peut être évaluée à 160.000 ton., représentant une valeur de de 2.000.000 de francs. Les principaux gisements se trouvent dans le bassin de Donetz, de Moscou, de l'Altaï, de l'Oural, de Kouban (Caucase); on exploite aussi la houille dans la steppe des Kirghiz et sur le littoral de la Sibérie orientale. Deux ou trois exposants russes représentent à l'Exposition l'industrie houillère de l'immense empire des czars.

Espagne. — On ne connaît pas, dans la péninsule ibérique, de gisement de véritable anthracite. La houille se trouve :

1° Dans les Asturies, à Palencia et Léon; à Belmer et Espeel (Cordova); à Villanuva del Rio; à San-Juan de las-Abadesas, province de Girone, et à Henasejos. La surface totale des bassins houillers est évaluée à 150.000 hectares.

La production est d'environ 400.000 tonnes par an, et de bien inférieure à la consommation; l'Angleterre approvisionne l'Espagne. En 1858, il a été importé 337.735 tonnes de charbon anglais.

Dans le pavillon de l'Espagne sont exposés quelques échantillons de houille faisant partie de la collection de minéraux que les diverses provinces espagnoles ont envoyée à l'Exposition.

Province de Cordova : houille sèche, anthraciteuse de Belmez; province de Burgos : houilles et lignites; Oviedo : houille et minerai de fer.

Amérique, États-Unis. — Les mines de houille des États-Unis présentent une surface de 321.800 kilomètres carrés. La houille grasse s'étend du plateau occidental des monts Alleghany au sud-ouest, traversant la vallée du Mississipi jusqu'au Rio-Grande. De grands lits de brown-coal (charbon brun), en amas considérables, s'étendent parallèlement au plateau des montagnes Rocheuses, depuis le nord du territoire du Nouveau-Mexique jusqu'à la frontière septentrionale des États-Unis.

Un ou deux exposants américains représentent à l'Exposition l'industrie houillère des États de l'Union.

4° Lignites.

Les lignites, comme la houille, sont mélangés à des matières qui altèrent leurs propriétés ou qui leur en communiquent de spéciales; ces matières sont l'argile, le sable quartzeux, le calcaire, le bitume et les pyrites. Ils contiennent de 60 à 75 pour 100 de carbone, 5 à 6 d'hydrogène, 20 à 38 d'azote et d'hydrogène. Par la calcination en vase clos, ils donnent pour résidu un charbon analogue à celui du bois, environ de 45 à 50 p. 100; ils ne donnent pas de coke cohérent, à l'exception de quelques cas rares. Comme produits volatiles à la distillation, ils donnent des gaz combustibles, des huiles, de l'acide acétique, etc.

Les lignites présentent des caractères très-variables : les uns sont homogènes, d'un noir foncé, d'une structure analogue à celle de la houille; d'autres possèdent encore le tissu ligneux, avec une couleur brune ou noire. Par la chaleur, ils ne fondent pas et ne s'agglutinent pas; ils brûlent avec une longue flamme accompagnée de fumée noire, et dégagent, par leur combustion, une odeur désagréable et piquante, due à l'acide pyroligneux et à des matières bitumineuses. En brûlant, ils se couvrent d'une couche de cendres blanches; ils continuent à brûler lorsque la flamme est éteinte : leur densité varie de 1 à 1,5.

Le lignite parfait est celui dans lequel le tissu organique a complétement disparu; il a une grande ressemblance avec la houille, mais il est plus homogène et plus compacte; il est noir ou brun, à cassure inégale, conchoïdale et quelquefois luisante. Par une exposition prolongée à l'air, il s'exfolie et se délite.

Le lignite commun le plus souvent ne se fond pas; il y en a cependant qui se ramollit assez pour s'agglutiner; il brûle avec une flamme longue, peu chaude : lignites de Fuveau, de la Caunette, d'Édon, de Saint-Lon, etc.

Le lignite ligneux ou terreux a une cassure mate, inégale, schisteuse; sa couleur est d'un brun plus ou moins foncé, il conserve encore la structure ligneuse du bois.

Les véritables lignites commencent à se montrer dans les terrains crétacés; les gisements de Mondragon (Vaucluse), de Saint-Paulet (Gard), de l'île d'Aix, sont enclavés dans les divers étages du terrain crétacé. Les lignites de Fuveau (Bouches-du-Rhône), appartiennent probablement à la partie supérieure du terrain crétacé de la Provence.

Les lignites se rencontrent dans tous les étages des terrains tertiaires; les gîtes d'Auteuil, de Soissons, de Laon, d'Azillanet, etc., se trouvent dans l'Éocène. Les lignites de Lausanne (Suisse), du Doubs, de la Savoie, d'Orignac, d'Armisson (Aude), etc., sont miocéniques. Ceux de la Tour-du-Pin (Isère) sont enclavés dans les dépôts du pliocène; tandis que ceux de Sonnaz, de la Motte (près Chambéry), appartiennent à la période quaternaire.

Les lignites, quoique possédant un pouvoir calorifique considérable, ne peuvent être employés, à cause des matières qu'ils renferment, dans toutes les circonstances qui exigent une température élevée. Les lignites, trop chargés de pyrites pour être employés comme combustibles, sont exploités comme minerais d'alun ou de sulfate ferreux.

Les lignites d'Orignac sont employés par le chemin de fer de Tarbes, pour le chauffage des locomotives. Partout où il y a des lignites, on les utilise pour la cuisson de la chaux, des poteries, des briques, et même pour le chauffage des appartements.

Un petit nombre d'exposants représentent à l'Exposition l'industrie de l'exploitation des lignites français. La Société des charbonnages des Bouches-du-Rhône a exposé des charbons naturels, des agglomérés, du brai, des roches et des fossiles.

Les environs d'Aix et de Marseille sont très-riches en lignites; la Provence possède les gisements les plus étendus et les plus riches en lignites de bonne qualité; ceux de Fuveau sont recherchés, et leur qualité est peu inférieure à celle de la houille; l'industrie de Marseille en consomme annuellement 200.000 tonnes.

Le lignite de Fuveau se rapproche de la houille maigre à longue flamme; il brûle avec une flamme longue et claire, sans donner aucun signe de fusibilité; les fragments se consument et diminuent de volume en donnant une flamme qui décroît à mesure que la combustion avance; ils se couvrent de cendres et ne présentent pas l'apparence du coke. Ce lignite contient plus de 20 p. 100 d'oxygène; le lignite de l'Enfant-dort a donné à l'analyse :

Charbon	49.3
Cendres	3.9
Matières volatiles	46.8
	100.0

2° *Compagnie des mines de charbon des Basses-Alpes.* Cette compagnie a exposé des échantillons de ses charbons, des plans et des coupes des concessions qu'elle exploite. Ces concessions, au nombre de quatre, sont :

1° La concession de Villeneuve, dite du Bois-d'Asson; 2° la concession de Peypin-sur-Savournin (lignites des Bouches-du-Rhône); 3° la concession de Hubaes de Volx; 4° Concession de Dauphin.

Les lignites bitumineux des Basses-Alpes jouissent de la propriété de se boursouffler en brûlant; ils peuvent être employés dans les forges maréchales. Ces lignites sont noirs, compactes, d'un éclat gras; leur poussière est d'un brun clair; à la distillation, ils donnent un coke caverneux. L'analyse a donné, pour la composition du lignite de Dauphin :

Charbon	43.6
Cendres	7.4
Matières volatiles	49.0
	100.0

La Compagnie des mines de lignites du plan d'Aups (Var) exploite des lignites qui ont quelque analogie avec les précédents.

A.-F. NOGUÈS,
Professeur de sciences physiques.

(*A suivre.*)

XXXVII

CONSTRUCTIONS MARITIMES

PAR M. G. DE BERTHIEU,

INGÉNIEUR-CONSTRUCTEUR.

(Planches CX, CXI, CXII, CXIII.)

DEUXIÈME PARTIE.

I

LA MARINE MILITAIRE.

§ 1.

Il est permis de considérer les modèles exposés par le département de la marine comme représentant les derniers types de l'école française, et, par conséquent, les idées les mieux accréditées dans notre pays en matière d'art naval. Il est vrai que, d'ordinaire, les solutions qui intéressent d'importantes questions militaires ne sont pas divulguées, et que si le voile qui les couvre laisse quelques points de transparence, on ne peut les envisager jamais qu'avec une extrême réserve.

La vue de ces modèles offre un champ d'examen dont l'étendue paraît d'autant plus écrasante, qu'autour d'eux, plus qu'autour d'aucun des engins réunis au Champ de Mars, les dessins de détails et les explications font défaut. Cependant quelques documents sont rendus publics. Les exposés annuels de la situation de l'Empire, les discussions au Corps législatif et au Sénat révèlent certaines données auxquelles ajoutent encore diverses publications fort attentives à s'alimenter aux meilleures sources: en France, la *Revue maritime et coloniale*[1]; en Angleterre, plusieurs journaux ou bulletins périodiques qui souvent sont les premiers à nous instruire très-sciemment sur ce que l'on exécute de notre côté même du détroit.

C'est fort de tout cet ensemble d'indications que nous pourrons reproduire l'historique des types contemporains de la marine militaire, et que, mieux encore, nous tenterons de reconstituer un enchaînement d'idées alors qu'il ne nous est donné de voir, à l'Exposition, qu'un résultat final.

§ 2.

Les modèles de la marine impériale se trouvent compris sous deux vitrines distinctes, et placés, dans l'une ou l'autre, indépendamment de leur taille, suivant qu'ils sont ou ne sont pas cuirassés.

1. N'omettons pas de citer la *Notice sur les travaux scientifiques de M. Dupuy de Lôme*, publiée à l'occasion de sa nomination à l'Institut (Académie des sciences).

Dans la flotte non cuirassée, nous retrouvons un bon nombre d'anciennes connaissances; parmi elles, l'*Aigle*, l'élégant yacht impérial à roues, dont la place est si bien marquée dans une manifestation de progrès; quelques-uns se signalent par des particularités vraiment majeures : signalons de suite l'apparition du canot à vapeur. Des canots à hélice de 8 mètres de long, construits pour la marine impériale, ont été exposés par M. Claparède, de Saint-Denis.

Les embarcations à vapeur ont fait fortune dès leur naissance. Elles peuvent, en effet, rendre les plus grands services dans le cours d'une campagne : faciliter les relations des bâtiments d'une escadre entre eux et avec la terre, porter une ancre, remorquer en temps de calme et aider à la sortie ou à l'entrée d'un port, etc. ; bien des faits accomplis pourraient être invoqués à l'appui de cette assertion, si son évidence ne la mettait au-dessus de toute contradiction. Dans une brochure pleine d'intérêt, un armateur contestait récemment les qualités des navires mixtes au point de vue de l'exploitation commerciale ; selon nous, le problème est de ceux qui veulent un examen dans chaque cas particulier plutôt qu'une solution générale trop absolue : car, la proportion des jours probables de vents favorables dans la durée moyenne du trajet, est, à coup sûr, un des éléments de la question ; mais notre objet n'est pas ici de la traiter. Si nous en parlons, c'est que, dans l'opinion même du négociant très-disert qui préfère ainsi le vrai navire à voiles au bâtiment mixte, il y aurait lieu pourtant de doter le navire à voiles des avantages que l'art de construire de petits moteurs locomobiles permet aujourd'hui d'atteindre. On a proposé d'embarquer un appareil à vapeur dont la machine seule serait déposée dans une embarcation au moment voulu de constituer un remorqueur, tandis que sa chaudière, laissée à bord, l'alimenterait par l'intermédiaire de longs tuyaux flexibles; sans doute, cette disposition présenterait de sérieuses difficultés pratiques si elle était mise à l'essai. En attendant, dans cet ordre d'idées plein d'intérêt pour la marine marchande, le canot à vapeur offre une solution déjà bien expérimentée.

Mais c'est principalement la série de modèles relative à la flotte cuirassée qui captive l'attention des curieux aussi bien que l'examen des marins. Chacun sent à l'aspect de ces modèles, l'avénement d'un de ces faits capitaux qui doivent compter dans l'avenir des peuples.

« Avec la marine à vapeur, la guerre d'agression la plus audacieuse est permise en mer. Nous sommes sûrs de nos mouvements, libres de notre action. Le temps, les vents, les marées ne nous arrêteront plus; nous calculons à jour et heure fixes. En cas de guerre continentale, les diversions les plus inattendues sont possibles. On transportera en quelques heures des armées de France en Italie, en Hollande, en Prusse. Ce qui a été fait une fois à Ancône, avec une rapidité que les vents ont secondée, pourra se faire tous les jours sans eux et contre eux avec une rapidité plus grande encore. » Ce rôle fameux, tracé à la marine à vapeur, il y a près de trente ans, s'indique, plus audacieux encore, comme le propre des flottes cuirassées : arrêtons-nous donc aux développements qu'elles comportent.

La protection par la cuirasse, tel est aujourd'hui le premier chef d'examen qui, pour les bâtiments de mer, préside à la classification du navire de combat.

On se rappelle comment le haut fait d'armes de nos batteries flottantes, devant Kinburn, a sanctionné la première réalisation pratique du blindage par l'aide d'épaisses plaques de fer. La même invulnérabilité, donnée aux bâtiments de haute mer, devait changer subitement la valeur militaire de la marine du pays qui aurait le premier le plus grand nombre de bâtiments de cette nouvelle espèce. L'ordre de suprématie réglé entre les nations par l'importance de leurs anciens navires était du coup effacée : ramenées pour ainsi dire à un même point de départ, elles devaient rivaliser désormais de sacrifices et de génie pour se créer, à l'envi, dans la voie nouvellement ouverte, des ressources offensives et défensives.

Les premières solutions du gigantesque problème ainsi posé furent françaises ; ce furent, sur deux plans distincts, la *Gloire* et le *Solferino*. Nous reproduisons, planches CX et CXI, les vues longitudinales, coque armée et mâture, de ces deux types qui demeureront à tout jamais célèbres dans l'histoire des constructions maritimes. Nous indiquons ci-contre la coupe transversale d'une frégate, type *Gloire* (fig. 1), simplifiée autant que possible, de manière à montrer l'en-

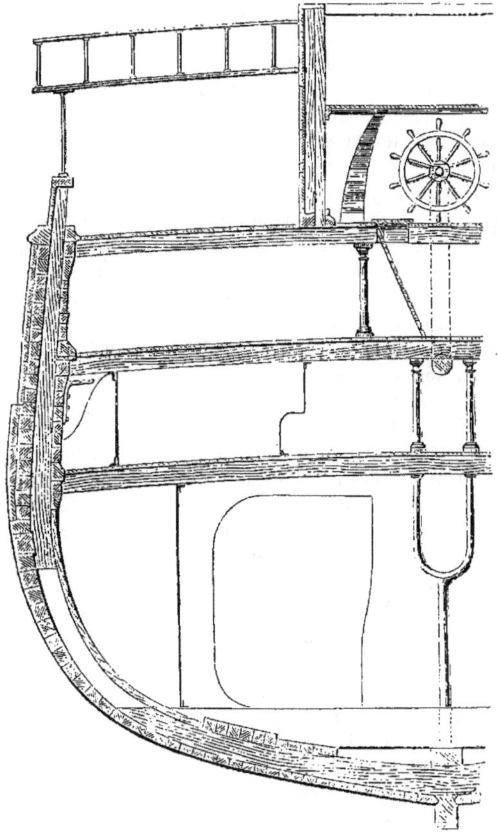

Fig. 1.

semble du mode de construction et surtout les particularités relatives soit à la tenue de la cuirasse, soit au réduit central ou *blockhaus*, dans lequel le commandant et le timonier trouvent leurs postes de combat.

L'avénement de ces types si complétement originaux révolutionnait autant la tactique navale que l'art des constructions maritimes. Il importait à ce double point de vue de les soumettre à des expérimentations suivies. En 1863, une escadre d'essai, composée des batiments cuirassés alors à flot, reçut l'ordre de prendre la mer; on lui adjoignit, pour terme de comparaison, le *Napoléon* et le vaisseau *le Tourville*, ancien navire du type Sané, reputé pour ses excellentes qualités nautiques. La croisière de cette escadre fut servie par les circonstances; de gros coups de vents l'assaillirent : elle put donc rapporter des observations complètes, des résultats concluants.

En raison des conditions profondément nouvelles apportées à la distribution des poids sur les flancs et dans l'intérieur du navire et de toutes les innovations qu'ils offraient, les plans des cuirassés n'avaient pu être l'objet de comparaisons absolues et préalables avec ceux des bâtiments existants; à leur égard, cette méthode de déductions rationnelles, que, dans la première partie de ces *Études*, nous avons préconisée comme la plus sûre, vu la complication des considérations théoriques directes, cette méthode, faute de points de départ, s'était trouvée forcément inapplicable. Il avait fallu, sans aucun précédent, tout décider *à priori;* et les chances de succès reposaient entièrement sur la valeur de calculs qui, de leur nature, ne peuvent être qu'approchés et n'ont d'autres garanties que les prévisions sagaces de l'ingénieur : quelque mécompte aurait pu frapper une première tentative, sans que pour cela la route de l'avenir fût moins clairement frayée.

La croisière de 1863 a répondu aux inquiétudes par l'attestation de résultats brillants. Dans l'ensemble, ces résultats ont entièrement répondu au programme qu'on s'était donné en construisant les cuirassés : qualités nautiques assurées, solidité, vitesse supérieure. Pour les détails, la commission d'essai a pu les étudier avec soin; mille questions étaient à discuter; mille propositions d'importance et de valeur très-diverses se produisirent aussitôt dans le monde marin, tendant, les unes à confirmer, les autres à modifier les dispositions jusqu'alors suivies : s'attacher à donner à la carène des formes qui soient propres à modérer les mouvements de roulis; faire l'essai sur un bâtiment cuirassé d'une rentrée prononcée semblable à celle des bâtiments Sané; porter la hauteur de batterie à $2^m,50$ pour les frégates, à 2 mètres pour les vaisseaux; adopter pour le grand mât un phare carré en vue d'assurer la tenue de la cape sous voiles et la facilité des évolutions; généraliser l'usage des voiles d'étai; construire en tôle les bas mâts et les basses vergues dans la pensée de les rendre plus invulnérables et mieux réparables en cas d'avaries; adopter le gréement en fer au moins pour la basse carène; augmenter relativement la surface des gouvernails dits ogivaux; pourvoir les cuirassés de cloisons étanches et conséquemment d'une ventilation active; étudier la possibilité de percer quelques hublots dans la cuirasse sans les affaiblir sensiblement; établir les soutes à charbon comme soutes étanches dont la muraille formerait un côté; porter les surbaux des écoutilles à 30 centimètres au-dessus du bord du pont pour le gaillard, et à 25 centimètres pour la batterie; réduire la largeur extérieure du sabord autant que possible sans nuire à l'amplitude du tir horizontal[1]; rechercher pour les sabords un mode de fermeture solide et étanche, n'exigeant pas l'emploi de feuillures; placer le blokhaus à l'avant de la cheminée; généraliser l'adoption de l'éperon; substituer à l'ancien bossoir en bois un bossoir mobile, apte à remiser les ancres sur le pont et à dégager les murailles de l'avant, en cas de combat; pourvoir la mèche de cabestan d'une seule cloche installée dans le faux-pont; considérer

1. Déjà à bord du *Wagram*, la largeur extérieure des sabords avait été réduite à $0^m.45$.

On a pu remarquer aussi à l'Exposition, sections Prusse et Autriche, des essais de canons pivotant sur la bouche, de manière à réduire à son minimum l'ouverture du sabord qui serait armé d'une telle pièce.

35 degrés d'angle de barre extrême comme un minimum et s'efforcer d'atteindre 38 degrés; prendre pour la conservation des revêtements métalliques de la carène toutes les dispositions économiques que les recherches de l'*électro-chimie* pourront révéler, etc., etc.

Nous n'entreprendrons pas de passer la revue complète du monde d'idées ainsi soulevé, et, d'ailleurs, l'examen des récentes constructions nous montrera de la manière la plus rapide, le triage que le temps et de nouvelles expériences ont permis d'y faire. Pourtant deux questions nous paraissent de nature à être isolées de la discussion: celle des roulis et celle de la conservation des carènes; nous leur donnerons tout d'abord quelques mots.

§ 3.

Durant la campagne d'essai des cuirassés (1863), les roulis furent l'objet d'observations attentives, et il serait heureux que les marins prissent l'habitude d'observations de cette nature; divers appareils, et particulièrement ceux de MM. Paris père et fils, les rendent aujourd'hui faciles; elles apporteraient au constructeur et à l'armateur un ensemble de faits précieux dont on pourrait tirer une sorte de théorie expérimentale que les théorèmes généraux de la mécanique consolideraient aisément.

Voici l'un de ces faits : « Pour le même navire, la durée moyenne des oscillations de roulis est sensiblement la même, quels que soient l'état de la mer et la grosseur des lames. »

La durée de l'oscillation du navire roulant en eau calme est donc une donnée qui demeure à très-peu près constante et qui s'applique à toutes les circonstances variées d'une campagne, en tant qu'on peut considérer le navire comme restant le même, c'est-à-dire comme conservant le même armement et le même arrimage. Rien de plus simple que l'observation de cette durée : on range l'équipage en *bâbordais* et *tribordais* sur le pont, le navire étant droit; on fait alors courir les hommes d'un bord vers l'autre; le bâtiment s'incline quelque peu sur ce dernier bord, puis revient à sa position droite; au moment où il va l'atteindre, pour la dépasser, on fait courir tout l'équipage vers l'autre bord; et ainsi de suite, chaque fois que le bâtiment, oscillant par le fait du déplacement des hommes, est sur le point de repasser par sa position droite, on fait courir rapidement l'équipage vers le bord où l'inclinaison va se produire; de là, un mouvement de roulis. Lorsqu'on juge qu'il a atteint une amplitude suffisante, on commande aux hommes de se ranger dans l'axe; il est alors facile de connaître le nombre des oscillations qui s'exécutent dans un temps donné : il suffit de compter le nombre de fois que le plan des mâts repasse par la trace qu'il dégauchit sur le rivage dans la position droite du navire.

Enfin, on peut chercher à exprimer analytiquement la durée du *roulis naturel* ou *pendulaire*, en eau calme ; c'est là une question de mécanique parfaitement définie, et la théorie élémentaire, exposée dans les *Traités du navire* conduit pour la durée T d'une oscillation, exprimée en secondes, à l'expression

$$T = \pi \sqrt{\frac{I}{P\,(r-d)}},$$

pour laquelle nous conservons les notations dont nous avons fait usage dans la première partie de ces *Etudes*[1].

On sait aussi que, en eau calme, l'inclinaison qu'un bâtiment donné prend

1. ERRATUM, p. 104, ligne 3 (2e série) : *au lieu de* proportionnelle, *lisez* relative.

sous l'effet d'une cause qui le maintient écarté de la position droite, est d'autant moindre que la quantité r-d, qu'on appelle parfois *le bras de levier de la stabilité*, est grande : plus le centre de gravité est bas et plus cette position d'équilibre incliné est voisine de la position droite.

A la mer, lorsqu'on parle de roulis, il importe de distinguer ce qui s'adresse à l'*amplitude* de ce qui regarde la *durée* de l'oscillation. Faute de s'entendre, on rencontre d'étranges confusions : en condammant tel bâtiment comme rouleur, les uns veulent dire que ses oscillations sont trop étendues, les autres que ses mouvements de rappel sont trop brusques. Or, pour un état de la mer donné, l'amplitude dépend non-seulement du bras de levier r-d, mais encore de l'inertie du navire. Changer l'arrimage c'est évidemment modifier la durée de l'oscillation, mais c'est réagir aussi sur son amplitude pour les mêmes circonstances de navigation.

L'amplitude atteint son maximum dans le cas où il y a synchronisme entre l'arrivée de la houle et le roulis naturel du bâtiment. Ce qui explique comment, selon l'état de la mer, tel bâtiment comparé à tel autre offre des roulis, tantôt plus, tantôt moins étendus. En modifiant la route et la vitesse on rompra, en cours de campagne, le synchronisme, et l'amplitude variera en conséquence. « L'aviso *le Renard*, au rapport de son commandant[1], roule en général fortement quand il file de 11 à 14 nœuds avec la mer de la hanche ; il y a alors synchronisme très-approché entre ses mouvements et l'arrivée de la houle. Le roulis diminue d'amplitude dans les mêmes circonstances si on réduit la vitesse à 7 ou 8 nœuds ; il cesse totalement si on stoppe. Cependant la mer est la même, mais le synchronisme est détruit. »

« Il n'y a pas ordinairement, dit Bouguer [2], un accord parfait entre les chocs des vagues et les balancements du navire ; cela est cause que les vagues qui succèdent aux premières troublent les balancements que celles-ci avaient excités, et que les oscillations deviennent irrégulières et moins grandes. Mais le navire peut passer dans d'autres mers ou naviguer dans des temps où l'intervalle entre le choc des vagues sera différent. » C'est dire que tout navire peut ainsi rencontrer ses jours d'amples roulis, et c'est bien ce que les observations de la campagne des cuirassés ont fait ressortir.

Si les roulis amples sont inévitables aux mauvais jours, il nous paraît du moins convenable de faire en sorte qu'ils ne soient pas trop brusques, et d'étudier l'arrimage de manière à leur assurer une durée d'oscillation suffisante.

La carène d'un bâtiment qui roule éprouve de la part du liquide une résistance dont l'effet tend à diminuer l'amplitude du roulis ; de là l'idée d'adopter pour les carènes des formes dites *modératrices*, et parfois des *quilles latérales* propres au développement d'une résistance de cette nature. Toutefois il n'est peut-être pas inutile de faire remarquer que des bâtiments rasés, bien que se trouvant dans les mêmes lignes d'eau que les types primitifs, ont souvent roulé d'une façon toute différente. L'expérience a aussi appris que l'addition de quilles latérales n'a pas toujours amélioré le roulis d'un navire autant qu'on l'aurait supposé : le *Warior*, avec ses quilles latérales en est un exemple. La conclusion c'est qu'un très-grand rôle est réservé à l'arrimage : l'*Héroïne* qui, pour les formes de la carène, ne diffère pas de la *Gloire*, a des mouvements de roulis parfaits.

On s'est préoccupé de rechercher la position de l'axe autour duquel un bâtiment qui roule exécute sa rotation. Il conviendrait, avant tout, de préciser le but d'une telle recherche et dans quelles limites on juge utile ou curieux de

1. M. Béléguic, capitaine de frégate.

2. Traité de la manœuvre des vaisseaux.

l'entreprendre. D'abord le bâtiment qui roule passe d'une position à la position infiniment voisine en tournant et glissant successivement sur ce qu'on appelle, en cinématique, des *axes instantanés de rotation et de glissement;* le lieu complet de ces axes, pour un flotteur qui immerge puis émerge en même temps qu'il s'incline, forme dans l'espace une figure qui n'est pas simple, même en supposant que le mouvement de roulis soit rigoureusement périodique. Ensuite, il est des préceptes de mécanique qui singularisent l'intérêt géométrique que peut présenter la recherche en question : un corps solide, ayant un mouvement quelconque dans l'espace, on peut suivre par la pensée la trajectoire d'un de ses points, et, dès lors, se représenter le mouvement du corps comme défini par la condition que le point choisi décrive cette trajectoire en même temps que le corps exécute une série de rotations autour d'axes dirigés par ce point; or, si le plus souvent on rapporte ces rotations au centre de gravité du corps, c'est par la raison que la trajectoire de ce dernier point est connue, vu qu'il se meut comme si toute la masse y était concentrée et que toutes les forces y fussent transportées parallèlement à elles-mêmes. Mais on peut également rapporter ces rotations à tout autre point; on peut rapporter celles d'un flotteur à son centre de gravité, ou par exemple, au centre de gravité de flottaison sans commettre d'erreur, en tant qu'il est bien entendu que le point choisi n'est pas considéré le moins du monde comme centre fixe de rotation. Quelques observateurs, et entre autres M. Bourgeois, à bord du *Magenta*, concluent de leurs expériences, qu'à l'instant où la vitesse du mouvement de roulis est le plus rapide, le centre spontané de rotation est très-voisin du centre de carène, du moins pour les bâtiments soumis à leurs investigations.

L'observation des roulis à la mer est très-délicate. Voici ce qu'en disait Maitz de Goimpy dans son Traité écrit en 1774 : « Le pendule n'accuse pas les vrais angles de roulis, attendu que la position du pendule dans le bâtiment expose son point de suspension à des mouvements horizontaux plus ou moins grands, ce qui influe nécessairement sur ses indications. D'un point situé au milieu du bâtiment, on regarde à chaque fin de coup de roulis quelle est l'enfléchure qui se confond avec l'horizon, un simple calcul trigonométrique donne alors l'angle du roulis. » Ce procédé perfectionné est encore celui qui a été mis en pratique dans la campagne d'essai des cuirassés.

On lit dans les *Transactions* des *Naval architects* de 1863 une disposition adoptée par M. Piazzi Smith, et dans celles de 1866 l'on voit un instrument imaginé par M. A. Normand, fils du constructeur du Havre, dont l'objet est de rendre les observations du roulis faciles et précises.

Le *trace-roulis* [1] de l'amiral Paris est conçu dans ce but.

Cet appareil est formé d'une toupie servant de point fixe et qui porte un crayon pour tracer les inclinaisons sur un papier attenant au navire et suivant son mouvement. « C'est un anneau métallique tenu par trois rayons plats et un peu obliques pour avoir un peu de stabilité naturelle, c'est-à-dire au repos; il est porté par une tige pointue, surmontée d'une autre placée dans l'axe de rotation, et dont la pointe sert à emmancher un pinceau. La pointe inférieure porte sur une chape d'agate. Pour donner le mouvement, la tige est prise entre les branches d'une paire de ciseaux dont les coches l'enveloppent, et permettent de la maintenir droite pendant qu'on enroule un fil autour de la tige. Cela fait, on tire progressivement avec force sur la ficelle, la toupie tourne et on n'ouvre à la fois et un peu vite les ciseaux que lorsqu'on sent

1. Le *trace-vague* et le *trace-roulis*, par MM. Paris père et fils (*Revue maritime et coloniale*, juin 1867, et *Annales du Génie civil*, août 1867).

qu'elle est verticale. Elle continue ainsi avec une fixité parfaite et ne menace de s'arrêter qu'au bout de 35 minutes, quand elle est bien lancée et que le pied est huilé, — ce qui permet des observations aussi prolongées qu'on le désire, puisque l'opération est si prompte à se répéter. »

« Le papier est à l'extrémité de la planche qui porte le tout; il est enroulé sur un cylindre, puis passe entre deux arcs de cercle ayant pour rayon la distance du bout du pinceau à la chape, de manière à donner la forme cylindrique nécessaire pour que le pinceau ne quitte pas le papier ou ne s'écrase pas sur la surface. Il a fallu garnir ces deux arcs de petits galets pour diminuer le frottement et ne pas retarder le mouvement d'horlogerie qui, placé à l'autre bout de la planche, tire le papier avec une vitesse déterminée. De plus, comme une bande de papier de 12 centimètres ne se présente pas toujours bien entre les deux arcs, on a mis de chaque côté des plaques de cuivre qui servent de guides, et, même quand le vent fait battre le papier, le mouvement est très-uniforme. Il est, du reste, facile de le vérifier et d'en connaître la vitesse en le suivant et marquant un point à chaque seconde, ou toutes les cinq secondes. »

Sur un grand navire dont les roulis durent jusqu'à 10 secondes, il est prudent d'attendre jusqu'à 4 minutes pour donner à l'axe de la toupie le temps de prendre une position verticale et de donner alors de l'encre au pinceau avant de mettre le papier en mouvement. « Il est, du reste, plus facile qu'on ne le croit de ne lâcher la toupie que lorsque son axe est vertical, surtout si on opère sur un grand navire. »

Nous ne quitterons pas l'examen des appareils d'observation sans signaler un instrument fort ingénieux qui était rangé dans la classe 12 (États-Unis). Son objet est de mesurer la profondeur de l'eau sans le secours d'une sonde, et les inventeurs MM. Sidney E. et G. Livingston Morse lui ont donné le nom de *bathomètre*.

On éprouve de grandes difficultés à se rendre compte, au moyen de la sonde, de la véritable profondeur des rivières et des amas d'eaux en mouvement, à cause des courants qui font dévier la sonde. Dans les mers de grande profondeur, le frottement que l'eau produit sur la sonde, pendant qu'on la descend et qu'on la monte, fait perdre beaucoup de temps. Le bathomètre a pour objet de remédier à ces inconvénients; son principe est de mesurer la profondeur de l'eau par les compressions d'un fluide contenu dans un vase plongé à l'aide d'un poids lesteur, lequel se détache automatiquement du reste de l'appareil quand celui-ci touche le fond; alors le vase et ses accessoires s'élèvent grâce à une bouée qui, pourvue d'un signal, ne peut manquer d'être vue par l'opérateur au moment où elle gagne le niveau de l'eau.

Les dispositions de détail se suivront sur la figure (fig. 2) que nous reproduisons de cet appareil; l'instrument y est représenté au moment où il remonte débarrassé du poids lesteur. — A B C est une bouteille de verre d'environ 12 à 15 centimètres de long; sa capacité intérieure laissée libre par le mercure et les corps solides qu'elle peut contenir est d'approchant 80 à 90 centimètres cubes. — C D est un tube de verre gradué ayant environ 18 à 20 centimètres de longueur, 1/2 centimètre de diamètre et ouvert à ses deux extrémités; il est engagé dans un bouchon à l'émeri qui remplit hermétiquement le col de la bouteille. Pour que l'appareil soit disposé, il faut qu'on ait versé dans la bouteille d'abord du mercure arasant l'orifice inférieur du tube gradué et en quantité égale au volume de ce tube, puis qu'on l'ait rempli d'eau ; on adapte alors à l'extrémité supérieure du tube C D un tuyau en caoutchouc E long de 12 à 15 centimètres, dans lequel on verse de l'eau en volume égal à celui du tube C R et dont on lie ensuite l'extrémité ce qui en fait un véritable sac d'eau. L'appareil étant prêt pour l'opération, l'eau remplit donc complétement le tube gradué C D. Si maintenant l'instrument est plongé dans une eau profonde, la pression extérieure qui s'exerce sur le liquide contenu dans le tuyau en caoutchouc, le tube gradué et la bouteille, oblige une partie de l'eau du tube à passer dans la bouteille en traversant le mercure, si bien qu'au retour le mercure sera élevé dans ce tube à une hauteur qui attestera la profondeur atteinte.

Lorsqu'il s'agit de profondeurs ne dépassant pas 150 mètres on augmente la sensibilité de l'appareil en substituant à l'eau dont on remplit la bouteille et ses accessoires un fluide plus élastique.

Une bouée F et un poids lesteur P sont attachés à l'instrument d'une façon qui permet, lorsque celui-ci touche le fond, au poids de se détacher et à la bouée de ramener l'instrument à la surface. La bouée submergée est rendue libre par une disposition très-simple : un petit poids *o* est fixé au long bras d'un levier KK dont le bras court porte le poids lesteur P; lorsque le poids *o* touche le fond, l'équilibre est détruit et P tombe. Cette bouée est en verre, le verre étant presque la seule matière qui se prête à faire une capacité susceptible de flotter et de résister à l'énorme pression d'une colonne d'eau de quelques kilomètres : une sphère creuse en verre qui surnage de plus de la moitié de son diamètre a supporté une pression de plus d'une tonne par centimètre carré. Enfin, un signal G est attaché à l'appareil et disposé, à l'aide de matières métalliques ou colorées susceptibles de réfléchir la lumière, de manière à attirer l'attention de l'opérateur.

Fig. 2.

§ 4

La préservation des revêtements métalliques, à la mer, est une question qui intéresse au plus haut degré le marin et le naturaliste. Le fer est sujet à la rouille ; on sait aussi avec quelle rapidité les carènes en fer se couvrent de végétaux et de mollusques, et que la vitesse d'un navire est bientôt réduite dans une proportion considérable si ces êtres ont, entre deux carénages, le temps de se développer.

Parmi les mollusques qui adhèrent le plus communément aux carènes en fer, les marins reconnaissent particulièrement la *balane* ou *cravan* (balanus) qui couvre les rochers des côtes d'agglomérations si abondantes. La balane est hermaphrodite et sa fécondité est excessive. Après l'éclosion, la jeune balane recherche, durant les premières phases de ses métamorphoses, un objet où se fixer, rocher, bois, fer, ou coquille; puis elle travaille au développement de sa coquille, où, devenue adulte, elle vivra, lançant au dehors ses tentacules en quête de nourriture; il n'est pas rare sous les climats tropicaux de lui voir atteindre la grosseur d'un œuf.

Contre ces êtres envahisseurs et contre la rouille, on recherche des procédés de préservation. Deux voies ont été suivies : isoler le fer de l'eau de mer, ou constituer le fer dans un état électro-chimique tel que l'effet oxydant du couple voltaïque se porte sur un métal préservateur.

Pour isoler le fer on a employé bien des enduits ou peintures; mais la préservation n'est que d'une durée limitée, quoiqu'on mêle plus ou moins à l'enduit des principes toxiques, et on se l'expliquera, si l'on veut songer que la balane n'adhère pas par elle-même, mais par sa coquille.

On a tenté de revêtir le fer d'une enveloppe de cuivre ou de zinc, et même de cuivrer le fer. L'Exposition offre tous les spécimens de ces diverses tentatives qui ne semblent pas encore avoir conduit à une solution définitive. — Le doublage en cuivre est séparé du fer par un intermédiaire : c'est un doublage en bois dans le procédé Grantham, un feutrage dans le procédé Warren; dans le procédé de M. Roux, capitaine de frégate, la surface de la carène à protéger reçoit préalablement des couches successives de peinture au minium, de coaltar, d'un mastic spécial, de goudron mêlé de brai gras, etc., etc, sur lesquelles reposent les feuilles de cuivre. — Un Anglais, M. Daft, propose d'appliquer directement sur les carènes en fer, des feuilles de zinc; et en vue de la tenue de celles-ci, il borde les carènes à recouvrement, loge des tringles en bois de teak dans les rainures laissées par les joints; enfin, sur ces tringles, il fixe les feuilles du revêtement en zinc à l'aide de clous du même métal. — Le procédé Barnabé, longuement expérimenté à Toulon, vise à produire un véritable cuivrage du fer, un dépôt de cuivre sur fer tellement intime, tellement incorporé à la substance de la surface à protéger, que l'adhérence n'ait d'égale que celle qu'offrirait un alliage : on pense qu'il suffirait d'un dépôt très-mince de cette nature et qu'on augmenterait son épaisseur, après coup, en opérant un dépôt de cuivre sur cuivre, par les procédés ordinaires de la galvanoplastie[1]. Peut-être y a-t-il lieu de craindre que le cuivre ainsi déposé en second lieu soit, par rapport à la surface sous-jacente, dans un état d'adhérence imparfait qui ne résisterait pas aux chocs; il faudrait, pour en décider, l'expérience d'une campagne lointaine entreprise par un navire en fer ou cuirassé, sur lequel le procédé en question aurait été mis en application.

Quant aux artifices auxquels les principes théoriques de l'électro-chimie ont conduit, si leur résultat a été, d'une part, de priver le fer de l'oxydation aux dépens d'un métal préservateur, il a été aussi, d'autre part, jusqu'ici, d'amener sur la carène en fer des sels terreux de chaux et de magnésie assurément favorables au développement si funeste des végétaux et des mollusques.

Les membrures en bois ont trouvé une garantie parfaite de durée dans le procédé de la carbonisation superficielle, qui est devenu d'une application si facile et si peu coûteuse, grâce aux appareils à gaz portatifs imaginés par M. de Lapparent, directeur des constructions navales. Les gros bois de membrure en chêne sont rebelles aux procédés d'injection, Boucherie ou autres; la carbonisation détruit sûrement les germes qui, dans les conditions de chaleur humide que rencontrent ces bois en cours de campagne, donneraient naissance à ces champignons parasites si prompts à se développer et si funestes à la durée

1. Le procédé Frédéric Weil cuivre le fer ou la fonte directement, sans interposer aucun enduit isolant entre le métal à protéger et le métal protecteur; il est exploité par la *Société des revêtements métalliques* dont les produits ont figuré aux classes 22 et 40.

des charpentes. La carbonisation mérite d'être accueillie d'autant mieux qu'aujourd'hui, tant à l'État qu'au commerce, on est poussé à construire très-rapidement : c'est une conséquence forcée de la fièvre d'activité qui caractérise notre époque ; dans un an ou deux tel type, mis aujourd'hui en chantiers, ne répondra peut-être plus aux conditions de lutte ou de commerce qui semblent actuellement les meilleures : pourquoi ferait-on languir sa construction ? Nous sommes loin du temps où des bâtiments de modèles invariables séchaient de longues années sur chantiers en attendant leur achèvement : c'était et ce serait parfait au point de vue de la conservation ; mais ce serait déplorable comme jouissance, car on ne mettrait jamais à flot qu'un matériel vieilli. Construisons donc vite et à mesure de tous les progrès de l'art, puisque nous sommes en possession d'un moyen de prévenir la pourriture : la carbonisation. En l'absence des appareils de M. de Lapparent, dont on n'est pas toujours pourvu au commerce, nous avons vu opérer parfois une sorte de repassage des bois à l'aide de tôles rougies. On a fait aussi essayer, à Lorient, une sorte de peinture faite avec de la fleur de soufre et une huile siccative : les émanations d'une telle peinture, répandue à fond de cale, ne sauraient être qu'avantageuses, pensons-nous, à l'hygiène de l'équipage.

§ 5.

Tandis que les navires se sont bardés de fer, l'artillerie s'est appliquée à reprendre l'avantage de son offensive en augmentant le calibre des pièces. A des projectiles plus formidables on a répondu par des cuirasses plus épaisses, lesquelles ont amené, à leur tour, des canons de plus grand diamètre.

La lutte entre l'artillerie et la protection par la cuirasse est de nature à se poursuivre sans qu'on puisse considérer le dernier mot comme dit ; de là l'impossibilité de regarder les types des flottes cuirassées comme arrêtés. Une pensée pourtant semble dominer les modifications qui les attendent : c'est, pour mieux dire, une tendance qui trouve sa justification dans les idées qu'on peut se faire sur la nouvelle tactique navale en cas de combat.

On peut, en effet, avec assez de justesse, comparer deux bâtiments cuirassés aux prises, à deux guerriers qui ne peuvent se livrer de combat sérieux qu'autant que la lutte s'engage corps à corps, comme à l'antique, à l'arme blanche. La vitesse et la facilité d'évolution sont donc, pour un bâtiment militaire, des qualités de premier ordre, soit qu'il désire éviter l'attaque, soit qu'il veuille harceler son ennemi. Une autre conclusion est qu'aujourd'hui il convient d'armer le navire de pièces puissantes, fussent-elles en très-petit nombre, telles qu'une seule soit funeste, à bout portant, à la cuirasse la plus épaisse, plutôt que de nombreuses bouches à feu d'un calibre médiocre, qui ne feraient, de près comme de loin, que disséminer les munitions sans éprouver sensiblement l'ennemi. Durant la guerre d'Amérique, on a vu, au combat de Mobile, le navire confédéré *le Tennessee* réduit à se rendre pour avoir reçu, à bout portant, un boulet de 240 livres lancé par un canon de 0m,38 de diamètre, bien que jusqu'à ce moment la situation de ce navire ait été parfaite et loin d'être compromise. — Enfin, l'attaque par l'*éperon* s'annonce comme la plus redoutable : on en vit toute la puissance le jour (8 mars 1862) où la frégate confédérée *le Merrimac* frappa avec 4 ou 5 nœuds de vitesse le *Cumberland*, navire fédéral, et, plus tard, au combat de Lissa, dans l'abordage du *Re d'Italia* par le *Ferdinand Max*. — En dernière analyse, la vitesse, la vitesse avant tout, la facilité de manœuvre et un cuirassement formidable s'indiquent comme les qualités dont un navire de guerre doit être essentiellement pourvu, tant pour l'offensive que pour la défensive ; pour l'attaque, lui donner une artillerie d'autant plus redoutable qu'elle sera condensée en moins d'éléments, et, peut-être avant tout, l'*éperon*.

Suivons les conséquences de cet aperçu. Si le navire ne peut avoir que quelques-uns de ces puissants et lourds canons, les disposer tous selon l'ancienne coutume, aux sabords d'une batterie, chacun ne pouvant embrasser que des angles peu ouverts, serait réduire le navire à un champ de tir bien limité. De là, la nécessité de rechercher, pour ces formidables bouches à feu en nombre si restreint, des aménagements appropriés aux conditions qui leur sont faites.

La *tourelle* est la disposition qui s'est assez naturellement rencontrée dans ce nouvel ordre d'idées. Pour les détails, son adoption offre de grandes divergences d'appréciation; nous les passerons rapidement en revue en indiquant le type *Monitor* des Américains, les types du capitaine Coles, les types français du *Taureau* et du *Marengo*.

Les Américains ont adopté la tourelle pivotante. Avant tout, pour leurs rivières, ils ont été conduits à construire des bâtiments tirant peu d'eau : le *Monitor* offre un pont blindé très-ras sur l'eau, au milieu duquel s'élève une tourelle également blindée, armée généralement de 2 canons, et à laquelle une machine à vapeur spéciale peut imprimer un mouvement de rotation de manière à donner au champ de tir toute l'étendue désirable. Puis, désireux de construire dans le même système de vrais *cuirassés de mer*, les Américains produisirent le *Miantonomoh* qui, en effet, traversa l'Atlantique et vint se montrer dans les ports d'Europe.

Nous reproduisons, planche CXII, une coupe en long et une coupe verticale passant par l'axe de la tourelle perpendiculairement à l'axe du canon, qui montreront les dispositions de ce navire, sur lequel l'attention des marins s'est si vivement portée [1]. Le pont n'est qu'à $0^{m},60$ au-dessus de la flottaison; dans l'axe s'élèvent deux tourelles de $2^{m},80$ de hauteur et de 6 mètres de diamètre, armées chacune de 2 canons de $0^{m},38$ et réunies par une passerelle; en cours de navigation, les hommes de quart se tiennent sur la passerelle et le restant de l'équipage demeure sous le pont dont les panneaux sont absolument fermés; d'ailleurs le bâtiment est ventilé par des procédés mécaniques. En voici les dimensions principales :

Longueur $79^{m},30$; largeur $16^{m},15$; creux intérieur $4^{m},55$; tirant d'eau $4^{m},55$.

Sans aucune mâture, le *Miantonomoh* est mû par deux hélices indépendantes; sa cuirasse a $2^{m},10$ de hauteur et $0^{m},15$ d'épaisseur. Dans sa partie inférieure, l'arbre de la tour repose sur une clavette en fer, taillée en coin, si bien qu'en la chassant plus ou moins, on déplace l'arbre verticalement. En temps ordinaire, on laisse porter la tour d'une manière fixe sur l'étambrai du pont; pour le combat, on la soulage de manière que le frottement, sur le pont, n'offre plus alors que peu de résistance au mouvement de rotation.

1. Légende :

Fig. 1 et 2, *Coupe en long* : 1 tours. — 2 tourelles d'observation (*pilot-houses*). — 3 roue de gouvernail. — 4 passerelle. — 5 panneaux échelles, passage de cheminée, claires-voies d'aérage. — 6 logement du commandant. — 7 carré des officiers. — 8 cheminée d'appel d'air. — 9 ventilateurs. — 10 chaudières. — 11 emplacement de la machine. — 12 postes de l'équipage. — 13 cabestan. — AB trait inférieur de la cuirasse.

Fig. 4, *Coupe transversale par l'axe de la tourelle et perpendiculaire à l'axe du canon* : 1 tour. — 2 tourelle (*pilot-house*). — 3 clavette pour soulager l'arbre de la tour. — 4 machine servant à faire pivoter la tour. — 5 transmission de mouvement de la machine à l'arbre de la tour.

Le *Miantonomoh*, malgré son heureuse traversée, ne saurait être encore considéré que comme un garde-côtes. « Le *Monitor* américain n'est point un *navire de mer* : il n'a, du navire de mer, ni les qualités de marche et d'élévation, ni surtout cette faculté indispensable que les Anglais expriment par un seul mot, *buoyancy*, ce que nous appellerons l'*aptitude à flotter*, la *faculté d'émersion*. Cette aptitude à flotter réclame un certain relief, une certaine élévation des *œuvres-mortes;* c'est là une des conditions *sine qua non* pour les navires de mer [1]. »

Si l'on divise, par exemple, le poids P d'un navire ou son déplacement d'eau par le volume total V de la capacité creuse qui se trouve comprise sous le pont supérieur, le quotient

$$\frac{P}{V}$$

exprime une sorte de densité moyenne du navire ; c'est un coefficient qui représente la facililté avec laquelle il tendrait à s'élever s'il venait à être entièrement couvert d'eau. Ce coefficient est un élément à se donner par comparaison avec des bâtiments de *hauts-bords;* il dépasse rarement 0.60 dans les paquebots. Or, cette condition n'existe pas dans le *Monitor*, et c'est à tort qu'on s'illusionnerait sur les traversées du *Miantonomoh*. « Ces traversées font honneur, nous aimons à le dire, à la trempe énergique des hommes de la marine fédérale ; mais elles ne prouvent pas que le *Monitor* soit autre chose qu'un garde-côte, et c'est comme garde-côtes que nous le voyons figurer dans presque toutes les marines, en Angleterre, en Russie, en Suède, en Danemark, dans la Méditerranée, au Brésil et au Pérou [2]. »

Le navire à tourelles du capitaine anglais Cooper Coles diffère par plusieurs points du *Monitor américain*, et surtout en ce que les murailles sont plus élevées au-dessus de l'eau. Cette différence dominante amène ou justifie les autres. Dans les *Monitors*, les tourelles tournent sur une voie circulaire établie sur le pont supérieur; toutes les communications internes, soit qu'elles s'ouvrent dans la tourelle, soit qu'elles débouchent dans des tuyaux à l'épreuve du boulet, sont conçues de telle sorte que la mer puisse impunément couvrir le pont. Dans le navire du capitaine Coles, les tours reposent sur des rouleaux disposés sur le pont inférieur et traversent le pont supérieur par des écoutilles qui ne sauraient être rendues étanches sans paralyser les mouvements de la tourelle.

Un autre trait dominant du navire du capitaine Coles est sa mâture. Le rôle du bas gréement est rempli par des tubes rigides en fer disposés en trépied, et le capitaine Coles attend plusieurs avantages de cette disposition. Ces tubes doivent avoir une durée plus grande que les haubans, et moins à craindre des coups ennemis qui ne feraient que les trouer bien avant de les abattre; ils relient tous les ponts et se prêtent à la ventilation. Si un côté travaille par tension, l'autre travaille par compression et apporte son contingent de résistance; ils dispensent de l'emploi d'étais et permettent d'orienter dans le plan longitudinal même ; ils offrent la facilité d'établir au-dessus du pont des plates-formes pour le service d'armes légères.

Une grand partie de ces avantages, s'ils étaient confirmés par l'expérience, rendrait la *mâture en trépied* fort précieuse à la marine marchande. Son emploi, plus économique que celui du filin, eu égard à l'usure, le serait aussi en raison de la main-d'œuvre du *ridage* qu'il supprimerait, quels que fussent les changements de climat ; en outre, il éloignerait toute crainte d'être dématé,

1. Amiral V. Touchard : *A propos du combat de Lissa* (nov. 1866).
2. *Idem*.

circonstance des plus heureuses si l'on songe à quel point sont compromis le chargement et l'équipage d'un navire désemparé.

Nous groupons planche CXIII des figures qui résument les particularités du type dont nous parlons. On voit (fig. 1) une vue longitudinale du bâtiment disposé pour le combat, c'est-à-dire avec ses parois démontées, (fig. 2) une section transversale par l'axe d'une tourelle, (fig. 3) une section transversale montrant la disposition du trépied.

Par ordre de l'amirauté, le 4 avril 1862, le vaisseau de 130 canons le *Royal Sovereign* est entré dans un des bassins de Portsmouth pour y être rasé de ses deux ponts supérieurs et recevoir des coupoles du capitaine Coles. Les modifications qu'il a fallu faire subir à ce bâtiment pour répondre à ce programme ont été considérables, et n'ont pas eu de l'autre côté même du détroit une approbation unanime. Le *Royal Sovereign* transformé n'est encore qu'un garde-côtes, et non un bâtiment destiné à courir en haute mer.

Le budget de la marine anglaise, pour l'exercice 1867-1868, mentionne la construction du *Captain*, navire à tourelles mis en chantiers chez MM. Laird frères, à Birkenhead, d'après les dessins du capitaine Coles. « Je puis affirmer, dit dans son rapport le secrétaire de l'amirauté, lord H. Lennox, qu'il n'y a jamais eu dans le pays de corps appelé à discuter une question de ce genre, qui ait apporté dans ses discussions un sentiment plus favorable envers le système à tourelles que ne l'a fait le bureau de l'amirauté présidé par lord sir J. Pakington. »

L'auteur du *Captain* se propose de combiner, dans ce navire, le système des tourelles avec les qualités nautiques d'un croiseur.

Les dimensions de ce bâtiment, d'après le *Times*, sont : longueur $97^m,53$, largeur $16^m,20$, tirant d'eau moyen 7 mètres; il doit être pourvu de 2 hélices jumelles, et l'on pense qu'il atteindra la vitesse de 14 nœuds. Il portera deux tourelles armées chacune de deux canons de 272 kilogr., et en outre, sur le gaillard, deux gros canons à pivot, l'un à l'avant l'autre à l'arrière; la bouche des canons des tourelles est à $3^m,50$ au-dessus de la flottaison. La cuirasse des tourelles sera épaisse de $0^m,254$, celle du navire de $0^m,203$ dans la partie centrale et de $0^m,177$ aux extrémités.

Ce bâtiment doit avoir une teugue et une dunette; un *spardeck* central, ayant $7^m,31$ de largeur, les réunit, et, passant au-dessus des tourelles, fait régner d'un bout à l'autre du navire une communication facile par les plus gros temps. Le *Captain* aura un gréement complet et une surface de toile équivalente à celle du meilleur type de frégate cuirassée à batterie de même tonnage que lui.

D'ailleurs, lord H. Lennox ne juge pas nécessaire de construire des navires à tourelles du type américain pour la défense des côtes anglaises. « D'abord, dit-il, parce que je ne crois pas que nos côtes soient jamais menacées d'être attaquées; ensuite, si les États-Unis ont pu transformer si rapidement leurs navires en bois en une flotte de *monitors*, avec leurs faibles ressources, que ne pourrait-on pas attendre de l'Angleterre avec les moyens dont elle dispose, *grâce à ses constructeurs particuliers.* » Il suffit de citer les maisons Napier, Samuda, Laird, Palmer, la Compagnie des forges de la Tamise, celle de Millwall, la Compagnie des constructions navales de Londres, etc.

Tout le monde s'est arrêté à l'Exposition devant les modèles de navires à tourelles et à *spardeck* exposés par l'amiral Halsted de la marine Britannique. Les parois du pont se renversent lors du branle-bas. On peut émettre quelques doutes sur le rôle que pourrait sérieusement jouer le *spardeck* dans le combat, car il est permis de craindre que ce pont léger ne soit rapidement démoli par le fait du tir des pièces puissantes qu'il recouvre. Enfin, l'agencement des tenues de mâts, à l'égard du croisement des feux des tourelles centrales, est certainement l'une des dispositions les plus délicates de ce genre de construction et l'une de celles qui donnent le plus à penser. Ces projets de navires contiennent des détails très-hardis, qui auraient besoin d'être soumis à des essais sérieux.

Au point de vue des roulis, les avantages qu'on a cru trouver dans les bâtiments à tourelles centrales sont loin d'être généraux, car le *Wivern*, monitor anglais, roule à tel point qu'on en dit, dans un rapport officiel : « Je ne mentionne pas ce navire, car la mer eût envahi sa tourelle et balayé tout à l'intérieur. »

Les modèles du ministère de la marine française offrent l'application du principe de la tourelle armée sur des idées différentes de celles qui se rencontrent dans les types dont nous venons de parler.

Le *Taureau* est un garde-côtes dans toute la force du terme. Il est ras sur l'eau; vigoureusement cuirassé, il peut braver le tir de l'ennemi ; pourvu d'un éperon il peut frapper de la façon la plus fatale tout navire qui ne fuirait pas devant lui; muni de deux hélices indépendantes, ses évolutions jouissent d'une rapidité excessive. L'auteur du *Taureau*, M. Dupuy de Lôme, a eu l'heureuse idée de construire, couvrant le pont, une carapace en tôle qui rend le bâtiment habitable à la mer et lui permet de loger l'équipage dans des conditions de salubrité que n'ont pas les *monitors*. Enfin, sur le pont du *Taureau* s'élève une tourelle à *barbette*, c'est-à-dire dont l'artillerie n'est pas couverte, et à plate-forme fixe : le véritable affût du canon est le bâtiment lui-même, et il jouit ici d'une mobilité parfaite ; d'ailleurs ce genre de navire n'a lieu de faire feu que suivant la direction qu'il suit pour porter son coup d'éperon ; le canon n'est à la rigueur pour lui qu'un accessoire au jeu duquel, courant sus à l'ennemi, il ne doit pas perdre de temps.

Le *Marengo* est un navire de haut-bord et un type magnifique. Il procède du *Solferino* pour les dimensions, les formes de carène, le nombre des ponts, et le contour de l'étrave armée d'un éperon ; mais il s'en distingue profondément par l'aménagement de l'artillerie. Celle-ci est comprise dans une sorte de fort central de 14 mètres de long ; à chacun des quatre angles de ce réduit s'élève une tourelle à batterie barbette et à plaque tournante, qui fait sur les flancs du navire, une saillie légère. A la faveur de cette disposition, les canons des tourelles peuvent faire converger leurs feux à une faible distance sans être gênés par le gréement ; de plus ces tourelles fixes, comparées aux tourelles pivotantes, dispensent de mécanismes dont le jeu risque tant d'être insuffisant ou paralysé ; il s'ensuit, en outre, une économie de poids qui permet d'armer les sabords de la batterie du réduit de quelques canons. On appréciera combien il importe d'éviter les poids dispensables si l'on veut songer que, de nos jours, des bâtiments qui déplacent plus de 7,000 tonneaux n'arrivent à porter, en artillerie, qu'une fraction très-petite de cet énorme déplacement.

Nous avons montré la *tourelle* comme la conséquence naturelle de l'emploi du canon à grande puissance ; et nous avons indiqué les solutions pratiques que le principe de la tourelle a reçues chez les diverses nations maritimes.

« Ainsi, l'architecture navale serait à la veille d'une transformation dans laquelle la tourelle, armée d'une artillerie à grande puissance, remplacerait en partie, sinon totalement, la batterie percée de sabords, si bien appropriée au jeu d'une artillerie nombreuse, mais d'une puissance comparativement faible ; telle est la voie nouvelle qui paraît s'ouvrir à l'architecture navale. Si l'Amérique est entrée la première dans cette voie qu'elle a fécondée par son exemple et ses recherches, c'est qu'au début de la guerre de la sécession, elle avait tout à créer, ses flottes comme ses armées. Or, ce que réclamait cette guerre, ce n'était pas la frégate cuirassée, instrument de la grande guerre maritime, c'était un garde-côte, à faible tirant d'eau, invulnérable, affût flottant de l'énorme canon qu'elle allait opposer aux canons des Confédérés. »

« Aujourd'hui, c'est du navire de mer à tourelles qu'il s'agit, ou, en d'autres termes, il s'agit d'appliquer à la grande guerre maritime, à la guerre d'escadre, l'artillerie à grande puissance; car, tourelle (tournante ou à plaque tournante) et canon à grande puissance sont deux termes étroitement liés; l'un est la condition de l'autre, aussi bien pour le garde-côte que pour l'instrument de la guerre d'escadre. »

« La tourelle sera-t-elle tournante et percée de sabords circulaires, comme dans les systèmes américain et anglais? Sera-t-elle fixe, à plaque tournante, avec le tir en barbette? Nous n'entendons pas discuter ici les deux systèmes : l'un et l'autre ont leurs avantages et leurs inconvénients. » Nous serions tenté de dire à leur égard, cette phrase qui est si souvent d'à-propos :

There is a great deal of truth on both sides.
(Spectator).

« L'avantage commun à tous deux, c'est d'être également propres au service de la grosse artillerie, de découvrir tout l'horizon. »

« La tourelle à barbette avec plaque tournante n'abrite pas complétement les hommes ni la pièce, et cet inconvénient s'aggrave avec le roulis ou vis-à-vis du tir plongeant ; mais elle est bien plus légère, et elle permettra — à cause de cette légèreté — de conserver en batterie quelques pièces par les traverses. »

« Qu'il y a loin, s'écrie l'écrivain que nous citons presque textuellement dans ce résumé [1], qu'il y a loin de ce navire de mer à tourelles, qui nous apparaît déjà avec sa cuirasse, son éperon, ses allures foudroyantes, qu'il y a loin de ce nouvel instrument des prochaines batailles à notre vieux vaisseau en bois, aux allures majestueuses, aux batteries étagées, qui, naguère encore, étalait à nos regards épris le noble édifice de sa voilure, et jetait dans la guerre de Crimée son dernier éclat! Et cependant, pour parcourir la distance qui sépare l'un de l'autre, douze années auront suffi. »

Il est encore un moyen d'attaque ou de défense qui s'annonce comme devant apporter, dans un avenir plus ou moins voisin, des conditions nouvelles à l'art militaire : nous voulons parler de la *torpille*.

La *torpille* doit devenir une arme d'autant plus terrible, qu'il sera permis de la manier avec toute la précision apportée, par la science électrique, à l'inflammation des mines.

En 1854, des torpilles avaient été employées dans la Baltique par les Russes contre la flotte anglaise. Imaginées par Jacobi, celles-là prenaient ou devaient prendre feu au choc du bâtiment qui les rencontrait; ce système d'un emploi très-délicat, également menaçant pour les navires amis ou ennemis, n'eut pas l'occasion de produire de résultat marqué.

Quelques années plus tard, les Autrichiens organisaient la défense de Venise à l'aide de torpilles électriques projetées par le baron Ebner qui imagina, pour la facilité et la netteté des communications électriques, un instrument nommé depuis *machine Ebnérite;* mais la paix fut conclue avec la France sans que ces dispositions aient eu l'occasion d'être éprouvées.

1. Amiral V. TOUCHARD : *A propos du combat de Lissa* (nov. 1866).

On connaît l'effet effrayant des torpilles que les confédérés avaient jetées au embouchures de leurs rivières.

Le secrétaire de la marine des États-Unis, dans un rapport adressé au congrès en décembre 1865, s'exprime ainsi : « Les seuls navires perdus par le gouvernement des États-Unis aux deux attaques de *Mobile* et de *Wilmington*, où les batteries de terre des confédérés étaient servies avec vigueur, furent détruits par des *torpilles électriques* qui, toujours formidables dans les ports et dans les eaux intérieures, ont été plus destructives pour nos navires que tous les autres moyens réunis. »

Perfectionnées et rendues d'un emploi si pratique, les torpilles deviennent forcément l'objet d'une attention et de recherches continues. Les conditions multiples qu'elles doivent remplir sont aujourd'hui nettement conçues : il convient qu'elles soient inexplosibles par elles-mêmes, que le choc des objets extérieurs ne puisse déterminer leur inflammation, et qu'il soit possible de s'assurer de l'état du circuit électrique sans courir le risque de les faire sauter. De cette façon, la torpille devient un élément redoutable, susceptible d'agir à coup sûr à un endroit et à un instant précis donnés, et auquel ou commande à distance sans crainte de mécompte. On distingue les *torpilles flottantes* mouillées entre deux eaux, et les *torpilles de fond* qui reposent sur le sol d'un chenal. Les recherches concernant ces armes terribles sont tenues secrètes.

Jusqu'ici, il ne s'est point produit de dispositions propres à lancer les torpilles volantes.

§ 6.

A la suite des principes qui doivent présider à l'édification du matériel naval, il est intéressant de montrer le chemin que chacune des grandes nations maritimes a déjà parcouru dans la voie nouvelle, en jetant un coup d'œil sur l'effectif et l'importance de sa flotte.

En France, au type *Gloire* ont succédé les types *Flandre* et *Héroïne*, frégates cuirassées où la hauteur de batterie n'est pas inférieure à $2^{m},25$, et remarquables tant par l'harmonie des moindres détails de leur aménagement que par la perfection de leurs qualités nautiques. Le type *Solférino* a été modifié comme la *Gloire;* le *Marengo* nous offre le spécimen de ces nouveaux vaisseaux à éperon, à cuirasse plus épaisse (0,20 à la flottaison).

Tous ces bâtiments et leurs analogues sont d'admirables navires de haute-mer. Tels sont les types qui remplacent dans la flotte moderne, les anciens vaisseaux de ligne.

Mais le programme de 1857 comprend, en outre, des frégates ou corvettes pour les opérations lointaines. On a voulu qu'elles fussent aussi cuirassées. C'est à cet ordre d'idées que répondent les corvettes cuirassées de 450 chevaux nominaux dont la première, la *Belliqueuse*, appareillée à Toulon le 22 décembre 1866, a doublé le cap Horn, et porté notre pavillon dans l'océan Pacifique.

Les dimensions principales de ce bâtiment sont :

Longueur 70 mètres; largeur 14 mètres; déplacement 3,400 tonneaux.

Il est muni d'un éperon à l'avant et armé de 6 bouches à feu de 19 et 16 centimètres dont deux, placées sur le gaillard, peuvent tirer l'une en chasse l'autre en retraite. Un blockhaus à deux étages, disposé à l'avant de la cheminée, sert d'abri, au premier étage, à la roue de combat, au second, au commandant et à l'officier de quart. Sa vitesse, aux essais, avec tous les feux, a été de 12 nœuds. Sa surface de voilure est de 1,450 mètres carrés, distribuée sur trois mâts à phare carré. On a fait l'essai sur sa cuirasse du procédé de doublage de M. Roux.

D'après l'exposé de la situation de l'Empire en 1867, la flotte française se compose de 116 navires à voiles en état de service et de 343 navires à vapeur mus par 77,534 chevaux-vapeur nominaux. Hâtons-nous de faire observer que ce nombre de chevaux n'est plus à comparer à celui des années précédentes à raison de la nouvelle formule adoptée, le 1er janvier 1867, pour la détermination de la force nominale des appareils de navigation; la mesure de cette force nominale est actuellement, d'une manière uniforme, le quart du nombre de chevaux de 75 kilogrammètres que la machine est susceptible de développer à toute puissance sur les pistons moteurs. Cette force nominale variait précédemment par suite de l'application d'une ancienne formule qui, pour les dernières machines, ne donnait même plus de résultats proportionnels.

Il y a, en outre, en achèvement à flot 4 navires à vapeur de la force de 1,215 chevaux nominaux ; puis en chantiers 39 navires à vapeur de la force de 14,730 chevaux nominaux et 1 navire-transport à voiles.

Cet effectif total se partage en deux catégories comprenant : la première, la *flotte nouvelle*, la seconde, la *flotte de transition*[1]. Cette dernière compte encore 27 navires à vapeur et 46 navires à voiles. La première se subdivise en flotte de combat et flotte de transport : son effectif s'élève à 70 navires à voiles (transports et garde-pêche) et 316 navires à vapeur classés comme il suit :

	NOMBRE.	ESPÈCE DES BATIMENTS.	CHEVAUX nominaux.
316 navires à vapeur.	16	Vaisseaux et frégates cuirassés	14000
	12	Vaisseaux à vapeur rapides non cuirassés	8960
	1	Corvette cuirassée	450
	17	Frégates rapides non cuirassées	3070
	66	Corvettes avisos et canonnières	11270
	73	Transports à vapeur	20180
	1	Vaisseau école des canonniers	480
	1	Vaisseau école des aspirants	400
	26	Garde-côtes et batteries flottantes	2760
	101	Flotille à vapeur	4082
	2	Navires spéciaux achetés en Amérique	1200

Le *Dunderberg*, acheté en Amérique par le gouvernement français, a été construit chez M. Webb de New-York qui avait également construit la frégate cuirassée italienne *Re d'Italia*, ainsi qu'une frégate russe *General Admiral*. Ce constructeur avait fait marché avec le gouvernement des États-Unis pour fournir le navire au prix de 1,250,000 dollars ; mais le coût ayant dépassé 2,500,000 dollars, le gouvernement a refusé de recevoir le navire pour cause de non-exécution du marché ; c'est alors que M. Webb a cherché acquéreur chez les gouvernements étrangers. Le *Dunderberg* n'a été prêt à prendre la mer que le 22 février 1867, époque à laquelle commencèrent ses essais. C'est un navire cuirassé, à *réduit central* et à éperon. Les murailles s'évasent à partir de $1^m,50$ au-dessous de la flottaison qu'elles coupent sous un angle de 45°, et se prolongent ainsi jusqu'au pont principal qui est à $1^m,50$ au-dessus de l'eau. Voici ses dimensions :

1. Il y a lieu de les distinguer conformément au rapport sur la transformation de l'ancienne flotte adressé à l'Empereur par une commission du conseil d'État, et approuvé par Sa Majesté le 23 novembre 1857.

Longueur comptée de la pointe de l'éperon, 115^m.
Largeur à la hauteur du pont, 23^m,30.
» à la flottaison, 22^m,00.
Déplacement en charge, 7,300 tx.; tirant d'eau moyen, 5^m,80.

La coque, tout en bois, est de la plus grande solidité; elle n'a pas moins de 1^m d'épaisseur, et de 2^m,40 à la hauteur du pont. Quatre fortes cloisons étanches en bois partagent la longueur du navire et le mettent à l'abri d'un sort semblable à celui du *Re d'Italia*.

Au-dessus du pont s'élève le réduit dont la longueur est de 48^m; ses murailles latérales, inclinées à 45°, viennent rencontrer celles du navire à peu près à angle droit; ses murailles avant et arrière sont inclinées de même et leurs arêtes de raccordement avec les côtés sont abattues en pans coupés; il est couvert par un pont blindé comme l'est celui du bâtiment; enfin ce réduit est percé de vingt-deux sabords répartis de manière à fournir des feux de travers, de bossoir, et de hanche, et armés de canons de 28 et de 30 centimètres de diamètre; la hauteur des seuillets de sabord au-dessus de l'eau est de 2^m,40.

Le *Dunderberg* n'a qu'une hélice. L'essai de la machine, du moins aux premiers essais, n'a pas été entièrement satisfaisant, en raison des échauffements tout à fait inaccoutumés qui se produisirent : sa vitesse a été de 10^n,2. En outre de son gouvernail ordinaire, il est pourvu d'un gouvernail supplémentaire latéral qui facilite ses évolutions et lui permet de faire un tour complet, à la vitesse de 8^n,2, en 10 minutes 30 secondes, sur un diamètre de 900 mètres.

Les logements vastes et bien aérés placent l'équipage dans de bonnes conditions hygiéniques que sont loin d'offrir les monitors.

Au total, la marine cuirassée française compte actuellement :

	A flot.	Sur les chantiers.	Total.
Navires de 1er rang, y compris le *Dunderberg*......	17	4	21
— 2e rang.........................	1	7	8
Total..........	18	11	29

Les premiers répondent aux anciens vaisseaux de ligne et grandes frégates; les seconds, comme la *Belliqueuse*, sont des navires de stations lointaines.

La flotte cuirassée anglaise, classée à ce dernier point de vue, présente la composition suivante :

	A flot.	Sur les chantiers.	Total.
Navires de 1er rang....	18	3	21
— 2e rang....	3	5	8
Total......	21	8	29

On voit, en rapprochant ce tableau du précédent, que l'importance des deux flottes est fort voisine. Tel est le résultat de l'avénement du principe de la protection par la cuirasse. A la fin de la guerre de Trente ans la marine anglaise était deux fois plus puissante que la marine française; il est vrai que le budget de la marine anglaise pour l'année 1867-1868 est de 10,976,253 liv. st., soit près de 275 millions de francs, monnaie française.

Il n'y a pas en Angleterre moins de six types de navires cuirassés; ils manquent de vitesse et d'uniformité dans la marche. Cela dénote au moins, dans ce pays, une grande diversité de vues; si les nôtres sont mieux arrêtées, si la période de tâtonnement s'est montrée aussi courte chez nous, c'est évidemment grâce à l'avantage qu'ont les ingénieurs de la marine impériale française de posséder des connaissances théoriques complètes qui leur épargnent les hésitations des constructeurs d'outre-Manche ; ajoutons qu'en Angleterre l'opinion publique se préoccupe bien autrement qu'en France de toutes les questions relatives au matériel naval, d'où il suit que peu à peu toutes les opinions arrivent à se faire jour et à provoquer une expérimentation.

Nous indiquons planche CXIII quelques-uns de ces types ; sur ces dessins indicatifs, les parties cuirassées sont représentées par des hachures. Voici les données principales qui s'y rapportent.

DÉSIGNATIONS.	WARRIOR BLACK-PRINCE.	MINOTAUR, NORTHUMBERLAND, AGINCOURT.	ENTERPRISE.	FAVOURITE.	ROYAL-SOVEREIGN
Longueur	110m	122m	55m.00	70m.00	75m.00
Largeur........	17.90	18 .10	11 .00	15 .30	19 .00
Tirant d'eau....	9.95	7 .95	4 .50	6 .25	7 .00
Hauteur de batterie	2.90	2 .90	2 .15	»	3 .35
Déplacement.....	8625tx	9870tx	»	»	4023tx
Tonnage (jauge anglaise)........	6200tx	6620tx	990tx	2185tx	3960tx
Vitesse	14n.3	14n.3	9n.4	10n.8	12.2
Nombre d'hommes	700	700	980	160	200
Nombre de canons d'une bordée...	13	17	2	4	5
Poids de la bordée de projectiles..	440k	60k	65k	175k	750k

Le type *Enterprise* dû à M. Reed, ingénieur en chef de la marine britannique, consacre ce principe que sur de petits bâtiments destinés à ne porter que quelques bouches à feu, celles-ci n'occupant qu'une faible étendue de la longueur du navire, on peut se contenter d'un blindage partiel, du blindage d'un réduit central, et se dispenser de protéger le restant du bâtiment si ce n'est sa flottaison.

Dans une lecture faite au Mechanic's institute de Plymouth, M. Reed expose que le *Warrior* qui a coûté 8,925,000 fr., est très-difficile à manier sous vapeur, que le *Minotaur* a coûté encore 2 millions de plus ; il rejette le système de construction à longueur excessive, la facilité de manœuvre sous vapeur étant la qualité à laquelle on doit attacher maintenant la plus haute importance : le *Bellerophon* lui paraît mieux réussi comme principe.

Il estime que, sur les navires de premier rang, on doit s'attacher à compter beaucoup plus sur la force de la vapeur que sur celles des voiles et des hommes. « S'il est imprudent de n'avoir qu'une seule machine, qu'on ait alors deux hélices avec une double machine ; on aura alors autant et même plus de sécurité qu'avec une seule hélice et des voiles. » Ce changement aurait de nouveaux avantages que M. Reed rappelle : réduction de l'équipage, aptitude à attaquer les batteries à terre. Il y a longtemps que la frégate française *la Gloire* a marqué, comme simplification de mâture, un progrès que le *Warrior* est loin d'avoir suivi : ce qu'on économise comme poids en mâts, vergues et ancres, permet d'augmenter en proportion équivalente l'approvisionnement de charbon. — Enfin, M. Reed pose comme principe, qu'à notre époque un seul bâtiment très-puissant est préférable à plusieurs d'une force moindre.

Les navires cuirassés de second rang, projetés par l'amirauté anglaise, doivent avoir des plaques de 0,20 au milieu du bâtiment, et de 0,15 aux extrémités. Ils seront sans tourelles tournantes, armés de 6 canons, savoir : 4 en batterie et les autres chacun dans un réduit. Le but de cette disposition est clairement d'éviter l'inconvénient que présentent les *monitors* d'être trop ras sur l'eau et de ne pas être favorables à la santé de l'équipage.

Il est un navire anglais qui mérite une mention particulière en raison de son mode spécial de propulsion, c'est le *Waterwitch*, navire cuirassé à moteur hydraulique. Voici les dimensions de ce bâtiment que l'amirauté anglaise a fait construire par le *Thames Iron Works*, à Blackwall :

Longueur, $49^{m},37$; largeur, $6^{m},75$; creux, $4^{m},18$; tonnage, 777^{tx}.

Il est en fer. L'avant et l'arrière sont symétriques et pourvus chacun d'un gouvernail. Il est à réduit central cuirassé ainsi que toute la flottaison du navire.

Le propulseur, inventé par M. Ruthven, consiste en une roue horizontale à réaction, de $4^{m},40$ de diamètre, mue par une machine ordinaire dont la puissance effective est de 780 chevaux. Cette roue tourne dans une caisse circulaire en fer de $5^{m},20$ de diamètre, aspire l'eau extérieure qui accède dans un réservoir situé au-dessus, puis la rejette de chaque côté du navire un peu au-dessus de la flottaison par deux tuyaux en cuivre : si les évacuations sont dirigées vers l'arrière, le navire marche en avant; dans le cas contraire, il marche en arrière ; avec une évacuation dirigée vers l'avant et l'autre vers l'arrière, le navire tourne sur place.

Des essais comparatifs ont été faits entre le *Waterwitch* et divers bâtiments de dimensions analogues, entre autres le *Viper* canonnière, à vapeur à deux hélices.

Or le *Waterwitch* s'est montré inférieur à ce dernier navire, au point de vue de l'utilisation de la puissance motrice, et, plus encore, à l'égard de la facilité des évolutions : sans doute la position des tuyaux de décharge, à l'extérieur du navire, n'est pas indifférente à la rapidité des manœuvres et demande à être étudiée sous ce rapport.

D'ailleurs le *propulseur-turbine* se prête à réunir plusieurs avantages précieux : il est à l'abri du boulet et son utilisation ne dépend ni de l'état de la mer, ni du tirant d'eau.

Toutes les puissances qui arment des flottes comptent aujourd'hui des navires cuirassés mais toutes n'ont pas fait figurer leurs types à l'Exposition.

Le ministère de la marine royale, à La Haye, expose le *Ruijter*, batterie cuirassée à fort central.

Nous devons à une correspondance de Berlin quelques détails intéressants sur la marine militaire de Prusse, maintenant marine confédérée, dont le tableau suivant indique la composition :

		Canons.	Chevaux nominaux.	Jauge.
5 navires cuirassés :	*Wilhem Ier*	23	1150	5938
	Frédéric-Charles	16	950	4000
	Kron-Prinz	16	830	3404
	Arminius	4	350	1230
	Prince Adalbert	3	300	730
10 corvettes à vapeur en bois, offrant en totalité.		210	3500	14100
8 canonnières de 1re classe, offrant chacune..		3	80	326
14 canonnières de 2e classe, offrant chacune...		2	60	233

1 yacht royal (*la Grille*, provenant des chantiers de M. Normand, du Havre) de 160 chevaux et 445 tonneaux, à hélice, et 3 bateaux à roues, pour le service des ports, complètent la flotte à vapeur.

La flotte à voiles comprend :

3 frégates, 3 bricks, 4 navires pour le service des ports, en tout 10 navires

offrant ensemble 159 canons et 6485 tonneaux de jauge; 32 chaloupes canonnières à rames de 2 canons chacune, et 2 yoles portant chacune 1 canon, complètent cet effectif.

En Russie, les types à éperon, à réduit central ou à tourelle du genre Coles, sont en faveur; nous en avons la preuve par les bâtiments qui ont été lancés dans le courant de l'année 1867. Ce sont :

1° Le *Prince Pojarski* sorti des chantiers de M. Mitchel sur la Néwa. C'est une frégate cuirassée à éperon ayant :

Longueur 80m.77; largeur 14m.93; tirant d'eau 5m.10; déplacement 4137tx.

Elle est armée de 8 canons en acier de 0m.228 logés dans une casemate blindée. Sans quille, elle possède deux quilles latérales; ses trois mâts, qui sont en fer, servent à la ventilation; son arrière, qui est à puits, surplombe et protége le gouvernail.

2° L'*Amiral Lozarev*, frégate cuirassée armée d'un éperon dont la pointe est à 2m.47 sous l'eau et de trois tourelles, genre Coles, armées chacune de deux canons rayés. Ses dimensions sont :

Longueur 81m.67; largeur 13m.10; tirant d'eau 5m10; déplacement 3461tx.

En charge, son pont est à 1m.75 au-dessus de l'eau. Du fond jusqu'au blindage règne une double coque laissant un intervalle de 0m.90; sept cloisons étanches partagent la cale, et quatre d'entre elles s'élèvent jusqu'au pont supérieur. Ce bâtiment est gréé en trois-mâts barque sans haubans.

3° Les canonnières *Rousalka* et *Charodeika* semblables à la *Smertch*, à éperon, pourvues chacune de deux tourelles, genre Coles, et ayant :

Longueur 64m; largeur 12m.19; tirant d'eau 3m.55; déplacement 1880tx.

D'autres bâtiments blindés, conçus dans le même ordre d'idées, sont en chantier à Saint-Pétersbourg et doivent être prochainement lancés.

Les constructeurs de France et d'Angleterre ont été appelés par diverses nations à construire des navires de guerre; les modèles de plusieurs de ceux-ci ont figuré à l'Exposition. Ils procèdent pour la plupart des types français et anglais.

Ainsi, dans l'exposition de la société des *Forges et chantiers de la Méditerranée*, nous voyons :

1° La *Numancia*, frégate cuirassée, sans éperon, en fer, construite à la Seyne en 1863 pour la marine espagnole. A l'attaque de Callao, la *Numancia* supporta glorieusement le feu des énormes canons péruviens : seul, raconte un témoin de l'action, un boulet traversa la cuirasse, et se perdit dans le matelas de bois; la plaque atteinte resta enfoncée d'environ deux pouces au-dessous des autres.

2° La *Regina-Maria-Pia*, frégate construite, en 1864, pour la marine royale italienne.

3° Le *Brazil*, corvette cuirassée construite, en 1864, à la Seyne pour la marine impériale brésilienne en vue d'un très-faible tirant d'eau. Voici ses dimensions :

Longueur, 61m,20; largeur, 10m,75; creux, 7m,30; tirant d'eau, 3m,65.
Déplacement, 1518 tonneaux; jauge légale française, 860 tonneaux.

D'après le rapport du commandant, cette corvette se comporte parfaitement à la mer. Dirigée sur le Parana, elle a essuyé bravement à une portée de fusil le feu des canons des *Chattas* [1] paraguayennes qui n'ont pu percer sa cuirasse. Le

1. Sorte de baleinières à fond plat, ayant 15 mètres de longueur, 5 de largeur, armées d'un canon de 60.

gouvernement brésilien a fait construire une corvette sur les plans du *Brazil*, dans ses chantiers de Rio de Janeiro[1].

4° Des *canonnières* pour le gouvernement impérial ottoman, et destinées essentiellement à la navigation du Danube. Elles ont :

Longueur, 31^m,50; largeur, 9^m,60; creux, 3^m,35; tirant d'eau, 1^m,62.
Déplacement, 336 tonneaux; artillerie, 2 canons de 30 rayés.

Dans le double trajet de descente et de montée, depuis la branche de Saint-Georges jusqu'à Tulscha, leur vitesse moyenne a été de 8 nœuds. Le prix d'une de ces canonnières est de 550,000 fr. rendue à Sulina.

M. Gouin a fait figurer le modèle d'une frégate cuirassée construite dans ses chantiers de Nantes pour le gouvernement italien.

M. Napier a exposé le modèle entièrement équipé de trois frégates cuirassées, commandées par l'Empire ottoman. Il est à regretter que ce constructeur n'ait pas envoyé au Champ de Mars le modèle du *Rolf-Krake*, navire à tourelles sorti de ses chantiers et honorablement cité dans la guerre du Danemark, en 1863-1864.

M. Laird, de Liverpool, a présenté le modèle d'un cuirassé à éperon construit pour la Hollande.

II

LA MARINE MARCHANDE

ET LES BATIMENTS DE PLAISANCE.

§ 1.

Dans la première partie de ces *Études*, ainsi que dans le chapitre spécial à la marine militaire qu'on vient de lire, la nature même du sujet nous a fait rencontrer un certain nombre de questions intéressant la marine du commerce; il est clair, en effet, que tous les principes généraux qui se rapportent à la discussion des formes, au choix, à l'assemblage et à la conservation des matériaux, conviennent également à toutes les constructions flottantes. Notre tâche à l'égard de la marine marchande et des bâtiments de plaisance est donc fort avancée déjà par ce qui précède, aussi bien que ce qui va suivre ne sera pas sans compléter, envers la marine militaire, quelques détails pratiques.

Autant qu'il est possible de saisir les tendances que l'Exposition de 1867 paraît accuser, autant qu'il est permis de croire au plein succès d'efforts concourant à un même but, on peut présager que, dans l'avenir prochain, un grand développement est réservé à la construction combinée *bois et fer*. Le problème peut se formuler de la manière suivante : composer une charpente de navire, solide et durable eu égard aux diverses causes mécaniques et chimiques de fatigue et d'altération qui l'attendent à la mer, en faisant jouer à chacun des matériaux, bois et fer, tout le rôle convenant à sa nature, sous la réserve de réunir les meilleures garanties d'exploitation : économie de premier armement, légèreté, rareté et facilité des réparations, etc., etc.

1. Le gouvernement brésilien a fait contruire, en Angleterre, deux corvettes cuirassées : *Marès e Barros* et *Herval*, armées chacune de 2 canons Withworth rayés, se chargeant par la bouche et logés dans une batterie centrale spacieuse, qui est cuirassée ainsi que tout le contour de la flottaison. Ces deux navires ont figuré avec honneur parmi ceux de la flotte brésilienne, qui ont forcé le passage de Curupaity sous le feu des forts paraguayens.

La question est fort complexe; indépendamment de l'examen des qualités marchandes, elle oblige d'étudier de près un grand nombre de phénomènes d'une analyse délicate : ceux, par exemple, qui accompagnent le contact du bois et du fer avec l'eau de mer, ou l'action galvanique due au fait d'un doublage en cuivre insuffisamment isolé des parties en fer. A un autre point de vue, il importe de voir dans quelles conditions de fatigue les dilatations et les dislocations probables doivent placer ces matériaux de natures diverses, dont les résistances doivent s'ajouter, bien qu'ils soient, pour chaque circonstance, profondément dissemblables dans leur manière de se comporter.

Si les difficultés à vaincre sont nombreuses, il n'y a pas à s'étonner que depuis longtemps elles captivent la sagacité des constructeurs. Vers 1830, un système de construction combiné *bois et fer* fut patenté au nom de M. Williams Watson, directeur de *The city of Dublin steam Company*. On doit comprendre aussi que les solutions de ce problème ont présenté des variétés nombreuses. Comme trait général, les membrures sont en fer, les revêtements en bois; maintenant quelques constructeurs ont recherché pour ces membrures des formes spéciales comme l'indique la figure ci-contre (fig. 3); souvent la quille, l'étrave, l'étambot

Fig. 3.

sont en bois absolument comme dans les navires en bois, et les membrures (en fer) distantes de 0m,45 au milieu, s'espacent de 0m,60 aux extrémités du bâtiment; parfois le carlinguage est en bois, du moins dans la partie centrale où viennent se réunir les eaux de la cale; des lattages obliques viennent ordinairement contre-balancer par leurs tensions et compressions les fatigues des parties extrêmes du navire. En France, le système combiné *bois et fer* figurait dignement à l'Exposition de 1855 où M. Arman, de Bordeaux, produisit de jolis modèles; il était représenté d'une manière marquante à celle de 1867 par M. Labat, également constructeur à Bordeaux.

Les constructions en fer ont fait un grand chemin depuis leur apparition. Vers 1790, paraît-il, un navire fut construit en fer pour naviguer sur le canal de Birmingham : c'est le premier exemple cité. En 1834, au moment où les usages du Lloyd commencèrent à se formuler en règles, à part quelques tentatives isolées et sans suite, il n'existait pas encore, à proprement parler, un seul bâtiment en fer; en 1838, le Lloyd classait le premier navire en fer qui fût assuré, *the Ironides*, qui, construit par MM. Jackson et Gordon de Liverpool, fit vers la fin de 1838, sur Rio-Janeiro, son premier voyage; mais, à vrai dire, le Lloyd n'eut aucune règle écrite pour la classification des navires en fer jusqu'en 1854, époque à laquelle apparurent ses premiers tableaux de dimensions.

Les premières ébauches de coordination entre des données éparses, encore vagues, relatives aux dispositions économiques, n'en devaient pas rester là. Bien que pesant huit fois plus que l'eau et 10 fois plus que le chêne, le fer, qui est dix fois plus résistant que le chêne et qui se prête à une intimité d'assemblage bien autrement parfaite, le fer donnait le moyen de construire des navires marchands pesant, sous les mêmes dimensions, un cinquième de moins que s'ils eussent été en bois, tout en offrant plus de capacité à l'intérieur. Les premiers résultats étaient assez parlants pour qu'on ne s'arrêtât pas en si bonne voie ; et d'ailleurs, la pratique ne fut pas parcimonieuse de ses tentatives et de ses enseignements. Nous en donnerons une idée en montrant suivant quelle progression rapide se sont multipliées les constructions sur la Clyde ; il est vrai que peu de fleuves comptent des chantiers aussi actifs que ceux de Glascow, Greenock, Dumbarton.

En l'année 1851, les chantiers de la Clyde fournirent ensemble 42 navires jaugeant, l'un dans l'autre, 600 tonneaux ; de 1855 à 1862 leur production annuelle fut de 90 navires en moyenne ; elle s'éleva à 122 bâtiments dans l'année 1862, à 170 en 1863. En 1864, elle atteignait le chiffre de 205 navires jaugeant en moyenne 875 tonneaux : les dimensions et la puissance motrice à vapeur s'étaient donc singulièrement accrues en même temps que le nombre des commandes.

Les règles du Lloyd furent revisées et perfectionnées à diverses reprises et particulièrement en 1863, époque à laquelle le comité les fit accompagner de dessins montrant des dispositions d'assemblages étudiées et sanctionnées par l'expérience. En outre, bien que ces règles détaillées soient spéciales aux bâtiments construits, selon l'usage encore le plus général, avec des membrures verticales, le comité n'admet pas moins, à sa classification, les navires construits dans le système cellulaire ou avec des membrures longitudinales.

Le système de construction par *membrures longitudinales* n'est peut-être pas celui qui convient le moins aux navires en fer. Il s'est produit, en architecture navale, un spectacle que l'architecture civile a déjà montré : des formes convenant à l'emploi de certains matériaux ont été pour ainsi dire traduites, élément par élément, à la venue des matériaux nouveaux, alors que ceux-ci se fussent mieux accordés de dispositions distinctes et rationnellement assorties à leur nature. Les bâtiments en bois avaient leurs membrures verticales : les membrures verticales se retrouvent dans les bâtiments en fer. Y a-t-il là harmonie entre cette disposition et les qualités propres du fer ? N'est-elle que le seul fait de l'imitation ? Un éminent constructeur anglais, M. Scott Russel, s'est prononcé pour les membrures longitudinales, et sa manière de voir, à cet égard, ne date pas d'aujourd'hui : le premier bâtiment qu'il fit dans ce système remonte à 1835, c'est-à-dire à l'origine même des navires en fer ; le dernier est le célèbre *Great Eastern*.

Le système de construction par *membrures longitudinales* se recommande par plusieurs considérations ; les cloisons transversales étanches s'y trouvent liées par des sortes de poutres parallèles qui reportent au loin leur effet de résistance à la flexion ; on les dispose de telle sorte que l'une d'elles soit dans le voisinage d'un pied de mât ; le nombre de fois que la longueur du bâtiment contient sa largeur paraît être le nombre convenable des cloisons transversales à prévoir lorsqu'on arrête le *devis d'échantillon* d'un navire ; enfin il est facile de le munir d'un double fond étanche, dont l'efficacité, en cas d'échouage sur des rochers, n'a pas besoin d'être vantée.

Frappée de la perte d'un grand nombre de navires en fer, paquebots et autres, la société anglaise des *Naval architects* a ouvert, au commencement de cette année 1867, une enquête dans laquelle ont été consultés successivement tous les membres de son conseil et particulièrement MM. Scott Russell, Grantham, Reed, etc. Nous ne saurions nous dispenser de donner, dans leurs points essentiels les conclusions de cette enquête recommandées aux constructeurs et armateurs « dans l'espoir qu'elles pourront contribuer à accroître la sûreté des navires, paquebots et autres. » Voici, sinon textuellement, du moins dans leur esprit, celles de ces prescriptions qui concernent plus particulièrement la *construction*.

I. « On ne peut établir, avec certitude, une règle générale qui fixe le rapport de la longueur et du creux d'un navire à sa largeur ; ce rapport peut varier beaucoup sans nuire à la solidité et aux qualités du navire, à la condition d'un accord judicieux de la forme, de la construction et du chargement. » Le creux est, en général, au moins égal au dixième ou au douzième de la longueur ; plus cette proportion est faible et plus le corps du navire, considéré comme poutre creuse, se trouve dans des conditions défavorables de résistance à la flexion ; aussi, lorsque en vue de faire des navires à faible tirant d'eau, la longueur dépasse 12 fois le creux, est-il urgent de pourvoir la charpente de consolidations spéciales, et arrive-t-on, relativement au déplacement total, à de lourds poids de coques.

II. Il est un minimum pour la hauteur du plat-bord au-dessus de la flottaison que l'on ne pourrait réduire sans danger sur des navires de mer, et il serait désirable que ce minimum fût fixé. »

Cette hauteur doit s'accroître avec la longueur du navire : un huitième du bau est un minimum pour des navires n'ayant pas en longueur plus de cinq fois leur largeur ; on ajouterait à cette hauteur 1/32 du maître bau pour chaque accroissement d'une largeur dans la longueur. Voici un exemple de l'application de cette règle :

	Longueur.	Hauteur du plat-bord.
Largeur du navire 9m.60	48m.00	1m.20
— —	57m.60	1m.50
— —	67m.20	1m.80
— —	76m.80	2m.10
— —	96m.00	2m.70

On entend ici par hauteur du plat-bord, la hauteur verticale du pont supérieur (non compris le *spardeck*), mesurée en dehors et au milieu du navire, au-dessus de la ligne de flottaison en charge. Toutefois, l'addition d'un *spardeck complet* peut être considérée comme un équivalent de l'accroissement de hauteur de plat-bord voulue par un accroissement de longueur. Il y a des cas où une simple *teugue* ouverte, sur le gaillard d'avant, peut être utile en préservant le pont de l'invasion de la mer. Mais, en général, sur les navires longs, les *spardecks* sont préférables aux *dunettes* et *teugues*, lesquelles ne permettent de tolérer aucune diminution sur la hauteur du plat-bord.

III. « Il serait à désirer que les cloisons transversales et longitudinales de la cale, celles des soutes à charbon et de la coursive de l'hélice dans les bâtiments à vapeur, fussent liées avec la coque et liées entre elles de manière à former des compartiments étanches, communiquant les uns avec les autres et avec les ponts par des portes étanches. » On gagnerait à cette disposition solidité et sécurité.

Il est généralement admis qu'à bord de tout navire en fer, les compartiments étanches doivent avoir des dimensions telles que, si l'un d'eux vient à s'emplir ou à communiquer librement avec la mer, le navire continue de flotter sans danger. Mais, « mieux serait encore, surtout dans les navires destinés au transport des passagers, de régler les capacités relatives des compartiments étanches de telle sorte que, si deux d'entre eux venaient à se remplir où à communiquer librement avec la mer, les autres pussent suffire à faire flotter le bâtiment. On considère également que, pour de grands navires en fer, une double coque es à la fois un élément de sûreté et de solidité. »

IV. « Il est très-désirable qu'une ventilation de cale suffisante permette, dans le mauvais temps, non-seulement de fermer tous les hublots, mais encore de condamner les écoutilles. » Rappelons à ce sujet les dispositions des *monitors*. « Toutes les ouvertures des ponts doivent être pourvues de panneaux solides et disposés de manière à être mis rapidement en place. »

« En ce qui concerne les dimensions des écoutilles, on ne saurait en fixer la limite. » Ce qu'on peut dire, c'est qu'il est désirable que ces ouvertures disjoignent le moins possible les liaisons transversales établies par les baux. On doit rendre les baux amovibles, partout où il est besoin, afin de les remettre en place en prenant la mer; les surbaux d'écoutille seront aussi élevés que possible, surtout en cas d'absence de *spardeck*.

V. Toutes les ouvertures des murailles étant exposées à des accidents qui peuvent compromettre la sûreté du navire, il est urgent de les disposer de manière à s'assurer les meilleures garanties. « Il est désirable que les sabords pourvus de fenêtres vitrées aient, en outre, un mantelet percé d'un verre lenticulaire ; que les sabords d'embarquement soient solidement assujettis par des barres traversières en fer. Toutes les communications avec la mer de la chambre des machines, celles de la cale, des bouteilles, devraient être protégées par les meilleurs obturateurs connus et, toutes aussi, d'un accès facile. »

VI. « A bord de tout navire à vapeur, s'il est en fer, tous les compartiments étanches devraient être munis d'une pompe à main avec corps de pompe en cuivre. Il devrait y avoir aussi un petit cheval et une pompe pouvant servir à vider l'eau de la cale ou à puiser à la mer, à alimenter les chaudières et à envoyer de l'eau sur le pont. Tous les navires devraient être munis d'une ou plusieurs pompes de cale, manœuvrées par la machine, et pouvant alimenter l'injection avec l'eau de la cale, si la machine est à condensation. Dans les grands navires, le petit cheval devrait avoir une chaudière spéciale, placée au-dessus de la flottaison, et en communication avec les chaudières de la machine. Il faudrait aussi sur le pont, pour le cas d'incendie, des pompes foulantes, aspirant l'eau de mer, et pourvues d'une longueur de manche suffisante pour atteindre les deux extrémités du navire. »

Pour dégager rapidement le pont du navire envahi par un coup de mer il conviendrait que la virure inférieure des parois formât clapet, sur une longueur assez grande pour assurer une prompte évacuation de l'eau embarquée.

VII. Les paquebots-postes transatlantiques ont ordinairement deux écubiers de chaque bord avec une seconde paire de bittes. Cette disposition mérite d'être généralisée : car elle permet non-seulement de mouiller rapidement une troisième ancre, mais aussi d'avoir un écubier et une bitte de rechange de chaque bord, en cas d'avarie dans les bittes ou dans les écubiers en service.

A ces recommandations, le document dont nous donnons l'analyse en ajoute quelques autres qui méritent d'être prises en considération. Par exemple, celle de disposer les drômes de manière à flotter, en cas de submersion du navire, et à offrir des moyens de sauvetage ; et même d'établir la dunette ainsi que d'autres parties du pont de façon à se détacher aisément et à former radeau. A l'égard de l'arrimage, le rapport s'exprime en ces termes :

« L'arrimage d'un navire devrait se faire sous l'inspection du capitaine du navire et par ses ordres seuls, de manière qu'il en eût toute la responsabilité. Les navires sont souvent très-mal chargés, parfois les poids sont trop bas, ce qui occasionne des roulis rapides et violents qui fatiguent la mâture et le navire ; d'autres fois ils sont trop élevés et la stabilité se trouve compromise.

On peut dire qu'en général un navire, quelle que soit sa forme, peut être arrimé de manière à éviter ce double danger. Si l'on suppose un navire en eau tranquille, mis en mouvement par des hommes courant d'un bord à l'autre ou par tout autre moyen, et revenant ensuite de lui-même à sa position d'équilibre, le nombre des oscillations exécutées en une minute variera suivant les qualités du navire, c'est-à-dire que, s'il a le *côté faible*, il exécutera peu d'oscillations en une minute; si au contraire il a trop de stabilité, il en exécutera un grand nombre; mais, dans les mêmes conditions d'arrimage, il arrivera toujours que le nombre d'oscillations sera sensiblement le même, quelles que soient les circonstances qui déterminent les roulis. Bien que cette particularité soit connue depuis longtemps des savants, il n'a pas été fait sur les navires de commerce des observations permettant de formuler une règle spéciale à ce sujet. Il est toutefois bien désirable que l'on s'applique à recueillir des observations, et qu'il soit fait appel, dans ce but, à l'attention des armateurs et des capitaines. » Nous ne reviendrons pas ici sur cette question qui ouvre une large carrière à la discussion et qui nous a longuement occupé plus haut.

§ 2.

Les bâtiments *longs-courriers*, représentés à l'Exposition par leurs modèles, se trouvaient tellement disséminés, qu'il fallait longuement mûrir son itinéraire pour les passer en revue. Il est singulier, et regrettable tout à la fois, que le classement méthodique des produits, par nature et par nation, qui a donné tant de clarté à la disposition d'ensemble du palais du Champ de Mars, ait laissé aussi épars les produits de la classe 66, ceux de l'Angleterre exceptés.

La Hollande a montré par le modèle du *Noach*, clipper en bois, à voiles, trois mâts, construit en 1857 par M. T. Schmith au Kynderkik, un type éprouvé de navire bon voilier, grand porteur. Ce bâtiment fait les traversées de Java; il jauge 890 tonneaux; son tirant d'eau oscille entre $4^{m}.50$ et $5^{m}.90$; il a 28 hommes d'équipage et atteint des vitesses de 13^{n}.

Dans l'exposition de Norwége on remarquait la série de modèles de M. Dekke de Bergen, bâtiments de divers tonnages sur un type à peu près uniforme et procédant du clipper américain.

La Prusse a présenté quelques *longs-courriers :* un joli trois-mâts de M. d'Andersen d'Appenrade, rappelant le clipper; un steamer de M. Georges Howaldt de Kiel.

L'Autriche se signalait par l'exposition des modèles de la *Compagnie maritime du Danube.* Ce sont d'excellents et confortables steamers de rivière, qui traversent très-sûrement les steppes de la Hongrie et de la Valachie; ils tirent peu d'eau et sont à roues; sur le pont, s'élèvent des roofs vastes et aérés pour les passagers, et à l'avant, des logements pour l'équipage, dispositions commodes, très-appréciables dans les pays chauds, rappelant les steamers du Mississipi, mais que la mer ne saurait tolérer. — Pourtant, on voyait dans la section anglaise un modèle de paquebot pour le Pacifique, dans lequel les constructeurs, MM. Randolphe et Elder, en raison des conditions clémentes de l'océan Pacifique, ont pu étager sur le pont des roofs à l'usage des passagers.

MM. Laird, de Liverpool, ont eu la bonne idée de faire figurer, dans leur exposition, un modèle du *Connaught*, le célèbre steamer qui depuis près de 8 ans fait le service postal entre Holyhead et Kingstown, n'employant pour sa traversée que 3 heures 54 minutes 4 secondes, durée moyenne, ce qui correspond à une vitesse d'environ 17 nœuds. Ses dimensions sont :

Longueur $106^{m}.15$; largeur $10^{m}.68$; creux $6^{m}.10$.

9 cloisons étanches partagent sa longueur; une teugue brise-lame règne à l'avant; une passerelle de 15 mètres de longueur relie les tambours et porte le gouvernail. Le prix du *Connaught* est de 2.250.000 fr. Sa machine est à cylindres oscillants.

Les constructeurs de la Clyde n'ont pas manqué d'envoyer quelques-unes de leurs études de coques les plus accomplies : un steamer, *Paris*, et un trois-mâts *France* de M. Thomas Wishart, de Glascow; un steamer à roues, le *Meg-Merrilies* de M. Inglis de Glascow, qui se faisait remarquer par l'extrême finesse de son avant admirablement raccordé, malgré son acuité, avec des fonds plats destinés à donner une bonne assiette à la machine.

Le joli modèle du *Pereire* construit chez R. Napier, de Glascow, pour la compagnie du transatlantique, occupait dans l'exposition anglaise une place marquante digne du retentissement qu'eurent les essais et les premiers voyages de ce magnifique paquebot. Voici les dimensions principales et les proportions essentielles qui s'y rapportent :

Longueur...............	$L = 106^m.75$
Largeur...............	$l = 13.26$
Creux...............	$c = 9.14$
Profondeur de carène.....	$p = 6.40$
Tirant d'eau............	$t = 6.70$
Déplacement en tirant d'eau.	$D = 5217^{tx}$
Jauge officielle totale.........	3014^{tx}
— machine déduite........	1808^{tx}

Surface du maître couple... $M = 74^{m^2}.20$

— de la flottaison..... $F = 1039.73$

Rapports.

$$\frac{L}{l} \ldots\ldots = 7.88$$

$$\frac{L}{c} \ldots\ldots = 12.69$$

$$\frac{L\,l\,p}{D} = \ldots\ldots 0.597$$

$$\frac{M}{l\,p} = \ldots\ldots 0.783$$

Le devis des poids est établi comme suit :

	Tonneaux	Nombres proportionnels.
Coque emménagée et armée...........	2357	0,45
Machine, chaudières eau comprise.......	760	0,15
Charbon.............................	1320	0,25
Vivres et eau.........................	100	0,02
420 passagers et marchandises	680	0,13
Total.............	5217	1,00

Dans des circonstances de navigation non défavorables, le *Pereire* franchit les 3174 milles que l'on compte du Havre à New-York avec une vitesse moyenne qui n'est pas inférieure à 12 nœuds et brûle 900 à 1000 tonneaux de charbon : le bâtiment est donc approvisionné d'environ 40 p. 100 de combustible en sus de la quantité strictement nécessaire à l'accomplissement du voyage dans les conditions ordinaires. Les soutes contiennent cette provision à raison de 800^k par mètre cube. La vitesse aux essais était de $15^n.2$.

Le poids utilement porté, 680 tonneaux, n'est donc que le huitième du poids total, 5217 tonneaux du navire tout gréé et en pleine charge et seulement 70 p. 100 du poids de charbon qu'il consomme par traversée.

La surface de voilure portée par trois mâts-barque est :

$$S = 1399 \text{ mètres carrés.}$$

D'où les rapports

$$\frac{S}{M} = 18,39 \qquad \frac{S}{F} = 1,34.$$

La voilure est donc légère; l'équipage, y compris le personnel de la machine, est de 160 hommes. Le centre de voilure est à 18^m au-dessus de la flottaison ; sa distance en avant de la verticale milieu est les 0,006 de la longueur du bâtiment.

A ce propos, nous ferons remarquer que les rapports de la nature de celui que nous venons de citer en dernier lieu, n'ont de sens qu'autant que l'on compare entre eux ceux qui sont relatifs à un même système de voilure.

MM. R. *Napier and Sons* eurent, à l'Exposition de 1867, l'un des trois grands prix qui furent décernés aux constructeurs de la Grande-Bretagne. De leurs chantiers sont sortis, pour la *Cunard royal mail Company*, la *Scotia* lancée en automne 1861, et sa sœur *Persia*, magnifiques steamers, réalisant des vitesses moyennes de 12^n; ils sont à roues; leur tirant d'eau moyen en charge est de $6^m.82$, ce qui n'a rien d'exagéré pour les eaux profondes du port de Liverpool. Mais les avantages des grands navires à hélices pour les traversées transocéaniennes furent peu à peu mis hors de doute et confirmés par l'expérience commerciale des grandes lignes postales exploitées : la Compagnie Cunard fit construire chez M. Napier, en 1863, le *China*, à hélice, et s'appliqua à substituer le type à hélice à son ancien matériel. Quant à la Compagnie transatlantique, elle paraît avoir adopté définitivement le type à hélice, à la suite du succès du *Pereire* et de la *Ville de Paris*. Un rapport de ladite Compagnie, publié au *Moniteur* du 16 avril 1867, justifie cette préférence par les faits qu'il relate ; nous croyons à propos d'en citer le passage suivant :

« Les traversées de la *Ville de Paris*, du *Pereire* et du *Saint-Laurent* [1] ont égalé et quelquefois surpassé les plus rapides traversées des meilleurs paquebots britanniques. Il ressort des tableaux de marche dressés par l'administration des postes que, sur onze voyages d'aller et retour entre Brest et New-York, réalisés par la *Ville de Paris* et le *Pereire* de mars 1866 à février 1867, dans un intervalle de près de douze mois, comprenant la période d'été et celle d'hiver, la moyenne des vitesses a été de $12^n.80$ au lieu de $11^n.50$ réclamés par le cahier de charges. Nous croyons que cette moyenne de $12^n.80$ n'a pas d'exemple, même en Angleterre; elle dépasse d'un cinquième de nœud celle du célèbre *Scotia*, relatée sur les documents officiels. — Jusqu'ici les voyages rapides étaient l'apanage exclusif de nos compétiteurs maritimes; aujourd'hui notre ligne française est venu leur disputer cette spécialité et se placer au premier rang, à côté des lignes étrangères. Les vœux patriotiques qui ont accompagné notre entreprise, et les subsides du gouvernement qui l'ont encouragée trouvent ainsi leur satisfaction et leur récompense. »

Nous ajouterons qu'il est arrivé au *Pereire* d'aller de Brest à New-York en moins de 9 jours (8_j 21^h) : c'est la plus rapide traversée entre les deux mondes qui ait été jamais accomplie.

L'Amérique n'a envoyé aucun modèle de bâtiment *long-courrier*, à part, si on veut le ranger dans cette classe, celui du *Fleetwing*, yacht justement renommé, sorti des chantiers de M. V. Vandensen de New-York.

La partie maritime française brillait par l'exposition de M. Normand du Havre, qui s'est acquis depuis longtemps un nom si marquant parmi les constructeurs de premier ordre, autant par la perfection des navires qui sortent de ses chantiers que par son culte incessant pour tout ce qui peut signaler un progrès en architecture navale ; ce sont là du reste des qualités de famille, et M. Normand a eu la coquetterie, nous devrions dire l'heureuse pensée, d'exposer les modèles de

1. Le *Saint-Laurent*, destiné d'abord à être à aubes, a reçu définitivement une machine à hélice.

bâtiments construits par ses ancêtres : ces rapprochements à long intervalle de temps, à profondes différences de besoins et d'idées, apportent toujours avec eux mieux qu'une simple satisfaction historique, un enseignement réel.

La société des *Forges et chantiers de la Méditerranée* a exposé à côté de ses bâtiments militaires, un joli paquebot en fer, à hélice, le *Masr*, construit en 1865-1866 pour le compte de S. A. le vice-roi d'Égypte. Ce paquebot, le plus grand de tous les bateaux à hélice construits en France, a les dimensions suivantes :

Longueur, $107^{m},00$; largeur, $12^{m},00$; creux, $10^{m},15$; tirant d'eau, $6^{m},80$.

Déplacement, 3,915 tonneaux.

Il peut prendre, en soutes, 700 tonneaux de charbon, et sa vitesse est de $14^{n},5$ avec une machine dite de 600 chevaux nominaux, mais développant largement sur ses pistons, en chevaux de 75 kilogrammètres, quatre fois cette puissance nominale.

Le *Masr* est emménagé avec un luxe extrême. A l'arrière un salon en ébénisterie riche et élégant peut contenir une table de plus de 100 couverts. Les cabines, larges, spacieuses et bien aérées, peuvent recevoir 126 passagers de première classe et 54 de deuxième classe. Une machine spéciale met en mouvement deux ventilateurs, l'un aspirant, l'autre refoulant, qui renouvellent l'air dans les parties les plus basses du navire. Un appareil distillatoire permet d'avoir en abondance de l'eau douce pour les passagers. Le *Masr* a été livré pour la somme de 3,454,545 fr.

Après cette revue des bâtiments *longs-courriers*, il serait intéressant de jeter un coup d'œil sur le matériel de leur armement. Notre tâche à cet égard est, pour ainsi dire, toute faite, car il n'est pas un objet d'armement qui ne se rattache à l'une des branches de l'industrie générale, et qui, par conséquent, ne trouve, dans les *Études sur l'Exposition universelle*, son programme le plus compétent.

Un détail nous paraît se détacher d'une manière spéciale, en raison de l'application bien déterminée qu'il doit trouver dans la marine marchande. Nous voulons parler du filtrage des eaux alimentaires.

Dans la première partie de ces *Études*, nous avons signalé la substitution des caisses à eau en tôle aux anciennes futailles en bois, comme un immense bienfait. L'adoption des appareils distillatoires, qui se généralise de plus en plus à bord des bâtiments à vapeur, ajoute singulièrement à cet état de choses. Mais, d'une part, tous les navires marchands n'ont pas de distillateur et, d'autre part, ceux à bord desquels se trouvent des appareils imparfaits de ce genre ne se sont peut-être pas entourés des précautions qui rendraient l'eau saine et agréable. Le filtrage doit remédier à ces imperfections.

Bien des matières filtrantes ont été tour à tour employées : le sable, les pierres poreuses, des couches alternatives de sable et de charbon selon le système de M. Fonvielle breveté en 1836 et employé par la Compagnie française de filtrage, la laine tontisse proposée en 1837 par M. Souchon et employée à la pompe publique du Pont Notre-Dame, etc., etc. Pour qu'un filtre soit satisfaisant il faut qu'il agisse comme tamis et comme absorbant, à l'égard des substances insalubres qui sont en suspension ou dissoutes dans l'eau ; il faut qu'il soit susceptible d'un nettoyage facile, et qu'enfin la couche filtrante puisse être au besoin changée aisément sans que cela exige l'intervention d'ouvriers spéciaux.

C'est surtout en cours de campagne que toutes ces qualités sont à rechercher. Le filtre exposé par M. Bourgoise a pour objet de les réunir.

La substance employée par M. Bourgoise est un feutre animal d'une grande ténuité, rendu imputrescible par un procédé particulier ; elle est disposée en masse très-serrée, dans une boîte cylindrique en tôle, et voilà l'élément de filtrage portatif, maniable, applicable à une masse d'eau contenue dans un vase quelconque, dont il suffit de faire provision; il suffit en effet de munir le couvercle de cette boîte d'un tuyau en caoutchouc, puis de la déposer au fond d'un vase pour qu'en amorçant ce tuyau par aspiration, l'eau du vase s'y précipite après avoir traversé la couche filtrante. M. Bourgoise ajoute aux qualités de celle-ci en engageant à frottement serré, au-dessus de la boîte qui la contient, une seconde boîte remplie de charbon; c'est alors au couvercle de cette dernière que s'adapte le tuyau en caoutchouc. Rien de plus simple que de renouveler le charbon. Pour nettoyer le filtre proprement dit, il suffit de le dégager du vase où il est en service et de le faire traverser par un contre-courant rapide, ou simplement de souffler avec vigueur par le tuyau en caoutchouc. La figure ci-contre (fig. 4) montre l'adaptation du *filtre Bourgoise* à un charnier

Fig. 4.

d'équipage maritime représenté en A. — B boîte mobile contenant la matière filtrante; C tuyau conducteur; D conduit externe, flexible, qui sert à humer l'eau filtrée à volonté, sans danger de se briser les dents au roulis; un même charnier peut recevoir le nombre des boîtes filtrantes et accessoires que l'on jugera convenable.

§ 3.

Les engins spéciaux dont le corps du navire a besoin d'être pourvu et qui permettent au marin d'y régner, apparaux de mouillage, gouvernails, etc., ne pouvaient manquer d'être l'objet de l'attention des constructeurs et des marins. L'Exposition nous fait connaître leurs recherches.

Tout récemment, un Anglais, M. Lumley, vient de prendre un brevet d'invention pour un gouvernail auquel il a donné le nom de *gouvernail perfectionné* et dont le but est de permettre d'évoluer plus rapidement et dans un espace plus serré qu'avec le gouvernail ordinaire. — Cet appareil[1] (fig. 5) se compose de deux parties mobiles, reliées ensemble de champ. La portion externe ou d'en dehors, qu'il appelle « la queue, » est placée à l'extrémité extérieure de la portion interne, ou d'en dedans, à laquelle il donne le nom de « corps. » Les deux parties sont munies, l'une d'aiguillots, l'autre de femelots, de telle sorte que lorsque le corps est mis en mouvement, tourné, ou manœuvré pour gouverner le navire, la queue tourne aussi et fonctionne à l'extrémité du corps en faisant avec lui différents

1. *Traité de manœuvres*, lib. Eugène Lacroix.

angles. L'inventeur guide ou contrôle la queue de son gouvernail au moyen de deux chaînes ou cordages passant dans des ouvertures percées obliquement dans le corps. Chaque chaîne ou cordage est assujettie par une de ses extrémités à un point fixe de l'étambot, et par l'autre extrémité à un point fixe sur la queue. L'angle de la queue avec le corps peut être limité par des butées ou des arrêts.

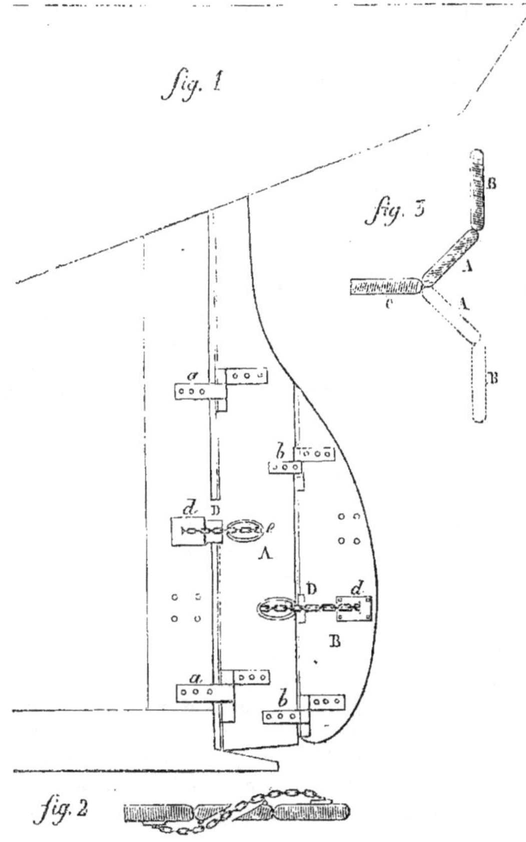

Fig. 5.

DD sont les chaînes; chacune d'elles est arrêtée par une de ses extrémités sur un point fixe de l'étambot, et, après avoir passé à travers le corps A, est fixée par son extrémité à la queue B, près du bord extérieur, du côté opposé à celui auquel elle est assujettie sur l'étambot. Les deux chaînes sont fixées sur les faces opposées de la queue. Au lieu de deux chaînes, on peut en employer quatre ou tout autre nombre pair, lorsque les dimensions du gouvernail le rendent convenable ou nécessaire.

La partie A se manœuvre à la façon d'un gouvernail ordinaire, et lorsqu'elle se tourne ou se meut de manière à faire différents angles avec la quille, la partie B tourne à l'extrémité du corps A, faisant divers angles avec le plan dudit corps A. Le gouvernail ainsi plié présente à l'eau une surface rentrée, comme le montre la section horizontale (*fig.* 3).

Par ordre de l'Amirauté, le gouvernail de M. Lumley fut soumis, à Sheerness, à des essais comparatifs : les résultats parurent être satisfaisants.

M. David, du Havre, a exposé des cabestans susceptibles de virer sans choquer, ainsi que des installations de drosses de gouvernail dignes d'attention. Citons aussi les treuils et cabestans de MM. Corradi, Artige, Malo, etc., le gouvernail de M. Barthe, de Gênes, le gouvernail à vis, sans drosse, de M. Lindberg, de Stockholm, etc., etc., appareils ingénieux dont plusieurs feront fortune lorsque l'expérience aura prouvé qu'ils possèdent les qualités de solidité, de sécurité et de simplicité si exclusivement impérieuses à la mer.

§ 4.

Parmi les bâtiments destinés à un service tout spécial, se range le *bateau-phare* dont l'usage tend à se généraliser. Rien ne semble plus simple au premier abord qu'un bateau-phare ; là, en effet, les qualités de forme qui commandent à la vitesse ne sont pas à rechercher ; mais toutes celles dont dépend la stabilité demandent au contraire un examen des plus délicats : il est essentiel, à cet égard, entre le trop et le trop peu, de placer le bateau-phare dans des conditions qui ne rendent pas son service illusoire et qui n'imposent pas à la charpente porte-phare des secousses fatigantes. La construction combinée *bois et fer*, membrure en fer, bordé en bois, doublage en cuivre, semble parfaitement assortie à la nature du bateau-phare, et c'est dans cette voie que l'administration paraît chercher ses types.

Les *pêcheries* donnent naissance à un matériel flottant des plus variés selon les pays.

Dans l'exposition française on doit citer les modèles présentés par M. Cardon, constructeur à Honfleur : la *Marie-Honorine*, barque à chalut selon le type ordinaire de Trouville. La *barque à chalut* est un côtre d'environ 25^m, tirant environ 3^m d'eau, à l'avant très-rond, ayant son maître-couple vers le tiers de sa longueur et très-puissamment voilé en *sloop*.

Le chalutier irlandais est au contraire très-fin à la flottaison. Il a sur le bateau pêcheur français l'avantage d'une plus grande vitesse. Ce qui paraît d'ailleurs avéré, c'est que les pêcheurs anglais prennent plus de poissons que les nôtres ; d'où l'on est en droit de conclure que la supériorité revient à leur matériel, engins de pêche et bateaux : peut-être nos pêcheurs se montrent-ils, à l'égard du leur, qu'ils ne modifient point, trop esclaves de la tradition.

La Suède a montré pour ses pêcheries une collection fort intéressante de bateaux en sapin.

Citons aussi un gros sloop de pêche et de pilotage américain présenté par M. E. Beeckwith de New-London (Connecticut), mais qui est bien loin d'annoncer les qualités supérieures des fameux *pilot-boats* tels que la *Mary-Tailor* dont on regrette de n'avoir pas vu de nouveaux modèles au Champ de Mars.

Dans la section de Danemark, un *chaland-étable* nous a paru digne d'attention et parfaitement assorti au transport des bestiaux sur les rivières. Une cloison longitudinale le partage en deux compartiments, en même temps qu'elle contribue à sa solidité ; on fait entrer les animaux par une porte, dont est muni l'arrière, et une pente adoucie les conduit dans la cale.

Parmi les bateaux de plaisance, les *Caïks* du sultan de Turquie, le *Dababich* du vice-roi d'Égypte, les pirogues du roi de Siam, ont offert d'élégantes ou curieuses productions de la fantaisie.

Le *Steam-Yacht* du comte Ed. Szechenyi s'est rendu célèbre par son voyage maritime de Pesth à Paris accompli en 42 jours, par le *Danube*, le *Mein*, le *Rhin*, la *Seine* et les canaux intermédiaires. Il a :

Longueur, 20 mètres; largeur, 2^{m}.22; tirant d'eau, 0^{m}.55.

Sa machine est de 6 chevaux.

A ce propos nous citerons aussi le *Bob-Roy* avec lequel M. J. Mac Gregor a voyagé seul, trois mois durant sur les principaux fleuves, lacs et canaux d'Europe, Tamise, Sambre, Meuse, Rhin, Danube, Seine, etc., lacs de Constance, Zurich, etc., sans redouter même de faire, à l'occasion, quelques excursions en pleine mer. D'un cours d'eau à l'autre, le *Bob-Roy* était transporté par routes ou chemins de fer[1]. Revenu de son intéressant voyage, M. Mac Gregor en a fait connaître les particularités à la Société des *Naval architects*, et, en même temps, il a indiqué les dimensions qui, après expériences, lui semblent les meilleures pour un canot du même genre. Ce sont :

Longueur, 4^{m}.27.

Largeur prise à 0^{m}.15 en arrière du milieu; à l'intérieur, 0^{m}.75.

Creux du pont sur quille, 0^{m}.175.

Poids de coque, 35 kilogrammes.

Ouverture centrale du pont : { Longueur, 0^{m}.915.
Largeur, 0.50.

Longueur des avirons à bouts arrondis, 2^{m}.135.

Le mât a 2^{m}.135 de haut; la voile majeure avec 1^{m}.22 de chute a 1^{m}.40 de surface, voilure faible pour ce canot, mais suffisante dans les rivières tortueuses.

On voit ci-dessous (fig. 6) le pont, la coupe et la voilure de ce canot avec lequel un heureux voyage sur terre et sur l'eau peut être entrepris.

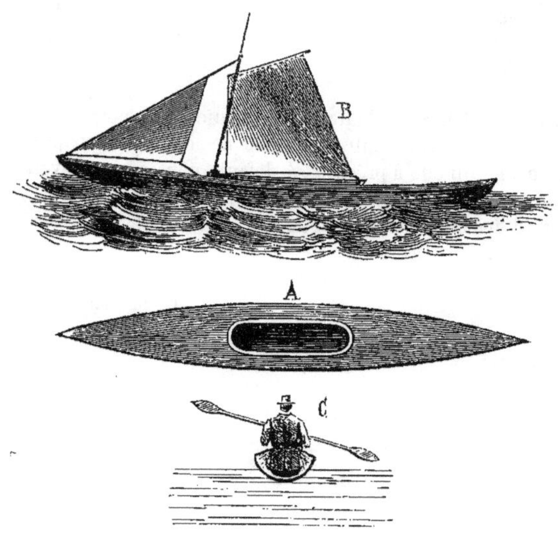

Fig. 6.

Un grand intérêt de curiosité s'attachait au *Red-White and Blue* venu par

1. Voir : *A thousand miles in the Bob-Roy canoe on lakes and rivers of Europe*, par J. Mac Gregor.

mer de New-York à Londres, puis de Londres à Paris. Construit par M. Ingersall, de New-York, ce navire est en tôle d'acier, il jauge $2^{tx}.5$ et ses dimensions sont :

Longueur, 8 mètres; largeur, 2 mètres; creux, $1^{m}.20$.

Il est muni de cloisons étanches sur les côtés. Gréé en trois mâts et muni de 80 jours de vivres pour 2 hommes, il a pu accomplir, au milieu de mille dangers, la hardie traversée que nous venons de rappeler.

Une attention bien méritée s'est portée sur des chaloupes à vapeur suédoises, sorties des usines de Lindholmen près Stockolm. Ces chaloupes font le service de bateaux-omnibus sur les lacs du pays; elles sont remarquables, non pas positivement par leurs machines, mais bien plutôt par leurs coques qui s'évasent au-dessus de la flottaison de manière à recevoir sans gêne un grand nombre de voyageurs et à garder une bonne stabilité de forme. Leur longueur est de $11^{m}.50$.

Parmi les embarcations à l'aviron nous ne manquerons pas de citer celles de M. Wauthelet à Paris, et celles de M. Ph. Sylvestre à Neuilly. Et nous mentionnerons près d'elles l'appareil à ramer de M. Farcot.

M. Cardon, de Honfleur, a complété son exposition remarquable, en produisant le modèle de la *Reine des Fleurs*, *plate* célèbre pour avoir gagné, trois fois en quatre ans, le premier prix aux régates du Havre.

Les embarcations à vapeur se sont mesurées à la course. Les prix furent pour : *Sophie* de Stockholm, *Vauban* du Havre, *Eole* à M. Duresne de Courbevoie, la *Mouche* appartenant à M. Du Buisson. Cette joute a montré tout le degré de perfection atteint déjà par les bâtiments de cette espèce dont l'origine est si récente ; elle a très-heureusement mis en relief tout l'avenir qui leur est réservé et qu'elles trouveront à mesure que les machines pourront devenir plus légères. A l'égard des embarcations de mer, l'emploi de la chaudière Belleville, en rendant possible l'usage de la haute pression, ne manquera pas d'aider à ce développement que déjà nous nous sommes plu à prédire, au début de la seconde partie de ces *Études*.

Nous les terminons ici. Sans doute le vaste sujet que notre cher directeur nous a confié aurait pu nous entraîner dans de longues descriptions dont le terme eût été même difficile à préciser. A défaut, nous croyons avoir du moins présenté des bases d'appréciation ; et nous nous estimons heureux, si pour nos lecteurs, à l'égard des constructions flottantes, nous avons pu réussir à suivre cette belle maxime : *faire penser*.

G. de Berthieu.

L

MACHINES-OUTILS

A TRAVAILLER LE BOIS,

PAR MM. **A. RAUX** ET **E. VIGREUX**,
Ingénieurs civils.

Planches 87, 88, 89, 90, 91, 92, 93, 104, 108.

I

Les machines-outils à travailler le bois offrent, par suite de l'extension qu'elles prennent chaque jour, un exemple intéressant des phases diverses que suit une industrie depuis son apparition jusqu'à son complet établissement. Aussi avons-nous pensé, dès le moment où nous fûmes chargés de cette partie des *Études sur l'Exposition*, à faire précéder notre travail principal d'un aperçu historique renfermé nécessairement dans les limites que nous impose notre cadre.

Nous ne nous serions pas cependant engagés dans cette voie si nous n'avions été persuadés par nos premières recherches elles-mêmes de *l'utilité* de cette première étude. Ainsi ceux de nos lecteurs, pour lesquels les machines à bois font l'objet d'une spécialité, trouveront dans cet exposé des exemples de recherches faites alors que le but que l'on se proposait d'atteindre l'était déjà depuis longtemps par des moyens analogues souvent préférables. Ces travaux n'eussent certainement pas existé, si leurs auteurs avaient connu les antécédents de l'industrie à laquelle ils appartenaient, et l'on eût évité de cette manière ces inutiles dépenses d'intelligence, de temps et d'argent.

Quant aux personnes étrangères à l'industrie dont nous nous occupons, notre aperçu historique, en leur indiquant les améliorations successives dont elle a été l'objet, les procédés mécaniques à l'aide desquels elles ont été réalisées, leur aura appris les principales conditions auxquelles les machines à bois doivent satisfaire et les agencements qui méritent la préférence. Elles pourront donc se rendre compte des progrès accomplis dans la construction des machines faisant partie de l'Exposition actuelle.

Or, l'importance d'une exposition, son influence sur un état social dépendent de la somme des progrès réalisés. Ceux de ses visiteurs qu'une vaine curiosité n'aurait pas seule attirés devraient donc se rendre compte, d'une manière générale et sommaire, des progrès obtenus pour chaque industrie. Ils retireraient de ces connaissances partielles des notions générales mais vraies sur les relations des différents groupes du travail entre eux, sur l'aide qu'ils se prêtent, sur leurs exigences réciproques. Ils posséderaient enfin la majeure partie des éléments les plus importants qui concernent l'organisation du travail, organisation dont l'amélioration continue intéresse tous les membres d'une société, qu'ils soient spécialistes ou non. Nous pensons que les historiques, faciles à comprendre pour les personnes étrangères à l'industrie, sont un des meilleurs moyens d'atteindre le but proposé.

Le travail des machines-outils, examiné à un point de vue général, présente sur le travail à la main les avantages suivants :

1° Exécution facile des grandes pièces qu'il est impossible d'obtenir par le travail à la main.

2° Rapidité et régularité.

3° Bon marché du travail mécanique comparativement à celui de l'homme ; bon marché dont le résultat est l'augmentation du nombre des consommateurs d'un même objet, et, par suite, l'accroissement de la part du travail général qui revient à l'industrie qui produit cet objet.

La *nécessité* d'employer les machines pour le travail des grosses pièces métalliques se fit sentir à l'époque où Watt organisa ses immenses ateliers; en sorte que le monde industriel n'eut pas à se convaincre des autres avantages que présentent les machines-outils pour se livrer à leur construction sur une grande échelle et à des recherches incessantes pour les perfectionner.

La *nécessité* dont nous venons de parler ne fit qu'augmenter de jour en jour par suite de l'emploi du fer dans les industries qui, jusque-là, ne s'étaient servies que du bois et de la pierre comme matériaux. Ajoutons à cette cause d'accroissement de la production des machines à travailler le fer, leur propre construction et nous nous expliquerons la rapidité avec laquelle cette industrie s'est répandue et a presque atteint son apogée.

Il n'en a pas été de même pour les machines à travailler le bois. Il suffira, pour se rendre compte de cette différence, de remarquer que les pièces, dont l'importance n'avait pas varié, *pouvaient* toujours être travaillées à la main et que, par conséquent, le travail mécanique n'était pas devenu pour elles d'une absolue nécessité ; que, de plus, l'emploi du bois n'a fait que diminuer relativement, par suite de l'emploi du fer qui lui a été substitué dans les constructions proprement dites.

Il n'est donc resté, pour vulgariser l'usage des machines à bois, que les deux derniers des avantages que présentent en général les machines-outils, sur les trois que nous avons cités ; la rapidité et la régularité n'ont pu réellement être obtenues que par suite d'améliorations successives, améliorations dont nous pensons avoir expliqué la lenteur; de même que le bon marché du travail mécanique et surtout ses conséquences économiques se sont difficilement imposées à la conviction générale et seulement dans ces dernières années.

L'ordre que nous suivrons dans nos études, aussi bien en ce qui concerne notre aperçu historique que notre compte rendu sur l'exposition, sera basé sur la nature de l'outil mis en mouvement par les machines-outils. Cette division, toute conventionnelle, nous permettra d'éviter la confusion que l'examen non méthodique des diverses machines ne manquerait pas d'amener dans l'esprit. Notre classification sera la suivante :

1° *Outils à trancher pour corroyer le bois*......	Machines à raboter, à planer, à bouveter, à faire les rainures et les languettes, à faire les parquets ; toupies, etc. Machines à travailler les bois de placage.
2° *Outils à trancher par percussion et à percer*.	Machines à mortaiser et à faire les tenons.
3° *Outils à scier*........................	Scieries mécaniques, machines à raboter, à faire les parquets. Machines à travailler les bois de placage.

Nous n'avons pas à nous occuper des machines plus spécialement destinées au travail de certains objets tels que bouchons, douves de tonneaux, ameublements, confiées aux soins de l'un de nos collaborateurs.

Machines à trancher pour corroyer le bois.

La première machine à travailler le bois à l'aide de couteaux que nous ayons rencontrée dans nos recherches, est une machine anglaise importée en France en 1810 par MM. Ternaux frères. Cette machine destinée à réduire les bois de teinture en copeaux, se composait d'un bâti en bois portant un arbre horizontal en fer. A l'une des extrémités de cet arbre étaient placés un volant et la poulie de commande, à l'autre extrémité un tambour vertical composé : 1° d'un cercle en cuivre portant des entailles dans lesquelles s'engageaient les couteaux ayant la forme de couteaux emmanchés pour l'usage à la main ; 2° d'un cercle en bois sur lequel se fixait le cercle en cuivre ; 3° de deux cercles en fer reliés entre eux et au cercle de bois par des pièces en fer placées horizontalement et parallèlement à l'axe du tambour.

L'inclinaison des couteaux placés sur la surface cylindrique du tambour se réglait à l'aide de petits appendices en fer, munis de vis et d'écrous et placés sur le premier cercle en fer ; leur plus ou moins grand avancement s'obtenait à l'aide d'écrous fixes portés par le deuxième cercle en fer dans lesquels s'engageaient les extrémités filetées des couteaux. Le tambour animé d'un mouvement de rotation assez rapide faisait 150 révolutions par minute.

La bille de bois à couper était placée sur un chariot, monté sur galets et se mouvant horizontalement sur le bâti. Ce chariot se composait de deux tringles de fer, réunies par un quart de cercle, et dont l'une, placée à l'intérieur du bâti, portait une crémaillère engrenant avec un pignon quart de cercle dont l'axe portait une poulie en demi-cercle commandée à l'aide d'une corde par une pédale. En appuyant le pied sur cette dernière, on déterminait l'avancement du chariot, et, par conséquent, celui de la bille de bois sous les couteaux. Un contrepoids fixé à une corde qui, après avoir passé sur une poulie placée sur le bâti, venait s'attacher au chariot, en déterminait le recul lorsque la pédale avait cessé d'agir.

Quoique appliquée au bois de teinture, d'une construction grossière et remplie d'imperfections, cette machine présente les deux éléments principaux qui, convenablement modifiés, constitueront jusqu'en 1830 la classe la plus importante des machines à raboter. Ces éléments sont le porte-outil animé d'un mouvement de rotation rapide sur place, et le chariot possédant un mouvement rectiligne alternatif.

Aucune tentative ne fut faite dans les années qui suivirent la précédente importation pour créer des machines à travailler le bois. Ce ne fut qu'en 1817 et 1818 que les frères Roguin, concevant le problème dans sa plus grande généralité, proposèrent une machine destinée tout à la fois à raboter le bois, à faire les rainures et les languettes, à faire les moulures d'ornement; on ne pensait pas à cette époque que les tenons et mortaises pussent être obtenus mécaniquement.

Cette machine se composait d'un bâti horizontal en bois, analogue à un banc de menuisier et portant des longrines sur lesquelles étaient pratiquées des coulisses. Dans ces dernières roulait un chariot monté sur galets et destiné à porter le bois à raboter.

La commande était transmise à l'aide d'une corde s'enroulant sur deux roues verticales portées par le bâti; l'une de ces roues faisait mouvoir un treuil dont la corde était fixée par l'une de ses extrémités au chariot et en déterminait l'avancement; l'autre roue donnait au porte-outil, monté sur un arbre horizontal, un mouvement de rotation rapide par l'intermédiaire d'une série de roues dentées disposées de façon à ce que la vitesse de rotation fût en rapport avec la vitesse d'avancement du chariot.

L'outil était un cylindre en fer dans lequel étaient entaillées les lames ou couteaux destinés à raboter le bois. Pour éviter le retour du chariot sans travail et par conséquent une grande perte de temps, les auteurs de cette machine avaient proposé de placer à côté du premier, un second rabot tournant en sens inverse et qui était éloigné de la planche pendant son aller. Ils n'avaient cependant indiqué aucun moyen mécanique d'exécution.

En 1818, un des frères Roguin modifia la disposition du rabot qui fut composé de lames mobiles, fixées sur le porte-outil à l'aide de vis, lames auxquelles on ajouta des contre-lames comme dans les rabots ordinaires afin d'éviter les éclats du bois. On obtint de cette manière une grande facilité pour changer les fers du rabot, tant pour l'affûtage que pour la forme des moulures à tracer. Enfin, changeant complétement le système qu'ils avaient primitivement adopté et dans lequel la pièce à dresser est mobile tandis que l'outil est animé d'un mouvement de rotation sur place, les frères Roguin construisirent une machine dans laquelle la pièce à raboter était fixe, tandis que le porte-outil était non-seulement animé d'un mouvement de rotation, mais encore d'un mouvement rectiligne alternatif. Ce dernier système présenta de grands inconvénients, soit par suite de la légèreté du porte-outil, soit par suite d'une mauvaise construction; on remarqua que des ondes prononcées restaient marquées sur le bois.

Malgré l'imperfection de cette machine, la difficulté de régler la hauteur de l'outil suivant l'épaisseur de la planche, la force motrice énorme absorbée, qu'elle fût mue à bras d'homme ou mécaniquement, le problème n'en était pas moins parfaitement posé et nous pensons que c'est aux frères Roguin que revient l'honneur d'avoir entrevu les premiers la possibilité de transformer l'industrie du bois à l'aide des machines-outils.

En 1824, M. de Manneville prend un brevet pour les machines à parquets dont nous renvoyons la description au moment où nous nous occuperons des outils à scier. Dans la même année est pris un brevet par M. Contagne pour une machine à raboter ne présentant aucun avantage nouveau. Nous ne mentionnons ces deux faits que parce qu'ils indiquent l'état des esprits, qui, comme on le voit, commençaient à se préoccuper des machines à travailler le bois.

M. Pape, facteur de pianos, proposa en 1826 et 1827 une machine à débiter les bois de placage, à tourner et moleter les bases et chapiteaux des pieds de pianos ou autres meubles. Cette machine agissait péri sphériquement. La bille de bois, coupée à la longueur voulue par l'écartement des montants verticaux formant le bâti de la machine était placée sur un arbre creux horizontal qui la traversait suivant son axe. Cet arbre creux enveloppait un second arbre recevant, par l'intermédiaire de roues dentées, son mouvement de rotation d'une manivelle mue à la main. Au-dessus de la bille de bois et porté par les montants du bâti, était placé un rabot absolument fixe qu'une tringle et un contre-poids appuyaient constamment sur le bois. Le fer du rabot était un couteau uni dans le cas où l'on avait à débiter des bois tendres, et dentelé lorsque ces bois étaient durs. Pour faciliter, dans ce cas, l'enlèvement de la feuille de placage, un mouvement de va-et-vient était imprimé à l'arbre creux portant la bille, cet arbre pouvant glisser sur l'arbre horizontal qui le supportait. Enfin, les feuilles venaient, au fur et à mesure qu'elles étaient débitées, s'enrouler sur un treuil qu'un poids descendant faisait tourner.

On changeait les fers du rabot lorsqu'on voulait tourner ou moleter suivant la forme à donner aux pièces.

Cette machine présentait de graves défauts, tels que l'impossibilité d'obtenir des feuilles d'une épaisseur régulière. Sa construction était d'ailleurs tellement grossière qu'on ne saurait lui donner le nom de machine-outil. Néanmoins, elle a amené un très-grand progrès, c'est la substitution des couteaux aux scies dans le travail des bois de placages, substitution[1] ordinairement attribuée à M. Picot dont nous examinerons plus loin les machines.

Nous n'oserions cependant donner à M. Pape la priorité de ce progrès si tardif, puisque l'on se servait depuis longtemps déjà de tranchants pour les machines à raboter. Nous trouvons en effet que M. Pape se fait breveter en 1837 pour une machine à débiter les bois de placage à l'aide d'un fer au lieu d'une scie, ce qui laisserait supposer que cet inventeur ne s'était pas bien rendu compte de l'importance de l'outil proposé par lui en 1827.

De 1830 à 1838, M. Sautreuil, de Fécamp, invente deux machines, l'une à ouvrer les planches sur le plat, l'autre sur le champ. On est frappé tout d'abord, à l'inspection de ces machines, de leurs formes complétement dissemblables de celles des machines que nous avons examinées jusqu'ici, de leur élégance et de leur bon agencement. Toutes les transmissions de mouvement à l'aide de cordes ont complétement disparu ; en résumé, on constate un immense progrès et l'on a sous les yeux de véritables machines-outils.

La machine à ouvrer les planches sur le plat se compose d'un bâti en fonte dont les supports présentent la forme d'un demi-cercle ayant sa concavité tournée vers le sol. A leur partie supérieure, ces supports sont reliés à la partie horizontale du bâti, munie de rouleaux sur lesquels glisse la planche à raboter. Le bâti porte en son milieu et à sa partie supérieure un arbre horizontal sur lequel est calé le porte-outil auquel il imprime un mouvement de rotation rapide. A cet effet, cet arbre porte à l'une de ses extrémités deux poulies, dont l'une est folle, destinées à recevoir la courroie de commande. A l'autre extrémité, le même arbre porte une poulie qui, à l'aide d'une courroie, transmet le mouvement du moteur à une seconde poulie placée à la partie inférieure du support en demi-cercle. Cette dernière poulie, par une série de roues dentées[2], imprime le mouvement de rotation à deux cylindres cannelés dont les axes sont portés par une romaine à contre-poids afin de régler la pression des cylindres sur le bois. Ceux-ci déterminent l'avancement de la planche sous l'outil. Enfin, un chariot qui porte la planche à raboter et monté sur roues, repose sur la surface horizontale d'un plan incliné dont la surface oblique roule sur des galets fixés aux montants courbes du bâti. Ce plan incliné peut recevoir un mouvement d'avancement ou de recul à l'aide d'une vis mue par une manivelle. On obtient de cette manière l'ouverture entre le chariot et l'outil nécessitée par l'épaissseur de la planche.

Le porte-outil est un prisme en fonte dont les côtés sont évidés et qui a pour longueur la largeur du bâti. Sur ce porte-outil sont rapportées des lames de rabot ordinaire ayant la même longueur que lui. Ce porte-outil repose donc sur le même principe que celui adopté par les frères Roguin en 1818.

1. Les principaux avantages de cette substitution sont la précision avec laquelle on peut obtenir des feuilles de placage, l'absence du déchet occasionné par les traits de scie et enfin la rapidité avec laquelle les billes de bois sont débitées.

2. Ces roues dentées ont pour effet d'établir le rapport qu'indique l'expérience entre la vitesse de l'outil et celle d'avancement de la planche.

La description qui précède nous suggère les remarques suivantes:

A l'époque où les frères Roguin proposèrent leur machine, on paraissait devoir adopter pour les machines à bois les mêmes dispositions que celles qui étaient suivies dans les machines à travailler le fer; à savoir: un chariot animé d'un mouvement rectiligne alternatif et un outil fixe. Cet outil n'occupant pas toute la largeur de la pièce à ouvrer, il était nécessaire, comme pour les machines à raboter le fer, d'éviter la perte de temps due au retour de la planche soit en lui donnant une plus grande vitesse qu'à l'aller, soit en faisant travailler l'outil pendant le retour. Mais l'expérience prouva plus tard qu'on avait estimé la résistance due au rabotage plus grande qu'elle n'était réellement et qu'elle permettait le travail du bois sur toute sa largeur. De là, la suppression du mouvement rectiligne alternatif remplacé par un mouvement rectiligne *continu* à l'aide des cylindres cannelés, et, par conséquent, le changement de l'office rendu par le chariot qui ne sert plus que de support pour le bois, élevant ou abaissant les planches chaque fois que le nécessite leur changement d'épaisseur. Bientôt nous verrons le chariot disparaître complétement.

C'est donc à M. Sautreuil que revient l'honneur d'avoir réalisé les progrès que nous venons d'indiquer, dont le caractère principal est le travail sans interruption.

La machine à ouvrer les planches sur le champ était construite sur les mêmes principes que la machine à ouvrer sur le plat. Elle en différait principalement par la disposition de ses organes.

Le bâti avait la même forme que celle précédemment décrite, mais il ne portait plus le chariot qui, indépendant de lui et monté sur galets, reposait sur des rails fixés au sol. Faisant suite au bâti, ce chariot portait le plan incliné destiné à donner sous l'outil l'ouverture nécessaire au passage des planches. Le mouvement d'avancement ou de recul du plan incliné, permettant d'obtenir son relèvement ou son abaissement, était produit à l'aide d'une tige-crémaillère, à laquelle il était fixé, engrenant avec un secteur denté commandé par une vis sans fin à manivelle.

Le bâti recevait à sa partie supérieure un arbre horizontal portant : en son milieu, deux poulies de commande, dont l'une folle; à l'une de ses extrémités, le porte-outil; à l'autre extrémité, une poulie dont la courroie s'enroulait sur une seconde poulie placée à la partie inférieure du bâti et qui, à l'aide d'engrenages droits et deux roues d'angle, imprimait un mouvement de rotation à un arbre vertical. A son extrémité supérieure, cet arbre portait un rouleau tournant avec lui et pressant la planche sur deux rouleaux fixés au bâti. Ces trois cylindres déterminaient l'avancement du bois sous l'outil.

Pour régler la pression des cylindres sur le bois, l'extrémité supérieure de l'arbre vertical s'engageait dans l'une des branches d'un levier coudé horizontal dont l'extrémité était fixée au bâti, mais pouvant cependant prendre un mouvement de rotation horizontal autour de son point d'attache. La seconde branche de ce levier était à crémaillère engrenant avec un secteur denté, faisant partie de l'une des branches du second levier horizontal, parallèle au premier, et portant un poids par l'intermédiaire d'une corde passant sur une petite poulie de renvoi placée sur le bâti. Il résultait de cette disposition que, suivant le poids qui agissait, la branche du levier dans lequel s'engageait l'extrémité supérieure de l'arbre vertical s'inclinait plus ou moins vers le bois ainsi que le cylindre porté par cet arbre.

Pour permettre à ce dernier de suivre le mouvement de son extrémité supérieure, son extrémité inférieure était mobile horizontalement et ce mouvement latéral s'obtenait à l'aide d'une manivelle commandant une vis.

Cette machine n'était pas aussi simple dans ses dispositions que la première, et nous verrons plus tard ces deux machines remplacées par une seule.

De 1834 à 1840, M. Picot commence à transformer les machines employées pour les bois de placage.

La machine proposée par M. Picot se composait d'un cylindre portant un *couteau* placé suivant un diamètre. Ce cylindre, porté par un chariot en bois animé d'un mouvement rectiligne alternatif vertical, pouvait prendre diverses inclinaisons suivant la direction des fibres du bois à couper.

Dans ce mouvement de va-et-vient, le chariot rencontrait une broche qui, à l'aide d'un cliquet, faisait mouvoir une roue reliée à trois autres roues par une chaîne de Galle. Ces quatre roues placées verticalement sur le bâti formaient les têtes de quatre vis destinées, dans leur avancement simultané, à pousser le bois horizontalement sous le couteau après la section de chaque feuille de placage. Le mouvement du chariot était obtenu à l'aide de deux manivelles mues à la main, dont l'arbre portait deux pignons engrenant avec un second arbre parallèle au premier et placé au-dessous de lui. Ce dernier arbre portait des pignons commandant les crémaillères du chariot.

Les pignons des deux arbres étaient disposés de façon à obtenir, — par un embrayage ou un désembrayage, — une plus grande vitesse au retour du couteau qu'à son aller, la manivelle tournant toujours dans le même sens.

Cette machine était une véritable innovation. Cependant il paraîtrait qu'elle ne pouvait servir que difficilement à couper les bois très-durs tels que les racines d'acajou.

Nos recherches nous présentent, au point où nous sommes arrivés, un exemple de l'utilité des historiques.

En 1835, M. Marion de la Brillantais prend un brevet pour une machine propre à raboter, à couper les bois de placage au lieu de les scier, à faire des moulures. M. de la Brillantais n'indique aucune espèce de machine pouvant réaliser l'idée dont il se croit l'inventeur, idée qui consiste en un chariot animé d'un mouvement de va-et-vient et portant le bois sous un outil fixe; cette idée date, nous l'avons vu, de 1817.

En 1840, M. Burnett, de Londres, importe en France une série de machines perfectionnées propres à travailler ou façonner les bois. Nous n'examinerons ici que celles des machines de cette série dont l'outil tranche le bois en le corroyant.

La première machine que nous décrirons est une machine verticale, le principal outil travaillant verticalement. Cette machine rabote ses planches sur les deux faces ou sur une seule, peut faire les parquets ou des moulures à volonté.

Elle se compose d'un bâti formé d'un socle ou piédestal, à chaque extrémité duquel sont placées quatre colonnes, accouplées deux à deux dans le sens de la longueur du bâti et laissant entre chaque accouplement un certain espace vide dans le sens transversal. Les quatre colonnes placées aux extrémités du bâti sont reliées transversalement et à leur partie supérieure par des entretoises dans lesquelles sont pratiquées des rainures, aussi dans le même sens, auxquelles correspondent des rainures pratiquées à la partie supérieure du socle. C'est dans ces rainures que s'engagent les paliers de deux cylindres cannelés mobiles placés derrière chaque accouplement de colonnes, d'un même côté du bâti. Deux autres cylindres cannelés fixes, dits cylindres alimentaires, font face aux premiers, de l'autre côté du bâti. L'intervalle qui reste entre chaque couple de cylindres cannelés sert juste au passage de la planche. Pour régler la pression des cylindres sur le bois, les paliers des cylindres mobiles glissent dans les rainures horizontales dont nous avons parlé à l'aide de vis horizontales auxquelles ils sont liés et traversant des plaques verticales placées dans les rainures. Les vis sont mues par des manivelles à la main et les plaques verticales sont fixées à l'une des extrémités d'un ressort à boudin dont l'autre extrémité est fixée au palier [1]. Les cylindres fixes ou alimentaires sont réunis à leurs extrémités supérieures par un arbre horizontal portant à chaque extrémité une roue d'angle engrenant avec une roue semblable placée sur les axes de ces cylindres, dont les mouvements sont ainsi rendus solidaires. L'un de ces derniers reçoit le mouvement de rotation du moteur par l'intermédiaire d'une roue dentée que porte son axe, et d'une vis sans fin portant la poulie de commande.

Vers le milieu du bâti, de chaque côté de son axe longitudinal, sont placés des montants fixés au sol et supportant un banc semblable à celui d'un tour. Ce banc porte à sa partie supérieure des règles triangulaires qui entrent dans des rainures pratiquées à la partie inférieure de deux poupées, une de chaque côté de l'axe du bâti. Ces dernières sont, comme les poupées des tours, munies de poulies et de mandrins horizontaux portant à leurs extrémités des cercles verticaux raboteurs. C'est entre ces derniers que passe la planche qu'ils rabotent sur le plat. Les poulies placées sur les mandrins reçoivent les courroies de commande du moteur et impriment aux cercles raboteurs un mouvement rapide de rotation verticale.

Les cercles raboteurs qui peuvent s'écarter à volonté l'un de l'autre suivant l'épaisseur de la planche, portent à leur circonférence deux espèces de fers. La première est composée de fers courbes en forme de gouges destinés à enlever les plus grosses aspérités tandis que des fers plats enlèvent de légers copeaux, et terminent l'ouvrage.

La planche se trouvant rabotée sur le plat, elle passe sous deux outils en forme de fraises, placées au-dessus et au-dessous de la planche, mobiles verticalement dans des coulisses pratiquées dans le bâti afin de faire varier leur écartement suivant la largeur de la planche.

Ces fraises qui font des languettes, des rainures ou des moulures, suivant la forme des fers, sont composées de trois scies elliptiques dont l'inclinaison sur leur axe peut varier, de même qu'on peut les écarter à volonté l'une de l'autre à l'aide de rondelles de diverses épaisseurs.

La machine à raboter horizontale de M. Burnett se compose de deux flasques en fonte reliées par trois entretoises formant tablettes.

Au-dessus de chacune de ces tablettes sont placées trois autres tablettes dont les extrémités peuvent glisser verticalement dans les rainures que présentent les montants verticaux correspondants, sur chaque flasque, aux extrémités des entretoises. Ce mouvement d'ascension et de descente, variant avec les épaisseurs de planche, est obtenu à l'aide de dispositions analogues à celles que nous avons indiquées pour le cylindre alimentaire de la machine précédente. C'est entre les tablettes que glisse la planche posée à plat. Entre les deuxième et troisième couples de montants verticaux, deux autres montants à rainures reçoivent les paliers de deux cylindres porte-outils placés l'un au-dessus de l'autre, le cylindre inférieur qui repose sur le bâti étant fixe. Le relèvement et l'abaissement du cylindre porte-outil mobile sont obtenus par les mêmes moyens que ceux que nous avons décrits. Ces deux cylindres sont munis de poulies pour recevoir la commande. Quant à l'outil, il est analogue aux fraises précédemment employées

1. L'élasticité obtenue à l'aide de cette disposition est précieuse à cause des inégalités que présente une planche avant le rabotage, inégalités qui pourraient produire l'écrasement si les cylindres étaient invariables après que leur écartement a été réglé d'après l'épaisseur des planches.

et composé de scies elliptiques, inclinées sur leur axe et occupant toute la largeur du bois à travailler. Enfin à l'extrémité du bâti sont placés deux cylindres cannelés pouvant s'écarter verticalement l'un de l'autre et destinés à imprimer à la planche un mouvement rectiligne d'avancement. Ces deux cylindres cannelés reçoivent leur mouvement de rotation des arbres portant les cylindres porte-outils par l'intermédiaire de roues dentées et de vis sans fin.

Après avoir été rabotée sur l'une de ses deux faces ou sur toutes deux, la planche est bouvetée ou reçoit des languettes à l'aide de deux cercles raboteurs verticaux analogues à ceux que nous avons décrits dans la première machine et portant à leur circonférence les mêmes fers.

Cette machine, plus simple que la machine verticale, nous paraît préférable. On remarquera l'usage que nous rencontrons pour la première fois des roues elliptiques ou fraises disposées de façon à ce que les lames ou dents de scies soient, par l'inclinaison des disques, disposées en hélices et placées à la surface d'un même cylindre.

Les avantages de cette disposition que nous rencontrerons dans une machine récente sont grands. Elle permet en effet d'éviter les chocs, l'outil étant toujours en prise avec le bois et sur une faible surface.

Les expositions vont désormais nous permettre de constater les progrès successivement accomplis.

L'une des machines les plus remarquables qui fut présentée à l'Exposition de Londres en 1851 fut la machine dite américaine de M. Woodbury, de Boston. Elle offre, en effet, un type important de la classe des machines à travailler le bois dans laquelle l'outil est *absolument* fixe, tandis que le bois est animé d'un mouvement rectiligne.

Le bâti de cette machine se compose de deux parties : l'une, inférieure et fixe; l'autre, supérieure et mobile. La partie inférieure est composée de deux flasques verticales sur lesquelles reposent : 1° l'arbre horizontal portant la poulie de commande et un pignon engrenant avec une roue sur l'axe de laquelle est fixé un tambour porte-chaîne. Vers l'extrémité du bâti se trouve un second tambour porte-chaîne de même diamètre que le premier et recevant le mouvement du moteur à l'aide de la chaîne sans fin allant du premier tambour au second. L'arbre de ce dernier tambour porte un pignon engrenant avec une roue dentée dont l'arbre placé tout à fait vers l'extrémité du bâti porte un grand tambour porte-chaîne communiquant le mouvement de rotation à un second tambour de même diamètre que le premier à l'aide d'une chaîne sans fin ayant la même largeur que celle du bâti et formant le tablier mobile de la machine. C'est sur ce tablier qu'est placée la pièce à raboter, qu'il entraîne dans son mouvement.

La partie supérieure est, ainsi que nous l'avons dit, mobile et peut recevoir un mouvement ascendant ou descendant, suivant l'épaisseur des planches, à l'aide de quatre excentriques sur lesquels elle repose. Cette manœuvre se fait par l'intermédiaire de deux vis sans fin, placées longitudinalement de chaque côté du bâti, engrenant avec des pignons portés par les arbres transversaux des excentriques. A l'une de leurs extrémités, ces vis portent des roues d'angle engrenant avec des roues semblables dont les arbres transversaux reposent sur la partie du bâti qui est fixe et portent des volants-manivelles mus à la main.

La partie mobile du bâti porte un troisième petit bâti destiné à soutenir deux cylindres cannelés dont les poids sont calculés pour déterminer une adhérence suffisante de la planche sur le tablier de la machine tout en évitant l'écrasement. L'assemblage des deux derniers bâtis est fait de façon à ce que les cylindres puissent s'élever ou s'abaisser un peu suivant les inégalités que présente une même planche et les paliers de ces cylindres sont à coulisses.

Les outils sont des lames de rabot ordinaires ayant toute la largeur du bâti et montées sur des traverses à surfaces inclinées. Elles sont au nombre de huit, enlevant des épaisseurs de bois de plus en plus grandes. Un coin placé à chaque extrémité des rabots et manœuvré à l'aide d'un écrou et d'une vis dont la tête est un volant-manivelle, permet de régler chaque rabot séparément.

Entre chaque porte-rabots et le suivant sont placées des traverses, pressant sur la planche, et fixées au bâti mobile à l'aide de boulons. Leur pression est réglée par des ressorts à boudin placés autour de la partie non filetée de chaque boulon.

Cette machine valait en 1851, 360 livres sterling, et nous pensons que ce prix élevé n'était pas le seul inconvénient qu'elle présentât.

La transmission de mouvement employée pour faire avancer le tablier de la machine devait en effet absorber une force motrice considérable ; la fixité des rabots devait avoir le même résultat, de sorte que l'on pourrait appliquer aux machines à bois de ce système le jugement prononcé par Poncelet lors de sa visite à l'Exposition de Londres de 1851 sur les machines à travailler le fer.

Ce savant pensait qu'il n'y avait pas lieu de préférer les raboteuses anglaises à outil fixe aux raboteuses françaises à outil mobile lorsque les pièces à raboter étaient d'un certain poids.

On remarqua à la même exposition une machine de M. Sautreuil, destinée à raboter sur quatre faces les bordages de navires. Les outils analogues à ceux déjà décrits dans les machines de ce constructeur étaient au nombre de quatre, dont deux latéraux.

Enfin, une série de machines à travailler le bois était exposée par M. Furness de Liverpool. La machine à raboter avait quelque analogie avec la machine à raboter verticale de M. Burnett. L'outil employé était, en effet, un cercle raboteur armé à sa circonférence de fers courbes ou gouges et de fers plats. Seulement au lieu d'être vertical, le disque portant les fers était horizontal. Nous n'insisterons pas sur cette machine puisque nous en avons examiné une du même genre.

Les machines exposées en 1855 rentrent plus ou moins dans les types que nous avons passés en revue jusqu'ici, à l'exception cependant de celles construites par l'usine de Graffenstaden près Strasbourg. Cette usine, depuis longtemps connue par ses machines à travailler le fer, avait envoyé à cette Exposition une série de machines à travailler le bois.

On est frappé, en examinant ces machines, de leurs formes analogues à celles des machines à travailler le fer.

La machine à raboter et destinée en même temps à araser les tenons est semblable à une machine à raboter le fer, dans laquelle l'outil serait fixe. Elle se compose de deux bâtis d'inégale hauteur et perpendiculaires entre eux. Sur le bâti le moins élevé sont placés le porte-outil et la scie circulaire qui sert à araser les tenons. Deux poupées portant, la première deux porte-outils placés l'un au-dessus de l'autre, et la seconde servant de porte-scie, peuvent glisser dans des rainures pratiquées dans le bâti, et recevoir, par l'intermédiaire de vis à manivelles, un mouvement d'avancement et de recul perpendiculaire à l'axe du second bâti. Les porte-outils glissent verticalement sur la première poupée à l'aide d'une vis verticale à manivelle et peuvent ainsi se rapprocher ou s'écarter l'un de l'autre. Ils sont donc susceptibles de prendre deux mouvements rectilignes dans le même plan vertical perpendiculaire à l'axe du second bâti : l'un de ces mouvements est horizontal et varie avec les largeurs des planches ; l'autre, qui est vertical, varie avec leur épaisseur.

Le second bâti, d'équerre avec le premier, porte deux rainures triangulaires dans lesquelles s'engage un chariot portant la planche et recevant horizontalement un mouvement rectiligne alternatif à l'aide d'une chaîne dont les extrémités sont fixées à celles du chariot et dont les brins, après s'être croisés, vont s'enrouler sur deux poulies. La plus grande de ces poulies tourne tantôt dans un sens, tantôt dans l'autre, par l'intermédiaire d'un débrayage mis en jeu à chaque course du chariot, et qui, par une fourchette, déplace la courroie motrice de la poulie folle sur l'une ou sur l'autre des poulies placées près d'elle[1]. La vitesse du chariot est en outre plus grande quand l'outil ne travaille pas que lorsqu'il travaille.

Les outils sont des rabots rotatifs analogues à ceux que nous avons décrits dans les machines précédentes.

En nous fondant sur les observations que nous ont fournies les machines précédemment étudiées, nous pensons que la raboteuse que nous venons de décrire devait être inférieure comme production aux machines à travail continu dont M. Sautreuil est l'inventeur.

A l'époque où nous sommes arrivés, l'industrie des machines à bois est parvenue à son état de *régime*, s'il nous est permis de parler ainsi.

Le but que nous nous proposions d'obtenir par notre aperçu historique est donc atteint, et il serait inutile, autant qu'impossible, vu notre cadre, de le pousser jusqu'à ces dernières années.

Nous allons donc aborder l'examen des machines à travailler le bois faisant partie de l'Exposition de 1867.

L'application de la main-d'œuvre mécanique à la menuiserie du bâtiment et même à l'ébénisterie, est un des progrès les plus remarquables que nous révèle l'Exposition actuelle. Parmi les machines exposées, nous avons remarqué tout d'abord la série de celles qui s'appliquent à la menuiserie du bâtiment et nous regardons comme les plus parfaites en ce genre celles de la maison V. Fréret et Cie, de Fécamp (Seine-Inférieure).

Comme elles constituent un ensemble complet à l'aide duquel tout travail à la main est supprimé, nous en donnerons la description succincte.

Mais, comme l'étude de semblables machines est surtout intéressante quand elle est faite dans l'atelier même où ces machines travaillent, nous ne nous sommes pas contentés de l'examen de celles que la maison Fréret a exposées; nous avons visité l'établissement de Fécamp, afin de nous renseigner tout à la fois et sur l'organisation d'une semblable fabrication et sur la production normale qu'elle permet d'atteindre.

Situé sur le port même de débarquement, à proximité d'une voie du chemin de fer de l'Ouest, qui, dans quelques mois le traversera dans toute sa longueur, l'établissement de menuiserie de M. V. Fréret a une position exceptionnelle sous le rapport de la facilité des approvisionnements et des expéditions. Les sapins du Nord et ceux du Canada, les chênes de Stettin et ceux d'Amérique, les bois du pays enfin arrivent à l'usine par la mer et par le chemin de fer. Aussi les relations commerciales de cette maison sont-elles très-étendues.

L'ensemble de l'usine occupe une surface de 4000 mètres carrés, dont les trois quarts sont recouverts par les magasins et les ateliers de fabrication et de montage. Le grand bâtiment qui renferme tout l'outillage a 75 mètres de longueur sur 18 de largeur. Le rez-de-chaussée est occupé par les machines de la scierie. Nous y avons remarqué l'absence complète de courroies et de transmis-

1. Cette disposition de débrayage et d'embrayage s'emploie généralement dans les machines à raboter le fer ; c'est pourquoi nous n'insistons pas.

sions de mouvement apparentes, si embarrassantes et si dangereuses pour les ouvriers et dont les scieries mécaniques sont généralement encombrées.

Tous les arbres de transmission sont établis dans une cave spacieuse et très-claire; de là, une grande sécurité pour les ouvriers; c'est une disposition digne d'être signalée et qui devrait toujours être imitée dans les établissements analogues. Les arbres sont supportés par des paliers à graissage continu; ce graissage évite une surveillance permanente et permet de donner aux arbres une très-grande vitesse, 700 à 800 tours par minute.

L'ensemble des machines qui occupent le rez-de-chaussée (scies à chariot, à cylindres, à grume et circulaires), ne diffère pas sensiblement, à première vue, de ce qui existe dans les autres usines; cependant nous devons signaler une disposition nouvelle de la bielle qui commande les scies à mouvement alternatif; dans cette disposition, le plateau excentrique est tout à fait rapproché du palier; il en résulte la possibilité de donner au chariot une vitesse supérieure d'un tiers à celle qu'on lui donne ordinairement, et la machine présente, en outre, une solidité qui n'existe pas dans la disposition usuelle.

Les scies à cylindres, montées d'après le même principe, ont, de plus que les autres, un châssis porte-lames qui peut en recevoir quatre ou cinq, et scier un madrier à plusieurs *traits* en une seule passe.

La production de ces machines est très-grande et varie de 500 à 600 mètres superficiels de sciage par jour pour les scies à chariot, et de 700 à 800 mètres superficiels pour les scies à cylindres, suivant le nombre de *traits*.

Au rez-de-chaussée se trouvent, en outre, trois machines à blanchir, quatre machines à bouveter, six scies circulaires et une scie à bois en grume.

L'affûtage des scies se fait au moyen de meules garnies d'émeri.

En quittant les scies verticales, les planches destinées à faire des *frises* de parquet sont portées à une scie circulaire où elles sont débitées en lames et déposées ensuite près de la machine qui doit les travailler sur les quatre faces.

La production de cette machine à *quatre faces* est considérable; nous avons constaté un avancement de 10 mètres par minute, en sorte que si elle ne subissait aucun temps d'arrêt, sa production serait de 6000 mètres courant par dix heures de travail; mais le constructeur (M. V. Fréret) garantit seulement une production de 4000 mètres, chiffre presque égal au double de la production des machines similaires que nous connaissons, et qui n'est nullement obtenu aux dépens de la qualité de travail.

Le bois, au lieu de se présenter à plat sur une série de rouleaux, ainsi que cela a lieu dans les machines des autres constructeurs, est posé sur champ et est appuyé contre un guide vertical parfaitement dressé. Une série de presses bien agencées l'appellent contre ce guide et sur la table, et le conduisent d'abord sous le premier outil à blanchir. Cet outil tourne verticalement et dresse l'un des plats de la pièce. La disposition d'outil vertical a l'avantage d'éviter les ondulations qui se produisent à la surface du bois dans les machines où les outils qui dressent les plats sont montés sur des arbres horizontaux. L'outil horizontal tend toujours à se soulever, tandis que l'outil vertical, monté sur pointes, *dort* en quelque sorte comme une *toupie*. Il est donc rationnel de monter sur un axe vertical les deux outils qui doivent dresser les deux faces les plus larges de la pièce.

Les porte-outils verticaux sont parfaitement équilibrés et sont munis chacun de trois *fers*; ils sont animés d'une vitesse de 3500 tours par minute, ce qui donne, pour une vitesse d'avancement de 10 mètres par minute, plus de dix coups d'outil par centimètre. Le bois, ainsi blanchi, passe contre un autre guide qui se trouve avancé sur le premier d'une quantité égale à l'épaisseur de bois que le premier outil a enlevée. En cet endroit le bois est *langueté* et *rainé* sur ses *champs* par deux outils montés sur des arbres horizontaux, à la suite desquels la table se surélève d'une quantité égale à l'épaisseur de bois enlevée par l'outil inférieur. La pièce, toujours dirigée en ligne droite, est enfin amenée contre le quatrième outil à blanchir, monté comme le premier sur un axe vertical; ce dernier outil met la pièce d'*épaisseur*.

Cette machine blanchit et dresse en même temps; elle se distingue donc des autres machines du même genre qui ne font que blanchir; aussi se prête-t-elle à toute espèce de travaux: moulures dites *à grands cadres, battants* et *dormants* de portes et de croisées, *chambranles, plinthes, jets d'eau, pièces d'appui en chêne,* qui y sont exécutés avec une perfection telle que toute retouche à la main est inutile.

M. V. Fréret a sur d'autres constructeurs l'avantage de se servir lui-même des machines qu'il construit; cette condition lui a permis de les améliorer peu à peu et d'en généraliser l'emploi, en raison de la grande variété du travail à faire.

Le seul reproche qui puisse être adressé à ces machines c'est leur prix élevé relativement aux machines similaires; mais c'est le cas de dire ici que *le bon marché est cher;* car vouloir faire une machine à bois trop légère, c'est s'assurer d'avance un mauvais résultat. Les machines légères marchent assez bien quand elles sont neuves; mais en peu de temps leurs organes mobiles s'usent; ces machines coûtent alors en réparation beaucoup plus qu'une machine robuste et finalement produisent un mauvais travail qui les fait abandonner.

Au premier étage, se trouve toute une série de machines spéciales à la menuiserie. Les bois y sont élevés par un monte-charge mécanique qui dessert également le sous-sol et le second étage.

Nous y avons d'abord remarqué une machine à dresser les bois, qui peut dresser un battant de 4 mètres de longueur et moulurer en même temps. Cette machine travaille deux battants à la fois, et elle est spécialement disposée pour les pièces qui exigent une grande précision et pour celles qui sont trop tourmentées pour être *poussées* en une seule fois à la machine à quatre faces.

On fixe les bois sur une table parfaitement dressée, qui avance dans deux coulisses comme le chariot d'une machine à raboter le fer. Chaque pièce de bois rencontre un outil qui n'enlève que la partie de bois qu'on lui donne à couper, en laissant des défauts là où il *manque* du bois et en enlevant, au contraire, toutes les bosses qui se présentent. Le résultat obtenu est donc exactement le même que dans le travail à la main; mais il est obtenu avec une rapidité beaucoup plus grande et une précision plus parfaite. A l'aide de machines plus petites, basées sur le même principe, on confectionne des traverses, des jets d'eau et de petits bois.

En quittant les machines à dresser, les bois, qui ont alors deux de leurs faces parfaitement *d'équerre*, sont passés à une autre machine qui les met d'épaisseur et de largeur sans qu'il soit besoin de les fixer sur une table; cette machine à blanchir et à moulurer est un complément de la précédente, et le travail qu'elle effectue est analogue à celui de la machine à *quatre faces*.

Les bois ainsi travaillés sur les quatre faces, sont ensuite coupés de longueur à une scie dite *de travers*, puis répartis entre deux machines l'une à *tenons* et l'autre à *mortaises*, selon que ces bois doivent faire fonction de traverses ou de battants.

Les deux machines présentent, au point de vue des outils, des dispositions tout à fait nouvelles.

La machine à tenons en fait deux à la fois, cela permet d'obtenir des *arasements* parfaitement *justes*. L'ouvrier n'a qu'à placer les traverses sur une chaîne *sans fin* qui les entraîne sous des pinces se serrant d'elles-mêmes et les fait passer entre deux outils qui les arasent. A mesure qu'une traverse se présente à l'action des outils, une autre tombe toute travaillée du côté opposé de la machine. On peut ainsi faire 400 tenons en une heure.

La machine à *mortaises* en pratique cinq à la fois. On place sur une table horizontale le battant à mortaiser; il y est maintenu par un parallélogramme, et, par un simple mouvement de la main, la table s'avance contre cinq *forêts* qui tournent à une vitesse de 3000 tours par minute et possèdent en même temps un mouvement de va-et-vient réglé d'après la largeur que doit avoir chaque mortaise. Quand les outils sont *à fond*, la table s'arrête d'elle-même et l'on remplace le battant mortaisé par un nouveau.

Par tout ce que nous avons dit jusqu'à présent, on voit que les machines de M. Victor Fréret n'exigent pas d'ouvriers spéciaux; un simple manœuvre suffit pour les conduire.

Avant de livrer les bois au montage, il reste, comme dernière opération, à pratiquer les *coupes d'onglets*, opération difficile et qui demande beaucoup de soin quand elle s'exécute à la main.

La machine de M. V. Fréret permet de faire cette opération rapidement et avec une grande précision : sur un châssis de 3 mètres sont montés des couteaux en nombre suffisant pour faire en une seule fois toutes les coupes d'un battant, pendant qu'à chaque extrémité deux autres couteaux font les coupes et les épaulements des traverses. Le châssis porte-outil bat 50 coups par minute.

Nous avons encore à signaler une machine très-ingénieuse : c'est celle qui fait les entailles biaises dans les battants de persiennes; après chaque entaille, le battant rencontre une mèche qui perce le trou du tourillon de la lame. Une disposition très-commode permet de faire varier, suivant les besoins, l'inclinaison du battant et l'écartement des lames. Une fois réglée, la machine ne peut se déranger et un enfant suffit pour la conduire.

A la nomenclature précédente, nous devons ajouter : 1° une machine à araser les lames de persiennes, on place 50 lames à la fois dans une boîte et le tourillon se trouve fait en une seule passe; 2° une machine qui *pousse* les plates-bandes des panneaux de portes sur les deux parements à la fois, elle pratique aussi les rainures et les feuillures des panneaux à table saillante ou arasés; 3° une machine qui affleure les panneaux arasés quand la porte est toute montée et chevillée.

Au second étage se trouvent les outils à découper, à propos desquels nous n'avons rien de particulier à signaler. Notre attention à été attirée par le grand choix de modèles élégants et variés que ces machines produisent. Il s'en trouve de tous les genres et de tous les prix, depuis le lambrequin à 50 centimes le mètre jusqu'au balustré de 18 à 20 francs.

Nous ne pourrions entrer ici dans le détail de toutes les opérations multiples auxquelles se prêtent les machines dont nous venons de parler; l'espace dont nous disposons et que nous devons partager entre toutes les maisons remarquables dans cette industrie, nous oblige à ne donner qu'une description sommaire, qu'au reste nous regardons comme suffisante.

Les ateliers de montage sont de plain-pied avec ceux de fabrication. Les bois préparés mécaniquement sont travaillés avec une précision telle qu'ils s'emmanchent avec facilité. Un ouvrier ordinaire peut les assembler sans peine et les ouvriers habiles se trouvent dès lors réservés à des travaux plus délicats.

La durée et la solidité des ouvrages de menuiserie dépendent non-seuleme de la perfection du travail, mais aussi de l'état de dessiccation des bois; les meilleures dispositions sont prises à cet égard dans l'établissement que nous venons de décrire rapidement.

Il ne nous reste plus maintenant qu'à donner avec les dessins une légende explicative sommaire de l'une des machines de MM. Fréret et Cie.

Machines à blanchir et dresser sur les quatre faces. (Planche 88.)

LÉGENDE EXPLICATIVE.

A. — Pièce de bois à dresser, posée sur champ.

B. — Guide fixe, placé vis-à-vis du premier porte-outils vertical Q, et contre lequel la pièce A est appelée à l'aide des rouleaux de pression JJ_1.

M. — Levier servant à appuyer le cylindre d'appel J pour obtenir l'avancement de la pièce de bois A.

Les deux cylindres d'appel ont un mouvement en sens contraire l'un de l'autre à l'aide de quatre engrenages cylindriques qui se voient sur la figure 3.

P. — Porte-outils vertical à trois lames, représenté en détails par les figures 4 et 5. Ce porte-outils tourne sur pointes et dresse la pièce de bois sur l'une de ses faces verticales.

E. — Rouleau de pression placé immédiatement à la suite du porte-outils P. Ce rouleau, monté sur un levier muni d'un contre-poids, appuie la pièce de bois contre le guide B.

R, S. — Porte-outils horizontaux qui agissent, l'un sur le dessus, l'autre sur le dessous de la pièce, et font la rainure et languette opposée quand il s'agit de dresser les frises de parquet.

Les axes de ces porte-outils peuvent être abaissés ou élevés à l'aide d'un mouvement de relevage parallèle obtenu au moyen de vis verticales de rappel.

Les paliers des axes de ces porte-outils sont des paliers à graissage continu et à réglage en tous sens.

La partie de la table horizontale qui fait suite aux porte-outils R et S est surélevée par rapport à la partie qui les précède d'une quantité égale à l'épaisseur de bois enlevée par le porte-outils inférieur S.

Le guide B se continue jusqu'au porte-outils vertical Q, placé du côté opposé au porte-outils P.

La pièce de bois est maintenue appuyée contre ce guide et sur la table par des rouleaux de pression munis de contre-poids.

Q. — Porte-outils vertical identique à l'autre, et qui dresse la pièce A sur la face opposée. Il tourne aussi sur pointes et sert à mettre la pièce d'épaisseur. A cet effet, on règle sa position à l'aide du volant-manivelle *d*, dont l'axe *a b* porte deux pignons d'angle qui engrènent avec deux autres pignons montés sur deux vis de rappel qui agissent sur les deux crapaudines du haut et du bas de l'arbre porte-outils.

I_1 et I_2. — Rouleaux d'appel qui servent comme les deux autres à faire avancer la pièce de bois.

Toute la machine est montée sur un bâti vertical en fonte dont la semelle inférieure repose dans la fosse où est logée la transmission de mouvement. On remarquera que l'accès du porte-outils inférieur S est rendu très-facile par des évidements latéraux ménagés dans le bâti. C'est l'une des particularités qui distinguent cette excellente machine.

M. Sautrenil, de Fécamp, dont nous avons mentionné les travaux dans notre étude historique sur les machines à raboter, a exposé quatre de ces machines. Nous ne décrirons ici que l'une de ses machines raboteuses, celle qui fait à la fois les moulures sur une face et sur les côtés, opérations que chacune des trois autres machines fait séparément[1] à l'aide d'organes moins nombreux, mais identiques pour les travaux analogues. La machine à faire les moulures *sur une face et sur les côtés* se compose de deux fermes verticales réunies par des entretoises horizontales venues de fonte avec elles, et par deux boulons placés à leurs parties inférieures. Ces deux fermes portent en outre, vers leur milieu, deux fermes plus petites, une de chaque côté, formant un bâti vertical placé sur le premier et destiné entre autres choses à porter le porte-outils.

A sa partie antérieure, par laquelle entre la planche supérieure qui *doit* être rabotée, le bâti porte une vis mobile dans un écrou fixe sur la dernière des entretoises supérieures réunissant les deux fermes. La tête de cette vis porte un volant-manivelle qui, mu à la main, détermine, par le mouvement de la vis, l'élèvement ou l'abaissement d'un rouleau lisse horizontal sur lequel glisse la planche à raboter. Le bâti porte un premier arbre horizontal à l'une des extrémités duquel sont placées les poulies de commande ; à l'autre extrémité de cet arbre est placée une poulie qui, par courroie, transmet le mouvement à un arbre portant le rabot principal destiné à raboter la partie supérieure de la planche. Enfin, ce même arbre porte en son milieu les poulies qui transmettent le mouvement aux bobines placées sous les arbres verticaux portant les toupies[2] qui doivent faire les moulures verticales.

Une poulie placée sur le premier arbre, près des poulies de commande, imprime le mouvement de rotation à une autre poulie placée à l'extrémité d'un second arbre parallèle au premier, et qui porte à son autre extrémité à droite[3] une roue d'angle engrenant avec une roue semblable dont l'axe est, en outre, celui d'une vis sans fin. Cette dernière engrène avec un pignon porté par un troisième arbre parallèle aux deux autres. Ce troisième arbre porte en son milieu un cylindre cannelé sur lequel passe la planche à raboter. A son extrémité, à gauche, le même arbre porte un pignon engrenant avec une série de roues dentées qui, en communiquant leur mouvement à l'arbre horizontal dont les paliers sont placés sur le bâti vertical sur lequel est fixé un second cylindre cannelé, ont pour effet de donner à ce dernier la vitesse convenable à l'avancement de la planche. Ce second cylindre cannelé, *sous lequel* passe le bois, est le cylindre de pression dont on détermine l'intensité par une romaine à deux branches traversées par l'arbre du cylindre.

Depuis la partie postérieure jusqu'en son milieu, le bâti porte une table horizontale sur laquelle sont placés :

1° D'un côté, une règle en fer à coulisse qu'on fait avancer ou rouler transversalement suivant la largeur de la planche, et qu'on fixe ensuite à l'aide d'un écrou ; de l'autre côté, un ressort recourbé pressant sur le côté de la planche, et

1. Cette diversité de machines, faisant séparément les opérations qu'une seule machine peut faire à la fois, est souvent commandée par l'inexpérience des ouvriers d'un atelier de menuiserie dans la conduite des machines. Il vaut mieux, dans ce cas, faire passer la pièce à travailler par diverses machines que par une seule nécessairement plus compliquée que les premières.

2. La construction et les usages de la toupie sont indiqués à la page 282 à laquelle nous renvoyons le lecteur qui voudrait dès à présent s'en rendre compte.

3. Nous supposons le lecteur placé à la partie antérieure de la machine, la face tournée vers la partie postérieure.

dont la tige glisse dans un anneau qui sert à régler le ressort d'après la largeur de la planche à raboter. Des indices en cuivre indiquent la quantité dont la règle et le ressort doivent être rapprochés ou éloignés suivant cette largeur.

2° Un levier coudé dont l'une des branches, chargée d'un poids, reçoit un morceau de bois présentant en creux le profil des moulures de la planche et dont la seconde branche est fixée au bâti. Ce levier détermine l'adhérence de la planche sur le bâti, après qu'elle a été rabotée.

Le bâti vertical que porte le premier bâti horizontal sert de support aux organes suivants :

1° Aux paliers de l'arbre horizontal qui porte le rabot travaillant la planche sur le plat.

2° A l'arbre du cylindre cannelé sous lequel passe la planche et qui traverse, ainsi que nous l'avons dit plus haut, les deux branches du levier coudé tenant lieu de romaine. Les plus courtes de ces branches sont fixées au bâti vertical à l'aide d'un boulon autour duquel elles peuvent tourner.

3° A sa partie supérieure, un arbre horizontal, qu'on fait tourner à l'aide d'une manette; cet arbre est fileté à ses deux extrémités et engrène avec deux pignons formant les têtes de deux vis verticales fixes tournant dans des collets venus de fonte avec le bâti et dans des écrous taraudés dans le support du porte-outil. Ce support en fonte glisse sur le bâti vertical, de sorte qu'en tournant la manette on détermine l'élévation ou l'abaissement du porte-outil suivant les épaisseurs de bois à ouvrer.

4° Un arbre horizontal, également placé à sa partie supérieure, portant à son extrémité une manette qui, en tournant, détermine l'enroulement d'une chaîne dont l'extrémité est fixée au levier portant le poids qui transmet la pression au cylindre cannelé supérieur. En tournant cette seconde manette dans le sens voulu, on soulève ou abaisse le cylindre de pression.

Outils. Les lames du rabot horizontal sont placées sur les faces d'un prisme quadrangulaire et n'ont aucune courbure, ce qui rend l'affûtage extrêmement facile. Pour éviter le choc très-sensible qui résulterait de l'attaque du bois sur toute sa largeur, les lames peuvent être disposées une par une sur chaque face du porte-outil, de façon à ce que leurs projections horizontales occupent toute la largeur de la planche.

Les toupies qui doivent faire les moulures latérales peuvent s'écarter ou se rapprocher suivant les largeurs de la planche ; de même qu'elles peuvent s'élever ou s'abaisser à l'aide de volants à main faisant mouvoir des vis.

Il va sans dire que cette machine peut, en changeant les fers, blanchir, faire des moulures sur le plat, et, latéralement, des rainures et languettes, etc.

Si le lecteur veut bien se rappeler la description que nous avons faite des machines construites dès 1838 par M. Sautreuil, il remarquera que la machine exposée par ce constructeur n'offre rien qui n'ait été présenté par lui à cette époque. Les organes sont seulement plus forts, mieux traités encore que ceux de la machine que nous avons citée dans notre étude historique. En somme, cette machine offre un type spécial dont M. Sautreuil est peut-être le créateur, mais auquel il n'a rien changé depuis son apparition. La machine exposée peut raboter 0m,10 d'épaisseur sur 0m,30 de largeur.

Grâce aux mesures prises pour l'aménagement des produits exposés, nous sommes obligés d'inviter le lecteur à nous suivre de la classe 54 à la classe 58, pour continuer notre examen des machines similaires.

MM. Arbey et Cie ont exposé dans cette classe une machine à raboter dont le système, connu déjà, mais des plus récents, a été inventé par M. Mareschal.

Cette machine, dont l'outil présente une innovation bien tranchée dans l'industrie du travail du bois, demande à être étudiée d'une manière spéciale aussi bien sous le rapport de son agencement que sous celui de sa production.

L'expérience avait prouvé dès l'origine que l'emploi des fers venant successivement attaquer le bois, donnait lieu à des chocs répétés absorbant une grande quantité de force. Ces chocs occasionnaient en outre d'assez fortes trépidations nuisibles au rabotage du bois, et pouvant à la longue empêcher le fonctionnement des organes de la machine. Il était facile d'éviter ce dernier mouvement qui a disparu dans toutes les machines de ce système ; mais la perte de force due aux chocs inhérents à l'usage des fers droits ne pouvait disparaître qu'avec ces derniers. On disposa alors des lames inclinées en hélice sur le porte-outil ; c'était un acheminement vers le système plus complet inventé par M. Mareschal : la lame à surface hélicoïdale. Dans les machines de ce dernier système, il n'y a jamais qu'une petite partie de la lame en contact avec le bois, $0^m,02$ environ ; l'outil est toujours en prise avec la pièce à travailler et les chocs sont à peu près supprimés. Comme toutes les machines à chariot, la machine construite par M. Arbey peut aussi servir à blanchir les bois en transformant le chariot en table fixe. L'amenage se fait à l'aide de cylindres cannelés.

Nous profiterons de l'occasion qui se présente à nous de bien établir la différence qui existe entre les machines à amenage continu par cylindres cannelés ou tout autre moyen et les machines à chariot. Celles-ci sont destinées à dégauchir et dresser les pièces, ce qui ne peut être obtenu qu'à l'aide d'une table parfaitement dressée formant chariot en sorte que l'avancement longitudinal se fasse toujours dans le même plan. Les machines à amenage continu, dans lesquelles le bois est animé d'un mouvement rectiligne, ne sont propres qu'à blanchir. L'enlèvement des inégalités que présente la planche constitue bien un dressage partiel tout à fait suffisant pour faire du parquet par exemple, mais dont on ne saurait se contenter pour faire des assemblages tels qu'ils se présentent dans les charpentes et la menuiserie. Cependant, si l'on dresse préalablement l'une des faces de la pièce à travailler, cette face pouvant s'appliquer exactement sur la table, on peut dégauchir ou tirer d'épaisseur toutes les autres faces à l'aide de la machine à amenage continu.

Le bâti de la machine exposée par M. Arbey se compose de deux flasques verticales ou longerons A, A' (fig. 1, 2 et 3, planche 87) réunis par des entretoises *a*, et de deux montants verticaux B, B' supportés par les fermes et venus de fonte avec elles. Ces montants reçoivent les supports F, F' du porte-outil, supports qui glissent verticalement dans les rainures ou fenêtres pratiquées dans lesdits montants. Ces derniers sont maintenus à l'aide des entre-toises *b*, *b'*, qui empêchent leur écartement tout en étant destinées à remplir un autre office, ainsi que nous le verrons plus loin. Sur les supports F, F', sont placés les paliers de l'arbre du porte-outil ainsi que les cylindres E, E', dont l'un E est cannelé et l'autre lisse. Les pressions de ces cylindres sont réglées à l'aide de ressorts à boudin qu'on comprime plus ou moins par des écrous. Le support de gauche (fig. 3 et 4) porte, en outre, les pignons *e*, et e^2, ce dernier placé sur l'arbre du cylindre cannelé, et destiné à lui transmettre le mouvement de rotation par l'intermédiaire d'une chaîne de Galle *e'*. L'arbre D' du porte-outil porte à l'une de ses extrémités la seule poulie de commande L qu'il y ait pour toute la machine ainsi que la poulie L' qui sert, par l'intermédiaire d'un poids G', à faire tourner le porte-outil lorsqu'on doit affûter les lames. L'autre extrémité de l'arbre D' porte une vis sans fin P engrenant avec une roue O' dont le moyeu est muni d'une rainure, tandis que l'arbre O porte une languette. La roue peut, de cette manière, monter ou descendre le long de cet arbre O sans cesser de le faire tourner. La roue O' repose sur la chaise P' fixée elle-même au support F'' ; en sorte que ce dernier entraîne dans son mouvement ascendant l'arbre D', les pignons *e*, e^2, les rouleaux E, E', la chaise P' et la roue O'. Le mouvement vertical des supports de l'arbre D' s'obtient à l'aide de deux vis verticales *f*, *f'* pour chacun d'eux. Chaque vis est terminée à ses extrémités par des roues d'angle *g*, *g'* engrenant avec les roues *h*, *h'* portées : la roue *h*, par l'arbre *i*, la roue *h'* par l'arbre *i'* placé de l'autre côté du bâti qui porte des consoles L, destinées à servir de tourillons aux arbres *i*, *i*. Ces derniers portent en outre les roues d'angle I, I', engrenant avec les pignons d'angles *i''* portés par l'arbre J. Celui-ci porte les roues *j*, engrenant avec les roues *j'* portées par l'arbre *j'*. Cet arbre est muni à son extrémité de gauche d'une manette ou manivelle que l'ouvrier fait mouvoir jusqu'à ce qu'il ait placé le porte-outil à la hauteur voulue par l'épaisseur du bois. Un indice en cuivre placé sur le montant B le guide dans cette opération. Tels sont les organes qui président aux mouvements du porte-outil. Le bâti A porte un chariot G, ou table mobile, sur lequel on place le bois à dresser.

La commande se transmet de l'arbre D' du porte-outil à l'arbre M, qui donne au chariot son mouvement rectiligne alternatif par l'intermédiaire de la vis sans fin P, de la roue O', de l'arbre O, des pignons d'angles *n'* et *n*, dont le dernier *n* est placé sur l'arbre M' qui porte en outre le pignon droit N' engrenant avec la roue N montée sur l'arbre M dont les paliers sont *m* et *m'*. La table mobile reçoit son mouvement de va-et-vient à l'aide d'une chaîne de Galle H, H, dont les extrémités vont s'attacher aux deux bouts du chariot. La chaîne H s'enroule, à cet effet, sur une roue à denture double dont les dents reçoivent les maillons. (fig. 3. Pl. 87). Après s'être appliquée sur la denture placée à gauche, la chaîne descend dans une fosse où elle se replie pour recevoir une poulie H' portant un poids ; elle se relève ensuite, vient s'enrouler sur la partie antérieure de la denture de droite et va enfin se fixer à l'extrémité postérieure du chariot. Lorsque le sens de rotation de l'arbre M détermine, par l'engrènement de la denture de gauche avec le brin H, l'avancement du chariot dans le sens de la flèche (fig. 1. Pl. 87), le brin H est tendu et le brin H' devient lâche, le poids restant toujours à la même hauteur ; l'inverse a lieu lorsque le mouvement du chariot change de sens. De cette manière, l'engrènement des brins de la chaîne est assuré quel que soit le sens du mouvement.

L'aller et le retour sont obtenus à l'aide de deux manchons de débrayage *p*, *p'* placés sur les arbres M et M'. La partie fixe du manchon *p* est fixée sur l'arbre M, et sa partie mobile placée sur un arbre concentrique au premier et qui porte la roue M^2 est embrassée par la fourchette du levier Q. Ce dernier s'articule à l'une de ses extrémités avec la traverse en fer méplat *r* et à l'autre extrémité avec les oreilles du manchon *a'* porté par l'entretoise *a*; ces oreilles lui servent de centre d'oscillation. Un second levier Q, dont la fourchette embrasse la partie mobile du manchon *p'*, fixée sur l'arbre M', s'articule d'un côté avec l'extrémité de *r*, de l'autre côté avec le manchon porté par la seconde entretoise *a'*. La partie fixe du manchon *p'* est placée sur un arbre concentrique à l'arbre M', et porte le pignon m^2 engrenant avec les pignons du même diamètre m^2. Enfin, une roue horizontale montée sur un arbre vertical peut tourner avec cet arbre, et, en frappant dans son mouvement l'un ou l'autre des taquets montés sur la traverse *r*, embrayer le manchon *p* et *débrayer à la fois* le manchon *p'* ou inversement. Lorsque le manchon *p* est embrayé, la table mobile s'avance dans le sens de la flèche avec une vitesse trois fois plus petite que celle de l'arbre M', le pignon N' ayant un diamètre trois fois plus petit que celui de la roue N. Si, au contraire, c'est le manchon *p'* qui est embrayé et le manchon *p* débrayé, la commande arrive au chariot par l'intermédiaire des pignons de même diamètre *b*, et le retour s'effectue avec une vitesse trois fois plus grande que celle de l'aller. Enfin il est une position des manchons pour laquelle aucun d'eux n'est embrayé ; le chariot est alors immobile sur le bâti qui le porte.

Pour faire mouvoir la lame *t*, l'arbre vertical sur lequel elle est fixée porte une manivelle T s'articulant à la bielle R', laquelle s'adapte au bouton de la manivelle *r'* portée par l'arbre R. A l'extrémité de ce dernier se trouve placée la manivelle R^2 que l'ouvrier fait mouvoir en sens inverse à chaque changement du mouvement du chariot, et dont la position intermédiaire aux positions extrêmes correspond à l'immobilité du chariot. Mais, fort inutilement à notre avis, on ne s'est pas borné à rendre l'ouvrier maître des changements de sens du mouvement du chariot, on a voulu les rendre *automatiques*. Pour y parvenir, on a calé sur l'arbre R un secteur denté S^2 engrenant avec une crémaillère S', dont la tige S passe et glisse dans des anneaux fixés au bâti. La tige porte un heurtoir *s* qui est frappé, à chaque aller et retour de la table mobile, par deux taquets disposés d'après la longueur de course sur cette table.

Le mouvement circulaire alternatif de l'arbre R et par conséquent le mouvement rectiligne alternatif du chariot résultent de cet agencement.

Lorsqu'on veut seulement blanchir les planches, on fixe à l'aide d'une goupille la manivelle R^2 dans sa position intermédiaire. La chaîne de Galle *a*, qui s'enroule sur la roue dentée *q*, passe sur le pignon e^3 fixé au montant B et sur le pignon e^2 placé sur l'arbre du cylindre cannelé E, auquel elle imprime le mouvement de rotation nécessaire à l'avancement du bois, quelle que soit la position du porte-outil. Comme dans toutes les raboteuses à cylindres, la vitesse d'avancement du bois est la même que celle de la circonférence du cylindre cannelé.

Les griffes V commandées par des manettes X servent à fixer le bois. De plus, une disposition particulière désignée par les constructeurs sous le nom de boîte à caler et que nous ne décrirons pas ici, vu l'espace déjà consacré à cette machine, a pour but d'obtenir un dressage exact. Le chariot s'abaisse au retour pour éviter que le bois ne rencontre l'outil et reprend sa première position à la fin de sa course.

Ici se termine la description de tous les organes nécessaires au fonctionnement de la machine. Mais elle n'eût pas été complète si l'on n'avait trouvé moyen de remplacer l'affûtage à la main, presque impraticable ou du moins d'une longueur excessive, par un affûtage automatique. C'est ce qu'ont fait les constructeurs de cette machine, et c'est surtout dans les dispositions ingénieuses adoptées pour atteindre ce résultat que brille leur esprit inventif.

L'affûtage a lieu sur la machine elle-même au moyen d'une meule à émeri C' (fig. 5. Pl. 87) dont l'arbre est monté sur deux pointes. Ces pointes sont filetées et tournent dans les traverses C qui sont taraudées et forment chariot. Ce chariot est supporté par deux traverses *b*, *b'* placées à la partie supérieure des montants B, B', et qui lui servent de glissières.

L'arbre de la meule porte une poulie à gorge *c*, qui reçoit la commande d'un tambour placé sur l'arbre de la transmission. Il porte en outre une vis sans fin *c'* commandant la roue c^2 calée sur l'arbre C^2 placé, comme le premier, entre deux pointes. L'arbre C^2 porte une vis sans fin commandant une roue dentée montée sur un cylindre dans l'intérieur duquel est une fourche faisant l'office d'écrou. Cet écrou tourne dans deux pas de vis inverses pratiqués sur la traverse *b*. Il résulte de cette disposition que le chariot avance le long des traverses et que, lorsqu'il est arrivé au bout de sa course, il revient à sa première position en suivant le pas de vis inverse. La fourche dont nous avons parlé a pour but d'empêcher l'écrou de quitter l'un des pas de vis pour l'autre lorsqu'il arrive à leurs croisements.

Pour affûter on monte le porte-outil à l'aide des vis f et f' jusqu'à ce que l'une des lames soit en contact avec la partie inférieure de la meule, et l'on enroule la corde qui porte le poids G' sur la poulie L'.

La poulie c étant mise en mouvement, le chariot avance, tandis qu'un appendice C^3 qui le suit dans sa course force la lame hélicoïdale à s'appliquer sur la meule. Le poids G' concourt aussi à ce dernier résultat.

Le porte-outil fait environ 1700 tours par minute, et la vitesse d'avancement du bois est de 4 à 5^m par minute lorsqu'on blanchit.

Cette machine présente, ainsi que nous l'avons dit, un grand avantage au point de vue de l'économie de la force motrice; son mécanisme est des plus ingénieux; il reste à savoir si ces habiles combinaisons mécaniques ont atteint un résultat pratique sans lequel elles ne sauraient avoir de valeur.

Nous constaterons tout d'abord une disposition mécanique vicieuse : l'emploi de vis conjuguées pour élever ou abaisser l'outil. Il n'arrive jamais, en effet, que les vis s'usent également de chaque côté; le parallélisme entre le chariot et le porte-outil ne peut plus dès lors être obtenu au bout d'un certain temps de service. Cet inconvénient, sans importance lorsqu'il s'agit de blanchir seulement les surfaces, si grave dans les machines à dresser, résulte toujours de l'emploi des vis conjuguées, quelles que soient les machines auxquelles on les applique.

L'influence de ce système se fait moins sentir dans les machines à travailler le fer; l'usure est alors moins rapide, puisque les changements de position du porte-outil sont bien moins fréquents que dans les machines à bois. Elle est en outre complétement atténuée par le soin que prend l'ouvrier, chaque fois qu'une nouvelle pièce est placée sur la machine, de s'assurer, à l'aide du niveau à bulle d'air, que l'outil et la pièce à travailler sont bien perpendiculaires l'une à l'autre.

De pareilles constatations ne sauraient évidemment être faites pour les machines à bois, sans diminuer considérablement leur production.

L'application aux machines à raboter le bois du changement automatique du mouvement du chariot est une complication inutile, et qui devait être évitée à tout prix dans une machine dont l'agencement est déjà si loin d'être simple. Les conditions dans lesquelles se trouvent les machines à bois ne sont plus en effet les mêmes que celles où sont placées les machines à travailler le fer. Pour celles-ci, le retour automatique du chariot est nécessaire, puisque l'outil doit dresser une même surface en plusieurs passes, et que l'on n'a pas, par conséquent, à changer ou retourner la pièce à chaque retour du chariot. Il n'en est plus de même pour les machines à bois. Car un petit nombre de passes suffit alors pour dresser une surface qui doit être remplacée par une autre à chaque changement de course du chariot.

Il faut donc, pour que l'ouvrier ait le temps d'opérer ce changement, le rendre maître du chariot, et faire en sorte que l'embrayage et le désembrayage correspondant à l'aller et au retour s'opèrent à la main.

Ce qui précède étant admis, l'ouvrier peut lui-même élever ou abaisser l'outil, ce qui rend inutile le système par lequel le chariot l'abaisse à son retour. Ce mouvement a d'ailleurs un assez mauvais résultat; c'est que le chariot ne reprend jamais, avant la nouvelle course, la position exacte qu'il occupait au commencement de la course précédente et de même sens. La régularité du dressage n'est donc pas assurée.

La position du chariot d'affûtage au-dessus de l'outil et sa proximité des organes qui servent à mettre celui-ci en mouvement donnent lieu à l'observation suivante.

La poudre d'émeri se répand partout, et doit amener la désorganisation de la machine. Or l'affûtage devant être mécanique à cause de la forme de la lame qui constitue la base de l'invention, forme pour laquelle l'affûtage à la main prend trop de temps, le dernier inconvénient signalé ne peut être évité; il est inhérent au système.

Si, après avoir examiné la machine sous le rapport *mécanique*, nous l'examinons sous le rapport *économique*, c'est-à-dire aux divers points de vue de la facilité de sa manœuvre, de sa production continue et de son prix, nous trouvons

1° Que l'affûtage ne pouvant se faire que sur la machine, celle-ci est condamnée au chômage inévitable toutes les fois que cette opération devient nécessaire, ce qui se présente fréquemment et dure un temps assez long. Pareil inconvénient n'existe pas avec les fers droits, car l'ouvrier a toujours une certaine quantité de ces fers affûtés d'avance, qu'il met en place en fort peu de temps, et dont l'affûtage n'a nullement nécessité le chômage d'une machine.

2° Que les lames hélicoïdales ne pouvant être faites par le premier taillandier venu (ces lames se déformant par les procédés employés ordinairement pour la trempe), l'industriel possesseur d'une de ces machines se trouve dans la dépendance la plus absolue et souvent contraint au chômage, surtout lorsqu'il n'habite pas Paris.

3° Que la complication du mécanisme, qui ne laisserait pas que d'être assez importante, alors même qu'on débarrasserait la machine de son changement de course automatique et de sa boîte à caler, est une cause de détériorations fréquentes. Cette complication nécessite en outre des ouvriers habitués à cette machine; en sorte que ce sont des apprentissages successifs à faire chaque fois que des hommes nouveaux succèdent aux anciens.

4° Que, lorsque le bois présente un obstacle tel que des clous, ce qui arrive même dans des bois neufs, la lame hélicoïdale est ébréchée sur une bien plus grande longueur qu'une lame droite; cette dernière considération, jointe aux pertes de travail qu'occasionne l'affûtage, ne manque pas d'avoir son importance.

Enfin le prix de cette machine (10,000 francs pour 7m,500 de longueur et une largeur de table de 0m,650, y compris un double jeu de lames), est excessivement élevé pour celui qui s'en sert, quoiqu'il soit loin d'être exagéré par le constructeur.

En résumé, cette raboteuse est, pour celui qui s'en sert, d'un prix et d'un emploi très-chers, sans que son travail soit supérieur au travail des autres machines.

Quoi qu'il en soit, la raboteuse du système inventé par M. Mareschal, et construite par M. Arbey, fait le plus grand honneur à tous deux. On ne saurait trop encourager, alors même que des résultats pratiques ne seraient pas immédiatement atteints, les hommes qui, à force d'intelligence et de travail, au prix de grands sacrifices pécuniaires, créent de nouveaux procédés et de nouveaux outils. A ce point de vue, nous aurions peut-être désiré, pour MM. Mareschal et Arbey, une marque de distinction plus élevée que celle dont ils ont été l'objet.

Près de la raboteuse du système Mareschal se trouve une petite machine destinée à raboter les planches très-minces. Le résultat qu'on n'avait pu obtenir jusqu'à présent a été atteint par l'application d'une idée toute nouvelle qui permet de travailler les planches de 0m,002 à 0m,003 sans qu'elles éclatent sous l'action de l'outil. L'invention est due à l'habile constructeur de cette machine, M. Perin, dont le nom semble attaché, en ce qui concerne les machines à bois, aux innovations les plus *pratiques* et les plus heureuses.

Un bâti A, en fonte, supporte tous les organes de la machine (fig. 1 et 2, pl. 89), dont la *table est mobile* afin de l'éloigner plus ou moins de l'outil, suivant les épaisseurs du bois à travailler. Cette ouverture était obtenue dans les machines examinées précédemment par la mobilité de l'outil, et l'on comprend que ce dernier système, impliquant souvent une grande difficulté pour rendre les positions de l'outil parallèles, ne pouvait être adopté pour de très-faibles épaisseurs. La table T est soutenue en son milieu par un tube cylindrique C, dont la partie inférieure est pleine et taraudée afin de livrer passage à une vis fixe V, dont la tête est une roue d'angle R engrenant avec un pignon porté par un arbre horizontal placé à la partie inférieure du bâti. Cet arbre porte à son extrémité un volant à main M, qui fait monter ou descendre la table suivant le sens dans lequel on le tourne.

Pour guider la table dans son mouvement, le tube C est enveloppé d'un second tube D relié au bâti par des nervures. On fixe la table T dans ses diverses positions à l'aide d'une manivelle *m*, de la plaque de serrage qui appuie le support *i* contre le bâti et de la vis *v*. La plaque sert en même temps de support à l'extrémité de la table T, extrémité sur laquelle s'exerce la pression du cylindre cannelé. Ce moyen d'obtenir l'espace nécessaire au passage du bois, très-judicieux pour le but auquel la machine est destinée, ne saurait convenir, nous le pensons du moins, aux machines destinées à travailler de fortes pièces.

L'avancement du bois est obtenu à l'aide d'un cylindre cannelé E, dont l'arbre est porté par les branches d'une romaine de pression. Le mouvement de rotation du cylindre, à la vitesse convenable, est obtenu à l'aide d'une série de roues dentées dont les circonférences principales sont indiquées en pointillé sur le dessin ; l'arbre de la dernière roue porte une poulie *p*, qui reçoit la courroie de commande de la poulie *p'* placée à l'extrémité de l'arbre *a* porté par deux chaises H venues de fonte avec le bâti.

Pour empêcher le bois mince d'éclater, il fallait lui faire subir une pression près des points où l'outil commence et cesse d'attaquer le bois, surtout près du point où il cesse d'attaquer. Le moyen employé pour obtenir ce résultat constitue l'invention proprement dite dont nous avons parlé. Ce moyen consiste en une plaque de tôle courbe *f*, munie de tourillons *d* qui s'engagent dans les deux branches de la romaine de pression *r*.

La plaque de tôle courbe, en tournant sur ses tourillons, peut donc suivre la planche dans son mouvement d'avancement et la presser par sa partie inférieure jusque sous l'outil, sa partie supérieure ne servant qu'à garantir l'ouvrier contre les copeaux. Mais il fallait éviter que dans ce mouvement la plaque ne vînt s'engager sous le fer de l'outil ; on y est arrivé en plaçant sous sa partie inférieure et dans une direction normale à sa courbure un taquet dont l'extrémité vient s'appuyer sur une touche ayant un profil courbe, et venue de fonte avec les paliers graisseurs dans lesquels tourne l'arbre *b* du porte-outil *g*. Lorsque la planche à raboter n'est pas d'une trop faible épaisseur, la partie inférieure de la plaque est munie d'une roulette pour éviter le frottement assez considérable qui se manifeste entre le bois et cette plaque ; mais lorsqu'on doit raboter des planches d'une très-faible épaisseur, on est obligé d'exercer la pression tout près de l'outil et de prolonger la courbure de la plaque ainsi que l'indique la figure. La plaque tend alors à coincer, mais le but est atteint.

Le bois est maintenu au point où commence l'action de l'outil par deux plaques de tôle *f'* formant le second levier de la romaine de pression *r''* et terminée par des parties courbes pressant le bois près de l'outil. L'arrêt *o* ne permet pas à cette partie courbe de quitter la surface du bois, quelles que soient ses inégalités, tandis que l'arrêt *o'* empêche le second levier de la romaine *r''* de s'incliner au delà d'une certaine limite et la pression sur le bois de devenir trop grande.

La machine dont nous venons de faire la description est bien entendue et peut travailler des planches depuis la plus faible épaisseur jusqu'à des madriers de 33 cent. de largeur sur 12 cent. d'épaisseur. L'innovation qui la rend remarquable n'en a pas élevé le prix, qui est faible : 2,200 francs environ.

A côté de la machine à raboter les planches minces, de M. Périn, se trouve une *toupie* à avancement automatique du même constructeur.

La toupie, dont nous devons dire les propriétés pour ceux de nos lecteurs qui ne la connaissent pas, est un outil propre à l'exécution de toutes les moulures, feuillures, embrèvements, alégis, rainures, etc., sur bois droits ou cintrés tels que les emploie la fabrication des meubles, des boiseries d'appartements, des cadres, etc. Composée, dans sa plus simple expression, d'une lame droite *perpendiculaire à la surface de bois à travailler* [1] et montée sur un arbre vertical qui tourne avec une extrême vitesse, il suffit de varier le profil de la lame pour obtenir les moulures ou rainures les plus variées. La toupie est donc de tous les outils à travailler le bois le plus simple et par conséquent le moins cher, en même temps qu'elle est, par l'étendue de ses aptitudes, la base indispensable de l'outillage d'un atelier de menuiserie.

Le dessin dont nous appuyons la description de la machine représente une toupie dans laquelle l'avancement des bois *droits* [2] se fait à l'aide d'une manivelle mue à la main. Ses dispositions étant les mêmes que celles de la machine exposée, il nous sera facile d'expliquer ensuite au lecteur les moyens employés pour rendre l'avancement automatique.

Le bâti A (fig. 3 et 4, pl. 89) est en fonte et a la forme d'un tronc de cône surmonté d'une table. Ce bâti est percé de quatre ouvertures permettant de faire passer la courroie de commande de quelque côté que soit placé l'arbre de transmission. Il porte, en outre, dans son intérieur, une pièce venue de fonte avec lui et servant à recevoir le palier de la partie inférieure de l'arbre vertical, sur la partie supérieure duquel est placé le porte-outil. Une vis, tournant dans un écrou taraudé à la partie inférieure de ladite pièce de fonte, sert à soulever ou à abaisser l'arbre vertical suivant la hauteur de la moulure à pousser. En son milieu, l'arbre porte une bobine *b*, sur laquelle s'enroule la courroie venant de la poulie P.

La table T du bâti, sur laquelle glisse le bois, porte du côté de la face non travaillée un plateau glissant horizontalement et perpendiculairement à la direction que suit le bois dans une coulisse *e*; le plateau est muni de chaque côté de deux rainures dans lesquelles glissent des tiges munies de roulettes *a* et destinées à presser le bois latéralement contre la pièce *g*. Cette dernière peut, en glissant dans les rainures *r*, prendre un mouvement parallèle à celui du plateau *c*. On peut donc, à l'aide du guide *g* et du plateau *c*, assurer l'invariabilité du mouvement de la pièce de bois, suivant son épaisseur et la profondeur de la moulure que l'on veut pousser.

Les écrous de serrage *f* permettent de fixer le guide *g* lorsqu'il est placé.

Pour éviter que la pièce de bois ne puisse se déplacer verticalement, le pla-

1. Le lecteur remarquera donc que cet outil appartient à la même classe que les outils à raboter ou à faire des moulures sur le plat, et que ces derniers n'en diffèrent qu'en ce qu'ils *travaillent parallèlement à la surface* du bois.

2. Lorsque les bois sont cintrés, l'avancement se fait à la main, la saillie de la lame étant réglée sur la profondeur de la moulure. C'est évidemment le seul moyen à employer pour faire avancer le bois en suivant des courbures quelconques. Le mouvement d'avancement du bois ne peut être automatique que, lorsque la pièce étant droite, elle peut suivre un mouvement rectiligne. Ce dernier cas est d'ailleurs le seul où, la continuité du travail pouvant exister, l'avancement automatique soit avantageux.

teau c porte une tige i dans laquelle glisse supérieurement une traverse à l'extrémité de laquelle est adaptée une tige verticale se bifurquant pour porter deux roulettes a', qui pressent sur le bois de haut en bas et dépendent d'un levier portant un poids pour régler la pression.

La pièce est placée entre deux longerons A' en bois sur une chaîne de Galle h, engrenant sur deux pignons $q\,q'$ et passant sur le rouleau de renvoi q''. Le premier de ces pignons est calé sur l'extrémité de l'arbre o qui porte à son autre extrémité un pignon semblable engrenant avec une vis sans fin V, mue par une manivelle. Dans la machine exposée, cette dernière vis est placée à la partie inférieure du bâti, sur un arbre horizontal qui porte une poulie pour recevoir la courroie s'enroulant sur les poulies $p\,p$ de la transmission. Un pignon placé à l'extrémité inférieure d'un arbre vertical engrène avec la vis sans fin, tandis qu'un pignon d'angle, placé à la partie supérieure dudit arbre, engrène avec un second pignon d'angle remplaçant le pignon q.

Le bois étant placé sur la chaîne, on fait entrer un crochet dans le maillon de cette dernière le plus rapproché de l'extrémité de la pièce, qui se trouve ainsi entraînée.

En enlevant le guide g et le plateau c, on peut faire des moulures cintrées.

Cette machine se présente bien comme forme ; elle est d'une grande simplicité d'agencement et bien construite.

Les divers systèmes de guidage et de pression, de curseur à la main ou automatique, sont dus à l'initiative de M. Périn, qui, à lui seul, a construit une bonne partie des toupies fonctionnant actuellement.

Nous citerons encore du même constructeur une machine à faire les tenons et les doubles tenons, dont l'outil fait partie de la classe des outils à trancher le bois en le corroyant.

Cette machine est remarquable par la disposition du porte-outil, en forme de plateau, ce qui permet d'équilibrer le système lorsque l'on fait des tenons à barbe [1] et par un débrayage automatique des plus ingénieux.

Le bâti se compose de deux parties distinctes, l'une A destinée à porter l'outil, l'autre B destinée à porter la pièce à travailler. La première partie A (fig. 1, pl. 90) porte un plateau a pouvant glisser verticalement sur le bâti et portant l'arbre b du porte-outil. Sur cet arbre, et à son extrémité, est calée la poulie recevant la commande. Le plateau a est muni d'une crémaillère qui engrène avec un pignon d porté par un arbre e qui repose sur la partie A du bâti. Sur le même arbre e est calée une manette qui permet, en la tournant dans le sens convenable, d'élever ou d'abaisser l'outil au-dessus ou au-dessous de la pièce à travailler. Pour rendre cette manœuvre facile, on a équilibré le plateau a à l'aide d'un poids P placé sur une tige oscillant autour du point f. Cette tige s'articule avec une bielle dont l'extrémité est fixée au plateau.

Lorsqu'on abaisse l'outil, ce que l'on fait sans arrêter la machine, le plateau a vient reposer sur un frein placé sur le bâti A, et le débrayage de la courroie qui commande l'arbre b s'opère en même temps.

Pour cela, un arbre porté par deux montants, et muni de deux poulies folles, est placé à l'extrémité de la machine. Une corde s'enroulant d'un côté sur une poulie porte l'arbre du volant, et de l'autre côté, sur l'arbre en question, fait mouvoir une fourchette qui déplace la courroie et la fait passer sur la poulie folle.

La partie B du bâti qui porte le bois est munie d'un plateau pouvant prendre

1. On appelle tenons à barbe les tenons dont l'une des faces est plus longue que l'autre face parallèle, en sorte que la ligne d'assemblage avec la pièce qui porte la mortaise est brisée. La face la plus longue se nomme la barbe.

un mouvement de va-et-vient dans le sens perpendiculaire à la longueur de la pièce, à l'aide d'une vis tournant dans un écrou fixé à ce plateau et commandée par une manivelle *n*. On peut, de cette manière, commencer un tenon aussitôt qu'il y en a un terminé.

Lorsque les fers sont directement adaptés sur l'arbre qui les met en mouvement et que leurs longueurs ou distances à l'axe ne sont pas égales, ce qui arrive nécessairement dans le cas où l'on doit faire des tenons à barbe, l'arbre qui les porte possédant une grande vitesse, la différence de masse des outils se fait vivement sentir; il y a du *balourd* et la machine marche irrégulièrement. A cette cause d'irrégularité, il faut ajouter celle qui résulte des différences des bras de leviers sur lesquels agit la résistance. Afin d'éviter ces inconvénients, M. Périn a calé sur l'arbre des plateaux *q*, sur lesquels sont placés les fers au nombre de trois et à distances égales de l'axe pour chaque plateau. Les plateaux sont de même diamètre et l'on ne fait qu'allonger les fers pour les tenons à barbe. Ils peuvent se rapprocher ou s'éloigner l'un de l'autre suivant l'épaisseur du tenon à faire. La différence de masse des lames ne se fait plus sentir directement sur l'arbre.

Cette machine est, comme on le voit, fort ingénieusement combinée, fort simple et facile à manœuvrer. Enfin, elle produit à l'aide de la disposition nouvelle que nous venons de décrire, une économie de force motrice en évitant les chocs inévitables dans les machines ordinaires, lorsqu'on doit faire des tenons à barbe. Son prix est de 2,000 francs.

Nous donnons ici une figure qui représente une machine à raboter construite par M. Gérard; elle est destinée à la petite industrie comme toutes les machines exposées par ce constructeur.

Fig. 1.

Cette machine sur laquelle on ne peut raboter que des bois de faible longueur est d'une forme originale et nouvelle ; son outil agit comme un fer de varlope, dont la lame serait inclinée, tout en possédant un mouvement de va-et-vient de peu d'étendue.

Un arbre horizontal *a*, placé sur les deux fermes d'un bâti A en fonte, porte à l'une de ses extrémités les poulies de commande *p p*, à l'autre extrémité un disque vertical B parfaitement dressé comme la face inférieure d'un rabot de menuisier. Ce plateau est percé, suivant un diamètre, de deux rainures dans lesquelles sont placés les fers analogues à ceux qu'on emploie dans le rabot ordinaire et dont on varie à volonté l'inclinaison par les mêmes moyens que ceux employés dans cet outil. Les montants C, qui sont placés à la partie antérieure du bâti, portent une table *t* qui glisse dans une des rainures *r* à l'aide d'une vis mobile *v*, passant dans un écrou fixe, qu'on fait tourner à l'aide d'une manette *m*. On place, de cette manière, la table à la hauteur voulue pour que le bois soit raboté sur toute sa hauteur.

Il est facile de voir que la limite de hauteur des bois à travailler est la longueur de la lame.

La table *t* porte un butoir *d* contre lequel le bois qui tend à suivre le mouvement du disque est appliqué. Un excentrique *f*, dont l'arbre peut être déplacé à volonté suivant l'épaisseur de la pièce, serre le bois contre le plateau. Un frein est placé près de la circonférence du plateau ou disque vertical afin d'arrêter instantanément son mouvement. Cette disposition a beaucoup d'analogie avec celle adoptée par M. Cella, et n'en diffère que parce que le disque est placé verticalement au lieu de l'être horizontalement. Du reste, M. Gérard est obligé de revenir à cette dernière disposition pour travailler des pièces d'une certaine longueur.

Cette machine dresse nécessairement en même temps qu'elle blanchit; les copeaux rejetés derrière le plateau, toujours comme dans le rabot à la main, ne peuvent gêner l'ouvrier placé à la partie antérieure de la machine.

En admettant que l'on ait à raboter pendant un certain temps des pièces de même dimension, et que la table doive rester à la même hauteur, chaque point de la partie de la lame en contact avec le bois parcourant des espaces qui vont en augmentant du centre à la circonférence, les lames travailleront inégalement et s'useront de même.

Le prix de cette machine à plateau tournant de $1^{m},50$, est de 3,000 francs; ce qui est un prix très-élevé pour les usages restreints auxquels elle peut servir.

Néanmoins cette raboteuse travaille très-bien et présente des avantages sérieux pour le travail des petits bois.

Nous nous trouvons maintenant en présence d'une machine ou plutôt d'une série de machines exposées par M. Guilliet, et devant lesquelles le public s'arrête longuement, émerveillé de leur travail aussi rapide que facile. Les diverses machines composant cette série étant placées sur le même bâti et les outils appartenant à un même type, leur étude se fera simultanément.

La partie A du bâti (fig. 1, 2 et 3, pl. 91) porte une défonceuse[1], une scie à ruban et une scie alternative à arçon pour découper le bois. Cette partie du bâti se compose de quatre montants *a* ou pieds verticaux, réunis à leur partie supérieure par une table formée de deux plateaux mobiles et à leur partie inférieure par des traverses *c*. Un montant courbe *b* sert de support aux organes supérieurs de la machine, tandis que les organes inférieurs sont portés par les montants *a a* et les traverses *c*. Sur ces dernières, sont placés les paliers de l'arbre *d* qui porte, outre les poulies de commande *p*, la poulie P et le tambour inférieur de la scie à ruban TT. Ce tambour sert en même temps de poulie P^1, et c'est à l'aide de cette poulie que le mouvement se transmet à la défonceuse *e* par l'intermé-

1. On appelle ainsi un outil destiné à creuser dans le bois des moulures droites ou courbes.

diaire des poulies p' et de la bobine f. Le support b', qui porte la défonceuse, peut glisser sur le bâti b à l'aide d'un pignon et d'une crémaillère de façon à élever ou abaisser l'outil suivant l'épaisseur du bois.

Pour donner le même mouvement à l'outil lorsque les épaisseurs n'éprouvent que de petites variations, on se sert de la vis v; enfin, lorsque sa position est ainsi réglée, on approche l'outil du bois à travailler à l'aide des leviers articulés h, h munis d'un contre-poids q et d'une pédale. En appuyant sur cette dernière, l'outil s'abaisse sur le bois, tandis qu'en l'abandonnant à elle-même, le contre-poids le relève.

La pièce à travailler est placée sur un plateau i qui peut glisser horizontalement dans le sens indiqué par la flèche (fig. 3) sur un second plateau i'. Le mouvement du plateau i est obtenu à l'aide d'une manivelle m commandant une vis fixe tournant dans un écrou fixé à la table i; quant au plateau i', on peut lui donner un mouvement de va-et-vient perpendiculaire à celui du plateau i et dans le même plan horizontal.

Ce dernier mouvement a lieu par l'intermédiaire d'une manette M dont l'arbre porte un pignon engrenant avec une crémaillère fixée au plateau i' (fig. 3, pl. 91). A l'aide des deux mouvements que nous venons d'énumérer, l'ouvrier manœuvrant l'outil par la pédale, et le plateau, par les manivelles qu'il tient dans chaque main, peut faire décrire à la pièce qu'il travaille toutes les courbes imaginables dans un plan horizontal. Cette dernière manœuvre s'opère avec une très-grande rapidité, et les personnes étrangères au travail du bois sont étonnées de la facilité avec laquelle l'on obtient de cette façon les ornements les plus variés.

Nous ne dirons rien de la scie à ruban ni de la scie alternative, du moins comme agencement, ce dernier n'offrant rien de remarquable.

La partie B du bâti porte une mèche à mortaiser dont l'arbre est mis en mouvement à l'aide d'une courroie partant de l'arbre d et de la bobine g. Le plateau sur lequel repose la pièce peut prendre deux mouvements rectangulaires dans un plan vertical. Le premier de ces mouvements, qui permet d'écarter ou de rapprocher le bois de l'outil suivant la profondeur de la mortaise, s'obtient à l'aide de la manivelle m' commandant une vis; tandis que le second mouvement, qui est vertical, sert à élever ou à abaisser la pièce suivant la hauteur de la mortaise; il est obtenu en tournant la manette M'. La manivelle m'' sert à fixer le plateau dans la position qu'on lui a donnée. Le mouvement de va-et-vient dans le sens de la longueur de la mortaise est donné à la main. La célérité et la facilité du travail ne sont plus ici les mêmes que pour la défonceuse; l'ouvrier perd beaucoup de temps à manœuvrer les manivelles qui ne sont pas bien placées. De plus, il est infiniment préférable de donner mécaniquement à la pièce le mouvement dans le sens de la longueur de la mortaise.

La partie C du bâti porte deux outils montés sur deux arbres verticaux munis de bobines et recevant la commande de l'arbre d. Celui de ces arbres verticaux qui, dans la fig. 1, se trouve placé près de la partie B du bâti, porte un outil destiné à pousser les moulures droites ou cintrées. Son montage ne diffère pas de celui des arbres portant les toupies faisant ordinairement ce genre de travail; l'outil seul est remarquable et nous le décrirons en étudiant les autres outils de cette machine.

Lorsqu'on veut pousser des moulures droites, on appuie la pièce de bois sur des guides placés sur le plateau et qu'on écarte à volonté de l'outil.

Le second arbre monté sur la partie C du bâti porte les outils destinés à faire les tenons. Ces outils sont en forme de disques placés horizontalement, au nombre de deux, et l'on peut les écarter l'un de l'autre à l'aide de rondelles, suivant l'épaisseur du tenon. L'arbre vertical qui porte cet outil, analogue à celui d'une toupie ordinaire, peut s'élever ou s'abaisser à l'aide d'une manette formant la tête d'une vis placée à sa partie inférieure. On détermine, à l'aide de cet organe, l'emplacement des outils d'après la position que doit avoir le tenon dans le sens de l'épaisseur de la pièce.

L'arbre porte en outre un volant V. Une patte serrée par une vis de pression qu'on tourne à l'aide d'une manette sert à fixer la pièce de bois dans le sens voulu par l'inclinaison qu'on veut donner à l'arrêt du tenon.

En H est un chariot dont le mouvement dépend de la manivelle m^2, et qui porte la pièce sous l'outil.

Enfin, près de la partie B du bâti qui porte la mortaiseuse, se trouve la machine à raboter qui ne présente rien de nouveau dans son agencement.

Il ressort de la description précédente que le constructeur a voulu créer un établi mécanique ou raboteur universel[1]. Nous devons donc examiner tout d'abord si ce genre de machines est réellement avantageux.

Le premier avantage qu'offre cette disposition est évidemment l'économie de l'emplacement. Mais, si nous remarquons que dans l'industrie dont nous nous occupons, comme dans toutes, le travail exige qu'une pièce passe successivement par une série de machines avant d'être terminée, et que, par conséquent, les machines doivent toutes travailler à la fois, dans un atelier où la production est continue, nous serons convaincus que l'avantage dont nous venons de parler n'est qu'illusoire.

Il résulte, en effet, du travail simultané de toutes les machines que le peu d'emplacement qu'elles occupent nuit à la manœuvre ; les ouvriers se gênent l'un l'autre et il y a un temps perdu considérable. De plus, les vibrations et les chocs, qui sont d'autant plus importants qu'il y a plus d'outils en mouvement, nuisent à la qualité du travail, surtout lorsque les organes de la machine sont aussi mal agencés que dans celle que nous venons d'étudier et que le bâti, établi avec des fers à nervures, présente des pièces d'une faible masse, d'une grande longueur, mal reliées entre elles, et par conséquent offrant le dernier inconvénient cité au plus haut degré.

Celui-ci ne saurait disparaître que si l'on ne fait travailler qu'un seul outil à la fois ; la machine cesse dès lors d'être industrielle, et cela d'une manière d'autant plus absolue qu'elle ne peut servir à la petite industrie.

Mais, si la machine de M. Guilliet est défectueuse, ses outils constituent au contraire l'une des innovations les plus remarquables que présentent les machines à bois exposées. Ces outils appartiennent à un seul et même type, et sont formés de tôle d'acier trempé. Leur travail est d'une facilité et d'une rapidité surprenantes ; le bois est coupé avec la plus grande netteté. Nous allons les examiner successivement.

L'outil de la défonceuse est formé d'une lame de tôle d'acier recourbée et présente l'aspect d'une toupie retournée. (Pl. 91, fig. 4, 5 et 6.)

Le biseau de l'outil est fait sur une meule d'émeri spéciale dont M. Guilliet est l'inventeur.

L'outil de la machine à mortaiser consiste en une mèche à vilebrequin (fig. 4 5 et 6 ; Pl. 91). Cette mèche agit en perçant, et coupe le bois latéralement

1. Nous devons dire cependant qu'il est probable que M. Guilliet a voulu présenter au public toute la série d'outils dont il est l'inventeur et les faire travailler dans l'emplacement qui lui était attribué. S'il en était ainsi, l'observation que nous faisons sur l'inutilité des établis mécaniques au point de vue industriel ne saurait s'appliquer à la machine exposée par M. Guilliet.

par ses tranchants hélicoïdaux lorsqu'on imprime à celui-ci ou à l'outil un mouvement de va-et-vient. Cet outil se retrouve dans diverses machines exposées, quoique avec des différences dans la direction et la forme des filets.

M. Guilliet croit en avoir la priorité. Dans tous les cas, cette mèche paraît supérieure aux autres outils à mortaiser pour le travail des bois[1].

L'outil de la machine à pousser les moulures droites ou cintrées a la forme d'un tronc de cône percé d'ouvertures présentant des tranchants en biseau (fig. 7 et 8, pl. 91). On voit combien il diffère de la lame unique employée dans les toupies.

Les fig. 9 et 10 de la même planche 91 représentent l'outil de la machine à faire les tenons.

L'examen de ces figures suffira au lecteur pour se rendre compte de sa forme.

Ainsi que nous l'avons dit, ces outils ne laissent rien à désirer sous le rapport du travail; il n'en est pas de même sous le rapport économique et nous pourrions leur appliquer les mêmes critiques que celles que nous avons faites de la lame hélicoïdale du système Mareschal. — Aussi doivent-ils coûter cher :

1° Parce qu'ils sont faits avec des lames de tôle trempée après la fabrication, et que, par suite, il faut recommencer plusieurs outils avant d'en obtenir un qui puisse servir.

2° Parce qu'il n'y a qu'une seule maison qui puisse les fabriquer.

Malgré les inconvénients que nous avons dû signaler et la construction baroque de la machine de M. Guilliet, nous ne pouvons que le féliciter hautement de sa tentative heureuse pour substituer de nouveaux outils aux anciens. Il est à croire qu'une pareille innovation l'a mis au nombre des industriels récompensés.

Nous terminerons l'examen des machines à travailler le bois en le corroyant, faisant partie de la section française, par l'examen de la machine à raboter de M. Vallod, et quelques mots sur une parqueteuse de M. Quetel-Tremois.

La raboteuse de M. Vallod est remarquable par l'application d'une idée fort ingénieuse et nouvelle, du moins en ce qui concerne le rabotage du bois. (Voir pl. 92, fig. 4, 6, 7 et 8.)

Cette idée consiste à donner à l'outil, qui possède un mouvement de rotation rapide, un second mouvement de va-et-vient transversal.

En outre, l'amenage du bois ne se fait pas à l'aide de cylindres cannelés, afin d'éviter les soubresauts que détermine l'usure rapide de ces organes. La frise s'avance sous l'outil par l'intermédiaire d'une chaîne de Galle, sur laquelle elle est placée et dont les maillons reçoivent un crochet, comme dans la toupie à avancement automatique de M. Perin, et autres machines, telles que la machine à raboter le bois sur quatre faces, de M. Dietz. La planche 93 représente cette machine à raboter, nous en donnons la description, page 302.

Continuons l'examen de la raboteuse Vallod.

Lorsque ce crochet a rempli son office, il quitte la chaîne au point où elle s'incline et tombe dans une rigole en tôle qui le ramène sur le côté de la machine, à portée de la main de l'ouvrier qui le prend pour le replacer de nouveau sur la chaîne et pousser une nouvelle planche.

Le bâti de la machine se compose de deux flasques en fonte supportant une table de même matière, parfaitement dressée. Sur la face supérieure de cette table sont placés des rouleaux lisses, de pression, dont les coussinets sont recouverts de boîtes en fonte destinées à les mettre à l'abri des copeaux et de la

1. Nous reviendrons sur cet outil dans notre examen des machines à mortaiser.

poussière. La table est traversée par des tiges portant des contre-poids à leur partie inférieure et reliées au rouleau à leur partie supérieure. Toute la partie de la table qui précède le rabot tournant peut s'incliner légèrement, de façon à ce que son niveau se trouve au-dessous de celui de l'autre partie ; le rabot étant réglé pour affleurer la table, cette inclinaison permet d'enlever une épaisseur de bois plus ou moins grande.

Ainsi que nous l'avons dit, le mouvement de va-et-vient sur son axe, imprimé au rabot, constitue l'innovation apportée dans cette machine. Ce mouvement est obtenu à l'aide d'une bielle coudée, dont l'une des extrémités glisse à volonté dans une coulisse fixée à l'arbre du rabot. On détermine de cette façon l'amplitude du mouvement de l'outil. Celui-ci coupe nettement les surfaces, et son action est surtout remarquable sur les nœuds du bois. Le rabotage des surfaces est achevé par un fer fixe placé sur la table, après le rabot tournant, et pouvant s'élever ou s'abaisser à l'aide de deux vis. Après avoir subi l'action de ces outils, le bois passe devant deux toupies qui font les moulures latérales. L'une de ces toupies peut s'éloigner de l'autre à volonté, manœuvre qui a nécessité une ouverture assez considérable dans la table.

Mais, ainsi qu'on a pu le remarquer, le constructeur a cru devoir s'attacher à préserver de l'atteinte des copeaux tous les organes de sa machine ; il a donc encastré dans la table un disque en fonte dont la surface dressée affleure et fait suite à celle de la table. Ce disque est percé d'une ouverture un peu allongée pour livrer passage à l'arbre de la toupie, et il tourne autour de son axe quand on écarte ou rapproche celle-ci. Cette disposition permet, en outre, de soutenir le bois précisément au point où il subit un travail énergique.

Des ressorts et des galets dirigent le bois dans son mouvement.

Avant de nous livrer à l'examen des avantages et des inconvénients de cette machine, nous devons déclarer que c'est une machine d'études, sortie très-précipitamment des ateliers, et que par conséquent nos critiques, si critiques il y a, sont plutôt des conseils sur les dispositions à adopter, lors de la construction d'une nouvelle machine.

Constatons d'abord que, par suite de l'absence des cylindres cannelés, la machine exposée réalise une économie de force assez importante, augmentée encore par le mouvement latéral, alternatif, imprimé à l'outil. Ce dernier, en séparant les fibres dans les deux sens à la fois, rencontre une résistance évidemment bien inférieure à celle qu'il doit vaincre lorsqu'il ne divise le bois que dans un seul sens.

De plus, le rabot étant placé au-dessous de la planche et affleurant la table, on n'enlève que la quantité strictement nécessaire pour rendre la surface lisse, résultat qui concourt encore à rendre plus grande l'économie de force motrice.

L'affûtage des fers est aussi facile que dans toutes les autres raboteuses dont l'outil se compose de fers droits. On remarquera, en outre, qu'ils travaillent sur toute leur longueur, ce qui en rend l'usure uniforme.

Mais nous pensons que certains des avantages énumérés plus haut sont achetés trop chers. Ainsi, la disposition générale qui place tous les organes de la machine sous la table, les cache à l'œil et les rend difficiles à atteindre, donne toujours lieu à de grandes pertes de temps lorsqu'on doit réparer ou affûter. C'est, en général, une tendance mauvaise que de vouloir trop cacher les organes d'une machine quelle qu'elle soit.

Nous croyons, en outre, que M. Vallod a attaché trop d'importance à la préservation des organes de la machine de l'atteinte des copeaux et de la poussière. Il n'a pu obtenir ce résultat qu'en augmentant encore le temps perdu pour atteindre les organes qu'on veut visiter.

Enfin, dans la machine exposée, le mouvement d'amenage n'est pas continu, mais, empressons-nous de le dire, cet inconvénient peut facilement disparaître.

La raboteuse de M. Vallod peut blanchir de 4 à 5 mètres de frise par minute et son prix (4 à 5000 francs) est le même que celui de toute autre parqueteuse pouvant faire le même ouvrage.

Notre opinion est que cette machine peut rendre de très-grands services lorsqu'elle sera sortie de la période des études et que, telle qu'elle est, elle eût valu à son constructeur une récompense bien méritée, si elle avait été exposée en temps voulu. Du reste, nos lecteurs pourront se rendre parfaitement compte des dispositions de cette parqueteuse en se reportant aux fig. 4, 6, 7 et 8, de la planche 92.

Nous devons nous justifier de ne pouvoir dire que quelques mots de la parqueteuse de M. Quetel-Tremois. A peine étions-nous entrés dans l'annexe où sont montées les machines de ce constructeur, qu'un ouvrier nous voyant prendre quelques notes (et disant agir par ordre) nous invita à nous retirer.

Inutile d'ajouter que ce fut en vain que nous voulûmes indiquer l'usage auquel était destinée notre étude. Nous sommes donc obligés de priver nos lecteurs de la description de cette machine. Nous pensons, et nous pourrions au besoin nous appuyer sur des exemples, que l'amour de son art fait plus pour la prospérité d'un industriel que ces vues étroites du chacun chez soi, chacun pour soi.

Une industrie est d'autant plus perfectionnée que ses procédés sont plus facilement échangeables, et plus elle est perfectionnée, plus le nombre de ses consommateurs augmente, et plus grande devient l'importance de ses transactions.

C'est aussi, nous le croyons du moins, la manière de voir de l'État lorsqu'au prix de grands sacrifices il provoque la réunion de toutes les industries dans une seule enceinte.

Force nous a donc été de recourir aux renseignements. De ces derniers, très-généraux, mais que nous garantissons, il résulte :

1° Que la parqueteuse de M. Quetel-Tremois n'offre rien de neuf, rien absolument.

2° Que cette machine fonctionne bien et qu'elle blanchit 4 mètres de parquet à la minute, ce qui est un fort bon résultat.

Nous commencerons notre examen des machines appartenant aux sections étrangères par celles que l'Allemagne a envoyées à l'Exposition.

M. Zimmermann de Chemnitz a exposé, entre autres machines, une raboteuse à chariot, dont l'exécution proprement dite a attiré notre attention.

Le bâti est en fonte et se compose de deux parties : l'une A (fig. 1, Pl. 104), horizontale, formée de deux longerons, reposant à leurs extrémités sur des pieds venus de fonte avec elle; l'autre B, verticale, formée de deux montants placés de chaque côté de la partie A sur les longerons de laquelle ils sont boulonnés et destinée à porter l'arbre de l'outil ainsi que les cylindres presseurs. Ces derniers n'ayant pas à déterminer l'avancement du bois sont lisses, et n'ont pour objet que de faire adhérer la pièce à travailler sur le chariot, à l'aide des romaines de pression dont ils sont munis.

Le porte-outil est un prisme rectangulaire armé de fers droits occupant toute la largeur du chariot. Les paliers de l'arbre sur lequel est calé ce porte-outil, et dont l'une des extrémités porte la poulie qui lui imprime son mouvement de rotation, reposent sur deux chaises *c* venues de fonte avec un plateau *d* qui peut glisser verticalement sur le bâti B. Pour obtenir ce mouvement, qui permet d'abaisser ou d'élever l'outil suivant les épaisseurs du bois, le plateau porte deux écrous dans lesquels tournent des vis fixes conjuguées, dont les têtes sont des roues d'angle engrenant avec deux autres roues d'angle placées aux extrémités d'un arbre horizontal *e*. On fait tourner ce dernier à l'aide des manivelles *m*. Les cylindres lisses, dont l'office est de presser le bois sur le chariot, sont placés de chaque côté de l'outil. Il suffit de jeter un regard sur la figure pour se rendre compte de la forme des romaines R qui les commandent.

L'avancement du chariot se fait à l'aide des organes suivants placés à gauche du bâti. (Nous supposons le lecteur placé en avant de la partie A que nous appellerons la partie antérieure de la machine et la face tournée vers celle-ci; c'est de ce côté qu'est placé le bois à travailler.) Un premier arbre y repose à l'une des extrémités sur le bâti A, à l'autre extrémité, sur une chaise placée en dehors. Sur l'arbre sont calés une poulie recevant la courroie de commande, et un pignon engrenant avec une roue dentée, dont l'arbre porte aussi un pignon qui engrène avec la roue principale; l'arbre de cette roue principale porte le pignon qui engrène avec la crémaillère du chariot.

Tels sont les organes qui font avancer le chariot pendant que l'outil travaille. Pour opérer le retour qui doit être plus rapide que l'aller, l'arbre, qui porte la première poulie de commande, est enveloppé par un second arbre creux, portant une seconde poulie de même diamètre que la première et un pignon qui engrène directement avec la roue principale.

Pour passer de la première poulie sur la seconde, et inversement, mouvements qui correspondent à l'aller et au retour, puisque le sens de rotation de la roue principale change suivant qu'elle est commandée par l'une ou l'autre des deux poulies, la courroie passe sur une troisième poulie qui est folle sur son axe et placée entre les deux premières ; le chariot ne sera donc jamais sollicité à la fois à suivre les deux mouvements opposés, ce qui arriverait si les poulies de commande étaient placées l'une près de l'autre sans poulie intermédiaire.

Une toupie, dont l'arbre porte une bobine, placée vers la partie antérieure du bâti, permet de faire des rainures ou des languettes.

L'outil, le chariot et la bobine reçoivent leur mouvement de l'arbre de transmission D, placé à l'extrémité du bâti, et qui porte les poulies nécessaires, parmi lesquelles nous comptons les poulies recevant la courroie de transmission placée à son extrémité.

Cette machine peut raboter jusqu'à $0^{m},425$ de largeur, $0^{m},280$ de hauteur et $4^{m},530$ de longueur. Son prix est de 4690 francs. Le rabotage sur 4 faces nécessitant une certaine complication de la machine et donnant lieu à des réactions très-vives, par suite de l'action des quatre outils, le véritable moyen pratique de l'opérer consiste à raboter simultanément sur deux faces perpendiculaires. Nous félicitons M. Zimmermann de l'avoir adopté. Le même moyen a été employé par M. Périn dans le dessin qu'il a exposé d'une raboteuse à chariot, parfaitement entendue du reste.

Le système par lequel on élève ou abaisse l'outil, à l'aide de vis conjuguées, ne permet pas un dressage exact au bout d'un certain temps de service ; nous pensons l'avoir prouvé en nous occupant de la machine construite par M. Arbey.

Le croisillon-manivelle, à l'aide duquel s'opère cette manœuvre, est placé trop haut. L'ouvrier est obligé de se hausser pour y arriver en même temps qu'il est obligé de s'incliner sur l'outil pour s'assurer de la quantité dont il l'élève ou l'abaisse. Or, lorsqu'une manœuvre, qui doit souvent se répéter, est fatigante, l'ouvrier s'en dispense, ce qui donne lieu à une perte de matière qui peut être importante.

La commande est mal placée, car il est impossible, lorsque la machine est en marche, de s'approcher du chariot, empêché qu'on en est par les courroies qui passent de chaque côté de la machine, et mettent en mouvement l'outil et la toupie. Cet inconvénient eût été évité en commandant la toupie par le bas et en abaissant, par conséquent, l'arbre de commande.

Nous devons signaler, surtout, une disposition dont, malgré tous nos efforts, nous n'avons pu comprendre le but. L'outil occupe toute la largeur, sur laquelle la machine peut raboter, et le chariot a environ 0m,10 en moins de chaque côté. On a alors placé, sur le chariot, une planche ayant la largeur de l'outil et destinée à porter la pièce à travailler. Cette planche se voile, en sorte qu'il est complétement impossible de dresser une surface dans de pareilles conditions.

Ce banc est trop long par rapport au chariot qui eût pu le dépasser sans inconvénient dans son mouvement de retour, ainsi que cela se voit dans les machines à travailler le fer. Ajoutons qu'outre son poids de fonte inutile, dont une partie ouvrée, il résulte de cette disposition un emplacement considérable occupé par la machine dans l'atelier.

Les points d'attache des pièces, les coulisses et rainures du chariot sont trop maigres.

Enfin l'emploi du fer, occupant toute la largeur du bois à raboter, absorbe beaucoup plus de force que lorsque les lames sont moins larges et sont disposées de façon à ce que leurs projections horizontales occupent toute la largeur de la planche.

Telles n'ont pas été les dispositions générales que nous avons observées dans le dessin d'une machine à raboter, à chariot, exposée par M. Périn. Dans cette machine, la commande de la toupie a lieu par le bas; le chariot peut dépasser le banc d'une certaine longueur et les fers du rabot remplissent la condition que nous venons d'indiquer. Ce sont là, à notre avis, d'excellentes inspirations.

MM. Schmaltz frères, à Offenbach, ont exposé une machine à raboter les planches sur deux faces en faisant en même temps les rainures et languettes.

Les outils à raboter les faces sont l'un au-dessus, l'autre au-dessous de la planche à raboter; ils ne diffèrent en rien des outils à lames droites dont il a été précédemment question.

Le bâti se compose d'une table H (fig. 2, pl. 104), présentant en son milieu l'ouverture nécessaire pour le passage des outils et soutenue par quatre montants en fonte. A l'extrémité antérieure du bâti sont placés quatre cylindres, dont deux A'A' sont cannelés et placés au-dessus de la planche à entraîner, et deux cylindres AA sont lisses et placés au-dessous. Les cylindres A' A' sont mobiles et peuvent osciller autour d'un centre B (fig. 5, pl. 104), sous l'action des poids placés dans un plateau D soutenu par les tringles *c*.

Cette action des poids se fait sentir sur les cylindres cannelés par l'intermédiaire d'un centre d'oscillation B à un levier coudé comme dans toutes les romaines de pression. L'une des branches de ce levier agit sous l'influence de la manette *b*. Cette disposition, moins la romaine qui est remplacée par le poids propre des cylindres cannelés, existe dans la machine américaine de Woodbury de Boston, exposée à Londres en 1851. Les cylindres inférieurs sont fixes. Entre chaque couple de cylindres, sur les arbres B et B', sont placées des roues *r r'* engrenant entre elles et chacune avec deux autres roues dentées portées par les cylindres.

La roue *r'* reçoit son mouvement de rotation d'une roue calée sur le même arbre et engrenant avec une vis sans fin. Il est facile de voir que le centre d'oscillation des cylindres cannelés étant le même que le centre du pignon *r*, l'engrènement de ce pignon avec les roues dentées des cylindres cannelés aura toujours lieu quelle que soit la position de ces derniers.

L'arbre de la vis sans fin porte une roue d'angle engrenant avec une seconde roue portée par un arbre qu'une courroie met en relation avec l'arbre de commande.

Des deux porte-outils destinés au travail des faces de la planche, l'un E, placé au-dessous est fixe, l'autre est mobile et peut s'élever ou s'abaisser suivant l'épaisseur du bois, à l'aide de deux vis conjuguées, commandées par un arbre horizontal muni d'une manette, ainsi que nous l'avons déjà vu pour d'autres machines. Entre les deux porte-outils dont nous venons de parler sont placées les toupies FF', dont l'une mobile peut s'écarter ou se rapprocher à volonté de l'autre, à l'aide d'une vis *v*, suivant les largeurs des planches.

Enfin, des organes presseurs HH, JJ, servent à maintenir la planche latéralement et sur les faces supérieures.

Cette machine présente d'abord une disposition mauvaise qui consiste en ce que les supports des paliers de l'arbre du porte-outil supérieur ne sont pas solidaires.

Il peut arriver, dans ce cas, que la position de l'un des supports varie, ce qui détermine un coincement inévitable.

Nous ne reviendrons pas sur l'inconvénient que présente un plateau inférieur au lieu des romaines à contre-poids placées sous la main.

Enfin, les outils des toupies sont montés sur pointes au lieu d'être placés à l'extrémité de l'arbre qui les porte. Cette disposition ne permet pas d'atteindre l'outil, pour en changer les lames, aussi facilement que lorsqu'il est monté sur collets.

Du reste, la parqueteuse de MM. Schmaltz frères nous a paru dans de bonnes conditions d'exécution.

Ces constructeurs ont, parmi d'autres machines, exposé une autre toupie qui ne présente rien de remarquable. Cette machine est bien entendue surtout en ce qui concerne les organes presseurs.

Les constructeurs américains, dont l'esprit inventif est des plus remarquables, n'ont exposé aucun outil à raboter que nous devions citer. Toute la place dont nous pouvons disposer doit être consacrée aux trois machines suivantes: une machine à tourner, une machine à faire les fonds de tonneaux, et une machine à faire les queues-d'aronde.

Nous ne nous occuperons ici que de la première, les outils des deux autres étant des scies et appartenant à la dernière classe que nous devons examiner.

Le tour américain est un outil tout nouveau et des plus remarquables. Il est destiné surtout à la fabrication des bâtons de chaise et d'autres pièces analogues. (fig. 6, pl. 104.)

On place entre les fourches un morceau de bois auquel on a préalablement donné la forme carrée. Un ciseau en forme de rabot à lunette lui donne la forme ronde et cylindrique, tandis qu'un couteau, auquel on a donné le profil qui doit être reproduit sur le bois, placé en biais dans un plan vertical tangent à la surface du bois, se meut verticalement et de haut en bas, de manière à approcher chaque point de son biseau de la circonférence du bâton. Il suffit donc d'abaisser le couteau d'une quantité égale à la différence du niveau de ses deux extrémités pour obtenir une pièce présentant le profil complet qu'on a donné à la lame.

On arrive de cette manière à faire, en quelques secondes, un travail qui, pour le moins, eût exigé autant de minutes par les procédés employés actuellement.

Le couteau doit, il est vrai, coûter fort cher, mais aussi son emploi doit donner lieu à des résultats grandement rémunérateurs, surtout quand on a une grande quantité de bois profilés à produire sur le même modèle. Ajoutons qu'on peut reproduire, sans tâtonnement aucun, des profils exactement semblables.

Notre compte rendu, en ce qui concerne les machines appartenant à la section anglaise, sera bref, car, à une exception près, il ne nous a pas été possible d'obtenir des renseignements.

Avant d'aborder l'examen de ces machines, nous devons déclarer que le travail qu'elles font à l'Exposition ne peut en rien éclairer sur la qualité de leurs produits. Les bois sur lesquels elles opèrent sont des bois de choix ne présentant que le moins d'obstacles possibles à l'action de l'outil. Or, ce dernier ne peut être jugé, ainsi que la machine qui le met en mouvement, que lorsqu'ils agissent sur des bois courants présentant des nœuds, dont les fibres remontent les unes sur les autres et sont dirigées dans les sens les plus variés et souvent dans des plans différents de celui du rabotage. Des renseignements exacts, tels que nous les ont toujours donnés les honorables industriels dont nous avons examiné les machines jusqu'ici, étaient donc de la plus grande nécessité ; malheureusement ils nous ont manqué.

L'observation précédente, relative au bois mis en œuvre par les exposants anglais, s'applique aussi aux exposants américains.

Nous citerons tout d'abord la machine à raboter de MM. Samuel Worssam, King's Road, Chelsea, à Londres.

Cette machine est de forme excessivement gracieuse, son agencement parfaitement entendu et son exécution excellente.

Elle se compose d'un bâti en fonte A (fig. 7, pl. 104), horizontal, sur lequel se meut le chariot, et d'un second bâti vertical B, réuni au premier à l'aide de boulons. Le second bâti vertical porte le plateau du porte-outil *a;* ce dernier s'élève ou s'abaisse à l'aide d'une seule vis mue par un volant à main *e*. En *r* et R sont les rouleaux lisses de pression et la romaine qui les commande.

Le bois est assujetti avec des crampons à vis et écrous dont le serrage a lieu par manivelle.

Le bâti A porte, à l'une de ses extrémités, un arbre horizontal *d* qui commande la poulie fixée sur l'arbre du porte-outil, et une seconde poulie calée sur un second arbre *e* placé vers le milieu du bâti. De l'arbre *e*, le mouvement est transmis à un troisième arbre *c* placé à l'extrémité du bâti sur lequel sont placées les poulies portant les courroies de l'aller et du retour. La première de ces courroies est à brins parallèles, la seconde à brins croisés. Le même système de fourchettes fait passer l'une ou l'autre de ces courroies sur la poulie folle, aux changements de sens du mouvement, en même temps qu'il donne une vitesse plus grande au retour.

Les fers placés sur le porte-outils, qui est rectangulaire, sont au nombre de quatre, dont deux droits.

Les deux autres fers sont légèrement inclinés sur l'horizontale de façon à prendre le bois en sifflet.

Il résulte de cette disposition que les fers ont une légère courbure. Nous pensons que l'avantage que cette forme peut offrir, au point de vue de la facilité du rabotage, n'est pas compensé par la difficulté de l'affûtage.

Cette machine est, comme nous l'avons dit, parfaitement étudiée, et son prix, qui varie entre 3,700 et 6,000 francs, suivant les longueurs, est loin d'être exagéré.

M. Worssam a exposé près de sa raboteuse une machine, dite machine universelle, à moulures en relief ou en creux.

Cette machine se compose de deux outils, une toupie ordinaire et une défonceuse. Cette dernière *b* (fig. 2 et 4, pl. 104), portée à la partie supérieure du bâti A, est fixée sur un plateau pouvant glisser verticalement sur le bâti à l'aide de la vis *v* mue par le volant à main *m*. On approche l'outil du bois à travailler à l'aide du levier *l* sur lequel réagit le ressort à boudin *r*. Le plateau et le porte-outil sont ainsi équilibrés. La tige du porte-outil est mise en mouvement par une courroie s'enroulant sur un tambour monté à l'extrémité supérieure d'un arbre vertical *p* qui est l'arbre de commande. Le plateau *c*, destiné à porter le bois (cette particularité doit être notée), ne peut recevoir qu'un mouvement de va-et-vient rectiligne dans le plan horizontal.

Au-dessous de la défonceuse, est placée la toupie commandée par le même arbre *p* et ne différant en rien de la toupie ordinaire. Pour s'en servir, on doit préalablement enlever le plateau *c* qu'on remplace par une table.

Cette machine, comme la première, présente des proportions bien étudiées. Tout y est traité avec ce soin qu'apportent en général les constructeurs anglais dans leurs œuvres. Mais elle est une nouvelle preuve que les machines à plusieurs fins n'ont pas de raison d'être.

Les outils ne peuvent travailler à la fois, la défonceuse au centre de la pièce et la toupie latéralement. Une toupie ordinaire peut donc faire l'ouvrage de ces deux outils, et cela avec d'autant plus de raison que le plateau destiné à porter le bois, lorsque la défonceuse travaille, n'est susceptible de prendre qu'un mouvement dans le plan horizontal.

Ajoutons qu'elle est d'un prix fort élevé (3375 francs).

Le même constructeur a encore exposé une machine dite menuisier universel, à l'aide de laquelle on peut scier, faire les mortaises, les tenons et moulures. Nous ne reviendrons pas sur ce que nous avons dit à l'égard de ce genre de machines. Ajoutons seulement que le même arbre qui porte la scie circulaire, la mèche et le fer à moulures, ne peut passer d'une vitesse de 1000 tours par minute, nécessaire au bon fonctionnement de la scie circulaire, à une vitesse de 3000 et 4000 tours par minute qu'exigent la mèche et l'outil à faire les moulures.

M. Charles Powis a exposé une machine à faire les moulures sur le plat.

Tous les outils, ainsi que les cylindres presseurs, sont placés en porte-à-faux, d'un côté du bâti qui a la forme quadrangulaire ; de l'autre côté du bâti sont placés les organes de commande. Cette disposition présente un grand avantage, c'est que tous les organes de la machine sont en vue et parfaitement accessibles. L'inconvénient du porte-à-faux n'a pas d'importance puisque la machine n'est destinée qu'à pousser des moulures sur des pièces de petites dimensions. La machine est d'ailleurs parfaitement traitée ; mais quelle est sa raison d'être ? Nous ne voyons pas la nécessité pour un atelier de menuiserie de posséder une moulurière spéciale, puisque toutes les machines à raboter font la moulure en adaptant les fers convenables au porte-outil.

Nous citerons encore une parqueteuse (machine à quatre outils) exposée par MM. Thomas Robinson et fils. Cette machine a la plus grande analogie avec celle de MM. Schmaltz frères, dont nous avons donné la description. La disposition des cylindres cannelés oscillant autour d'un point fixe est la même ; la pression qu'ils exercent est déterminée par un plateau recevant les poids et placé à la partie inférieure de la machine comme dans la parqueteuse allemande ; enfin, les outils latéraux sont montés sur pointes ; en sorte que les observations que nous a suggérées l'examen de la machine de MM. Schmaltz peuvent s'appliquer à celle de MM. Thomas Robinson.

Ajoutons cependant que le montage des lames sur les porte-outils est d'une complication fort peu pratique.

Ici se termine notre examen des machines destinées à couper le bois en le corroyant. Nous allons maintenant nous occuper de la seconde classe de machines indiquée dans notre premier aperçu historique, celle des machines qui entament le bois par percussion ou en le perçant.

Machines dont les outils attaquent le bois par percussion ou en le perçant.

Ces machines sont d'une origine plus récente que les machines à raboter. Nous n'avons pu nous procurer les renseignements nécessaires pour déterminer cette origine, ce qui n'a pas d'importance au point de vue des progrès accomplis, car les outils dont on s'est servi tout d'abord ont encore leur emploi actuellement.

Les machines à mortaiser peuvent se diviser en trois classes. La première est composée des machines dont l'outil est en forme de burin présentant trois tranchants et ne peut servir que lorsqu'on a préalablement percé un trou dans la mortaise, en son milieu [1].

Le burin, animé d'un mouvement rectiligne alternatif, agit sur la moitié de la longueur de la mortaise; on le retourne pour terminer la seconde moitié.

La machine à percer peut être indépendante, et c'est même la disposition qu'avaient généralement adoptée les constructeurs aux expositions de 1851 [2] et de 1855. Une seule machine, dite machine jumelle, construite à Graffenstaden, faisant partie de cette dernière exposition, portait à la fois deux outils percusseurs. Les dispositions adoptées pour cette machine sont encore, pour la plupart, celles qu'on remarque dans les machines actuelles appartenant à la classe dont nous nous occupons. Les machines dans lesquelles les outils sont séparés donnant lieu à une grande perte de temps, on ne construit plus que des machines jumelles réunissant la mèche et le bec-d'ane. M. Périn est l'un des premiers, peut-être le premier, qui ait adopté cette disposition.

La seconde classe des machines à mortaiser est composée des machines dans lesquelles la mèche, animée d'un mouvement mécanique de rotation, reçoit en outre un mouvement de translation à la main. Dans le premier mouvement, cet outil, disposé en forme de gouge tranchante sur ses arêtes, perce le bois à des profondeurs de plus en plus grandes, jusqu'à ce qu'il ait atteint la profondeur de la mortaise, en même temps qu'il enlève des copeaux se renouvelant successivement par le second mouvement qui lui est imprimé.

Lorsque les couches de bois ont été ainsi enlevées jusqu'à celle qui forme le fond de la mortaise, l'outil percusseur la termine à ses deux extrémités qui, sans cela, resteraient demi-circulaires.

Enfin, et ce dernier outil est récent, au lieu d'enlever le bois par couches successives, on peut faire pénétrer la mèche du premier coup jusqu'au fond de la mortaise, en sorte qu'une seule course rectiligne de l'outil de la longueur de la

1. Remarquons qu'il est préférable que le trou soit d'abord percé à l'extrémité de la mortaise, car l'on n'a de cette façon qu'à équarrir cette extrémité et à retourner de suite l'équarrisseur qui termine l'ouvrage en une seule course de la pièce. On évite ainsi la perte de temps occasionnée par une certaine partie de la course en sens contraire pendant laquelle l'outil ne travaille pas.

2. Les mortaiseuses n'étaient pour ainsi dire pas connues en 1851, car nous n'avons entendu parler que d'une seule de ces machines qui fût à l'exposition anglaise; c'est celle de M. Furness de Liverpool.

mortaise est alors nécessaire. Ce dernier résultat est obtenu à l'aide de mèches à filets héliçoïdaux tranchants sur leurs arêtes ou hélices extérieures.

L'emploi de ces dernières mèches paraît, tout d'abord, devoir éviter une grande perte de temps; néanmoins, nous pensons qu'il n'est pas pratique dans le percement de mortaises d'une petite largeur mais d'une grande profondeur.

L'effort que doit exercer l'outil est alors trop considérable eu égard à son diamètre, et la mèche doit casser.

Deux inventeurs ont exposé ou se servent de ces mèches à filets hélicoïdaux; ce sont MM. Hamelle et Guilliet. La différence entre ces deux types d'outils ne nous a pas paru sensible. Ils ne diffèrent que par l'inclinaison de leurs filets, et leur travail ne nous a pas paru varier d'une façon notable. Nous donnons à la planche 92, fig. 9 et 10, les projections horizontales de ces mèches.

Nous trouvons dans la classe 54 deux mortaiseuses construites par M. Périn, dont l'une porte un outil percusseur, et l'autre une mèche. (Pl. 90 et 92.)

Le bâti de la première de ces machines, destinée à la menuiserie [1], peut se diviser en deux parties : l'une mobile A' (fig. 3 des pl. 90 et 92), destinée à porter le bois à travailler; l'autre A portant les outils et les organes qui les mettent en mouvement.

La partie A porte un arbre horizontal *a* recevant la commande à l'aide des poulies P, P. A l'une de ses extrémités, le même arbre porte un volant V; à l'autre, un plateau-manivelle commandant une bielle imprimant un mouvement de va-et-vient vertical à un plateau *b*, glissant sur le bâti A. Sur ce dernier plateau, peut glisser un second plateau fixé au porte-outil du bec d'âne à trois tranchants [2], afin de pouvoir augmenter ou diminuer la course de ce dernier.

Le porte-outil doit, nous l'avons dit, pouvoir être retourné. A cet effet, il forme douille autour de la tige qui le porte et sur laquelle est placé un verrou *c* pouvant entrer, pour chaque position de l'outil, dans des encoches pratiquées sur la douille du porte-outil. On n'a donc, pour retourner le ciseau, qu'à lever le verrou, à tourner la douille à l'aide du petit appendice *c*, et le verrou se replace de lui-même, à l'aide d'un ressort, dans la nouvelle encoche qui est en regard.

A côté du bec d'âne à trois faces, se trouve la mèche à percer. Celle-ci est une tarière ordinaire, et la tige qui la porte reçoit son mouvement de rotation à l'aide d'une roue d'angle dont elle est munie engrenant avec une deuxième roue d'angle calée sur un arbre horizontal placé sur le bâti A, et portant les poulies *p*, *p* pour recevoir la commande. Afin de permettre à l'outil de s'élever ou de s'abaisser tout en recevant son mouvement de rotation, la roue d'angle calée sur sa tige est à rainure, tandis que celle-ci porte une languette. Le mouvement d'élévation ou d'abaissement, pour approcher l'outil de la pièce, est obtenu à l'aide du volant à main *m*, des roues *o*, *q*, et de la vis S.

La partie A' du bâti est mobile verticalement à l'aide d'une vis qui la fait mouvoir et qui est commandée par le volant à main *v*. On obtient ainsi l'ouverture sous l'outil que peuvent nécessiter les plus grosses comme les plus faibles pièces. A sa partie supérieure, le bâti A' porte deux plateaux dont le premier peut recevoir dans le plan horizontal un mouvement parallèle à la longueur de la pièce, ou, si l'on veut, suivant la ligne sur laquelle sont placées les mortaises. Ce mouvement peut s'obtenir à l'aide du volant-manivelle *m*, dont l'arbre

1. On remarquera qu'il en est de même pour toutes les machines à outil percusseur. Il faut en effet, quand on se sert de cet outil, que la pièce soit très-solidement assujettie, ce qui n'est facile à obtenir que lorsque la pièce présente des faces planes régulières.

2. Deux de ces tranchants forment les joues du premier.

porte une roue d'angle engrenant avec une seconde roue d'angle formant la tête d'une vis longitudinale tournant dans un écrou adapté au plateau. Le second plateau peut recevoir, dans le même plan que le premier mouvement, un second mouvement perpendiculaire au premier et destiné à placer le bois sous l'action de l'outil, dans le sens de la largeur de la mortaise. Enfin un frein vient s'appliquer sur le volant V, à l'aide d'une pédale qui fait passer en même temps la courroie sur la poulie folle P.

Cette machine, du prix de 800 francs, est parfaitement traitée; mais ce qui nous paraît surtout devoir attirer l'attention, c'est la facilité avec laquelle s'opère la manœuvre qui consiste à élever ou à abaisser les bois. Cette facilité résulte de ce que la table est mobile et non l'outil, comme dans certaines machines que nous examinerons tout à l'heure; en sorte que le volant-manivelle qu'il faut tourner se trouve sous la main.

Si l'agencement de cette machine ne laisse rien à désirer, il n'en est pas de même de sa forme qui n'est pas heureuse.

La seconde machine à mortaiser, exposée par le même constructeur, est la machine la plus utile, la plus rapide et la plus économique dont on puisse se servir pour les bois de charpente. Elle ne porte qu'une mèche qui peut être en forme de gouge ou à filets hélicoïdaux.

Il n'est pas nécessaire pour l'assemblage du bois de charpente que les mortaises soient équarries à leurs extrémités, en sorte que la machine dont nous nous occupons est simple, n'ayant pas besoin d'être munie d'un équarrisseur. Nous pensons même qu'on arrivera tôt ou tard à débarrasser toutes les machines à mortaiser de ce dernier outil qui n'ajoute rien à la solidité de l'assemblage.

Le bâti de la machine à mortaiser les bois de charpente est formé de deux parties séparées : l'une A (pl. 108, fig. 1 et 2) destinée à porter le porte-outil et les organes qui le mettent en mouvement; l'autre partie A' est celle sur laquelle est placé le bois. Le bâti A porte un premier plateau *a* susceptible de prendre un mouvement parallèle à la longueur de la pièce. Ce mouvement est obtenu à l'aide d'un levier à poignée *p* qui, par un second levier coudé dont l'une des branches est fixée au plateau *a*, agit sur ce dernier; le plateau *a* porte un second plateau *b* qui reçoit un mouvement perpendiculaire au premier, c'est-à-dire dans le sens transversal à la pièce, à l'aide d'une vis tournant dans un écrou fixé à ce plateau et mue par la manette *m*. Enfin, sur ce second plateau, on en a fixé un troisième *c*, qui reçoit un mouvement vertical à l'aide de la manette *m'*. C'est sur ce troisième plateau qu'est placé l'arbre *d* du porte-outil. Celui-ci peut donc se mouvoir suivant trois axes rectangulaires entre eux et commencer à attaquer sur n'importe quel point de l'espace, ce qui permet de faire des mortaises dont les trois dimensions ne sont bornées que par les courses des plateaux.

L'arbre du porte-outil est muni d'une bobine qui reçoit directement la courroie de commande.

La pièce à travailler est mise sur un chariot en bois, muni d'une crémaillère et placé sur des rouleaux qui tournent librement dans leurs tourillons que supportent des tréteaux en fonte. La pièce de bois étant d'un poids assez considérable et le travail de la mèche donnant lieu à de très-faibles réactions, il n'est pas besoin que le chariot soit autrement assujetti. La crémaillère est commandée par des volants, munis de manettes qui, avec la manette *m* permettant d'approcher l'outil de la mortaise, sont seules en jeu pendant le travail. Le levier *p* sert à mettre l'outil en présence du point où doit être percée une nouvelle mortaise lorsque celle qui la précède est terminée.

Cette machine est complétée par une enlaceuse ou tarière *t* destinée à percer les trous qui doivent recevoir les chevilles d'assemblage des tenons et mortaises. Cette adjonction fait de la machine dont nous nous occupons l'outil le plus utile, le plus économique et le plus complet que nous connaissions. Cette machine coûte 3800 francs avec l'enlaceuse et le chariot de 4 mètres.

Nous citerons une troisième machine construite par M. Périn, et destinée aux bois de menuiserie. Elle est horizontale et remarquable en ce que l'équarrisseur n'a pas besoin d'être retourné et que le mouvement du plateau qui porte le bois est parfaitement rectiligne, grâce à une combinaison de leviers et de douille excessivement ingénieuse. Le bâti (pl. 92, fig. 1 et 2) porte deux outils, une mèche à mortaiser et un équarrisseur. L'arbre de la mèche à mortaiser est muni d'une bobine pour recevoir son mouvement de rotation de la commande. Cet arbre *a* est porté par un plateau qui peut glisser sur le bâti dans le sens transversal à la pièce à mortaiser. Une manivelle *c* oscillant autour d'un point fixe, placé sur le bâti, sert à approcher la mèche du bois. La manette sert à limiter la course de la manivelle *c*. Près de la mèche est placé l'équarrisseur qui n'est autre qu'un bec-d'âne à deux tranchants parallèles *e* et perpendiculaires à la face du bois, sur laquelle est pratiquée la mortaise. L'absence des joues en retour n'empêche pas un équarrissage tout à fait suffisant. Le bec-d'âne est mis en mouvement à l'aide du levier *l*.

Le bâti est muni d'une table mobile *t* qui porte le bois et reçoit un mouvement d'élévation ou d'abaissement suivant l'emplacement de la mortaise à percer, à l'aide d'une vis verticale et d'un volant V. Sur cette table glisse un plateau qui reçoit un mouvement parallèle à la longueur de la pièce, à l'aide du levier L qui fait mouvoir autour de l'axe horizontal *o* la tige *t*. Sur cette tige glisse une douille *n* en bronze qui est coudée, et dont la branche s'articule en *q* avec une saillie méplate fixée au plateau *f*. Il est facile de voir que ce plateau recevra un mouvement rectiligne.

Cette machine dont le prix est de 600 francs est bien faite et d'un bon emploi.

Nous trouvons dans la même classe une machine à mortaiser de M. Gérard.

Cette mortaiseuse ne porte qu'un outil qui est une gouge. Celle-ci est montée sur un arbre horizontal *a* (fig. 6, Pl. 90), muni de bobines pour recevoir la courroie de commande. L'arbre *a* est placé sur un plateau pouvant recevoir deux mouvements rectangulaires dans le plan horizontal et le plan vertical. Le premier de ces mouvements, qui sert à approcher l'outil de la mortaise à percer, est obtenu à l'aide d'un pignon mû par une manivelle à poignée *m* et engrenant avec la crémaillère *c*. Le second mouvement s'obtient en tournant un volant qui commande une vis; on peut de cette manière élever ou abaisser l'outil suivant la largeur que doit avoir la mortaise. Tous ces organes sont montés sur un bâti en fonte A.

Perpendiculairement à ce dernier, est placé le bâti A', qui porte le plateau sur lequel est mis le bois à travailler. Ce plateau peut recevoir un mouvement de va-et-vient dans le sens de la longueur de la pièce à l'aide de la crémaillère *c'*, d'un pignon et du levier *m'*.

Cette machine présente une disposition spéciale, qui consiste en ce que les leviers *m* et *m'* peuvent être enlevés de l'arbre du pignon lorsqu'on est arrivé à bout de course, et être replacés dans le sens voulu pour continuer le mouvement des crémallières dans le même sens.

Cette machine est d'un prix peu élevé et elle est assez bien traitée comme exécution.

Le changement des leviers à main nous paraît devoir amener une certaine perte de temps et ne nous paraît pas utile, surtout en ce qui concerne le mouvement du plateau sur lequel est placé le porte-outil.

Dans la section allemande, nous mentionnerons d'abord une machine à mortaiser de M. Zimmermann de Chemnitz, qui attire l'attention par sa bonne construction et ses formes parfaitement étudiées ; de plus, cette machine est munie d'un mouvement automatique d'avancement du bois.

Nous considérons deux parties dans le bâti : l'une A (fig. 7, Pl. 90), destinée à porter les outils qui sont une perceuse et une tarière ordinaire et un bec-d'âne ; l'autre A' destinée à porter le bois.

Le bâti A porte l'arbre horizontal de commande *a* muni à son extrémité d'un plateau manivelle. Le plateau qui porte le ciseau reçoit un mouvement de va-et-vient vertical à l'aide d'une bielle adaptée au bouton de manivelle.

La perceuse reçoit son mouvement de rotation par l'intermédiaire d'un arbre horizontal *b*, qui porte la poulie de commande. Cette poulie est formée de cônes étagés pour imprimer à l'outil différentes vitesses. La tige du porte-outil et le porte-outil lui-même sont équilibrés à l'aide du poids P. On éloigne ou on approche l'outil de la pièce à travailler à l'aide du volant *v*, sur l'arbre duquel est calé un pignon, et de la crémaillère *c*.

La partie A' du bâti porte deux plateaux, dont l'un *d* pour glisser dans le sens de la longueur de la mortaise à percer à l'aide du volant *g* qui commande une crémaillère fixée audit plateau, tandis que l'autre plateau *d'*, porté par le premier, peut prendre un mouvement dans le même plan horizontal que le premier mouvement et dans le sens de la largeur de la mortaise. Ce va-et-vient du plateau *d'* est obtenu à l'aide du volant *e* et de la vis *f*.

Pour obtenir le mouvement automatique du plateau *d*, l'arbre *a* porte une rainure ondulée *r*, dans laquelle glisse l'extrémité d'un levier qui reçoit ainsi un mouvement d'oscillation autour d'un point fixe à chaque tour de l'arbre *a*. Ce levier, commande, par une série d'autres leviers, le levier *l* terminé par un cliquet qui commande une roue à rochet R.

On voit par ce qui précède que l'ouverture nécessaire pour le passage du bois sous l'outil percusseur n'est pas obtenue à l'aide d'un mouvement vertical des plateaux qui portent la pièce. C'est le ciseau lui-même qui est animé de ce mouvement à l'aide d'un volant *i* placé à la partie supérieure du bâti A, et commandant une vis fixe tournant dans un écrou adapté au plateau du porte-outil. Ce plateau porte une rainure qui permet à l'extrémité de la bielle *b'* de lui imprimer son mouvement de va-et-vient, quelle que soit sa position.

Cette machine, du prix de 2150 fr., donne lieu à une remarque importante et qui s'applique à la majeure partie des mortaiseuses qu'il nous reste à examiner.

L'emplacement du volant *i* rend la manœuvre qui doit permettre au bois de passer sous l'outil fort incommode. Placé à la partie la plus élevée du bâti, cet organe est difficilement atteint. Il ne peut en être autrement dans ce système du mouvement vertical du ciseau qu'en ajoutant à la machine des organes de renvoi. Il est bien plus simple de faire mouvoir le bois dans le sens vertical ; dans ce cas, l'organe à l'aide duquel on imprime ce mouvement se place sous la main et il est facile à atteindre.

Quant à l'application du mouvement automatique qui doit élever le prix de la machine, nous pensons qu'elle est complétement inutile. Il faut en effet que l'ouvrier déploie autant d'attention pour que l'action de l'outil soit renfermée dans les limites tracées par les dimensions de la mortaise que s'il imprimait lui-même le mouvement nécessaire à la pièce de bois. Cette adjonction du mouvement automatique n'a dont pas de valeur pratique.

Nous citerons encore du même constructeur une machine à tailler les tenons et queues d'aronde qui nous a paru ingénieusement disposée.

L'outil de cette machine est une mèche conique tranchante sur ses arêtes. Les mèches sont au nombre de trois, placées à la partie supérieure du bâti sur trois arbres horizontaux munis chacun d'une bobine pour recevoir leur mouvement de rotation de l'arbre de commande.

Le bois est placé horizontalement sur un plateau qui peut recevoir un mouvement de va-et-vient à l'aide d'une vis fixe commandée par une série de roues dentées, dont la dernière porte une manivelle qui s'engage dans un cran chaque fois que les outils doivent agir.

Nous présenterons plus tard, à propos d'une machine nouvelle à tailler les queues d'aronde, des considérations sur l'utilité de cette assemblage.

Nous devons mentionner dans la même section une machine horizontale à mortaiser exposée par MM. Gschwindt et Zimmermann de Carlsruhe.

Le bâti de cette machine est en fonte et rectangulaire. A sa partie inférieure est placé l'arbre de commande *a* (fig. 5, pl. 92), qui porte à l'une de ses extrémités les poulies, dont l'une folle, recevant la courroie destinée à le mettre en mouvement. A l'autre extrémité, est placée la poulie *p* qui transmet le mouvement de rotation à un pignon denté *b*, qui sert en même temps de plateau-manivelle. En son milieu, l'arbre *a* porte un tambour *t* sur lequel passe la courroie qui s'enroule sur une bobine *c* portée par l'arbre de la mèche *g*. Tous les organes de la machine sont portés par un plateau mobile *d*, qui peut glisser sur la partie supérieure du bâti à l'aide de la manivelle *m* et dans le sens de la longueur de la mortaise à percer. Pour obtenir ce dernier mouvement, la manivelle vient s'adapter sur un arbre horizontal *f* tournant à ses deux extrémités dans de petites chaises attenant aux montants du bâti. Cet arbre *f* porte en son milieu une bielle articulée à une seconde bielle dont l'extrémité est fixée au plateau *d* et détermine son mouvement.

Sur le plateau-manivelle *b* vient s'adapter une bielle *e* dont l'une des extrémités s'engage dans un coulisseau. Ce dernier glisse dans une rainure *h* dans laquelle on le fixe à volonté suivant l'amplitude qu'on veut donner au mouvement alternatif.

La rainure est pratiquée dans un support *i* sur lequel est placé le bec-d'âne destiné à équarrir la mortaise faite par la mèche. Un petit appendice *q* permet de retourner le ciseau pour équarrir les deux extrémités de la mortaise.

Cette machine est très-gracieuse de forme, d'une exécution soignée et doit rendre des services réels. Nous pensons cependant que le plateau destiné à porter le bois ne présente pas une résistance assez grande à l'action de l'outil percusseur. Cet inconvénient est, du reste, général pour toutes les machines à mortaiser horizontales.

Nous ne voyons dans les sections anglaise et américaine rien qui doive être mentionné. Dans la section anglaise, les machines à mortaiser ont une grande analogie avec la machine que nous avons décrite exposée par M. Zimmermann.

Elles possèdent même le mouvement automatique qui, du reste, vient des Anglais. Elles sont basées sur le même système, qui consiste à donner l'ouverture nécessaire au passage du bois sous l'outil, en faisant mouvoir verticalement ce dernier et non le plateau sur lequel le bois est placé. Nous ne reviendrons pas sur ce qui a été dit à ce sujet.

L'une des machines à mortaiser exposées par MM. Powis, James et Cie, présente l'application de ce qui a été dit précédemment. Jugeant comme nous que la manœuvre de l'élévation et de l'abaissement de l'outil était difficile en tournant un volant placé à la partie supérieur de la machine, il a disposé un arbre horizontal portant à l'une de ses extrémités un volant à main, et à l'autre extrémité une roue d'angle engrenant avec une seconde roue d'angle portée par l'arbre fileté qui fait mouvoir le plateau du porte-outil.

Si, abandonnant complétement le système du mouvement vertical de l'outil, M. Powis eût obtenu l'ouverture nécessaire au passage du bois par le mouvement du chariot, il eût évité l'emploi de cet arbre horizontal de renvoi et n'eût eu besoin que d'un volant porté par une vis.

On rencontre dans la section anglaise beaucoup de machines à faire les tenons, à l'aide de deux ciseaux parallèles adaptés à la même tige et dont le mouvement de percussion s'opère à la main par l'intermédiaire d'un levier à contre-poids. Ce genre de machines n'offre rien de pratique, et les constructeurs ne sauraient en trouver l'emploi en France.

Nous revenons à la machine à raboter de M. Dietz (Pl. 93), dont nous avons promis précédemment de donner la description.

Cet appareil fonctionne avec une grande rapidité et donne un travail excellent. — La fig. 1 représente une coupe longitudinale de la machine faite suivant la ligne brisée III. N de la fig. 2. La fig. 2 donne le plan de toute la machine. La poulie motrice *a* est solidaire avec le tambour A. Les pièces de bois placées sur le tréteau à longrines (ces longrines mesurent 13^{m},20) sont entraînées par l'action d'un toc et d'une chaîne de Galle B.

La figure 3 donne, en élévation, un rabot complet, garni de ses deux séries de quatre lames.

La fig. 4 représente la vue transversale de la partie extérieure de ce rabot, prise suivant la ligne K L.

La figure 5 indique bien la forme du noyau sur lequel sont montées les lames, 1' à 4', qui se projettent en lignes ponctuées sur cette vue en bout.

Les deux séries de lames sont respectivement montées sur les deux tourteaux juxtaposés et séparément représentés par les figures 4 et 5 que l'on vient d'indiquer.

Tous les rabots ont les mêmes dimensions : 0,40 de longueur, sur un diamètre de 0,22.

Nous allons maintenant aborder la troisième classe des outils à travailler le bois, celle qui comprend les outils à scier.

A. Raux et L. Vigreux.

XLII

L'ORIENT

PAR MM. CHAMPION, DUFOUR ET ROUS.

II

LA PERSE.

PAR M. MICHEL ROUS
Capitaine d'artillerie, ex-directeur général des arsenaux de Perse.

(Planche CLXVI.)

L'exposition de la Perse est loin d'être aussi complète que ses amis pourraient le désirer; il faut tenir compte de la distance qui est grande, de la difficulté des chemins et aussi des hésitations inséparables d'un début. C'est la première fois que ce pays, d'une civilisation si ancienne et si avancée, figure dans les concours industriels de l'Europe. Aussi ne présente-t-il qu'un nombre trop limité d'objets qui sont loin de donner une idée exacte de son industrie et de ses ressources.

Mais ce qui est exposé offre en général le caractère d'une extrême perfection, depuis les merveilleuses pages des manuscrits, jusqu'aux étoffes, aux soieries et aux broderies. Les fabrications persanes avaient déjà obtenu ces résultats bien des siècles avant que notre industrie eût pris naissance; en particulier pour les étoffes de soie, beaucoup de ces produits nous ont probablement servi de premiers modèles. Il en est de même des châles et des tapis qui encore aujourd'hui ne sont nullement reproduits avec toute leur valeur par nos fabricants.

Dans toutes les productions originales de ce peuple intelligent, les qualités sérieuses ne sont jamais sacrifiées aux apparences; on s'est étudié à les remplir avant tout. On est arrivé au beau complétant l'utile par une série de tâtonnements dont la tradition n'a pas conservé le souvenir. Aussi la beauté des fabrications persanes ne frappe pas tout d'abord; mais elle s'impose impérieusement après un examen un peu attentif. Nous sommes loin du clinquant que l'on est trop habitué à considérer comme le caractère des produits orientaux.

Aussi le succès de l'exposition persane a été considérable. Le gouvernement persan qui a longtemps hésité, qui n'a envoyé qu'une faible partie de ses richesses, a eu tous les bonheurs; il a beaucoup de médailles d'or, et il a bien vendu ses produits. Il est vrai que sa première bonne fortune a été le choix de son commissaire, M. Aubergier.

Nous ferons suivre ces considérations préliminaires d'une étude des produits et de l'industrie de la Perse, qui ne sera pas restreinte aux objets exposés. Nous chercherons au contraire à donner une idée aussi exacte que possible des ressources de toute espèce que le commerce européen peut y trouver.

Quand il s'agit de régions lointaines aussi peu connues, malgré le grand nombre d'ouvrages qui en ont parlé, pour donner une idée claire des productions, il est nécessaire de décrire rapidement le pays lui-même. La plus grande partie du territoire persan est occupée par de hauts plateaux et les ramifications de nombreuses chaines de montagnes. Si l'on sépare du corps du pays le littoral de la mer Caspienne et du golfe Persique ainsi que la province qui occupe la rive gauche du Chat-el-Arab, l'empire persan, dans ses limites actuelles, peut être considéré comme séparé du reste du monde par des obstacles de toutes sortes. On trouve d'abord une barrière naturelle dans les chaînes de montagnes qui l'entourent presque de tous côtés; au nord et au sud elles s'étagent pour conduire aux plateaux supérieurs qui sont eux-mêmes fortement accidentés dans quelques régions. A l'ouest, les montagnes du Louristan séparent la Perse de la vallée du Chat-el-Arab; elles vont rejoindre les montagnes du Kurdistan qui contournent le pays et s'unissent aux ramifications de l'Ararat. Au sud-est et à l'est le Béloutchistan et l'Afghanistan sont aussi fort accidentés, et le caractère pillard des populations empêche les relations directes de commerce avec l'Inde. Au nord-est, après une première chaîne de montagnes, on arrive aux grandes plaines qui s'étendent à l'est de la mer Caspienne.

Autrefois les caravanes venaient de Chine par cette voie, après s'être arrêtées à Samarcande. Il faut attendre que les Russes aient étendu leurs conquêtes jusqu'au pied de l'Hymalaya et jusqu'au Thibet pour que de pareils voyages redeviennent possibles.

La Perse et les pays qui l'avoisinent peuvent être considérés d'une manière générale comme des solitudes incultes semées d'oasis plus ou moins espacées suivant les régions. En Perse, une population de 10 millions d'habitants est dispersée sur une étendue double de celle de la France. Comme il y a de grandes villes Téhéran, Tarbiz, Ispahan, etc., on peut se faire une idée des terrains qui restent abandonnés. Aussi, pour le voyageur européen, l'impression première est toujours pénible. Sauf les provinces du littoral septentrionnal et une partie du Kurdistan, le pays est nu, sans arbres, sans verdure. Il n'y a d'autre variété que le changement de couleur des roches. On ne peut guère voyager qu'à cheval en faisant porter les bagages par des mulets. Il faut dire adieu aux aises de notre existence ordinaire, et l'on n'aperçoit rien qui offre une compensation pour ce qu'on a quitté. C'est pour cela que tant de voyageurs ont présenté la Perse sous des couleurs des plus défavorables.

Ainsi la Perse s'est trouvée naturellement isolée des autres pays par la nature de ses frontières et le caractère de ses voisins, avec lesquels elle a été presque toujours en hostilité. Son isolement a augmenté par les pertes de territoire qu'elle a successivement subies. L'indépendance des Afghans et le désordre qui règne au milieu de ces peuplades ont rompu les relations directes avec l'Inde. La perte des provinces du Caucase a mis aux mains de la Russie une des voies de communication les plus avantageuses. Les Turcomans qu'on combattait sur les bords du Djihoun font des incursions fréquentes dans le Mazenderan et dans le Khorazan. Ce n'est que du côté de la Turquie qu'on trouve des voies régulièrement suivies par les grandes caravanes. Il y a un mouvement considérable de marchandises et de voyageurs entre l'intérieur et Bagdad par Hamadan et Kirmanchah. La ligne de Téhéran à Trébizonde par Tabriz, Khoï et Erzeroum est très-fréquentée malgré les affreux sentiers qu'il faut suivre; c'est en ce moment à peu près la seule qui mette la Perse en relations de commerce avec l'Europe.

Cette situation particulière qui a de graves inconvénients pour le pays est en même temps cause de l'originalité de ses productions.

La Perse devrait être un pays très-chaud par sa latitude; mais les grandes différences d'altitude font qu'on y trouve les climats les plus variés. Les province

Caspiennes du Mazendéran et du Ghilan renferment des terrains bas, humides, arrosés par des pluies fréquentes et par de nombreuses rivières torrentielles. Un immense espace est couvert de forêts exploitées d'une manière barbare; on peut y trouver de beaux arbres, mais en quantité limitée. Il y a des chênes, de beaux frênes, des érables, des arbres de buis d'une grosseur remarquable; les parties des forêts où les grands arbres ont été détruits sont assez ordinairement remplies de grenadiers sauvages très-épineux qui ne laissent que des souvenirs désagréables aux voyageurs et ne sont bons à rien. Le climat est chaud, assez malsain dans beaucoup d'endroits; mais le sol présente une très-grande fertilité. La culture du riz donne de magnifiques résultats sur le bord des cours d'eau. Dans les environs des villes et des villages on voit de très-beaux orangers, et beaucoup de mûriers. Le Mazendéran et le Ghilan produisent la plus grande partie de la soie persane qui est achetée surtout par des négociants anglais et russes. Ces deux provinces ont plus de relations commerciales avec la Russie qu'avec l'intérieur où leurs marchandises ne peuvent arriver qu'à dos de mulet, par des passages difficiles.

Au sud le littoral est très-chaud; c'est le pays des palmiers. Puis il s'élève rapidement du golfe Persique vers Chiraz où le climat devient bon ; mais de ce côté encore on n'arrive qu'après avoir franchi des passages dangereux.

Dans la partie principale de la Perse on trouve les climats les plus variés par l'élévation du sol, l'abondance des eaux ou la nature des terrains environnants. Mais comme ces différences proviennent de la hauteur à laquelle on se trouve au-dessus du niveau de l'Océan, il en résulte des conditions particulières. La plus frappante est la puissance de l'action solaire sur la végétation.

On n'emploie jamais d'engrais; le travail de la terre est à peine ébauché à l'aide d'une charrue primitive; un peu d'eau et le soleil suffisent pour donner d'admirables récoltes. Dans la plus grande partie du pays le climat est très-sec; en beaucoup d'endroits il ne pleut jamais ou presque jamais. Aussi l'eau est particulièrement précieuse et l'on a fait de grands travaux souterrains pour la distribuer aux plantations. Au moyen des irrigations presque tout le sol est non-seulement cultivable mais fertile. Nous n'avons rien dans les plus belles parties de la France qui puisse être comparé à ces cultures qui ont demandé pourtant bien peu de travail. Pour faire de ce pays le plus beau du monde, comme l'a dit notre collaborateur dans la première partie de cet article en parlant de la Turquie, il ne manque que des hommes.

J'indiquerai rapidement les principaux produits de l'agriculture persane :

Le blé, l'orge, produits en quantité très-considérable et à très-bas prix. Une bonne récolte donne de la nourriture pour trois ans. Le pain se vend à Téhéran environ 10 centimes le kilogramme.

Les raisins sont excellents et très-abondants. La vigne est sauvage dans les provinces Caspiennes et elle donne un raisin qui n'est pas bon à manger, mais qui produit un vin fort agréable. Les vins de Chiraz et d'Ispahan ont une réputation très-méritée. Certains vins de l'Aderbaidjan et les vins légers de Hamadan mériteraient d'être connus. Ils sont pourtant tous fabriqués d'une manière très-primitive et conservés dans de mauvaises conditions. La difficulté de les garder longtemps avec les moyens qu'on emploie a même conduit en beaucoup d'endroits à ne préparer le vin qu'à mesure qu'on en a besoin. On fait sécher les raisins; quand on veut obtenir du vin on les mouille pour les gonfler ; on presse avec les mains ou avec les pieds; puis on remet le tout dans de grands vases de terre où s'opère la fermentation. Ces mêmes vases servent à conserver le vin; on se contente d'enlever les grappes et les peaux, puis on ferme avec une planche scellée au plâtre. Quant aux vins qui doivent voyager, on les met dans des bouteilles en verre vert fabriquées dans le pays et qui sont bouchées avec du coton pressé.

Il est nécessaire de signaler une espèce de raisin sans pépin qui se trouve en grande quantité et donne lieu à un commerce considérable, sous le nom de *Kichmich*. Les grains sont un peu allongés, séparés l'un de l'autre; la peau est fine, le goût très-légèrement sucré. Ce sont les meilleurs raisins qu'on puisse manger. On trouve aussi cette espèce dans une partie de la Turquie.

Les melons, les pastèques sont abondants et délicieux. La grenade y présente de nombreuses variétés toutes remarquables comme grosseur et comme goût. On trouve tous nos fruits, mais les arbres sont mal soignés, on ne les taille pas et on ne greffe que par exception; on se contente d'arroser. Aussi les Persans sont très-loin d'obtenir les résultats qu'ils pourraient avoir avec la fertilité du sol et leur climat. Par exemple la pêche qui nous vient de Perse y est rarement aussi belle et aussi bonne que chez nous.

Parmi les produits plus particuliers au pays nous citerons aussi la mûre blanche qu'on consomme en grandes quantités et qu'on fait sécher, les pistaches, les dates du Souzistan, la rhubarbe sauvage que l'on mange fraîche; une espèce de manne douce qui n'a que des propriétés médicinales insignifiantes, mais qui sert à faire des bonbons d'un goût très-agréable, etc.

Les graines oléagineuses sont nombreuses. Le ricin en particulier y paraît dans les conditions les plus favorables.

La culture du pavot est très-développée et l'on fabrique des opiums dans diverses localités, Cachan, Ispahan, Chiraz. Ces opiums présentent généralement une très-grande richesse en morphine.

Les substances tinctoriales sont nombreuses et les Persans savent en extraire les couleurs si solides de leurs châles et de leurs tapis. On trouve la garance cultivée particulièrement à Yezdt et dans une partie du Kurdistan. Le *hannè* et le *renk* servent à teindre les cheveux et la barbe d'un beau noir. Mais ces substances et la manière de les employer sont connues en Turquie ainsi que sur le littoral méditerranéen de l'Afrique.

Il y a deux espèces de tabac très-différentes, le *tembakou* et le *toutoun*. Le tembakou le plus estimé vient de Chiraz; il ne peut se fumer que dans la pipe à réservoir d'eau que les Turcs nomment *narghilèh*, les Persans *calian* et les Indiens *houkah*. Sous ces trois noms l'instrument présente de légères différences de formes, mais la manière de préparer le tabac ou le mélange qui doit produire la fumée diffère beaucoup plus. Chez les Persans on veut la feuille de tabac entière; le *kaliandji* ou préparateur de calian la broie dans ses mains en morceaux irréguliers, puis il la mouille et presse fortement avec les mains de manière à exprimer une partie du suc resté dans la plante. Cela fait, il place la pâte humide qu'il a obtenue sur le fourneau du calian, il la couvre de charbons allumés et il souffle pour que le tabac prenne feu. On ne réussit à en tirer de la fumée que par une puissante aspiration. Aussi la première fois on pleure, on tousse et on ne trouve pas la chose agréable. Un peu d'habitude fait revenir de cette opinion. Le calian est un instrument compliqué, qui exige un domestique qui n'ait pas d'autre occupation que de l'entretenir et de le préparer; mais on en tire une fumée parfumée bien préférable à celles que fournissent toutes les autres qualités de tabacs fumés par les nombreux procédés qui sont en usage.

Le *toutoun* ou tabac ordinaire présente les mêmes variétés que les tabacs de Turquie. Malheureusement les Persans fument plutôt le *calian* que le *tchibouk* ou toute autre espèce de pipe. Aussi le *toutoun* qu'ils mettent en vente est dans les plus mauvaises conditions, réduit en poussière ou en fragments irréguliers, obtenus en écrasant les feuilles sèches entre les doigts. Pour en faire quelque chose il faudrait acheter les feuilles entières directement au producteur.

Le mûrier est cultivé dans une grande partie du pays pour ses fruits ou pour ses feuilles. On laisse grandir les arbres destinés à donner des fruits que les Persans aiment beaucoup et l'on n'en enlève pas les feuilles. C'est une culture particulière. Pour les mûriers destinés à nourrir les vers à soie, on les coupe toujours au pied et c'est en enlevant les branches qu'on fait la récolte des feuilles. Ce fait, qui a peut-être été originairement inspiré par le désir de se donner le moins de peine possible, donne d'excellents résultats. Il est inutile d'insister sur ce sujet après les renseignements si complets et si remarquables qu'a donnés M. Dufour [1]. Je me contenterai de dire que la production de la soie est considérable et qu'on pourrait facilement en produire dix fois davantage. Les principaux centres sont les provinces du Mazendéran et du Ghilan sur la mer Caspienne, celles de Yezdt et de Kerman dans l'intérieur. La soie est mal filée, ce qui lui ôte presque un dixième de sa valeur sur les marchés européens. Une partie offre des qualités particulières estimées des Persans qui la payent assez cher pour qu'elle reste à la disposition de leurs fabricants. Celle qui est exportée est achetée par les Anglais et par les Russes. — Il n'est pas inutile de signaler que dans une partie de la Perse la maladie des vers à soie n'a pas encore été remarquée, et qu'on pourrait en tirer de bonnes graines.

Le coton de qualité inférieure est cultivé en Perse, et on pourrait en augmenter facilement la production en faisant des travaux d'irrigation. Car dans la plus grande partie du pays la vigne, le blé, le ricin, etc., doivent être arrosés ; c'est la condition de toute culture, et c'est dans l'état actuel ce qui en limite l'étendue sur un terrain pour ainsi dire indéfini. Ajoutons que le coton dans les circonstances ordinaires ne peut pas supporter les frais de transport à dos de mulet dans toutes les directions. Vers le sud, les Anglais le fournissent tout filé à des prix qui empêchent la concurrence indigène. On n'avait donc intérêt à en produire que pour l'employer à faire des étoffes particulières en usage dans le pays. Mais dans les dernières années de la guerre d'Amérique les prix étant devenus très-élevés, le coton a été produit en très-grande quantité. Je cite ce fait pour montrer à la fois les ressources du sol et l'activité des paysans persans qui, très-éloignés d'une routine absolue, seront toujours disposés à modifier leurs cultures pourvu qu'ils y trouvent leur intérêt.

En résumé, dans l'état actuel, le sol peut servir à toute espèce de culture, et il fournit des résultats très-remarquables. Avec de grands travaux pour la conservation et l'aménagement des eaux, en employant des machines perfectionnées pour suppléer aux bras qui ne suffisent pas à l'étendue des terres qu'on pourrait cultiver, il serait possible de décupler la richesse du pays au point de vue agricole. On pourrait réaliser beaucoup de cultures industrielles qui fourniraient des objets d'exportation toujours recherchés par l'Europe. Il est vrai que ces travaux intérieurs n'auraient tout leur effet que si l'on créait en même temps de grands moyens de communication et de transport vers le golfe Persique et aussi vers la Méditerranée, en traversant la Turquie d'Asie. Les idées du gouvernement sont malheureusement très-éloignées de ce programme.

En dehors de la culture, les richesses que renferme la terre sont inestimables. On a dit souvent que les Russes, après leur dernière guerre qui aboutit au traité de Turkmantchaï, auraient pu garder l'Aderbaidjan, et qu'ils ont regretté depuis de ne pas l'avoir fait à cause des nombreuses mines qu'on pourrait exploiter avec beaucoup d'avantage. Il est possible qu'il en soit ainsi. Mais l'abondance des

1. *Etudes sur l'Exposition*, 3e série, fascicules 12 et 13.

mines n'est pas particulière à cette province. Les immenses chaînes de montagnes de toute la Perse en renferment un très-grand nombre de précieuses qui sont connues mais inexploitées; et il faut remarquer qu'aucune exploration sérieuse n'a été faite par des géologues capables, qu'aucun des grands travaux qui permettent l'étude facile des terrains n'a encore été essayé.

Aux environs de Téhéran sont des mines d'oxydule de fer, d'autres d'hématite brune très-riches ; des mines de charbon sont à côté, et la Perse fait venir son fer de Russie. Dans le Mazendéran on produit une petite quantité de fer au charbon de bois, mais si mal épuré qu'on trouve difficilement à le placer. Je pourrais citer plusieurs mines de cuivre où le métal se trouve presque pur, qui ne sont l'objet que d'une exploitation insignifiante. Les mines de plomb abondent, et comme l'exploitation est facile, on en tire le plomb qui est nécessaire aux besoins du pays.

Le charbon se trouve au moins dans trois provinces différentes sans compter les gisements que des recherches sérieuses feraient découvrir. Une exploitation intelligente de certains terrains permettrait à la Perse de fournir du salpêtre raffiné à la moitié de l'Europe. Le soufre se trouve dans l'Elbourz, et on en retire beaucoup, malgré la manière étonnante dont on s'y prend.

Il y a de bonnes raisons de croire à l'existence d'une mine d'étain qui serait un trésor pour ce pays, s'il prenait la peine d'en tirer parti.

Le quartz, les marbres, les matériaux de construction, la chaux, le plâtre, abondent et se vendent à très-bas prix. On trouve aussi des carrières d'ardoises, d'albâtre oriental.

En sel commun, la Perse a des ressources sans limites qu'elle exploite et qui sont l'objet d'un commerce considérable. La mer Caspienne n'est pas assez salée pour qu'on puisse en extraire le sel marin avec avantage; mais il y a de nombreuses mines de sel gemme qui sont d'une exploitation facile; autrement elles ne seraient pas exploitées.

Ainsi, les fameuses mines de turquoises sont abandonnées, parce qu'on les a laissées envahir par les eaux et qu'on ne fait rien pour les vider. Les turquoises qu'on extrait en ce moment sont prises dans une couche supérieure, moins riche, et qui ne donne plus d'aussi belles pièces. Et pourtant les Persans estiment fort les turquoises; ils trouvent qu'elles réjouissent la vue, qu'elles préservent du mauvais œil; ils les payent très-cher lorsqu'elles ont de l'épaisseur, une forme d'une convexité prononcée et une teinte bleue très-foncée. Ceux qui les payent le plus haut prix après eux sont les Russes, et je crois que la France est un des pays où l'on trouve le moins à les vendre avantageusement.

On trouve aussi en Perse des rubis balais qui ne sont pourtant pas l'objet de recherches suivies.

Comme tous les pays peu habités, la Perse renferme une très-grande variété d'animaux et d'oiseaux vivant à l'état sauvage. Je citerai surtout ceux qui sont particuliers au pays ou qui s'y présentent dans des conditions spéciales.

Une espèce de perdrix qui habite les hautes montagnes en Perse et aussi en Arménie est grosse comme une poule; elle a le plumage brun avec des marques noires comme certains oiseaux de proie, le bec un peu crochu et des pattes de gallinacé, mais très-fortes. Elle est très-bonne à manger, mais aussi très-difficile à approcher dans les terrains nus et escarpés où elle se tient. On la nomme *kepkt-dahri* ou perdrix royale.

Il existe en revanche une variété de petite perdrix qui est de la grosseur d'une grosse grive et a le même plumage que notre perdrix rouge. On la nomme *teihiou* à cause du cri qu'elle répète constamment. C'est un excellent manger.

La gazelle de Perse est aussi gracieuse que celle d'Afrique ; mais elle mérite une observation qui s'applique à ceux qui voudraient l'acclimater en France, ce que je regarde comme très-possible au moins dans nos départements méridionaux. Cet animal peut en effet supporter de très-grandes variations de température. Dans la plaine de Téhéran, qui est fréquentée par les gazelles, en été le thermomètre marque quelquefois 37° centigrades dans une chambre à l'ombre, tandis qu'en hiver il descend à 12° au dessous de zéro.

Il me semble que les gazelles qui vivent dans ces conditions, passant trois mois de l'année sur la neige, supporteraient mieux notre climat que les gazelles algériennes. En leur donnant un abri pour la pluie, elles s'acclimateraient probablement; il est très-facile de les apprivoiser de manière à les rendre familières même jusqu'à l'importunité.

Dans le grand désert on trouve les ânes sauvages.

Il est impossible de les forcer avec les meilleurs chevaux, on les tue au fusil en les rabattant de loin. C'est l'animal le plus difficile à chasser; la chair est bonne à manger.

J'en ai vu plusieurs pris jeunes et très-bien apprivoisés, mais en général ils répugnaient à toute espèce de dressage et se débarrassaient très-énergiquement de leur cavalier. C'est probablement en grande partie parce qu'ils sont dans le pays où leur race s'est d'abord développée que les ânes domestiques sont très-remarquables en Perse.

Je ne parlerai pas des nombreux animaux sauvages, cerfs, mouflons, chèvres sauvages ou *argalis*, chevreuils, lièvres, sangliers, loups, renards, ours, lions, tigres, panthères, onces, qu'on trouve en Perse, et qui ne donnent lieu à aucune observation applicable au commerce et à l'industrie, si ce n'est de se garer des plus féroces quand on voyage. Le gibier ailé est très-nombreux malgré la grande quantité d'oiseaux de proie qui lui font la guerre. On trouve la caille, la perdrix, la grande outarde, la moyenne outarde ou *houbarèh*; la bécasse est très-rare sur les hauts plateaux; sur le littoral de la mer Caspienne on trouve le faisan, le pélican, le grèbe, et d'innombrables bandes d'oiseaux aquatiques pendant l'hiver.

Les Persans chassent à cheval, au lévrier et au faucon. Dans ces chasses splendides et coûteuses on trouve tous les souvenirs du moyen âge. En général les Persans tirent peu au vol. Il faut citer comme un brillant exemple du contraire Sa Majesté le Shah, qui est grand chasseur et très-habile tireur.

Ce que je viens de dire du pays, des productions végétales et des animaux sauvages, servira à faciliter les explications relatives aux animaux domestiques.

Parlons d'abord des chevaux. Quoiqu'on en élève beaucoup en Perse, on ne peut pas dire qu'il y ait une race noble particulière. En revanche, on y trouve toutes les variétés possibles, excepté le cheval de gros trait.

Les chevaux de service sont nombreux et excellents, mais généralement de petite taille. On les nomme *iabou* par opposition au cheval de sang qui s'appelle *esp*. On peut avoir un très-beau *iabou* pour 150 à 200 francs. Ce seraient en Europe d'excellents chevaux de cavalerie légère, très-supérieurs à ceux que nous tirons d'Algérie. Ils sont dociles, sobres; ils réunissent la résistance à la vitesse. Si l'on considérait les *iabous* comme constituant la race, on serait peut-être dans le vrai, en ce sens qu'ils forment une très-grande partie de la population chevaline et qu'ils offrent de grandes ressemblances comme type extérieur et comme moyens.

Mais s'il s'agit de chevaux distingués, les Persans ne les trouvent qu'à leurs frontières, par voie d'achat ou de conquête. C'est de cette manière seulement qu'ils peuvent se procurer de bons chevaux turcomans.

Je signalerai aussi une excellente race de bidets ambleurs avec lesquels on fait sans fatigue beaucoup de chemin dans une journée. Elle est très-bien représentée par des individus provenant des environs d'Ispahan. Les Persans sont loin de considérer l'amble comme une allure défectueuse; ils n'admettent pas que les chevaux ambleurs soient ruinés plus vite que les autres. Il est vrai que leur système d'équitation ordinaire rejette trop la monture sur l'arrière-main, et produit rapidement des tares aux membres postérieurs.

Il y a des races de chevaux qui marchent l'amble naturellement. Le plus souvent on les soumet à un dressage en attachant avec des cordes de coton les deux jambes d'un même côté.

Les provinces russes du Caucase produisent dans le Karabagh des chevaux très-renommés qui ont un caractère de race très-nettement marqué. Ils sont presque tous de couleur isabelle, de taille moyenne, courts, ramassés, l'encolure un peu lourde; en somme, ils fournissent des montures agréables dont l'ensemble est satisfaisant. Mais ils ne présentent aucune qualité brillante de vitesse ou de résistance à la fatigue. Avec des étalons arabes, les juments du Karabagh ont donné de bons résultats en Russie.

Les chevaux turcomans méritent une mention particulière. Là aussi il y a des chevaux d'apparences et de qualités très-différentes. Mais le type turcoman peut être considéré comme offrant les conditions suivantes : taille très-élevée, allant jusqu'à 1^{m},70 ; la tête est belle, tenant de l'Arabe, le chanfrein droit; l'encolure est longue et roide; la ligne du rein est très-belle ; les crins sont peu abondants et les Turcomans détruisent complétement par le feu ceux de la crinière ; les membres sont magnifiques, quelquefois le pied est plat et trop large. Ce ne sont pas des animaux très-maniables ; ce sont des montures à grandes allures qu'elles peuvent longtemps soutenir. Ces chevaux n'ont pas pourtant des vitesses de premier ordre, mais ils offrent de grandes résistances à la fatigue. Les Turcomans ont fait plusieurs fois des excursions qui seraient impossibles avec d'autres chevaux. On pourrait citer plusieurs faits dans lesquels une troupe de cavaliers hardis a fait une pointe sur le territoire persan, pillant là où on ne l'attendait pas et sortant par un autre point de la frontière, ayant fait ainsi une centaine de lieues en trois jours.

Il est vrai que dans ce cas les Turcomans prennent des précautions minutieuses. Les chevaux sont entraînés avec soin dès qu'une expédition est projetée ; au départ, les cavaliers sont portés par un cheval ordinaire de service et conduisent en main leur monture de guerre. Ce n'est qu'en arrivant sur le terrain dangereux qu'ils renvoient les *iabous* conduits par quelques hommes, et qu'ils montent le cheval auquel ils confient leur existence, car ils savent qu'ils seront traités sans pitié s'ils sont faits prisonniers.

Les chevaux turcomans proviennent de croisements de juments choisies avec des chevaux arabes. Les soins donnés aux alliances et l'existence qu'ils mènent ont conservé la pureté de la race depuis le temps reculé où elle a été formée. Le cheval turcoman n'est pas sans ressemblance avec certains chevaux anglais ; mais on n'a pas cherché à obtenir les vitesses excessives des coureurs. Il fallait avant tout que l'animal pût faire beaucoup de chemin dans sa journée, qu'il fût en état de porter l'homme et le butin. Il était aussi nécessaire qu'il fût insensible au froid et au chaud afin de pouvoir servir aux expéditions qu'il faut faire en toute saison dès qu'on est averti d'une bonne aubaine. Dans ce but le cheval turcoman est élevé en plein air, toujours au piquet l'hiver comme l'été; seulement en hiver on le couvre de plusieurs tapis de feutre qu'on attache sous le ventre. Cette précaution n'est pas inutile à cause du froid rigoureux qu'il fait en Turcomanie où le vent arrive sans obstacles des solitudes glacées du nord de la Russie. En résumé, en tenant compte de sa taille, de sa force, de sa rusticité, de la vitesse unie à un fonds exceptionnel, je considère le cheval turcoman comme le premier cheval du monde pour la grosse cavalerie. Je n'ignore point que cette opinion est absolument contraire à celle qui est généralement adoptée. Cette différence tient à ce que les Turcomans ne vendent jamais un bon cheval fait; ils ne vendent que des poulains ou des chevaux plus ou moins manqués. Ce n'est que par des chances de guerre que les Persans s'emparent quelquefois de bons types. Ils les estiment à leur valeur et ne s'en défont pas. On n'a donc eu que très-rarement et peut-être jamais en Europe l'occasion de voir de bons chevaux turcomans.

Il reste à parler des chevaux kurdes qui ne sont pas moins remarquables; ils ont beaucoup de sang arabe. On trouve dans les montagnes du Kurdistan des animaux de grande vitesse et de la plus haute distinction, susceptibles de passer dans des sentiers où l'on ne supposerait pas qu'on pût engager un cheval. Les chevaux kurdes atteignent souvent une taille supérieure à 1m,50; ils fourniraient des chevaux de cavalerie de ligne très-supérieurs à tout ce que nous avons. L'Italie a fait acheter des étalons kurdes à plusieurs reprises.

Les soins donnés à l'élevage et au dressage ne sont pas toujours les mêmes dans une immense étendue de pays, peuplé d'hommes de races très-différentes. Nous appellerons l'attention sur les idées qui sont les plus généralement admises.

Les chevaux sont nourris d'orge et de paille hachée; l'orge est donnée en petite quantité chez les Persans et les Kurdes, environ 3 kilogrammes par cheval. Tous les chevaux sont mis au vert au printemps; dans la plus grande partie de la Perse, on n'a d'autre verdure que l'orge en herbe. Le foin est rare et l'on n'en trouve pas partout. C'est surtout à ces conditions particulières qu'il faut attribuer l'usage général de ne donner que de la paille hachée, que les chevaux mangent du reste très-bien. Dans les écuries soignées, on fait une litière avec du crotin séché et pulvérisé qu'on relève chaque matin. Lorsqu'on a plusieurs chevaux réunis dans une écurie on les attache à l'anneau du licol, de deux côtés, de manière à ne permettre que peu de mouvements; on fixe au paturon d'une jambe de derrière une entrave liée à une corde qui tient à un piquet. Ces précautions sont indispensables pour empêcher les combats acharnés que les chevaux entiers sont toujours disposés à engager.

Dans tout l'Orient, lorsqu'un cheval vient de faire une course, quelque fatigué qu'il soit, on le promène en main un certain temps avant de le conduire à sa place à l'écurie. Les cavaliers orientaux attachent la plus grande importance à cette pratique.

Tous les chevaux sont montés très-jeunes: à 7 ou 8 ans beaucoup sont complétement usés.

Il faut dire qu'assez souvent le cavalier n'a pas l'air de se douter que les forces de sa monture sont limitées. On rencontre un ami à pied sur la route, on l'engage à monter en croupe sans difficulté.

Mais cette observation ne s'applique pas aux chevaux de prix que l'on ménage pour les circonstantes importantes.

J'appellerai surtout l'attention sur les ânes persans. C'est sur ces hauts plateaux, berceau de sa race, qu'il faut chercher l'âne avec toutes ses qualités. Ce n'est pas l'animal de nos pays, malheureux, méconnu, portant l'oreille basse et conformant sa démarche à sa mauvaise fortune. Ce n'est pas non plus le baudet du Poitou, velu comme un ours, fort désagréable à voir malgré ses qualités réelles et sa valeur commerciale. C'est un animal fier, impatient du frein, emportant son cavalier. Il n'est pas moins soigné que les chevaux, et il se paye fort cher. Aussi il connaît sa valeur, il aime son maître et le sert de son mieux. Voyez passer un riche négociant monté sur son bel âne, blanc comme la neige; la bride est ornée, la selle est élégante, un collier de coquillages ou de pièces d'argent résonne à chaque mouvement; on lui a appliqué sur la cuisse la main couverte de henné qui laisse une marque rouge sur sa robe éclatante, et cela pour le préserver du mauvais œil.

Examinez la monture ainsi parée marchant d'un pas léger, l'oreille droite, le nez au vent, et vous ne songerez pas qu'on puisse lui appliquer la moindre épithète mal sonnante.

Il y a en Perse trois espèces principales d'ânes : les ânes blancs, les ânes gris de grande taille et une petite espèce gris souris. Les ânes blancs sont les plus estimés comme montures. Ils atteignent la taille de 1m,40 ; la tête est un peu grosse, les oreilles sont relativement courtes ; l'encolure est très-forte, les jambes sont sèches et nerveuses ; la robe est entièrement blanche. Je crois que cette race a été créée par des tribus arabes.

Les ânes gris de grande taille présentent les mêmes qualités, sauf la beauté de la robe ; pourtant leur encolure est généralement plus légère. On pourrait trouver dans cette race aux prix de 200 à 300 fr. des baudets qui rendus en France ne reviendraient pas à plus de 1200 francs, si l'on savait s'y prendre convenablement.

Ces deux variétés sont beaucoup plus grandes que l'âne sauvage. La petite espèce (taille 1 mètre à 1m,10) a les formes les plus gracieuses. Elle vient du sud de la Perse.

Avec des ânes aussi remarquables, les Persans produisent d'excellents mulets en très-grande quantité. Le prix d'un bon mulet de 4 ans varie de 200 à 400 fr.

L'étendue des renseignements que j'ai cru devoir donner sur les chevaux et ânes m'oblige à restreindre les explications relatives aux autres animaux domestiques.

Les chameaux à deux bosses sont rares en Perse ; mais il y a une immense quantité de dromadaires. Ici il faut faire la même observation que pour les gazelles, quoique nous n'ayons aucune raison de chercher à acclimater le dromadaire chez nous ; ces animaux supportent très-bien le froid. Les Persans ont aussi des dromadaires coureurs qui servaient autrefois à monter une espèce d'artillerie composée de petits canons sur pivot fixés à l'arcade antérieure du bât. Un petit corps ainsi organisé existe encore à Téhéran sous le nom de *zambourekdjis*.

Chaque chameau porte la pièce qui pèse environ 30 kilog., l'homme qui doit la servir et les munitions. Pour tirer, on plante le pivot dans le sable à quelque distance des chameaux qui n'aiment pas le bruit de l'artillerie.

Tous les moutons de Perse sont à grosse queue ; la masse de graisse que contient la queue, est employée pour remplacer le lard et le beurre. On fait aussi du beurre en Perse, mais il contient plus de poils et de cheveux que des personnes un peu délicates pourraient le désirer. La chair de ces moutons est très-bonne.

Je crois devoir signaler une race de levriers très-rapides à la course et très-élégants de formes. On les nomme *tazi* et ils viennent du Kurdistan. Ils ont des poils longs comme les épagneuls.

En fait d'oiseaux domestiques, on trouve en Perse beaucoup de poules qui ne valent que 4 ou 5 sous par tête dans les villages, des œufs aussi à très-bon marché ; les oies et les canards sont rares. Depuis quelques années, on élève des dindons qui réussissent bien.

Ainsi le règne animal fournit de nombres ressources pour l'alimentation. Nous avons vu que les végétaux et les arbres donnent des produits excellents et très-abondants. Aussi l'existence est-elle facile en Perse, sauf dans des cas de disette momentanée qui résultent le plus souvent d'accaparements criminels.

Les animaux fournissent déjà à l'exportation :

Des chevaux qu'on transporte dans l'Inde ;

Des laines de qualités inférieures ;

Des peaux dites d'Astrakhan. Il n'est pas inutile d'observer que les plus belles peaux d'agneaux noirs ne viennent pas en Europe ni en Russie ; elles sont employées dans le pays à faire des bonnets de luxe qui sont l'objet de grandes précautions. On coupe la peau de chaque agneau en bandes d'à peu près deux doigts de largeur parallèlement à sa longueur. Puis des gens très-exercés assortissent ces morceaux. Un beau *koulah* ou bonnet persan est formé d'une centaine de pièces empruntées à autant de peaux différentes;

Des peaux de mouton et de chèvre d'excellentes qualités. Comme les animaux vivent dans un pays découvert, absolument dépouillé de broussailles, les peaux une fois tannées ne présentent ni déchirures ni tares;

Des peaux de martre, de tigre, de lion, de panthère, des peaux de renards et de loup;

Du poil de chameau.

Après avoir indiqué les ressources en matière première, il faut indiquer la manière dont ces matières sont employées. Avant tout nous parlerons d'objets fabriqués pour des destinations spéciales aux besoins du pays. La plus remarquable et la plus importante à étudier renferme la classe d'objets de voyage et de campement.

En Orient, même chez les nations les plus civilisées, le voyage n'est pas une chose exceptionnelle comme en Europe. De plus, beaucoup de peuples sont encore nomades. Les objets de campement et de voyage sont usuels, nécessaires; il en faut pour toutes les conditions. Aussi l'on en fait de formes très-diverses, mais qui résultent toutes d'une expérience qui nous manque.

Une autre observation est nécessaire. Dans la plus grande partie de l'Orient les voyageurs ne trouvent rien sur leur route; ils doivent tout emporter, des vivres, du combustible, souvent de l'eau. Le transport se fait à dos de mulet, de chameau ou d'éléphant.

La nécessité d'emporter beaucoup d'objets et celle de ne pas multiplier les bêtes de charge ont conduit à imaginer des coffres généralement légers qui ne présentent pas toujours une solidité complète. Leur résistance est pourtant suffisante pourvu que le chargement et le déchargement se fassent avec soin. Il y a des malles d'osier garnies de cuir qui sont fort commodes, une très-grande variété de sacs et valises de cuir.

Les tentes sont très-variées, faites en poil de chameau, laine, feutre, coton. Suivant la civilisation des peuples, elles sont plus ou moins parfaites. Les tentes des Kurdes et des Iliates persans ne satisferaient pas tout le monde. Mais toutes ont pour caractère distinctif des dispositions qui servent à assurer leur solidité, quelque temps qu'il fasse.

Ceux qui ont vécu sous des tentes françaises savent combien elles résistent peu à un ouragan. Il y a lieu de signaler surtout l'emploi des cordes de coton ou de poil de chameau qui ne se raccourcissent pas, comme celles de chanvre, lorsqu'elles sont mouillées; or ce raccourcissement produit une force considérable qui agit pour arracher les piquets et n'y réussit que trop souvent.

L'Europe a une supériorité incontestable pour la fabrication des malles, nécessaires de voyage, ainsi que pour les articles de chasse. La même observation s'applique aux tissus gommés, cirés, aux manteaux en caoutchouc qui garantissent contre la pluie; les objets analogues ne sont pas connus des Orientaux; ceux qu'ils emploient dans le même but sont généralement lourds et incommodes.

La tente persane de luxe qui est représentée page suivante, fig. 1, se compose de deux forts montants en bois peint et doré et d'un toit peu incliné qui forme deux pans avec des raccordements aux extrémités. Ce toit supporté au milieu par les montants est lié avec des cordes de coton à des piquets plantés à une dizaine de mètres de la tente. Le pourtour est formé par des parois verticales qui sont composées de deux doubles d'étoffe de coton entre lesquelles on a fixé par des coutures des bâtons de mètre en mètre à peu près. Cette paroi dans laquelle on ménage une ou plusieurs portières est liée en bas à de petits piquets et e

Fig. 1.

haut aux cordes de la toiture. La tente ainsi dressée les montants font une saillie qu'on introduit dans la douille en cuivre de deux nouveaux montants hauts d'environ $1^{m},50$, qui supportent la toiture d'une deuxième tente beaucoup plus vaste qui reçoit aussi une enceinte verticale. Ces deux tentes réunies forment un salon central, avec deux cabinets, quelquefois quatre et une galerie couverte qui en fait le toit. Ce système est impénétrable à la chaleur du soleil, et il donne une demi obscurité des plus agréables lorsque les yeux sont fatigués par l'éclat de la lumière extérieure, Vers le soir ou dans la journée en automne, quand la chaleur est tempérée, on enlève les deux parois verticales et l'on se trouve alors sous un immense parasol où l'air circule librement. La plupart de ces tentes sont doublées avec des étoffes de soie ou de toile perse. L'intérieur est toujours garni de tapis et de coussins. Les Persans riches ont résolu complétement le problème de voyager avec toutes leurs aises dans un pays où l'on ne trouve rien en dehors des villages; mais il en résulte une dépense très-considérable comme le lecteur pourra en juger par l'exposé suivant. D'abord il faut un double jeu de tentes en comptant avec le matériel les domestiques qui doivent les dresser, un cuisinier, les chevaux et les mulets de charge. Quand le grand personnage dont je décris le train monte à cheval le matin pour continuer son voyage, sa deuxième tente partie dans la nuit est déjà très-loin; il la trouvera dressée, quelquefois ornée d'un petit jardin improvisé, en même temps que son repas sera prêt quand il arrivera. Pendant la route il est accompagné d'un ou plusieurs domestiques qui prennent soin des chevaux, d'un valet de chambre (*pichkhedmet*), d'un *caliandji* qui porte dans deux boîtes qui remplacent les fontes toutes les pièces du calian, tandis que ballottent suspendues sous le ventre de sa monture avec des chaînes de fer un réchaud plein de charbons allumés et une bouteille en cuir contenant de l'eau ; d'autres cavaliers portent un *samavar* pour préparer le thé ou le café, de l'eau à boire, de la glace et diverses provisions. Enfin un cheval conduit en main porte quelques tapis et une petite tente, dite *aftab guerdan*. A chaque moment il n'a qu'à faire un signe pour avoir à sa disposition le calian parfumé. Veut-il s'arrêter un moment pour déjeuner, boire du thé ou du café ? Quelques serviteurs prennent les devants au grand galop, mettent pied à terre à une petite distance où ils font leurs préparatifs avec une activité merveilleuse. Quand le maître arrive à l'endroit où ils se sont arrêtés, il trouve sa petite tente dressée, des tapis étendus sur le sable et son café fumant. Tout cela est parfait quand on a les moyens de le payer. Le mal est que ce sont les personnages qui ont l'habitude de voyager ainsi qui disposent des destinées du pays. Seuls ils pourraient multiplier à l'infini ses richesses, et s'ils ne font rien c'est qu'ils ne souffrent pas de l'absence de moyens perfectionnés de communication. On parlait à un Persan fort distingué, qui a habité Paris plusieurs années, des avantages des chemins de fer. On lui disait : « Si vous aviez un chemin de fer de Téhéran à Tabriz, en partant le soir vous arriveriez le lendemain à heure fixe. L'Excellence, qui comprenait parfaitement, fit une réponse caractéristique : — Nous arrivons toujours, dit-il, le jour et à l'heure que nous avons fixés ; seulement au lieu de partir la veille, nous partons un mois plus tôt. »

Les tentes communes sont composées d'un toit conique supporté par un seul montant et d'une enveloppe formée de deux toiles rendues rigides dans le sens vertical par des bâtons fixés parallèlement au moyen de coutures. Elles sont commodes, légères, très-faciles à dresser et résistent très-bien aux plus grands vents.

Dans les pays froids pendant l'hiver, comme chez les Turcomans et dans le Caucase, les tentes sont formées par des branches d'arbre plantées dans le sol et entrelacées ; on obtient ainsi une espèce de grande cage qu'on enveloppe avec des feutres épais serrés par des cordes. Cette tente est chaude et inébranlable quelle que soit la force du vent.

L'équipement des chevaux et des mulets constitue une partie importante des articles de voyage. Les brides et selles brillent plutôt par leurs ornements et quelquefois par leur richesse que par leur solidité. Nous n'avons à envier que l'excessif bon marché des harnais ordinaires. Mais pour les bâts et la manière de tirer parti des bêtes de somme les Persans sont nos maîtres ; nous n'avons qu'à profiter de leurs leçons. Le bât est formé extérieurement par une étoffe épaisse et solide en poil de chèvre ou de chameau qui est imperméable à l'eau ; à l'intérieur il est composé d'une couche de laine tassée, en quelque sorte feutrée, qui a trois centimètres d'épaisseur en quelques endroits. Elle est l'objet de soins attentifs jusqu'à ce qu'elle se soit moulée complétement sur la forme du mulet. Le bât couvre tout l'animal ; il est lié sous le ventre par une large courroie de coton, il est retenu devant et derrière par un poitrail et une avaloire très-larges qui font corps avec le bât et sont doublés comme lui de laine feutrée. On voit qu'il n'y a pas d'arçon en bois. Le bât est destiné simplement à faire à l'animal une deuxième peau très-résistante et élastique. Chaque jour en arrivant à l'étape on visite les mulets ; si quelque légère blessure s'est produite, on enlève un peu de laine à l'endroit correspondant, on lave l'écorchure et on remet le bât que l'animal garde toujours et avec lequel il peut se rouler sans inconvénient. Avec ce système, dans la bonne saison, on fait des voyages de 300 et 400 lieues, sans laisser un animal ou une charge en arrière.

Nous avons dit que les Persans aiment beaucoup les voyages et qu'ils ont créé toute sortes d'appareils pour les rendre commodes. On pourrait dire même des habitants des grandes villes que ce sont des nomades fixés, et encore semble-t-il souvent que leur installation n'est pas faite définitivement.

Aussi leur architecture s'est inspirée et s'inspire encore de nos jours de la forme des tentes et des inventions faites pour la vie en plein air. La pièce principale est toujours entièrement ouverte sur un des grands côtés, le plus souvent elle est ouverte sur deux côtés parallèles et située entre deux cours plantées de fleurs où l'on trouve toujours des bassins.

La planche CLXVI peut donner une idée de l'architecture monumentale, telle qu'elle est comprise aujourd'hui en Perse. La partie principale d'une maison est le *talar* ou grand salon de réception, ouvert sur deux faces opposées et donnant sur deux cours, comme l'indiquent les deux figures qui représentent des parties du palais du schah à Téhéran. La toiture est supportée sur la façade par deux colonnes torses d'assez mauvais style; cette chambre destinée aux grandes réceptions est toujours un peu élevée au-dessus du sol; le plus souvent elle est superposée à une cave voûtée nommée *zir-zémin* ou *sous-sol*, qui sert d'habitation pendant les grandes chaleurs de l'été. La grande ouverture que les colonnes du *talar* réservent sur la face principale est couverte d'un velum qui tombe verticalement ou qu'on peut incliner presque horizontalement pour donner à l'intérieur l'ombre et la fraîcheur. Le *talar* occupe la hauteur de deux étages; aussi les chambres latérales n'ont chacune que la moitié de sa hauteur. Des deux côtés sont toujours des escaliers très-roides et mal compris.

En somme, ce type de construction n'a pas réalisé précisément une beauté de formes incontestable, mais il ne manque pas de grandeur. Le pavillon qui est situé dans la cour intérieure du palais de Téhéran, fait grand effet lorsqu'on le voit du fond de la cour dans la cérémonie du *salam;* on nomme ainsi les grandes réceptions du souverain qui commencent par une prière (*salam*). Tous les grands de l'empire, vêtus d'uniformes européens ou de riches robes de cachemire, sont rangés des deux côtés du bassin qui occupe le milieu de la cour. Les éléphants couverts de housses d'un prix inestimable font face au palais, et semblent, dans leur immobilité de colossales statues, symboles de la force d'une autorité absolue. Le schah arrive impassible, éblouissant de pierreries; au moment où il s'assoit sur son trône, le canon tonne; tous les fronts se baissent et les éléphants même font une génuflexion qu'ils accompagnent d'un cri strident: il est vrai que cet acte de bons courtisans leur est dicté par le cornac qui leur pique la nuque avec un crochet de fer. Quand le schah promène un moment ses regards autour de lui il ne peut voir que des têtes courbées devant la Majesté de sa puissance. Comme nous nous occupons d'architecture et non de politique, nous pouvons éviter toute observation critique; avec le soleil éclatant de la Perse, ce salon qui n'est qu'une immense tente richement décorée est admirablement adapté à ces grandes réceptions. Il est aussi parfaitement approprié au climat des hauts plateaux où, pendant la plus grande partie de l'année, le temps est chaud et la sécheresse extrême. C'est ce qui explique la grande multiplicité des bassins, et le plaisir que cause toujours le voisinage de l'eau dans ce pays.

On peut se faire une idée des maisons particulières en les considérant comme imitant le plus possible les types que nous avons indiqués. Chaque maison comprend une ou plusieurs cours entourées de chambres isolées, et dont l'une des faces est occupée par le *talar*. Les colonnes usitées dans les palais sont le plus souvent remplacées par des montants verticaux plats, entre lesquels glissent des fenêtres garnies de petits carreaux de plusieurs couleurs qui forment des dessins toujours gracieux. Dans les grandes maisons, une ou plusieurs cours composent les appartements extérieurs (*birouni*) où sont admis les hommes; le reste de la maison, l'intérieur ou *endéroun*, c'est le *harem*, l'endroit dont l'entrée est interdite, et qui est réservé aux femmes.

On voit que dans leur architecture comme dans leur industrie les Persans se sont montrés avant tout préoccupés de l'utilité, et qu'ils ont réussi à très-bien adapter leurs constructions à leur climat. Mais leurs goûts artistiques se sont pleinement donné satisfaction dans les détails décoratifs. Les grandes maisons ont les murs intérieurs couverts de dorures et d'arabesques admirables. Ce sont des entrelacements de lianes, de fleurs, d'oiseaux aux couleurs éclatantes tous nés dans l'imagination du peintre ; rien n'égale l'harmonie et la richesse que présentent ces tableaux exécutés par des artistes modestes et peu rétribués. A l'extérieur, les briques émaillées complètent la décoration d'une maison de luxe.

Cet emploi des émaux est certainement ce que nous aurions le plus d'avantages à emprunter à l'Orient. Il ne faudrait pas vouloir perfectionner sans raison et chercher à reproduire des tableaux comme on a déjà fait. C'est sous la forme de mosaïques que les briques émaillées produisent le plus grand effet. La pl. CLXVI en offre un exemple très-remarquable : c'est la porte principale de l'*arc* ou citadelle de Téhéran. On voit à droite le mur crénelé de la citadelle, qui est en pisé ; des deux côtés sont d'ignobles échoppes dont le lithographe a fort embelli le caractère. Dans le dessin relatif à la cour intérieure du palais, on voit une colonne carrée également couverte de briques émaillées. Ces colonnes creuses communiquent avec le sous-sol; elles portent sur leurs quatre faces, à la partie supérieure, de longues ouvertures longitudinales. On les nomme *bâd-béguir* (prend le vent), et elles servent à ventiler les caves, où l'on réussit à entretenir la fraîcheur pendant l'été.

Malheureusement les plus belles constructions ne durent guère en Perse ; je parle de celles qu'on fait aujourd'hui. On cherche à construire à bon marché et les architectes sont extrêmement ignorants. Personne ne fait une maison pour ses enfants. D'un autre côté, lorsqu'une maison est lézardée on l'abandonne volontiers pour aller en bâtir une autre ailleurs.

L'importance des fabrications persanes est assez peu considérable pour la variété et la quantité. L'industrie des métaux est à peu près nulle, la bijouterie et l'orfévrerie sont des plus primitives, la chaudronnerie est limitée aux ustensiles de cuisine. Beaucoup de fabrications très-remarquables n'existent plus. Il en est ainsi des fabriques d'armes blanches dites de Damas, des porcelaines, de certaines étoffes de soie. Les fabriques de châles produisent peu. Cela tient à l'importation des draps d'Europe adoptés de plus en plus par l'aristocratie qui auparavant s'habillait exclusivement avec des étoffes du pays. On exporte encore des châles pour la Turquie, mais l'Europe n'en achète que très-peu, parce que la fabrication n'a pas cherché jusqu'à ce jour à produire des dimensions qui conviennent aux habitudes des dames. On fait toujours les châles en pièces trop étroites et trop courtes. Les principales fabriques sont à Kerman, à Méched, dans le Koraçan et à Ispahan :

On fait en Perse des châles qui imitent le cachemire ; mais la plus grande partie, en particulier ceux de Méched, sont moins fins et moins souples. Ils servent à faire des vêtements qu'on n'use jamais.

On fait encore de très-belles soieries et des broderies qui seraient merveilleuses si elles n'étaient pas faites sur des étoffes généralement sans valeur et sans solidité. Il faut citer les broderies d'or et d'argent du Ghilan. Les Persans emploient presque exclusivement les étoffes de soie de leurs fabriques ; il n'y a que quelques très-belles pièces de soieries de Lyon qui trouvent des acheteurs en petite quantité. On peut citer les foulards de Méched, les soieries de Cachan, les taffetas Yezdt, les velours du Mazenderan. Il n'en est pas ainsi pour les étoffes de coton. La plus grande partie des toiles perses consommées dans le pays viennent d'Angleterre; les fabriques indigènes ne peuvent soutenir cette concurrence et produisent peu; elles n'ont conservé comme autrefois que la fabrication de toiles grossières qu'elles peuvent faire à très-bon marché.

La fabrication des tapis a conservé toute son importance ; mais il ne serait peut-être pas facile de lui donner une extension beaucoup plus grande sans changer toutes les conditions. Les tapis ne sont pas faits dans de grandes fabriques; c'est une industrie domestique qui s'exerce dans les villages, sous la tente. Les femmes y travaillent à leurs moments perdus. Toute la famille s'en mêle un peu, suivant des modèles et des traditions fort anciens. On distingue les tapis de tente ou d'appartement et les tapis kurdes; ces derniers n'ont pas d'envers et sont inusables. Les couleurs employées pour teindre la laine sont presque toutes empruntées à des végétaux, et elles sont fort solides. Mais c'est surtout dans l'harmonie qu'ils réussissent à établir entre des couleurs violentes, comme certaines nuances de jaune, de rouge et de vert, que se révèle le goût admirable des Persans. Ajoutons que, dans un tapis, il n'y a pas deux fleurs ou deux ornements qui soient pareils comme dimensions; mais l'écart n'est pas assez grand pour choquer. Il en résulte, au contraire, une certaine diversité sans désordre, qui produit un caractère particulier que ne peuvent jamais avoir les pièces qui résultent de nos fabrications régulières. Outre ces apparences qui plaisent à l'œil, les tapis sont solides, très-épais; ils isolent complétement du sol le pied qui, dans ces pays, est toujours nu ou couvert d'une simple chaussette dans l'intérieur des appartements. J'ai souvent vu les Persans admirer les couleurs et les dessins de nos tapis, comme choses qu'ils ne sauraient pas reproduire; mais ils ajoutaient : ce ne sont pas des tapis. Il est impossible de ne pas partager cette opinion. Les tapis persans coûtent peu, parce que la laine abonde dans leur pays, et qu'ils estiment très-peu leur main-d'œuvre. On en trouverait un débit considérable en Europe, si l'on arrivait à supprimer un droit de douane excessif, qui équivaut à une prohibition pour les fortunes moyennes.

Les feutres remplacent souvent les tapis, et ils sont très-agréables; un beau feutre a presque 2 centimètres d'épaisseur. La laine feutrée sert à beaucoup d'usages. On en fait des bonnets pour les gens du peuple, des vêtements tout d'une pièce, dans lesquels il y a trois trous, un pour la tête et deux pour les bras; pour être sans coutures ce vêtement n'en est pas plus commode. On fait aussi d'excellents tapis de selle. Les feutres n'ont pas la durée des tapis. Ils sont plus exposés à être mangés des vers.

On trouve dans le Ghilan une fabrication très-ingénieuse qui commence à être imitée en France. On dispose en mosaïque des morceaux de drap de diverses couleurs, découpés pour représenter des rosaces, des palmes ou divers ornements. On les fixe au moyen d'un fil de soie blanche, avec un point de chaînette qui suit tous leurs contours. Les machines à coudre permettent de faire économiquement des travaux semblables, qui produisent beaucoup d'effet lorsque les couleurs sont bien assorties.

La grande peinture est très-imparfaite chez les Persans. Ils n'ont jamais eu de peintre d'histoire ni de paysagiste qui eussent la moindre valeur; il ne faut leur demander aucune perspective. On a pu en juger à l'Exposition par les deux portraits en pied, peints, a-t-on dit, par Abdoullah Khan, peintre de Feth-Aly Shah. Mais ils ont eu, et ils ont encore des miniatures fort remarquables. S'il leur manque des connaissances sérieuses, le sentiment de l'art est général chez ce peuple. Il en résulte une excellente disposition à harmoniser les couleurs, à créer des ornements gracieux. Je connais, dans certains salons de Téhéran, des arabesques, des entrelacements de plantes, de fleurs et d'oiseaux fantastiques, qui produisent un ensemble charmant et feraient de l'effet partout. Les Persans excellent dans tous les travaux qui demandent du goût et de la patience. On peut signaler, parmi leurs petites fabrications, les mosaïques de Chiraz, faites avec de petites baguettes de bois, d'os et de cuivre, les bois sculptés où le détail est souvent grossièrement dessiné, mais dont l'ensemble est toujours agréable. Les cartons peints sont aussi fort beaux pourvu qu'ils ne représentent que des oiseaux ou des fleurs; quand on y introduit des figures ou des personnages, on arrive le plus souvent à un burlesque qui n'a rien de plaisant.

Mais on peut admirer sans réserve leurs beaux types de calligraphie, dans lesquels la bordure qui entoure l'écriture, et quelquefois tout le fonds est couvert d'arabesques merveilleuses qu'il faut examiner à la loupe si l'on veut apprécier le travail. Ces travaux sont très-estimés dans le pays; on paye quelquefois une seule page 500 francs; mais cette page est une œuvre d'art inimitable.

J'ai habité la Perse pendant près de cinq années. De mes relations avec le gouvernement de ce pays et avec un très-grand nombre de Persans de toutes classes, j'ai rapporté de bons et de mauvais souvenirs; j'ai été l'objet de faveurs considérables, j'ai été aussi fort maltraité suivant le parti qui dominait. J'ai fort étudié les hommes et les choses de cette contrée; je crois avoir été en position de bien voir, et je suis sûr d'écrire avec indépendance comme sans rancune. Je n'ai ni dissimulé ni exagéré les richesses naturelles du pays, qui sont considérables et en général inexploitées. Le jour où ce peuple se serait rendu maître de nos sciences, lorsqu'il saurait produire et utiliser les éléments mécaniques qui lui manquent entièrement, il doublerait ses forces. Or le peuple persan est actif, intelligent, laborieux, quand il y trouve son intérêt; il accueille bien les étrangers et présente des dispositions à progresser. Je citerai des faits : La pomme de terre n'a été introduite en Perse qu'il y a une vingtaine d'années; elle est adoptée généralement en ce moment, et dans les grandes villes, des marchands ambulants, portant leur marmite sur la tête, débitent chaque matin cette nourriture saine et meilleur marché que le pain. La tomate est d'introduction encore plus récente; on l'appelle *badenjan frenghi*, aubergine européenne; elle commence à entrer largement dans la consommation. Au moment où le prix du coton s'est élevé, on s'est empressé d'en produire en plus grande quantité. Chez tous mes ouvriers, j'ai trouvé le désir très-vif d'employer des outils meilleurs. Ainsi la mèche anglaise, les fraises, les étampes pour les forgerons, etc., ont été acceptés avec empressement, avec gratitude. J'ai toujours été accablé de questions sur nos usages, nos arts, notre organisation sociale, et cela par des gens de la plus basse classe, aussi bien que par des personnes haut placées. J'ai la conviction profonde qu'un peuple qui modifie son alimentation, ses cultures et son outillage avec une telle facilité, et qui cherche avidement les occasions de s'instruire, est très-susceptible de reprendre sa marche interrompue depuis longtemps dans la voie du progrès.

On dira : le pays est fertile, les matières premières abondent et sont à vil prix, les mines sont riches et faciles à exploiter, les habitants peuvent donner de bons travailleurs, ils sont intelligents et sociables; la Perse n'est pas très-éloignée, elle pourrait fournir un champ fécond à l'activité et aux capitaux des Européens : Tout cela est vrai, mais il faudrait ajouter beaucoup de restrictions et de précautions. Il y a d'immenses fortunes à faire en Perse, en rendant à ce pays des services inestimables, en réalisant des travaux que le gouvernement du schah ne saurait exécuter, livré à ses seules ressources. Cela, je l'affirme, et je puis en donner les preuves.

En même temps, il est de mon devoir de déclarer qu'il y a de nombreux obstacles à surmonter. Le cadre des *Études sur l'Exposition* ne permet pas de préciser la nature de ces obstacles, de citer des faits et d'indiquer même sommairement les moyens qu'on pourrait employer. Il faudrait donner de trop longs détails sur l'organisation de la société persane et sur le gouvernement du schah. Nous nous bornerons à faire les observations suivantes:

Toutes les entreprises industrielles qui ont été tentées par l'initiative ou sous la direction du gouvernement persan ont échoué sans exception; il y a lieu de croire qu'il en sera toujours ainsi. Une association de capitaux indigènes est irréalisable dans l'état actuel des choses, quoique beaucoup de Persans comprennent fort bien le parti qu'ils en pourraient tirer; les seules fabrications ou entreprises possibles sont celles qui peuvent être faites par un seul homme ou une seule famille. Si l'on se reporte à l'exposé rapide de l'état de l'industrie persane, on verra qu'en effet il n'indique que des produits qui peuvent se préparer par de petits capitaux et avec l'aide d'un personnel peu nombreux. Si les Persans ont ainsi limité leur activité, s'ils laissent leurs mines inexploitées et s'ils ne font aucun effort considérable, ce n'est pas que l'intelligence de la situation exceptionnelle de leur pays leur manque, ce n'est pas qu'ils ignorent les richesses que beaucoup d'étrangers les accusent de négliger volontairement; c'est qu'ils savent que l'organisation de leur nation rendrait leur travail stérile ou leur succès dangereux.

Le concours des Européens permettra seul de sortir de ces embarras et de rendre à la Perse le rôle qu'elle est en mesure de jouer dans le monde; mais ce concours ne saurait être effectif et avantageux pour tous sans des combinaisons spéciales que les personnes qui ne connaissent pas la Perse peuvent difficilement imaginer; autrement il n'y aurait aucune sécurité pour une entreprise industrielle et même pour une entreprise purement commerciale.

Il nous resterait à parler de l'exposition des Indes anglaises, de l'Égypte et des pays du littoral méditerranéen de l'Afrique. Mais il s'agit de productions bien connues de tous pour lesquelles le grand concours international n'a apporté aucune révélation. C'est ce qui nous a permis de consacrer la plus grande partie de cette note aux questions relatives à la Perse.

Le Maroc, l'Algérie, Tunis, l'Égypte, présentent quelques beaux objets, imités des admirables modèles de l'art arabe. Nous citerons les lanternes algériennes qui ont un caractère très-original et des formes gracieuses, lorsqu'on ne cherche pas trop à les compliquer. La fig. 2 représente un des types simples; mais il ne

Fig. 2.

faut rechercher que les imitations. Toutes les tentatives nouvelles n'aboutissent le plus souvent qu'au mauvais goût. La décadence artistique est complète : — ces observations s'appliquent aux meubles incrustés de nacre, aux étagères comme celle que représente la figure 3, (page suivante).

On ne voit dans ce meuble que des lignes heurtées; de quelque manière qu'on le place dans nos climats brumeux ou dans les pays de lumière, on ne pourra pas rendre harmonieux les tons tranchés rouge et or au moyen desquels l'artiste a pensé le décorer.

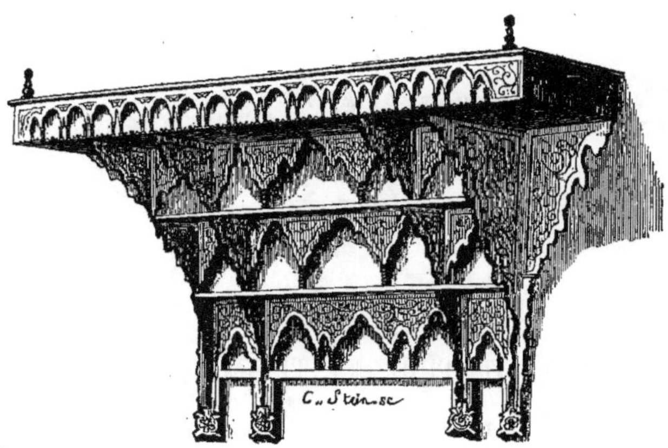

Fig. 3.

Il y a lieu au contraire de parler en termes très-favorables de certaines étoffes et d'ustensiles usuels. Dans les étoffes on ne trouve pas en général la connaissance des gammes de couleurs qui dirige les fabricants de l'Inde et de la Perse ; il y a pourtant de fort belles étoffes de soie envoyées par le Maroc et par l'État Tunisien. Mais il faut surtout faire remarquer des étoffes ordinaires à l'usage des indigènes, qui présentent une solidité parfaite.

Nous retrouvons dans l'Inde une partie des productions que nous avons signalées en Perse : mosaïques de bois, sculptures, etc. Il serait difficile de dire lequel des deux pays a imaginé le premier ces beaux travaux ; il est certain que depuis de longs siècles ils sont exécutés également bien des deux côtés de l'Indus. Les Indes ont présenté à l'Exposition universelle des sculptures et des mosaïques plus finies que celle des Persans ; cela tient avant tout à ce qu'on les a commandées et qu'il y a eu des gens assez riches pour les payer. En Perse, l'argent manque ; le pays est pauvre et les ouvriers ne cherchent à faire que des objets qui coûtent peu, et dont ils trouvent facilement le placement. Ce sont ces objets usuels que le gouvernement persan avait envoyés ; rien n'a été fait exprès pour la grande exhibition. Mais l'Inde est sans rivale pour des tissus lamés d'or et d'argent, certaines broderies et enfin les célèbres châles de *Kachmir* ou Cachemire. Tous ces produits inimitables révèlent une habileté de main et une patience dont les Orientaux sont seuls capables ; mais surtout ils indiquent la richesse du pays et le nombre des grandes fortunes qui ont pu soutenir ces industries en payant à des prix très-élevés des objets d'un luxe aussi excessif.

MICHEL ROUS,
capitaine d'artillerie.

VI

TISSUS

PAR **M. EUGÈNE PARANT**, Fabricant de tissus.

Pl. LII, CLXXXI et CLXXXII.

IV

FILATURE ET TISSAGE.

Procédés de fabrication.

L'étude des mécaniques à filer offre, à l'Exposition, de grandes difficultés. Il est difficile de s'approcher de celles qui fonctionnent ; les précautions prises pour éviter les accidents tiennent le public à distance, et les ouvriers qui travaillent sont sobres d'explications. Il est impossible d'analyser les éléments des machines qui ne fonctionnent pas, parce qu'ils sont soustraits aux regards par les enveloppes qui garantissent ces machines contre les avaries de toute nature.

Les membres du jury et les acheteurs sérieux peuvent seuls avoir les renseignements convenables.

Nous tenons, d'ailleurs, de la bouche d'un membre du jury que la filature n'a rien de nouveau à l'Exposition universelle de 1867. Il nous suffit de donner quelques explications sur l'état actuel de la question, et de citer les expositions les plus remarquables, et nous aurons accompli notre mandat.

Quant à l'étude des mécaniques à tisser, elle est beaucoup plus facile ; la plupart des machines ont marché pendant les trois premiers mois de l'Exposition, jusqu'à la connaissance des récompenses obtenues, et l'abord en est commode. Nous pouvons donc nous étendre davantage sur le matériel du tissage.

C'est dans la classe 55/56 que nous trouvons les engins qui de la fibre font des étoffes.

Filature.

Nous avons dit, dans les *Généralités*, ce que c'est que le fil, et comment des fibres on obtient des fils.

On appelle *filature* les séries d'opérations par lesquelles passent les fibres pour former un fil.

Ces opérations sont nombreuses quand il s'agit de toutes autres matières que de la soie. Nous avons dû entrer dans des détails, au sujet de la soie, que nous ne répèterons pas à propos des autres fibres, tels que nourriture des animaux s'il s'agit de fibres animales; culture des plantes s'il s'agit de fibres végétales, parce que la soie nous étant donnée toute filée par la nature, c'était définir son mode de filage que de décrire l'animal qui la sécrète.

Nous avons dit quelques mots de la filature à la main : les instruments employés varient peu de formes quelle que soit la fibre dont on fait un fil. Nous avons trouvé dans l'exposition de la Grèce, sous le nom de M. *Papavergis*, de Mégalopolis, des quenouilles et des fuseaux dont nous donnons les formes aux fig. 1,

2, 3, Planche LII. C'est à la quenouille et au fuseau que se résume la filature à la main.

Il faut à la fileuse à la main une habitude pour filer telle matière plutôt que telle autre. C'est ainsi que, dans l'industrie du chanvre et du lin, il y a encore des ouvrières dont la spécialité est le gros lin, et d'autres filent le lin fin. Il faut qu'elles sachent juger de la finesse de la fibre, de l'allongement qu'elle peut opérer. Mais la machine employée est toujours la main, la quenouille et le fuseau. Il ne s'agit que de prendre l'habitude de filer telle ou telle matière, et on ne change rien aux organes.

Pour filer automatiquement, il n'en est pas de même. Les mécaniques qui servent à la formation du fil d'une fibre ne peuvent pas, sans modification, servir à la confection du fil par une autre fibre. C'est pourquoi on a :

Des machines à filer le coton;

Des machines à filer le chanvre;

Des machines à filer la laine.

Et encore, faut-il des modifications dans chaque filature pour les diverses finesses de fibres et de fils à en obtenir.

Nous avons vu aux *Généralités* (1er volume page 102) que pour filer il faut échelonner et tordre; nous allons passer en revue les machines qui concourent à ces trois opérations, pour les matières autres que la soie.

Nous avions préparé un travail assez étendu sur la filature automatique, mais il eût occupé trop d'espace et nous nous bornons provisoirement à l'énoncé qui suit :

Coton.

Le coton arrivant dans l'établissement où il doit être transformé en fil subit un ouvrage et un battage afin de regagner l'élasticité qu'il a perdue dans l'emballage sous presse.

Puis il est cardé.

Puis il est peigné.

Dans ce dernier état, il est prêt à supporter les premières préparations de l'étirage qui ont lieu progressivement.

Après le premier étirage, il en reçoit un second qui, diminuant le nombre de fibres dans le boyau formé, demande un commencement de torsion pour que les fibres ne se séparent pas.

Puis vient un troisième étirage qui finit le fil; car la dernière torsion est donnée dans le même temps.

Puis viennent certains apprêts comme les retordages, si l'on veut assembler plusieurs fils ensemble; le grillage, quand on cherche une netteté qui ne comporte pas de duvet; et souvent un laminage pour donner du brillant.

Lin, chanvre, jute.

Après le teillage, le lin et le chanvre arrivent à l'usine pour devenir du fil. Souvent on les coupe en plusieurs parties pour avoir des fibres plus régulières que ne les donne la nature.

Ensuite on procède à une série d'opérations comme pour le coton, mais avec des mécaniques différentes.

Laines.

Selon que les laines sont à fibres longues ou à fibres courtes, elles ont des manutentions particulières; mais elles sont les mêmes dans une énumération.

En sortant de chez l'agriculteur, les laines sont désuintées, lavées, puis graissées par l'huile, ou une matière grasse qui la remplace, afin de les lubrifier pour faciliter l'opération du peignage; puis cardées et préparées comme les cotons.

Quand les laines ont des matières étrangères on les égrateronne.

Matières diverses.

La bourre de soie, le cachemire, l'alpaga passent par la même série d'opérations, mais dans des machines d'une autre organisation.

FRANCE.

La France est grandement représentée pour le coton.

MM. *Schlumberger et Cie*, de Guebwiller, ont l'assortiment complet des machines à filer le coton. Ils occupent une place considérable dans l'Exposition.

MM. *Pierrard-Parpaite*, de Rheims, exposent les machines pour la fabrication de la laine.

M. *Lemercier*, d'Elbeuf, expose les machines qui servent à la fabrication du drap dont les opérations consistent à laver la laine, à l'échardonner, à la graisser, à la passer au loup (grand tambour armé de dents qui la déchirent), à la carder par deux cardes différentes qui s'alimentent automatiquement, puis à filer la laine sur une mull-jenny. Un métier à tisser fait le drap automatiquement.

M. *Vouillon*, de Louviers, a une machine à feutrer le fil de laine. C'est un moyen nouveau qui a fait sensation en 1859 à l'exposition de Rouen. Une toile qui avance sans fin est posée presque horizontalement; des rouleaux de la largeur de cette toile vont et viennent à frottement. La laine cardée est amenée, la toile l'appelle, et les rouleaux frotteurs la feutrent.

M. *Lecoq*, du Mans, a une peigneuse à chanvre, ce fut Philippe de Girard qui inventa la peigneuse à chanvre; avant son invention on ne pouvait peigner qu'à la main.

M. *Matteau*, d'Elbeuf, expose une échardonneuse pour nettoyer les laines sales: c'est un tambour garni de cylindres cannelés.

M. *Chaudet*, de Rouen, a une machine très-grande qui dégraisse et lave les laines. Nous n'avons pas pu la voir manœuvrer.

Pour les apprêts d'étoffes:

M. *Nos d'Argence*, de Rouen, expose des mécaniques à tirer à poil les draps. Il est parvenu à faire des dessins par le moyen de l'apprêt. Il a des chardons métalliques.

M. *Schneider-Legrand*, de Sedan, a des tondeuses.

M. *Charnelet*, a une grilleuse.

M. *Béranger*, d'Elbeuf, expose une machine à laine qui règle le travail du chardon.

Beaucoup d'exposants ont des pièces détachées. C'est surtout pour les cardes que l'industrie est représentée.

MM. *Broux*, de Roubaix, *Lemée*, de Rouen, *Bourgeois-Botz*, de Reims, *Calvet-Rogniat*, de Louviers, luttent pour les rubans de cardes.

MM. *Dandoy, Maillard, Luc et Cie*, de Maubeuge, ont des pièces détachées de filature, des ailettes, des cylindres, etc.

M. *A. Frené*, de Louviers, a un appareil à auges nouveau pour alimenter les cardes.

BELGIQUE.

La Belgique a plus de machines à tisser que de machines à filer; nous parlons plus loin du métier le plus remarquable. Signalons, cependant, les tondeuses de M. *Biall*, de Verviers.

PRUSSE.

La Prusse, en dehors de ses mécaniques à teiller le lin, dont nous avons parlé 3e volume page 110, expose peu d'appareils.

M. *Uhlhorn* a des cardes de toutes sortes.

M. *Thomas*, de Berlin, a des machines à apprêter les draps.

SUISSE.

M. *Honnegger*, de Ruti, a des métiers à tisser dont nous parlons plus loin. Il a aussi une série de mécaniques à trier la soie.

GRÈCE.

La Grèce a des fuseaux dont nous parlons page 323.

ITALIE.

L'Italie a exposé du matériel à trier les soies et des modèles de coconnières.

ÉTATS-UNIS.

M. *Goddard*, de New-York, a une machine à carder la laine. Les autres mécaniques de la classe 55-56 sont pour les tissages que nous décrivons plus loin, et pour les tricots.

ANGLETERRE.

Nous avons parlé des machines à teiller le lin, à égrener le coton. Nous nous occupons plus loin des métiers à tisser.

MM. *Platt frères et Cie*, d'Oldham, ont, dans la section anglaise, une exposition complète comme celle de M. *Schlumberger*, en France, de toutes les machines employées dans l'industrie de coton.

Plusieurs exposants ont des pièces détachées.

Métiers à tisser.

Nous avons parlé, dans les *Généralités*, des organes essentiels du métier à tisser; les lisses, le peigne, le battant, les marches, les contre-marches, les long-bâtons, et nous n'avons à parler que du bâti.

Un grand parallélogramme, composé de 4 charpentes, tenant ensemble par d'autres charpentes horizontales, 4 en bas, 4 en haut: voilà le métier. Souvent des charpentes horizontales sont placées entre celle du bas et du haut, seulement sur les côtés pour consolider le tout (fig. 2, Pl. LII).

Une ensouple derrière (ou plusieurs s'il y a plusieurs effets de chaîne dans le tissu) est destinée à recevoir la chaîne qu'on enroule autour; une ensouple, devant reçoit le tissu. Les ensouples sont décrites aux *Généralités* (1er vol. p. 108).

Avec les explications que nous avons données dans les *Généralités* tout est dit.

Des modifications sont apportées au métier quand il doit marcher mécaniquement.

En parlant des métiers texipèdes nous les indiquerons.

Nous ne pouvons pas, dans un compte rendu d'exposition, entrer dans de plus longs détails.

Avant de faire un tissu à l'aide des fils, on fait subir à ceux-ci certaines préparations, selon qu'ils doivent devenir ou chaîne ou trame; nous en avons parlé aussi aux *Généralités* (1er vol., p. 107, 108, 109).

Les appareils remarquables de l'Exposition consistent principalement en canetières et en navettes pour les fils de la trame, en dévidoirs, en ourdissoirs, en encolleuses, en rémisses, en peignes, en métiers à tisser, en jacquards pour les fils de la chaîne, et en différentes machines destinées aux apprêts pour le tissu fait.

Les canetières sont des métiers à confectionner les canettes; ordinairement, la préparation du tramage se fait à l'aide d'un rouet qui donne le mouvement à un canon qui est un petit tube sur lequel s'enroule le fil de trame; à l'aide de la canetière, ces canons se font par plusieurs à la fois. Les fils à enrouler sont sur bobines ou sur des écheveaux, et viennent se rendre respectivement sur chaque canon. Les canons sont alignés le long d'une broche qui, recevant le mouvement d'une manivelle ou d'un moteur quelconque, appelle les fils de la trame. Un mouvement de va-et-vient promène le fil le long du canon. Différentes modifications ont été apportées à la canetière. C'est surtout dans le mouvement de va et vient que nous avons constaté des changements qui, selon nous, n'apportent pas de progrès aux principes connus.

Nous avons vu des navettes (voir définition, 1er vol., p. 108) perfectionnées dont nous parlerons plus loin.

Les dévidoirs sont des machines servant à enrouler les fils destinés à la chaîne sur des cylindres à têtes plates à chaque extrémité qu'on nomme rochet. Il y en a quelques-uns à l'Exposition. C'est sur le principe des canetières (dont elles sont les aînées) qu'est basée la fabrication mécanique du dévidage.

Les machines à ourdir servent, comme l'indique leur nom, à faire l'ourdissage (voir 1er vol. p. 107) : c'est parmi ces ourdissoirs mécaniques que nous avons vu, à l'Exposition, quelques nouveautés dont nous parlerons plus loin.

Les encolleuses sont des appareils dans lesquels on fait passer la chaîne ourdie pour l'enduire d'un corps liquéfié qui la consolide (voir la page 107).

Les rémisses, les peignes (p. 106) sont bien représentés à l'Exposition; nous en parlerons plus loin.

Parmi les exposants de métiers à tisser, nous avons à citer quelques noms de mécaniciens à propos des métiers automates; et nous avons à nous étendre longuement sur deux métiers Jacquard nouveaux qui, comme on le verra à l'article Pinel de Grandchamp, et à l'article Bonelli, sont de vraies révolutions. Hâtons-nous de dire, dès maintenant, que le jacquard Bonelli est encore à l'étude, et n'a donné aucun résultat pratique connu; quant au premier, il est excellent, et a fait ses preuves.

Nous parlerons aussi des métiers à apprêter les étoffes.

D'après notre procédé les nations exposantes sont énoncées par classe, nous ne pourrons pas éviter d'intercaler les divers appareils du tissage sans suivre l'ordre de leur emploi; car un pays venant après un autre, dans l'ordre du catalogue, peut avoir exposé une machine qui finit le tissu, quand la nation qui vient ensuite aura exposé la machine qui le commence.

Avant d'entrer dans l'examen des objets exposés, disons succinctement ce qu'est la mécanique Jacquard.

Nous avons vu aux *Généralités* (*Théorie et pratique*, premier volume, page 105 et 106) qu'il faut, pour obtenir un tissu, faire mouvoir ensemble tous les fils faisant un même jeu, et, pour disposer ces fils de manière à mouvoir les duites, des appareils en nombre qui représente un rapport de trame. (*Rapport*, premier vol., page 104.)

Le nombre des organes que nous avons définis (harnais, marches, etc., premier volume, page 106) est bien limité dans la pratique. Il est déjà très-élevé quand il arrive au nombre 20 pour les lisses, et au chiffre 10 pour les marches. On avait autrefois des procédés inhumains pour arriver à obtenir des effets compliqués; nous n'avons pas l'intention d'en parler ; rappelons seulement le tirage des lacs.

Jacquard a apporté une amélioration au métier, qui le pose en bienfaiteur de l'humanité.

La mécanique jacquard a pour but, dans l'opération du tissage, de faire lever isolément le plus grand nombre possible des fils composant une chaîne, afin d'obtenir, dans une largeur donnée, le moins possible d'entrelacements semblables des fils de la chaîne avec les fils de la trame.

Vaucanson est l'auteur des principales dispositions de ce précieux instrument que Jacquard a rendu pratique en y ajoutant le prisme à quatre pans connu sous le nom de cylindre, dont l'objet est de faire mouvoir des cartons à l'aide desquels les fils de la chaîne fonctionnent.

Dans le jacquard, les lisses sont remplacées par des aiguilles, des crochets, des arcades, des maillons et des plombs. Les marches sont remplacées par des cartons.

La mécanique Jacquard se compose d'un bâti, le plus souvent en bois. C'est un parallélogramme composé de quatre charpentes verticales consolidées par des charpentes horizontales. Dans ce bâti est une griffe ou pièce de bois qui maintient des lames verticales en fer; ces lames sont posées au droit de crochets en fil de fer, dans lesquels sont entrées des aiguilles : les crochets sont horizontaux, les aiguilles sont verticales. Ces aiguilles sont mobiles et cèdent sous la moindre pression. Elles sont appuyées par une de leurs extrémités, chacune contre une élastique qui les renvoie dans leur position première, chaque fois qu'elles en ont été déplacées. L'extrémité opposée fait face à un prisme à quatre pans percé d'autant de trous qu'il y a d'aiguilles ; chaque trou faisant face à une aiguille, et se présentant en rangées dont le nombre en hauteur est égal au quotient du total des aiguilles par le nombre en largeur. Ce nombre appelé compte varie; il peut être de 100, 200, 400, 600, 1,000, 1,200 aiguilles.

Le nombre des crochets est égal au nombre des aiguilles; à chaque crochet est pendue une ficelle terminée en bas par un petit porte-mousqueton dans lequel on introduit autant de cordes nommées arcades qu'il y a, dans la largeur du tissu, de fois le nombre des fils divisé par le nombre de crochets employés à la Jacquard. Les arcades sont passées dans une petite planche percée d'autant de trous qu'il y a d'arcades; le passage dans cette planche est ce que l'on appelle l'empoutage. L'empoutage a pour objet de faire tenir verticalement les arcades: aux arcades sont fixés des maillons, sortes de petits œils en verre ou en métal dans lesquels passent les fils ; à ces œils sont suspendues des ficelles, terminées par un plomb qui rappelle le maillon à son niveau quand il a été déplacé pour la levée du fil.

Certaines modifications sont apportées au montage dont nous venons de parler quand il faut économiser des moyens. Ces modifications portent surtout sur le nombre d'arcades qui diminue en raison du nombre de fils passés dans un maillon, par l'adjonction d'organes tels que les lisses, tringles ou tout procédé analogue pour diminuer encore le nombre des arcades, des crochets, des aiguilles et arriver à se servir d'une mécanique d'un compte inférieur au nombre des fils qu'elle fait marcher par chemin. On appelle chemin, l'assemblage des arcades empoutées correspondant au nombre d'effets différents au rapport.

Le mouvement est donné à la jacquard par une pédale que l'ouvrier presse par son pied. En haut de la machine est comme un bricoteau, un arbre de couche, appelé souvent bascule, qui fait lever la griffe; cette griffe fait lever les lames.

Les lames font lever les crochets terminés à l'extrémité supérieure par un bec, et le reste marche d'après ce que nous avons dit ci-dessus. (Voir fig. 9, Pl. LII.)

Les effets sont produits par la mécanique Jacquard, d'après le nombre des crochets que les lames de la griffe font lever; il faut ne faire lever que les crochets dont l'influence s'exerce sur le tissu, Là, arrive le besoin des cartons. Le carton est percé de trous aux endroits où l'on veut faire lever des fils.

Les trous des cartons sont en correspondance directe avec les trous du cylindre, de sorte que si un carton est totalement percé, il a autant de trous que le cylindre, et autant de trous qu'il y a d'aiguilles à la mécanique. En cet état, qu'on nomme percé matrice, le carton ne repoussera aucune aiguille si le cylindre le plaque sur ces aiguilles; et la griffe en levant emportera toutes ces aiguilles qui en s'élevant entraîneront tous les crochets, partant tous les fils.

Si au lieu de percer matrice, on ne pique le carton qu'à certains endroits désignés, on n'aura, d'après ce qui précède, de levée des crochets que là où les cartons seront troués; et les parties pleines du carton plaquant contre les crochets les feront dévier, les excluront des lames de la griffe, et celle-ci, en s'élevant, ne les emportera pas. Dès lors, il n'y aura pas de levée de fils.

C'est ainsi qu'avec un nombre de cartons représentant le nombre de marches nécessaires à la production d'un rapport en trame, on parvient à former toutes les formes exigées en ne perçant les cartons que dans les conditions voulues.

Nous ne parlons pas des autres accessoires qui font agir en même temps tous les organes de la jacquard afin de ne pas compliquer davantage notre description.

Quand on veut obtenir sur un tissu un dessin quelconque, on le met en carte. La mise en carte est un papier quadrillé dont les lignes en long et les lignes en travers représentent les unes le compte, les autres la réduction (Compte 1er volume, page 109). D'après le compte et la réduction, on calcule le nombre de lignes que doit occuper le dessin sur la carte, et on dessine à nouveau, et proportionnellement à l'importance de chaque effet, l'esquisse à reproduire sur l'étoffe.

Avec la mise en carte, on lit le dessin.

Le lisage est la préparation du piquage des cartons. C'est, en quelque sorte, la traduction du dessin en tissu. L'appareil qui sert au lisage, s'appelle sample.

Le sample est une réunion de cordes placées verticalement dans un cadre, en nombre égale à la quantité d'arcades formant un chemin sur les métiers à tisser. Ces cordes sont envergées, c'est-à-dire que deux verges les traversent perpendiculairement. Sur l'une passent les fils impairs du sample, sur l'autre, les fils pairs.

Le liseur compte les cordes de la carte (distance entre deux lignes verticales) en suivant le lac (distance entre deux lignes horizontales). Il prend dans la main gauche toutes les cordes du sample comptées par la main droite, et passe une corde qu'on nomme lac à la place de sa main gauche quand il la retire. Ce lac perpendiculaire au sample représente une couleur du lac de la carte. Les cordes que le liseur compte sont celles qui sont peintes de la couleur qu'il lit si l'étoffe doit être tissée l'endroit en dessous; et au contraire, si l'étoffe doit-être tissée l'endroit en-dessus. Si un lac de la carte a plusieurs couleurs, il a plusieurs lacs du sample; la réunion des couleurs s'appelle *passée.*

Quand le dessin est lu, on se sert du sample muni des lacs pour piquer les cartons, les trous sont piqués sur les cartons aux parties correspondantes aux cordes du sample passées sur les cordes du lac.

Des emporte-pièces correspondant par une disposition particulière aux cordes du sample sont dans un étui et peuvent sortir d'une plaque percée matrice qui est placée au-devant. Cette plaque s'enlève à volonté, et avec elle les emporte-pièces sortis de l'étui, qui s'arrêtent par un talon à leur extrémité interne. Les emporte-pièces ne sortent qu'autant que les cordes du sample sont tirées; si l'on tire les cordes du sample de devant la corde du lac, les emporte-pièces de ces cordes de sample sortent. La plaque est enlevée avec eux, et portée sur un carton. Un coup de presse est donné sur la plaque, les emporte-pièces percent le carton qui fera lever les fils mus par le jacquard comme nous l'avons dit précédemment.

France.

MM. *Bavarey*, de Lyon; *Durand*, de Lyon; *F. Dreyfons*, de Paris, exposent des canetières.

M. *Sallier*, de Lyon, a des canons et des navettes dont nous parlons plus loin en rendant compte des métiers à tisser du même mécanicien.

MM. *Turques et Rouault*, de Paris, ont des mécaniques rondes à dévider. Les tavelles sont doublées de zinc, ce qui leur donne l'avantage de ne pas se voiler.

M. *Blanchard*, de Paris, expose une mécanique ronde à dévider; le perfectionnement consiste dans l'emploi de pointizelles aux broches. On appelle pointizelles de petits ressorts qui se détendant, serrent le crochet.

M. *Fléchieux Lainé*, de Rouen, expose des ourdissoirs.

Nous avons vu un peigne d'ourdissage mécanique dont les dents sont rendues mobiles afin d'obtenir des chaînes de largeurs différentes avec un même nombre de fils. Nous préférerions un peigne en éventail dont, nous le croyons du moins, il n'est pas fait usage.

Il suffirait de monter le peigne pour diminuer la largeur et de le baisser pour l'augmenter. Nous reparlerons du peigne en éventail en traitant du bas de varice; on en comprendra mieux la fonction.

MM. *Michel frères*, de Lyon, ont placé, comme par hasard, des remisses à la classe 31. Les mailles sont achevalées sur leurs lisserons ou vergets. Ces lisserons sont en fer.

Deux fils galvanisés réunis en un fil doublé forment les mailles. Les deux parties se divisent pour passer sur le lisseron; et pour former les œillets par lesquels passent les fils de la chaîne, puis ils se tordent pour former la tête et les jambes des mailles. Les lisses formées sont enchâssées dans un cadre en bois dont elles dépendent. Ces cadres sont deux montants verticaux réunis par des traverses horizontales. Ces deux montants verticaux sont faits chacun en deux parties rentrant l'une dans l'autre. La partie supérieure se soulève par l'appel du moteur qui fait lever et emporte la lisse.

Trois remisses sont exposés. La fig. 5, Pl. LII, en représente l'élévation vue de face.

Voici les prix indiqués par les exposants.

2700 mailles en 90 centimètres 0f.35 la portée de 40 mailles, cadre et tringles payés à part (pour cotonnade). Mailles galvanisées bronzées: 2,860 mailles en 90 centimètres 0 fr., 35 la portée de 40 mailles, cadre et tringles payés à part (pour taffetas) mailles galvanisées blanc (fig. 5, Pl. LII).

Légende *du Remisse de MM. Michel frères, à Lyon.* (Pl. LII, fig. 5.)

B est le montant d'un bâti, dont B' et BB sont les travers. Les montants glissent l'un dans l'autre, étant rassemblés par des coulisses XX. Le harnais ou remisse, proprement dit, est composé de tringles *t*, *t* qui tiennent les lisses *l*, dont les anneaux *a* maintiennent les fils de la chaîne du tissu. Les autres tringles sont enchâssés dans les parties B B du bâti. Les lisses sont en métal galvanisé.

MM. *Durand et Souton*, de Lyon, ont des peignes à tisser les perles et les chenilles.

Les nécessités de la nouveauté, obligent quelquefois à employer des matières dont la grosseur des fils ne leur permet pas de passer dans les dents des peignes qui reçoivent les fils de la chaîne de fond. C'est ce qui arrive quand on veut décorer un tissu du dessin de chenilles ou de perles. MM. Durand et Sauton ont imaginé de placer au-dessus du peigne et au-devant un peigne à dents formant crochet en bas et tenant à une lame à leur partie supérieure, la chaine à façonner est passée dans les crochets. Un mouvement à ressort muni d'une manivelle fait descendre et remonter la lame qui est armée des crochets et fait plonger ces crochets aux endroits voulus dans la chaîne, un mouvement de va-et-vient fait tourner à l'aide de la manivelle le fil à perle ou la chenille pour le faire prendre.

La fig. 6, Pl. LII, représente le peigne.

Légende *du peigne à tisser les chenilles et les perles sur tissu, par MM. Durand et Souton, de Lyon.* (Pl. LII, fig. 6.)

p peigne dans lequel passent les fils de la chaîne du tissu de fond; — *c* crochets dans lesquels passent les fils chenilles et perles; — *a* petite manivelle munie d'un ressort; — *t* tissu.

Plusieurs exposants ont des peignes et des harnais; nous citerons parmi eux M. Gillotin-David de Lisieux, et M. Coint de Lyon.

MM. *Guillotin-David et Ce*, de Saint-Désir de Lisieux, ont l'exposition la plus remarquable de peignes et de harnais.

On voit que cette maison expose ses produits de tous les jours, et qu'elle n'a pas visé au tour de force; c'est ainsi que les producteurs devraient exposer.

Ces Messieurs ont des peignes pour toiles à voiles, pour calicot, pour draperie, pour velours, pour flanelle de Reims, pour rouenneries, pour coutils.

Leurs peignes pour tissus de soie ont 555 broches au décimètre; un peigne pour tissu métallique a 750 broches au décimètre. Malgré cette réduction, la régularité est parfaite.

Les harnais de cette maison sont presque tous faits à maillons métalliques. Les harnais qui fonctionnent avec les peignes dont nous parlons plus haut sont les uns à maillons de laiton, les autres à maillons de fer galvanisé, et quelques uns même nous ont paru être de zinc. Les lisses en coton plus ou moins imprégné de vernis.

Nous avons vu dans cette exposition complète des planchettes pour machines à parer, et des peignes automates pour ourdissoir.

MM. Guillotin-David et Ce ont du fil métallique assez mince pour en faire des peignes ayant jusqu'à 1120 broches au décimètre. Cette réduction s'obtient rarement, et est difficile à exécuter; mais elle n'est pas exagérée; il y a au conservatoire des Arts et Métiers de Paris, un peigne de ce compte.

*MM. Coint aîné et Ce*, de Paris, exposent des peignes ou rôts pour le tissage et pour le parage des chaînes. Ils indiquent les comptes des rôts, et rendent leur exposition intéressante en ce qu'ils font connaître l'usage; c'est un renseignement qui peut être fort utile. Nous le transcrivons.

296 dents au decimètre ou 1760 dents de 60 centimètres, en acier.

1750 dents de 65 centimètres, en acier, pour moire antique.

444 dents au décimètre, 2640 dents 60 centimètres, en acier, pour satin coton.

350 dents au pouce, 6,600 dents 56 centimètres, pour gaze à bluter, petite foule.

296 dents au décimètre, pour taffetas.

Tous ces peignes sont soudés.

Des peignes pour toile métallique n'ont que 20 à 22 millimètres de foule.

MM. Coint ont aussi des peignes en éventails.

Le Métier texipède DE MM. MAUMY FRÈRES ET DELESTANG.

M. Maumy frères et Delestang exposent un métier pour le travail mécanique en famille. Ils le nomme métier texipède. Cet appareil est mû par le pied. C'est un métier mécanique auquel on a adapté une pédale empruntée à la mécanique Lyonnaise à dévider, dite mécanique ronde.

Celui qu'exhibent les inventeurs fait un tissu dont l'armure est la toile.

Les lisses sont montées à poulies par en haut, et fonctionnent par le moyen d'organes empruntés aux métiers automates.

Un arbre de couche horizontal, parallèle aux ensouples et presque à leur hauteur, a, à peu de distance de chacune de ses extrémités, une came.

Les cames établissent le va-et-vient du battant.

Au milieu de cet arbre horizontale à cames sont des roues d'angle, transmettant le mouvement à un arbre vertical. Ce petit arbre, qui est un prisme à quatre pans, fait mouvoir les excentriques qui mettent en action des contre-marches en double jeu (un jeu à chaque pied de métier) qui tirent les lisses en rabat. C'est un même mouvement qui fait lever les lisses qui ne rabattent pas.

En dessous des roues d'angle à excentriques, le grand arbre vertical se contourne en forme de cames pour recevoir un autre arbre qui tient la pédale. Puis le même arbre, se prolongeant verticalement, sert d'axe à un volant horizontal.

Les navettes sont lancées par des chasse-navettes qui de chaque côté du battant reçoivent alternativement le mouvement par des cœurs qu'il vont rencontrer à chaque mouvement d'arrière en avant du battant.

Ce métier est ingénieux ; mais, dans l'état où il est, il ne peut pas remplacer pour tous les usages le métier à la main ; et, en tant que métier mécanique, on ne s'explique pas très-bien où est le besoin de remplacer la force vapeur par la force humaine.

La pensée qui a présidé à sa conception est bonne ; les inventeurs pourront, sans doute, arriver par des modifications à rendre leur engin utile.

Le Métier mixte à tisser DE M. SAINTIVÈS.

M. L. Saintives, de Paris, expose un métier à tisser qu'il appelle métier mixte, parce qu'il peut être mû à bras ou automatiquement.

C'est un métier à la barre.

La barre correspond à des cames qui font jouer le battant.

A l'extrémité de l'arbre à cames est un engrenage qui correspond à un arbre auquel sont adaptés les excentriques qui agissent sur les marches.

Un nouveau système de régulateur est adapté à ce métier.

Un régulateur a pour but de faire enrouler le tissu sur son ensouple d'une dimension égale à l'épaisseur de la duite que la navette dépose dans la chaîne, afin que les côtés du triangle formés par l'ouverture de la chaîne soient toujours de même longueur entre les tissus et les lisses. Il doit aussi s'opposer à l'irrégularité dans le navettage, c'est-à-dire, servir à tenir constamment à égale distance les duites qui se succèdent.

Le régulateur de M. Saintives est mis en mouvement par le fait du battant, et règle l'enroulement et la réduction du tissu. Cela se fait, dit une notice, en variant le développement d'une spirale qui règle la course du bras de levier accomplissant l'enroulement du tisssu.

Métier mécanique DE M. SALLIER.

M. *Sallier aîné*, de Lyon, expose différents métiers à tisser.

Ces métiers fonctionnent. L'un d'eux fait automatiquement du taffetas. Un autre fait aussi des armures automatiquement. Ces métiers présentent quelques nouveautés, mais ne réalisent pas de grands progrès. Nous connaissons de belles inventions qui ne figurent pas à l'Exposition, dont nous réservons les descriptions pour les *Annales du Génie civil*, qui valent infiniment mieux que ces métiers où le rappel des lisses a lieu par des poids ou par des élastiques. M. Sallier rappelle les lisses par un abus de bandes en caoutchouc, mais n'arrive pas à ce beau mouvement de lève et baisse qui ménage si bien les chaînes.

Ce que nous avons vu de joli dans l'exposition de M. Sallier, est le petit canon cannelé qui soutient la trame pour éviter l'éboulure, et son système de navettes où le fil de trame fait une course en serpentin, qui le contraint à n'avoir plus de chances de tension irrégulière au sortir de l'agnelet.

La fig. 7, Pl. LII, est le canon.

La fig. 8, Pl. LII, est la navette.

LÉGENDE *de la Navette à dérouler, de M. Sallier aîné, de Lyon.* (Pl. LII, fig. 8.)

F fil; — *c* canon qui le soutient; — *tttt* tringle où le fil passe et repasse en contre-semplant; — Scerceau d'où le fil sort par l'agnelet.

Métier à tisser de M. BEAU.

M. *Beau*, de Paris, expose un métier qui peut marcher automatiquement ou à bras.

Il sert, à l'Exposition, à fabriquer des velours d'Utrecht par deux pièces à la fois. Sur l'une, le velours se fait poil en dessus, c'est la pièce de dessous; sur l'autre, le velours se fait poil en dessous, c'est la pièce de dessus.

Il y a deux chaînes pour les pièces, il y a deux chaînes ou quatre rouleaux pour les poils. Les deux chaînes de pièce travaillent isolément, les deux chaînes de poil travaillent ensemble; elles prennent dans les deux pièces de fond, qu'elles relient ainsi entre elles. Mais une lame de couteau est placée entre les deux pièces de fond, et se présente au milieu des poils qu'elle tranche, en laissant ainsi les deux pièces libres. Pour augmenter la puissance de la lame du couteau, il lui est d'abord donné de droite à gauche un mouvement de 5 centimètres de course, puis le même mouvement est répété de gauche à droite.

Le harnais a huit lisses : deux pour le dessus, deux pour le dessous du fonds, et deux pour le dessus, deux pour le dessous des poils. Le métier est mû par une mécanique d'armure. Un temple cylindrique en fer très-fort maintient les étoffes en largeur. Ce métier donne 80 coups à la minute, et arrive à produire 18 mètres par jour.

Métiers à tisser DE M. DEFORGE.

M. *Deforge*, de Paris, à tout un atelier de passementerie où ses ouvriers travaillent en public. La passementerie a des procédés de fabrication qui, comme principe, sont les mêmes que ceux de tous les tissus, mais qui, comme application, sont particuliers.

Nous devons dire que la profession d'ouvrier passementier est répugnante.

A voir les personnes qui l'exercent, on peut se rendre compte de ce que nous avançons. La duite, dont la course est de quelques centimètres, de la largeur d'un galon, est entassée par le seul poids du battant, auquel l'ouvrier ne met les mains que pour le repousser en lançant la navette.

Ce battant est en pente, éloigné du poitrinaire, et l'ouvrier, pour arriver au seuil, doit se pencher d'une manière tellement exagérée, que, pour être maintenu, il passe sous ses bras des bretelles qui le soutiennent.

Dans cette position, il fait des choses admirables.

Nous ne nous étendrons pas davantage sur l'exposition de M. Deforge, si ce n'est pour dire que ses métiers montés l'un à la jacquard, les autres à la marche, sont admirablement outillés.

Si l'exposition de M. Deforge peut contribuer à trouver un moyen moins malsain de tisser les galons, elle aura été d'un précieux intérêt.

Le Métier-Brocheur de M. Payen Baudoin.

M. *Payen-Baudoin*, de Saint-Quentin, expose un métier à tisser économiquement les rosaces. On appelle rosace tout tissu dont on fait des rideaux clairs. Ce sont ordinairement des lancés à une couleur sur un fond mousseline. Les dessins sont en gros coton produisant du mat sur le fond transparent. Pour faire un lancé, on emploie une navette qui, partant d'une lisière, court à l'autre en laissant de la trame dans toute la largeur de l'étoffe; cette trame ne produit d'effet qu'aux endroits voulus et désignés par le jacquard. Partout où ces endroits n'existent pas la trame flotte, et, se trouvant perdue, doit être découpée pour laisser voir l'effet. M. Payen Baudoin a imaginé un battant brocheur muni de la navette, qui ne conduit la trame de façonné que là où elle doit produire dessin.

Par son procédé, il y a économie de matière à brocher. Nous n'avons pas vu fonctionner le métier, qui n'a que très-peu marché. Au moyen d'une boîte mobile ajoutée au devant du battant, l'ouvrier amène la navette contenue dans la boîte où doit être le broché.

Le Métier à tisser de M. Cauchefert.

M. *Cauchefert*, de Longchamp (Aisne), expose un métier à tisser les châles-cachemire avec un nouveau système de cartons.

Le prix des cartons est tellement élevé quand il s'agit de la fabrication des châles-cachemire, qui en emploie par grand nombre de milliers, qu'on ne peut qu'applaudir à toutes les tentatives qui ont pour but de réaliser des économies. M. Cauchefert s'est occupé de la question, et est parvenu à faire marcher un métier avec des cartons de son invention.

Sur un même carton il pique deux lacs. Quand une passée est faite, il retourne ses cartons, et une nouvelle passée se présente sur les mêmes cartons qui viennent d'agir.

Les trous des cartons de M. Cauchefert sont carrés.

Nous ne nous étendrons pas davantage sur le procédé. S'il n'est pas parfait aujourd'hui, il le sera peut-être plus tard, et nous tenons à nous éviter le regret d'avoir méconnu un succès encore latent.

M. Cauchefert a fait les frais d'un montage. Son métier travaille en public.

Le Métier à tisser de MM. Macaigne neveux et J. Macaigne.

MM. *Macaigne*, de Paris, recherchent un moyen à l'aide duquel on supprimera une partie des frais qu'entraînent les cartons dans la fabrication des châles-cachemire et de toutes les étoffes façonnées à grands effets.

Pour arriver à ce résultat, ils ont imaginé de doubler le nombre des éléments d'un jacquard, — les aiguilles et les crochets; — sans augmenter le volume de l'appareil. Ils n'ont qu'un lac par carton, mais ils n'ont qu'une mécanique où il en faudrait deux. Les aiguilles de la mécanique sont contre-semplées.

Les trous des cartons sont en losanges.

MM. Macaigne ont tissé un châle à l'Exposition. C'est un résultat.

Le Métier à tisser de M. Ronze.

M. *R. Ronze*, de Lyon, expose un métier qui fonctionne. L'étoffe produite est un grand façonné de Lyon de la famille des lampas brochetés.

M. Ronze a une épure représentant l'empoutage de son métier. Nous ne la reproduisons pas, car, sans le plan de la mécanique, elle n'aurait pas de valeur pour les fabricants. Il s'agit d'économiser du compte de mécanique, et, à notre avis, les moyens connus ne sont pas remplacés avantageusement par le montage de M. Ronze, qui a l'inconvénient de changer le matériel sans compensation.

Les Métiers modèles de M. Molozay.

M. *Molozay*, de Paris, a des petits modèles de métiers admirablement réussis. C'est gentil au possible. On est tenté d'avoir de ces jouets pour démontrer le tissage aux enfants; et dans tous les pays de tissage, les écoles devraient se composer un musée des modèles de M. Molozay.

Nous avons surtout remarqué son petit métier chinois, qui rappelle parfaitement l'ancien métier à la tire, et un petit métier à fabriquer les tapis d'Aubusson. Dans ce dernier, pour utiliser la force employée à tisser le fond, on a monté deux lisières indépendantes du tissu de fond qui sont destinées à faire du ruban.

L'aubusson se fabrique avec une chaîne horizontale, ce qu'on nomme basse-lisse; le métier est monté pour faciliter le tissage du coup de fond, et le façonné se fait en brochetant; on l'entasse à l'aide d'un peigne à poignée qu'on tient à la main, et qui ne frappe qu'aux endroits brochetés. Le dessin est placé sous la chaîne, et l'ouvrier en suit les formes en introduisant la couleur à l'aide d'une navette au-dessus de la partie du dessin qu'il reproduit. La mécanique Jacquard ne sert pas dans cette fabrication.

C'est ce qui ressort de l'examen du modèle de M. Molozay.

Le Métier à la barre de M. Joyot.

M. *P. Joyot jeune*, de Paris, expose un métier qui produit des rubans de velours. Ce métier attire l'attention de tous les promeneurs. Par un mécanisme consistant dans le jeu de tringles métalliques qui marchent sur un plan horizontal, les unes de droite à gauche, et de gauche à droite alternativement, les autres perpendiculairement aux premières, l'inventeur a réussi à faire des velours; les tringles qui vont et viennent de droite à gauche et de gauche à droite amènent d'abord le fer dans la chaîne, et l'en font sortir ensuite; les tringles qui vont et viennent perpendiculairement aux autres conduisent les fers à leur place. Ces fers sont terminés en lames qui coupent le poil quand on veut du velours coupé, et n'ont pas de tranchant quand on tisse du velours frisé. Le fond se fait par le moyen de brochetons.

Ce métier, qui est volumineux, est proprement tenu, et excite l'admiration.

Le Métier à tapis de M. Hallet.

M. *Hallet*, de Paris, a un métier qui fait des tapis de fil végétal avec bordure de laine.

Le tissu est une espèce de moquette unie ; c'est du velours.

Ce métier est d'un poids excessif. On regrette que des métiers de cette nature soient mûs par un seul homme.

L'ouvrier tisse un coup de fond dans une chaîne de fond, et un coup de fer sous une chaîne de poil. Le fer est terminé par une lame tranchante. Quand le fil de poil est suffisamment lié par les duites de fond aux endroits où le poil reçoit ces duites, l'ouvrier enlève son fer et le duvet est formé.

Métier à tisser les bas-varices, de M. Ducourtioux.

M. *Charles Ducourtioux*, de Paris, expose un métier sur lequel un ouvrier fait des bas élastiques pour les varices. Être arrivé à produire, en les tissant du commencement à la fin, des bas-varices, est la solution d'un des plus curieux problèmes.

Disons que cette fabrication a, en certains points, quelque ressemblance avec son aînée, la fabrication des corsets sans couture.

L'ouvrier n'a, pour le guider : 1° qu'un modèle de bas dessiné dont les différentes parties sont numérotées ; et 2° le montage de son métier.

Comme montage, rien n'est plus simple, sinon le modèle ; ce qui prouverait que les plus belles inventions ne sont pas toujours les plus compliquées.

Le mouvement est donné aux fils par une pédale qui, par un balancier, fait fonctionner une mécanique d'armures de la famille de la jacquart.

A chacun des collets de la mécanique sont passées seize arcades portant autant de fils, qui passent dans des maillons auxquels, par des lissettes, sont suspendus les plombs qui rappellent, dans leurs positions initiales, les fils qui ont levé.

Le cylindre est garni de quatre cartons piqués en toile double étoffe.

Le bas a des parties pleines et des parties cambrées.

Les parties pleines varient de dimension ; par exemple, le mollet n'est pas de la dimension de la cheville.

Les parties cambrées varient aussi ; le jarret n'a pas la même cambrure que le cou-de-pied.

Pour opérer le rétrécissement des parties pleines différentes, on a recours à un peigne en éventail.

Pour arriver à former les cambrures, on se sert d'un accrochage.

Le peigne en éventail est un trapèze dont le sommet est en bas, et la base en haut. De la base partent les dents du peigne qui se réunissent au sommet. Le nombre des dents ne diminuant pas, et l'espace les contenant, se rétrécissant, il y a un plus grand rapprochement entre les dents à mesure qu'elles approchent du sommet ; dès lors, un resserrement des fils, une diminution de largeur, un rétrécissement. Les fils ne peuvent être distants entre eux qu'en raison de l'espace entre deux dents ; le peigne à éventail doit s'abaisser ou se hausser afin de donner plus ou moins de largeur à l'ensemble de la chaîne sur le seuil du battant. D'après son modèle dessiné, l'ouvrier amène son peigne là où son numéro l'indique. Le peigne se meut à volonté en glissant dans des rainures aux épées du battant, qui reçoivent un cadre dans lequel est fixé le peigne à éventail. Quand le peigne est à sa place, l'ouvrier applique une fiche qui, perçant le battant de part en part, fixe le peigne. Ainsi, pour augmenter la largeur on abaisse le peigne ; pour la diminuer, on l'élève.

Il faut faire remarquer que le nombre des fils ne diminuant pas, il y a des différences de réduction dans un même bas.

(C'est un peigne basé sur ce système que nous préconisons à la page 329 pour le changement de réduction proportionnel à la variation de largeur dans l'encollage des chaînes mécaniques.)

L'accrochage consiste dans l'application à un certain nombre de crochets de la mécanique d'une tringle qui ne gêne le mouvement des crochets qu'autant qu'on veut le paralyser. Chaque tringle est munie d'un anneau qu'on accroche au besoin à un clou. Dans le métier de M. Ducourtioux il y a vingt-quatre rangées de crochets, et douze rangées d'accrochage; c'est une tringle d'accrochage pour deux rangées de crochets. On peut donc paralyser le douzième ou plusieurs douzièmes de la chaîne. D'après le modèle, l'ouvrier ayant une cambrure à former, calcule, d'après la dimension de cette cambrure, le nombre de crochets qu'il doit paralyser, et la place que doit occuper le peigne à éventail. Il tisse alors dans la portion de chaîne levée, et n'obtient que la largeur nécessaire. Les fils qui ne travaillent pas restent en fond, et l'ouvrier vient les faire mouvoir lorsqu'il faut qu'ils concourent à la formation de la cambrure. Il tire à lui le battant; le tissu, qui a monté en laissant sans trame la chaîne accrochée, fait poche en se mettant au niveau de la dernière duite lancée avant l'accrochage; en continuant le travail, l'ouvrier obtient l'effet cintré. (C'est ici que nous trouvons de la ressemblance avec le tissage du corset sans couture.) Étant guidé par le modèle, on peut, s'il le faut, anéantir le jeu des fils ou de quelques fils qui ont formé la poche.

La chaîne est en gros fil ou en gros coton. Il y a autant de bobines servant d'ensouple que d'accrochages, afin de ne pas occasionner la rupture des fils qui, dépensant plus, auraient, pour cause d'embuvage, une tension trop différente des autres fils.

La trame est en caoutchouc recouvert.

La navette n'a rien de particulier.

Le Diviseur-Liseur de M. Junot, **et ses Jacquards.**

M. *Junot*, de Paris, a beaucoup travaillé les perfectionnements utiles à la réduction des prix dans les étoffes façonnées.

Quiconque s'est promené dans la galerie des machines s'est arrêté un moment pour regarder au travers d'une loupe dans laquelle on peut croire à un effet d'optique. L'intérêt s'attache immédiatement à la vue des ficelles qui recouvrent un dessin esquissé. Ces ficelles nous ont paru posées pour remplacer le papier-Grillet et faire du dessin une carte sans transposition. L'idée est riche. Supposons un dessin de châle, des ficelles y sont parallèlement apposées sur une inclinaison de 45 degrés, et, d'après la figure que prennent les couleurs du dessin entre les ficelles, il n'y a plus qu'à lire.

Si l'expérience donne raison à M. Junot, il aura tout simplement opéré une grande révolution, il aura supprimé la mise en carte.

En plus de cette invention, M. Junot expose des mécaniques Jacquart pour l'emploi du papier en remplacement des cartons. Malheureusement ses appareils ne fonctionnent pas, et il est difficile d'en comprendre le jeu.

La Jacquard de MM. Morlot et Ce.

MM. *Morlot et Compagnie*, d'Essonne, ont une mécanique Jacquard dite à double effet. Il est fâcheux que cet appareil, mal placé, soit en très-mauvais état, et ne soit pas adapté à un métier qui en eût fait ressortir les avantages. Il nous a semblé que si cette machine avait existé avant que Jacquard n'inventât la sienne, il eût fallu inventer celle de Jacquard pour remplacer celle de MM. Morlot et Compagnie. Le cylindre est remplacé par un prisme à six pans; du côté opposé au prisme, sont deux petits prismes à six pans aux endroits des lisières. Nous nous expliquons cette disposition en ce que, plus le prisme aura de faces, moins grande sera l'évolution pour le changement de carton, et moins grand sera le choc; mais le progrès à réaliser n'est pas dans le choc du cylindre. La jacquard de MM. Morlot et Compagnie n'a pas de ressorts élastiques pour ramener les aiguilles à leur position première; le retour a lieu par l'effet de l'élasticité du crochet, qui est double.

La Mécanique-Cylindre de M. Pinel de Grandchamp.

Sous le nom de mécanique-cylindre, M. *Pinel de Grandchamp* expose un système de jacquard où le papier remplace le carton.

L'appareil fonctionne. Il est adapté à un métier qui fabrique un châle-cachemire français.

On a longtemps cherché le moyen de substituer le papier au carton dans le travail des étoffes façonnées par la mécanique Jacquard. La solution n'a été trouvée que du jour où on eut un mécanisme qui ne changeait rien ou presque rien au matériel des fabriques, et où on eut perfectionné le papier de manière à le soustraire aux influences de l'humidité. Ces deux questions sont aujourd'hui parfaitement résolues.

Comme le progrès réalisé par M. Pinel de Grandchamp opère, par la réussite si parfaite du résultat, une véritable révolution dans l'industrie où l'invention a pris une place importante, nous tenons à entrer dans des détails qui feront connaître l'appareil et les heureuses conséquences de son application.

La mécanique qui sert à substituer le papier au carton est tout un système qui remplace le prisme appelé cylindre dans la jacquard; — de là son nom de mécanique-cylindre.

La mécanique-cylindre est une mécanique Jacquard qui commande la jacquard ordinaire dont Rien, — si ce n'est le cylindre, — n'est changé. Il est donc entendu qu'un métier étant monté selon le mode habituel, il suffit d'en retirer le cylindre, à la place duquel on applique la mécanique-cylindre qui devient une des parties de la mécanique Jacquard avec laquelle elle fait corps. Nous insistons sur ce fait que Rien n'est démonté, qu'aucune dépense étrangère à l'achat de la mécanique-cylindre n'est à faire, quand les frais de montage ordinaire sont déboursés.

Le système Jacquard de la mécanique-cylindre est à l'inverse de celui de la jacquard qu'elle fait mouvoir, c'est-à-dire que dans cette mécanique-cylindre, les aiguilles sont verticales et les crochets sont horizontaux.

La mécanique-cylindre s'applique sur le métier à tisser, contre la planchette aux aiguilles, à la place du cylindre qui doit être préalablement enlevé. Elle se compose essentiellement d'un jeu de buttoirs (aiguilles à têtes plates de 2 millimètres de diamètre environ) disposés horizontalement dans une boîte métallique, contre les aiguilles même de la jacquard sur la planchette, de telle sorte que chaque buttoir, appuyant sa tête plate contre une aiguille, soit maintenu suivant le prolongement de celle-ci. Près de leurs têtes, ces buttoirs sont soutenus par la paroi de la boite métallique, plaque de tôle divisée et percée comme la planchette, qu'ils traversent. L'autre extrémité de chaque buttoir est supportée par une aiguille fixe verticale qui fait maille autour du buttoir. Les extrémités libres des buttoirs présentent donc en avant du métier une disposition identique à celle des aiguilles de la jacquard sur la planchette.

La boîte métallique, dite boîte aux aiguilles, constitue un tiroir mobile qui glisse dans la carcasse ou montant de l'appareil qu'on fixe pour travailler, et qu'on peut enlever très-aisément pour découvrir la planchette de la jacquard, s'il devient nécessaire d'exécuter sur celle-ci quelque réparation.

Un cadre métallique, dit train de barres, garni de tringles horizontales parallèles, est maintenu à hauteur des buttoirs vis-à-vis d'eux, chaque tringle horizontale du cadre répondant à une rangée de buttoirs. Ce train de barres reçoit de la griffe du métier un mouvement horizontal de va-et-vient qui, tour à tour, le rapproche et l'éloigne des buttoirs sur lesquels il presse et cesse de presser alternativement. Ce train de barres agit sur les aiguilles de la jacquard, par l'intermédiaire des buttoirs, identiquement comme le cylindre agissait directement par pression sur les aiguilles de la jacquard.

Une pièce, dite plaque cylindrique, détermine à chaque foule les positions respectives des aiguilles qui doivent être repoussées et de celles qui doivent laisser les crochets en prise. Sur cette plaque divisée et percée de trous glisse le papier piqué. A chaque foule, les aiguilles verticales retombent sur le papier qui est posé à plat sur le cylindre aplani à cet effet ; celles qui rencontrent le papier plein maintiennent à hauteur des tringles du train de barres les buttoirs qu'elles supportent, et qui dès lors seront repoussés par le train de barres dans le deuxième temps de son mouvement ; celles qui rencontrent un trou dans le papier passent à travers celui-ci, à travers la plaque-cylindre percée matrice, et quand elles s'arrêtent, suspendues par leurs extrémités supérieures, les buttoirs qu'elles supportent s'arrêtent eux-mêmes à hauteur de l'intervalle entre deux tringles voisines du train de barres ; dès lors ils passent entre ces tringles, quand le train de barres s'avance vers eux, et ne sont pas repoussés.

En se reportant aux planches CLXXXI et CLXXXII, et à la légende qui les accompagne, le lecteur comprendra facilement le fonctionnement.

La plaque cylindrique porte avec elle les divers organes de l'avance du papier. Ce sont des roues dentées, au nombre de trois ou quatre, montées sur un arbre que commande une lanterne.

Les divers mouvements de l'appareil, qu'on peut classer en six temps, sont tous commandés par la levée et la chute du métier.

Levée de la griffe. 1er temps : retraite du train de barres, — les crochets reprennent leurs positions naturelles.

2e temps : Levée des aiguilles, — le passage devient libre.

3e temps : Avance du papier.

1er temps. Ce mouvement s'obtient par l'action de deux cames en Z, agissant sur deux coulisseaux horizontaux qui portent le train de barres, et qu'on aperçoit de chaque côté de la carcasse ou monture.

2e temps. Ce mouvement s'obtient par la levée du train de barres suspendu à une fourchette qui forme la petite branche d'un levier coudé, mû par un galet fixé à la came en Z du côté gauche de l'appareil.

3e temps. Ce mouvement s'obtient par l'action d'un loquet sur les fuseaux de la lanterne de la plaque-cylindre. Un volet à ressort fixe invariablement, à chaque foule, la position du papier sous les aiguilles verticales.

Chute de la griffe : les deux premiers temps se reproduisent dans l'ordre inverse.

La fig. 9, Pl. LII, représente le principe.

LÉGENDE *de la mécanique-cylindre de M. de Grandchamp.* (Pl. LII, fig. 9.)

c cylindre appelant le papier avec sa roue de repère ; — *p* le papier ; — *a* aiguille ; — c crochet ; — o épinglette ; — *b* buttoir ; — G guide ses aiguilles ; — *t* train de barres ; — *aa* aiguille de la jacquard ordinaire ; — *e* élastique ; — *cc* crochet de la jacquard ordinaire ; — *t* arcade ; — P planche d'arcades ; — *l* lisette ; — *m* maillon ; — K plomb ; — G lame de la Griffe.

M. de Granchamp a aussi exposé un lisage-piquage construit dans le même système que les mécaniques-cylindres, avec buttoirs et trains de barres. Ce piquage au papier a, sur le piquage au carton, l'avantage d'être d'une plus longue durée par la solidité et la précision de sa construction. De plus, il produit, dans le même espace de temps, une fois plus d'ouvrage que le piquage au carton.

Les cartons sur le métier Jacquard ont rendu un très-grand service à l'industrie des tissus façonnés, en supprimant des procédés coûteux et pénibles, en remplaçant les tireurs de lacs. Mais ces cartons présentent des inconvénients et des défauts inhérents à leur nature même. Ils sont d'un prix élevé, d'un poids considérable, et sont encombrants par l'espace qu'ils occupent.

La substitution d'un papier continu à ces morceaux de cartons reliés ensemble par des lacets est devenue un très-grand progrès, et est le dernier mot, sous ce rapport, du métier Jacquard.

Ce papier continu qui fait l'office de carton est très-mince, et offre cependan une résistance suffisante; en effet, il n'a jamais à supporter dans sa marche qu'un poids insignifiant. Il se fatigue d'autant moins qu'il ne subit pas, comme les cartons, la pression directe des aiguilles du jacquard; la pression qui agit sur le papier est tellement légère, qu'elle ne peut même pas le faire fléchir.

Ce papier est renforcé sur les bords et au milieu par d'étroites bandes de papier collé à l'endroit précisément réservé dans les cartons à l'enlaçage.

Un des grands avantages du papier, c'est que les erreurs qui peuvent se commettre au lisage, ou les accidents qui arriveraient au papier pendant la marche des métiers, peuvent être réparés avec la plus grande facilité.

Pour apprécier l'économie considérable qui résulte, pour les fabricants, de l'emploi du papier, il suffit de mettre en regard le prix des cartons, bonne qualité, et le prix du papier. Ainsi pour une mécanique de 800 aiguilles :

Les mille cartons coûtent.............	20 fr.	»	
L'enlaçage des cartons...............	3	»	
Total..........	23	»	
Le papier nécessaire pour représenter 1000 cartons revient à............................	5	10	tout préparé.
Différence en faveur du papier.........	17	90	

L'économie est bien plus grande pour la dimension de 900 et 1000 aiguilles.

Il y a encore d'autres avantages qui résultent de l'emploi du papier continu, tels que :

1° Suppression de tous les frais accessoires, transports, manutention et magasinage du carton;

2° Economie de place dans les ateliers, par la suppression de la corbeille en bois posée à côté du métier pour recevoir les cartons;

3° Libre accès de la lumière par la suppression des cartons enlacés;

4° Déroulage plus exactement et plus promptement fait qu'avec les cartons.

Quant à la durée du papier, un exemple indiscutable a été produit à l'Exposition universelle de 1867, à Paris. MM. *Lair*, fabricants de châles, ont fait marcher un métier en 1000 aiguilles, avec un dessin en papier qui avait fonctionné pendant deux ans dans leurs ateliers, à Fresnoy-le-Grand (Aisne); et ce même jeu, ayant servi à faire des châles pendant plus de deux ans et demi, était aussi intact que s'il venait d'être piqué.

MM. *Heilbronner cousins*, les fabricants de papier, ont apporté à sa fabrication, depuis plusieurs années qu'ils s'en occupent spécialement, des améliorations et des perfectionnements qui ne laissent plus rien à désirer.

La fabrique a pris aujourd'hui une telle extension, qu'elle peut livrer à la consommation un papier tout préparé, en quantité suffisante pour alimenter toutes les maisons de fabrication.

Les industries du tissage qui ont le plus à profiter de la mécanique-cylindre sont celles qui produisent les grands façonnés comme les tapis, les châles et certains articles de Lyon.

Anticipant sur notre compte rendu de la classe 32, nous dirons que nous avons remarqué dans l'exposition des châles-cachemire, un magnifique spécimen du châle-cachemire de l'Inde fabriqué à Paris. La réussite est telle que deux châles pareils placés l'un et l'autre longitudinalement, rapprochés par leurs milieux, semblent n'en faire qu'un. Celui de gauche a été fait à Paris, celui de droite aux Indes. Une différence pourtant indique à l'envers l'origine des châles : le parisien est moins brodé que l'indien ; les mêmes couleurs de trame sont moins souvent divisées. Pour diviser davantage, deux fois autant, par exemple, il faudrait employer une quantité de cartons double de celle qui a servi ; le prix de montage serait alors considérablement augmenté : l'usage du papier devient ici une nécessité (si le nombre des organes brocheurs peut aussi s'augmenter) ; le taux des frais s'élèverait relativement peu, il y aurait une partie de compensation du prix de façon en plus par la diminution du poids de cachemire employé, et le tissu porterait d'autant plus de prix qu'il arriverait à la souplesse d'un châle brocheté-brodé.

COLONIES FRANÇAISES.

Nous avons la bonne chance de pouvoir parler d'un métier à tisser primitif. C'est celui qu'on voit exposé sur la vitrine des textiles des *colonies francaises* Une statue assise représente la place de l'homme qui travaille.

Deux lisses sont tenues par une ficelle posée à cheval sur une poulie : voilà pour les maintenir en dessus.

Ces deux lisses sont mues d'en bas chacune par une ficelle passée dans chaque pied de l'ouvrier par un anneau fait par un nœud dans la ficelle.

Le battant tient par une ficelle attachée au plafond de l'endroit où le tisseur travaille.

Un rouleau sert d'ensouple au tissu fait.

Quant à l'ensouple de la chaine, il n'y en a pas ; les fils sont réunis par derrière et tournés autour d'un bâton fiché en terre.

La fig. 10, Pl. LII, représente la coupe de la mécanique.

LÉGENDE *du métier à tisser, des colonies françaises.* (Pl. LII, fig. 10.)

R poulie sur laquelle passe une ficelle *ff*, qui tient aux lames par le haut ; — C'est la chaine du tissu ; — B le battant ; — E l'ensouple où s'enroule le tissu ; — PP sont deux ficelles passées dans chaque pied du tisseur, par le moyen d'anneaux obtenus par un nœud *n*.

Quiconque voudra apprendre à tisser, arrivera facilement au résultat avec ce métier qui n'est aucunement compliqué.

Algérie.

Le métier *algérien* est déjà plus compliqué.

Il a un bâti, tout pareil à celui du métier de nos campagnes. Il a des marches que l'ouvrier foule.

Il a des poulies, il en a même de trop, comme on le voit par la coupe que nous donnons de ses organes (fig. 11, Pl. LII) ; mais il peut parfaitement passer pour un métier complet.

R est un rouleau sur lequel est achevalé une corde C qui maintient deux poulies P, lesquelles maintiennent chacune deux poulies *p p* qui font mouvoir les lisses *l*.

M est la marche qui appelle par des cordes les lisses en rabat; les lisses qui rabattent font lever celles que la marche ne tire pas.

Ce métier fait à l'Exposition des colifichets que l'ouvrier vend.

La navette dont se sert l'Arabe qui tisse est sans roulettes, elle est lancée à la main.

L'Africain travaille lentement, se repose souvent, et commence tard une journée qu'il finit tôt.

PAYS ÉTRANGERS.

BELGIQUE.

La Belgique a, dans son exposition, un métier remarquable, c'est celui de la *Manufacture royale des tapis de Tournai*. Il fait, mécaniquement, des moquettes; 6 cantres alimentent le tissu de la chaîne nécessaire. A droite et à gauche du métier sont des prolongements au battant munis de pinces qui attirent des fers terminés en lames tranchantes. Ces fers en se retirant coupent le poil de la moquette.

Le métier tout monté a peu marché.

D'autres exposants ont des pièces détachées de métiers à tisser.

PRUSSE.

M. *Thomas*, de Berlin, expose des tondeuses. La partie la plus intéressante est dans la disposition des lames qui est celle des découpeuses de Paris; une lame en hélice traverse sur l'étoffe qui passe en dessous, en même temps que sur une lame droite.

D'autres exposants ont aussi des tondeuses.

AUTRICHE.

L'exposition autrichienne a quelques peignes de tisserands qui n'offrent aucune particularité.

M. *Schramm* de Vienne a une jacquard à crochets de bois : nous n'avons remarqué rien de particulier à cette machine qui ne fonctionne pas, sauf cependant une petite amélioration : c'est qu'il y a deux bascules pour la levée de la griffe. Quand on voit ces bascules en place, elles forment un triangle dont le sommet est à la corde qui correspond à la pédale et la base à chaque côté de la griffe. Cette disposition peut donner de l'aisance à la levée, ce qui a été sans doute exigé par la construction même ; car les bascules sont en bois et peuvent se tordre plus facilement que la bascule unique qui, aux métiers ordinaires, est en fer.

Il y a ainsi des mécaniques de divers comptes.

SUISSE.

La Suisse a de beaux métiers à tisser mécaniquement dans l'exposition de M. *Honnegger*, de Ruti. Sa principale exposition est un métier qui opère facilement des changements de navettes.

Les boîtes à navettes sont appelées par un jeu de cartons en bois dont des pointes en saillie font l'effet des trous des cartons Jacquard. Au lieu de commander à des fils, ces cartons commandent à des navettes. On fait ainsi, automatiquement, des écossais et des rayés en travers. Le métier qui fonctionne à l'Exposition fait des mouchoirs de poche à carreaux. Il y a autant de cartons enfilés en chapelets qu'il y a de duites dans toute la longueur du mouchoir.

Cette disposition n'est pas précisément neuve; mais elle est bien appliquée.

ITALIE.

L'Italie expose quelques pièces détachées de métiers à tisser, des matières à fabriquer les peignes, des peignes finis.

L'objet le plus intéressant de l'exposition italienne à la classe 55-56 est le métier Jacquard électrique du chevalier Bonelli.

La Mécanique Jacquard du Chevalier Bonelli.

Le chevalier *Bonelli*, de Florence, expose un modèle de métier électrique pour tisser les étoffes ouvrées.

M. Bonelli applique l'électricité au métier Jacquard. Nous nous souvenons qu'en 1855, cet inventeur exposait un métier électrique. A cette époque, l'invention produisit une profonde sensation, et la petite plate-forme sur laquelle on arrivait par un escalier pour voir fonctionner l'appareil placé sur le métier à tisser était constamment envahie par de nombreux amateurs.

En 1862, le même métier avait place à l'Exposition universelle de Londres; il venait de déserter le n° 16 de la rue de la Banque où il avait fonctionné aussi pratiquement qu'il le pouvait alors.

Aujourd'hui, il y a à l'Exposition de 1867, dans la section italienne, une boîte à secret, peu volumineuse; on la porterait sous le bras. Personne ne s'en occupe; si l'on veut la voir, il faut d'abord la chance de découvrir un gardien qui veuille bien l'indiquer.

La machine de 1867 n'est plus du tout celle de 1855; M. Bonelli a dû savoir, comme tous les innovateurs en matière de mécanique Jacquard, qu'il ne faut pas changer tout le matériel existant, mais qu'il suffit d'y apporter des modifications.

En 1855, des bobines en nombre égal aux aiguilles de la mécanique Jacquard, remplaçaient complétement les crochets. L'électricité était produite à distance et venait agir sur une mécanique, et aurait pu agir sur plusieurs.

En 1867, une jacquard Bonelli a son électricité pour elle seule. Elle est produite dans une caisse vissée qu'on ne peut pas ouvrir. Elle est communiquée à des organes qui font mouvoir une jacquard ordinaire.

En 1855, M. Bonelli devait révolutionner l'industrie. Il supprimait, disait-il, la mise en carte, le piquage. Il changeait la mécanique Jacquard. C'était trop à la fois.

En 1867, M. Bonelli ne change rien, ou presque rien. Il laisse la Jacquard à peu près telle qu'elle est; comme M. Pinel de Grandchamp, il enlève le cylindre qu'il remplace par un système. Son appareil pourrait s'appeler, par extension, le CYLINDRE ÉLECTRIQUE.

Voici sur quoi est basé le système Bonelli exposé en 1867 : les courants électriques sont interrompus quand, entre les conducteurs, s'interpose une matière isolante, c'est-à-dire, non conductrice. Les métaux sont bons conducteurs de l'électricité, et n'interrompent pas les courants. Le vernis est mauvais conducteur de l'électricité, et interrompt les courants.

Une boîte parallèle à la mécanique Jacquard renferme la pile.

Soit un papier étamé mis en communication avec l'un des fils de la pile. Si, sur un papier, on fait glisser l'autre fil, ce dernier fil rencontrant une partie vernissée, le courant sera interrompu. M. Bonelli a profité de ce fait pour faire mouvoir sa machine. Il dessine la forme à obtenir sur le tissu, et se sert, pour le dessin, d'un vernis qu'il applique sur le papier étamé.

Nous appelons champignons les fils électrisés de M. Bonelli, parce qu'il leur a donné la forme d'une tranche de ce végétal.

La machine exposée doit faire mouvoir une mécanique Jacquard de 400 crochets. L'inventeur a donné à la largeur de son appareil, la largeur d'une jacquard 400; et, comme il fallait qu'il fit mouvoir 400 aiguilles Jacquard, il a muni son cylindre électrique de 400 champignons.

Le courant étant établi, et chaque champignon mis en communication avec la pile, le papier étamé et dessiné en vernis passe entre un rouleau qui l'attire par des repères et les pointes de champignon. Quand ces pointes touchent le métal du papier, elles établissent le courant. Quand elles touchent au vernis, le courant est interrompu.

De la boîte contenant la pile sortent et rentrent des clous horizontaux mobiles qui reçoivent l'action du courant, et qui ne fonctionnent pas quand le courant est interrompu : étant électrisés, ces clous en saillie repoussent les aiguilles de la mécanique Jacquard dont chacune fait face à l'un d'eux. N'étant pas électrisés, ils n'exercent aucune influence.

Le reste du travail de la jacquard se fait alors comme à l'ordinaire. Les aiguilles non repoussées n'inclinent pas les crochets. Les lames de la jacquard enlèvent ces crochets quand la griffe est soulevée, les arcades lèvent les maillons; les maillons lèvent les fils, etc., etc.

Quoi dire de l'avenir de la mécanique Bonelli ? Question difficile à résoudre. Des capitaux l'ont encouragée autrefois, alors qu'elle ne valait rien. Ils sont fatigués aujourd'hui qu'elle vaut quelque chose.

M. Bonelli ne supprime pas la mise en carte, en ce qu'il faut faire arriver exactement les parties qui doivent lever au droit de la pointe du champignon, et la mise en carte seule peut donner ce résultat. Cette mise en carte devient même fort compliquée quand il s'agit de plusieurs couleurs à la passée, car il faut alors un translatage. Mais l'appareil Bonelli supprime le lisage, le piquage des cartons, le laçage et même les cartons; c'est à considérer.

La figure 12, Pl. LII, est une coupe des organes principaux de la machine Bonelli.

LÉGENDE *de la Jacquard-Bonelli*. (Pl. LII, fig. 12.)

C cylindre de laiton, sur lequel s'enroule le papier dessiné Z; Y repère; — B boite renfermant l'appareil électrique; — P champignon en laiton auquel est lié un fil métallique très-fin, isolé par de la soie. Ce fil *f* va s'attacher au clou *a*, après avoir traversé la boîte B et s'être enroulé autour des têtes des clous XX; — SS tringles supportant les champignons; — L lame de métal très-mince, faisant communiquer la boîte B au premier champignon; cette lame n'existe qu'une fois; le premier champignon seul y communique.

TURQUIE.

La Turquie expose des navettes. Ce sont pour la plupart des navettes sans roulettes, destinées au tissage à la main sans caribari.

ÉGYPTE.

Dans un temple égyptien, d'où les vendeurs ne sont pas chassés, est un métier à fabriquer des nattes. C'est un grand cadre placé horizontalement. Il a la longueur et la largeur de l'objet que l'on veut avoir. L'ouvrier se tient à genoux, et avance sur le travail même, à mesure que son tapis se confectionne, chaîne, ficelle; trame, jonc; peigne, bâton. Les doigts du tisseur sont la navette. Il passe en toile le jonc dans la ficelle, et donne un coup de bâton sur la duite. C'est le tissu théorique dont nous parlions page 103 aux *Généralités*. Le produit se vend sur place à côté des bagues et des nougats de l'Orient.

CHINE.

Un métier chinois à tisser est exposé dans un chalet du parc. Il est en fort mauvais état. Il a 16 lisses, 8 marches, deux séries de bricoteaux : 8 petits surélevés pour les 8 lisses de devant, et 8 plus bas, plus grands pour les 8 lisses de derrière. On regrette qu'une aussi curieuse mécanique soit présentée si négligemment.

ROYAUME DE SIAM.

Derrière un éléphant gigantesque, on a placé les différents organes qui peuvent constituer un métier ; mais on n'a rien fini. Nous n'en pouvons rien dire.

ÉTATS-UNIS.

Les procédés mécaniques sont employés avec succès en Amérique. Cette nation qui s'est produite alors que tout était en progrès, n'étant préoccupée d'aucune tradition, s'est emparée, dès son point de départ, de l'industrie toute faite, et n'a eu à chercher que des perfectionnements qu'elle a trouvés. Les Américains, d'ailleurs, ne pourraient pas produire manuellement n'étant pas ouvriers.

M. *Crampton* de Worcester a une bien belle machine à tisser le drap. C'est un métier automate à lève et baisse faisant des étoffes à carreaux.

Il y a autant de bricoteaux que de lisses, et autant de tringles faisant fonction de tire-lisses qu'il y a de lisses.

Les bricoteaux commandent aux lisses par les procédés connus dont nous avons parlé dans les *Généralités*.

Les tringles d'en bas font fonctionner des poulies autour desquelles s'enroulent des cordes qui attirent les lisses qui baissent. Il y a autant de poulies que de tringles.

Sur le côté du métier est un système de ratière qui se compose de lames de fer en quantité égale au nombre de lisses. Ces lames sont garnies aux endroits où l'on place les pointes dans les ratières d'autant d'aspérités qu'il y a de lisses à livrer. Par leur extrémité supérieure, elles correspondent au bricoteau ; par leur extrémité inférieure, aux tire-lisses. Le mouvement étant donné, le métier fonctionne avec l'aisance d'un métier à la main.

En plus de cette exposition, les États-Unis ont des machines à fabriquer les tricots et les corsets sans couture à l'aide de la jacquard. Un métier est exposé par M. *Opper* de New-York ; un système de navettes particulier est employé par l'inventeur. Nous regrettons de n'avoir pas pu voir fonctionner le métier ; mais à des modifications près, c'est le métier dont nous parlons dans la classe 28 de la Belgique.

ANGLETERRE.

L'Exposition anglaise est brillante sous le rapport du tissage mécanique.

L'Angleterre, qui tend à produire beaucoup, cherche, dans ses machines, à obtenir de la vitesse. Nous avons vu des métiers mécaniques à tisser dont la vitesse accélérée est de 300 coups de battants à la minute. 300 duites sont fournies à la chaîne pour faire une étoffe pendant l'espace d'une minute. Si un tissu a une réduction de 20 duites au centimètre, il en est produit 15 centimètres en une minute, un mètre d'étoffe en moins de 7 minutes ! Et l'on est parvenu à faire surveiller deux de ces métiers par une seule personne ! Un seul ouvrier obtient dans un tissu de 20 duites plus de 17 mètres à l'heure ! Et la journée qu'on doit réduire à 9 heures effectives pour le métier produit 76m 1/2 par métier, 153 mètres par ouvrier et par jour. Et des milliers d'ouvriers sont employés sur ces métiers à tisser!

Nous disions (*Généralités*, page 102): « Les économistes prouvent que l'emploi « des machines est pour l'humanité un accroissement de richesse, de bonheur. « Les faits prouvent aussi la justesse de ces appréciations. » Il y a aussi à constater ce fait que la trop grande production amène les crises. Et celle que nous traversons en 1867 au moment même où l'Exposition nous montre les procédés de production du monde a parmi ses causes un surcroît de produits manufacturés.

Nous avons à signaler, dans l'Angleterre, de grands progrès dans l'industrie des tissages non-seulement pour les unis, mais aussi pour les façonnés.

Une des causes de perte de temps dans les ateliers de tissage mécanique est le remplacement de navettes quand la duite casse. Jusqu'à présent, nous avions le moyen d'arrêter automatiquement le métier, à l'aide d'un casse-duite (fourchette obéissant à un débrayage), quand le fil de la navette rompait; à l'Exposition, nous avons vu un métier mécanique anglais où la navette qui ne fonctionne plus est renvoyée du battant, et remplacée immédiatement par une autre qui continue la besogne sans interruption. Il y a un inconvénient à ce progrès : c'est que la navette qui quitte n'a pas toujours laissé la fin de sa duite à une lisière, que la navette qui vient prend sa course à une lisière, et que la duite se trouve doublée de la longueur du fragment laissé par la première; mais on fait des tissus communs par ce procédé, et cette petite imperfection n'est pas connue du consommateur.

MM. *Platt frères et Cie*, d'Oldham, ont des métiers mécaniques dont la vitesse égale ceux dont nous parlons ci-dessus. Ils ont des métiers mécaniques à armure dont le mouvement est donné par des contre-marches et non pas par des rouleaux correspondant aux excentriques. L'armure est posée sur le côté du métier. Ces exposants ont aussi des métiers à plusieurs navettes. Leur exposition est d'une richesse très-grande.

MM. *Howard et Buliough*, d'Awrington, ont un ourdissoir à casse-fils. Jusqu'à présent, l'ourdisseur devait surveiller sa machine afin d'arrêter dès qu'un fil casse; MM. Howard ont une mécanique qui s'arrête seule quand un fil se rompt.

MM. *Parker et fils*, de Dundee, ont des métiers mécaniques pour toiles à voiles. Ils ont 12 lames.

MM. *William-Smith et Smith*, de Heywood, ont exposé plusieurs métiers mécaniques; l'un d'une très-grande largeur fait deux pièces de draps à la fois. Il n'y a là d'extraordinaire que la largeur du métier, car les deux étoffes se font l'une à côté de l'autre, séparées seulement par un intervalle. Ces industriels ont aussi un joli métier Jacquard mécanique qui fait du damas pour meubles, chaîne jaune, trame rouge.

MM. *John Keighley et Cie*, de Bradford, ont des métiers à tisser automatiquement les laines. L'un d'eux produit de la nouveauté, et le changement de navette se fait par une boîte tournante. Il tisse des fils de M. Sabran.

MM. *R. Kall et Bonsor*, de Manchester, font mécaniquement un piqué. Le métier est monté à marches, contre-marches et bricoteaux. Il a trois marches qui fonctionnent très-bien pour le petit genre qu'il produit.

MM. *Georges Hattersley et fils*, de Keighley, font de la nouveauté par le moyen d'un métier mû par une ratière. Ils font surtout du piqué avec cannelé en long. La ratière n'a qu'un rang d'aiguilles.

MM. *John Leming et fils* de Bradford ont l'exposition la plus intéressante de la classe 55-56 en Angleterre. Ils font des écossais en changeant les navettes par des boîtes tournantes. Mais ce qui est un grand progrès, c'est leur battant-brocheur. Ils font automatiquement des plumetis.

Ils ont un métier monté de telle sorte que le battant-brocheur amène sa duite pour former la fleur en même temps que la navette passe pour le coup de fond. Ce métier n'a pas la vitesse des métiers à calicot de M. Platt, mais il fait plus rapidement que la main.

Ces messieurs exposent d'autres machines pour l'alimentation des métiers: bobinoirs, etc. Il est probable que les autres constructeurs qui n'ont pas de ces mécaniques à l'Exposition en fabriquent aussi.

DESSINS.

La classe 8 comprend, dit le Rapporteur du conseil d'admission, les œuvres artistiques pouvant servir de modèle et d'ornementation à l'industrie.

Parmi ces œuvres figurent les dessins destinés au tissage (dessins pour châles, tapis, tapisseries).

Les contrées qui ont exposé des dessins pour le tissage sont la France, la Belgique, l'Autriche, la Suisse, la Russie, l'Angleterre.

Nous n'avons vu de remarquable que l'exposition française et un peu de l'exposition russe, dont nous parlons plus loin. La Suisse n'a, en dessins de tissus, que des motifs pour broderie. L'Angleterre a quelques dessins pour dentelles. L'Autriche n'a qu'un dessinateur dans notre spécialité. La Belgique, enfin, a des dessins de dentelles.

FRANCE.

Un critique de salons pourrait seul rendre compte des richesses que contient la France dans la partie de la classe 8 qui s'adresse au tissage. Nous allons essayer d'en parler non pas au point de vue de l'art, mais sous le rapport de l'application et surtout en tant que nouveauté, en nous renfermant dans le genre qui convient au tissage proprement dit, et en ne parlant des dessinateurs pour impressions qu'autant que leur exposition contient des matériaux applicables au tissage. C'est parmi ces derniers que nous trouvons quelques esquisses pour la nouveauté, car les dessinateurs pour tissage exclusivement sont les artistes spécialement adonnés au châle-cachemire.

M. *Eugène Pottier*, de Paris, a une charmante exposition où l'on voit des dessins très-simples d'un effet surprenant. Des pois, jetés avec une sorte de négligence sur un fond uni, sont distribués et coloriés avec un goût exquis. M. Pottier a exposé aussi de grands dessins qu'au point de vue de l'application nous n'aimons pas; les femmes qui se promènent dans des matériaux d'impressions où toutes les fleurs à tissus sont représentées, valent moins, pour nous, que les fleurs elles-mêmes.

M. *Vaillant* a toutes sortes de motifs d'impressions dont le genre tissé s'accommoderait bien.

Les dessinateurs pour châles n'exposent que des dessins pour châles. Là rien n'est neuf, à moins qu'on n'appelle du neuf quelques petits changements dans un fond ou aux bouts des franges. MM. *Gonelle frères* ont un dessin où une rivière est grise. (C'est faire de la haute nouveauté dans un châle que d'y mettre du gris.) MM. *Berrus* et quelques autres ont des dessins de châles exécutés par de vrais artistes. Ce sont des châles vus par le gros bout de la lorgnette.

RUSSIE.

La Russie a, dans la classe 8, de bonnes choses comme matériaux applicables aux tissus. *L'École de dessin technique* de Moscou a de bons dessins pour tapis, surtout dans la forme d'acanthe. Un dessin pour perse à bouquet de roses diverses, avec grappe bleue en forme de lilas, appelle un fond de tissu; il ne suffit plus que d'en faire une carte et de la tisser.

Il y a un ornement d'église qui rend parfaitement.

FILS ET TISSUS DE COTON.

Les produits de la classe 27 peuvent se diviser en trois catégories :

1° Les fils;
2° Les tissus unis;
3° Les tissus façonnés.

LA CLASSE 27 EN FRANCE.

Fils. — M. *Pouyer-Quertier fils*, de Rouen, expose des fils. Il présente le coton à l'état de cardé, puis filé en bobines, en écheveaux; il a aussi les tissus que l'on obtient avec ces fils, surtout des calicots écrus.

M. *Fouquet Lemaître*, de Bolbec, a une exposition très-remarquable où l'on voit aussi le coton à l'état de cardé et de fil; les tissus qui accompagnent ces fils sont destinés au linge de corps des soldats.

MM. *Octave Fouquet et Cie*, d'Oissel, exposent des cotons bien travaillés; ils ont le coton à l'état brut, puis battu, cardé, étiré, préparé sur banc à branches en gros, intermédiaire, en fin. Ils ont du fil en bobines pour chaîne nos 28 et 30, et même en écheveaux pour teinture, et des fils en canettes pour trame de différents numéros.

MM. *Sydenham frères*, de Rouval (Somme), exposent des cotons filés avec accompagnement de cotons vus dans toutes les préparations.

M. *Fournier* a travaillé le coton d'Algérie dont il est parvenu à faire de beaux fils dans des numéros très-fins. Le mérite est au coton.

MM. *Collin* et *Lecherpy*, de Falaise, ont de gros cotons, sorte commune, ce qui ne prouve pas une mauvaise fabrication.

MM. *Poiret frères*, de Paris, M. *Pernolet*, de Paris, MM. *Collette frères*, de Paris, M. *Michelet*, de Paris, ont tous de bons cotons à coudre.

MM. *Plantrou frères*, d'Oissel, exposent des cotons Jumel bruts, des cotons de même nature en bobines et en écheveaux; ils ont principalement des chaînes nos 50 et 70; ils ont dans leur vitrine un échantillon très-remarquable, c'est une canette indéboulable obtenue sur métier *self acting*. Pour en faire voir la confection et la propriété, ils l'ont ployée, et elle ne déboule pas, c'est-à-dire que les parties qui la composent ne changent pas de place.

M. *Rousselin*, de Darnetal, expose des fils de coton de l'Inde des nos 20, 24, 26, pour chaîne et pour trame.

MM. *Rommel Winther et Cie*, de Dunkerque, ont de beaux fils sur canettes.

M. *Franchomme*, de Lille, a des cotons filés. Il expose des fils extra, des retors, continus no 80, des fils no 180, des fils de coton pour tulles qui atteignent le no 230.

M. *Delebarre-Mallet*, de Fives, a une exposition très-remarquable non-seulement de ses produits, mais aussi des tissus qu'on en obtient. Il a des cotons écrus, des cotons blancs, des cotons couleur laminés. Il expose des rubans façonnés de Saint-Étienne, où le coton est mélangé à la soie, et tient parfaitement sa place à côté de cette précieuse matière.

M. *Motte-Bossut*, de Roubaix, a une très-belle exposition de cotons, depuis l'origine jusqu'au filé. Une vue de son établissement est jointe à ses produits, et une pancarte fait savoir que sa maison est la première et la plus importante pour l'application manufacturière en France du renvideur mécanique. En 1842, il avait 18,000 broches; en 1855, 55,000; en 1862, 72,000; et en 1866, 100,000. Son industrie prospère.

M. *Wibaux-Florin*, de Roubaix, a une exposition complète : coton Jumel brut, battu, cardé, étiré; premier passage, de banc à broches; deuxième passage, de banc à broches; troisième passage, de banc à broches; filé. Ce manufacturier expose, en coton simple, des bobines des nos 40, 50, 60, 70, 80, 90, et des nos 40, 60, 70, 80 en écheveaux; et des cotons retors nos 40 à deux bouts, 50 à deux bouts, 60 à deux bouts, 70 à deux bouts, 80 à deux bouts, 90 à deux bouts. Puis de gros cotons n° 15 à deux bouts, provenant de déchets. Et des cotons moulinés, chinés, teints. Le tout produit dans l'établissement. Ensuite viennent des séries de tissus de nouveauté à disposition; c'est une exposition très-complète et fort remarquable.

M. *Flippo fils aîné*, de Tourcoing, expose des cotons de divers numéros.

MM. *Mimerel et fils*, de Roubaix, ont une exposition de préparation et de filé très-bien comprise.

M. *Delamare-Debouteville*, de Rouen, a aussi une exposition où l'on suit les opérations par lesquelles passe le coton pour devenir du fil. Cet exposant est l'inventeur d'un frotteur à tasseuse mécanique; l'appareil n'est pas exposé.

Tissus. — MM. *Davillier* et *Champy*, de Gisors, exposent des calicots, des madapolams et des tissus pour taies d'oreillers.

Les calicots et la cretonne sont surtout exposés par :

MM. *Veuve Camintron* et *Aubé*, de Rouen;
Gailliard, de Barentin;
Lemoine, de la Rivière, qui a des tissus écrus et des tissus teints;

Et par des manufacturiers dont nous avons parlé en énumérant les filatures de coton.

Le calicot est un tissu si classique, que l'on ne peut en rien dire qu'en citant les noms des fabricants qui se vouent à sa production. Pour faire du calicot, il suffit d'acheter du coton brut; le reste est l'affaire des machines.

Il est une industrie qui a occupé beaucoup d'ouvriers, et où le tissu est pour peu de chose. C'est la *tarlatane*. Le pays qui le produit est Tarare. L'impression est, en quelque sorte, le prétexte à tarlatane. Qui verrait, sans avoir connaissance des manutentions qui doivent s'y succéder, une pièce de tarlatane sortant du métier à tisser, ne se douterait jamais qu'après les apprêts, cette pièce est destinée à produire sensation dans les soirées. Les tarlatanes exposées sont ou simplement apprêtées, c'est-à-dire blanchies, ou teintes et gommées, ou ornées de dessins d'une impression spéciale. Les principaux exposants de tarlatanes qui fabriquent aussi presque tous de la mousseline coton, sont :

M. *Ruffier-Lentner*, de Tarare, qui, en plus de ses tarlatanes unies et imprimées, expose des tulles brodés pour rideaux;

MM. *Mac-Culloch* et *Gourdiat*, de Tarare;

MM. *Férouelle* et *Rolland*, de Saint-Quentin, dont l'album contient des tissus de Tarare ornementés par un fabricant de Saint-Étienne;

MM. *Lacroix* et *Berger*, tarlatanes de toutes couleurs;

MM. *Margand aîné, Mazeran et Cie*, de Tarare;

MM. *Brossette*, *Frost* et *Chanel*, de Tarare, qui ont de l'écru et des teints;

MM. *Fougerat*, *Lacroix* et *Rauch*, de Tarare, qui, en outre des tarlatanes de toutes sortes, exposent des tissus gommés pour mode.

MM. *Favel-Godde*, de Tarare.

M. *Janisson fils*, de Tarare.

M. *Delharpe fils aîné*, de Tarare, qui expose des tissus d'or.

M. *V. Raffin*, de Tarare, qui a une fabrication particulière, plus compliquée : ses tissus sont brochés au plumetis Jacquard.

Après le calicot et le tarlatane, nous plaçons la cotonnade connue sous le nom de *rouennerie* ; ce sont des étoffes à l'usage des masses. Nous les plaçons ici parce que ce sont celles qui, après les calicots les tarlatanes et les mousselines, présentent le moins de difficultés à la fabrication. Les exposants les plus en vue pour les cotonnades sont :

M. *Legris*, de Rouen, cotonnades couleurs et à carreaux.

M. *Leroux-Eude*, de Rouen, cotonnade écrue et à carreaux.

MM. *Havas frères*, de Rouen, qui, avec les rouenneries, ont des toiles.

M. *Jules Lepicard*, de Rouen.

M. *Félix Raffin*, de Rouanne, qui, en plus du genre cotonnade, fait de la nouveauté en rayure.

M. *Collin*, de Bar-le-Duc, fait très-bien le genre cotonnade; il lui donne du relief.

Plusieurs manufacturiers ont des tissus de coton imprimés ; les uns dans les articles de grandes consommations, dans des prix bas; les autres dans des articles de luxe où la splendeur de l'impression fait la valeur du genre. Parmi les premiers sont les fabricants d'indiennes, parmi les autres sont les manufacturiers de Mulhouse. En tant que tissus, l'exposition de ces derniers est sans importance. Nous n'en parlerons pas. C'est surtout dans ces deux séries que la fortune a élu son domicile, aussi les plus grands noms y figurent ; notre spécialité n'a rien à y voir.

Comme classification, les coutils viennent après les étoffes en coton déjà citées. Les principaux fabricants de coutils de coton sont :

M. *E. Boizard fils*, d'Évreux, coutil pour literie.

MM. *Desauney et Halbout*, de Flers, coutil pour corset, pour literie, écru, uni, teint, à disposition.

MM. *Lehugeur et Cie*, coutil de lit.

M. *Esnault-Pelleterie*, d'Évreux, coutil trois pas, rayé pour dispositions, petite armure formant fougère.

En suivant l'ordre de difficulté à produire les armures, nous arrivons aux velours de coton. Les producteurs français dont nous avons pu juger les expositions sont :

MM. *C. et A. Bulan*, d'Amiens. Il y a des dispositions dans les velours de ces exposants : certaines parties sont réservées sans découpage, et forment mat au milieu du brillant. Ils ont aussi des velours à côtes.

MM. *Mercier, Meyer et Cie*, d'Ourscamp, ont des velours unis coupés.

M. *Risler*, à Cernay, expose du velours non coupé; il s'appelle velvétine, c'est le mot anglais de ce tissu.

Après les velours coton, nous prenons les brillantés, et les petites armures fantaisie. Ces produits sont faits, en France, principalement par :

MM. *Dollfus-Mieg et Cie*, de Mulhouse, qui ont des armures en plus de bien d'autres choses.

MM. *Gros Roman* qui exposent des basins.

MM. *Zeller fréres*, d'Oberbruck, des brillantés.

Comme proches parents des brillantés sont les *piqués* que leur difficulté de fabrication devrait faire citer plus loin, mais qui font suite aux brillantés dans les manufactures.

Les fabricants qui ont les expositions les plus saillantes sont :

M. *Eugène Lemaître*, de Bolbec, qui, avec de très-jolis piqués pour robe, expose des tissus fantaisie.

MM. *Prieur et Bonnette* ont les piqués pour gilets.

MM. *Colombier frères*, de Saint-Quentin, exposent des piqués. Cette maison a été favorisée par le jury de la 27e classe sans doute pour encourager son avenir plutôt que pour récompenser son passé. Les piqués de ces messieurs sont à tous usages, robes, couvertures de lit, finette, etc.

MM. *Desfrennes-Duplouy frères*, de Lannoy, exposent des matelassés, grands piqués pour courte-pointe et couvre-lit. Ces tissus sont moelleux, duveteux d'un côté, se soumettent aux formes du corps, et par la division de leurs éléments forment un corps mauvais conducteur du calorique.

(On appelle *piqué* deux tissus assemblés au tissage entre lesquels s'interpose une grosse duite donnant du relief.)

L'industrie de coton comprend encore les articles pour rideaux, fond clair, léger avec sujets mats, dits rosaces. Les exposants qui appellent quelque peu l'attention sont :

MM. *David et Trouillet*, qui ont aussi des piqués et du faux crochet ; il n'y a rien de bien remarquable dans cette exposition.

MM. *Trocmé et Baudoin*, de Saint-Quentin, qui exhibent des rideaux-rosaces ;

M. *Payen-Baudouin* combine le genre brodé au genre tissus ; cette fabrication donne plus de valeur à l'aspect du genre.

MM. *Lehoult et Cie*, de Saint-Quentin, ont des rideaux-rosaces de mousselines brochées. C'est soigné.

MM. *Dumont-Duflot*, de Saint-Quentin, ont des rosaces ordinaires.

Quelques exposants ont des damassés cotons ; les plus remarquables sont :

M. *Toussaint*, de Flers, qui a de jolis effets de trame, blanc sur chaîne couleur.

MM. *Gros-Roman*, qui ont donné aux damassés coton le goût qu'ils appliquent à leurs autres produits.

MM. *Schlumberger-Steiner*, de Mulhouse, qui ont de l'étoffe pour housses et pour meubles.

M. *Seillière*, de Sénones, qui ont de beaux damassés, de gentils brillantés, et du calicot.

MM. *Rister et Cie*, de Cernay, qui ont du damassé où ils ont introduit de la soie, en faisant ainsi de bons articles pour meuble : ces exposants ont aussi des rosaces.

Il nous reste à citer quelques exposants dont les produits n'ont pas trouvé de place dans les catégories que nous avons énoncées, ce sont :

MM. *Méquillet-Noblet*, dont l'exposition multiple a quelques écossais en coton, au milieu des imprimés qui sont le genre de la maison.

M. *Eugène Pépin*, qui expose des organdis.

M. *Bédu*, qui a de très-jolies mousselines unies.

M. *Thivel-Michon*, qui expose des tissus gommés.

MM. *Devillaine-Badinier et Bréguet*, qui exposent des tissus de gaze différents de tous les autres sur lesquels ils ont l'avantage de ne pas s'enrailler, qualité qu'ils compensent par le défaut d'un grain plus grossier.

PAYS ÉTRANGERS.

PAYS-BAS. Classe 27. — Cotons.

L'exposition des Pays-Bas comprend les produits du pays et ceux des Indes-Orientales où la Hollande a des colonies.

M. *Stork et Cie*, d'Hengelo, ont des cotonnades à la façon de Rouen, des toiles coton avec des dispositions en rayures cannelées. Ils ont aussi des coutils. Les modèles exposés n'ont rien de saillant.

MM. *Delange et Braun*, de Rotterdam, ont des impressions sur toile coton, surtout en fond rouge et bois.

La *filature de Veenendaal* expose des tissus lisses et des tissus croisés, en coton, des calicots, des madapolams, des croisés. L'apprêt des étoffes est brillant, les tissus de cette fabrique sont cylindrés comme du papier d'emballage anglais. Une notice apprend que l'établissement a 36 mille broches, et 700 métiers à tisser : ce qu'on remarque surtout c'est le damassé pour linge de table.

M. *Schaap*, d'Amersfoort, expose des tissus mélangés de toutes matières.

Les *Indes Orientales* figurant dans les Pays-Bas ont envoyé des objets tout confectionnés. Les fonds du tissu coton ne signifient pas grand'chose en tant que tissu, mais ont de la valeur par la décoration : la verroterie surtout y est employée en abondance. Un gilet orné de perles, des rayures agrémentées d'or et verres, des pèlerines noires surchargées de pierreries et de clinquants etc., tels sont les produits de ces pays où l'on voit que les broderies sont en faveur, et que le travail à la main n'est pas encore banni.

M. *Pol*, à Hengelo, expose des tissus Madras pour les colonies hollandaises. D'après l'idée qu'on a de ces étoffes, on croirait à les voir qu'elles proviennent des pays pour lesquels on les destine.

M. *Elias*, de Stryp, a des tissus qui annoncent une connaissance de la fabrication; leurs cannelés sont saillants. Nous ne savons pas pourquoi le catalogue annonce que ce fabricant produit de la toile blanchie, les serges à dispositions sont plutôt son affaire.

MM. *Salomonson et Cie*, de Rotterdam, exposent des toiles chinées;

MM. *S. A. G. Dyk*, *Java*, ont habillé un Indien avec des étoffes à dispositions cannelées.

MM. *Blydenstein et Cie*, d'Enschedé, qui ont des molletons et des popelines pur coton, sont aussi des fabricants qui connaissent les montages.

BELGIQUE.

L'industrie du coton, en Belgique, ne laisse rien à désirer. Ce pays, malgré le bas prix de la main-d'œuvre, a pris un grand développement relatif sous le rapport du travail automatique, surtout pour le coton.

Nous aurions donc à parler de tous les exposants si nous n'avions à en signaler deux qui résument très-bien tous les autres.

Pour les fils, M. *Vander-Smissen*, d'Alost. Il a des cotons filés blanc et couleur, et beaucoup de cotons à coudre. Son exposition est complète. Il a aussi de très-jolis échantillons de cordonnets laminés qui imitent les fils de lin. M. Vander-Smissen n'indique pas les provenances de ses matières premières, mais il doit en tirer d'un grand nombre de pays qui produisent; les numéros de ses fils l'indiquent : nos 20, 24, 30, 40, 50, 60, 70, 80, 90, 100.

Pour les tissus, M. *Bracq-Vercruysse*, de Gand, prouve par son exposition qu'il connaît la fabrication des étoffes; on voit que ses montages sont compris. Ses produits sont très-soignés; ses piqués sont dignes de tous les éloges.

D'autres exposants ont des calicots, des coutils, des tissus unis dont le plus grand mérite est le prix, résultant du bonheur à spéculer.

PRUSSE.

La Prusse a une exposition de coton qui dénote que, dans ce pays, la fabrication du coton est complète.

Parmi les filateurs :

M. *Heydenreich*, de Witzchdorf, a du Jumel brut, du coton Louisiane ; des fils laminés, des fils dévidés sur bobines. C'est assez bien fait. Il a aussi des cotons filés simples en écheveaux des nos 40, 50, 60, 70, 80, 90, 100.

M. *Max Hanschild*, de Chemnitz, a surtout des cotons à coudre et à tricoter. Il a aussi de gros cordonnets écrus et blancs. Ces fils sont propres.

M. *Adolphe Hoeffer*, de Tannenberg, a des cotons à tisser en écheveaux disposés pour la teinture.

M. *Gerhard Mewissen* expose du coton à coudre écru, blanc et noir. C'est régulièrement fait.

Les tissus de coton en Prusse sont représentés par différentes industries dont peu d'exposants sont en concurrence.

MM. *Rolffs et Cie*, de Cologne, exposent des toiles imprimées qui n'ont rien de particulier.

MM. *Kaemmels, Erber et Cie*, exposent des coutils à disposition. Ils ont appliqué à leur tissu commun une armure qui ne s'applique souvent qu'aux nouveautés en draperie : c'est un filet satin dont une duite sur deux ne prend pas dans la chaîne ; cela donne du relief au filet ; un effet d'ourdissage variant la couleur, donne encore plus d'importance à l'opposition. C'est ainsi qu'en empruntant à une industrie ses procédés, celle qui ne les a pas fait du neuf.

MM. *Klemme et Cie*, de Crefeld, ont des velours coupés à l'épée comme les velours d'Amiens à côtes.

La *manufacture de Linden* a des welvetines coupées à l'épée et à places réservées sans coupe ; ce qui produit des effets de mat et brillant assez bien compris.

MM. *Mammen* et Cie, de Plauen, ont des bandes brodées à la main. Ils ont des rideaux et des taies d'oreillers au crochet.

MM. *Schnorr et Steinhaemer*, de Plauen, ont des broderies admirables ; si leur exposition représente des marchandises de vente courante, nous ne saurions trop les féliciter d'avoir doté la consommation d'un riche produit.

Si leur spécimen est un modèle pour une exposition, on doit applaudir à une idée qui peut en donner d'autres. Ce qui est surtout charmant, c'est un effet de fleurs brodées qui, posées sur de la mousseline, se détachent du fond et y semblent suspendues. Ces fabricants ont appliqué leur broderie à des jupes, à des cols, à des manchettes.

MM. *Boehler et fils*, de Plauen, ont des broderies sur mousseline, particulièrement pour rideaux. Certains de leurs rideaux, à motifs spéciaux, à encadrements, ont 4 mètres 1/2 de longueur.

Une *exposition collective*, qui ne porte que le nom du représentant à Paris, a de jolis devants de chemise.

M. *Hergoz*, de New-Gersdorf, expose des tissus de coton et des tissus mélangés pour vêtements. Ce fabricant a de la science ; on le voit par les effets d'armure qu'il exécute. Il a tiré parti des fils Sabran.

M. *Liebermann*, de Berlin, a aussi des tissus mélangés.

M. *Jottlob Vauer*, de Herrnhutt, expose des cotonnades, des mélanges de lin et coton. Ils ont un joli effet de natté couleur, bordé de noir aux changements de carreaux. C'est bien imaginé.

BAVIÈRE.

M. *Schiffmacher*, de Goegginger, réussit le coton à coudre.

AUTRICHE.

L'exposition de coton en Autriche est assez complète. Ce pays peut se suffire pour l'industrie du coton.

MM. *Hametz et Cie*, de Vienne, ont du coton filé et des tissus de coton.

M. *Noé-Stross*, de Manish-Weiskirchen, expose des calicots, des basins, des étoffes coton tirées à poil, genre futaine. Il a des croisés glacés.

MM. *F. Graumanns Edan et Cie*, de Vienne, ont une admirable fabrication de tissus coton bien compris. On voit que cette maison a de bons monteurs et de bons dessinateurs. Les étoffes pour robes sont bien faites; les damassés pour linge sont d'un bel aspect : ce qui est surtout digne de remarque, ce sont les gaufrés et les matelassés; c'est dessiné parfaitement, c'est tissé soigneusement, et les dessins sont appropriés à la destination du tissu. Il y a là de grands piqués pour jupons, pour couvertures de lit, et jusqu'à des bavettes d'enfants en bas âge; ces derniers petits objets sont de la dimension voulue, et le dessin suit les contours de la forme. Tout est soigné dans cette maison.

M. *Breuer*, à Kuttemberg, expose des cotonnades.

M. *Franz Leitenbergen*, à Cosmanos, a des cotonnades imprimées; il expose plutôt de l'impression que du tissu.

MM. *Joh Liebig et Cie*, à Richenberg, exposent des fils de coton, et ont eu le soin de représenter le coton dans toutes les préparations de l'état brut au tissu. Nous retrouvons ces manufacturiers dans la classe 29 et 30 (laines peignées et laines cardées.)

SUISSE.

Le mode d'exposition adopté par la Suisse ne permet pas d'étudier commodément les produits. Presque toutes les expositions sont collectives, et les noms indiquant les envois partiels ne sont pas toujours à la place qu'ils devraient indiquer.

M. *Bertschinger*, à Pfyn, a des échantillons de cotons filés.

M. *Gaspard Honnegger*, de Rüti, a des calicots, des croisés et des brillantés.

M. *Jean Wild*, de Zurich, expose des fils et des calicots; sa filature occupe 50,000 broches, son tissage 300 métiers. En outre de sa filature, cet industriel a un retordage de coton de 3,000 broches. Ces chiffres nous sont donnés par une note jointe à l'exposition de M. Wild.

M. *Jacques Oberholzer*, de Wald, a des ateliers de 600 métiers; il expose des mousselines pour ameublement à carreaux, toiles, et y joint quelques satinés.

M. *Heitz et Cie*, de Munchweilen, a des cotonnades genre de Rouen; la marchandise est du genre fort. Nous avons remarqué une parfaite régularité dans le tissage. C'est cette régularité qui constitue la beauté du tissu. Il y a des étoffes à parapluie de campagne. C'est pur coton, les bordures en arc-en-ciel sont originales et on croirait à de l'excentricité.

MM. *Raschle et Cie*, à Wathwyl, exposent des madras.

M. *Laurent Mayer*, à Hérisau, fait le genre Mulhouse. Il imprime de la nouveauté sur mousseline pour robes.

ESPAGNE.

L'Espagne a de jolis tissus, mais en petite quantité. Voici les expositions les plus remarquables de la classe 27.

MM. *Puig y Carsi*, de Barcelone, ont des madapolams et des basins.

MM. *José Tolbá et Cie*, de Barcelone, ont des percales et des calicots. Ils ont des calicots d'une qualité remarquable. Ils ont donné leurs prix qui ne sont pas élevés. Ils ont des 3/4 de 0 fr. 65 à 1 fr. 50 c. le mètre.

MM. *Baurier* frères, à Barcelone, ont des damas-coton dans le genre commun.

MM. *Mayolas et fils*, de Barcelone, exposent des rouenneries. Dans ce genre qui ne demande généralement que peu de connaissances, MM. Mayolas sont parvenus à obtenir des effets de fabrication qui dénotent de leur part de la science.

M. *Geronimo Juncadella*, de Barcelone, a des indiennes.

PORTUGAL.

Les cotons sont représentés par un très-petit nombre d'exposants : nous avons surtout remarqué la *Société de Crestuma*, qui, en outre de ses gros filés coton retors, a des couvertures communes de coton et des damassés coton pour serviettes.

GRÈCE.

La Grèce a une petite exposition des cotons où les tissus sont représentés par des étoffes légères.

Ce que nous avons surtout remarqué c'est une vitrine sans nom de producteur, où l'on a des fils de gros coton retors en écheveaux.

SUÈDE.

La *Fabrique de Kampenhof*, à Uddewalla, a des fils de coton et des tissus lisses.

M. *Sven Andersson*, à Barras-Kinna-Sanda, a des cotonnades avec effet d'armures, des carreaux, des pointillés. Ce fabricant avec de bonnes matières ferait de bons tissus, car ce qu'il expose accuse des connaissances en fabrication.

NORWÉGE.

En fait de tissus proprement dits, la Norwége n'a que des cotons très-ordinaires :

La *Société de Nydalen*, à Christiania, a des fils et des tissus.

M. *Devold*, à Aabsund, a des tissus lisses.

RUSSIE.

La Russie a des tissus de coton qui ne laissent rien à désirer sous le rapport de la fabrication.

MM. *Finlayson* et Cie, de Tammerfors, ont des fils de coton en écheveaux.

Ces Messieurs ont de la lustrine ; leur spécialité est dans les petits armurés de coutils, des treillis, des petits piqués. Ils ont aussi des effets de cannelé sur tissu coton et laine pour robe.

MM. *Sergeeff*, de Baranovskeo, ont des cotonnades communes dans le genre des indiennes imprimées, et des croisés unis pour doublure.

M. *Zimine*, de Zuero, annoncé au catalogue comme fabricant d'indiennes, expose des rouenneries, et devrait figurer dans la classe 29 pour ses baréges noirs qui sont, du reste, tissés d'une manière qui laisse à désirer ; ce fabricant a aussi du barége couleur.

La *Société anonyme de Forssa*, de Helsingfors, a des lustrines unies, des tissus croisés, de petits piqués, et quelques armures.

ITALIE.

Nous n'avons rien à dire, de remarquable à citer, parmi les tissus de coton d'Italie. La fabrication y est assez bonne, mais très-ordinaire.

TURQUIE.

La Turquie expose des étoffes de coton extrêmement légères, des mousselines avec broderie.

Il y a des tissus épais à carreaux noir et jaune fortement écrasés à l'apprêt.

Ce qui est remarquable, ce sont des tissus cotons bouclés dans le fond et brochés d'or.

ÉTATS-UNIS D'AMÉRIQUE.

Les États-Unis de l'Amérique du Nord qui produisent de si beaux cotons ont à peine exposé quelques tissus de cette matière. Trois exposants seulement figurent au catalogue, et comme ils représentent des genres différents nous les citons tous.

La *Compagnie Clark Thread*, de New-York, a des cotons exposés depuis le coton en gousse jusqu'au fil le plus fini.

New-York Mills. — Walcott et Campbell, de New-York, ont des calicots. Tous les calicots se ressemblent, les prix seuls auxquels on les livre à la consommation font les différences entre les productions. Ici les exposants ne disent rien de leurs prix.

MM. *Slater et fils*, de Webster, ont des lustrines, des étoffes de coton pour doublures de toutes couleurs. L'apprêt est bon.

BRÉSIL.

Le Brésil a envoyé quelques cotonnades grossières.

SAN-SALVADOR.

M. *Barjas*, cotonnades communes.

NICARAGUA.

Quelques cotonnades rouges rayées en long.

ANGLETERRE.

L'Angleterre a une très-belle exposition de coton, surtout en ce qui concerne les tissus : les piqués, les armurés sont parfaitement réussis.

La Cotton supply Association expose des échantillons de coton au nombre de 168.

Quelques vitrines renferment de magnifiques fils de coton. L'Angleterre fait surtout bien les beaux cotons. Nous ne désignerons pas les noms des exposants de fils, la plupart étant fabricants de coton à coudre ; nous ne parlerons que de MM. *J. et L. Waters*, de Manchester.

MM. *Crewdson et Worthington*, de Manchester, exposent des calicots unis. Nous avons déjà dit que ce tissu n'a d'autre mérite que celui de son prix. Tout est dans la spéculation. Les matières employées, les conditions dans lesquelles on les emploie, tout est coté dans les bourses, et taxé à la criée.

Un grand nombre d'exposants de Manchester sont dans le même cas.

MM. *Langworthy frères et Cie*, de Manchester, ont une exposition extrêmement remarquable de coutils de coton blanc uni, de coutils fond blanc rayé couleur et quadrillés de couleur. Les velours de coton sont admirables ; la côte est haute, arrondie, l'apprêt est excellent. C'est une bien belle exposition. Ces fabricants ont des welvétines unies, couleurs qu'on prend, à peu de distance, pour du velours. Ils ont de jolis effets d'impression sur de petits piqués.

MM. *Christi et fils*, de Manchester, exposent des serviettes bouclées que l'on voit depuis quelques années à Paris. Nous en avons remarqué d'un aspect neuf, le fond est un cannetillé, et sur deux effets, l'un est bouclé avec contre semplage. Ces exposants ont des couvertures et des dessus de lit. Ces derniers sont façonnés avec effet de fleurs bouclées. Cette maison travaille bien le bouclé.

MM. *Barlow et Jones*, de Manchester, exposent des damassés de coton d'une réduction fine. Ils ont des piqués matelassés parfaitement compris ; les petits effets ainsi que les grands sont fort beaux. Ils ont de ces étoffes pour tous usages ; mais aux dimensions on reconnaît que la plus grande partie est pour lit.

Nous aurions beaucoup d'autres expositions à nommer ; mais nous aurions à dire de toutes la même chose : beaucoup de velours; beaucoup de piqués pour vêtements et pour literie.

CLASSE 28.

Fils et tissus de lin, de chanvre.

La classe 28 peut se diviser en trois catégories :

1° Les fils;

2° Les tissus unis;

3° Les tissus façonnés.

En plus du chanvre et du lin, la classe 28 renferme le jute, le china-grass.

LA CLASSE 28 EN FRANCE.

Parmi les exposants de fils, nous avons à citer :

MM. *Hambis et Cie*, de Ligugé, près Poitiers. Ils ont, dans leur vitrine, certains produits qui eussent pu se trouver à la classe 43, car ils indiquent que ces messieurs sont producteurs. On voit des tiges de chanvre mâle et de chanvre femelle ; puis des chanvres dans toutes les diverses phases de la transformation pour arriver au fil : du chanvre broyé, teillé, de la chènevotte, du chanvre peigné, assoupli, coupé, des étoupes.

MM. *Détraux, Bouquillon et Cie*, de Dunkerque, exposent des fils de lin et d'étoupes, jaunes, gris, crèmés. Ils ont des toiles écrues et des toiles blanches.

MM. *Jongles-Hovelaque, Carlos, Cardon et Cie*, ont une exposition agricole et industrielle. On voit chez eux le lin depuis la plante jusqu'au fil ; ils exposent les toiles qu'ils produisent avec leurs fils. Ce sont des toiles pour hospice.

M. *Fouquet-Lemaitre*, qui a plusieurs emplacements à l'exposition, a dans une vitrine des lins de Caux en fils de plusieurs numéros.

M. *Bossi*, de Saint-Martin-lez-Riom, expose des fils de lin du Puy-de-Dôme.

M. *Bocquet*, à Ailly, a des lins très-gros pour toile à sac. Il a aussi des fils de jute.

MM. *Debacker-Pauwels et Cie*, de Dunkerque, ont des fils de jute pour chaîne et trame du n° 1 au n° 10.

MM. *Berteloot, Scharp et Dubuisson*, de Dunkerque, exposent des fils de lin écrus et crêmés du n° 20 à n° 40.

M. *Béghin-Duflos*, d'Armentières, a du lin en tige, roui, puis teillé, peigné, filé, de la graine de lin pour semence il a du fil sec, jaune et blanc; et en plus de ces différents états, il présente encore des tissus en petit damassé et en quadrillé pour sommiers.

M. *Victor Pouchain*, d'Armentières, a aussi du lin, depuis le produit agricole jusqu'au linge fabriqué. Il a de très-belles toiles teintes en fil. Un certificat du maire de son pays apprend que les tissus de M. Victor Pouchain sont tissés mécaniquement.

M. *Mahieu-Delangre*, à Armentières, expose des lins filés et des toiles blanches unies.

MM. *Bavy jeune et Cie*, du Mans, a du chanvre en paille et des toiles pour chemises.

MM. *Dufour et Lorent*, d'Armentières, exposent du lin en écheveaux, de la toile de ménage écrue et blanche. Ces messieurs ont une usine importante dont ils ont donné le dessin.

La *Compagnie linière de Pont-Remy* a une grande exposition de lin en écheveaux, écru, crèmé, blanchi. Cette Société a aussi quelques pièces de toile.

MM. *Magnier, Pouilly et Brunet* ont une exposition remarquable, surtout par l'étendue de la place qu'elle occupe. Les lins et les chanvres y figurent depuis l'état où ils sortent de terre jusqu'à l'état de fil; puis des toiles de toutes largeurs. Des damassés petits et grands. Sauf ces derniers, qui laissent à désirer comme entente de dessin et comme mise en carte, cette exposition est assez bien réussie.

M. *Bricout-Molet*, de Cambrai, a des lins teillés et des toiles écrues, lessivées, blanchies.

MM. *Dubuchy frères*, de Tourcoing, ont une exposition complète; les lins s'y rencontrent avec les cotons; les fils y sont en écheveaux et en bobines écrus. De petites armures teintes sont les tissus qui représentent ce que les fils de ces messieurs peuvent fournir.

Une grande exposition collective des *Filateurs de l'arrondissement de Lille* réunit tout ce qu'on obtient avec les fibres du lin, mais est surtout brillante par les fils à coudre. Une bonne pensée a inspiré les organisateurs de cette exhibition; le buste de Philippe de Girard figure au milieu des produits.

Les toiles de ménage sont représentées par quelques exposants.

M. *Cornut*, d'Amiens, a des toiles à la mécanique très-jolies.

MM. *Scrive*, de Lille, ont des toiles et des toiles à sarraux qui sont très-bien traitées.

M. *Henri Derenne*, d'Armentières, a de jolies toiles pour drap et pour chemises, en écru et en blanc.

MM. *Laniel père et fils*, de Vimoutiers, ont des tissus qui font de beau linge, draps, etc.

Parmi les fabricants de mouchoirs, nous avons remarqué :

MM. *Degrelle et Cie*, de Cholet, dont les dispositions écossaises, quadrillées, sont heureusement conçues. Les mouchoirs blancs sont fins.

Ces messieurs sont brevetés pour un lavage mécanique.

M. *Boulard*, de Cholet, a aussi des mouchoirs quadrillés et des mouchoirs blancs qui sont d'une belle fabrication.

MM. *Dubois et Cie*, de Cholet, ont encadré des plans de métiers dans leurs expositions de mouchoirs à carreaux.

M. *Godard* a de beaux mouchoirs blancs.

Pour le linge de table, l'industrie linière est quelquefois admirable. Le luxe, l'amour du confortable ont poussé cette branche jusqu'aux dernières limites connues de la parfaite exécution.

MM. *Casse et fils*, de Lille, ont fait une nappe représentant la *Paix* qui est un vrai tableau. La fabrication en est soignée, les matières employées sont bien choisies, comme aussi celles qui figurent en écheveaux dans la même vitrine. Cette maison possède un livre qu'elle expose, où figurent les armes de ses clients, armes reproduites sur le linge de table. La mise en carte du tableau de la *Paix* est exposée par M. Casse.

M. *Hovyn*, de Comines, expose de petits damassés pour linge de table, qui sont très-bien faits.

M. *Lemaître-Demeestère*, de Halluin, expose des damassés très-jolis. Les dessins de chasse, les attributs sont bien dessinés. Cette maison exécute aussi des services sur commande, avec des dessins au gré des clients; parmi les serviettes compliquées que nous avons remarquées dans la vitrine de ces exposants, nous devons citer un combat de taureaux où la foule des assistants, le mouvement des combattants sont parfaitement rendus. En plus de ces splendides images, M. Lemaître-Demeestère fabrique de petits damassés, des brillantés, des mouchoirs et des toiles à voile.

M. *Garnier-Thibaut*, de Gérardmer (Vosges), a de jolies toiles damassées pour serviettes, fabriquées à bras.

MM. *Odon-Dekeyser et Nisle*, d'Armentières, ont de beaux damassés.

M. *Dandré*, de Saint-Quentin, a aussi une brillante exposition de linge damassé.

M. *Joannard*, de Paris, tient également un bon rang dans la même spécialité.

Nous en dirons autant de MM. *Deneux frères*, d'Hallencourt.

M. *Mousselet*, de Quintin, expose des serviettes à liteaux.

MM. *Vallaert frères*, de Lille, ont également des serviettes à liteaux. Ce qui appelle l'attention sur les produits de cette maison, c'est l'emploi des lins d'Algérie. Le lin est exposé dans toutes ses transformations, depuis le lin en paille jusqu'au tissu. L'exposition de MM. Vallaert frères renferme aussi des cotons.

M. *Lefebvre*, d'Armentières, expose aussi des serviettes à liteaux.

Une jolie petite spécialité est celle des batistes. Les exposants de ce genre sont en petit nombre. Les uns présentent les batistes unies; les autres les ont exposées ornementées de vignettes imprimées. Les batistes se tissent à la main avec des lins filés à la main ; ce sont ces lins de fin dont nous avons parlé dans notre *Étude* des lins à la classe 43. Les batistes offrent un certain intérêt, en ce que leur fabrication entretient comme témoins de la vieille industrie, des errements que les spécialités diverses du lin vont bientôt avoir éteints.

Les exposants de batistes sont :

1° MM. Vinchon et Basquin, de Cambrai;
2° Bricout-Mollet, de Cambrai;
3° Bertrand-Milcent, de Cambrai;
4° Guénet, de Cambrai;
5° Delame-Lelièvre, de Valenciennes ;
6° Lussigny frères, de Paris;
7° Antoine Ménard, de Paris.

L'industrie du lin est encore représentée à l'Exposition par des effets d'armure, de tissu pour usages divers, pour pantalon surtout.

MM. *Lung et Rœseler*, de Saint-Dié, ont des coutils écrus, blanchis, des dispositions obtenues par l'ourdissage.

MM. *Mas-Faucheur et J. Mas* de Lille, ont des toiles à matelas.

M. *Jourdain-Defontaine*, de Tourcoing, a une splendide exposition de tissu de haute nouveauté pur fil de lin pour vêtements d'homme.

Ses coutils et ses piqués sont admirables. Ses mousselines imprimées son d'une excellente exécution.

Nous avons remarqué des toiles teintes, exposées par :

M. *Deblock*, de Lille, spécialité de toiles bleues pour habiller les nègres.

MM. *Dequoy et Cie*, de Lille, toile bleue pour sarrau.

MM. *Desmedt-Vallaert et Lemaître*, de Lille, toile calendrée bise et bleue pour sarrau.

MM. *Bernard et Devos*, de Lille, toile écrue pour teinture et toile bleue pour sarrau. Cette maison expose des sarraux tout faits, garnis d'ornements blancs.

Parmi les toiles communes, mais d'une énorme consommation, nous avons distingué :

MM. *Saint frères*, de Paris, qui exposent des toiles à sac et des toiles d'emballages et des chanvres en écheveaux. Cette exhibition a beaucoup de mérite, en ce qu'elle est la représentation d'un genre courant.

M. *Boudard*, d'Amiens, a des toiles pour sac à très-bas prix.

M. *Devailly*, d'Amiens, expose des sacs sans coutures obtenues toutes tissées dans cet état. C'est une application du principe de la mèche à quinquet. Ces sacs sont tissés, dit l'exposant, de *phormium*, sorte de textile tiré d'une tige exotique.

M. *Anquetin*, de Rouen, expose des toiles pour linge de cuisine.

MM. *Dummond, Braxter*, de Lille, ont envoyé de la toile de jute.

Il est une industrie qui prospère en France, c'est celle des toiles à voiles. La plupart des exposants de ces tissus ont des filatures, et exhibent des fils en même temps que des toiles. Plusieurs de ces manufacturiers ont d'autres produits. Voici leurs noms :

M. *Danset frères*, de Lille.

M. *Porteu*, de Rennes.

M. *Joubert-Bonnaire*, d'Angers.

MM. *Duhamel frères*, de Merville.

MM. *Dickson et Cie*, de Couderkerque, près Dunkerque.

M. *Wulphy-Vacossaint*, de Gamaches.

MM. *Houzé, Homon, Goury et Leroux*, de Landerneau.

M. *L. Cornillau aîné*, du Mans, qui fait aussi la toile de ménage.

MM. *Huret-Lagache et Cie*, du Port de Briques, près Boulogne-sur-Mer. Des renseignements intéressants nous sont parvenus sur deux de ces maisons. Nous les transcrivons ici. On verra par là ce qu'est l'industrie des toiles à voiles en France.

« La maison *Huret-Lagache*, fondée en 1855, avec un capital de 300,000 fr., marche aujourd'hui, grâce à l'accumulation de ses bénéfices, avec un capital de 800,000 francs. La fabrication est d'environ 2500 à 3000 mètres par jour, pesant 1000 à 1200 kilog. et représentant une valeur de 3,500 à 4,000 francs. Ses produits sont livrés partie à la marine de l'État, partie à la marine marchande. Des dépôts en ont été créés dans les principaux ports de France, et à Bergen (Norwége). Elle est citée dans le *Manuel de Voilerie* de J. B. Consolm, chef au port de Brest, pour l'une des meilleures fabriques de France. Elle a obtenu les premières récompenses en 1865 et 1866 aux expositions de Bergen, de Bordeaux, d'Arcachon et de Boulogne-sur-Mer. L'établissement occupe 150 ouvriers dans sa filature et son tissage mécanique, et de 50 à 80 dans son tissage à la main.

« Les hommes gagnent de 2 fr. 50 à 5 fr. par jour.

« Les femmes gagnent de 1 fr. 20 à 2 fr. 50 par jour.

« Les enfants gagnent de 1 fr. à 1 fr. 50 par jour.

« On n'accepte point au travail les enfants âgés de moins de 12 ans.

« Les ouvriers sont logés gratuitement et ont un petit morceau de terre à cultiver, ainsi qu'un petit jardin. Grand nombre d'entre eux n'ont pas quitté l'usine depuis sa fondation.

« La fabrique et les maisons sont tenues très-proprement, et les soins hygiéniques sont partout multipliés ; pas une victime du choléra en 1866, quoique le Port de Briques ait été frappé également par ce fléau. »

Les lins employés par la maison *Huret-Lagache* sont tous récoltés en France, et non en Russie.

Les autres documents qui ont été mis à notre disposition concernent la maison *L. Cornillau aîné*, du Mans.

« M. L. Cornillau aîné, aujourd'hui gérant de la Compagnie industrielle de la Sarthe, a commencé en 1836 le commerce des chanvres et la fabrique des toiles à la main. A cette époque, la culture des chanvres était très-restreinte dans le département de la Sarthe, la qualité en était médiocre et le textile trop faible pour pouvoir supporter les épreuves dynamométriques exigées par l'administration de la marine. Vivement préoccupé de ces inconvénients, M. Cornillau a fourni aux cultivateurs des semences étrangères au département, et il a acheté pendant quelque temps aux agriculteurs tous leurs produits. L'agriculture n'a pas tardé à recueillir les bienfaits de l'initiative de M. Cornillau : les chanvres sont devenus peu à peu le produit le plus important et le plus avantageux pour les cultivateurs du département, et leur qualité s'est tellement améliorée que M. Cornillau a pu en fournir pendant plusieurs années des quantités considérables à l'administration de la marine marchande.

« Les maires de 109 communes cultivant le chanvre, attestent que c'est par l'initiative de M. Cornillau que cette culture s'est améliorée et augmentée d'une manière considérable dans le département de la Sarthe.

« En 1855, M. Cornillau a fait, au Mans, les premiers essais du métier mécanique pour les toiles de chanvres, et deux ans plus tard il jetait les fondements d'un grand établissement de tissage mécanique qui, aujourd'hui, produit un million de mètres de toile de chanvre d'une qualité estimée dans toute la France et dont la valeur représente environ un million cinq cent mille francs.

« A l'exemple de l'établissement qu'il avait créé, d'autres établissements similaires fonctionnent dans le département de la Sarthe, et l'élan qu'il a donné tend chaque jour à s'augmenter.

« La création du tissage mécanique a vivement amélioré le sort des ouvriers tisserands qui, obligés autrefois de travailler dans les caves humides, se trouvent maintenant dans des salles bien aérées. Le salaire du travail à la main était de 1 fr. 25 à 1 fr. 50 par jour; il est à présent, avec le métier mécanique de 2 fr. à 2 fr. 50 par jour, pour les femmes qui, auparavant, restaient souvent inoccupées.

« Après avoir contribué par ses efforts à changer, agrandir et améliorer la culture du chanvre, après avoir fondé au Mans le premier établissement de tissage mécanique, M. Cornillau, qui compte aujourd'hui 32 années de vie commerciale, a obtenu, comme fabricant, les récompenses suivantes aux expositions de 1849, 1855, 1857, 1859, 1861 et 1862, qui sont les seules où il a présenté ses produits :

« 1. 1849 Paris, médaille de bronze.

« 2. 1855 Paris, médaille de 2e classe.

« 3. 1857 le Mans, médaille de vermeil.

« 4. 1859 Rouen, médaille en argent grand module.

« 5. 1861 Nantes, médaille en or.

« 6. 1862 Londres, médaille unique.

M. Cornillau a de plus des certificats émanant de plusieurs anciens préfets de la Sarthe, attestant qu'il a, le premier, établi le tissage mécanique dans le département.

PAYS ÉTRANGERS.

PAYS-BAS.

La Hollande n'a pas envoyé autant de tissus de chanvre et de lin que l'on devait s'y attendre, d'après sa réputation.

M. *Van Eden*, de Krommerie, expose des toiles à voiles. Il les fabrique uniquement avec des chanvres hollandais. Elles sont filées et tissées à la main, sans machine. C'est ce qu'explique l'exposant dans une notice. La largeur est de $0^m,775$ et une pièce de 33 mètres vaut 65 francs.

M. *Planteydt*, de Krommerie; M. *Van Dyk*, de Stratum, exposent aussi des toiles à voiles.

BELGIQUE.

La Belgique est un pays où le lin se travaille admirablement; favorisée par la nature qui l'a dotée de la matière première la plus convenable, elle a su améliorer la qualité par l'attention particulière qu'elle apporte à sa fabrication.

Nous avons dit déjà quelques mots des inventions de M. *Lefébure*, qui révolutionnent en ce moment l'industrie linière; quoiqu'il ne soit pas dans nos attributions de traiter la question du blanchiment, nous croyons devoir faire connaître la méthode de M. Lefébure, telle que nous l'indique la notice distribuée à la classe 45 de Belgique :

1° Passage des filasses entre des cylindres métalliques, afin d'assouplir la matière ;

2° Immersion de la filasse dans un bain presque bouillant d'une dissolution alcaline (carbonate de soude) et de savon ;

3° Premier lavage à l'eau froide ;

4° Deuxième lavage dans un bain acidulé avec l'acide hydrochlorique, très-étendu, et marquant à peine 1 degré Baumé ;

5° Passage dans une dissolution chaude de carbonate de soude pure et sans savon ;

6° Immersion et lavage à froid dans l'acide acétique, étendu de moitié d'eau ;

7° Lavage à l'eau pure ;

8° Séchage. Puis on procède au peignage, par lequel on arrive à une division telle des fibres, que l'on peut considérablement étendre la finesse des fils.

Les plus belles expositions de toiles sont celles des producteurs dont nous donnons les noms. Les toiles pour linge sont exposées par :

M. A. *Dathis*, de Courtrai, toile écrue, avec indication des emplois de fils, des comptes et des réductions. Ils ont une toile d'une largeur de 5 mètres, la plus large de l'Exposition au prix de 24 francs le mètre.

M. *Van Acker*, de Courtrai, a des toiles de divers comptes, jusqu'à 80 fils au centimètre. Il a des toiles écrues, blanches et nankins.

MM. *Beck père et fils*, de Courtrai, ont des toiles à mouchoirs et à drap, écrues et blanches.

M. *Bertrand-Milcent*, de Courtrai, ont des toiles à vignettes pour mouchoirs ; leurs différents comptes vont jusqu'à 5,400 fils sur 90 centimètres.

Les coutils et les damassés de fils sont nombreux :

M. *Marcelli-Steyaert*, de Courtrai, a des coutils à disposition rayée en long, et des damassés à deux couleurs.

M. *Heemackers*, de Turnhout, a des coutils pour lit, effets damassés, coloriés avec soin. Bonne fabrication.

MM. *Sirejacob et Coucke*, de Bruxelles, ont un joli assortiment de serviettes damassées écrues, et blanchies. Leurs services à thé sont faits dans de bonnes réductions. Ils réussissent bien les dessins spéciaux pour armoirie.

M. *Rey aîné*, de Bruxelles, en plus des beaux damassés pour linge de table, a des toiles grande lèze pour drap. Cet exposant a 21 volumes reliés contenant ses dessins.

MM. *Noël frères*, d'Alost, ont aussi de beaux linges damassés.

M. *Jacquot-Hude*, expose des corsets sans couture. Cette fabrication a pris du développement depuis des années. Les corsets de M. Jacquot-Hude sont ornementés par le tissage, c'est une complication de plus à la difficulté de l'exécution. Les corsets sans coutures se font à l'aide d'un jacquard et d'une jeu de carton fait d'après une mise en carte. La chaîne est montée à cantre comme dans les velours façonnés, et des pointes posées à droite et à gauche de l'ensouple de devant retiennent le tissu fait en gousset pendant que l'on termine les parties qui n'ont pas fourni de chaîne dans le tissage de ces goussets. Cette explication succincte suffit pour que les personnes familiarisées avec le tissage comprennent comment se fait le tissu godé.

Les toiles à voiles en Belgique sont principalement représentées par :

MM. *Moerman*, *Vanlaere*, de Gand, qui ont des toiles à voiles en lin, et des toiles pour linge.

M. *W. Wilford*, de Tamise.

En plus des exposants que nous avons cités dans la classe 28, nous avons remarqué des industries où le chanvre et le lin sont employés sous des aspects différents. M. *Deroubaix*, à Courtrai, a des toiles à blouses, bleues, noires, blanches.

M. *Van Oye*, de Thourout, a de bons damassés pour matelas, et fait en grand la toile d'emballage à 35 centimes le mètre en 1 mètre de largeur.

La toile à tapissier dans les mêmes conditions.

Il emploie le jute pour des toiles d'emballage qu'il vend 36 centimes.

M. *Thienpont*, de Gand, a de beaux damassés pour matelas, du linge de table.

M. *Vandeurne-Desutter*, d'Eecloo, a des toiles bleues à dispositions en petits rayés.

Une *exposition collective* contient tous les produits de la classe 28 belge; on y remarque surtout l'apprêt des toiles à mouchoirs.

Parmi les filateurs de lin, de chanvre et de jute, il faut citer :

MM. *Wauters-Deschamps, Ritter et Cie*, d'Ath, qui prennent le nom de liniers athois, et ont une belle exposition de lin gris, crémé et blanc.

La *Société de la Lys*, à Gand ; la *Société linière* de Malines ; M. *Simon Boucher*, à Warchin-lez-Tournai ; MM. *Van Outrive et Carlier*, de Roulers, qui ont des jutes du n° 4 au n° 12 pour chaîne et n° 7 pour trame ; MM. *Andres et Brys*, de Tamise, ont aussi des jutes. L'Industrie du jute prend de l'extension en Belgique.

PRUSSE.

La Prusse brille par la classe 28. Le linge y est beau ; mais ce qui attire surtout l'attention, c'est le linge de Saxe, principalement le linge de table.

MM. *Gülker et Bergmann*, de Bielefeld, ont du linge écru et du linge blanc. C'est fort joli.

MM. *Oertmann et Baumhoefener*, de Bielefeld, exposent des devants de chemises plissés à la main, sans broderie. C'est bien fait.

M. *Waldecker*, de Bielefeld, expose la même chose.

MM. *F. W. Kronig*, de Bielefeld, a de joli linge et de jolis damassés.

M. *Westermann fils*, de Bielefeld, expose une magnifique nappe damassée représentant des armes de noble. C'est admirablement fait.

M. *C. Heidsieck*, de Bielefeld, a de jolis linges damassés.

Le *tissage mécanique* de Bielefeld a des treillis, des armures, des œils de perdrix ; ce sont des articles communs, mais de bonne sorte.

Une exposition collective de tableaux damassés qui se sentent un peu du tour de force, forme un admirable étalage. Cette espèce de grand échantillonnage est formé par la réunion des tableaux de MM. *Auerbach*, de Savan ; *Fraenkel*, de Neustadt et *Joseph Mayer*.

Ce qu'il y a de plus beau dans ce qu'il y a de mieux, ce qui est le *nec plus ultrà* de l'exécution est la vitrine de M. *Fraenkel*, de Neustadt. Ce fabricant a des serviettes à thé en chaîne, lin blanc ; trame, soie cuite, couleur, tissé en satin de 8 dont les dessins sont très-beaux, la mise en carte parfaitement exécutée, le tissage d'une réussite parfaite. C'est admirable ; on ne voit rien de semblable ailleurs.

Les fabricants de chanvre et de lin qui ont les plus belles expositions sont :

La *filature de Ravemberg*, de Bielefeld, qui expose, comme on expose dans la classe 43, lin en botte, étoupe, peigné et fil.

La *filature Vorværts*, de Bielefeld, expose des lins d'un blanc forcé par procédé chimique en janvier.

La toile à voile est représentée par M. *Deluis*, de Versmold, et par M. *Kretschmann*. Ce dernier manufacturier a aussi une exposition complète de lin brut et filé.

WURTEMBERG.

Parmi les exposants du Wurtemberg, fabriquant les étoffes de lin, nous avons remarqué M. *Carl Faber*, de Stuttgart, qui fait parfaitement le damassé. Il a de jolis tableaux dont un, entre autres, très-heureusement exécuté, donne le nom et l'adresse de l'exposant. M. Faber a aussi des piqués coton.

M. *Bernard Mack*, de Laichingen, a des toiles de lin blanchies.

MM. *Eckstein et Kahn*, de Stuttgart, ont des toiles jolies. Ils exposent des linges confectionnés, des chemises toutes faites. Ils ont aussi des damassés pour serviettes.

Nous avons remarqué dans la classe 34, qui n'appartient pas à notre cadre, l'exposition de plusieurs fabricants de corsets sans couture.

BAVIÈRE.

La Bavière expose des lins filés et des tissus de lin.

M. *Kolb*, de Laineck, a de gros fils de lin, trop gros pour du lin. Ils sont dévidés en écheveaux.

M. *Kerler*, de Memmingen, a des écheveaux de fils de lin ; il a des toiles et des treillis bien fabriqués.

M. *Frank*, de Bamberg, a de la toile blanchie, des mouchoirs à vignettes imprimées et un joli damassé grand effet, brillant d'apprêts, chaîne et trame de couleurs différentes.

AUTRICHE.

L'Autriche a une exposition complète en chanvre et lin, et la classe 28 n'est pas indigne de la classe 27.

M. *Jerie*, de Hohenelbe, a des lins en écheveaux.

M. *Johann Plischke*, de Frendenthal, a une fabrication où la direction est bonne et l'exécution inférieure. On voit qu'il y a une connaissance de la fabrication de la part de celui qui donne l'impulsion, mais que les ouvriers ne répondent pas à la valeur du chef. Les damassés sont la spécialité de cette maison qui a des tissus pur lin, et des mélanges de lin et d'organsin.

MM. *Rayman et Regenhart*, de Freywaldau, ont de jolis damassés pour linge de table. Ces messieurs exposent un tableau à attributs, à une chaîne couleur, une trame blanche, empouté d'un seul chemin, sans pointe ni retour. C'est parfait d'exécution.

Un *exposant* dont nous n'avons pas pu savoir le nom, a un grand tableau représentant les armes de France.

MM. *Schlechta et fils*, de Lomnitz, exposent des toiles.

SUISSE.

MM. *Ræthbisberger et fils*, de Walkringen, ont une exposition qui n'a rien de saillant. Quelques damassés pour linge.

M. *Shoop-Vondervahl*, de Dozwell, a des coutils à dispositions en fil

Nous n'avons pas à nous occuper de la classe 33, nous ne dirons donc rien de toutes les magnificences de broderies que nous avons vues en examinant les produits à l'aiguille et au métier qui figurent dans l'exposition suisse.

ESPAGNE.

Nous n'avons presque rien à dire de la classe 28, en Espagne : signalons l'exposition de coton à coudre de M. *Fernando Puig*, de Barcelone. Elle brille plutôt par la valeur de la teinture que par celle du fil lui-même.

Quelques expositions de toiles à voile et de toiles de chanvre, de coutils de lin, sont assez bonnes.

M. *Jame Sado*, de Barcelone, a des linges damassés.

M. *Tomas Fortea*, a du gros linge damassé. Ce doit être d'un prix qui le met à la portée des plus modestes bourses. En ce cas, c'est bon.

PORTUGAL.

Nous citerons la toile à voile de la *fabrique de Junquin*.

GRÈCE.

Nous avons vu de bon linge de toilette dont le fabricant est inconnu, son nom ne figurant pas sur ses produits ; il y a surtout des serviettes sergées qui doivent être d'un excellent usage.

SUÈDE.

Nous avons remarqué l'exposition de mademoiselle *Elisabeth Brodin*, de Gèfle. Ce sont des damassés ordinaires en fil pour linge.

Les fils de chanvre et de lin sont en exposition collective.

Les toiles à voiles n'ont rien de particulier.

RUSSIE.

La Russie expose surtout des fils de chanvre et de lin dans la classe 28. Il n'y a rien de remarquable en lingerie si ce n'est dans les broderies dont nous ne nous occupons pas.

ITALIE.

Nous ne pouvons dire pour les tissus de chanvre et de lin que ce que nous avons dit pour les tissus de coton. L'Italie expose de très-beaux lins en tant que matières premières, nous l'avons dit en parlant de la classe 43 ; mais comme tissus nous ne voyons rien de remarquable.

MM. *Calamini et Modigliani*, de Pise, ont de bons genres courants pour vêtements ; on croirait de la rouennerie ordinaire.

Le *Pénitencier d'Alexandrie* expose des tissus de lin et de fil d'aloès ; on fait dans cet établissement des tissus de cette sorte qui indiquent que la direction est bonne, mais l'exécution est très-mauvaise. Il vaudrait mieux qu'on y fît des unis.

BRÉSIL.

Le Brésil a un peu de lin filé, et quelques tissus communs.

ÉTATS-UNIS D'AMÉRIQUE.

Absence complète de tissus de chanvre et de lin.

ANGLETERRE.

L'Angleterre expose quelques fils de toile à voiles, des lingeries, des damassés. Leeds et Belfast sont les centres qui produisent grandement les tissus de chanvre et de lin. Ailleurs, on travaille le jute.

Nous trouvons l'ensemble de cette production dans *National Exhibition of Irish Linen Manufacturers*. On y voit le jute et le lin.

Dans l'exposition de *Belfast*, nous rencontrons le lin en écheveaux, de la toile écrue pour doublures, de la toile blanchie, des damassés, du linge confectionné, des broderies, des fils à coudre, de grosses toiles à sacs en jute croisées et lisses.

MM. *J. et L. Charley*, de Belfast, ont de beaux tissus écrus et blancs; ces derniers sont bien apprêtés.

MM. *Jaffé frères*, de Belfast, ont des batistes à vignettes. Leurs damassés pour service à thé sont dignes d'attention.

Nous en dirons autant de M. *Bell et Cie*, de Belfast.

MM. *Henri Mattier et Cie*, de Belfast, ont du linge fin; des batistes brodées et imprimées.

MM. *Fenton et Cie*, de Belfast, exposent des toiles extra, obtenues avec la partie moyenne du lin.

MM. *Moore et Weinberg*, de Belfast, ont une nouveauté en linge de table. C'est une impression sur fond teint. C'est original. Une notice apprend que l'Empereur de Russie a commandé de ces services.

MM. *Pegler et Cie*, de Leeds, exposent des damassés bien faits. Seulement, ces fabricants emploient des moyens économiques de montage: ils empoutent à retour, et tissent à retour; ils obtiennent ainsi des effets au quart. D'autres fois ils ont des empoutages par moitié pour les listes et suivis pour le milieu pour avoir des motifs encadrés.

CLASSE 29.

La classe 29 est la plus intéressante de toutes les classes qui renferment les tissus. Sous ce titre: fils et tissus de laine peignée, elle n'est pas désignée suffisamment. C'est dans la classe 29 que l'on voit ces variétés infinies d'étoffes qui courent le monde, et qu'on désigne par la qualification de tissus mélangés.

« Les principaux centres de ces articles (dit M. le Président de la classe dans son rapport au catalogue) sont Rheims, Roubaix, Saint-Quentin, Amiens, Mulhouse, Sainte-Marie-aux-Mines, Rouen; Fourmies et Le Cateau, dans le département du Nord; Guise, dans le département de l'Aisne; enfin Paris. »

Comme ces différents pays, en plus des fils qui sont employés dans la fabrication des étoffes et des tissus écrus, tels que le mérinos, produisent des étoffes où des combinaisons spéciales sont essentielles, nous croyons devoir aborder la question par quelques considérations générales.

Les tissus-nouveautés doivent être considérés sous trois points de vue:

1° Le fond, 2° l'ornementation, 3° le prix.

Le fond, c'est le tissu proprement dit.

L'ornementation, c'est l'aspect donné au tissu par l'art.

Le prix étant la valeur en échange du tissu a une grande importance, en ce qu'il lui ouvre ou lui ferme l'entrée de la consommation.

La consommation a trois degrés:

1° La consommation riche, 2° la consommation moyenne, 3° la consommation des masses.

Un tissu de consommation riche permet à l'artiste de ne rechercher aucune économie dans la fabrication. Il faut seulement que la valeur intrinsèque du fond soit proportionnée à la splendeur de l'ornementation.

Un tissu de consommation moyenne est soumis à l'exigence du prix. La valeur de son ornementation doit être subordonnée à celle du fond.

Les tissus pour les masses ne comportent que peu ou point d'ornementation; il appartient aux fabricants de peser, en quelque sorte, la valeur à leur donner par l'art.

Passons en revue la fabrication des étoffes dans les pays désignés ci-dessus:

Reims excelle par la bonne qualité de ses produits. Les apprêteurs de ce pays sont très-forts. Comme dans beaucoup d'autres localités, on fabrique à Rheims des mérinos: c'est à la laine ce que le calicot est au coton: savoir spéculer sur les matières, les machines font le reste ou à peu près.

Roubaix et *Sainte-Marie-aux-Mines* travaillent pour la consommation des masses. Leurs petits façonnés, leurs unis habillent toutes les nations.

Rouen fait le jupon. Cette partie du vêtement est devenu un objet de toilette aussi difficile à réussir que la robe qui devrait le recouvrir.

Amiens fait admirablement les unis destinés à la teinture. On fabrique dans ce pays tous les tissus d'autrefois. La fabrication d'Amiens semble rester comme un témoin des anciens temps.

Mulhouse a plus d'importance comme manufacture d'impression que comme tissage.

Fourmies file les laines que la grande fabrication du mérinos et des tissus analogues emploie en laine peignée.

Le *Cateau* et *Guise* tissent du mérinos, et ce dernier pays produit quelques nouveautés.

Saint-Quentin ou plutôt l'arrondissement de Saint-Quentin, auquel il faut ajouter la partie sud de l'arrondissement de *Cambrai*, tisse les étoffes parisiennes. La tête est à Paris, les bras sont les pays qui avoisinent Saint-Quentin et Cambrai, ainsi que *Peronne*.

Paris, dans les faubourgs, a un grand nombre de tisseurs; mais, sauf quelques exceptions, ce n'est pas à la classe 29 qu'appartiennent les produits tissés dans Paris. Paris fait fabriquer dans le nord de la France.

Nous avons remarqué dans les expositions étrangères beaucoup de tissus similaires à ceux de Roubaix, Sainte-Marie, Rouen, Amiens, Mulhouse; peu ou rien des tissus du Cateau, de Guise, Saint-Quentin et Paris. Cela tient, sans doute: 1° à ce que Paris produit plutôt de l'art que de l'étoffe, et 2° que nulle part comme en France, on ne traite les laines peignées.

On a 3 catégories de produits dans la classe 29:

Les fils;
Les tissus unis;
Les tissus façonnés.

LA CLASSE 29 EN FRANCE.

Il y a deux genres de fils filés en France appartenant à la classe 29: les fils mérinos, les fils anglais ou réputés tels.

MM. *Legrand* et *Jandin*, de Fourmies, exposent des fils mérinos avec les laines dans les différents états de leur transformation avant d'arriver à l'état de fil.

MM. *Delloue-Saincq et Cie* ont des laines peignées sur bobines, des laines en bobines. Ils indiquent les numéros de leurs fils sans en indiquer les prix, qui d'ailleurs sont soumis à des cours comme une valeur cotée. Ils ont des fils pour chaîne du n° 100; pour demi-chaîne du n° 140; et pour trame du n° 100 au n° 240.

MM. *Noiret et Choppin*, de Rethel, ont l'exposition la plus variée de tous les fils convenables à la fabrication de nouveautés et des châles brochés laine. Fils extra-fin, fils retors, fils retors et gazés, fils moulinés avec soie écrue; ils ont un fil particulier où ils ont réussi à introduire des boutons pour nouveauté spéciale.

MM. *Masse, Cressin et Cie*, de Corbie, exposent des fils moulinés laine et soie écrues pour chaîne de châles brochés variant du n° 42, au n° 170; des fils deux bouts de laine ; des fils retors et gazés.

MM. *de Fourment et Cie*, de Frévent, ont des laines brutes dans toutes les préparations, et des fils en bobines, en canettes et en écheveaux. Ils indiquent les provenances de la matière première : Champagne (France), Port-Philippe (Australie).

MM. *Trapp et Cie*, de Mulhouse, ont des fils de laine peignés, mérinos, dans tous les numéros surtout dans les fins. Ils exposent des simples et des retors très-beaux.

MM. *Hartmann-Reichard et Cie*, d'Erstein, ont aussi de beaux fils.

MM. *Hartmann, Schmalzer et Cie*, de Malmerspach, exposent diverses préparations, des fils mérinos pour demi-chaîne, des retors, des chaînes à deux et à trois bouts, surtout des n°s 2/40 et 3/40, des fils torsion, floche, dits de Berlin, et des bobines. Tous numéros.

Beaucoup d'exposants ont aussi des fils mérinos, surtout parmi les fabricants de mérinos et de tissus écrus qui filent eux-mêmes leurs laines.

Nous citerons MM. *David-Labbez fils*, de Saint-Gobert, qui ont des fils de tous numéros, des mérinos tissés mécaniquement, des satins de Chine tissés mécaniquement. Ces exposants qui sont les inventeurs du peigne à épeutir, instrument qui a porté le progrès dans l'industrie du mérinos au plus haut point, ces exposants ont aussi des cotons pour lisser des harnais.

MM. *Seydoux, Sieber et Cie* ont des fils de toutes sortes en laine mérinos, et des tissus très-fins. C'est l'ancienne maison Paturle-Lupin.

MM. *Audresset fils et Menuet* ont des fils et des tissus de cachemire unis.

MM. *Tresca, Carlet et David* ont aussi des fils et des tissus de cachemire unis, auxquels ils ont ajouté des fils de laine mérinos.

MM. *Larsonnier frères et Chenest* ont des fils mérinos accompagnés de laines dans tous les états de transformation. Ils ont une belle exposition de tous les produits tissés de la classe 29 pour la consommation moyenne : le tissé, l'imprimé, sont ensemble dans la vitrine de ces exposants.

Les laines anglaises ou dites anglaises sont représentés par M. *Scalabre-Delcour*, de Tourcoing, qui a des laines peignées et filées. Son exposition est complète : de la matière brute au fil teint. Il a un fil qu'il appelle *mixte*.

M. *Lepoutre-Duhamel* a des fils obtenus au métier continu renvideur ; il a plusieurs sortes de laines.

D'autres exposants ont des fils du même genre. M. *Six-Monnier*, de Tourcoing, entre autres, etc., etc.

La classe 29, qui est annoncée pour des laines peignées, a cependant un assez grand nombre d'exposants de fils de laine cardée.

MM. *Colin-Denis*, d'Aubenton, ont des fils cardés dont la laine provient de Buénos-Ayres. Ils exposent des bobines et des écheveaux, et des fils dits flammés qui sont des assemblés de deux couleurs.

M. *Calvet-Rogniat et Cie*, de Louviers, ont des laines cardées, en écheveaux, écrues et teintes.

MM. *Bellot et Collière*, d'Angecourt, ont des laines brutes, dégraissées, filées, en écheveaux : ce sont des laines d'agneaux.

M. *Faraguet-Buirette*, de Dijon, a des laines cardées. Cette exposition est très-complète : laine d'agneaux, écouailles, puis des Beiges (brun naturel), le tout lavé ; des fils de laine en bobines et en écheveaux, en couleur et en écru. Des fils boutonneux par effets recherchés au filage.

Reims a aussi des expositions de laines cardées : M. *Harmel* renferme dans sa vitrine beaucoup d'effets qui sont aussi dans celles des autres.

Beaucoup de fabricants exposent des mérinos. Ce tissu est d'une simplicité hors ligne ; tout pour sa fabrication est dans l'emploi de la matière, dans la bonne combinaison des fils.

MM. *Rogelet*, *Gand*, *Grandjean*, *Ibry et Cie*, de Reims, en exposent de toutes sortes, surtout dans les communes.

M. *Fournival*, de Rethel, aussi.

MM. *Poulain frères*, de Paris, ont des tissus d'une finesse extraordinaire, parce qu'ils emploient des fils très-fins.

La nouveauté de Roubaix est représentée par un grand nombre de fabricants. Sainte-Marie-aux-Mines aussi a des expositions en assez grand nombre.

MM. *Delattre père et fils*, de Roubaix, ont à peu près de tout ce qui se fait en beau dans leur pays : ce sont surtout des tissus fabriqués en écrus et teints en pièces.

M. *Louis Cordonnier*, de Roubaix, a des effets de petits façonnés.

MM. *Ternynck frères*, de Roubaix, ont des orléans, tissu chaîne coton, trame laine anglaise. C'est là un des tissus dont la consommation est la plus grande.

MM. *Dillies frères*, de Roubaix, exposent aussi des orléans.

M. *Wibaux Florin*, de Roubaix, a les étoffes communes pour robes mélangées, coton et laine. Il expose aussi des tissus pour chaussures.

M. *Pierre Catteau*, de Roubaix, fait de très-jolies popelines, des armures soie et laine. Cette exposition est très-jolie.

M. *Auguste Lepoutre* a de gros orléans.

Nous pourrions citer bien d'autres noms qui tous font bien ; Roubaix est le pays de France qui fait le mieux les tissus anglais. Il s'empare assez volontiers des tissus de Paris pour les imiter en marchandise inférieure.

Rheims a des flanelles de santé, des étoffes à confections pour dames et des châles écossais : le tout en laine cardée.

MM. *Machet-Marotte et Paroissien*, de Reims, exposent des châles qui, au temps où on portait encore des châles, luttaient parfaitement avec les premières fabriques d'Écosse.

Ils ont de petits draps, des confections pour dames.

MM. *Lelarge et Auger*, de Reims, ont de jolies étoffes à confection ; l'apprêt des draps Montagnac fait très-bien sur les tissus de cette maison.

M. *Appert-Tatat*, de Reims, a une exposition qui dénote, de la part de ce fabricant, la connaissance de la fabrication. L'apprêt modifie aussi ses tissus comme tous ceux de Reims ; mais, ses armures sont, avant tout, bien comprises.

MM. *Lochet frères*, de Reims, ont de belles armures. Ils ornementent très-bien leurs tissus légers de laine cardée. On voit, dans leur vitrine, un effet de lancé mélangé or, obtenu par une trame spéciale : c'est bien exécuté.

Parmi les fabricants de tissus de laine cardée, plusieurs produisent les flanelles de santé ; nous citerons en plus, M. *Fassin*, de Reims, dont les tissus sont imprimés.

A Amiens, MM. *Collet-Dubois et Cie*, M. *Vulfran-Mollet*, ont des tissus unis teints : des escots ou gros mérinos très-communs, des alépines, des anacostes, des raz de Saint-Cyr, des barpoors, des tamises, des circassiennes, tous tissus pure laine ou chaîne moulinée, soie et laine, tramé-laine dont on a les conditions de fabrication du temps des jurandes.

Beaucoup d'autres exposants d'Amiens ont les mêmes tissus.

A Sainte-Marie-aux-Mines, MM. *Blum et Simon* ont de jolies dispositions où les différentes matières sont parfaitement alliées, les armures bien combinées.

Sainte-Marie-aux-Mines travaille bien ; nous citerons MM. *Bleck frères* dont l'exposition est très-simple, mais dont les produits sont bien exécutés.

MM. *Dietsch frères* ont aussi de jolis effets.

Il nous reste à parler des tissus de l'Exposition parisienne :

MM. *Laubry et Aubeux* font, à Paris même, des châles et des cache-nez genre cachemire quant aux dessins. Leurs châles diagonales pure laine sont très-bien fabriqués. Les peluches et les étoffes tirées à poil pour confections de dames dominent dans leur exposition.

M. *Rodier* fait aussi de ces dernières étoffes, surtout pour couvertures de voyage.

M. *Durand* fait de belles étoffes épaisses pour l'hiver, armures, petits brochés, satinés, etc.

Il y a une sorte de fabrication qui est grandement et richement représentée à l'Exposition : c'est celle des tissus mélangés légers. Tout est dans le goût. La matière employée entre pour une somme d'argent minime relativement au prix du tissu. Nous avons des raisons pour ne citer aucun nom des exposants de cette spécialité. Nous nous bornerons à parler d'une vitrine où la princesse Mathilde a fait un choix : elle résume les autres. Tout le monde connait assez d'histoire contemporaine pour savoir que la cousine de l'Empereur est une femme de goût et qu'on peut invoquer son témoignage dans le cas présent, sans être accusé de flatterie.

Voici les tissus de Paris : gaze légère, gaze de Chambéry, barége, mohair, grenadine laine ; et toutes sortes de gazillons qui n'ont de fils que ce qu'il faut pour supporter les ornementations qui sont parfois des œuvres d'art.

Les gazes légères sont des tissus pure soie, le fond est tout à fait transparent, le broché en matière légère quoique épaisse se détache sur le fond et semble suspendu quand l'étoffe est déployée. On les tisse en gaze.

Les gazes de Chambéry sont des tissus pure soie dont la force est un peu supérieure aux gazes légères. On les tisse en toile. Elles sont en soie crue.

Les baréges sont faits en chaîne soie crue et tramés en laine, ou en chaîne coton et tramés en laine. Ils sont assez épais pour n'avoir pas de transparence : on y applique des décorations de toutes natures.

Les mohairs sont des tramés poils de chèvre dont la chaîne est coton uni ou imprimé ; certains sont en chaîne soie. On les ornemente aussi de diverses façons.

Les grenadines laine de Paris sont en chaîne soie crue ou cuite, et tramées en laine à plusieurs bouts qui a subi un ou plusieurs apprêts.

Les gazillons sont ou des gazes légères encore plus légères que celles dont nous avons parlé, ou des Chambéry d'un compte et d'une réduction que l'on ne peut plus restreindre tant ils sont minimes.

Avant de terminer l'étude de la classe 29, disons quelques mots d'un fil qui est à peu près ce qu'il y a de vraiment nouveau depuis l'Exposition de 1862 à Londres : c'est le fil de M. *Sabran*, qui consiste en un mouliné irrégulier qui fait un moucheté dans les parties où les nombres de tours sont plus nombreux. Ce nouvel élément de nouveautés s'est tellement répandu que nous en retrouvons dans presque toutes les expositions françaises ou étrangères.

PAYS ÉTRANGERS.

BELGIQUE.

La Belgique expose beaucoup de tissus mélangés laine et coton, et des tissus pure laine. C'est surtout dans l'exposition collective de *St-Nicolas* que l'on voit les produits de laine ras que fournit la Belgique. Les prix écrits sur les tissus sont surprenants de bon marché comme tissu; c'est avantageux, mais pour les amateurs du beau c'est encore trop cher. Nous confondons les classes 29 et 32, tissus et châles.

M. *Bouten-Holvoet*, de Roulers, a des tissus mélangés, des satins mi-laine, des tissus croisés d'un assez bel aspect; c'est hors ligne pour le pays.

La *Fabrique belge de laines peignées*, de Tournai, expose des jupons façonnés; des satins de chine communs, à disposition noire et couleur, des cretonnes coton et laine, des paramatas communs; des stoffs imprimés et de petits damassés. Tout cela est à bas prix.

M. *Van Haut Denis*, de St-Nicolas, a des nouveautés belges pour robes, c'est commun; cependant, les montages sont bien compris. Des fabricants qui savent ainsi leur métier, feraient mieux, à notre avis, de perfectionner les tissus que de leur donner le coup de grâce de la camelotte.

M. *Egide-Wauters*, de Tamise, a des châles ordinaires à plusieurs couleurs qui sont nués assez convenablement. Ça joue le broché, et ça coûte 3 fr. pour un carré de 106 centimètres sur 106 centimètres; c'est tout laine. Le châle réduit aux dimensions de 96 centimètres sur 96 centimètres ne vaut plus que 2 fr. 50. En arriver là, c'est dommage.

M. *Van Eyck de Block*, de St-Nicolas, a des châles tapis très-communs. Des châles rayés sans découpage avec un liage de chaîne pour empêcher les flottés de trame à l'envers. Il y a de la théorie bien appliquée dans cette fabrication; la marchandise serait bonne si peu qu'elle valût; mais.... elle ne vaut rien.

Des Belges ont exposé un buste bronzé de Richard Cobden pour rendre hommage à sa mémoire. Nous ne savons pas qui achète les châles de St-Nicolas; mais si le libre échange a pour terme final une pareille œuvre, c'est à le regretter.

PRUSSE.

La Prusse excelle par les tissus de laine épurés, et surtout par les imitations de pelleteries.

MM. *Brach et Cie*, de Berlin, ont une très-remarquable exposition de tissus laine et mélangé. Ces fabricants réussissent bien les genres astrakan.

Ce tissu s'obtient de plusieurs manières. MM. Brach ne font pas connaître leur procédé. Généralement, on obtient l'onde qui doit produire la fourrure en faisant rouler le fil autour d'une âme, d'autant plus grosse que l'on veut obtenir un effet plus fort; on passe ourdit à la vapeur, et on déroule. Ensuite, on déroule le fil dont on fait une chaîne poil peu tendue.

MM. Brach ont aussi des châles genre anglais à carreaux.

MM. *Weigert et Cie*, à Berlin, ont aussi des peluches et des astrakans admirablement réussis, imitant la nature de s'y méprendre. Ils font en plus le châle chenillé. La chenille est un tissu obtenu par le tissage d'une chaîne dont certains fils en petite quantité sont très-rapprochés, puis après un espace assez grand, une même quantité de fils; et ainsi de suite, en reproduisant autant de fois en largeur cette quantité de fils que l'on veut avoir de pièces de chenilles. La trame passée dans cette chaîne forme tissu là où la chaine existe, et flotte là où cette chaine n'existe pas.

Quand l'étoffe est terminée, on coupe la trame au milieu des fils tissés, dans le sens longitudinal et parallèlement aux fils. On a ainsi une espèce de fil large et barbu que l'on tourne autour d'une âme. Si l'on a tramé une seule couleur, la chenille est unie. Si l'on a tramé une disposition en travers, la chenille prend la disposition. Lorsqu'on veut faire un châle à figure, à fleurs en chenille, il faut, d'après une mise en carte de la dimension du châle, produire des fils chenille d'après la corde de la carte qu'on a numérotée et découpée corde par corde, et faire autant de pièces de chenille que la carte a de cordes; puis, sur une chaîne montée pour recevoir la trame-chenille, on raccorde les effets d'après la carte ou les numéros des cordes, et le châle est produit. On fait des tapis par le même procédé.

Il va sans dire que le nombre de châles à faire est égal au nombre de pièces ourdies pour obtenir les chenilles en largeur.

MM. *David et Lilber*, de Berlin, exposent des châles tartans tout laine, à disposition.

M. *Ferdinand Mayer*, de Cologne, expose des tissus pour chaussures.

M. *Edouard Lohse*, de Chemnitz, a des tissus mélangés de coton et laine pour ameublement.

La filature de Prusse est représentée surtout par M. *F. Bockmühl* fils, de Dusseldorf. Il a des échantillons de laine lavée qui sont jolis; ses fils sont bons, surtout les retors. Ce qu'il y a de plus remarquable dans sa vitrine, c'est un fil de laine dit Gobelin qui, étant simple, a la rondeur d'un fil fortement retors.

ROYAUME DE WURTEMBERG.

Krammgarn Spinnerée de Bietigheim. Cette filature expose des fils mérinos très présentables. L'exposition est bien faite. Les numéros sont marqués avec indication des conversions de fil; nous ne faisons pas ici un cours d'arithmétique, nous n'indiquerons pas par quels calculs on arrive à connaître les numéros français d'après les titres wurtembergeois, nous donnons seulement les chiffres donnés par l'exposant :

Numéro	32	du Wurtemberg	est le numéro	51	environ	de France.
—	34	—	—	54	—	—
—	40	—	—	64	—	—
—	48	—	—	76/77	—	—
—	54	—	—	86/87	—	—
—	58	—	—	92/93	—	—
—	60	—	—	96	—	—

AUTRICHE.

L'exposition des produits de laine peignée en Autriche prouve que ce pays est en bonne voie dans cette industrie.

M. *Joh. Liebig*, de Riechenberger, que nous avons vu dans la classe 27, expose aussi des fils et des tissus de laine peignée. Il a donné une vue de son établissement. Si l'on en croyait l'exposition de MM. Liebig et Cie, la France n'aurait plus rien à fournir à l'Autriche. Tout ce qui se fait en France est représenté dans la vitrine de cette maison. Outre les cotons dont nous avons déjà parlé, ces messieurs ont des fils de laine cardée manufacturés entièrement chez les exposants. Et ce travail se fait non-seulement pour le coton, pour les laines peignées, pour les laines cardées, mais aussi pour les poils de chèvre. De sorte que l'on voit dans la vitrine de MM. Joh. Liebig et Cie les cotons depuis le commencement du traitement en Europe jusqu'à la fin des apprêts du tissu, les laines depuis la tonte de la laine jusqu'à la confection des vêtements exclusivement, des tissus mérinos, — des tartans, — des mohairs glacés, — des armures, — des cachemires imprimés, — des écosses, — des châles imprimés, etc.

M. *Franz Liebig*, de Dorfel, a aussi une exposition bien complète; ses impressions sont variées; il a poussé la coquetterie d'exposition jusqu'à représenter sur tissu imprimé le Palais des Tuileries. Si son exposition est moins brillante comme filature que celle de M. Joh. Liebig, elle est bien plus savante comme tissage. Il a de toutes les armures, voire du tour de gaze; il expose de la mozambique imprimée; il a des châles cachemire, des robes cachemire imprimé, — des tartans à bandes armurées, — des diagonales en laine peignée, — de la broderie sur tissu laine et sur tissu soie, etc., etc. Rien ne manque. N'est-ce qu'un échantillonnage? Est-ce la représentation d'une production courante? Nous l'ignorons. Mais, si MM. Liebig ne font pas constamment ce qu'ils exposent, c'est déjà beaucoup qu'ils puissent le faire.

M. *J. Bossi*, de Saint-Velt, expose un châle imprimé sur beau cachemire d'Écosse. Il a été obtenu par une machine qui, dit une notice de l'exposant, a fonctionné pour la première fois le 3 mars 1867, en présence de l'archiduc Charles-Louis d'Autriche.

Actien Gesellschaff, de Voslan. Cette société expose de très-beaux fils laine.

M. *L. J. Pohl*, de Prague, expose des molletons, des flanelles à manteaux de toutes couleurs. Il a des armurés à carreaux.

M. *S. J. Schwartz* a une très-jolie exposition. Il est parvenu à obtenir une étoffe qui imite la peau de mouton, jusqu'à croire à la réalité. Il a de l'impression métallique sur tissu. Ce fabricant expose aussi des tissus où il emploie le fil de M. Sabran.

M. *Ludovic Quaas*, d'Aussig, exploite en grand le fil moucheté de M. Sabran; il en emploie dans une quantité de tissus qu'il expose. Il fait, en outre, des mérinos écossais, le fond ponceau domine. Il a un tissu mérinos à bandes gros de Tours parfaitement réussi. Ses popelines laine avec effet de poil n'ont rien de saillant. En somme, M. Quaas fait bien.

SUISSE.

La classe 29 ne figure pas au catalogue suisse. Nous y avons cherché sans le trouver, le nom de MM. *Camann et Moch*, qui ont une exposition remarquable d'astrakan et d'imitation de peaux de bêtes nommées Seal et Kin.

ESPAGNE.

Nous prenons dans d'autres classes ce que nous avons remarqué de saillant dans la classe 29 en Espagne. Dans la classe 30, par exemple, où l'on voit de jolis tissus, on a placé des effets qui rehaussent la valeur du n° 30 et appartiennent à la classe n° 29. C'est ainsi que la plus belle exposition de Barcelone, celle de MM. *Sola* et *Sert, frères*, MM. *Hermant*, est indiquée classe 30, et renferme des châles diagonales avec effets de trame neigeuse, des gazillons tramés laine, des chalys pour confection, des étoffes légères, et toutes sortes d'étoffes françaises qui, si elles sont autre chose que des échantillons, peuvent donner à réfléchir à tous ceux qui font tisser en Picardie.

En dehors de l'exposition de Sola et Sert, nous ne voyons plus que des fils de laine.

PORTUGAL.

Nous avons vu une vitrine sans nom d'exposant, qui contient des tissus laine appartenant à la classe 29. Les tissus, quoique communs, prouvent qu'il y a en Portugal des notions qu'on n'a qu'à y propager. Il y a des châles armurés, des cannetillés.

SUÈDE.

La *fabrique de Carslvik* a des tissus nouveaux qu'on ne fait pas mieux ailleurs : les damassés, les effets de petits lancés dits neigeuses, les linons, les poils de chèvre unis à dispositions, les étoffes avec satin, tout est bien fait.

RUSSIE.

Nous avons rencontré, dans la classe 29 de la Russie, des étoffes nouvelles que nous accusons d'être parisiennes, non pas que nous soupçonnions des fabricants russes d'avoir acheté à Paris des tissus expressément pour les exposer, mais parce que les matériaux de la fabrication de Paris ont été mis à profit par des producteurs russes d'une façon trop servile.

M. *Sopoff*, de Moscou, a surtout profité du travail de Paris pour se l'assimiler. Il a des sultanes plumetis, des mozambiques à colonnes effet de poil, des effets d'ourdissage avec emploi de chiné, des armures, des linos que Paris avait fait jusqu'alors, et que Roubaix même, ce redoutable concurrent du fabricant parisien, n'osait pas toucher. M. *Sopoff* a très-bien fabriqué ses étoffes, et il est parfaitement secondé par ses apprêteurs qui traitent la marchandise comme à Paris, seulement on apprête.

M. *E. Armand fils*, de Moscou, a une fabrication française moins parisienne que celle du précédent, mais qui rivaliserait parfaitement avec celle de Roubaix. Le poil de chèvre sur chaîne coton avec façonné est beau. Les satins de Chine unis et damassés sont réussis. Les armures de tissu léger sont bien faites.

M. *Louis Miller*, de Moscou, a des grains de poudre et des armures qui ne laissent rien à désirer. Il a des lainages dont les effets d'ourdissage sont bien compris; ses stoffs sont bien faits.

Ces expositions sont celles qui ont le plus attiré notre attention; les autres sont similaires; mais M. Miller représente plutôt le type russe. Il n'y a que les deux exposants d'abord cités qui sortent du genre pour nous imiter.

ITALIE.

L'industrie des fils et des tissus de laine peignée, en Italie, est peu représentée.

MM. *Antogini et Sciomacheri*, de Milan, ont des laines en fil teintes; ils ont des tissus mérinos, des armures, des châles genre tartan. Il y a du bon ordinaire.

TUNIS.

Les burnous unis blanc à fond laine blanche ont diverses armures qui ne laissent rien à désirer que sous le rapport de l'apprêt, si toutefois ils ont été apprêtés. Les cannetillés sont surtout remarquables.

ANGLETERRE.

L'Angleterre est représentée dans la classe 29 par la *chambre de commerce de Bradford* et par quelques manufacturiers.

La *chambre de commerce de Bradford* expose l'ensemble des produits du pays. On y remarque la laine brute dont tous les noms de provenance sont énumérés, les poils de chèvre dont les sortes différentes sont étiquetées, des fils teints et des tissus. Parmi ces derniers on doit citer :

L'alpaga, surtout l'alpaga noir; — les buntings, espèce de bagnos très-gros; — le paramata, tissu croisé très-fin ; — le skirtings, tissu coton et laine très-ordinaire, rayé en long ; — les damas laine pour ameublement ; — puis des tissus dont les fonds sont ceux dont nous venons de parler, avec ornements divers : effets de poil, rayures, carreaux, armures. — Parmi ces dernières : les mixed coatings, espèce de grains chambord ; des reps, des petits grains, les teintures en sont bonnes ; — les fancies, chaîne coton, trame poil de chèvre, et une armure chaîne et trame de même couleur, avec deux duites noires tous les 15 millimètres ; — les mooren, étoffe raide pour doublures ; — les lastings, et enfin toutes les combinaisons de poils de chèvre mélangés avec d'autres matières, moulinés; puis des cobourgs, chaîne coton, tramé laine, ayant 9 à 10 croisures. Nous devons ajouter à cette nomenclature les orléans et les princettas.

Tous les tissus que nous venons d'énumérer, qui n'ont rien d'extraordinaire comme nouveautés, et qui ont d'autant moins de valeur qu'ils sont plus façonnés, conservent tout leur mérite dans l'exécution parfaite des unis : ces tissus figurent plus ou moins dans les vitrines de la classe 29.

MM. *Joseph Smithson et* Cie, d'Halifax, ont seuls une exposition qui s'écarte du genre commun, et encore ne produisent-ils pas mieux que Roubaix, dont ils ont imité la fabrication. — Sont-ils plus avantageux comme prix? Les cotes n'existent pas.

MM. *Mittchell et Shephen*, de Bradfort, ont de jolis fils de poils de chèvre sur canettes. Ils ont surtout un admirable chiné noir, et noir et couleur. Ils exposent des tissus en poil de chèvre; quelques-uns sont obtenus par le travail de la gaze.

MM. *Middleton et* Cie, de Londres, exposent des tissus qui sortent du genre anglais : chaly pour confection, impression sur chaîne, tissus coloris oriental; puis du type anglais : paramata, grenadine norwich, etc.; et enfin des tissus chaîne coton, tramé crin noir, qui figurent à la classe 29 parce que l'exposant y a ses autres étoffes.

CLASSE 30.

La classe 30 comprend les tissus de laine cardée; elle est surtout spéciale aux draps. Nous ne voyons pas de filateurs de laine dans la classe 30, parce que les fabricants de draps souvent filent eux-mêmes leurs laines, et parce que les laines cardées pour autre usage que pour les draps, sont exposées dans la classe 29.

Nous n'avons donc à nous occuper que : 1° des draps unis qui se subdivisent en lisses et en croisés; 2° des draps façonnés.

LA CLASSE 30 EN FRANCE.

Nous avons vu un métier mécanique à tisser le drap, dans l'exposition de M. *Mercier*, mécanicien à Louviers.

Le tissu a $2^m,60$ de largeur au métier. Quand il sort du tissage, on le dégraisse, on l'épeutit (épeutir, c'est retirer les pailles et les ordures qui formeraient des défauts à la fin des manutentions). Le drap est foulé. Il est réduit à la largeur de $1^m,40$. Et loin de regagner en longeur ce qu'il perd en largeur, on le foule jusqu'à ce qu'un mètre arrive à un poids déterminé.

M. *Bellest, Benoît* et Cie, d'Elbeuf, ont de joli drap lisse, fin, d'un bon noir; d'autres draps ponceau sont bien faits.

M. *A. Beer*, d'Elbeuf, a des draps lisses, très-forts.

M. *Vauquelin*, d'Elbeuf, a de belles nouveautés fines en draps.

M. *Fleury Demares*, d'Elbeuf, a de jolies draperies pour paletots. L'apprêt surtout est bon : la laine un peu dure.

M. *Lemaignen*, de Lisieux, a du drap commun, mais d'une fabrication soignée.

M. *Mery-Samson, Samsonm* et *Fleuriot*, de Lisieux, ont des draps communs, apprêt façonné.

M. *Juhel-Desmares*, de Vire, a de jolis tissus pour confection de dames : des nouveautés avec bourre de soie; de la pluie d'or sur drap velours.

M. *Vouillon*, de Louviers, a de vraie nouveauté. Il a un drap fond blanc, reps par effet de trame avec des travers de satin couleur sur lesquels on découpe les flottés qui produisent un effet nouveau. M. Vouillon a aussi des draps chinés apprêts velours. Il a des perles tissées. Cet exposant que nous avons vu à la classe 55-56 est inventeur heureux.

M. *Poitevin*, de Louviers, a des draps forts.

MM. *Lecomte frères*, de Sedan, ont de jolies draperies. Bonne laine, belle couleur, bon apprêt; spécialité de draps pour confections de dames.

MM. *Borderel jeune et Cie*, de Sedan, ont de belles draperies façonnées; du genre fort en mérinos et en cachemire.

MM. *de Montagnac et fils*, de Sedan, ont une spécialité de drap velours dont ils sont les inventeurs. Ils emploient de belles laines et réussissent admirablement leurs tissus, dont l'apprêt constitue la valeur.

M. *Léon Bouvier*, de Vienne, a une exposition fort remarquable. Il a une pluie d'or bien comprise. C'est surtout par l'apprêt qu'il produit des effets neufs. Il y a des parties à longs poils qui forment contraste avec les parties tondues, et, quoique de même couleur, semblent camayeux.

MM. *Bouvier frères*, de Vienne, exposent des draps dans lesquels ils ont tissé des verroteries. Ils ont formé toutes sortes de dispositions avec des perles; bandes semées, pluies, etc. C'est une exploitation en grand des perles en verre.

MM. *Mathieu Mieg et fils*, de Mulhouse, ont des draps légers pour vêtements, et des draps fortement feutrés pour les tables des imprimeurs sur étoffes.

M. *Dolfus-Dettwiller* a aussi des draps pour les imprimeurs.

M. *Cormouls-Houlès*, de Mazamet, a une très-belle exposition; ses effets de poil découpés formant mouches sont bien rendus et contrairement à ce qui se fait de semblable, sont très-solides, ses draperies façonnées sont bien exécutées.

MM. *Olombel frères*, de Mazamet, ont des draps pour vêtements de dames. Ils sont très-légers et à long poil.

MM. *Vène-Houlès et Julien*, de Mazamet, ont des draps communs très-gros et très-forts.

Nous avons donné des noms de fabricants de draps résumant les divers genres exploités par la classe 30; nous avons omis des noms, mais nous n'avons pas oublié de genres.

PAYS ÉTRANGERS.

PAYS-BAS.

Les Pays-Bas ont des couvertures et des draps.

MM. *Krantz et fils*, de Leyde, ont des draps nouveautés pointillés; cette fabrication a du mérite.

M. *Scheltsma fils*, de Leyde, expose des plaids écossais, et des couvertures de laine.

M. *Zuurdeeg fils*, de Leyde, des couvertures. D'autres exposants ont aussi des couvertures qui forment la majeure partie de l'exposition à la classe 30 des Pays-Bas.

BELGIQUE.

Dans la classe 30, la Belgique a de meilleures expositions que dans la classe 29 et 32.

M. *Jacobs-Poelaert*, de Bruxelles, a des couvertures de laine qui sont de belles qualités, et qui ont surtout du mérite par l'apprêt.

M. *Taelemans*, de Bruxelles, a des molletons, des flanelles de toutes couleurs: son exposition est remarquable par les baies écarlates, espèces de drap floche et moelleux.

M. *Bégasse*, de Liége, a des couvertures en laine dure.

M. *Truillet*, de Liége, expose des couvertures de chevaux.

M. *Leroy-Otlet*, à Beaumont, a des flanelles, chaîne coton ponceau; et des quadrillés.

M. *Chaten*, à Dison, a de beaux draps noirs genre Sedan.

M. A. *Xhrouet* a des draps noirs communs, et de beaux draps verts pour billard.

M. *Lefort*, de Verviers, a des draps, dits draps triples, d'une épaisseur et d'une force extraordinaire.

M. *Lahaye*, de Hodimont, a une très-belle exposition de draps légers. Il cote ses marchandises. A 12 fr. 50, un drap est magnifique.

M. *Laoureux*, à Verviers, comprend parfaitement le montage; on le voit par ses armures. Il fait des drapés pour confection de dames qui sont tout à fait dans les conditions de la mode.

Les filateurs belges qui se distinguent dans la classe 30, sont :

M. *Bonvoisin*, de Verviers, dont les laines cardées-filées sont fort belles.

Il a des blancs, des couleurs, et fait surtout bien les flammés.

Ses laines boutonneuses obtenues par la filature sont bien régulièrement défectueuses. Les défauts recherchés leur donnent une précieuse qualité.

Les combinaisons de 3 couleurs sont très-heureuses; une couleur forme l'âme du fil, et un fil boutonneux a la couleur des boutons différente de celle du fil qui contourne. C'est réussi. M. Bonvoisin fait assez bien la moucheté Sabran.

M. *Henri Leusch*, de Verviers, a aussi une belle exposition.

M. *Berck*, de Herve, obtient par la filature des fondus perfectionnés.

PRUSSE.

Les draps de Prusse se divisent en deux catégories : les draps unis, les draps fantaisies.

Les draps unis sont soignés; les draps fantaisies dénotent une connaissance du montage des métiers; nous devons cependant dire que, par expérience, nous savons que les qualités laissent à désirer.

MM. *Blecher et Clarenbach*, de Huckes-Wagen, ont des draps légers, très-beaux de laine; le noir est leur spécialité.

MM. *Müller et Frost*, de la même localité, ont des draps fins et des draps croisés; ce qui est plus remarquable dans leur exposition, ce sont les draps à long poil.

M. *Bischoff*, d'Aix, expose des draps fins bien apparents.

M. *Heindmchs*, d'Eupen, a des draps noirs fabriqués bien convenablement.

M. *Schaeffer*, de Meschede, a des nouveautés en drap qui indiquent que ce fabricant comprend le mélange des laines, les combinaisons de couleur et les montages de métiers.

M. *Meyer*, d'Aix, a de belles étoffes à pantalon ; les draps velours chinés sont réussis. Il a des reps couleur tendre qui font bon effet. Ce fabricant comprend les pointillés et exécute bien les armures en relief.

MM. *Graeser frères*, à Langensalza, fait bien aussi les armures, surtout les etoffes à côtes. Il emploie avec intelligence le fil de M. Sabran.

Nous pourrions citer un plus grand nombre d'exposants, puisque le catalogue compte cent trente-deux noms; mais les fabricants cités représentent l'ensemble. Nous n'avons pas pu saisir le nom d'un fabricant qui s'est distingué de ses confrères par l'exposition d'un drap double face très-fort; nous le regrettons.

WURTEMBERG.

Dans la classe 30 (laines cardées), le Wurtemberg n'a pas de spécialités; tout, ou à peu près tout ce qui se fait avec les laines cardées, est tissé par le Wurtemberg.

MM. *Siaker et Egger*, de Stuttgardt, ont des lastings noirs très-réguliers; la chaîne qui domine et qui forme l'endroit est en laine. Largeur, $0^{m},92$.

MM. *Lampartre frères*, de Reutlingen, ont de petites draperies d'été ; plusieurs n'ont pas grand caractère : des milleraies, des grisailles, des effets d'ourdissage de deux et deux en camaïeux, surtout par deux tons de brun. Quelques nouveautés en draperie d'hiver, avec des effets de pointillé et de cannelés. Il y a chez ces industriels les connaissances du fabricant.

M. *Muetter*, de Metzinger, expose du drap d'hiver. Il a employé le fil moucheté de M. Sabran.

MM. *Hofstetter et Roth*, de Reutlingen, ont des tissus de laine. Ce sont des reps imitant le velours frisé, et des impressions sur chaîne dans le genre des moquettes. Les coloris sont bons. C'est sans doute pour pantoufles que ces fabricants font leurs tissus; car le catalogue dit que ces étoffes sont pour chaussures.

MM. *Joh. Geo. et Finkh*, de Reutlingen, ont des couvertures en fort tissu croisé. La couleur favorite de ces fabricants est le ponceau; ils l'allient à toutes les autres. Mauvaise teinture; bonne fabrication. MM. Finkh exposent aussi des draps très-durs de laine.

MM. *Schill et Wagner*, de Calw, ont de bonnes couvertures légères. Toujours ponceau dominant.

M. *Gebruder Zœppritz*, de Heidenhen, a des couvertures de toutes sortes, généralement dures de laine.

BAVIÈRE.

M. *Ochlert*, de Schoenthal, expose des nouveautés en drap où le fil mouliné est appliqué avec goût.

AUTRICHE.

Dans la classe 30, l'Autriche expose surtout du drap ; la draperie d'Autriche n'a de remarquable que le bon apprêt et les imitations de fourrure.

MM. *Strakosch*, de Brünn, exposent des draps qui n'ont rien d'extra.

MM. *Sbhallen frères*, de Brünn, ont le même genre.

M. *Bochner*, de Brünn, a des draps double face lisses d'un côté, et tirés à poil et moutonneux de l'autre; ce genre pourrait s'appliquer à d'autres tissus. Nous le recommandons.

MM. *Vogt frères*, de Biala, ont aussi du double face.

M. *Latzko*, de Brünn, a des draps légers; bon apprêt, imitation de pelleteries.

MM. *Popper frères*, de Brünn, ont des draps de beau lainage et bien apprêté.

M. *Ginzkey*, de Maffersdorf, expose des couvertures. Nous avons remarqué ses doubles faces à effets coloriés, bien traités.

La *Fabrique d'étoffes de laine*, de Gacs, expose des châles nouveautés (mais pas nouveaux); on croirait une exposition de châles de Reims à l'Exposition de 1855. La fabrique de Saint-Nicolas en Belgique et la fabrique de Gacs sont similaires.

SUISSE.

La Suisse n'est pas bien riche en tissus de laine cardée. Parmi les quelques exposants de draperie, nous avons à citer:

MM. *Hauser et Cie*, d'Hérisau, qui devraient plutôt, par la nature de leurs étoffes, figurer dans la classe 29. Ils ont des tissus armurés pour robes, des effets de poil assez bons; on voit que la fabrication est connue de cette maison qui en profite peu, mais pourrait en tirer parti.

M. *Fleckenstein-Schulthess*, de Waendensweil, a des draperies communes. Nous reconnaissons aussi de l'acquis chez ce fabricant qui fait commun sans doute pour arriver à de bas prix, mais qui fait bien dans le commun.

MM. *Schmiter et Cie*, à Rothrist, ont des flanelles.

ESPAGNE.

M. *Thomas Coma*, de Barcelone, a une belle exposition de fils. Il a envoyé des laines filées en bobines et en écheveaux, dont il accuse la provenance. Il a porté la perfection jusqu'à filer du n° 225 avec des laines d'Australie; ensuite il a des numéros plus courants, tels que nos 180, 150, 125, 120, 100, 75, 60, 50, 46, 36.

MM. *Escubas et Cie*, de Barcelone, ont des fils boutonneux assez bien réussi. Ils ont des tissus damassés qui laissent à désirer sous le rapport du dessin.

MM. *Flaquer Hermann et Cie*, de Barcelone, ont des orléans qui auraient pu figurer dans la classe 29. Il y en a de fins.

MM. *José Tolba et Cie*, de Barcelone, qui figurent à la classe 27, exposent des tissus mérinos qui, ailleurs, sont portés classe 29.

La draperie est représentée par :

M. *Ignacio Amat*, de Torasa, qui a des draps unis, genre fort;

M. *Picasio Santoz*, de Tolosa, qui, par ses bonnes étoffes à confections pour dames, et ses effets de peaux de bête, prouve que ce fabricant connaît le métier;

MM. *Antonio Gali et Cie*, de Torasa, a des draperies nouveautés remarquables; les apprêts surtout sont à signaler. Il y a des effets d'apprêts qui simulent des effets d'armures. Le drap armure grain de poudre est fort joli. Bonne laine, bonne fabrication.

PORTUGAL.

Une exposition où l'on ne lit pas de nom a de jolies flanelles de santé et des flanelles à manteaux; la laine est douce, l'apprêt est bon; les dispositions sont classiques. Les châles gros grain à pente ont un aspect particulier qui doit appartenir au pays. Il y a dans cette exposition de la draperie forte et de la draperie légère.

DANEMARCK.

MM. *E. Groen et fils*, de Copenhague, exposent des tissus grossiers qu'ils appellent taie d'édredon. Ce sont les productions des paysans de Fionie. Le tissu est chaîne coton, tramé laine à tanneur. Une thibaude encore plus grossière que les taies d'édredon garnit le tissu.

Nous préférons leurs couvertures laines non tirées à poil, dont l'armure est un chevron.

SUÈDE.

La fabrication des draperies est passable en Suède; nous avons remarqué quelques bonnes expositions.

La *Fabrique de Drag*, de Norrkæping, a de bon satin laine.

La *Fabrique de Bergsbro*, de Norrkæping, fait les fantaisies pour pantalons d'une manière qui indique que cette fabrique suit le progrès. Il y est fait un emploi du fil de M. Sabran.

La *Fabrique de Stroem*, de Norrkæping, a des draps communs forts, et des draps articulés, armurés et cannelés à plusieurs couleurs.

M. *Philip Behrling*, de Stockholm, a des couvertures de laine; les doubles faces sont réussies comme tissu; mais les nuances nouvelles sont faux teint.

RUSSIE.

La Russie expose des fils de laine cardée, et des tissus fabriqués avec ces laines.

MM. *Naidenoff*, de Moscou, ont des fils de laine écrue, simple et retorse.

M. *Goertz*, à Varsovie, a des couvertures unies. C'est très-ordinaire.

MM. *Babkine frères*, de Moscou, ont des draps de toutes nuances; couleurs solides.

MM. *Ganeschine frères*, de Moscou, ont des flanelles ordinaires, et des draps à disposition ; les apprêts varient ; leurs draps d'aspect moutonneux sont bien apprêtés.

MM. *Holm et Cie*, de Riga, nous ont paru être les meilleurs fabricants de draps nouveautés. Les armures sont bien comprises; ils emploient avec succès les fils de M. Sabran.

ITALIE.

La classe 30 de l'Italie est assez remarquable ; nous y avons trouvé de bonnes fabrications.

M. *François Rossi*, de Sehio, a une fabrication soignée. Le montage de ses métiers est bien compris; les montages sont bons ; nous avons à citer ses draps imitant la peau de bête.

MM. *Sella et Cie*, à Turin, ont des draps ordinaires de toutes couleurs.

MM. *Grubber et Fronzoli*, de Terni, ont une fabrication ordinaire. Ils ont une spécialité de draps grisailles armurés.

M. *Louis Mori*, de Marcersta, a des draps bien armurés; mais sa nouveauté est de plusieurs années en retard. C'est dommage, ce fabricant sait son métier.

ÉTATS-UNIS D'AMÉRIQUE.

Les draps et les couvertures de ce pays sont dans l'enfance, considérés comme fabrication.

M. *Hayes*, de Boston, a des draps forts ; il y a de l'intention dans les apprêts pelucheux, et dans les draps légers pour confection ; mais c'est loin du dernier mot.

M. *J. Beer*, de New-York, a des couvertures de lit et de voyage bien tirées à poil, et bien moutonneuses.

M. *Bondy*, de New-York, a reproduit les motifs des clans anglais dans ses dispositions d'écossais.

BRÉSIL.

Nous n'avons remarqué que des tissus pour couvertures de chevaux.

ROYAUME HAWAIEN.

Faute d'indication, nous plaçons dans la classe 30 une confection en plumes que nous voyons dans la vitrine réservée à Hawaï. C'est une pèlerine en demi-cercles formés de plusieurs rangs concentriques coloriés dans l'ordre suivant, en commençant par le plus grand : jaune, rouge, noir, jaune. Une notice fait savoir que ce vêtement est un insigne de haut rang.

ANGLETERRE.

La classe 30 est largement représentée dans la section anglaise à l'Exposition de 1867. Parmi les tissus les plus remarquables, il faut parler des draps anglais qui sont d'une épaisseur étonnante. Certains draps anglais, bien apprêtés, sont tellement épais et forts qu'ils n'ont plus forme de tissu. On les croirait tannés. Les draps à côtes surtout sont de cette force.

Il est une singularité à signaler : ces tissus si épais sont de couleurs claires. C'est le goût d'Angleterre. Dans d'autres contrées, on admet les couleurs foncées pour l'hiver qui réclame des étoffes fortes et épaisses.

La *Chambre de commerce de Batley* a toutes espèces de draps.

M. *Thomas Podd*, de Leicester, expose des fils de laine de toutes natures. Sa spécialité consiste dans les assemblés à faible torsion et dans les moulinés. Il a des écrus et des beiges.

MM. *Teylor et Cie* ont des laines brutes, des laines filées et des tissus. Leurs laines sont étiquetées avec soin, et ils donnent une nomenclature des provenances. Ils ont des laines teintes, des tissus croisés pure laine, et quelques tissus imprimés qui nous paraissent appartenir à la classe 29.

MM. *Howse, Mead et fils*, de Londres, exposent une série de beaux draps.

MM. *Rhodes et fils*, de Dewsbury, ont de jolis velours de laine. Ils ont une spécialité, c'est une peluche de laine à long poil, qui bien duveteuse doit avoir de précieuses qualités comme non conductrice de la chaleur.

MM. *A. Scott et fils*, de Dublin, ont des draps communs.

MM. *Taylor et Lodge*, de Newsome, ont des étoffes de laine, mais aussi des étoffes qui appartiennent à d'autres classes. Ce qu'il y a de remarquable dans leur exposition, ce sont surtout les tissus pour gilets. Toutes les armures connues sont employées par ces fabricants qui, pour des effets nouveaux, ont imaginé des armures de leur idée. Ils ont des piqués magnifiques dont les dessins sont très-jolis.

MM. *Kell et Cie*, de Huddersfield, ont aussi une exposition très-complète. Des jupons, des piqués, de la draperie ; et dans cette dernière spécialité, des effets de montage très-bien compris.

MM. *E. Firth et fils* ont des draperies souples et molletonnées.

Nous avons remarqué parmi les expositions dont nous ne donnons pas les noms, certaines imitations de peaux de bêtes qui sont tellement bien réussies qu'une certaine imitation de peau de mouton, nous a paru être une toison. MM. *John William, Wilson*, d'Ossett, ont une jolie exposition de ce genre.

CLASSE 31.

La classe 31 comprend quatre catégories : 1° les fils de soie grége et ouvrée ; 2° les fils de bourre de soie ; 3° les tissus de soie unis ; 4° les tissus de soie façonnés.

Nous avons traité des fils de soie grége ouvrée lors de notre étude sur la soie ; nous n'avons plus qu'à parler de fils de bourre de soie, des tissus.

Avant de rendre compte des tissus exposés, nous devons dire que la fabrication des soieries donne lieu à de grands efforts d'imagination, qu'il faut que le fabricant de nouveautés en façonnés soit constamment à la recherche d'ornementations nouvelles, et qu'il doit connaître le métier de manière à ne redouter aucune complication ; car il faut toujours que l'ouvrier reçoive les données de telle sorte qu'il n'ait que sa pédale à foncer et sa navette à lancer. Le travail de cabinet est presque tout dans la réussite des travaux.

Les moyens dont dispose la fabrication des tissus de Lyon sont les suivants :

Les lisses pour tissus unis.

Les marches pour la motion des lisses.

Les ratières, espèces de petites jacquards munies de cartons en bois pour remplacer les marches au delà de 2 (maximum à Lyon).

Les mécaniques d'armures, petites Jacquards dont le nombre de cartons excède celui que peut comporter la ratière.

La mécanique Jacquard avec son corps de maillons.

Les corps-et-lisses, montage où le compte de la chaîne combiné à la largeur du rapport du dessin, produiraient un compte de mécanique trop élevé ; l'on supplée au compte de mécanique par la multiplicité des fils au maillon qui étend la largeur du chemin d'une quantité égale au produit de ce que donne la largeur à un fil par le nombre de fils au maillon, en joignant au corps des lisses devant diviser les fils un par un quand il le faut, soit pour former du fond, soit pour effectuer du liage.

Ces moyens sont généralement connus; mais l'application n'en est faite que par les praticiens qui, connaissant les ustensiles, savent comment on doit les faire agir.

LA CLASSE 31 EN FRANCE.

Nous réparons un oubli. Nous n'avons par parlé de M. *Du Seigneur Kléber*, de Lyon, qui a exposé dans la classe 31 une série de cocons et de notes instructives. M. Du Seigneur a étudié la question des soies et a rédigé le résultat de l'expérience qu'il a acquise. C'est l'objet de son exposition dont la place était à la classe 43.

Fils.

MM. *Langevin et Cie*, de la Ferté-Alais, exposent des bourres de soie filées. Ce sont des déchets de soie cardés, peignés et filés provenant des bouts de grége au dévidage. Ce manufacturier a surtout des retors genre anglais, c'est-à-dire des fantaisies dont on a coupé la fibre avant le peignage pour la rendre courte : ce qui la régularise. Cette fantaisie s'emploie pour chaîne.

MM. *Franc et Martelin*, de Lyon, ont des fantaisies simples pour foulards. Ce sont des fantaisies longues d'un beau brillant. Ces filateurs ont le produit en canettes, en bobines, en écheveaux.

MM. *Révol et Cie*, d'Amilly, font des galettes et des schappes assemblées jusqu'au no 100.

MM. *Denis et Cie*, de Fismes, ont des fils de bourre de soie, des schappes de tous numéros. Ils ont des fantaisies azurées.

Tissus.

MM. *Patriau et Ducrocq*, de Paris, exposent des gazes à bluter les farines. Ce sont des tissus toile en soie crue d'une régularité parfaite; il y en a de comptes et de réduction divers. Ces gazes servent aussi pour les cartouches des fusils Chassepot.

MM. *Kuister-Margaron*, de Lyon, ont des tissus de soie crue, crêpe. Ils ont aussi un crêpe de coton. Ils ornementent leurs tissus par du duvet de cygne et par des perles.

MM. *Josserand, Févrot et Cie*, ont des étoffes en soie crue; leur gaze de Chambéry est travaillée de toutes façons; avec satiné, avec bande chinée, et avec broché. Ils ont aussi des foulards imprimés et des étoffes de la fabrique de Lyon. Celles dont nous venons de parler appartiennent, en commun, à Lyon et à Paris.

MM. *Villard, Bocoup fils et Cie*, de Lyon, ont aussi de la gaze de Chambéry, c'est pour eux une spécialité. Ils la décorent de toutes les manières; ils ont surtout des rayures en long sur dessins, effet de poil.

MM. *Vial et Drogue* ont des popelines de Lyon; unies, écossaises, nattées, brochées. La popeline de Lyon diffère de la popeline de Roubaix en ce que celle-ci est chaîne bourre de soie dans un compte peu serré, et celle de Lyon, chaîne organsin cuit dans un compte fin.

MM. *Fortoul*, de Lyon, ont des soieries noires unies. Ils ont une grande quantité d'armures. Les armures unies sont une spécialité dont Lyon a, en quelque sorte, le monopole. Ce genre de tissu ne peut supporter aucune infériorité. On commence à le fabriquer mécaniquement.

M. *Bonnet* expose aussi des tissus unis noirs. Il faut pour ces produits des soies très-régulières ; une grande difficulté de la fabrication des unis est dans le choix de la soie. Le tissage est aussi une cause d'irrégularité quand il n'est pas parfaitement soigné. M. Bonnet a du taffetas, du poult, du satin.

MM. *Million et Servier* ont aussi des unis. Ils exposent encore des unis chinés et moirés. La moire est une ornementation donnée par l'apprêt.

MM. *Montessuy et Chomer* exposent des crêpes genre anglais. Ils ont des crêpes qui forment des dispositions par le moyen de l'apprêt.

M. *H. Pravaz* expose des crêpes de toutes couleurs. Il a des crêpes lisses et des crêpes crêpés. Les lisses sont ceux auxquels l'apprêt n'a pas donné l'aspect connu du crêpe. M. Pravaz a des voilettes crêpes à bordure.

M. *Gautier* a de beaux velours unis. Le velours se fabrique par l'addition, à une chaîne de fond, d'une chaîne de poil qui s'entrelace d'abord avec la duite du fond, et qu'on fait passer ensuite sous une tringle pour lui donner l'aspect voulu. Si on tranche le poil le velours est *coupé;* si on ne le tranche pas, il est *frisé*; si on conserve (et cela se fait dans certains façonnés) une partie frisée, et qu'on coupe l'autre partie, le velours est dit *ciselé*.

M. *Burlaton* a des velours ciselés façonnés, il a des armures avec effet d'or en plus. Il expose aussi des effets de taille douce représentant des personnages.

M. *Martin*, de Lyon et de Tarare, expose des peluches pour chapeaux d'homme. Cette spécialité demande aussi une grande connaissance des matières, et ne supporte pas la médiocrité dans le tissage.

M. *Petrus Martin*, de Lyon, expose des peluches et des velours. Ce qui distingue ce fabricant, c'est la réussite des nuances.

Il a formé un demi-cercle magnifique de la manière suivante, avec du velours:

Fondu violet, de clair au foncé..................	6	nuances
Fondu vert....................................	4	—
Uni gris vif....................................	1	—
Uni violet foncé...............................	1	—
Uni chamois....................................	1	—
Fondu grenat de clair au foncé.................	7	—
Uni gris-perle..................................	1	—
Uni ponceau....................................	1	—
Fondu bleu du clair au foncé..................	10	—
Uni chamois....................................	1	—
Uni rose	1	—
Fondu gris-mode lilassé du clair au foncé.......	5	—
Fondu amaranthe du clair au foncé............	5	—
Fondu vert bleuté du clair au foncé............	5	—
Fondu lilas du clair au foncé...................	5	—
Uni blanc mat..................................	1	—
Uni scabieuse (3 bandes semblables)............	3	—
Uni cerise vif (2 bandes semblables)............	2	—

Nous avons relevé ce demi-cercle parce qu'il nous a paru intéressant à signaler à l'attention des fabricants à la recherche de coloris.

Beaucoup d'autres exposants ont des velours.

M. *Galland* a des tissus à disposition pour cravate. Les pentes sont à fleurs et à chinoiseries.

M. *Stéphane Guyot* a de petites armures et des imprimés sur chaîne au même usage.

MM. *Ogier frères* ont une fabrication de petits effets, surtout en taffetas. Ils ont des quadrillés.

MM. *Schultz et Béraud* ont une exposition très-riche. Ils ont en broché un joli papillon sur fond blanc. Leur fond gros de Tours avec des écussons satin de même couleur, étant de la même chaîne, sont très-jolis.

MM. *Brunet Lecomte, Devillaine et Cie*, ont une exposition très-riche, des imprimés sur chaîne et de grands brochés. Ils ont des gazes avec effet de poil coupé dans le fond. La richesse du fond se trouve réunie à celle de l'ornementation. Ce fabricant, comme le précédent, s'adresse à la consommation riche.

De vrais tours de force de fabrication sont des choses ordinaires pour ces fabricants. Nous devons signaler une véritable œuvre d'art : des fleurs de velours de différentes couleurs jetées sur fond uni; c'est magnifique.

MM. *Poncet, Papillon et Girodon* ont une exposition d'une grande richesse. Ils ont surtout un tissu à deux faces, blanc et couleur. Quand le blanc fait le fond, il est orné d'un effet broché velours et lancé, il y a quatre couleurs au velours. Quand la couleur fait fond, il est décoré d'épis d'or.

MM. *Pramondon, Veyret et Coron* exposent des étoffes qui auraient dû prendre place dans la classe 18. Ce sont des tissus pour meubles, damas, brocatelles, etc.

MM. *Grand frères* ont aussi de grands façonnés pour meubles. La richesse de leur exposition ne cède rien aux étoffes les plus riches pour meubles. Un fond satin a des fleurs de velours ciselées dans le tissu avec effet de lamé métal. Nous avons retrouvé là l'ancien droguet.

MM. *Chatel et Viennois* ont des tentures à sujets : attributs, fleurs des champs. Ils ont les ornements d'église. Les coloris sont de bons tons.

Nous avons parlé de toutes les étoffes exposées, nous citons avant de nous arrêter : l'*Association des tisseurs* qui résume la fabrication lyonnaise : taffetas noir, couleur, écossais; armures diverses, droguets deux couleurs ; taffetas broché, robe à pente à fleurs naturelles, taffetas orné de dessin imitant dentelle, soutenant des fleurs de velours, grand assortiment d'étoffes très-riches, etc., etc.

RUBANS. — La France excelle dans l'industrie des rubans, Les unis sont toujours d'une perfection admirable. Quant aux façonnés, ils sont comme fabrication aussi soignés que les unis, et le goût français passe par là.

Saint-Étienne et ses environs ont la spécialité des rubans.

Le métier à la barre est employé pour la rubannerie.

MM. *Feynas et Dousson*, de Saint-Étienne, ont des tissus élastiques pour chaussures de 3 fabrications diverses qu'ils indiquent:

1° Chaîne coton, trame soie souple; 2° Chaîne coton, trame soie cuite; 3° Chaîne et trame organsin cuit.

M. *Eugène Lacroix*, de Saint-Étienne, a une spécialité : le ruban noir. Il en a de toutes les largeurs, d'unis et de moirés ; le noir qualité américaine tient une grande place dans sa production.

M. *Guitton* a des rubans moirés.

Les rubans riches sont représentés par un grand nombre d'exposants. La taille-douce (dessin noir et blanc), avec ornements de grands dessins couleurs, est à citer plus particulièrement.

MM. *Gémier et Frécon* font des rubans pour ceintures avec des perles pendantes; des rubans forts pour cravates avec des dessins de personnages.

MM. *Barallon et Brossard*, M. *Martinet*, ont chacun une exposition du même genre où les façonnés en velours augmentent la valeur du fond satin.

Les rubans d'ordre sont assez nombreux à l'exposition; Saint-Étienne en fait un peu; mais Paris en fait plus, parce que le produit s'y consomme davantage.

Les ornements étrangers aux tissus sont exploités par MM. *Vindry et Couland*, de Saint-Étienne, qui ont des ceintures toutes faites.

M. *Sagnier-Toulon*, de Nîmes, expose des étoffes qui remplacent les tissus d'Orient, fond rouge en soie avec ornement de métal. Cette fabrication lui est spéciale, et il vend aujourd'hui ses produits dans les pays dont la France était tributaire. C'est une réussite.

Tableaux. — Nous avons à signaler une magnifique industrie, exclusivement française, qui était représentée à l'Exposition universelle de 1867 par de splendides échantillons : c'est le tableau tissé.

Le tableau tissé date de la restauration. Son inventeur est M. *Maisiat père* qui trouva pour arriver à ce résultat des moyens d'exécution qui devinrent, par la suite, très-précieux pour la fabrication des tissus. C'est à lui qu'on doit l'invention des tringles. M. Stéphane Maisiat continua les travaux de son père et fut, par son dévouement et son savoir, l'un des meilleurs professeurs de l'école de Lamartinière.

M. Maisiat exposa en 1827 le testament de Louis XVI; voici quelques renseignements sur le montage de ce sujet, qui serviront à expliquer comment se font ces genres de travaux.

1200 de mécanique.
2200 dents au peigne à 6 fils par dent.
Le dessin a été mis en carte sur 3035 cordes.
3 fils pour découpure sans le secours des lisses remplacées par les tringles.

Largeur de la marge, $0^m,10$ de chaque côté......	$0^m,20$
Largeur du texte...........................	$0^m,57$
Soit........	$0^m,77$

165 fils au centimètre par 2 blancs, 1 noir.
Navettage : 1 coup blanc, 1 coup noir.

M. *Carquillat*, de Lyon, expose des tableaux tissés fond blanc, dessin noir. On croirait de la lithographie. Il a les portraits de presque tous les souverains et personnages marquants.

M. *Wolf et Granger*, de Saint-Étienne, ont une charmante exposition de portraits tissés qu'ils accompagnent des cartes à l'aide desquelles ils ont produit les cartons. Des personnages officiels sont représentés avec la plus grande exactitude. Un portrait n'est pas en tout plus grand qu'un portrait-carte ; les personnes riches devraient adopter ce moyen de se faire représenter : la photographie n'y perdrait pas beaucoup, et une jolie industrie y gagnerait.

M. *Antoine Roche*, de Lyon, a exposé deux petits velours représentant deux têtes de femme. Le tissage de ce genre présente une grande difficulté, en ce que l'embuvage d'une chaîne de velours est souvent de 6 fois la longueur de l'étoffe obtenue, ce qui nécessite une grande précision dans les préparations.

MM. *Furnion et Cie*, de Lyon, ont en tissus la plus belle exposition de tout le Champ de Mars, considérée au point de vue de l'art appliqué à l'industrie (nous devrions dire de l'industrie appliquée à l'art). Ce sont trois petits velours représentant des paysages. Le velours coupé et le velours frisé sont combinés de telle manière que le premier forme des plans et le second d'autres plans ; et que le mélange souvent répété des deux forme d'autres plans d'après le plus ou moins d'emploi de l'un et de l'autre. Le fond du tissu est velours frisé blanc. Le dessin est blanc et noir, cette dernière couleur par une chaîne additionnelle.

L'embuvage de velours est, avons-nous dit, souvent de 6 fois la longueur de l'étoffe; les fils qui forment dans le velours un dessin ont 6 fois la longueur du tissu. Dans les tableaux de M. Fournion, tous les fils du tableau en dedans des marges ont chacun un jeu différent des autres, de sorte que tous les fils doivent travailler isolément, se raccourcissant au tissage différemment, et doivent, conséquemment, avoir chacun leur ensouple. Le nombre des fils est considérable. C'est déjà une grande difficulté à vaincre que celle qui consiste à tenir en tension égale cette grande quantité de fils. La mise en carte est la traduction du dessin qui ne comprend pas toujours le langage de l'industrie. Il faut que la carte représente le jeu des fils. Le metteur en carte qui a pu faire faire aux fils le travail obtenu est non-seulement un fabricant érudit, mais même un artiste consommé. Arriver à poser point par point de la couleur sur un papier quadrillé, en sachant à l'avance où ce point marquera sur l'étoffe, est le talent du metteur en carte. — Que de prévisions, que de précautions pour arriver au résultat. M. *Malpertuy* signe comme dessinateur les chefs-d'œuvre de M. Furnion.

PAYS ÉTRANGERS.

PRUSSE.

La classe 31, en Prusse, est grandement représentée par les industriels qui travaillent la soie, et peu par des producteurs de soie. Le tissage est connu en Prusse, et on voit que dans certaines localités prussiennes, à Elberfeld, par exemple, aucune complication n'est ignorée des fabricants. Nous avons déjà eu occasion de signaler la science prussienne en rendant compte de la classe 29.

Quelques exposants ont envoyé des fils, et le plus grand nombre des tissus.

MM. *Liebermann et fils*, de Berlin, ont des soies à coudre et des cordonnets qui ressemblent aux soies à coudre et aux cordonnets des autres pays.

MM. *Gebhart et Cie*, d'Elberfeld, ont une exposition très-jolie, presque parisienne. Si remarquable que soit en général l'exposition prussienne, il faut reconnaître que MM. Gebhart seuls ont des étoffes qui ne sont pas *omnibus*, qui sortent du genre, en ce que c'est chez ces messieurs seulement qu'on voit, en Prusse, des tissus que les autres n'ont pas. Peut-on faire beaucoup en Prusse de ce qu'exposent MM. Gebhart? Nous l'ignorons; mais si le pays est organisé pour produire beaucoup, nos tisseurs de Picardie auront à compter avec ceux d'Elberfeld. Nous avons remarqué des gazes coton, des toiles brochées, des étoffes légères, des gazillons dorés, des soieries légères très-bien exécutées. Les effets d'armures, par chaîne et par trame, sont dans des conditions excellentes de combinaisons de matières diverses et d'armures différentes.

Il y a cependant à dire.... les coloris des brochés sont mauvais. Sauf cela, tout est bien.

M. *C. V. Oehme*, de Berlin, expose des peluches à chapeaux.

MM. *Lucas frères*, d'Elberfeld, exposent des étoffes de soie pour gilets; les effets d'armure sont bons. Le satin de Chine est ce qu'ils font de mieux.

MM. *Hœlzermann frères*, de Gladbach, ont une fabrication de velours pour gilets qui se rapproche beaucoup de celle de Lyon. On doit citer leurs velours avec effet de lamé, et des velours frappés par l'apprêt.

BAVIÈRE.

Une seule exposition en soierie représente la Bavière dans la classe 31. C'est celle de *MM. Escales frères*, des Deux-Ponts. Il sont des peluches de soie.

AUTRICHE.

L'Autriche expose en soieries un peu de tous les genres de tissus; ses rubans sont ce qui se voit en plus grande quantité.

MM. *Moering et fils*, de Vienne, ont de beaux rubans unis, larges, et tissés régulièrement. Ils ont aussi des rubans façonnés où ils ont exagéré la richesse des dessins; les vases de fleurs sont en trop grand honneur sur des rubans pour ceinture. Les imprimés sur chaîne sont bien faits, les chaînes bien pliées.

M. *Carl Nechuta*, de Vienne, a une qualité de rubans qu'il appelle noblesse, qui est très-bonne. Il n'a pas ménagé la soie dans ses satins, aussi sont-ils beaux. Nous signalons comme soignés ses rubans à franges sur le côté.

MM. *Ant. Harpke et Sohn*, de Vienne, ont des rubans satin unis de plusieurs largeurs; leurs taffetas ont bel aspect. Les rubans façonnés de MM. Harpke sont distingués de dessins, bien coloriés. Les grands dessins ont été très-bien mis en carte.

M. *Joseph Lauvrenstein*, de Schmiedeberg, a des velours et des peluches en pièces et en rubans, surtout des noirs.

M. *Trebitsch* a des tissus de soie noir, des gros grains, des taffetas noblesse, des ratzimirs, des draps de soie.

M. *François Buiatti*, de Vienne, a des étoffes de soie fond canetillé or avec des attributs, des brocatelles dans le genre de celles de Tours.

Nous devons citer comme pièce réussie, quant à la fabrication, un tableau mal dessiné. C'est une espèce de lampas fond blanc, gros de tours avec les armes d'Autriche en reps dans un écusson fond or encadré de satin blanc. Des motifs d'attributs en satin et en diverses armures complètent le sujet. Les pointés sont compris.

MM. *Joseph et Charles Giani*, de Vienne, ont des damas en assez grand nombre; mais tous sont trop semblables. Ils ont des étoffes pour ornements d'église d'une grande simplicité; c'est bien tissé.

SUISSE.

La Suisse brille, dans la classe 31, par ses bourres de soie. Nulle part, ailleurs, on ne fait une schappe comme en Suisse; aussi les marques suisses sont partout recherchées, et cotées à des prix supérieurs aux similaires.

On ne peut pas définir un fil, on ne peut qu'en vanter ou en contester la valeur; pour les schappes suisses, nous n'avons qu'à écrire des noms, ce sont autant d'éloges :

La filature de bourre de soie de Rothem; Marc-Boelger; Hetzel et Cie; Ryhrner frères; tous filent du n° 70 au n° 200. Les 200 numéros sont le dernier mot, quant à présent, de la finesse obtenue avec des bourres de soie. Du 200 cuit, teint et tissé, brille comme de l'organsin.

En outre de ses bourres de soie, la Suisse expose des tissus de soie et des rubans. Tout en faisant très bien, les Suisses ne font pas aussi bien que nous.

MM. *Egli et Sennhauser*, de Neumunster, ont une gaze à bluter qui n'a pas le grain de celles de France.

Le *tissage mécanique d'Adlisweil* a des taffetas couleur très-frais; il a aussi des taffetas satinés. Si ces taffetas satinés sont faits à la mécanique, c'est un résultat qui doit donner à réfléchir; c'est le commencement de la fin du progrès.

L'*exposition collective de Zurich* a des taffetas unis, des taffetas écossais, des taffetas chinés et imprimés sur chaînes; de petits effets d'armure, des écossais.

L'*exposition collective des fabricants de rubans de Bâle* est remarquable. C'est assurément à Bâle que l'on réussit le mieux les rubans après la fabrique de

Saint-Étienne ; mais si la position en est où la montre l'Exposition de 1867, Saint-Étienne est de beaucoup supérieur dans les similaires.

M. *Clavel*, de Bâle, concourt par ses belles teintures au succès des fabriques de Suisse.

ESPAGNE.

L'Espagne, à sa manière d'exposer, nous indique que ses fabricants n'ont pas, en général, de spécialité. Il suffit, à ce que nous voyons, qu'un industriel s'occupe d'une production sortant quelque peu de l'uni pour qu'il veuille dompter toutes les matières. C'est là le moyen de ne rien perfectionner.

Nous prenons quelques exposants dans des classes autres que les soies pour les faire figurer à cette classe, ce qui n'implique nullement pour nous l'obligation de citer tous les exposants de la classe 31 ; car, pour l'Exposition, au moins, des producteurs de tissus d'autres classes brillent au n° 31 d'un plus bel éclat que les spéciaux. C'est ainsi que nous citons les soieries pour châles et les imitations de crêpe de Chine de M. *José Tolba* dont la place au catalogue est classe 27 ; les filés de Mme veuve *A. Vidal fils*, de Barcelone, qui, en plus, expose des soieries enrichies d'or, et l'exposition de tissu pour galons de M. *Jacquin-Buguna*, de Barcelone.

M. *Juan Escuder*, à Barcelone, a des soieries unies couleur ; des satins noirs ; des satins à disposition.

MM. *Grabalosa, Beneito et Cie*, de Valencia, ont les damassés soie.

PORTUGAL.

La soierie du Portugal n'est pas façonnée. Dans la classe 31 nous voyons une grande quantité d'exposants de soie filée dont nous ne parlerons pas ; car nous ne pouvons pas les citer tous, parce qu'ils sont tous semblables.

Comme fabricants de tissus, nous trouvons comme faisant bien :

MM. *Cordeiro et Jimao*, de Lisbonne, qui ont des soieries tissées pour robes, quelques dispositions et des reps pour voitures.

Les soins ne manquent pas aux expositions du Portugal ; malheureusement es noms des producteurs sont souvent absents des produits.

GRÈCE.

Nous voyons en Grèce des tissus de soie extrêmement légers, faits avec de belles soies, mais d'une fabrication qui laisse à désirer. Nous ne savons pas si, en Grèce, on apprête les étoffes ; mais, à moins que l'aspect qu'elles ont ne soit recherché, on y apprête mal.

M. *Chissula Drimi*, de la province de Calamata, a des tissus très-légers, gaze lisse faite en soie crue qui est chiffonnée. La même gaze se fait en uni et en rayé et quadrillé. Les effets d'opposition s'obtiennent par l'emploi de plus grosse soie ; mais c'est toujours le fond toile qui est le tissu, même dans les bandes ; les couleurs des oppositions sont souvent différentes de celle du fond. Le même exposant a des foulards d'un compte très-serré. Il a des foulards croisés et aussi quelques armures.

Les montages sont connus de M. *Drimi*.

Nous avons des éloges semblables à adresser à M. *Nomicos*, de la province de Zante, qui, sur les mêmes fonds que M. Drimi, a ajouté d'autres décorations, et sur des tissus légers en coton a appliqué des effets de soie. Paillettes de métal, cordonnets d'or, etc., concourent à orner les étoffes. Il y a de la façon dans leur tissu fantaisie à lisses devant le peigne.

SUÈDE.

MM. *Casparrson et Schmidth*, de Stockholm, ont une fabrication bien comprise. Eux seuls représentent la Suède ; mais leur pays doit leur être reconnaissant de leur manière de le représenter. Ces messieurs ont de beaux taffetas, des poults et des gros bien faits; des effets de cannelés sur cannetillés et sur chevrons démontrent que ces fabricants savent leur métier ; et pour en donner une nouvelle preuve nous dirons que des lampas pour robes sont parfaitement exécutés: quand on comprend le lampas, on connaît la fabrication.

RUSSIE.

En outre de ses cocons et de ses soies gréges, la Russie expose des tissus de soie ; ce qu'elle a de mieux est pour ornements d'église ; nous avons vu de jolis vêtements sacerdotaux lamés or et argent.

ITALIE.

Nous pouvons répéter pour la soierie ce que nous avons déjà dit pour la lingerie. La matière première fournie par ce pays est très-jolie ; mais les tissus ne sont pas ce qu'on peut espérer ; cependant les velours sont bien faits.

M. *Jean Janin*, de Zagli, a des velours unis. Le poil est bien fourni.

M. *Gaetan de Ferrari*, de Gênes, a des velours unis, des peluches frisées.

MM. *Philippe Haas et fils*, de Milan, ont des étoffes de soie pour meubles bien mises en carte. Il y a des reps unis et façonnés, des damas, des brocatelles, des lampas. Ces fabricants sont forts en fabrication.

M. *Ambroise Peirano*, de Chiavari, a des taffetas unis, des rayés, des quadrillés, des écossais. Ce fabricant fait des velours nouveautés dont l'assortiment est bien varié; effet de velours sur fond cannetillé; effet de velours sur fond caillouté, etc. Cela fait plaisir.

Nous devrions encore donner quelques noms, mais comme nous ne pourrons pas les faire accompagner d'éloges, nous nous abstenons.

TURQUIE.

La Turquie qui produit la soie est amplement représentée à l'exposition de la classe 31 ; mais tous les Turcs semblent ne faire qu'un Turc.

Il y a des soies à broder bien teintes.

Les gazes affluent : les unes sont unies, les autres sont rayées; les rayures sont dues souvent à des effets d'armures différant des fonds. Beaucoup de ces gazes sont imprimées.

Il y a un grand assortiment de gazes fond toile jaune brodées à l'aiguille.

ÉGYPTE.

La broderie est exposée par le vice-roi d'Égypte qui a aussi des effets de basin, soie; la plus grande partie de l'exposition est une soierie rouge brodée d'or sur velours, sur taffetas, sur moire avec brocheté droguet.

CHINE.

Les soieries de Chine sont très-jolies. On remarque surtout des gazes qui ont quelque analogie avec les gazes dites de Chambéry. Les satins bleus brodés figurent en majorité.

De jolis effets sont ceux où des tissus différents enchâssés les uns dans les autres ne sont pas soumis aux exigences des liages ; c'est ce qu'on peut imaginer de plus extraordinaire comme rendement. A voir ces tissus, on en devine la fabrication : c'est tissé comme du gobelin, les fentes entre les couleurs l'attestent. Mais quelle finesse ! on se demande combien d'existences ajoutées l'une à l'autre pourraient suffire à produire une robe d'empereur comme celle que l'on voit à l'Exposition. Assurément, beaucoup d'ouvriers travaillent isolément à chacune des parties de ce tout merveilleux. Mais nous ne pensons pas qu'il y ait là des idées à prendre pour nos besoins.

SIAM.

La classe 32 n'a rien à Siam ; nous ne pouvons pas cependant nous dispenser de dire que les fonds reps sur lesquels sont brodés les ornements d'un bonnet de mandarin sont dignes des décorations qui les surchargent.

JAPON.

Le Japon a des taffetas, des crêpes noir brodés noir. Il y a dans les tissus des effets d'armures qui indiquent qu'au Japon on n'est pas ignorant de la théorie de la fabrication.

MAROC.

Nous y trouvons des gazillons rehaussés d'effets d'or.

L'or est mêlé à la soie avec profusion, semé avec goût ; ce qui nous a frappé c'est un dessin cachemire sur fond satin qui prouve que le tissage est étudié.

ROUMANIE.

Quelques costumes du pays nous engagent à parler de l'exposition de ce pays. Les voiles de soie sont tissés par les paysannes. Il y a des voiles de soie tissés toile avec des effets brochetés dans le tissu.

Des étoffes en bourrettes (déchets de bourre de soie) sont originaux.

Certains effets de cannelés indiquent qu'il y a dans ce pays des personnes sachant diriger une fabrication.

TUNIS.

La fabrication des plus belles étoffes de soie de Tunis est basée sur le même principe que la fabrication du tapis dont nous donnons un aperçu à notre étude sur la classe 18. Les comptes, les réductions, les emplois de matières diffèrent ; mais les effets de tissage sont les mêmes. Les étoffes sont formées par une réunion de petits morceaux tissés intercalés les uns dans les autres et rattachés entre eux ou par un liage par accrochage ou par une couture. Les objets exposés sont jolis.

Le prince *Mohamed* expose, en même temps que *le Bey*, des tissus de soie dont la broderie est le principal motif.

ÉTATS-UNIS D'AMÉRIQUE.

Rien en tissu de soie ; M. *Guandiver* de West-Hobok expose des cocons qui auraient dû être annoncés dans la classe 43.

ANGLETERRE.

L'Angleterre qui ne produit la soie que dans les conditions dont nous avons parlé 2e vol. p. 207, — ce qui équivaut à n'en pas produire, — expose passablement de soieries tissées. Les crêpes anglais ont de la réputation. Ils la méritent surtout par leur apprêt.

Les autres tissus de soies qui figurent à l'Exposition de 1867 sont généralement beaux, mais ne valent pas leurs similaires français.

MM. *Edward Willette neveu et Cie*, de Norwich, seraient classés n° 29 s'ils étaient en France. Ils sont plutôt exposants de tissus mélangés que de soieries. Leur exposition se compose de damas à fleurs, de popeline écossaise, de différents tissus chaîne soie, d'armures, d'étoffes brochées, d'effets de poil, et enfin de paramatas.

M. *John Chadwick*, de Manchester, a des tissus de soie que le catalogue annonce comme tissés à la mécanique. Cette surprise doit donner à réfléchir aux fabricants d'unis et de petits effets sur uni.

Des taffetas chinés, imprimés sur chaîne, sont parfaitement faits; et, chose plus remarquable encore, c'est que des taffetas à filets cannelés sont très-nets; ce qui prouve en faveur du métier mécanique.

MM. *Clabburn fils et Crisp*, de Norwich, ont une très-jolie exposition de soierie dans le genre riche; mais leur place serait plutôt dans la classe 32, car le principal objet de leur exposition est le châle broché. Nous trouvons très-beau dans son genre le cachemire appliqué aux soieries pour faire des cravates et des cache-nez.

MM. *Richard Shiers et Cie*, d'Oldham, exposent des velours coupés.

MM. *Kesselmeyer et Mellodew*, de Manchester, ont des peluches de soie de toutes couleurs.

MM. *Courteau et Cie*, de Londres; MM. *Grout et Cie*, de Londres, exposent du crêpe de toutes couleurs. Il y a des crêpes crêpés qui sont fort jolis et qui maintiennent la réputation anglaise.

On appelle crêpe crêpé un tissu toile en soie très-léger, qui par un apprêt spécial est devenu chiffonné régulièrement et savamment.

MM. *Grant et Gasc*, de Londres, exposent des tissus de verre. C'est très-brillant. Ce tissu, que nous croyons destiné à l'ameublement, nous a paru être une brocatelle dont le dessin est tramé en verre filé en remplacement de la soie qui est ordinairement employée pour lancé. Il y a dans la vitrine de ces exposants des écheveaux de fils de verre. La consommation de ces produits est restreinte.

M. *Carter et Philipps*, de Coventry, ont des rubans de soie, les uns unis, d'autres écossais, d'autres brochés. La qualité est légère; le dessin est simple, la composition est médiocre.

James Hart, de Coventry, a aussi des rubans de soie. Il y a quelques dessins qui ne sont pas nouveaux.

Des tissus élastiques pour chaussures par M. *Halme*, de Derby, et la *Compagnie de Coventry*, complètent l'exposition de la classe 31 du Royaume-Uni.

CLASSE 18.

La classe 18 comprend les étoffes pour ameublement et pour voiture.

Les rapporteurs du Comité d'admission la divisent en 8 spécialités :

1° Les lampas, les damas de soie et les brocatelles;
2° Les reps et les tapis de table;
3° Les velours de poils de chèvre, de laine et de coton;
4° Les damas, les popelines, les étoffes dites algériennes et les tissus crins;
5° Les toiles perses, les cretonnes, les lastings et les draps imprimés;
6° Les tapis et les tapisseries;
7° Les mousselines brodées et brochées;
8° Les coutils pour meubles, pour stores et pour matelas.

Le lampas est un tissu de la famille des corps et lisses. Il a deux chaînes, deux trames; il est souvent de deux effets, l'un le fond en satin, l'autre le lancé en couleur, opposés au fond faisant gros de tours avec liséré flotté.

Le damas est un corps et lisses, une chaîne, une trame. C'est généralement un satin dont les effets sont déterminés par endroit et envers, c'est-à-dire que ces effets sont obtenus par opposition d'effets de chaîne et d'effets de trame. La théorie est la même pour les damas de soie et pour les damas de laine.

Les brocatelles sont aussi des corps et lisses. Il n'y aurait qu'une chaîne s'il ne fallait pas à toutes les courses un fil de liage. Il y a deux trames : l'une pour le fond, en chanvre et en coton câblé; l'autre pour le lancé en soie. Le fond est satiné; le lancé est croisé de tiers, le plus souvent formant longue bride, parce que le liage est peu répété.

Les velours de poil de chèvre, appelés velours d'Utrecht, sont tissés avec un fer, et découpés par l'ouvrier tout en tissant.

Les damas laine sont les mêmes que les damas soie, en tant que fabrication. Il y a, souvent, de ces damas qui se fabriquent avec un corps sans le secours de lisses quand le compte est peu fourni.

Les popelines sont des étoffes formant côte en travers par la grosseur de la trame.

Les reps sont des tissus formant côte en long par la grosseur de la chaîne ou par des effets de montage.

Ils acceptent parfaitement l'ornementation, et c'est ainsi qu'ils servent aux tapis de table, qui souvent sont reps par effet de montage.

Les étoffes algériennes sont des reps ou des popelines coloriés à la manière des tissus d'Alger; rayés travers le plus souvent.

Les tissus crins pour chaises sont des chaînes coton, tramé crin avec ou sans coup de fond en coton.

Les tissus imprimés, pour ameublement, sont : 1° sur calicots et s'appellent perses; 2° sur lastings, qui est un satin pure laine; et 3° sur drap.

Les tapis et les tapisseries sont une des parties de la fabrication où l'art est appliqué à l'industrie avec le plus d'extension. Cette branche de la classe 18 comprend :

Le tapis des Gobelins et de la Savonnerie;
Le tapis d'Aubusson;
Le tapis broché;
Le tapis moquettes qui se divise en tissé et en imprimé;
Le tapis chenille;
Le tapis caoutchouc;
Le tapis du Levant;
Et une nouvelle spécialité, le tapis de plume.

Le tapis des Gobelins est fabriqué par l'État; aucun particulier ne pourrait conduire une semblable industrie. Comme effet rendu, c'est là que la splendeur est à son apogée; comme procédé de fabrication, c'est dans l'enfance. Des cordes servant de chaînes sont tendues parallèlement dans le sens vertical. A l'aide de petits bâtons l'ouvrier passe des couleurs de laine là où un modèle peint lui indique qu'il doit en mettre. C'est naïf de simplicité, et on fait ainsi des chefs-d'œuvre. C'est un travail très-lent: un tableau représentant la *Transfiguration* fut commencé le 22 novembre 1851 et achevé le 17 novembre 1857. Pendant 6 ans, 6 ouvriers y furent constamment occupés, soit 36 ouvriers pendant un an : si chaque ouvrier coûte en moyenne et tout compris 2,000 francs par an, ce tableau pour la main-d'œuvre seule a absorbé 72,000 francs. Les frais généraux et les matières employées, les bénéfices, si l'œuvre devait se vendre, porteraient le tapis à un prix trop élevé pour le commerce : ces objets servent aux souverains pour cadeaux entre eux.

La savonnerie est un gobelin à poil, il s'obtient aussi à haute-lisse (chaîne verticale). L'ouvrier tourne autour d'un fer terminé en lame tranchante le fil de la laine, et quand cette dernière est suffisamment prise, il passe un coup du fond et coupe la laine en tirant le fer.

L'aubusson se fait par un procédé dont nous parlons, page 334, à l'article de M. Molozay.

Le tapis broché s'obtient par le moyen de la jacquard, à corps et lisses d'après une mise en carte.

Les moquettes sont des tapis à poil tissés velours. On en obtient les dessins : 1° soit par le procédé du velours façonné à autant de cantres que d'effets à produire, et par une jacquard, tous les fils non apparents faisant fond ; 2° soit par chinage, en imprimant la chaîne d'avance, en tenant compte de l'embuvage énorme du velours, et en tissant ensuite. Dans les deux cas on se sert du fer. C'est le rabot qui tranche quand on tisse à la main ; ce sont des fers terminés en lame tranchante qui coupent quand on tisse automatiquement.

Le tapis chenille s'obtient au moyen que nous décrivons à la page 370. Sauf le compte, la réduction, l'emploi des matières, c'est la même chose.

Le tapis caoutchouc se fabrique comme on le verra à la page 394.

Le tapis du Levant est d'une fabrication qui se rapproche passablement de celle des Gobelins (nous ne comparons ces deux industries que sous le rapport de la fabrication). Nous en parlerons page 396.

Le tapis de plumes se faisait à l'Exposition. On passe des plumes teintes et découpées aux endroits déterminés par un dessin peint.

Il y a peut-être encore d'autres moyens de faire du tapis : la fantaisie crée tous les jours des travaux à l'aiguille applicables aux tapis et aux meubles ; nous ne prétendons parler que des principaux. Citons les tapis de jute, dont nous avons déjà eu l'occasion de parler.

La classe 18 comprend encore, avons-nous dit, d'après le catalogue :

Les mousselines brodées et brochées, qui sont souvent pur coton et se tissent par les moyens connus : jacquard, lisses, etc.

Et les coutils, qui sont des étoffes unies, armurées ou damassées, faits de fil de lin ou de coton, et qui n'ont rien de particulier comme fabrication.

C'est la ville de Tours qui expose les plus belles brocatelles, les plus beaux lampas, les plus jolis damas de soie ; Lyon fait également ce genre.

MM. *Fey et Martin*, de Tours, ont une exposition splendide. Ils ont beaucoup de damas et de brocatelles. Ils ont des motifs sur reps d'un effet magnifique. Nous avons surtout admiré une tenture grande largeur, avec des attributs dont tout est admirablement soigné, depuis le dessin jusqu'à la fabrication.

MM. *Croué et Gillier*, de Tours, ont aussi des damas et des brocatelles. Ils ont un lampas avec fleurs brochetées. Leurs coloris sont très-bons. Ils ont un grand dessin empouté à retour, avec un milieu empouté spécialement pour obtenir un tableau dont le milieu est encadré par les bords. C'est joli.

MM. *Pillet Meauzé et fils*, de Tours, exposent des brocatelles et des damas. Ils ont un fond damas jaune à bouquets brochetés qui est très-riche comme exécution. La grande pièce de ces exposants est une énorme tenture, fond uni, avec encadrement divers tons, à médaillons aux angles. Un superbe dessin représentant des génies fait médaillon au milieu. Le métier a été aussi monté à retour avec empoutage spécial pour la partie qui fait tableau. Le fond est satin, les brochés liés en sergé.

Les reps sont fabriqués un peu partout ; mais nous en trouvons surtout dans l'exposition de Roubaix.

MM. *Mazure-Mazure*, de Roubaix, ont des reps 2 chaînes formant dessins par chaque couleur liée en reps, ce qui fait une étoffe sans envers.

MM. *Harinkouck et Cuvellier*, de Roubaix, ont des reps de couleur avec travers brochés. C'est une fabrication soignée et bien comprise. Ces fabricants ont du velours sur reps. MM. *Catteau et Cie*, de Roubaix, ont des reps avec blasons de même armure. Les fils qui font ces effets flottent à l'envers.

Plusieurs autres expositions sont dans le genre de ces dernières.

Le velours d'Utrecht se fabrique principalement à Amiens.

Nous citerons MM. *Bougon*, d'Amiens; et MM. *Durand père et fils*, du même pays.

Les damas laine, les algériens ont pour représentants :

MM. *Flipo-Flipo*, de Roubaix ; *Vanvertryn*, de Roubaix, etc.

Une exposition qui dénote une tendance à vulgariser les tissus pour meubles est celle de M. *Karl Franck*, de Mulhouse. Il y a là des lampas et des damas chaîne bourre de soie. Sans doute, le prix de ces produits est encore élevé; mais en amoindrissant toujours les qualités, on arrivera à produire des effets communs qui imiteront les effets riches. Il y a, à notre avis, beaucoup à faire pour arriver au but : introduire du luxe dans les masses.

Les effets imprimés ne sont pas de notre ressort.

Nous avons parlé des mousselines et des coutils aux classes 27 et 28.

Les tapis des Gobelins sont exposés par le Gouvernement qui a envoyé de jolis tableaux de sa manufacture de Beauvais, à l'usage des fauteuils et d'autres meubles. La fabrique des Gobelins de Paris a un splendide tableau : l'*Aurore*.

Les tapis d'Aubusson sont de vrais tableaux ; l'armure du fond est le reps, comme celui des Gobelins. Ici, le reps est le produit d'une toile sur une grosse chaîne, et non pas une armure où la trame flotte sur plusieurs fils.

MM. *Sallandrouze de Lamornaix*, d'Aubusson, ont un tableau représentant un cerf aux abois. Le prix n'en est pas élevé, 2,200 fr. : ce qui prouve que les produits les plus compliqués, sans perdre de leur valeur artistique, gagnent quelque chose à arriver jusqu'à l'industrie au lieu d'être conservés par le monopole. Sans valoir un Gobelin, un tapis d'Aubusson a un véritable mérite. Un tableau de circonstance fait le plus grand honneur à l'exposition de M. Sallandrouze ; c'est une femme assise au milieu de tous les grands travaux du dix-neuvième siècle : des instruments agricoles, une locomotive, les Halles centrales et des canons.

MM. *Réquillart, Roussel et Chocqueel* ont aussi de très-jolis tableaux. Ils ont surtout un motif champêtre, style Louis XV, dont les effets sont admirables. Une eau reflétant des fleurs est d'une transparence imitant parfaitement la nature.

Plusieurs autres exposants ont des produits de toute beauté. Nous pourrions répéter ce que nous disions à la classe 8 : qu'il faudrait un écrivain-critique de salons pour analyser toutes les richesses où la fabrication est pour si peu, l'art pour tout.

MM. *Berchoud et Guerreau*, de Paris; M. *Mourceau*, de Paris ; M. *Braquenié*, de Paris, ont aussi des choses charmantes.

M. *Arnaud-Gardan*, de Nîmes, a des moquettes et des chenilles.

MM. *Flaissier frères*, de Nîmes, ont de jolies moquettes en petites largeurs, qu'on rapporte pour en faire des motifs. Le genre médaillon est le plus exploité par cette maison.

Beaucoup d'autres maisons ont des tapis moquettes et chenilles.

M. *Bardin*, de Paris, a les tapis de plumes dont nous avons parlé page 392.

M. *Herbet*, de Paris, expose les tapis imprimés par lui.

PAYS ÉTRANGERS.

PRUSSE.

La classe 18, en Prusse, est remarquable non pas précisément par la vraie valeur des tissus exposés, mais par l'originalité de ses étoffes.

MM. *Leiler et Cie*, de Hanau, ont des moquettes,

M. *Buchtel* a des tapis imprimés sur gros tissus, à losange et à œil de perdrix.

M. *Leppien*, de Lunebourg, a des tissus de crin très-bien tissés; il en a de plusieurs armures, surtout des chevrons, des sergés; la chaîne de ces tissus est en gros coton retors blanc, la trame est crin noir.

M. *Roskamp*, à Springe, a de grossiers tapis dont l'étoffe est d'une fabrication comprise. L'armure employée est le sergé. La décoration est peu variée. Nous ne connaissons pas le prix des tapis de M. Roskamp, mais nous croyons qu'ils sont à la portée des bourses modestes.

M. *Mengen Christiar*, de Viersen, a des velours pour meubles qui pèchent par l'emploi des matières. Il nous semble que l'on devrait toujours approprier les matières au tissu qu'on veut avoir. M. Mengen a des velours où la pièce paraît au travers du poil. Ses velours d'Utrecht sont meilleurs; ils sont bien fournis; les unis et les imprimés sont bons.

M. *Moritz Salberg* expose des canevas pour tapisseries. Nous ne parlerions pas de ce produit, si nous n'avions constaté une nouveauté : c'est une espèce de toile devant recevoir de la broderie pour ornement, et servir de fond. C'est un tissu semblable à du panama pour chapeau, et dont les fils sont moulinés avec des fils métalliques, or, argent, etc.

MM. *Plaut et Shreiberg*, de Jernitz, ont des tapis de feutre imprimés.

M. *Karschelitz*, de Leipzig, expose des tapis imprimés : tapis de table en tauris imprimé; des effets jardinière vivement coloriés, des arabesques, des broderies jaune d'or sur fond vert; des broderies noires en relief sur fond ponceau.

M. *Karl Breding* a du feutre imprimé, coloris oriental.

MM. *Hoesel et Cie*, à Chemnitz, expose des damas pure laine à petits motifs tissés teints; des reps coton, des reps coton et laine sur lesquels sont appliqués des velours de coton imprimés, formant écusson, attachés au fond par une couture imitant la broderie à points de chaînette. Ces exposants ont aussi des tapis de table à cadres.

Nous avons remarqué la petite vitrine de M. *Otto Peter*, de Dresde, qui expose des tapisseries pour meubles.

Ces tapisseries, — dont on voit des spécimens sans indication des procédés à l'aide desquels ils sont fabriqués, — méritent une mention toute particulière. Ce sont des duvets qui adhèrent à un tissu de coton, — toile ou serge, — par le moyen d'un enduit, — du caoutchouc ou de la gutta-percha. Ces duvets sont formés par des fils de laine disposés d'une manière toute spéciale, dont voici une idée:

On a deux mises en cartes parfaitement semblables sur plaques de tôle percées, ces plaques sont placées parallèlement à une distance déterminée. On enfile dans les trous de la plaque supérieure des fils de laine qui sont aussi enfilés dans les trous correspondants de la plaque inférieure. Ces fils sont de la couleur indiquée par le dessin mis en carte.

Quand tous les trous sont remplis, le dessin est achevé. On apporte alors la serge, qui joue ici le rôle de thibaude sur l'extrémité de la plaque supérieure.

Cette serge est recouverte, sur la partie qui touche aux fils, de l'enduit chaud et liquide dont nous avons parlé. On abaisse la plaque, et on opère une section entre la serge et la plaque, parallèlement à leur plan. Le dessin formé par la laine reste collé à l'enduit qui est adhérent à la serge, — et la tapisserie est faite.

M. Otto Peter a, à l'Exposition, des paysages et des sujets différents. Les dessins sont mauvais, les tons heurtés; nous y avons remarqué un Napoléon Ier que nous avons cru reconnaître à son cheval blanc, à la coupe du gilet, et à la mèche historique.

Plus la distance entre les deux plaques est longue, plus les duvets coupés sont courts, plus on peut obtenir de fois le même modèle par suite d'une opération. Et réciproquement, plus on allonge le duvet moins on a d'exemplaires.

Nous pourrions nous étendre sur les tapisseries de Prusse, si nous voulions nous occuper de la classe 33; mais nous circonscrivons notre travail dans l'étude de ce qui est tissu et ne parlons pas des travaux à l'aiguille.

AUTRICHE.

Quelques tapis genre chenille, coloris ternes.

ESPAGNE.

L'Espagne expose des tissus pour ameublement, où le genre damassé est le plus exploité : damas de laine ou damas de soie.

MM. *Sola et Sert frères*, de Barcelone, représentent à peu près le type, quant au damas laine; et MM. *Luis Franch et Ferrer*, de Barcelone, ont des variétés de damas soie. Ils ont de grands dessins.

MM. *Grabalosa Beneylo et Cie*, qui figurent dans la classe 31, ont aussi des damas pour meubles.

GRÈCE.

Quelques exposants ont des tissus très-ordinaires, genre commun, faits avec des fils grossiers.

RUSSIE.

La Russie expose plusieurs genres de tapis. Il est difficile de connaître les noms des exposants russes de la classe 18, parce que les pancartes sont mal placées ou oubliées.

Nous avons remarqué des tapis genre d'Aubusson, mais en qualité très-commune, — des moquettes coloris oriental, — et surtout des broderies sur fond satin ; sur un même tapis, on voit des broderies or et argent. Ils sont ornementés richement, des glands d'or et des franges en décorent les coins et les lisières; on retrouve plusieurs fois ce genre.

TURQUIE.

La Turquie expose des tapis et des étoffes d'ameublement qui sont le genre turc connu depuis longtemps, et qui n'offrent d'intérêt qu'au point de vue du coloris qu'on ne peut pas indiquer par une description; le vert y domine.

ÉGYPTE.

Les tapis de poil de chameau sont ce que l'Égypte a de plus remarquable dans la classe 18. Ce sont ou des cordages tressés et cousus ou des peaux préparées.

TUNIS.

Le *Bey de Tunis* et le prince *Mohamed*, fils de Mustapha Khaznadar exposent des tapis de Tunis. Ce sont des chefs-d'œuvre de la patience humaine. L'étoffe est grosse, le grain en est serré, mais le fil employé est fort et gros; les carrés, les losanges, les cercles, sont indépendants les uns des autres, c'est un tissage genre Gobelin; les effets opposés de couleur sont liés entre eux tantôt par un accrochage de chacun d'eux dans la chaîne, tantôt par des coutures dont on profite pour avoir un ornement de plus.

Dans le palais du Bey, dans le parc, M. *de Lesseps*, représentant en France de la Régence, a rassemblé les diverses étoffes de l'industrie tunisienne qui toutes appartiennent à la classe 18. Il y a des tapis d'une valeur considérable. Coloris où le vert et le rouge dominent et ont un effet flatteur.

ÉQUATEUR.

M. *Gomez de la Torre*, de Quito, a des tapis de moquettes qui annoncent de la part du fabricant une connaissance exacte de la fabrication; d'autres tapis sont moins réussis.

CHILI.

Le Chili a des moquettes magnifiques.

ANGLETERRE.

L'Angleterre est le pays où l'on consomme les tapis en plus grande quantité. Aussi, voit-on dans l'exposition anglaise, des tapis communs. Nous n'avons rien vu, parmi les exposants anglais, qui rappelât la richesse de nos Aubussons.

Le genre anglais le plus répandu est la moquette chinée (imprimée sur chaîne); vient ensuite le genre feutre imprimé. Les Anglais disent des carpettes. Le nom prend en France où l'usage du tapis s'acclimate depuis quelques années.

La *Compagnie Patent Woolen Cloth*, à Leeds, expose des carpettes sur feutre imprimé.

Une *exposition collective* réunit tous les tapis; on y voit les tapis moquettes, en pièces, et les tapis de foyer à dessins spéciaux.

L'Angleterre fait aussi le genre chenille.

Les tapis qui ne figurent pas dans l'exposition collective sont disséminés parmi les étoffes, et souvent sans nom du fabricant.

CLASSE 32.

La classe 32 comprend les châles tissés à grands effets façonnés.

Il s'agit, surtout pour la France, des châles brochés : 1° cachemire, 2° genre cachemire. Par genre cachemire, nous entendons les châles dont les dessins sont mités des châles cachemire et dont les matières employées ne sont pas cette matière, réservant l'expression de cachemire pour les châles dont les fils sont formés uniquement des fibres cachemire qu'emploient aussi les Indiens.

Nous ne pouvons pas donner à l'étude du châle toute l'extension que comporte l'importance d'un tel sujet. Nous devons, cependant, donner quelques explications qui nous serviront à établir le mérite de ce produit dont notre pays est le maître.

Le châle riche, celui qui atteint des prix élevés (de 500 à 2,000 francs) se fait généralement au quart et en pur cachemire.

On appelle châle au quart celui qui, déployé et vu à plat, présente les mêmes figures à chacune de ses quatre faces, prises par deux lignes perpendiculaires, le traversant par le milieu dans les deux sens.

Il a fallu bien des expédients de fabrication pour arriver à produire parfaitement un châle au quart à l'aide des moyens dont le tissage dispose. Il n'est pas de branche de l'industrie où il ait été dépensé une égale somme d'intelligence; aussi l'origine du châle français, quoique très-rapprochée de notre époque, appartient déjà à la légende. Des noms contemporains sont cités parmi ceux des héros de récits qu'on croirait incroyables si quelques vieux témoins des faits n'en certifiaient l'authenticité. Et tous les progrès ne sont pas encore réalisés! Un châle français est admirable, non-seulement par son aspect, par sa tenue, mais aussi par la valeur des procédés employés à l'obtenir.

Nous disions (page 327) que certaines modifications sont apportées au montage des métiers munis de jacquard quand il faut économiser des moyens.

C'est surtout au châle cachemire que s'applique cette observation.

On a recours pour tisser un châle façonné aux diverses manutentions dont nous avons parlé:

Composition du dessin ou esquissage;
Mise en carte, remplissage;
Lisage et piquage;
Montage de métier, empoutage.

Il y a en plus une préparation de la chaîne qui fait suite à l'ourdissage et précède le pliage: c'est le chinage.

La composition du dessin est une question de goût. Il faut que l'artiste donne à ses formes toutes les variétés suggérées par sa fantaisie en les restreignant dans les limites que lui donnent les besoins de la fabrication.

La mise en carte du châle se produit de la manière dont nous parlons à la page 328; seulement, pour le châle, le papier quadrillé est briqueté, c'est-à-dire que les parallélogrammes du papier, au lieu d'être régulièrement super et juxtaposés, sont formés comme les briques d'une construction, les pairs à cheval sur les impairs et réciproquement.

Le lisage et le piquage n'ont rien de spécial.

Le montage est compliqué. Deux mécaniques jacquard sont employées, parce qu'une seule ne suffirait pas pour faire mouvoir le nombre des maillons nécessaire aux jeux de tous les fils de la chaîne: l'une est dite paire, l'autre est appelée impaire.

Ce montage à deux mécaniques, encore usité à Lyon, a été remplacé à Paris et en Picardie par un montage à une seule jacquard nommée mécanique brisée, dont une partie a les aiguilles paires, l'autre partie les aiguilles impaires. On a, par ce moyen, un seul jeu de cartons au lieu de deux nécessités par le montage lyonnais à deux jacquards. La mécanique brisée est double de compte, naturellement.

Deux fils de la chaîne sont passés au maillon, ce qui diminue de moitié le nombre des maillons partant des arcades, et de tous les organes en quantité égale aux maillons.

Les arcades sont enchaînées au-dessous de la planche d'empoutage, c'est-à-dire que, de la pointe de l'arcade, en dessous de cette planche, des lissettes en Λ formant deux branches tiennent chaque arcade à deux maillons.

Pour imiter le grain indien, la première arcade n'a qu'une de ces lissettes, et la dernière également. On obtient ainsi une déviation de 2 fils, pour le contour de la côte qu'on tient à produire pour simuler l'aspect du châle de l'Inde.

Le premier crochet de la mécanique paire prend le premier et le deuxième maillon ; le deuxième crochet de la mécanique paire prend le troisième et le quatrième maillon, ainsi de suite. Chaque crochet lève donc 4 fils, puisqu'il y a deux fils au maillon.

Le premier crochet de la mécanique impaire prend le deuxième et le troisième maillons, il laisse courir le premier ; le deuxième crochet de la mécanique impaire prend le quatrième et le cinquième maillons, ainsi de suite.

Les mécaniques font le contour de la côte ; 4 lisses de rabat en font le liage. L'essentiel, dans un châle dessin cachemire est que la côte formée par le lac lancé soit nette et dégagée ; il est indispensable que, pour cet effet, le liage tombe au commencement et à la fin du flotté. Le flotté est la longueur de la couleur.

Les lisses de rabat font le liage, parce que la mécanique faisant lever plusieurs fils ne peut pas, par elle-même, faire lier les fils un par un.

L'empoutage des arcades se fait à retour, c'est-à-dire que, sur la planche, le premier trou à gauche prend l'arcade comme le dernier à droite ; le deuxième à gauche comme l'avant-dernier à droite, et ainsi de suite jusqu'à la rencontre au milieu. Par ce moyen, on obtient encore une économie de moitié du compte ; et la symétrie obtenue par cet effet ne nuit pas à l'effet général du dessin.

Quelquefois, pour donner de la richesse au châle et arrêter le retour avant qu'il ne forme pointe au milieu, on empoute une portion du châle au milieu, en un seul chemin, et on fait en cet endroit un dessin indépendant qui se raccorde avec celui à retour des côtés : c'est ce qu'on appelle dessin pivotant.

D'autres montages encore peuvent servir à produire un plus grand nombre d'effets.

Voici comment s'opère la levée des fils de la chaîne :

Par suite du lisage, une corde de la carte prend un crochet qui fait lever 2 arcades ; les deux arcades font lever (parce qu'elles sont enchaînées) 4 maillons ; les 4 maillons ayant chacun 2 fils font lever 8 fils. D'où il suit qu'une corde de la carte fait lever 8 fils, et que l'économie réalisée par les combinaisons de papier briqueté, d'enchaînement et de plusieurs fils au maillon est de réduire au 1/8 le compte de mécanique.

Ce ne peuvent être que des hommes de génie qui ont obtenu ce résultat.

Là, pourtant, ne s'est pas bornée la perfection. On avait le moyen d'éviter les complications des organes de la chaîne, il fallait trouver celui de diminuer les organes de la trame.

Le châle étant au quart, et les deux parties dans le sens de la longueur étant données par l'empoutage, on obtient les deux parties dans le sens de la largeur en répétant les cartons après la moitié, en prenant le dernier carton pour le premier ; de sorte que le premier devient le dernier. On a ainsi économie de cartons ; et pour obtenir davantage, on répète les cartons de manière à ce qu'ils fassent deux passées semblables l'une sur l'autre : on obtient ainsi un double de hauteur à ce que les cartons donnent par passée. Pour en arriver là, on déroule les cartons quand la passée est faite, et on les fait passer une seconde fois.

Il faut donner au châle une consistance ; au broché, un fond. On a une duite nommée coup perdu qui se trame à cet effet.

Le liage sergé de quatre du broché et le coup perdu se font par le moyen de 4 lisses à grands anneaux dans lesquels sont remis suivis par 1, 2, 3, 4, les fils de la chaîne qui sortent des maillons. Les lisses ont de grands anneaux afin de ne pas entraver le jeu des fils quand ils sont mus par les jacquards. Nous n'entrerons pas dans les détails de la transmission de mouvement des lisses ; nous dirons seulement qu'une petite mécanique d'armure sert à cet effet, et qu'elle fait fonctionner les fils en lève et baisse. Elle est commandée par une réunion de cartons nommée manchon.

Les mignonnettes de châles, ces petites bordures qui les commencent et les finissent et qui ont autant de fonds qu'on veut produire d'arlequinage, se brochètent le plus souvent, c'est-à-dire, se tissent dans une largeur partielle égale à l'effet à produire.

Les fonds du châle se tissent par le moyen de la mécanique, quand on veut en limiter le tramage à sa forme. La réduction du fond est supérieure à celle du broché. Le nombre des coups de fond est supérieur à celui des coups de broché.

Afin d'obtenir de la pureté dans le broché et dans les fonds, quand ceux-ci sont de couleurs différentes, on teint la chaîne des châles de la couleur qui domine aux endroits indiqués : c'est le chinage. L'opération du chinage consiste à réserver par le moyen de liens fort serrés les parties de la chaîne qui ne doivent pas être teintes dans le bain.

Il y a eu des modifications apportées aux chinages ; ils sont exposés par M. *Monfray* qui a perfectionné la façon.

Les châles dont nous venons de parler se tissent comme toutes les étoffes lancées, c'est-à-dire que les duites parcourent la chaîne d'une lisière à l'autre en s'y incorporant là où il faut qu'elles produisent un effet, et en flottant là où leur effet ne paraît pas. Il y a donc des brides inutiles. On les coupe; des tondeurs rasent le châle ; c'est là ce qu'on reproche au châle français, on n'a jamais su pourquoi.

Le châle indien est une broderie plutôt qu'un tissu. Une chaîne est tendue, l'ouvrier a un dessin ; il reproduit son dessin à l'aide de spoulins ou petites navettes qu'il conduit dans sa chaîne aux endroits voulus, en allant et revenant comme pour produire un tissu seul, et en ayant soin de reprendre en les croisant l'une à l'autre les duites voisines, afin de consolider l'étoffe qui n'a pas de coups de fond.

Plusieurs ouvriers travaillent à la fabrication d'un même châle dont on rapporte ensuite par des coutures les morceaux détachés. Souvent ces morceaux ne sont pas de même réduction, les diverses parties qui doivent composer un tout ne se raccordent qu'à peu près. C'est du travail à coups de pioche ; néanmoins, le travail est fini. Les Indiens rendent toujours informes les dessins régulièrement exécutés par les artistes : ce défaut est considéré à tort comme une qualité.

Comme dans les pays d'Occident on attache aux châles d'Orient un prix pour l'éloignement que les Occidentaux attacheraient aux châles de Paris s'ils avaient les moyens de s'en procurer, et que, généralement, les consommateurs aisés de nos contrées aiment peu l'imperfection, des femmes de Paris ravaudent les morceaux de cachemire de l'Inde. Quelquefois, pour les connaisseurs, ces repriseuses font un châle avec plusieurs, et reconstituent n'importe quoi avec les bouts qui restent auxquels elles donnent les dimensions d'un châle, ou font des bordures. Un châle composé de plusieurs augmente de valeur en échange sans augmenter d'autant de valeur en usage. Il arrive quelquefois que le commerce intermédiaire, profitant de la réputation faite aux châles dont un est formé de plusieurs, vendent au prix de ces derniers leurs dessertes ou des châles arrivant défectueux de l'Inde. Le préjugé rend aveugle, et l'acheteur n'y voit rien.

On fait actuellement à Paris des châles de l'Inde. M. *Voisin*, d'abord, M. *Fabart*, ensuite, ont réussi ce genre. Ne faudrait-il pas que les fabricants français se réunissent pour exploiter en commun le châle indien de France afin de satisfaire à bas prix le goût exotique de nos populations ? Ce serait un moyen de revenir bien vite au châle lancé de France. En tout cas, s'en tînt-on au châle indien de France, nos procédés en perfectionneraient le dessin, toujours si estropié dans le châle d'Inde.

La fabrique de Paris s'est occupée depuis quelque temps d'une amélioration dans la fabrication du châle qui, sans en diminuer la valeur artistique, en facilite l'écoulement par des prix modiques. Le changement consiste dans le liage du broché, qui est fait toile au lieu d'être fait sergé. On obtient une grande économie sur l'emploi de trame et sur la façon. Un dessin piqué pour un châle armuré en sergé peut servir pour un châle armuré en toile, parce que le liage se fait avec les lisses. Dans ce cas, plus de déroulage, partant économie de moitié dans la trame du broché, et dans la façon du broché. M. *Bouvier*, fabricant de châles, à Bohain (Aisne), nous a fourni des renseignements sur un procédé de son invention que nous nous empressons de transcrire avec son autorisation. La mécanique qui fait mouvoir les lisses a 8 cartons au manchon. Les lisses sont au nombre de 6 rentrées par 1, 3, 5, 2, 4, 6. Le premier carton de la mécanique d'armure est pour la fleur aux lisses 1, 2; le deuxième carton rabat 1, 2 et lève 3, 5; le troisième carton est pour la fleur aux lisses 5, 6; le quatrième carton lève 1, 4 et baisse 5, 6; le cinquième carton répète le premier; le sixième baisse 1, 2 et lève 3, 6; le septième répète le troisième; le huitième lève 2, 4 et baisse 5, 6. Un autre système plus répandu sera bientôt abandonné; nous n'en parlons pas.

LA CLASSE 32 EN FRANCE.

Si l'on peut adresser un reproche à nos fabricants de châles, c'est qu'ils conservent avec trop de soins l'esprit du dessin indien. M. *Pin*, de Lyon, a envoyé un châle dont le dessin représente un cortége de caricatures : un des fonctionnaires de l'exposition lyonnaise nous a dit que ce châle a été vendu à 20 exemplaires, ce qui prouve que l'industrie châlière pourrait s'engager dans la nouveauté.

M. *Duché* expose des châles cachemire français d'une finesse extraordinaire; cela prouve une difficulté vaincue. Ce qui nous a frappé parmi les châles de M. Duché, c'est un modèle qui tient de la nouveauté par le tissage, du châle par le dessin. Il y a une huitaine d'effets répétés qui économisent beaucoup les organes de montage; le liage est satin, ce qui est une hardiesse pour du châle. M. Duché a des châles liage toile. Ses coloris sont chatoyants, rien d'excentrique. Un perfectionnement apporté par ce fabricant et qui dénote de sa part un parti pris de sortir de l'ordinaire, est l'emploi d'une armure satin dans le liage des contre-fonds, formant rivière; dans les blancs, l'armure satin couvre parfaitement la chaîne, et rend des effets d'une pureté remarquable. M. Duché a un châle sans envers, dont le métier est exposé classe 56.

M. *Hébert* a aussi des effets d'une netteté surprenante. Ils sont obtenus par une complication de montage. Qui veut la fin veut les moyens, et M. Hébert n'a pas craint d'employer des chaînes additionnelles de la couleur des trames qui doivent se détacher en rivière; il ne change rien à son armure et obtient un ensemble magnifique. Les chaînes des châles à plusieurs chaînes ne travaillent qu'au lieu où doit s'opérer leur effet; ailleurs, elles flottent et on les découpe.

M. Hébert expose des châles dont le dessin est lié en toile; il a aussi un assortiment de châles d'un coloris distingué dont la vue ne se fatigue pas. Rien n'est heurté. Tous les châles qui sont de la fabrication de ce producteur sont d'une finesse extrême.

MM. *Maillard et Bréant* ont des châles très-fins, coloris rouge. Leurs tissus sont aussi très-fins.

MM. *Heuzey-Deneirousse et Boisglavy* ont un châle fond blanc et une rotonde.

Le châle souffre parce que la confection lui nuit; une confection en tissu de châle aurait sa raison d'être si le prix n'en était pas élevé.

MM. *Calenge, L'Honneur, Françoise et Cie* font aussi le châle très-fin; leurs dessins sont fort riches. Coloris rouge.

MM. *Lacassagne, Deschamps, Salaville et Cie*, coloris rouge.

MM. *Caillieux et Gauthier* ont des châles liage toile. Bon coloris.

MM. *Bourgeois frères*, MM. *Boutard et Lassalle*, MM. *Gérard et Cantigny*, M. *Guillaumaud*, M. *Chambellan*, MM. *H. Lair et H. Lair* ont des châles de la fabrication parisienne dans diverses qualités, en plusieurs genres et coloris, mais sans particularité, quant aux montages.

MM. *Dachés père et fils* ont des confections en tissus de châles, et des châles aussi.

M. *Bideau* expose des châles brochés d'une sorte ordinaire, en bon coloris. Il a aussi une confection qui n'a pas de forme déterminée, qui peut en avoir plusieurs, qu'il nomme châle peplum.

M. *Prade-Foule*, M. *Numa Brunel*, MM. *Roman et Cie* ont tous les trois une fabrication commune, qui a le mérite du bas prix; c'est le châle nîmois; il y a certains châles en broché coton dont la façon doit coûter plus que la matière.

Un fabricant a un châle à caricatures qui, selon une notice jointe à l'Exposition, a 37 couleurs produites par les mariages de 8 couleurs qui sont : caroubier, vert, jaune, blanc, or, bleu, rouge, noir. Il y a des oiseaux, des châlets, des escaliers et des bonshommes.

MM. *Lecoq, Gruyère et* Cie ont des châles longs et des châles carrés. Ces châles, travaillés comme tous ceux de la plupart des fabricants, ont un mérite égal aux autres. Mais ce qui produit un vrai plaisir, c'est la réussite d'un châle de l'Inde fait en France par le procédé Fabart. MM. Lecoq et Gruyère ont un châle de 1,200 francs qui est identiquement semblable (à l'endroit) à un châle de l'Inde de 2,800 francs son voisin. Et la ressemblance est tellement frappante que le châle de ces messieurs, plié en deux, est rapporté contre le châle indien également plié en deux, et que la réunion des deux châles semble n'en former qu'un.

Une différence existe à l'envers dans la longueur des brides; nous avons dit comment, selon nous (page 340, mécanique de Grandchamp), on pourrait corriger cette différence. On ne peut qu'applaudir au succès : mais est-il indiscret de dire que l'entrecroisement des couleurs est formé par la prise du dernier fil en chaîne d'une couleur, qui devient le premier d'une autre au lieu d'être fait par les navetages, comme dans l'Inde?

Nous ne connaissons pas le mode de fabrication. Le métier de ces messieurs était inscrit au catalogue classe 55-56; nous ne l'avons pas trouvé dans les galeries des machines. — En tout cas, leur châle indien est aussi chiffonné qu'un vrai châle des Indes. Le français coûte 1,200 francs; l'indien 2,800 francs. Le prix permet de perfectionner encore, si imiter le châle de l'Inde est une perfection.

PAYS ÉTRANGERS.

BELGIQUE. Voir classe 29, page 370.

PRUSSE.

La Prusse a quelques châles dans son exposition. Ils sont loin de valoir ceux de France, mais sont meilleurs que leurs similaires de la Belgique.

Afin d'indiquer deux genres bien tranchés, nous citerons deux exposants MM. *Caspersohn et Lévy*, de Berlin, qui ont des châles tapis, dessin cachemire, très-communs de qualité, liage lisse; et quelques exemplaires où on voit des efforts pour faire mieux. Les coloris sont cependant assez bons; car ils ne sont exagérés ni comme vivacité, ni comme manque d'éclat.

M. *Schneider*, de Berlin, expose des tartans. Il a produit des châles à cadres où les oppositions d'armures et de nuances attestent une connaissance de la fabrication.

MM. *Veigert et Cie*, à Berlin, ont des châles de chenilles dont nous avons parlé dans la classe 29.

DUCHÉ DE BADE.

MM. *Kœchlin-Baumgartner*, de Loerrach, ont une exposition complexe qui, classée au n° 32, pourraient l'être dans d'autres en même temps. Les châles ordinaires y figurent auprès des cotonnades et des lainages.

AUTRICHE.

Immédiatement après la France, l'Autriche est le premier pays pour la fabrication des châles tapis. Son industrie en est au même point que la nôtre. Il est vrai de dire que nos procédés de fabrication se sont universalisés, et qu'il ne s'agit plus que de choisir des dessins pour changer les aspects. Avec plus ou moins de goût, cela se fait aussi facilement à Vienne qu'à Paris-Belleville; cependant, sauf une ou deux exceptions, les châliers d'Autriche sont plutôt nîmois que parisiens.

M. *A. Kleiber*, de Vienne, a des châles brochés à 22 francs, ce sont des rayés. Il a un châle long double face. Dans ce châle, la partie qui vient après le milieu, n'est pas la répétition de la partie qui vient avant; chaque partie à un dessin. Il a aussi des châles ordinaires d'un beau type.

MM. *Hlawatseb et Isbarg*, de Vienne, ont des châles cachemire long, d'un coloris rouge dont le tissu est beau; ils ont aussi des châles communs, et sortent du genre-tapis pour faire du brodé sur mérinos noir.

M. *Koch*, de Vienne, a des châles communs.

M. *Carl May*, de Vienne, à des châles longs genre de Nîmes.

M. *Thieben*, de Vienne, a exposé un châle *éternel*. C'est un châle en cachemire sans envers; il est fait de telle sorte que les couleurs qui doivent flotter à l'envers y forment un dessin. Le liage est toile. M. Duché, de Paris, a le similaire.

M. *Joh Fial*, de Vienne, a des châles de chenilles coloris grisaille; cette spécialité est viennoise. Toutefois, quand ce genre avait la vogue, Paris le réussissait parfaitement. En 1855, l'Autriche en avait introduit la mode en France. Nous avons parlé de la fabrication de ces châles dans la classe 29 de Prusse.

ESPAGNE.

Nous déclasserons encore les fabricants universels, MM. *B. Solar et Sert frères*, pour leurs châles à différents tissus.

MM. *Castelis et Solà*, de Barcelone, ont des châles genre uni, mérinos écossais, armures, diagonales.

SUÈDE.

MM. *Furstenberg et Cie*, à Gothembourg, ont des châles ordinaires, en laine. Ils ont des diagonales communes, les unes fortes, les autres légères; les unes à bordure, les autres à carreaux.

ITALIE.

En ce qui concerne la fabrication de châles, nous croyons résumer toute l'Italie en parlant de M. *André Buffoni*, de Milan. La fabrication est comprise; elle n'est pas appliquée comme elle devrait l'être. La diagonale armurée, avec effet couleur chaîne et trame, est ce qu'il y a de mieux dans ce genre.

TURQUIE.

Tous les châles exposés en Turquie, et qui, d'ailleurs, ne sont pas portés au Catalogue à la classe 32, peuvent être considérés comme des espèces de châles kabyles rayés. On appelle kabyle un châle à bouquets semés sur un fond uni.

ÉGYPTE.

Les châles du vice-roi d'Égypte, sont brochetés genre de l'Inde, ou brodés or sur satin rouge.

CHINE.

Les châles de Chine sont particulièrement les fameux crêpes de Chine; ce sont des Français qui les exposent.

TUNIS.

Nous remarquons des châles rayés travers qui sont le type de ce qu'on nous représente généralement comme venant de ce pays. Quelques-uns sont rehaussés de broderies d'or.

ANGLETERRE.

Les châles anglais à carreaux ont une grande réputation. Les plaids anglais jouissent de la même vogue. Les écossais sont ce qu'il y a de plus remarquable dans cette spécialité. Les clans sont reproduits par tous ceux qui font les carreaux coloriés. C'est par là qu'excellent les châles anglais qui, en outre, sont fort bien apprêtés.

MM. *Smith et Cie*, d'Édimbourg, MM. *Brigg et Cie*, de Leeds, ont de ces tissus. Nous avons parlé, à la classe 31, de M. *Clabburn* qui devrait figurer ici.

AUSTRALIE.

MM. *Larsonnier frères et Chenest*, de Paris, exposent des châles imprimés avec des laines filées propres à les produire, en compagnie de MM. *Lacassagne, Deschamps, Salaville et Cie*, de Paris, qui exposent des châles brochés (voir France).

INDES.

Nous avons parlé, à la page 399, des châles de l'Inde. Nous avons trouvé dans l'exposition indienne un grand nombre de châles cachemire de l'Inde qui placés sous vitrine sont difficiles à juger, surtout sous le rapport du compte et de la réduction. C'est toujours le genre palme avec des rivières blanches ou vertes et des fonds noir, blanc ou rouge.

La broderie abonde aussi dans l'exposition des Indes : gazes brodées d'or; écharpe brodé d'or avec motif d'argent. Nous avons remarqué surtout un châle extrêmement riche dont le fond rouge était à peine visible tant la belle broderie d'or le recouvrait. On voit qu'en Orient, le travail à l'aiguille est poussé aux derniers degrés de la perfection.

CONCLUSION.

En jetant un coup d'œil sur la planche XVIII des *Études sur l'Exposition de 1867* (le plan du palais et des annexes), ne peut-on pas comparer l'Exposition universelle à un journal grand-livre tenu en partie double et à colonnes?

Les comptes généraux sont représentés par les classes, les comptes particuliers par les nations. L'industrie de la fabrication des tissus a eu à ouvrir des comptes aux classes 8 pour les dessins, 12 pour les modèles d'anatomie, 14 et 15 pour certains objets d'ameublement que l'on retrouve dans la classe 18; aux classes 27 pour les cotons; 28 pour les chanvres et les lins; 29 pour les laines peignées; 30 pour les laines cardées; 31 pour les soieries; 32 pour les châles brochés; 43 pour les matières premières; 45 pour une spécialité de blanchiment; 48 pour les procédés d'exploitations rurales; 55-56 pour le matériel de la filature et du tissage; 91 pour les produits à bon marché, fiche de consolation offerte à des producteurs de toutes classes qui ne pouvaient pas supporter, dans leur catégorie, la concurrence des rivaux; et enfin à la classe 95 pour des métiers travaillant à l'Exposition.

Il nous reste à ouvrir aux principales nations un compte particulier établissant à chacune sa position dans la plupart des classes dont nous venons d'indiquer l'objet.

FRANCE.

Classes 48, 55, 56. Supériorité pour les travaux à bras.

Classe 8. Supériorité pour l'art appliqué à l'industrie du tissage.

Classe 27. Bonne position si les Anglais n'ont rien de trop, ceux-ci produisant à plus bas prix.

Classe 28. Matières premières assez bonnes; tissus excellents, mais après la Prusse en ce qui concerne le linge de table.

Classe 29. Énorme supériorité pour les travaux à bras. Bonne position quant au travail automatique.... si les Anglais ne faisaient plus rien.

Classe 30. Richesse d'apprêt.

Classe 31. Bonne position pour la production agricole, si la maladie des vers n'entravait pas le développement de la production de la soie. Supériorité considérable dans les tissus.

Classe 18. Unique en son genre pour le genre riche.

Classe 32. Supériorité.

Classe 43. Bons chanvres, bons lins, bonnes laines, soies bonnes en temps normal.

Colonies françaises.

Classe 43. Bonne production de matières diverses.

Algérie.

Promesses.

PAYS-BAS.

Classe 27. Originalité des produits dans ses colonies.

Classe 28. Exposition peu variée, difficile à juger.

Classe 30. Couvertures remarquables.

BELGIQUE.

Classes 55, 56. Quelques perfectionnements dans le tissage mécanique.

Classe 27. Produits ordinaires.

Classe 28. Bonne fabrication. Est en voie de grands progrès.

Classes 29, 32. Progrès dépassant le but. Tombe dans l'exagération du produit à prix réduit.

Classe 30. Très-bons draps.

Classe 43. Lin excellent.

PRUSSE.

Classes 48, 55, 56. Recherches des procédés pour l'exploitation des lins.
Classe 27. Fabrication suivie.
Classe 28. Splendeur d'exécution. Supériorité incontestable.
Classe 29. Fabrication avancée, surtout en tissus pour confection de dames.
Classe 30. Bons draps; science des procédés.
Classe 31. Fabrication passable.
Classe 18. Procédés spéciaux, mais produits médiocres.
Classe 32. Désir de faire.
Classe 43. Bonne tenue des matières textiles.

AUTRICHE.

Classes 55, 56. Le peu exposé laisse à désirer.
Classe 27. Piqués supérieurement exécutés.
Classe 28. Remarquable dans les essais de damassés.
Classe 29. Plusieurs fabricants d'une force supérieure.
Classe 30. Bons produits, mais ordinaires.
Classe 31. Plus avancée pour les genres riches que pour les genres ordinaires.
Classe 32. En voie de bien faire.
Classe 43. Chanvres, laines. Rien de marquant.

SUISSE.

Classes 48, 55, 56. Matériel de soieries assez bon. Métiers à tisser automatiquement perfectionnés.
Classe 27. Belles applications de dessins.
Classe 28. Fabrication soignée ; produits très-ordinaires bien faits.
Classe 29. Peu de chose.
Classe 30. Presque rien.
Classe 31. Imitation des genres français. Heureuse dans le genre moyen.

ESPAGNE.

Classe 27. Rien de saillant.
Classe 28. Très-peu de chose.
Classe 29. Certains manufacturiers marchent assez bien; ne sont en retard que d'un an sur la France.
Classe 30. Quelques bons fils, quelques bons apprêts.
Classe 31. Fabrication assez bien comprise. Exécution médiocre.
Classe 18. Petite quantité de bons damas pour ameublement.
Classe 32. Des essais.
Classe 43. Bonne soie mal filée.

PORTUGAL.

Classe 27. Peu de chose.
Classe 28. Trop peu pour juger.
Classe 29. Tissus communs, bien compris.
Classe 30. Peu de chose, si ce n'est de la flanelle.
Classe 31. Presque rien.
Classe 43. Soies.

SUÈDE.

Classes diverses. Le peu exposé est assez bon.

RUSSIE.

Classe 27. Bonne fabrication.
Classe 28. Rien de saillant.
Classe 29. Copie de la France. Un an de retard.
Classe 30. En bonne voie.
Classe 31. Bons ornements d'église.
Classe 18. Assez bonne fabrication.
Classe 8. Bonne marche.
Classe 43. Exubérance des productions surtout en laines. Bons lins.

ITALIE.

Classe 48. Tendance à bien faire.
Classes 55, 56. Filature de soie en bonne voie. Tissage Bonelli.
Classe 27. Peu de chose.
Classe 28. Rien de remarquable.
Classe 29. Très-peu représentée.
Classe 30. Bonne fabrication.
Classe 31. Quelques bons praticiens.
Classe 43. Produit de tous les textiles. Bonnes soies.

TURQUIE.

Classes diverses. De tout un peu, rien de saillant, si ce n'est dans les spécialités où le travail à l'aiguille demande de la patience.

ÉTATS-UNIS.

Classes 55, 56. Bon matériel.
Classes 27, 28, 29, 30, 31. Peu de choses.
Classe 43. Production de coton admirable.

GRANDE-BRETAGNE.

Classes 55, 56. D'une force prodigieuse. Ce pays vise à la production. Il est arrivé, par la vitesse acquise, à enfanter des quantités à un point décourageant pour les nations concurrentes. L'Angleterre, en temps prospère, pourra empoisonner le globe de ses produits de consommation moyenne et des masses.

Classe 27. Est principalement destinée à enrichir l'Angleterre au détriment des autres contrées. Perfection des procédés, exécution parfaite ; quantités épouvantables.

Classe 28. Assez bonne exécution. Emploi du jute.

Classe 29. Les moyens mécaniques annoncent un progrès alarmant pour la France.

Classe 30. Spécialité des tissus forts.
Classe 31. En bonne voie.
Classe 18. Bons tapis ordinaires.
Classe 43. Laines spéciales. Production colossale dans les colonies.

NATIONS DIVERSES.

Tous les pays que nous ne citons pas ont tous quelques bons produits ; mais comme ils n'ont pas des expositions dans toutes nos classes, nous nous dispensons d'en parler.

EUGÈNE PARANT.

XLIV

REVUE DES PRODUITS CÉRAMIQUES

A L'EXPOSITION UNIVERSELLE

PAR **MM. A.** ET **L. JAUNEZ.**

(Planches CXXVI et CXXVII.)

II

2e CLASSE. — Produits céramiques cuits en une seule fois, et dont la pâte est composée d'une ou de plusieurs argiles mélangées, additionnées de quelques autres matières pilées ou broyées, ayant pour effet de communiquer à cette pâte des qualités diverses, tantôt réfractaires, tantôt fondantes, ou une texture plus ou moins serrée, ou enfin d'atténuer les effets de dilatation et de retraite.

Nous signalerons comme se classant sous cette rubrique :

1. Les briques et les creusets réfractaires, les cornues à gaz, les fourneaux et les cornues de chimie, les moufles et les autres ustensiles en terre employés dans les arts et les laboratoires.

2. Les grès cérames, les biscuits (ou grès blancs) et les parians (grès blanc-jaunâtre, translucide, rappelant l'ivoire et l'albâtre).

3. Les carreaux-dalles et les carreaux-mosaïques, les terra-cotta, et en général les autres produits céramiques non vernissés qui ne sont pas composés uniquement de préparations d'argiles naturelles.

---

1. Les *briques réfractaires*, ainsi appelées parce qu'elles sont destinées à résister, sans se détériorer trop vite, aux plus hautes températures et à l'action directe des foyers les plus ardents, sont indispensables dans un grand nombre d'industries, et servent à garnir ou revêtir toutes les parois murées exposées à l'action d'une combustion intense, rôle que ne pourraient remplir convenablement les briques ordinaires ou les pierres naturelles.

On demande aux briques réfractaires de satisfaire à des conditions souvent très-différentes les unes des autres; aussi en faut-il de propriétés diverses pour répondre aux diverses exigences.

Toutefois, ce sont celles qui doivent supporter les températures les plus élevées et les plus prolongées, comme par exemple dans la fabrication de l'acier Bessemer, qu'on a le plus de difficulté à fabriquer et à se procurer.

Il est à remarquer que les substances avec lesquelles les briques sont le plus souvent en contact à de hautes températures attaquent et détruisent celles-ci très-promptement; effet qui n'aurait pas lieu, sans la présence de ces substances, soulevées du foyer et entraînées par le tirage.

On comprendra, d'après ces explications, qu'on ne peut juger de la qualité et de la convenance d'une brique réfractaire, dans chaque cas particulier, qu'après l'avoir soumise à l'essai. Il y a en France de nombreux établissements pour la production des briques et des autres articles réfractaires; et, d'autre part, beaucoup d'usines fabriquent elles-mêmes ceux de ces produits dont elles ont besoin pour leur usage.

Nous avons remarqué à l'Exposition, parmi les produits de ce genre, ceux de la maison Muller et Cie, déjà citée, et que nous mentionnons encore avec éloge, sans pouvoir cependant nous prononcer, à simple vue, sur la bonté et la valeur réelle de ces articles, précisément par les raisons que nous venons d'alléguer plus haut. Tout ce que nous pouvons dire à ce sujet, c'est que ce sont encore les bonnes briques réfractaires d'Écosse, fabriquées avec des schistes houillers, qui sont les plus estimées.

Dans l'exposition anglaise, nous signalerons les produits de MM. Doulton et Cie, à Londres; fabricants qui, au surplus, jouissent déjà d'une réputation considérable et méritée.

De même que les briques, les creusets doivent avoir, selon l'emploi auquel ils sont destinés, des qualités particulières, qualités qui dépendent beaucoup de la nature de l'argile employée.

La réputation des creusets de Hesse est universelle, et c'est assurément aux propriétés spéciales de l'argile employée qu'ils doivent leurs précieuses qualités.

A quelques exceptions près, les creusets soit de verrerie, soit destinés à la fonte des métaux, sont faits d'argile plastique et réfractaire, mêlée à du ciment provenant tantôt de débris bien nettoyés d'anciens creusets, tantôt de terres fortement calcinées, puis grossièrement broyées.

Il existe néanmoins quelques argiles avec lesquelles on peut fabriquer des creusets réfractaires, sans addition d'aucune autre substance. C'est ici le lieu de mentionner également les creusets en graphite ou plombagine, qui se fabriquent dans les contrées où ce minéral est assez abondant, notamment en Angleterre et en Bavière, près de Passau.

Nous citerons ici les creusets en plombagine et ceux en terre réfractaire de MM. Doulton et Cie, ceux de M. Deyeux et de M. Goyard, de Paris; mais nous ne saurions trop répéter que cette sorte de produits ne saurait se juger par l'aspect, et que les meilleurs renseignements qu'on puisse se procurer sur leur compte seront fournis par les personnes qui en font usage. Nous pouvons cependant recommander comme excellents les creusets renommés de la maison Couenne-Hatier (ancienne maison Beaufay). Les fabricants d'acier fondu, ainsi que les verriers, font eux-mêmes leurs creusets. La fabrication des pots de verrerie exige beaucoup de soins, surtout pour le séchage, qui doit se faire dans des étuves, et très-lentement. On tâche de n'employer ces creusets, quand c'est possible, qu'au bout de six mois de dessiccation.

Les cornues à gaz sont également des pièces difficiles à bien faire, car on leur donne jusqu'à 10 centimètres d'épaisseur, et leur texture doit être assez serrée pour qu'il n'y ait pas de déperdition de gaz.

Nous avons encore remarqué, pour cette spécialité, les produits de MM. Müller et Cie, à Ivry; ceux de M. Jousseaux, à Ivry; ceux de MM. Dalifol et Huet, à Paris, et ceux de MM. Doulton et Cie.

Fourneaux de laboratoire. — Moufles. — Cette fabrication est presque exclusivement parisienne, pour la France, du moins. La composition des pâtes destinées à ces articles est à peu près la même que pour les creusets, et consiste en terre plastique et réfractaire, additionnée d'une dose de ciment. (On entend par ciment des terres cuites ou des débris de pièces réduits à l'état de poudre.) Parfois aussi, on introduit dans ces pâtes du sable ou du quartz pilé, ou du coke en poudre, en remplacement d'une certaine quantité de ciment.

A l'Exposition, nous avons vu des produits de cette espèce très-soignés, envoyés par MM. Couenne-Hatier (Paris), Binet fils (Paris), et Dernette (fourneaux à coupelle).

2. *Grès-cérames.* — On donne le nom de grès aux poteries qui ont reçu un feu assez fort pour éprouver un commencement de fusion, ou plutôt un ramollissement. Dans cet état, la poterie ayant subi une contraction moléculaire qui lui donne quelques-unes des propriétés du verre est devenue tout à fait imperméable, et résiste très-bien à tous les agents destructeurs. On en fait des bombonnes pour contenir les acides, et d'innombrables articles usuels. C'est sans contredit la poterie la plus utile et la plus durable, celle qui rend le plus de services dans les ménages, pour l'usage commun et quotidien, en raison surtout de la modicité de son prix. Les grès vernissés au sel marin, notamment, répondent d'une façon éminente à presque tout ce qu'il est permis d'exiger d'une poterie commune usuelle. Nous reviendrons sur ces grès vernissés dans la partie suivante, en traitant des poteries de la troisième classe.

Mais s'il y a des grès communs, appliqués aux usages les plus vulgaires, il y en a aussi qui doivent être classés au plus haut rang des produits céramiques.

Qui n'aurait pas été frappé, dans la section anglaise, de la beauté pure et de la perfection sans égale de ces grès fins sortis de la manufacture de l'illustre J. Wedgwood? Qui n'a pas admiré ces grès blancs, dont les fonds bleus, de nuances magnifiques, sont ornés de reliefs blancs, d'une pureté et d'une délicatesse si exquise, d'un fini si achevé?

C'est cette branche distinguée de la céramique que son fondateur J. Wedgwood cultivait avec le plus d'amour. Il avait donné à ces grès le nom assez impropre de jaspe, sous lequel on les désigne encore dans le pays de leur origine.

La prédilection du célèbre potier pour les formes de l'art antique le portait irrésistiblement vers un genre de poterie analogue à celui que produisait l'antiquité.

Nous offrons page suivante (fig. 2) un dessin extrait de l'*Almanach des progrès de l'industrie*, et représentant un de ces vases de grès ou jaspe, à fond bleu et à reliefs blancs, sorti de la manufacture de MM. Wedgwood, mais de fabrication plus récente.

Josiah Wedgwood excellait dans la fabrication des grès noirs à reliefs rouges, et rouges à reliefs noirs, nuances des poteries antiques auxquelles il donnait des ormes grecques et étrusques choisies judicieusement. Il avait obtenu dans ce

Fig. 1.

genre une réussite parfaite, et reproduit avec succès le fameux vase de Portland dont nous donnons un petit dessin (fig. 1), ainsi qu'un autre spécimen du même genre.

Comme innovation, MM. Wedgwood fils avaient encore exposé une cheminée garnie de panneaux en grès-cérame à reliefs ; cette tentative ne nous a pas paru d'un effet heureux.

Les grès-cérames figuraient dans les exhibitions de la plupart des fabricants potiers anglais ; nous noterons surtout les grès de MM. John Adams et Compagnie, à Hanley, comme imitation réussie des grès Wedgwood.

Fig. 2.

Les grès communs, quand ils reçoivent un feu intense avec le contact de la flamme, apparaissent fréquemment lustrés, ce qui est dû à une vitrification de leur surface ; mais en général, pour obtenir plus sûrement cette espèce de glaçure sur les grès usuels, on projette du sel marin dans le four pendant la cuisson des pièces.

La pâte ordinaire de porcelaine dure, lorsqu'elle subit le grand feu sans avoir reçu sa couverte, donne aussi une sorte de grès blanc ou biscuit, qui, quoique translucide, ne montre encore aucune trace de glaçure à sa surface. Il n'en est pas de même pour un autre genre de biscuit translucide gratifié en Angleterre du nom de *parian*, parce qu'il a la prétention de rappeler le marbre de Paros. Celui-ci contient une plus forte dose de feldspath que la pâte ordinaire de porcelaine, et exige beaucoup moins de feu pour acquérir cet enduit vitreux superficiel, dont l'avantage est de préserver les pièces des taches et autres souillures, et de permettre d'en essuyer la poussière sans l'y faire adhérer. C'est, du reste, la seule différence à signaler entre nos biscuits de Limoges et le biscuit parian, lequel n'est pas, comme l'ont indiqué quelques écrivains, une pâte phosphatique semblable à celle de la porcelaine anglaise.

On s'est servi de cette pâte en Angleterre et dans quelques manufactures du continent pour mouler des statuettes, des coffrets et d'autres objets d'étagère et de fantaisie qui ont eu leur moment de vogue, et l'exposition de M. Minton en offrait des types très-beaux, irréprochables même. C'est celui des fabricants anglais qui a porté ce genre de figurines à un degré de perfection qu'on ne peut guère espérer surpasser.

La maison Villeroy et Boch (Mettlach, Prusse rhénane), dont les chefs sont, en Allemagne, les producteurs les plus considérables et les plus renommés dans toutes les branches de l'industrie céramique, avait exposé un grand choix de grès fins, diversement colorés, et de biscuits parians aux formes les plus variées, quelques-uns rehaussés de décors chromo-lithographiques. Si nous ajoutons qu'au point de vue du style artistique la plupart de ces productions avaient le cachet bien empreint du pays de leur origine, ce n'est pas que nous prétendions les critiquer sous ce rapport. Chaque nation poursuit, en matière d'art, ses tendances particulières, qui sont légitimes et respectables lorsqu'elles se proposent de faire valoir l'originalité propre du pays.

Ce qui méritait surtout de fixer l'attention des juges compétents sur les produits de cette catégorie exposés par MM. Villeroy et Boch, c'étaient les statues de grande dimension modelées par M. Kieffer, et obtenues à l'aide d'une pâte blanche nouvelle et fortement cuite. Ces produits se recommandaient non-seulement par leur bonne mine, mais aussi par leur nouveauté et leur bon marché relatif.

L'exposition de Sarreguemines (Moselle) présentait aussi de jolies pièces en parian, et un assortiment varié de grès bruns, jaunes et gris, dont nous relèverons surtout le mérite de l'ornementation. Un grand vase en grès gris, exposé par cette maison, et décoré d'une ronde d'enfants en haut-relief de grès blanc, a dû présenter d'assez grandes difficultés d'exécution.

L'examen des grès de luxe nous suggère des réflexions que nous croyons devoir soumettre à nos lecteurs. Si nous considérons les différentes productions que cette branche particulière de la poterie a fait éclore, et que l'Exposition universelle a étalées devant nos yeux, nous demeurons persuadés qu'avec les pâtes diverses dont disposent les grandes manufactures céramiques, elles pourraient, si elles le voulaient, produire dans ce genre, avec le concours d'artistes distingués, des œuvres de grande valeur et d'une imposante beauté. Mais il est en même temps certain qu'en s'engageant dans cette voie elles perdraient de l'argent. Ce serait le fait des manufactures subventionnées de fournir à l'industrie des modèles et des types empruntés à toutes les variétés de produits céramiques. Loin donc de se borner à la seule culture de la porcelaine, qui est d'une manipulation si revêche et d'une exigence si tyrannique à l'égard des caprices de l'art, les manufactures subventionnées devraient s'appliquer à saisir et à porter à leur plus haut point de perfection les manifestations éminentes les plus diverses de l'art céramique. Ce serait pour ces institutions une magnifique mission, capable de susciter un développement brillant de cet art si complexe, délicat et grandiose tour à tour, et susceptible encore des progrès les plus étonnants.

Les grès-cérames, par exemple, offriraient des ressources inépuisables pour créer des œuvres d'art qui ne pâliraient certes pas à côté des produits les plus vantés de la fabrication de Sèvres.

Avant de quitter les grès et les biscuits, mentionnons encore une cheminée en biscuit de porcelaine dure peint, que nous avons remarquée dans la section française, 3e galerie, et dont nous avons omis, par mégarde, de noter l'exposant.

Cette cheminée était d'un effet charmant; seulement, nous avons peine à croire qu'une telle application du biscuit puisse se recommander, parce qu'il nous semble qu'il doit être beaucoup trop salissant pour cet usage.

3. *Carreaux-dalles. Carreaux-mosaïques.* — Ce genre de fabrication a atteint aujourd'hui un degré de perfection qui ne laisse plus grand'chose à désirer. Du moins, peut-on affirmer que les fabricants anglais, et sur le continent, les maisons Villeroy et Boch, et Boch frères à Mettlach et Maubeuge, ont donné à leurs produits, au point de vue de la qualité aussi bien que de la beauté, à peu près tout ce qu'il est permis d'en exiger.

Encore peu répandu en France, ce mode de dallage ne tardera pas, croyons-nous, à s'y introduire largement, car il réunit, sur tous les autres procédés usités jusqu'à ce jour, la double supériorité de la beauté et de la durée.

Ces carreaux peuvent être simplement unis et de teintes différentes, ou présenter les plus riches dessins, imitant en couleurs variées l'agréable aspect de la mosaïque. Pour cet effet, des pâtes colorées diversement sont incrustées dans la surface des carreaux de manière à ce que ceux-ci composent, par leur juxtaposition, des dessins variés, parfois superbes.

Ces carreaux sont cuits à une température élevée, et y acquièrent une dureté telle, qu'ils font feu au briquet. Aussi ne se dégradent-ils pas par l'usage, et leur durée est-elle presque illimitée, en même temps que leur imperméabilité les préserve des taches, et les rend d'un nettoyage toujours facile.

On voyait à l'Exposition de nombreux spécimens de ce carrelage dans la salle d'architecture, dans le bâtiment des essais, dans la chapelle, etc.

Nous sommes d'avis que c'est à MM. Minton, Hollins et Compagnie (Angleterre), qu'appartient le premier rang dans cette industrie, qu'ils ont portée à une haute perfection dans toutes ses parties, tout en pensant que les produits de MM. Villeroy et Boch ne le cèdent en rien à ceux de M. Minton sous le rapport de la composition et de l'effet des dessins et des couleurs, si même ils ne les surpassent pas par certains côtés.

Nous citerons ensuite MM. Maw et Compagnie (Angleterre), et MM. Nolla et Sagrera, de Valencia (Espagne). La beauté des produits de MM. Nolla est d'autant plus digne d'éloges et de remarque, que le développement industriel de l'Espagne est plus arriéré.

Les procédés de fabrication des carreaux-mosaïques ne sont pas les mêmes en Angleterre et chez MM. Villeroy et Boch. Les Anglais façonnent leurs carreaux avec des terres en pâte, et les compriment fortement sous des presses à balancier. Des saillies disposées dans les moules produisent des dessins en creux sur les carreaux, creux qu'on remplit ensuite de pâtes à l'état liquide. Il ne reste plus qu'à essuyer et à racler le carreau pour le finir.

Les procédés brevetés de MM. Villeroy et Boch, au contraire, consistent à se servir des matières plastiques à l'état de poudre sèche, tant pour le corps de la dalle que pour les incrustations, et de les comprimer au moyen de presses hydrauliques.

On a aussi employé, pour l'ornementation en couleurs des carreaux, un procédé connu dans la lithochromie sous le nom de *cache* (patron découpé); mais ce procédé est sans valeur appliqué à des carreaux non vernissés, parce que la couche de matière colorée formant les dessins est trop mince pour résister au rude usage qu'un dallage doit supporter.

En résumé, le dallage céramique employé dans les corridors et les vestibules, sur les perrons et les terrasses est d'une grande propreté, d'un aspect agréable et d'une durée éprouvée. Appliqué aux édifices publics et religieux, il est susceptible de se marier à tous les styles, et de contribuer pour une bonne part à l'aspect imposant ou riant d'un musée, d'une nef gothique ou d'une villa champêtre.

Terra cotta. — Sous ce nom italien on entend communément la poterie destinée aux ornements d'architecture. C'est encore une des industries céramiques qui a fait le plus de progrès depuis vingt ans, et qui a vu son usage s'étendre le plus considérablement.

Nous avons déjà parlé, dans la 1re classe, d'un genre de terres cuites qu'il ne faut pas confondre avec celle-ci, dont la pâte n'est pas composée uniquement d'argiles naturelles. L'addition d'un ciment ou d'un feldspath à la pâte en fait aussitôt un produit d'un genre plus relevé. On comprend que dans les pays dépourvus de pierres de taille ce doit être une grande ressource pour le décor architectural de trouver à sa disposition, à des prix modiques, des ornements moulés de grandes dimensions, et parfois très-compliqués.

En Allemagne, et en particulier à Berlin, on voit figurer beaucoup de décorations en poterie sur les façades des édifices privés et publics. Ces produits se trouvaient en grande quantité à l'Exposition universelle; mais il n'est pas possible, malheureusement, de se prononcer sur leurs qualités à vue d'œil. Ils doivent réunir les propriétés essentielles suivantes : inaltérabilité à toutes les intempéries; solidité, teinte convenable et adaptation aux règles de l'architecture et aux exigences du bon goût. Nous avons remarqué principalement, pour cette catégorie, les produits des maisons ci-après :

1. *Veuve Jean de Bay.* — A en juger d'après ses produits remarquables, cette maison a dû faire des efforts bien persévérants pour arriver à son bon état de fabrication actuel. Nous ne dirons rien des autres qualités de ces productions; beaucoup d'opinions divergentes ont été émises au point de vue du mérite artistique, et nous nous abstiendrons de prendre parti dans une question aussi épineuse.

2. *Henri Drasche,* à Vienne (Autriche). — Exposition considérable de statues, ornements d'architecture et autres articles de dimensions volumineuses; distinguée par le jury.

Nous ne tairons pas que des personnes très-compétentes dans la matière se sont prononcées, en notre présence, touchant les produits de cet exposant, dans un sens défavorable et opposé à l'opinion du jury. Une des questions les plus délicates d'appréciation pour ces sortes de produits sera toujours de distinguer et de faire la part du mérite artistique et de l'excellence de la fabrication.

Un produit parfait doit évidemment satisfaire à la fois au goût épuré et aux exigences pratiques. Tel vase de forme et de conception admirables pourra n'être qu'un produit très-imparfait, parce que l'entente du métier aura manqué à l'artiste; et réciproquement, des produits très-bien faits et d'excellente qualité pècheront au point de vue de l'art.

3. *MM. Emile Muller et Compagnie* (Paris) avaient exposé des pièces d'ornements d'architecture d'une exécution et d'un goût parfaits.

4. Les belles suspensions en terre cuite de M. Follet, si bien connues des amateurs d'horticulture, se recommandent tellement d'elles-mêmes et sous tous les rapports, que nous croyons inutile et même difficile pour nous d'ajouter quelques nouveaux titres à leur réputation justement acquise.

5. Certains produits de *MM. Doulton,* de Londres, appartiennent à la catégorie dont nous nous occupons. Les produits de cette maison sont de toute première qualité dans leur genre, et s'il existe quelques autres poteries dont les produits approchent de ceux de MM. Doulton, il n'y en a pas qui les surpassent.

On voyait aussi dans le parc, à droite de la grande avenue et non loin de la grande entrée du palais, un hangar qui abritait des chaudières à vapeur, et dont la toiture était supportée par des colonnes torses de terre cuite d'environ 3m,50 de hauteur. Une balustrade, également en terre cuite, entourait cette construction. Nous n'avons pu découvrir le nom du fabricant; mais, à moins de nous être trompés, en prenant pour de la terre cuite une sorte de pierre factice (la distinction n'est pas aisée à vue d'œil), nous tenons ces colonnes pour très-remarquables.

Enfin, nous signalerons, en dernier lieu, une porte en terre cuite de *M. André Boni*, de Milan. Comme œuvre d'art, ce travail nous a paru digne d'attention et d'éloge; en outre, la terre cuite de ce petit monument était d'un très-beau ton. (Voir la planche CXXVII) des *Études*.

Citons aussi les terres cuites de *MM. March*, à Charlottenburg, près Berlin, qui sont très-estimées dans leur pays.

En résumé, cette partie importante de la céramique prend de l'extension dans ses applications, et nous ne doutons pas que cette extension ne se continue et que les applications futures de ces terres cuites ne se multiplient encore davantage.

Mais les progrès seront nécessairement lents, par suite d'abord des difficultés qui abondent dans cette fabrication, puis, parce que, dans les pays où ces moyens de décor n'ont pas encore été expérimentés, les architectes n'étant pas familiarisés avec leur emploi, et ignorant quelle confiance on peut mettre dans leur durée, hésiteront naturellement à s'en servir. Enfin, parce que la qualité intrinsèque du produit ne peut se constater qu'avec le temps.

Il nous est impossible de citer un plus grand nombre de produits exposés de cette catégorie sans répéter d'une manière fatigante ce que nous avons déjà dit avec tant de détails, à propos des exemplaires les plus éminents et les plus intéressants de cette classe de la céramique.

3e Classe. — Poteries obtenues par le façonnage d'une argile ou d'un mélange d'argiles additionnées tout au plus d'une faible dose de sable, et cuites le plus souvent en une seule fois, mais recouvertes, avant ou pendant la cuisson, d'un enduit vitrifiable. (Quelques bonnes poteries de cette classe reçoivent néanmoins la double cuisson.)

Cette classe comprend les poteries vernissées les plus communes, rouges, brunes, jaunâtres ou noirâtres, et les grès durs communs lustrés au sel.

La presque totalité de ces poteries est de mauvaise qualité. Imparfaitement cuites, revêtues d'une couche de vernis plombeux sans solidité, et toujours gercé, elles ne présentent que des formes ébauchées et grossières. Seuls, les grès durs, gris-bleuâtre ou rougeâtre, lustrés au sel, sont d'excellente qualité, et constituent une sous-classe à part dans la poterie commune.

L'examen de la poterie commune proprement dite nous met en présence des produits modestes mais intéressants servant à la préparation et à la cuisson de nos aliments, de la vaisselle de cuisine, pour l'appeler par son nom. Cette catégorie d'ustensiles, de piètre mine et de primitive apparence, semble n'avoir pas osé franchir le seuil du Palais de l'Industrie, car elle n'y était, pour ainsi dire, pas représentée. Et pourtant cette poterie a un emploi important à remplir et un problème difficile à résoudre, dont nous allons entretenir un moment nos lecteurs.

Il s'agit, pour la vaisselle de cuisine, d'obtenir un produit qui possède à un degré éminent deux propriétés essentielles.

La première est que ce produit ne se brise pas par de brusques changements de température et une inégale répartition du calorique sur sa surface; la seconde, qu'il soit revêtu d'un émail ou vernis exempt d'oxydes de plomb, ou en contenant le moins possible, et que ce vernis résiste à l'action des graisses bouillantes sans se gercer ni s'écailler, afin que les liquides ne puissent, en s'introduisant dans les interstices et en pénétrant dans les pores de la pièce, communiquer à celle-ci une malpropreté repoussante et irrémédiable.

Malheureusement, ces deux conditions indispensables d'une bonne vaisselle de cuisine se trouvent rarement réunies, et semblent même s'exclure l'une l'autre. En effet, ce ne sont guère que les poteries très-faiblement cuites et dont les molécules n'ont qu'une faible agrégation, qui supportent impunément l'action locale et changeante d'un foyer ou d'un fourneau de cuisine. Il en résulte que le fabricant, par nécessité autant que par économie, ne donne à ses produits qu'une faible cuisson, ce qui l'oblige à faire usage d'un vernis fusible à la plus basse température, et d'abuser pour cet effet des oxydes de plomb, au point de rendre sa vaisselle nuisible à la santé des consommateurs.

Les oxydes de plomb étant dans cette circonstance trop peu cuits ou trop abondants pour se silicatiser complétement restent attaquables par les acides, même faibles, comme le vinaigre et les graisses liquides, et l'acide sulfurique produit sur un tel vernis un dépôt blanc de sulfate de plomb.

Il n'est pas étonnant, dès lors, que sur presque tous ces ustensiles le vernis se fendille dès sa sortie du four, et finisse bientôt par se détacher en écailles. Dans un tel état, le vernis manque complétement à sa destination, qui est de préserver le corps de la pièce d'infiltrations en interceptant les liquides qu'elle contient.

En un mot, le fabricant a renoncé dans ce cas à réaliser les deux conditions exigibles d'une bonne poterie de cuisine, et n'en poursuit plus qu'une. Pourvu que ses pots et casseroles ne se fêlent pas trop vite, et résistent à l'usage un certain laps de temps, le fabricant sera tranquille, sinon satisfait. Quant au vernis, il en sera ce qu'il pourra.

Quelques fabricants plus consciencieux ayant essayé de donner plus de feu et un vernis meilleur à leurs produits ont atteint ce but en manquant l'autre. Ils ont produit une vaisselle solidement vernissée, mais qui éclate sur le feu. Au reste, le côté défectueux de toute cette fabrication n'a pas lieu de nous surprendre, puisqu'elle se trouve presque entièrement dans les mains de petits potiers campagnards auxquels manquent les fonds, l'outillage et le savoir, tout le capital industriel.

Cette poterie ordinaire, qui se cuit encore presque exclusivement au bois, se fabrique avec les argiles les plus communes et les plus répandues dans tous les terrains. Ces argiles se cuisent presque toujours rouges ou jaunes, ou dans les nuances intermédiaires.

Les argiles plastiques pures qui restent blanches après leur calcination sont extrêmement rares dans la nature, et exigent en outre une température élevée pour acquérir la dureté et la solidité requises; — tandis que les argiles qui deviennent rouges par la cuisson, surtout celles qui sont marneuses, les glaises, acquièrent déjà cette consistance solide à une basse température. C'est ce qui explique que les anciennes poteries étaient presque toujours rouges.

Voici maintenant les opérations principales de cette fabrication:

Le potier ayant extrait son argile de quelque carrière voisine est souvent obligé de l'éplucher, pour la nettoyer des pierres, des pyrites et des autres substances hétérogènes qu'elle renferme fréquemment. Ensuite, il lui faut quelquefois corriger le trop de plasticité ou de fusibilité de sa terre, en lui en additionnant d'autres plus maigres et plus réfractaires; après quoi il prépare sa pâte en ramollissant son argile avec de l'eau, et en la piétinant pour la pétrir et la rendre homogène. La pâte étant apprêtée au point convenable reçoit la forme voulue sur le tour vertical, dit tour du potier. Ce façonnage, qui n'est qu'une ébauche, suffit à la plupart des potiers, et la pièce, en quittant le tour, est considérée comme achevée. Elle est mise à sécher, et quand elle est sèche, elle reçoit sa couche de vernis qu'on verse dessus sous forme de bouillie claire, et qui est composé le plus souvent de sulfure de plomb, et quelquefois de litharge étendue d'une petite quantité d'argile, le tout broyé fin avec de l'eau. Les oxydes de manganèse servent à colorer ces vernis en brun violacé, ceux de fer en jaune foncé, et les deux oxydes employés ensemble procurent le noir.

Enfin, les pièces ainsi terminées sont portées au four, et cuites en échappade, à une température peu élevée, à peu près celle que les décorateurs parisiens donnent à leurs couleurs de moufle.

Le produit ainsi obtenu est des plus médiocres, comme nous l'avons expliqué plus haut; néanmoins il est d'un usage universel dans les campagnes, surtout comme pot à lait servant à obtenir la crème.

A l'Exposition, deux fabricants seulement de poterie commune ont attiré notre attention.

Nous signalerons d'abord les produits de MM. Lepper et Küttner à Bunzlau (Silésie prussienne) comme jouissant en Allemagne d'une renommée méritée et déjà ancienne. Leur poterie de teinte jaunâtre, recouverte d'un vernis brun-rouge, et quelquefois engobée en blanc intérieurement, est sans contredit la première vaisselle de cuisine du monde. Le vernis, exempt de plomb et très-dur, ne se gerce ni ne s'écaille, et les pièces elles-mêmes se prêtent à tous les usages culinaires et supportent très-bien les changements brusques de température. Évidemment, nous sommes en présence d'un produit excellent, fabriqué avec soin, et soumis probablement à une double cuisson. Sa dureté, sa résistance, son bon marché et l'innocuité de son vernis, enfin toutes les bonnes qualités réunies le recommandent aux besoins des consommateurs et à la bienveillance des juges compétents; aussi ne nous ferons nous pas faute d'insister sur l'utilité et la valeur de cette excellente poterie, que nous avons appris à apprécier nous-mêmes par l'expérience, et par les nombreuses mais vaines tentatives que nous avons vu faire pour l'imiter et l'égaler.

Cette modeste et petite exhibition a sans doute été bien peu remarquée, et nous ignorons si le jury lui a décerné la distinction qu'elle méritait en tout point pour la bonne qualité sans rivale de ses articles.

L'autre exposition de bonne poterie que nous voulons encore citer, figurait parmi les produits de la maison Villeroy et Boch.

Ici les différents articles étaient façonnés avec plus de soin et de goût, mais nous ne saurions affirmer, faute de données, que leur valeur pratique égalât celle des poteries de Bunzlau.

S'il en était ainsi, la poterie de MM. Villeroy et Boch serait encore supérieure à la précédente.

Sans doute, il se fait aussi en Angleterre de bonnes poteries de ce genre, mais l'excellence paraît très-difficile à atteindre dans cette fabrication, lorsqu'elle n'est pas basée sur les gîtes d'argiles convenables.

Quelques potiers de Saxe et de Silésie nous paraissent seuls avoir atteint complétement le but jusqu'ici, et il est permis de croire que les terres dont ils se servent possèdent pour cet objet des propriétés particulières et quasi mystérieuses; car des milliers d'essais ont été faits, à notre connaissance, avec les terres les plus diverses, mais sans succès définitif. La porcelaine de ménage d'Orchamps, par exemple, bien connue dans l'est de la France, et qui est chère, serait excellente, si elle n'avait pas l'inconvénient de se fendre sur le feu.

Il nous reste à revenir avec quelques détails sur les grès durs lustrés au sel marin. Ceux-ci sont presque tous de qualité excellente, en ce sens qu'ils sont inaltérables et ne se détériorent jamais. Seulement leur texture compacte et quasi vitreuse les rend impropres aux usages culinaires, car ils ne supporteraient pas l'action brusque des fourneaux de cuisine.

Ces grès se fabriquent en grande quantité sur les bords du Rhin, dans le pays de Nassau, où se trouve l'argile la plus appropriée à ces produits. Les principaux types de ces grès durs sont les cruchons à bière et à eau minérale, et les cruches à eau et pots à lait gris de perle, peints ou plutôt barbouillés d'un petit dessin en bleu de cobalt.

Les grès flamands et allemands, célèbres au dix-septième siècle et déjà connus au quinzième, sont les types les plus anciens de cette fabrication, et constituaient, à ce qu'il paraît, toute la partie essentielle et luxueuse de l'industrie céramique, vers la fin du moyen âge. Les collections et les musées en possèdent encore de nombreux exemplaires. Les grès de Beauvais et les grès de la fabrication de M. Ziegler, qui avaient acquis une certaine réputation, il y a plusieurs années, appartiennent aussi à cette catégorie. Les grès vernissés figuraient en assez grand nombre à l'Exposition; nous noterons parmi eux les ustensiles de ménage de M. Simon Peter (près Coblenz, Prusse rhénane) dont le pays compte beaucoup d'usines de ce genre, alimentées par les nombreux gîtes argileux du voisinage.

En Angleterre aussi il se fabrique une masse de ces grès durs, mais cuits à la houille, ce qui est un progrès.

Remarquons, en passant, que tous ces grès se cuisent en échappade, c'est-à-dire exposés au contact direct de la flamme, ce qui leur fait prendre souvent une apparence lustrée particulière, dont sont dépourvues les poteries fines qu'on est obligé de cuire dans des cassettes ou étuis. Cette circonstance contribue à renchérir considérablement celles-ci.

En fait de grès durs destinés aux usages industriels, rien n'égalait la remarquable exhibition de la maison Doulton et Cie (Londres), qui offrait un assortiment admirable des objets les plus divers. On y voyait des tuyaux droits et courbes; des tuyaux à virole tronquée ayant pour but de faciliter les recherches en cas d'avaries; des tuyaux à une ou deux tubulures; une grande variété de syphons; des bouches ou regards d'égout; des tuyaux d'égout segmentaires, de toutes dimensions; des serpentins, des vases à fermeture hermétique, des briques de grandes dimensions pour ventilation, des carreaux pour pavage, etc., etc., le tout en grès vernissé.

Il existe un dépôt à Paris.

Dans le même genre de fabrication nous citerons, entre autres, l'exposition de M. John Cliff (de Londres), où nous avons remarqué un tuyau de grès d'une seule pièce, ayant un mètre de diamètre; et l'exposition de MM. Gallichan et Cie à Leigh (Essex).

La section autrichienne contenait aussi certains produits de terre cuite, rentrant dans cette classe, et exposés par M. Antoine Richter (Bohême), produits qui nous ont paru très-beaux.

Parvenus au terme du travail concernant la classe 2, nous sommes saisis par la crainte d'avoir passé sous silence un certain nombre d'exposants méritants et de produits dignes de mention. Nous prions en conséquence ceux de messieurs les fabricants qui auraient échappé à notre examen, et qui se croiraient atteints d'une omission imméritée, de nous excuser, eu égard à la masse de notre besogne, au peu de temps qu'il nous a été donné d'y consacrer, et surtout au manque de renseignements et aux difficultés qui nous ont fait obstacle à chacune de nos visites à l'Exposition.

4e CLASSE. — **Faïences.**

Dans cette classe nous nous occuperons de la faïence proprement dite, telle qu'elle a été créée en Italie au quatorzième siècle et imitée dans d'autres pays, notamment en France, dans les manufactures de Nevers, Rouen, Moustier, Saint-Clément, etc.

La véritable faïence est une terre jaunâtre ou rougeâtre, soumise à la double cuisson, et recouverte d'un glaçure opaque généralement blanche, quelquefois colorée, à laquelle on a donné le nom d'*émail*. Cette dénomination d'*émail* est spécifique, et c'est à tort qu'on l'applique trop souvent à toutes sortes d'enduits vitreux. Par émail, il faut entendre une couche de verre opaque ayant le double but de lustrer et de masquer la terre ou toute autre surface sur laquelle elle est posée.

Nous avons parlé dans notre introduction de l'origine probable de la faïence, en la rapportant aux travaux des chimistes arabes des huitième, neuvième et dixième siècles, qui découvrirent et divulguèrent sans aucun doute les propriétés vitrifiables des alcalis et des oxydes de plomb, voire même celles du borax ainsi que le rôle spécial de l'oxyde d'étain. La domination musulmane introduisit en Espagne ces notions premières de l'art faïencier. Les Arabes eux-mêmes avaient été guidés probablement vers cet art par les produits analogues de l'Orient. Les antiques contrées d'Iran et de Babylone, nous dit-on, faisaient un grand usage de la brique et des terres cuites dans leurs constructions, à défaut de pierres de taille qui manquent dans ces régions; et, ce qui à lieu de nous surprendre beaucoup, on montre des briques vernissées, ramassées dans les ruines de Babylone et de Ninive, qui, si leur provenance est authentique, et si leur présence dans ces ruines n'est pas due à quelque cause accidentelle et postérieure, doivent être de l'antiquité la plus reculée et remonter au moins au règne de Nabuchodonosor, 600 avant Jésus-Christ.

La Chaldée, l'Égypte, la Phénicie, et en général les peuples sémites, paraissent avoir été dans l'antiquité les premiers adeptes des sciences naturelles et expérimentales, et plus avancés dans cette catégorie de connaissances que les Grecs et les Romains eux-mêmes, qui n'ont manifesté pour les investigations positives des lois physiques ni goûts ni dispositions marquées.

C'est ainsi qu'il faut passer par-dessus la civilisation gréco-romaine, et remonter au delà, pour trouver un produit en terre cuite vernissée. De même aussi, c'est aux Phéniciens qu'est attribuée la découverte du verre.

Ce sont là deux produits qui exigeaient de la part de leurs auteurs, pour être fabriqués régulièrement, une certaine somme de connaissances chimiques, fondées sur l'expérience. On a prétendu aussi que les Égyptiens avaient fabriqué une espèce de faïence à glaçure verte; mais c'est là une méprise. Cette prétendue faïence n'est que du sable fin comprimé, mêlé de sels, cuit probablement dans un moule de cuivre et agglutiné par la cuisson.

Revenons à la première apparition de la faïence en Europe.

Le contact avec les Orientaux et la vue de leurs faïences, et peut-être aussi l'arrivée en Europe des premières pièces de porcelaine chinoise, avaient dû nécessairement inspirer aux artisans européens le désir d'imiter et de reproduire ces poteries.

D'habiles artistes italiens réussirent les premiers dans ces recherches entreprises sous les auspices des petites cours de l'Italie centrale, et imprimèrent à leurs productions un cachet d'art et de goût qui les font encore rechercher aujourd'hui à bon droit, et indépendamment de leur intérêt historique et archéologique.

Le florentin Lucca della Robbia fut le plus fameux de ces artistes-potiers, qui excellèrent à modeler la faïence et à la peindre artistement à l'aide des trois ou quatre couleurs de leur palette monotone. Il est juste, toutefois, de vanter les splendides émaux de couleur qui prêtent un si admirable éclat aux peintures des faïences de Gubbio et de Pesaro, peintures attribuées à des disciples de Raphaël. La collection de M. de Rothschild avait fourni au musée rétrospectif de l'exposition des échantillons remarquables de cette précieuse faïence.

L'étymologie du mot *faïence* doit-il être cherché dans le nom d'une ville italienne, Faenza, un des berceaux de cette industrie, ou dans le nom d'une obscure bourgade de Provence qui revendique l'honneur d'en avoir fabriqué déjà vers le septième siècle ?

Le nom de *majolica*, donné par les Italiens à leurs premières faïences, est-il dérivé des carreaux émaillés arabes que les conquérants de *Majorque*, en 1115, rapportèrent dans leur butin, et qu'on montre encore encastrés dans les murs des cathédrales de l'Italie ?

Nous laisserons aux érudits le soin de répondre à ces questions.

Nous ajouterons seulement que l'art de la faïence, en se répandant, subit cette décadence inévitable qui accompagne la transition de l'art au métier. La fabrication se vulgarisa dans les deux acceptions qu'on peut donner à ce verbe.

Des manufactures nouvelles surgirent dans différents pays, et surtout en France. La première faïencerie française, celle de Nevers, fondée, dit-on, par des Italiens, florissait dès 1590. On connaît assez les produits de nos faïenceries du dix-septième et du dix-huitième siècle, pour lesquels il s'est déclaré chez nous, depuis quelques années, un engouement dont nous serions fort aises, et que nous saluerions avec joie, s'il n'excédait pas les bornes du bon sens, en s'émerveillant même des imperfections de ces poteries.

Tandis que la faïence italienne faisait ainsi son chemin, une autre tentative opiniâtre et personnelle avait lieu en France, au fond de la Saintonge, dans le but d'imiter les majoliques de l'Italie. L'illustre *ouvrier en terre et inventeur des rustiques figulines*, Bernard Palissy, ayant cherché, longtemps et sans succès définitif, l'émail blanc stannifère des Italiens, créa, à la suite de durs labeurs, un genre à part de faïences, à émaux colorés (vers 1550).

Les vases, plats, aiguières, bassins, flambeaux, statuettes de B. Palissy, sont artistement modelés et ornés le plus souvent de reliefs reproduisant au naturel des figures d'animaux, de poissons et de reptiles surtout, coloriées au moyen d'émaux jaunes, bruns, bleus, gris, verts.

Quand on relit dans les écrits de ce digne pionnier de l'art céramique et des sciences naturelles tous les déboires et toutes les misères qu'il eut à endurer en s'acheminant vers son but ; quand on tient compte des ténèbres qui couvraient encore les principes les plus élémentaires de la chimie et obscurcissaient les notions aujourd'hui les plus claires sur la composition et les propriétés des corps, on ne peut que louer et admirer les résultats obtenus par une initiative individuelle aussi persévérante et aussi courageuse. Mais que si, partant de cette estime que nous avons pour les œuvres de ce rare génie, et se fondant sur l'engouement excessif dont ses ouvrages et ceux de ses devanciers et successeurs sont présentement l'objet, nos céramistes contemporains s'appliquent, dans un âge où la science et l'expérience ont centuplé les ressources de la poterie, à imiter et à copier servilement et sans progrès ces premières œuvres d'une technique encore en enfance, nous ne pourrons concevoir qu'une compassion sincère pour des efforts aussi puérils.

Les ouvrages céramiques ne sont pas des objets de pur apparat. Ils doivent toujours pouvoir remplir un office utile, c'est là leur destination vraie et naturelle, qui n'exclut nullement les recherches du luxe et de l'art. Ce caractère d'utilité inhérent aux œuvres céramiques est le trait de démarcation qui les sépare des œuvres de l'art pur ; et c'est en vertu de ce principe, que nous rejetterions volontiers l'application de la céramique à la statuaire.

Ainsi, le but essentiel d'un plat, par exemple, quelque somptueux qu'il soit, sera toujours de contenir un mets. Si donc vous enjolivez la surface de ce plat de figures saillantes qui le rendent impropre à un tel usage, vous avez faussé la destination de ce plat, en le réduisant au vain rôle d'une pièce de dressoir.

On ne peut empêcher, nous le savons, tout grand art d'avoir ses écarts fantasques, parfois gracieux, et admissibles tant qu'ils n'aspirent pas à s'ériger en principes et en règles. Il faut donc tolérer quelques écarts, mais ne pas permettre qu'en s'étendant outre mesure, ils arrivent à troubler, par d'extravagants caprices, le but sérieux et réel de l'art du potier.

L'époque de l'apparition de la faïence fut une époque marquante dans le développement de la céramique. On le concevra sans peine, si l'on veut bien se reporter à la fabrication de la poterie commune qui la précédait, poterie qui était toujours d'un ton brun ou rougeâtre, et couverte d'un vernis grossier et imparfait. Comme on n'en connaissait pas d'autre, elle était à peu près la seule usitée, concurremment avec la vaisselle d'étain qui, comme on sait, était encore très-répandue, il n'y a que cinquante ans à peine, surtout dans les pensions, colléges, communautés, etc.

Une poterie nouvelle, signalée par sa blancheur, se produisant dans ces circonstances, sur la fin du moyen âge, devait être une apparition d'autant plus intéressante que la porcelaine chinoise était encore à peu près inconnue en Europe.

Évidemment c'était un grand pas de fait que d'être arrivé à faire une poterie blanche, de belle apparence et susceptible de se couvrir de peintures brillantes en couleurs et en émaux. Une telle vaisselle était une chose inouïe dans ce temps-là, et on s'explique aisément que des princes aient soutenu et encouragé une industrie d'une nature si attrayante, et dont les œuvres devaient apporter un contingent nouveau aux somptuosités de leurs palais et de leurs cours.

Exposons sommairement les procédés de fabrication de la faïence, qui sont restés à peu près les mêmes jusqu'aujourd'hui, sauf les progrès dans l'outillage.

On façonne cette poterie avec une pâte d'argile très-souvent marneuse. Les pièces, après leur dessiccation, subissent une première cuisson qui les transforme en un biscuit tendre dont la couleur tire sur le jaune ou le rouge. Dans cet état, on les émaille par immersion ou par arrosement, puis on les soumet à une seconde cuisson qui, en fondant l'émail sur la pièce, donne à celle-ci sa blancheur et son lustre.

C'est dans la découverte et la préparation de l'émail blanc opaque que résidaient l'importance et la principale difficulté de la nouvelle fabrication. Il s'agissait d'obtenir une poterie blanche, et comme on ne parvenait pas à donner ou à conserver cette blancheur désirée aux pâtes cuites elles-mêmes, on chercha à l'obtenir au moyen de la glaçure.

Il est probable que cette invention, comme tant d'autres, fut due au hasard. Nous nous permettrons, à ce sujet, de faire une hypothèse qui, croyons-nous, a beaucoup de vraisemblance.

Les principaux ingrédients de l'émail blanc sont : le silex ou le sable, les oxydes de plomb, celui d'étain, et puis, mais en petite dose, les alcalis. La propriété qu'ont les oxydes de plomb de vernisser la poterie, a dû être connue avant l'émail, cela est évident; car, avec les notions de ce temps-là, on n'aurait pu faire un émail stannifère sans y mettre du plomb. Il est donc probable qu'à l'époque de l'invention des émaux blancs, comme de nos jours encore, un certain nombre de potiers, y compris Bernard Palissy, achetaient comme vieux plomb les vieilles vaisselles d'étain, dont l'alliage contenait beaucoup de plomb, et obtenaient, en calcinant ce métal, le produit qu'on appelle encore aujourd'hui *calcine*, et qui est un mélange des deux oxydes de plomb et d'étain, et la base essentielle des émaux blancs. Si Bernard Palissy a eu tant de mal à s'y reconnaître, c'est qu'en s'y prenant de cette façon, on ne pouvait atteindre deux fois de suite aux mêmes résultats.

Que B. Palissy n'ait pas voulu livrer à la publicité, ni même à ses amis, les moyens qu'il employait pour fabriquer ses émaux, c'est ce qui s'explique par les peines infinies qu'il avait eues pour les découvrir. De son temps, on cachait de tels procédés, fruits de longs labeurs, avec un soin méfiant et craintif; c'étaient, comme les arcanes des alchimistes, des secrets dont on ne se rendait maître que par le hasard de recherches empiriques et multipliées.

Aujourd'hui, l'art céramique ne gagnerait pas grand'chose à connaître ces moyens.

Disons ici, en passant, que les émaux employés sur les métaux, et appliqués à la bijouterie, qui avaient atteint une certaine perfection, déjà chez les anciens, et bien longtemps avant l'application des émaux blancs sur la poterie, diffèrent de ceux-ci, en ce que c'est ordinairement l'arsenic, et beaucoup moins l'étain qui produit leur opacité, — et en ce qu'ils étaient, et sont encore, plus fusibles que les émaux de poterie, qui pour être beaux, durs et bien blancs, exigent plus de feu.

Enfin, nous sommes certains, et nous pouvons en fournir la preuve, qu'il est possible de faire de beaux émaux blancs opaques sans le secours ni de l'oxyde d'étain, ni de l'arsenic, ni même du plomb. Mais ce serait une démonstration qui nous mènerait trop loin.

La peinture sur faïence blanche peut se faire sur l'émail cru, avant la seconde cuisson, et, dans ce cas, la touche manque toujours de netteté; ou sur l'émail déjà fondu et vitrifié sur la pièce, c'est-à-dire par les procédés habituels du décor à la moufle.

Dans le premier cas, les couleurs doivent être plus résistantes; car elles ont à supporter une température plus élevée avec le contact corrodant de l'émail en fusion. On ne parviendra pas, croyons-nous, à composer une palette de couleurs satisfaisante pour ce genre de peinture; car, outre les deux difficultés déjà signalées, il y en a une troisième inhérente à l'oxyde d'étain qui a la propriété fâcheuse d'altérer par son contact les tons d'un grand nombre de couleurs, des verts et des bleus notamment.

Passant en revue les exposants de faïences, nous rencontrons d'abord MM. Pull et Barbizet qui imitent ou copient les *rustiques figulines* de Palissy, le premier strictement, le second un peu plus librement.

Nous avons dit franchement ce que nous pensions de cette catégorie de poteries imitatives, qui tendraient à faire rebrousser vers son berceau une industrie adulte, en l'enveloppant pour ainsi dire des langes de l'enfance. Si du moins ces bibelots, modelés avec soin du reste, étaient recouverts de bons émaux ; — mais pas du tout, ces émaux sont généralement gercés. Nous déclarons ici, une fois pour toutes, qu'à nos yeux un produit céramique quelconque dont la glaçure est gercée, est un produit défectueux au premier chef, quels que soient du reste le mérite du *modelé* et du dessin, et le lustre des couleurs. Deux objets en faïence, de grande dimension, une cheminée et une hure de sanglier repoussée rehaussaient l'exhibition de M. Pull.

Les produits que nous sommes en train d'examiner s'obtiennent par l'application au pinceau d'émaux colorés en brun, vert, gris, jaune, sur des terres cuites de nuance assez claire pour ne pas nuire aux tons des émaux ; car ces émaux ne sont pas opaques, mais simplement colorés par des oxydes métalliques. Nous n'avons guère remarqué chez ces deux exposants l'emploi de l'émail blanc. Nous aimons encore mieux dans ce genre l'exposition de M. Avisseau, de Tours, qui présentait un assortiment de faïences plus varié, et dont les émaux sont de bonne qualité et pas gercés. On y voyait, entre autres, un très-beau plat en terre émaillée.

Nous citerons encore parmi les faïences d'art :

1° Celles de M. Laurin, ornées de jolies peintures, notamment une paire de vases d'un beau décor, peints probablement sur émail cru, ce qui, au reste, n'ajouterait rien à leur valeur, s'ils n'étaient pas réellement beaux ; car c'est le résultat qu'il faut considérer avant tout. Ces deux vases étaient cotés à 1,800 fr. Il y avait aussi deux guéridons d'une bonne exécution.

2° Les faïences de Longuet et Lavalle, et celles de Soupireau-Fournier. Ces dernières se distinguent par de beaux fonds d'un bleu riche : on y remarquait aussi ce joli émail bleu-turquoise qu'on ne trouve excellent que chez les Anglais.

3° M. Ulysse, de Blois, avait quelques belles pièces dans le vieux genre, et M. Signoret avait exposé des faïences nivernaises de belles dimensions, mais ses émaux sont, à notre avis, d'un glacé insuffisant.

MM. Pinard, Aubry, Genlis et Rudhart nous montraient également des faïences peintes avec goût, mais toujours avec ce parti pris fâcheux de reproduire ou d'imiter les poteries surannées des temps passés.

Ce que nous blâmons dans ces imitations ce n'est pas la recherche et la reproduction fréquente des anciens types de la Renaissance, et de nos faïenceries du dix-huitième siècle. Il est au contraire désirable que nos artistes-potiers aillent puiser à ces sources excellentes de l'art et de l'entente décorative. Ce que nous leur reprochons, c'est cette tendance obstinée à vouloir non-seulement reproduire les formes et les décors anciens qui ont du bon, comme nous le reconnaissons, mais encore donner à leurs produits cet air de vétusté et d'imperfection technique qui chez les anciens était involontaire, et découlait de l'insuffisance de leurs connaissances et de leurs ressources, mais qui chez les modernes devient un défaut calculé, un parti pris de méconnaître les ressources actuelles que tant de progrès réalisés depuis un siècle mettent à leur disposition.

Ainsi la médiocrité des couleurs et des émaux de nos faïences artistiques est choquante.

L'émail des faïences de M. Jean nous a paru d'un beau lustre, et supérieur aux émaux de la plupart de ses émules.

Approchons-nous enfin des rayons de M. Deck dont l'exhibition était la plus voyante par l'éclat resplendissant de ses bleus de cobalt et de cuivre qui exerçaient sur les regards des passants une attraction pour ainsi dire coërcitive. (Les *Études* ont publié une planche [Pl. CXXVI] reproduisant un spécimen des émaux de M. Deck.)

Nous ne disconviendrons pas du mérite d'un certain nombre des émaux de ce fabricant, et du cachet qui distingue la décoration de ses poteries. Ses peintures gracieuses ont du style, et leur disposition sur les pièces est bien entendue.

Son émail bleu d'azur à base de cuivre est très-beau, mais trop fusible selon nous; aussi avons-nous admiré comme des phénomènes les deux ou trois exemplaires de cet émail qui se trouvaient exempts de gerçures. Nous faisons peu de cas du craquelé; il suffit pour cela qu'une glaçure soit très-fusible et de très-mauvaise qualité. Les amateurs du craquelé s'imaginent sans doute qu'il faut un tour de force pour l'obtenir. Or, pour les émaux colorés par l'oxyde de cuivre, les bleus surtout, c'est tout l'opposé; il est au contraire très-difficile, en raison de la forte dose d'alcalis qu'ils contiennent, d'en obtenir qui ne soient pas fendillés. Le craquelé est un fendillage intense, un défaut systématisé. Nous louerons aussi la poterie dans le goût persan de M. Deck. C'est une pâte jaunâtre recouverte d'une glaçure transparente, et orné d'arabesques en relief dont les fonds sont peints de bleu-turquoise et de rouge-corail.

Les panneaux de faïence de cet exposant sont également gercés. A notre avis, il fait usage d'émaux trop fusibles, et d'une température de cuisson trop basse.

M. Deck mérite des éloges pour n'avoir suivi que l'inspiration de son goût d'artiste dans la confection de ses faïences, et pour n'avoir pas exercé son talent dans l'ornière battue par tant d'autres, en s'appliquant à copier ces sempiternelles vieilleries des temps passés.

Nous nous sommes arrêtés avec intérêt à considérer la très-remarquable exposition de céramique persane de M. Collinot à Boulogne-sur-Seine. Une collection de vases magnifiques, de jattes au galbe oriental, et jusqu'à des colonnes torses en terre cuite émaillée, de cette nuance glauque si douce et si riche à la fois que seul l'oxyde de cuivre communique aux émaux, donnent à cette exhibition un aspect des plus imposants, et bien fait pour présenter au spectateur une image complète de l'art persan.

Si du coup d'œil d'ensemble nous passons à l'examen de détail, nous apercevons une pâte cuite de teinte rosâtre très-délicate, revêtue d'émaux bleus, vert-turquoise et jaunes, de nuances tendres et charmantes, mais que nous regrettons de n'avoir pas trouvés exempts de gerçures, cette plaie de tous nos faïenciers. On sait que le mérite de cet ensemble de produits si distingués revient en grande partie à M. Adalbert de Beaumont, à ses études, à ses voyages et à son goût si élevé dans cette matière.

Jusqu'ici nous n'avons parlé que des faïenciers-artistes; il est juste que nous nous occupions un peu de l'industrie de la faïence, représentée très-honorablement à l'Exposition par la manufacture de Saint-Clément, près Lunéville, (Meurthe).

Cette faïencerie, fondée au milieu du siècle dernier par un architecte du roi Stanislas, a joui dans le passé d'une grande renommée, acquise à bon droit par ses services de faïence de Lorraine, dont les anciennes pièces, d'un très-bon style pour l'époque, furent décorées par de véritables artistes. Ces pièces sont encore, pour ce motif, très-recherchées aujourd'hui par les connaisseurs. Leur décoration d'autrefois consistait presque toujours en peintures légères et gracieuses, exécutées en pourpre de Cassius.

Saint-Clément avait exposé des pâtes jaunes et rouges, et des faïences blanches à décors bleus, dont l'émail nous a paru excellent. Il est d'une blancheur et d'un glacé irréprochables, qualités que nous nous permettons de recommander à l'attention de messieurs les potiers artistes qui semblent faire fi avec trop de dédain de ce qui, au fond, contribue dans une si large mesure à la beauté d'un produit céramique : émail dur, sans tressaillures, d'un glacé brillant, et d'une blancheur sans tache. Une fois cette première condition essentielle réalisée, libre à eux de couvrir leurs pièces des peintures les plus délicieuses, lesquelles ne perdront certes rien à se trouver posées sur une surface propre et nette.

Nous citerons encore, sans que le nom de l'exposant nous revienne, de grandes plaques ou panneaux de faïence, pièces très-difficiles à réussir, et quelques tuiles émaillées de différentes couleurs, dont nous espérons voir se propager l'usage. Ce genre de produits s'améliorera certainement dès qu'il sera demandé en plus grande quantité.

Une branche spéciale très-importante de la faïencerie est celle qui a pour objet la fabrication des poêles et fourneaux en terre cuite vernissée ou émaillée, dont on fait un usage si considérable en Allemagne. Nous citerons, pour cette spécialité, les beaux fourneaux en faïence accouplés à des cheminées en fonte, exposés par M. Vidal, du Holstein, et les poêles de la maison Feilner et Cie, à Berlin, qui jouit dans son pays d'une grande réputation que nous croyons bien méritée, tout en faisant nos réserves touchant la lourdeur prétentieuse de ses formes.

Passons maintenant aux exposants anglais.

Les faïences, ou, comme les appelle le Catalogue, les majoliques anglaises, peuvent être assimilées, quant au genre, à celles de Bernard Palissy, et en les comparant avec les produits de MM. Pull et Barbizet, on peut se rendre compte du chemin parcouru et du progrès réalisé depuis l'apparition des *rustiques figulines*. Comme Palissy, les Anglais ne font pas de faïence proprement dite; ils ne font qu'un usage partiel de l'émail blanc, qu'ils emploient seulement quand l'effet décoratif le réclame. La plupart de nos amateurs français n'accordent à ces produits anglais qu'un succès d'estime, et s'en détournent même avec un dédain mal déguisé, n'y retrouvant pas ces gracieuses peintures dont nos artistes potiers savent décorer leurs poteries archaïques. Mais, en vérité, c'est faire trop bon marché des progrès et des ressources techniques que les Anglais étalent sous leurs regards. Et tous ces émaux diaprés, miroitant dans toutes les nuances, depuis le blanc jusqu'au noir, ces bleu turquoise mat, ces rose-tendre, ces vert-émeraude et ces vert-jaune à base de chrôme, cette gamme complète de tons, n'est-ce donc rien? Analysez toutes ces ressources de coloris, et comparez-les aux trois ou quatre pauvres couleurs de nos disciples de Palissy; et notez que ces émaux sont de qualité excellente pour la plupart, et que le fendillage y est une exception rare; nous ne l'avons observé que sur les vert-émeraude.

Nous ne l'ignorons pas, les majoliques anglaises ne sont pas des ouvrages qui se prêtent à la peinture : ce ne sont que des reliefs et des moulages coloriés ; mais elles constituent, telles qu'elles sont, une catégorie de produits bien définie, qui n'emprunte rien aux autres genres, qui se suffit à elle-même, et qui n'a pas besoin, lorsqu'il faut rehausser quelques places par des effets de couleur que les émaux ne peuvent pas donner, de se servir, comme font les Français, du décor à la moufle, qui est un auxiliaire hétérogène et absolument incompatible avec le genre majolique. Dans ce cas, les Anglais recourent à la peinture sur biscuit. Les fruits rouges, par exemple, sont ainsi peints, de sorte que l'émail recouvre le tout, et qu'on n'a que des surfaces uniformément glacées qui ne sont pas interrompues par le terne placage des peintures de moufle.

Le coryphée de ce genre de faïence anglaise est sans contredit M. Minton, dont l'exhibition présentait aux regards éblouis des spectateurs une foule bariolée de meubles, d'ustensiles, de figurines, de statues, de siéges, de vasques et d'objets les plus divers exécutés en terre cuite et recouverts, et, pour ainsi dire, habillés d'émaux de couleur.

Si l'exposition de MM. Wedgwood était moins riche et moins abondante que celle de M. Minton, elle était pourtant excellente; les majoliques de MM. Wedgwood sont même supérieures, à notre avis, comme qualité, à celles de M. Minton, ce qui tient peut-être à une meilleure pâte. MM. Wedgwood emploient une pâte blanche très-dure, tandis que celle de M. Minton est jaune-chamois, et produit, sous l'émail transparent, des carnations trop bistrées pour les statues.

Nous signalerons dans l'exhibition de MM. Wedgwood une paire de vases unis, revêtus d'émaux jaspés bleus, jaunes et bruns. Ces deux vases, parfaitement réussis, sont un chef-d'œuvre d'habileté technique.

Dans l'exposition de M. Minton, nous citerons particulièrement deux beaux grands vases unis, d'un galbe parfait, et recouverts de l'émail bleu-turquoise.

Quelques autres potiers anglais avaient également exposé de ces majoliques, qui ne se distinguaient guère des précédentes, si ce n'est par quelque infériorité.

Nous voudrions ajouter ici quelques lignes sur les faïences italiennes et espagnoles, mais nous sommes forcés de nous excuser. Le temps nous a manqué pour en faire un examen consciencieux.

Nous terminons ici notre revue des faïences *émaillées* pour passer aux faïences fines modernes.

5e Classe. — **Faïence fine moderne.**

Terre de pipe, cailloutage, porcelaine opaque.

La faïence fine ou poterie blanche non translucide, à glaçure transparente, est de date récente. Son apparition marque l'ère d'un progrès très-important dans l'industrie céramique. Elle a pris naissance en Angleterre, au commencement du dix-huitième siècle, à la suite des travaux et des recherches des potiers anglais prédécesseurs de Wedgwood. Wedgwood lui-même ne s'adonna que peu à la fabrication de cette nouvelle poterie.

La faïence fine n'a pas, comme la faïence italienne, une origine brillante patronée par des artistes éminents de la Renaissance, et si elle ne se recommande pas, comme sa sœur aînée, par son passé artistique à l'attention des amateurs et des collectionneurs, l'histoire de son élaboration n'en est pas moins digne d'intérêt pour les personnes qui s'occupent de céramique. En effet, elle a absorbé un siècle entier d'études et de travaux de la part d'une légion de potiers avant de sortir de leurs mains dans cet état d'achèvement où nous la voyons aujourd'hui.

Pour se rendre compte de toutes les phases de cette fabrication, il faut savoir qu'elle exige pour sa pâte : premièrement, des argiles plastiques se cuisant blanches, produits naturels dont la croûte terrestre a été bien parcimonieusement dotée; secondement, du feldspath ou des roches feldspathiques, autres minéraux rares, ne se rencontrant que sur bien peu de points dans l'état de pureté requise; enfin, du quartz ou du silex pur, qui existe un peu plus abondamment.

Pour la couverte de cette poterie il fallait du borax, du quartz blanc, du kaolin, du feldspath et du carbonate de chaux. Il n'est besoin que de se reporter au commencement de ce siècle, et de se rappeler les difficultés de communication qui existaient encore à cette époque entre les localités d'un même pays et plus encore d'un pays à un autre, les connaissances si peu répandues du gisement des minéraux nécessaires et le peu de développement des industries chimiques, enfin, la cherté des transports, jointe aux révolutions et aux guerres, pour s'expliquer facilement la lenteur des progrès de cette fabrication.

Bien des localités, en France, se trouvent éloignées de plus de trois cents kilomètres des dépôts d'argile convenable, et souvent encore bien plus distantes des autres minéraux indispensables à la fabrication de la faïence fine. La porcelaine commençait à se répandre, il est vrai, mais elle était un objet de luxe inabordable pour les classes moins aisées.

Comment donc le potier, qui n'avait à sa disposition qu'une terre jaunâtre ou rougeâtre après la cuisson, eût-il pu produire une poterie blanche sans le secours de l'émail blanc opaque?

Diverses substances minérales qu'on pouvait se procurer plus facilement, ayant la propriété de rester blanches après leur calcination, et de blanchir les argiles avec lesquelles on les mêlait, le gypse, les calcaires les plus purs, le silex calciné, les os brûlés, furent essayées et introduites à tour de rôle dans les pâtes, et ce sont des milliers de tentatives faites dans cet ordre d'idées qui ont conduit à l'invention de la faïence fine dont il est question ici, et des porcelaines tendres anglaise et française.

Astbury, potier anglais, est cité comme ayant le premier introduit le silex dans ses pâtes en 1720, et Thomas Benson, autre potier du même pays, comme ayant établi le premier moulin à cailloux.

Cette addition de matière siliceuse à la pâte rendait plus blanc le ton jaunâtre de la poterie en raison directe de la quantité ajoutée, et cette poterie, pourvue d'un enduit vitreux essentiellement plombifère, était un premier résultat qui laissait entrevoir la possibilité de progrès ultérieurs en stimulant les fabricants à chercher de nouveaux moyens de perfectionnement.

Mais la dose de silex que comportait la pâte était limitée par la nécessité de lui maintenir la plasticité requise pour le travail; de plus, le silex en excès empêchait la marchandise de prendre une consistance solide et une ténacité suffisante après la cuisson. Ce dernier défaut fut combattu et corrigé dans la suite par l'adjonction du feldspath.

En France et dans les contrées avoisinantes du Nord et de l'Est, on était parvenu vers le commencement de ce siècle, à obtenir, en ajoutant aux argiles jaunâtres après cuisson du silex et de la craie, une poterie passablement blanche, mais de qualité très-médiocre; car la craie, en abandonnant son acide carbonique pendant le feu, donnait un biscuit spongieux et sans dureté. Mais cette substance avait en même temps l'avantage d'abaisser le degré de cuisson qui ne pouvait dépasser une certaine température sans amener l'affaissement de cette poterie. L'avantage, s'il était réel, devenait dès lors un inconvénient sous d'autres rapports, en ne permettant pas de donner à la couverte un feu suffisant pour obtenir un bon produit.

Néanmoins, cette espèce de faïence calcarifère, connue longtemps sous le nom de cailloutage et de terre de pipe, a été fabriquée en France pendant une cinquantaine d'années, et n'a disparu complétement que depuis dix ans environ, pour faire place à une poterie blanche bien meilleure dont les propriétés tendent de plus en plus à se rapprocher de celles de la porcelaine dure. C'est encore l'Angleterre qui nous a précédés dans ce dernier et définitif perfectionnement de la pâte des faïences fines, lequel consistait essentiellement dans l'addition d'une dose de feldspath et dans l'élimination du carbonate de chaux. Déjà, vers 1720, les Anglais avaient commencé la fabrication de pâtes feldspathiques, sous le nom de stone-ware (grès), à laquelle ils avaient été conduits par la présence de roches granitiques délitées dans le voisinage de leurs usines. De cette façon on obtint enfin une poterie dont la composition de la pâte a une grande analogie avec celle de la porcelaine dure. Elle contient en effet du silex et des minéraux feldspathiques broyés, mêlés à différentes argiles.

Quant à la couverte vitreuse qui sert de glaçure à la faïence fine, elle n'a pas subi dans sa composition et sa préparation moins de vicissitudes que la pâte.

Consistant simplement en sel marin dans son origine, elle fut composée plus tard d'un mélange de silex et de minerais de plomb broyés qui avait le grand défaut de jaunir encore les argiles déjà trop colorées, et ne convenait ainsi qu'à ces premières faïences de nuance jaune-pâle qui dans le siècle dernier étaient très-connues en Angleterre sous le nom de *cream-colour*. C'est de cette faïence jaunâtre que J. Wedgwood composa pour la reine Charlotte, vers 1770, le service de table désigné sous le nom de poterie de la Reine (Queen's ware). L'emploi de l'acide borique et du borax comme fondants ne vint que plus tard dans notre siècle, et rendit nécessaire le frittage des couvertes, c'est-à-dire une fusion préalable d'une partie des matériaux composant la couverte, surtout de ceux solubles dans l'eau.

Bref, il a fallu des tâtonnements et des efforts sans nombre, des recherches et des essais infinis et entrepris simultanément par un grand nombre de potiers, avant d'arriver à produire et à verser en grandes masses dans la consommation cette vaisselle propre, blanche, dure, sonore et bien glacée, qui ne manque plus aujourd'hui dans aucun ménage, et qui, par son bon marché et ses usages domestiques si nombreux et si importants, est devenue un objet de production industrielle de premier ordre. Réussir d'une manière constante à donner à ce produit une blancheur toujours égale, une tenacité satisfaisante, une couverte brillante et dure, non sujette aux tressaillures, ce sont là des résultats soumis à des difficultés ardues et complexes, variant selon les temps et les lieux, mais qu'on est en général parvenu à surmonter heureusement de nos jours.

Les puissants et nombreux dépôts d'argiles, de kaolin, de roches feldspathiques que l'Angleterre possède, ont été la cause première de la supériorité que les potiers de ce pays ont conservée si longtemps sur ceux du continent, pour la beauté et la bonté de leurs produits céramiques. Mais le rang éminent qu'ils occupent encore dans cette industrie commence à leur être sérieusement disputé. De nos jours, c'est encore d'Angleterre que bon nombre de faïenceries du continent tirent la plupart de leurs matières premières telles que argiles, kaolin, feldspaths.

Il est vrai que le grand plateau central de la France contient en abondance tous les minéraux nécessaires à la fabrication de la faïence fine, y compris le combustible; mais ce pays n'a point de rivières navigables, peu de routes, il est éloigné de la mer, son sol est pauvre, et partant peu peuplé, toutes circonstances contraires à l'établissement et au développement de l'industrie faïencière.

Si la fabrication de la porcelaine en France s'est presque exclusivement fixée à Limoges, il faut en voir la raison dans la proximité des dépôts kaoliniques et granitiques, ainsi que dans les forêts et les cours d'eau de ce pays, qui ont fourni les matières premières, le combustible et la force motrice.

Les caractères et les qualités par lesquels se distingue la faïence moderne, quand elle est ce qu'elle doit être, sont :

1° Une blancheur égale à celle de la plus belle porcelaine française, ou la surpassant même;

2° Une couverte transparente très-dure, qui ne se gerce pas, et ne se laisse pas entamer par une forte pression exercée avec la pointe d'un bon couteau d'acier ;

3° Les pièces peuvent être très-minces et légères, sans manquer de solidité, et quoique ébréchées, elles n'absorbent pas les corps gras.

Sans doute, toutes les faïences fines ne réunissent pas à un si haut degré les qualités sus-énoncées, mais il y en a qui sont dans ce cas; et dès lors on comprend pourquoi la faïence est capable encore de soutenir la concurrence de sa redoutable rivale, la porcelaine, surtout si l'on regarde au prix. Celui des assiettes de faïence, par exemple, n'est que moitié de celui des assiettes de porcelaine.

Enfin, la faïence fine offre aux artistes des ressources et des moyens de décors considérables dont est privée la porcelaine, et même la faïence émaillée. Elle admet par exemple la décoration sur biscuit, laquelle, pour le dire en passant, est loin d'avoir dit son dernier mot. Ce genre de décor qui n'est possible que moyennant une poterie à biscuit blanc et à couverte transparente, peut se pratiquer par impression et par tous les genres de peintures et de dessins, même par le pastel, à condition qu'on dispose des couleurs convenables et d'une couverte appropriée aux couleurs.

Un tel mode de décor nous paraît supérieur à celui qui s'exerce sur l'émail ou la couverte; car il est pour ainsi dire incorporé à la pièce, et la couverte en s'appliquant par-dessus le préserve de tout frottement extérieur et de toute usure, en lui donnant un lustre bien homogène.

En outre, il est possible, lorsqu'il ne s'agit que de pièces d'ornement, de revêtir la faïence fine de glaçures très-fusibles sur lesquelles les couleurs se développent presque comme sur l'ancienne porcelaine de Sèvres. Nous disons *presque*, parce que, par sa nature particulière, la pâte du vieux Sèvres réagissait sur les couleurs d'une manière qui lui était tout à fait propre.

A l'Exposition, ce n'étaient pas, parmi les faïences fines, les produits blancs qui dominaient; le fabricant appréhendant qu'une simple assiette blanche n'intéresse personne, préfère la présenter décorée, chargée de peintures et d'ornements. Cependant, c'est l'examen de l'assiette blanche qui peut le mieux renseigner sur sa valeur intrinsèque. L'attention des experts doit tout d'abord avoir pour objet de constater la tenacité des pièces, et la dureté de la couverte.

Deux grandes maisons, Sarreguemines et Creil-Montereau, qui occupent en France le premier rang dans la fabrication de la faïence fine, représentaient cette industrie dans la galerie des poteries de luxe.

Sarreguemines, déjà cité pour ses grès, avait exposé en premier lieu une grande collection de vases et de cache-pots ornés de riches et délicates peintures dues à des artistes de talent, et exécutées sous la direction du dépôt que cette maison entretient à Paris. Ces peintures sont peut-être ce qu'on a fait de plus joli et de plus soigné en fait de décor de moufle sur faïence fine; mais il n'est pas possible néanmoins d'y discerner des intentions décoratives bien nettes, ni la recherche d'un style approprié aux produits céramiques. Après cette catégorie d'articles, on remarquait quelques pièces peintes sur biscuit qui n'étaient là que comme premiers spécimens d'un nouveau genre de décor en train de se développer, mais sur la valeur duquel il ne serait pas prudent de se prononcer d'après les exemplaires exposés. Quelques pièces très-bonnes et très-réussies d'un décor sur biscuit plus ordinaire, se trouvaient reléguées dans la classe 91, et ont échappé sans doute pour ce motif à l'attention des personnes compétentes. Là se trouvait aussi la poterie plus usuelle de cette manufacture, ses faïences blanche ordinaire, jaune, rouge et noire.

Ce que Sarreguemines présentait de plus remarquable était une vaisselle de fabrication nouvelle, d'une blancheur et d'une dureté qui, croyons-nous, n'ont pas encore été surpassées. Quelques services de table et de toilette étaient décorés de belles et bonnes impressions, en lilas, bleu mat, rose, vert, gris, etc. Il faut relever avec éloge les efforts que cette maison a faits pour mettre ses produits, sous le rapport des formes et de la décoration, en harmonie avec les exigences de ce goût épuré que l'influence croissante de l'art propage chaque jour davantage. Malheureusement, les exigences commerciales viennent trop souvent croiser de si louables efforts; et l'on ne peut pas équitablement demander à une grande entreprise industrielle de contenter à la fois le grand public et les connaisseurs difficiles en matière de forme et de décoration. Les formes de Sarreguemines sont sobres, élégantes, sveltes, et pour cette raison exposées malheureusement à être souvent copiées d'une façon indue.

Cette manufacture fabrique deux sortes de faïence fine : une qualité supérieure plus blanche et plus dure, désignée sous le nom de *China*, et une bonne qualité ordinaire, appelée *opaque*. Elle fait encore des faïences rouges, jaunes, colorées par leurs pâtes, et vertes, noires, colorées par leurs émaux. La bonne qualité de ces produits est consacrée par une réputation bien connue et solidement assise.

Creil et Montereau, qui sont deux autres centres de production très-considérables pour la faïence fine, avaient une exposition moins brillante que Sarreguemines, mais justifiant néanmoins la renommée qu'a cette maison de produire une bonne marchandise courante.

Nous avons remarqué dans son exhibition d'assez beaux carreaux en faïence fine, décorés à la moufle; une cuvette de grande dimension (1 mètre de longueur), ornée de feuillages appliqués, le tout blanc (il nous a semblé que cette pièce eût gagné à être décorée en couleurs); et deux vases émaillés en bleu-turquoise, dont la valeur est bien réduite par le fendillage de l'émail.

Une annexe élevée dans le parc abritait les expositions de deux autres établissements importants du même genre, les faïenceries de Choisy-le-Roi et de Gien, qui nous ont paru avoir réalisé tous deux, surtout Choisy, de notables progrès. On y voyait une belle marchandise courante et quelques pièces remarquables.

Une faïencerie sise à Bordeaux, la plus importante du midi de la France, n'avait pas exposé. Nous n'en dirons donc rien de plus.

La lutte de la concurrence en France reste à peu près concentrée entre les cinq ou six établissements que nous venons de citer, et qui tous ont fait dans ces derniers temps des efforts soutenus et de grands progrès, surtout en vue de résister à l'invasion des produits anglais auxquels le traité de commerce ouvrait nos portes, et que, grâce à ces efforts et à ces progrès, on espère combattre avec des chances de succès. Aussi, est-ce plutôt la concurrence intérieure qui finira par devenir redoutable pour nos grands établissements.

L'Allemagne du Nord, la Hollande, la Belgique, possèdent aussi de vastes manufactures de faïence fine dont la fabrication a beaucoup de rapports et de ressemblance avec la nôtre.

Les principaux de ces fabricants sont : MM. Villeroy et Boch, à Mettlach (Prusse Rhénane) et à Dresde (Saxe); MM. Boch frères à Kéramis (Belgique), et MM. Régout à Maëstricht (Hollande). Les exhibitions de ces maisons ne présentaient rien de bien saillant sous le rapport des faïences.

Mettlach avait exposé de bons émaux de couleur, des échantillons de photographie appliquée à la faïence et des décors chromo-lithographiques imprimés sur couverte parfois très-jolis d'aspect.

La faïence fine se fabrique bien aussi en Suède, où il faut signaler avec éloge la faïencerie de Gustafsberg dirigée par un potier éminent, M. Gentèle.

Passant en Angleterre, nous y retrouvons à la tête de l'industrie faïencière, MM. Minton et Wedgwood auxquels vient se joindre pour la faïence fine, M. Copeland.

Le premier se distinguait encore à l'Exposition par l'excellence de sa fabrication courante, et par ses décors riches et variés à l'égard desquels il y a peu à critiquer, croyons-nous, surtout si l'on tient compte des goûts et des habitudes du pays.

On peut signaler encore ses carreaux en faïence fine, de toute beauté, décorés à la moufle, ses assiettes à décors noirs et gris, etc., etc.

Chez MM. Wedgwood nous avons remarqué cette faïence jaunâtre (queen's ware) dont nous avons déjà parlé, agréablement peinte sur couverte ; et de beaux produits courants.

Chez M. Copeland des décors de moufle très-brillants, appliqués sur services de table et de toilette, et des panneaux de revêtement en faïence fine également décorés avec luxe.

Après ces grands fabricants, nous avons encore remarqué les produits de M. Georges Jones, à Stoke-upon-Trent, faïences fines blanches et décorées; les belles faïences de luxe de M. Brownfield; les faïences blanches et noires de MM. Pinder-Bourne à Burslem.

Chez les Anglais, pas plus qu'en France, nous n'avons remarqué de grands progrès pour les impressions. Ce genre paraît même négligé par eux aujourd'hui et sacrifié au décor sur couverte.

En revanche nous avons observé chez les exposants anglais quelques nouveaux procédés de décoration qui n'ont pas encore été imités sur le continent. Toutefois, on peut en dire autant dans le sens inverse.

En définitive, la faïence fine est bien près d'avoir atteint son point de perfection. Il n'y aura bientôt plus à réaliser dans sa fabrication que des améliorations et des modifications économiques qui ont bien leur importance aussi. Déjà l'outillage et le façonnage ont subi des transformations considérables ; et un moulage plus mécanique a été substitué au travail plus manuel et plus cher d'autrefois. Pour les glaçures, l'emploi des matières les plus coûteuses, comme le borax, ou les plus insalubres, comme le blanc de plomb, est réduit à un minimum; et l'on arrivera peut-être à pouvoir se passer entièrement de l'une ou de l'autre de ces substances, sinon de toutes les deux.

Au point de vue de l'art, il faudra attendre les progrès du goût public et du sentiment esthétique pour parvenir à réformer ce que beaucoup de nos décors ont encore de barbare et d'inepte.

En prenant conseil des anciens, des Chinois, des Persans et des maîtres de la Renaisssance, sans viser à les copier servilement, on arrivera à mieux adapter la décoration à la forme, et à ne pas écraser celle-ci sous des peintures déplacées et anticéramiques.

Envisagée comme art, la céramique est avant tout un art plastique où la forme doit régner et être respectée.

Ne la dénaturons pas par des peintures sans style et dépourvues de sentiment décoratif; faute capitale et habituelle de nos jours, quoique rarement commise par nos devanciers de l'antiquité et de la Renaissance.

Que la décoration soit légère; qu'elle s'harmonise avec les contours et le galbe ; et que nos peintres céramiques ne considèrent pas un vase ou une potiche à l'instar d'une toile à tableau, comme une surface uniquement destinée à se couvrir de couleurs et de bigarrures qui n'ont ni liens, ni rapport avec la forme qui les porte. De telles peintures peuvent être savamment conçues et très-artistement exécutées sans pour cela répondre le moins du monde au rôle qui leur était assigné.

A. et Léon JAUNEZ.

(La fin à un prochain fascicule.)

XVI

MATÉRIEL ET PROCÉDÉS

DE

L'EXPLOITATION DES MINES

PAR **M. ÉMILE SOULIÉ,**
Ingénieur civil, Ancien Élève de l'École des Mines,

ET **M. ALFRED LACOUR,**
Ingénieur civil, ancien Élève de l'École polytechnique et de l'École des Mines.

(Pl. CXVIII et CXIX.)

TROISIÈME ARTICLE, PAR M. E. SOULIÉ.

AÉRAGE.

Nous avons déjà dit que le but de l'aérage est de créer des courants d'air artificiels ou d'augmenter les courants naturels afin de renouveler l'air des galeries souterraines et d'entraîner au dehors tous les gaz irrespirables, c'est-à-dire : l'air déjà vicié par la respiration des ouvriers, par la combustion des lampes, par l'explosion des coups de mines ou par d'autres causes secondaires, ainsi que les carbures d'hydrogène, l'acide carbonique, l'azote et certains gaz ou vapeurs qui, dans les mines métalliques, proviennent de la décomposition de substances minérales telles que les pyrites. La création de l'aérage artificiel dans les cas où l'aérage naturel est insuffisant, est motivé par la double nécessité de donner aux ouvriers de l'air respirable et aux lampes de l'air propre à entretenir leur combustion, ce qui est exactement la même chose, et aussi peut-on dire, et surtout, d'entraîner les gaz délétères tels que le grisou, qui, se dégageant spontanément en grande abondance dans de certains travaux, forment avec l'air un mélange détonnant qui fait explosion au contact du premier corps enflammé qui se présente.

Dans les galeries où l'on n'a pas à craindre ces dégagements, c'est-à-dire dans les mines métalliques et dans certaines mines de houille, on détermine la ventilation au moyen de *foyers d'aérage*.

On dispose une grille dans une galerie horizontale qui vient déboucher au moyen d'un carneau incliné dans le puits d'aérage situé à proximité de ce foyer. On ne fait en général passer sur la grille que la quantité d'air nécessaire à la combustion du charbon placé sur cette grille en cherchant autant que possible à ne produire par cette combustion que de l'acide carbonique et pas d'*oxyde de carbone* ; dans les mines à grisou aérées par ce procédé, on a soin de ne faire passer sur la grille que de l'air provenant des parties saines de la mine ; une augmentation de 12° à 15° suffit pour déterminer le déplacement des couches d'air nécessaire pour l'aérage ; au delà de 45° (au maximum) le foyer consommerait trop de combustible et on a recours alors aux machines. Souvent on fait arriver sur les grilles de l'air provenant directement du jour.

Les foyers d'aérage sont quelquefois disposés à la base de puits qui servent uniquement à donner passage à l'air qui monte des travaux. Quand on veut que le même puits serve à l'aérage et à l'exploitation, c'est-à-dire par conséquent à la descente et à la montée des ouvriers, on a soin de le diviser en deux compartiments : le grand sert à l'exploitation, le plus petit donne issue à l'air des travaux.

Dans d'autres circonstances (à Seraing, par exemple) on a surmonté les puits d'appel d'air d'une haute cheminée et à la base de cette cheminée on a installé un foyer dans une chambre close; l'air venant des travaux passe dans cette chambre close et au contact des parois du foyer il s'échauffe et monte.

Les procédés d'aérage au moyen de foyers sont d'un emploi très-dangereux dans les mines de houille à grisou et doivent autant que possible en être proscrits; mais au point de vue de l'économie ils sont toujours très-avantageux dans les mines de houille quand les circonstances locales en permettent l'emploi, car ils donnent le moyen de brûler utilement des menus qui seraient sans débouché et en outre ils suppriment tous les chômages inséparables de l'emploi des machines.

—

M. Lehaître, qui a entrepris, avec MM. de Mondesir et Julienne, la ventilation du Palais de l'Exposition, a proposé un système de ventilation pour les mines, dont les points principaux peuvent se résumer ainsi, d'après la communication qu'il en a faite récemment à la Société des ingénieurs civils. On conserverait toujours deux puits pour l'aérage, l'un servirait à l'entrée de l'air pur, l'autre à la sortie de l'air vicié et des gaz formés dans les galeries. Un tube en fer, d'un diamètre variable suivant l'importance des travaux à aérer, partirait du sommet du puits d'entrée, descendrait jusqu'aux galeries les plus importantes, irait aux fronts de taille et reviendrait, par d'autres galeries, jusqu'au puits de sortie où il se terminerait par un jet à l'orifice supérieur de ce puits. Sur cette conduite principale se brancheraient d'autres conduites de plus petit diamètre, dans les galeries secondaires. Dans le puits d'entrée de l'air, une tubulure branchée sur la conduite dirigerait un jet dans l'axe du puits, de haut en bas suivant sa profondeur, de telle sorte qu'il suffirait de faire varier la pression ou le diamètre de l'orifice de sortie de l'air pour produire une vitesse proportionnée au diamètre du puits d'entrée.

Dans les puits où il y a des pertes de charge exceptionnelles dues à des frottements accidentels, à des anfractuosités des galeries, etc., on placerait des jets supplémentaires pour les surmonter, ainsi que devant les fronts de taille et dans tous les chantiers d'abattage; on établirait aussi des jets supplémentaires d'air comprimé dans la galerie qui conduit au puits de sortie de l'air ; enfin un dernier jet serait lancé dans le puits de sortie lui-même et dans le sens de la sortie, afin de faciliter l'évacuation de l'air soit par entraînement, soit par diffusion. Une machine à vapeur située à l'orifice du puits d'entrée actionnerait une pompe de compression qui refoulerait l'air dans toute la longueur des conduites à une pression calculée suivant l'importance des travaux à aérer, c'est-à-dire suivant la quantité d'air comprimé qu'on devrait employer pour maintenir la pression constante dans toute la longueur des conduites.

M. Lehaître pense que par le système qu'il propose on obtiendra probablement avec une force moindre, les mêmes résultats qu'avec les ventilateurs les mieux établis; il observe que cette ventilation est produite dans le même sens que la ventilation naturelle qui provient de la différence de température de l'air entre les deux puits; en outre, en cas d'éboulement, on pourrait, pense-t-il, envoyer par les conduites de ventilation de l'air aux ouvriers qui se trouveraient bloqués par les décombres; on pourrait aussi communiquer avec eux par les tuyaux de conduite comme par un tuyau d'acoustique et leur envoyer même, au besoin, par cette conduite des liquides réconfortants.

La dépense nécessaire pour produire la ventilation par ce système ne serait pas supérieure, pense M. Lehaître, à celle occasionnée par les ventilateurs; la dépense d'installation seule serait plus grande. Pour introduire 4 mètres cubes d'air par seconde dans les galeries, par un puits de 4^{m2}, c'est-à-dire de 2^m25 de diamètre, il faudrait une force de 1,3/4 cheval-vapeur ou 4^k37 de charbon par heure. Si on triple cette force pour tenir compte des pertes de charges dues aux frottements, aux jets supplémentaires, etc., on voit qu'avec une force de 5 à 6 chevaux vapeur, c'est-à-dire avec une consommation de $12^k,50$ à 15 kilogrammes de charbon par heure, on pourrait aérer complétement les galeries d'une mine.

Dans les mines où il y a plusieurs étages de galeries, il faudrait établir un système de conduites d'air comprimé pour chaque étage; il va sans dire qu'il faudrait alors donner à la maîtresse conduite du puits d'entrée un diamètre calculé en conséquence; on donnerait aussi un diamètre plus grand au premier jet moteur du puits d'entrée, afin de faire entrer dans ce puits le volume d'air nécessaire à l'aérage de tous les étages de galeries.

Ventilateurs.

Lorsque les galeries d'une mine sont étroites ou que l'air appelé aurait à traverser des remblais considérables, en général dans les circonstances où il faudrait produire une dépression manométrique considérable pour créer un courant d'air suffisant, ou bien dans les mines sujettes à de fréquents dégagements de grisou, on remplace les foyers d'aérage par des moyens de ventilation mécaniques. On emploie parfois dans ce but des machines pneumatiques aspirantes mues par un piston à vapeur, ou bien encore des machines aspirantes à cloches comme celles usitées dans le Hartz. Ces machines ont un inconvénient général: c'est que les clapets, qui font nécessairement partie de ces appareils, absorbent une force considérable quand il s'agit de produire des dépressions manométriques de quelques centimètres seulement, comme c'est le cas pour l'aérage de la plupart des mines. Les ventilateurs mécaniques proprement dits sont nombreux; ils sont représentés en assez grand nombre à l'Exposition par des modèles qui permettent d'en bien saisir la disposition. Nous allons les passer rapidement en revue sans nous y arrêter longuement, car presque tous sont connus depuis longtemps déjà, et les modèles exposés ne présentent pas de modifications bien saillantes aux types connus et pour ainsi dire classiques.

Nous rencontrons d'abord, dans la section française, un modèle de *ventilateur Fabry*, tel qu'il a été établi à la fosse Bayard, à Denain.

Ce ventilateur est composé de deux arbres parallèles reposant sur des coussinets portés par deux bajoyers verticaux en bois; chacun de ces arbres porte trois bras à 120° l'un de l'autre; en travers de ces bras, et à une distance égale du centre, sont fixées des palettes d'égale largeur, qui portent chacune à leur deux extrémités deux arcs en bois ayant le profil des dents d'un engrenage épicycloïdal. Dans le mouvement simultané mais en sens contraire des deux arbres, il y a toujours deux arcs en contact, comme deux véritables dents d'engrenage; les deux bajoyers verticaux et le coursier en maçonnerie de chaque roue emboîtent complétement l'appareil; le bas des coursiers communique avec la galerie d'aérage : il résulte de cette disposition que quand deux dents sont en contact il n'y a pas de communication entre les galeries souterraines et l'atmosphère.

Le mouvement des roues pouvant avoir lieu dans deux sens, on comprend que l'on peut à volonté aspirer l'air des travaux ou refouler de l'air atmosphérique dans la mine. Le mouvement est transmis aux deux roues par une machine à vapeur, soit au moyen d'engrenages, soit directement par des bielles, suivant les circonstances locales.

Un ventilateur de ce système ayant $2^m.00$ de largeur (dans le sens de la longueur des arbres des deux roues), dont les palettes sont fixées à une distance de $1^m.00$ de l'arbre, en faisant 30 tours par minute, extraira de 22 à 30 mètres cubes d'air par minute. On peut estimer à environ 25 chevaux la force nécessaire pour extraire 20^{m3} d'air avec cet appareil; toutefois ces chiffres n'ont rien d'absolu, les résultats donnés par chaque ventilateur dépendant de la disposition des galeries souterraines, de leur étendue et de leur dimension.

Le ventilateur Fabry est en usage en France et Belgique depuis très-longtemps; son installation n'est pas difficile, son entretien est peu considérable, la force qu'il absorbe pour sa mise en mouvement est relativement faible; aussi est-il passé depuis quinze ans dans la pratique générale.

Le *ventilateur Lemielle*, que nous rencontrons dans la section française de l'Exposition, se compose en principe d'un tambour hexagonal en tôle porté par un arbre qui, dans l'intérieur du tambour, est deux fois coudé, de façon à former dans l'intérieur de ce tambour une manivelle ou plutôt un arbre excentré; des palettes courbes en tôle sont articulées sur le tambour, suivant les génératrices des sommets des angles de l'hexagone; de l'autre côté elles sont reliées à des bielles articulées sur l'arbre excentré et qui passent à travers des ouvertures ménagées dans la tôle du tambour. L'appareil est disposé à l'orifice d'un puits avec son arbre horizontal dans une cavité à section rectangulaire qu'il remplit complétement; on le fait tourner de façon à ce que les palettes viennent successivement se déployer pendant le mouvement de rotation et par suite, en passant devant l'orifice du puits, aspirer l'air qu'il contient. En changeant le sens de la courbure des palettes et en faisant marcher l'appareil en sens contraire, il refoulera de l'air atmosphérique dans le puits.

On peut avec cet appareil produire des dépressions manométriques de $0^m.06$ à $0^m.07$ d'eau.

Le modèle qui figure à l'Exposition représente à l'échelle de 1/10 le ventilateur qui est installé à l'un des puits des mines d'Anzin. Dans cette disposition, l'arbre du ventilateur est vertical; l'appareil est disposé dans une chambre à section circulaire fermée par le haut et par le bas, et placée à l'entrée de la galerie d'appel; les palettes en se déployant autour de l'arbre viennent chacune successivement passer devant l'orifice de la galerie, puis elles rasent la surface intérieure de la chambre et envoient l'air qu'elles ont aspiré dans une cheminée circulaire placée tout à côté de la chambre du ventilateur et communiquant avec elle par une porte.

Cette disposition a pour objet de ne pas encombrer l'orifice du puits; elle doit en outre, ce semble, diminuer dans une certaine mesure les pertes qui, pour cet appareil comme pour le précédent, résultent de la rentrée de l'air par le jeu des pièces.

La section belge de l'Exposition renferme un certain nombre de ventilateurs d'une construction très-simple; nous regrettons de n'avoir pas pu recueillir sur la plupart de ces appareils des renseignements aussi complets que nous l'eussions désiré.

Le ventilateur de M. Guibal, de Mons, est l'un de ceux qui sont le plus répandus. Un modèle de cet appareil exposé dans la section française représente le ventilateur Guibal tel qu'il est appliqué à la fosse Thiers, à Saint-Saulve, et le dessin complet de ce système de ventilateur figure dans la section belge.

Que l'on imagine deux triangles équilatéraux formés par des fers à cornière se coupant de façon à former un hexagone régulier et reliés par des bras à l'arbre du ventilateur; que l'on suppose deux systèmes de support semblables, un vers chaque extrémité de l'axe, que sur le prolongement de chacun des côtés des deux triangles on fixe des palettes en bois de façon à ce qu'il y en ait une à chaque sommet de l'hexagone et qu'elles soient toutes dirigées dans un même sens de rotation, on aura une idée de cet appareil très-simple qui offre comme aspect général quelque analogie avec une roue de bateau à aubes. Au lieu de deux triangles se coupant on peut en imaginer trois, on aura alors trois palettes de plus, c'est-à-dire 9 au lieu de 6.

M. Guibal construit des ventilateurs de ce type de toutes dimensions, depuis les petits appareils qui déplacent 20 mètres cubes d'air par seconde jusqu'aux grands ventilateurs qui en déplacent 100 mètres cubes. Il a exposé un ventilateur de petit modèle qui offre cet avantage précieux que, par l'intermédiaire de roues d'engrenage fort bien calculées, le moindre déplacement qu'on imprime à la manivelle correspond à une vitesse de rotation très grande des ailettes.

Ce même ventilateur, grand modèle, lorsqu'il est employé à l'aérage des mines, est logé dans une chambre en maçonnerie ayant un pourtour circulaire, de manière que les palettes du ventilateur viennent presque raser cette surface, sauf dans les parties où aboutissent la galerie qui amène l'air des travaux et la cheminée ou la galerie qui donne issue à cet air. La machine à vapeur qui donne le mouvement au ventilateur est placée dans une chambre située tout à côté de celle du ventilateur.

M. Guibal annonce, d'après ses nombreuses expériences, qu'un ventilateur de son système ayant 9 mètres de diamètre et 4 mètres de longueur, peut extraire 100 mètres cubes d'air par seconde dans les conditions suivantes :

Sous une pression de :	0m.036	0m.055	0m.079	0m.110
Le ventilateur fera par minute ce nombre de tours...........	40	50	60	70
Cela correspond à une force dépensée par la machine motrice de chevaux vapeur...........	64	100	143	200
L'effet utile rapporté au travail de la vapeur dans le cylindre de la machine motrice sera de....	0.80	0.78	0.76	0.74

Ces chiffres indiquent, comme on le voit, un effet utile considérable. L'appareil de M. Guibal est d'ailleurs simple et son installation n'offre pas de difficultés; lorsqu'il s'agit d'établir un ventilateur de grandes dimensions, la dépense devient assez considérable à cause des constructions nécessaires pour le loger, lui et la machine motrice.

Ce ventilateur peut agir par aspiration ou par refoulement, mais le plus généralement il est aspirant.

Nous rappellerons ici cette règle générale pour tous les ventilateurs à force centrifuge, c'est qu'ils travaillent dans des conditions d'autant meilleures que leur vitesse n'est pas trop considérable.

Nous devons réparer une omission en mentionnant ici le petit appareil fort ingénieux que M. Guibal a imaginé pour l'abattage des roches et principalement de la houille, sans avoir recours à l'emploi de la poudre, et auquel il donne le nom de *canne d'abattage*. Il consiste simplement en un tube en cuivre au bout duquel on adapte un petit sac en caoutchouc; on loge ce petit sac dans le trou de mine une fois percé et on bourre : on fait arriver de l'eau dans le sac par le tube creux en cuivre; dans l'intérieur du tube pénètre une tige qui permet d'augmenter par l'intermédiaire de l'eau le volume du sac dont les parois sont élastiques; sous cette pression l'eau fait éclater la roche; on vide alors le sac au moyen d'un robinet et on l'enlève. Le même appareil peut servir toujours. On comprend du reste les avantages qui résultent de la suppression de l'emploi de la poudre, et on ne saurait trop recommander l'emploi de ce petit appareil dont le prix n'est pas élevé et dont l'usage est économique.

M. Labarre (Belgique) expose un ventilateur aspirant; c'est encore un ventilateur à force centrifuge. Les ailettes sont planes; elles sont complétement enfermées dans une enveloppe à section circulaire qui aboutit à un conduit horizontal situé dans le bas de l'appareil. L'air n'entre plus dans le ventilateur, par le centre, autour de l'arbre, comme cela a lieu dans le petit modèle exposé par M. Guibal; il pénètre entre les ailettes par des ouvertures obliques qui sont pratiquées dans le pourtour de l'enveloppe cylindrique du ventilateur du côté opposé à la conduite qui donne issue à l'air : cela constitue une espèce de persienne courbe. Ce nouveau ventilateur est indiqué comme donnant plus de vent avec moins de vitesse : on est porté à le croire en observant sa construction; les ailettes en passant dans leur mouvement de rotation directement devant les orifices d'introduction de l'air et en rasant le contour de l'enveloppe du ventilateur, font le vide derrière elles et doivent par suite faire un appel d'air direct et énergique. On conçoit que, dans les systèmes où l'introduction de l'air se fait parle centre de l'appareil, l'appel d'air étant beaucoup moins direct est nécessairement moins efficace et nécessite une vitesse de rotation plus grande de l'appareil pour arriver à produire un même résultat dans un temps donné. Aussi dans le modèle, d'une simplicité remarquable, qu'il expose, M. Labarre a-t-il supprimé toute espèce d'engrenages : la poulie qui reçoit la courroie est calée directement sur l'arbre du ventilateur sans aucun intermédiaire. Ce ventilateur, quoique spécialement destiné aux usines, pourra être employé accidentellement dans les mines avec avantage.

Le ventilateur de M. J. Evrard (de Mons) est à la fois aspirant et soufflant : il peut être employé pour la ventilation des mines aussi bien que pour le service des usines. Ce n'est point, à proprement parler, un ventilateur à force centrifuge : il serait plus exact de le classer avec le ventilateur Fabry. Bien qu'il soit difficile d'en faire comprendre la disposition sans figure, nous essayerons de décrire au moins ses traits principaux. Il se compose de deux cylindres en bois de même diamètre. L'un de ces cylindres porte quatre palettes saillantes coupant sa surface suivant quatre génératrices aux extrémités de deux diamètres rectangulaires. L'autre cylindre porte deux renfoncements diamétralement opposés et dont la surface est telle que, quand les deux cylindres tournent en sens contraire, chacune des palettes du premier vient raser la surface intérieure de chacun des renfoncements du second. Une caisse en bois enveloppe les deux cylindres dans leur partie inférieure jusqu'à la hauteur de leurs arbres, et cette caisse se prolonge concentriquement au cylindre à palettes, de façon à former une conduite circulaire dans laquelle les palettes se meuvent. La conduite de sortie est placée horizontalement au-dessous des cylindres; elle est munie d'une vanne qui permet de faire varier à volonté sa section. Les deux cylindres sont reliés par des roues d'engrenage. Quand le cylindre qui porte les palettes tourne de gauche à droite, ces dernières font le vide derrière elles dans la conduite circulaire, l'air est aspiré et sort par la conduite horizontale; quand au contraire ce cylindre tourne de droite à gauche, l'orifice garni de la vanne devient l'orifice d'aspiration et la sortie de l'air se fait par la conduite circulaire; les deux cylindres avec leurs palettes ou leurs renfoncements n'ont d'autre but que de produire un déplacement de l'air dans la conduite sans lui donner eux-mêmes issue au dehors.

Les deux cylindres (palettes non comprises) ont environ $0^m.60$ de diamètre et $1^m.10$ de longueur. C'est, comme on le voit, un appareil de dimensions assez restreintes et peu encombrant.

Dans la section prussienne nous avons remarqué trois ventilateurs différents par les détails de leur construction, mais tous peu volumineux. Ce sont ceux fabriqués dans l'usine de Bochum (Westphalie), ceux de M. Schiele et Cie, et enfin celui construit par M. Dinnendahl et qui, d'après les expériences faites à Essen (Prusse rhénane) par le tribunal royal des mines, fournit de $10^{m3}.950$ d'air pour 30 tours que fait la manivelle et $22^{m3}.530$ pour 60 tours de la manivelle; ce dernier ventilateur paraît être assez répandu dans les mines d'Allemagne. Tous ces appareils, en modifiant leurs dimensions, peuvent être utilisés pour le service des usines; ils sont remarquables par la très-petite largeur des ailettes et de la boîte métallique qui les enveloppe. Ils doivent être d'un usage commode lorsqu'il s'agit d'envoyer *momentanément* de l'air au fond d'une galerie.

Les machines à vapeur destinées spécialement à faire mouvoir les ventilateurs ne sont pas nombreuses à l'Exposition; nous n'en avons vu qu'une que nous citerons comme type : c'est celle exposée par M. L. A. Quillac (d'Anzin). La machine à vapeur qui met en mouvement la classe 47 de la section française n'est autre chose en effet que la réunion de deux machines de ventilateurs pour mines que M. Quillac a reliées à un même arbre moteur M, avec un volant V au milieu de l'arbre, en calant les deux manivelles à 90° l'une de l'autre. Les figures de la planche CXVIII indiquent la disposition générale de cette machine. Le cylindre est vertical; il n'a pas de double enveloppe; l'arbre du volant est placé au-dessus. La machine est à détente fixe produite par un seul tiroir à recouvrement. L'admission de la vapeur se fait en A, l'échappement en E; le piston a $0^m.500$ de diamètre et $0^m.500$ de course. A raison de 60 révolutions à la minute, ces deux machines accouplées sur le même arbre peuvent donner 80 chevaux de force. On voit par les dessins qu'elles présentent une grande simplicité d'organes; les deux bâtis en fonte NN qui les supportent sont eux-mêmes fort simples, en sorte que la machine occupe très-peu de place; ces deux bâtis sont reliés entre eux par une plaque de fondation générale en fonte T et vers leur milieu par deux entretoises en fer PP. Chacune de ces machines est susceptible de produire dans des conditions tout à fait normales une force de 40 chevaux, suffisante pour mettre en mouvement les ventilateurs les plus considérables. Cette simplicité remarquable d'organes et de mouvement que nous avons signalée se traduit par un résultat bien digne de considération : c'est qu'elle permet au constructeur de fournir de semblables machines pour le prix fort modique de dix mille francs l'une, ce qui, dans les conditions énoncées ci-dessus, fait ressortir la force de cheval à 250 francs (sans la chaudière). Il n'est que juste de faire remarquer que toutes les machines exposées par M. Quillac s'imposent à l'attention du public par leur bon marché tout à fait exceptionnel en même temps que par leur bonne construction.

Quand elles sont employées à faire mouvoir des ventilateurs, ces machines commandent directement l'arbre du ventilateur qui remplace alors celui du volant V, dans la disposition indiquée ci-dessus. Il va sans dire qu'on n'applique des machines de cette force qu'aux ventilateurs de grandes dimensions, tels que ceux du système Fabry, Lemielle ou Guibal, par exemple.

Éclairage.

Les diverses modifications apportées à la lampe de Davy ont eu pour but, soit d'augmenter son pouvoir éclairant, soit d'empêcher que les ouvriers puissent l'ouvrir dans les galeries souterraines, considération fort importante dans les mines de houille sujettes au dégagement de grisou.

Comme moyen d'augmenter le pouvoir éclairant des lampes de sûreté, la plupart des constructeurs ont remplacé la toile métallique par une enveloppe de verre ou de cristal dans la partie inférieure de la lampe, au niveau de la flamme.

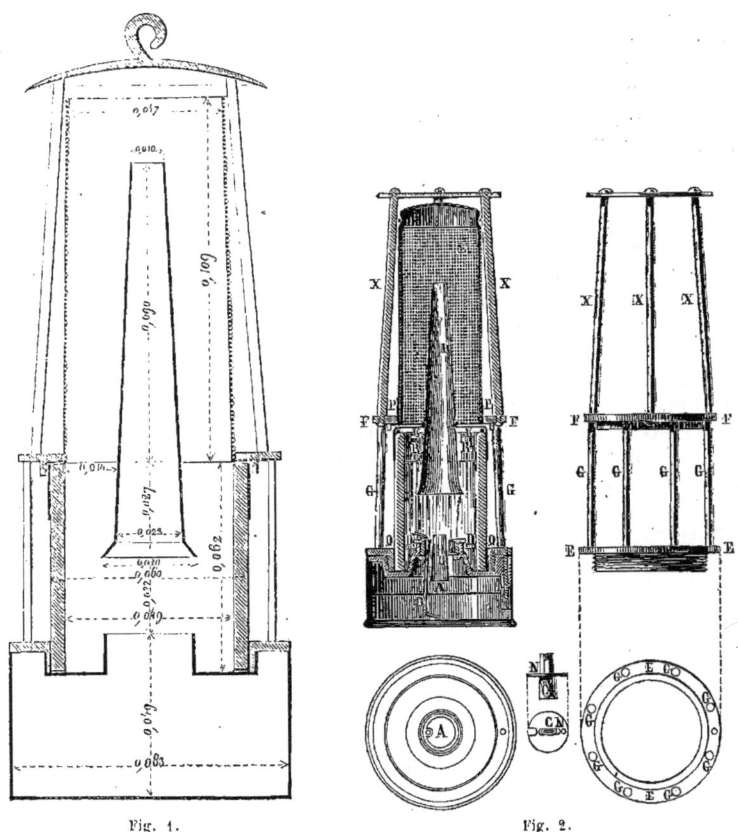

Fig. 1. Fig. 2.

Légende des fig. 1, 2 et 3. A, réservoir; B, crochet pour moucher la lampe; CN, porte-mèche; DEFG PQRX, viroles et armatures; H, enveloppe de verre; I, cheminée en tôle; L, tube métallique. — La fig. 1 indique les dimensions (réglementaires en Belgique) de la lampe Mueseler.

Ces enveloppes de verre ou de cristal, quand elles ont été recuites, résistent très-bien aux différences de température et même à la projection de l'eau quand la lampe est chaude. Cette disposition fut adoptée d'abord par M. Mueseler.

M. Dumesnil, dans sa lampe, a complétement supprimé la toile métallique : le bas de la lampe est en verre; le haut est formé d'une cheminée métallique; le réservoir d'huile est extérieur au lieu d'être intérieur. Dans la lampe Mueseler, figures 1, 2, 3, l'air nécessaire à la combustion arrive par le haut, le long des parois intérieures de la toile métallique, et les gaz résultant de la combustion s'échappent par une cheminée centrale. M. Boty a eu l'idée d'obvier à cet inconvénient de l'entrée de l'air par le haut de la lampe en perçant de petits trous à la base du cylindre de verre ou de cristal qui entoure la flamme. M. Roberts avait cherché à éviter que la flamme pût passer à travers la toile métallique, par suite de l'agitation de l'air, en entourant la toile métallique sur les deux tiers de sa hauteur, à partir du bas de la lampe, par un tube de verre; l'air nécessaire à la combustion arrivait au niveau de la flamme par des orifices ménagés dans la virole inférieure qui porte le verre. Ce modèle peu éclairant, puisqu'il conservait toujours la toile métallique au bas de la lampe, s'est peu répandu.

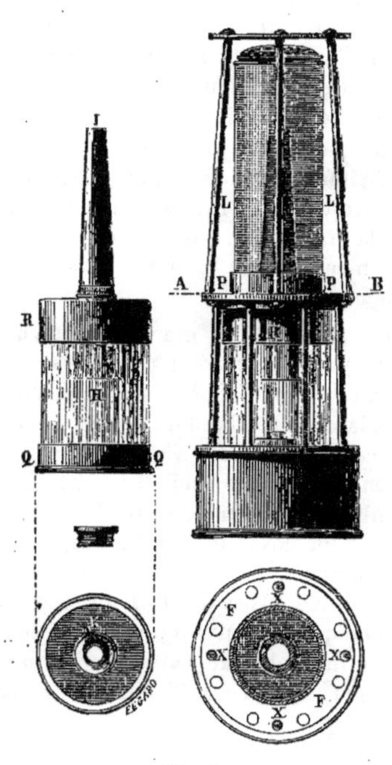

Fig. 3.

M. Cosset-Dubrulle (de Lille) a exposé dans la section française différents types de lampes. Un modèle fort simple, et qui n'est point une lampe de sûreté, consiste en une lampe sans verre ni toile métallique, soudée, suivant un diamètre du réservoir, sur une barre de fer terminée d'un côté par un bouton qui permet de la saisir commodément et de l'autre par une pointe au moyen de laquelle on peut la fixer dans les parois des galeries ou dans les montants des cadres de boisage.

Comme lampe de sûreté, ce même constructeur expose des lampes avec toile métallique sur toute leur hauteur; dans d'autres modèles nous retrouvons à la base l'enveloppe de cristal; dans cette dernière, au-dessus de la flamme, se trouve une cheminée qui donne issue aux produits de la combustion; pas d'orifices d'admission de l'air : l'air s'introduit le long de la paroi intérieure de la toile métallique. Le constructeur dit que cette lampe brûle 80 grammes d'huile en 14 heures, avec un pouvoir éclairant double de celui de la lampe de Davy. Les lampes d'accrochage exposées par M. Cosset Dubrulle ne diffèrent de la précédente que par leurs dimensions, qui sont plus considérables. Leur consommation d'huile est indiquée à 0fr.18 par 20 heures.

Ces lampes sont munies, à volonté, d'un mécanisme qui empêche de les ouvrir sans qu'elles s'éteignent. L'allongement de la mèche a lieu en tournant un bouton qui se trouve au-dessous du réservoir de la lampe, dans son axe.

M. Olanier (de Saint-Étienne) expose aussi une lampe munie d'un système de fermeture tel que dès qu'on cherche à dévisser le réservoir d'huile, des taquets convenablement disposés font abattre sur la mèche un éteignoir qui supprime la flamme.

M. Hembach (Autriche) a exposé une lampe de sûreté qui présente une disposition assez caractéristique. La partie supérieure de la lampe est entourée complétement d'une toile métallique qui est reliée par une virole à une enveloppe de verre au niveau de la flamme; des barreaux partant de cette première virole vont rejoindre la virole inférieure afin de protéger le verre; cette virole inférieure est percée d'ouvertures circulaires pour donner accès à l'air; ces ouvertures sont garnies de toiles métalliques; en outre, le montage de la mèche se commande du dehors au moyen d'un bouton. Le réservoir de la lampe est en fer blanc; la fermeture est formée d'un simple pas de vis, mais une petite crémaillère circulaire faisant corps avec la virole inférieure du verre engrène avec une petite roue dentée conique calée sur l'arbre qui sert à monter la mèche; en dévissant le réservoir pour ouvrir la lampe, la crémaillère fait tourner la roue dentée, laquelle enfonce la mèche et la fait rentrer dans le réservoir. Cette disposition ingénieuse est d'une excessive simplicité.

M. Arnould, ingénieur des mines à Mons, a exposé un grand nombre de lampes de sûreté munies de différents systèmes de fermeture. L'un de ces systèmes consiste simplement en un clou muni, à l'extrémité opposée à sa tête, d'un œillet qui traverse le bord du réservoir de la lampe et le bord de la virole inférieure de l'enveloppe de verre : une fois ces deux viroles vissées l'une sur l'autre, on passe le clou dans le trou et on introduit dans l'œillet un morceau de fil de plomb que l'on aplatit avec un timbre. L'ouvrier ne peut plus ouvrir sa lampe sans détruire le fil de plomb : c'est là un moyen de contrôle, mais non pas un préservatif contre l'imprudence des ouvriers. M. Arnould expose aussi des lampes munies d'une serrure fermant avec clé. Dans d'autres modèles du même ingénieur, l'ouverture ne peut avoir lieu qu'en appuyant un certain point de la lampe sur un fort aimant qui fait alors mouvoir par son attraction une goupille intérieure en fer et permet au pas de vis de tourner. L'aimant est placé dans le dépôt des lampes, au jour.

Dans la section anglaise, la compagnie de la houillère de Bwllfa expose des lampes conformes au modèle de Davy, et d'autres où une enveloppe de cristal est placée à la hauteur de la flamme.

Un des perfectionnements les plus importants pour augmenter le pouvoir éclairant des lampes de sûreté consiste à y brûler de l'huile de pétrole. Cette huile, qui jouit d'un pouvoir éclairant beaucoup plus considérable que l'huile végétale, nécessite des dispositions spéciales dans les lampes.

La lampe de sûreté pour huile de pétrole exposée par M. Arnould est à mèche plate; le bec de la lampe a une ouverture circulaire. Autour de la mèche se trouve une enveloppe de verre; la partie supérieure de la lampe est formée d'une toile métallique; dans d'autres modèles du même exposant, cette enveloppe de toile métallique est remplacée, soit en partie, soit complétement, par une enveloppe de tôle mince et pleine; la flamme est entourée d'un verre conique qui monte jusque vers le haut de la toile métallique; à la base du réservoir sont des orifices recouverts eux-mêmes de toile métallique. Les fermetures de sûreté sont appliquées également à ces lampes.

M. Souheur, directeur de la houillère des Six-Bonniers, à Seraing (Belgique), expose trois modèles de lampes à pétrole pour mines à grisou.

Le plus grand modèle, lampe d'accrochage (fig. 4), est formée d'un réservoir avec bec à mèche plate et à ouverture ronde; le réservoir est surmonté d'un verre *c* renflé au niveau de la flamme; au-dessus l'enveloppe est en toile métallique *b*. Un verre à renflement *a*, comme les verres à pétrole ordinaires, est placé intérieurement autour de la mèche; il est surmonté d'une cheminée en tôle *d*. Des ouvertures pour l'air sont ménagées dans la galerie *e* à la base de la mèche. Cette lampe fonctionne depuis environ deux ans, d'une façon satisfaisante, aux charbonnages des Six-Bonniers, à Seraing; elle contient une quantité d'huile suffisante pour brûler 24 heures de suite, sans qu'il soit nécessaire d'y toucher; elle ne consomme, dit l'inventeur, qu'un centilitre d'huile par heure.

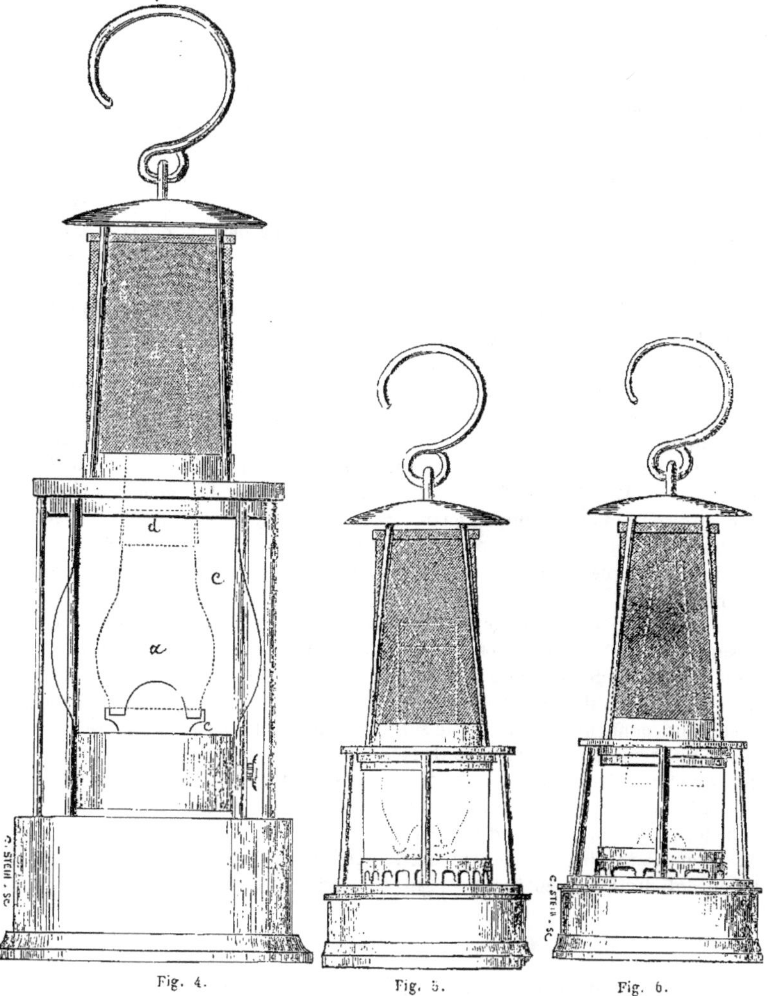

Fig. 4. Fig. 5. Fig. 6.

La lampe (fig. 5) est destinée au lever des plans souterrains, dans les circonstances où l'on est forcé de l'incliner beaucoup. L'enveloppe extérieure en verre est cylindrique.

La lampe (fig. 6) est la lampe d'ouvrier mineur; elle peut brûler pendant

15 à 20 heures sans qu'on soit obligé d'y remettre de l'huile. Cette lampe n'a qu'une enveloppe cylindrique extérieure en verre, et une simple cheminée en tôle placée au-dessous de la flamme; elle porte, de même que la précédente, des ouvertures à la base de la virole qui entoure la mèche; cette disposition est nécessaire dans toutes les lampes où l'on brûle du pétrole : cette huile étant très-riche en carbone nécessite beaucoup d'air pour brûler sans fumée.

L'emploi de la lampe Mueseler étant obligatoire en Belgique dans les mines à grisou, une commission a été nommée par le gouvernement belge pour faire les expériences nécessaires sur les lampes de M. Souheur avant d'en autoriser l'emploi.

M. Souheur nous communique les résultats d'une expérience comparative faite sur deux lampes, dont l'une à colza et l'autre à pétrole. Une lampe de mineur contenant un décilitre d'huile de pétrole brûle 21 heures; une lampe de mineur contenant la même quantité d'huile de colza brûle 13 heures : différence 8 heures de combustion en faveur du pétrole. L'huile de pétrole coûte 0 fr. 50 en Belgique, l'huile de colza épurée coûte 0 fr. 90; l'éclairage par l'huile de pétrole coûte donc 0 fr. 0024 par heure, tandis que l'éclairage par le colza coûte 0 fr. 0070, soit une différence de 0 fr. 0046 par heure en faveur du pétrole, outre la supériorité du pouvoir éclairant. On voit que c'est là une source d'économie très-sensible.

Pour être exact, nous devons rappeler ici qu'on a reproché aux lampes à l'huile de pétrole d'être d'une sensibilité très-grande à l'influence du grisou et de s'éteindre plus facilement que les autres.

Enfin, M. Cavenaile (Belgique) a construit aussi un modèle de lampe de sûreté à pétrole, par la description de laquelle nous terminerons cette nomenclature.

La flamme de cette lampe est entourée d'un verre cylindrique surmonté d'une toile métallique; une cheminée intérieure en tôle est disposée au-dessus de la mèche, afin d'éviter l'échauffement de la toile métallique et le dépôt du charbon contre cette toile. La lampe s'ouvre par le bas au moyen d'une clef; autour de la base supérieure du réservoir sont percés des trous pour l'arrivée de l'air; une toile métallique est disposée dans la partie où viennent aboutir ces trous autour du bec de la lampe.

M. le professeur Henri Bergé, de Bruxelles, qui a fait des expériences nombreuses sur cette lampe, a constaté qu'elle ne consomme que 10 centilitres d'huile de pétrole de bonne qualité, en 16 heures, ce qui constitue une économie de 50 p. 100 tout en obtenant une lumière constante d'une intensité double de celle que donnent des lampes de sûreté à l'huile de colza. Des expériences faites en public à l'hôtel de ville de Bruxelles ont constaté que cette lampe de sûreté à pétrole placée successivement dans des mélanges d'air et d'hydrogène, d'hydrogène carboné, de vapeurs d'éther, de sulfure de carbone, fonctionnait très-bien sans produire aucune explosion.

M. Cavenaile construit également des lampes de sûreté pour l'huile de colza qui peuvent être fortement inclinées sans s'éteindre.

—

La lampe de sûreté est destinée à éviter les explosions dues à la présence du grisou. Mais il serait fort avantageux, on le conçoit sans peine, d'avoir un appareil qui servît en quelque sorte de baromètre de la tension du grisou dans les galeries et qui prévînt les ouvriers de sa présence.

M. Ancell a proposé récemment un appareil destiné à cet usage : il est basé sur la propriété que possèdent les gaz mis en contact de se mélanger rapidement tout en conservant après leur mélange chacun la vitesse de diffusion qui lui est propre.

L'appareil de M. Ancell (fig. 7) consiste en un tube deux fois recourbé, terminé

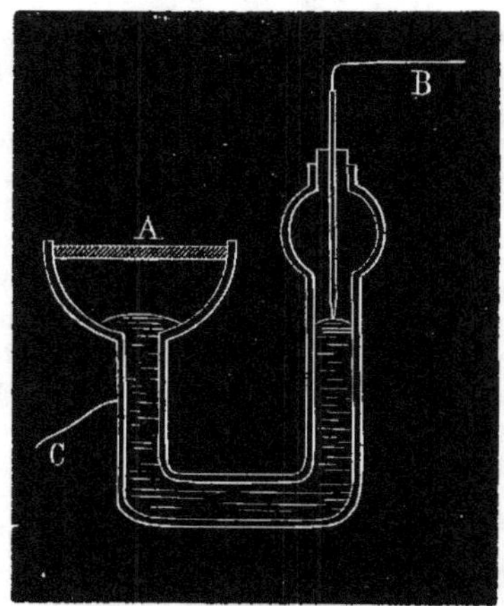

Fig. 7.

à une extrémité par une cuvette, de l'autre par un renflement. Le tube est plein de mercure ; la cuvette est fermée par un diaphragme en terre poreuse A qui absorbe le grisou ; il en résulte une augmentation du volume de l'air renfermé dans cette cuvette ; la colonne de mercure se déplace et vient en contact avec un fil conducteur B ; un autre fil conducteur C étant relié à l'autre branche du tube, le circuit se trouve ainsi fermé et met en mouvement un avertisseur électrique qui frappe sur une cloche placée dans la galerie : les ouvriers sont ainsi prévenus de la quantité de grisou que renferme la galerie et peuvent se retirer à temps. Il est à désirer vivement que cet appareil donne de bons résultats pratiques ; il rendrait un immense service aux malheureux ouvriers qui travaillent dans les mines envahies par le grisou [1].

Différents autres appareils indicateurs du grisou ont été imaginés plus spécialement pour les mines où l'aérage est produit par des ventilateurs. Dans les mines où l'aérage a lieu par courant d'air naturel, l'observation du baromètre est d'une grande utilité, car l'expérience semble avoir démontré que le dégagement du grisou en grande abondance est toujours précédé d'une forte diminution de la pression atmosphérique.

M. Paul Thénard a proposé un procédé pour reconnaître la composition de

1. Nous profitons de l'occasion naturelle qui s'offre ici pour insister tout particulièrement sur la nécessité d'employer des lampes de sûreté pour éclairer tous les endroits où l'on renferme en grandes quantités des matières susceptibles de prendre feu : si cet usage s'était généralisé pour le service des magasins de fourrages, granges, ateliers de menuiserie, filatures, dépôts de matières inflammables, d'essences hydrocarburées, etc., on aurait évité bien des sinistres et bien des ruines. Le prix des lampes de sûreté est actuellement trop bas pour qu'on fasse aucune attention à la faible dépense qu'occasionnerait leur achat, en considération des accidents — trop fréquemment accompagnés de mort d'hommes — qu'elles permettraient d'éviter.

l'air des galeries des mines. On prend une série d'éprouvettes de verre fermées par un bouchon de liége; on les remplit d'eau; on en place un certain nombre (30 par exemple) dans une sorte de cartouchière formant ceinture; l'opérateur muni de cette ceinture descend dans les travaux, va dans les endroits à explorer, y vide ses éprouvettes qui se remplissent ainsi du gaz de la galerie. Il place alors les éprouvettes dans une sorte d'eudiomètre, et au moyen d'une bobine de Rhumkorff il fait passer une étincelle électrique dans le gaz; on voit par là si l'air de l'éprouvette détonne ou non, c'est-à-dire s'il contient ou non du grisou en quantité suffisante pour produire une explosion. Pour constater si l'air contient même de petites quantités de grisou, moins de 3 p. 100, M. Thénard propose d'y ajouter 1 à 2 p. 100 d'hydrogène avant de faire passer l'étincelle. Comme on le voit, ce n'est là qu'un moyen d'information et non un moyen préservatif.

Il y a déjà une dizaine d'années que M. Jeandel a proposé l'emploi de l'étincelle électrique produite par la bobine de Rhumkorff pour reconnaître la présence du grisou dans les mines. Pour cela des fils de cuivre établis dans les différentes galeries viendraient aboutir à un fil relié à la bobine; des fusées seraient disposées de distance en distance sur le parcours des fils; en produisant des étincelles électriques on enflammerait ces fusées, et dans le cas où il y aurait du grisou dans la galerie, il ferait explosion; on pourrait ensuite pénétrer dans la galerie sans danger. Ce moyen ne s'est pas généralisé. Il semble peu pratique, et d'ailleurs les explosions ainsi provoquées pourraient produire dans les galeries des ébranlements dangereux.

Épuisement.

L'épuisement des eaux qui s'accumulent dans les travaux souterrains constitue l'une des branches les plus importantes du service complexe de l'exploitation d'une mine. On comprend aisément qu'il faut absolument se débarrasser des eaux qui, s'introduisant dans les mines à travers les couches perméables des terrains environnants ou sous-jacents, finiraient par inonder les travaux et occasionner les accidents les plus graves. Les quantités d'eau à extraire sont parfois considérables, et comme l'eau arrive incessamment il faut aussi l'extraire sans cesse : de là la nécessité de ces énormes machines qui travaillent nuit et jour, à moins de réparations urgentes; encore quand ces opérations exigent quelque temps, est-on obligé d'aviser au moyen de les suppléer momentanément. On peut employer pour l'épuisement des machines à double effet; cependant les machines à simple effet, c'est-à-dire dans lesquelles la vapeur n'agit que pour soulever la maîtresse tige des pompes, sont plus répandues. Elles se divisent en deux types : la machine du Cornouailles et les machines à traction directe. Dans les machines du Cornouailles la maîtresse tige des pompes est attachée à l'une des extrémités d'un balancier qui par son autre extrémité est reliée à la tige du piston moteur; la vapeur agit alors *sur la face supérieure* du piston pour soulever la maîtresse tige qui, par son poids, produit la descente du piston. C'est le type le plus généralement usité en Angleterre et notamment dans les mines du Cornwall, d'où lui est venu son nom. Dans les machines à traction directe la maîtresse tige est attachée directement à la tige du piston : la vapeur agit alors *sur la face inférieure* du piston pour soulever l'appareil de la maîtresse tige.

La machine de Cornouailles est en quelque sorte classique, elle a été décrite dans de nombreux ouvrages; d'ailleurs elle n'est guère susceptible de modifications et n'est point représentée à l'Exposition : nous ne la décrirons pas ici.

La machine d'épuisement à simple effet et à traction directe est peut-être moins connue que la précédente, bien qu'elle soit assez répandue en France, en Belgique et en Allemagne; elle exige beaucoup moins de fondations que les machines à balancier et en outre elle offre cet avantage que l'action de la vapeur dans le cylindre a pour effet d'appuyer ce dernier sur ses fondations.

L'Exposition renferme les dessins d'une très-remarquable machine de ce genre, construite par M. Quillac (d'Anzin) pour les mines de Fiennes (Pas-de-Calais). C'est la plus puissante machine d'épuisement à vapeur, à un seul cylindre et à simple effet, qui existe en France et en Belgique. Elle est représentée planche CXIX. Cette machine est à détente et à condensation. Le cylindre à vapeur est entouré d'une enveloppe en fonte dans laquelle passe la vapeur qui arrive des chaudières avant d'être introduite sous le piston. La distribution de vapeur est faite par trois soupapes de Cornouailles : la première sert à l'admission de la vapeur sous le piston ; la seconde, qui fait communiquer le haut du cylindre avec le bas, établit l'équilibre de pression dans le cylindre entre le dessous et le dessus du piston; la troisième sert à l'échappement de la vapeur qui va au condenseur.

La vitesse de la machine est réglée par une cataracte à double effet qui donne un temps d'arrêt à l'extrémité de chaque course du piston.

L'eau froide destinée à condenser la vapeur est introduite dans le condenseur par deux soupapes qui s'ouvrent et se ferment, l'une en même temps que la soupape d'introduction de la vapeur, l'autre en même temps que la soupape d'échappement; il en résulte qu'au commencement de la course du piston, c'est-à-dire au moment où la vapeur va s'introduire dans le condenseur, ces deux soupapes sont toujours ouvertes, tandis qu'à la fin de la course l'une d'elles est toujours fermée. Deux pompes à air à simple effet expulsent du condenseur l'eau et les gaz résultant de la condensation. Deux balanciers, en fonte, parallèles et d'égales dimensions, ayant leur point fixe sur la bâche à eau chaude du condenseur, et qui sont reliés par une de leurs extrémités à la crosse du piston à vapeur, mettent en mouvement les pompes à air et les tiges de commande de la distribution.

Les deux gros balanciers d'équilibre en tôle placés en contre-bas de la machine sont destinés à faire, en quelque sorte, l'office de volant : ils mettent en mouvement les masses nécessaire pour emmagasiner le travail en excès, pendant la pleine pression, afin de le restituer pendant la détente.

Le cylindre, ainsi que son enveloppe et la boîte qui renferme les soupapes de distribution, sont supportés par deux fortes poutres en tôle et cornière reposant sur de solides massifs de maçonnerie écartés intérieurement de 4m.20 ; des ouvertures sont ménagées dans ces massifs pour permettre l'accès aux différentes parties de la machine. Les deux gros balanciers d'équilibre sont supportés également par de forts massifs de maçonnerie et logés dans deux fosses en contre-bas du sol.

Cette machine est destinée à élever l'eau d'une profondeur de 400 mètres.

Voici les principales données de sa construction :

Diamètre intérieur du cylindre à vapeur......	2m.660
Course du piston............................	4m.000
Pression de la vapeur dans le cylindre........	3atm.750
Durée de l'introduction de la vapeur.........	1/2 de la course
Vitesse maxima de la machine...............	4 coups de piston par minute
Diamètre de la tige du piston, en fer forgé.....	0m.300
Travail de la vapeur dans le cylindre.........	618 chevaux
Diamètre du tuyau d'arrivée de vapeur........	0m.400
Diamètre du tuyau d'échappement............	0m.450

Diamètre des pompes à air	$0^m.900$
Course des pistons des pompes à air	$2^m.000$
Diamètre des orifices d'injection d'eau froide	$0^m.220$
Hauteur des poutres métalliques qui supportent le cylindre	$1^m.350$

L'eau est extraite du fond de la mine au moyen de six pompes foulantes superposées à piston plongeur et d'une pompe élévatoire placée au fond : voici leurs dimensions principales :

Diamètre des pistons des pompes	$0^m.600$
Course	$4^m.000$
Volume d'eau élevé par coup de piston dans l'hypothèse de 0.90 d'effet utile	$1^{m3}.015$
Travail correspondant à la quantité d'eau élevée par seconde	362 chevaux
Diamètre des tuyaux ascensionnels	$0^m.500$

La maîtresse tige qui transmet le mouvement aux pompes est formée sur toute sa longueur de deux tirants en fer ; chacun d'eux est composé de deux lames de fer plat parallèles réunies par des rivets à deux fers recourbés deux fois à angle droit (pl. CXIX). La section de ces tirants va en diminuant du haut en bas; à la partie supérieure elle est de 45280 millimètres carrés pour chacun d'eux. Les lames de fer plat qui composent ces tirants ont $6^m.50$ de long; elles sont assemblées par des couvre-joints. Les pompes sont placées entre les deux tirants de la maîtresse tige.

Voici le poids des principales parties de la machine :

Le cylindre à vapeur avec son enveloppe pèse.	40,000	kilogrammes
Les poutres en tôle qui le supportent	12,000	—
La tige du piston	4,000	—
La crosse du piston	1,600	—
Chacun des balanciers d'équilibre, sans axe ni contre-poids	20,000	—
Le poids total de la machine avec ses poutres et ses balanciers d'équilibre, sans contre-poids, est de	175,000	—
Le poids des six pompes foulantes complètes mais sans tuyaux est de	70,200	—
La pompe élévatoire complète, mais sans tuyaux, pèse	7,500	—
Le poids total de la maîtresse tige est de	200,000	—
Le contre-poids fixé à la maîtresse tige est de	75,000	—
Les contre-poids fixés aux balanciers d'équilibre pèsent	140,000	—
Le poids total des pièces en mouvement, y compris le piston avec sa tige et les balanciers, est de.	465,000	—

Cette machine est en activité, depuis quatre mois et demi, aux mines de Fiennes. On voit par les chiffres qui précèdent qu'elle constitue l'un des spécimens les plus considérables de l'industrie des constructions mécaniques. Elle présente une simplicité très-grande dans son ensemble comme dans ses détails et possède cependant toutes les conditions requises pour le service de l'épuisement. Il n'est que juste de faire observer que ces conditions se trouvent réalisées dans toutes les machines construites par M. Quillac. La machine d'extraction qu'il a exposée en nature au Champ de Mars et qui sera décrite dans les *Études*, se recommande par les mêmes qualités. C'est par une étude suivie de toutes les questions qui se rattachent à la construction des machines de mines, que M. Quillac est arrivé à ce résultat de construire le plus grand nombre des machines de ce genre qui sont employées en France ; il en a construit également pour la Belgique, pour l'Espagne et, chose remarquable, pour l'Angleterre (machines d'extraction et d'épuisement des mines d'Elswick) où les grands ateliers de construction ne font pourtant pas défaut.

—

M. Melchior Colson a exposé, dans la section belge, les dessins d'un nouveau système de machines d'épuisement de grande force (500 chevaux), à rotation continue, à grande détente variable (admission de 1/10e) et à condensation, actionnant un système de pompes à double effet et à pistons plongeurs destinées à extraire 2,800 litres d'eau par minute à la profondeur de 800 mètres.

La machine d'épuisement de M. Colson n'est pas à traction directe. Le piston moteur est placé latéralement et actionne la maîtresse tige au moyen d'un balancier en dessous; ce même balancier fait mouvoir les pompes du condenseur qui sont placées en contre-bas de lui.

Dans cette disposition le même puits sert à l'épuisement et à l'extraction. La maîtresse tige des pompes est logée contre la paroi du puits et les tuyaux ascensionnels, arrivés à une petite distance de l'orifice, passent dans une galerie souterraine communiquant latéralement avec le puits et venant déboucher au jour.

Deux balanciers portant des contre-poids équilibrent la masse des pièces en mouvement.

—

Un perfectionnement, qui ne s'obtiendra pas sans difficulté, mais qui serait très-réel, consisterait à placer les machines d'épuisement dans le fond de la mine; on supprimerait par là l'appareil fort embarrassant des maîtresses tiges et l'on aurait, en même temps, une beaucoup plus grande facilité pour l'emploi des machines d'abattage mécanique qui nécessitent une force motrice ; mais l'installation de la machine d'épuisement et des chaudières dans les galeries souterraines n'est pas sans offrir de grandes difficultés. La question paraît cependant être à l'étude, aux mines de Blanzy, notamment.

—

Les pompes sont nombreuses à l'Exposition, elles seront décrites dans une autre partie des *Études*. Je me bornerai à insister ici sur un type qui s'applique très-avantageusement à l'épuisement des eaux à des profondeurs variables. Cette pompe offre d'ailleurs un ensemble de dispositions intéressant et mérite d'être signalée, d'autant que les ateliers de construction d'où elle sort étant situés en province (à Castres, dans le département du Tarn), elle est peut-être moins connue de nos lecteurs qu'elle ne mérite de l'être.

La pompe dont il s'agit, dite *pompe Castraise*, est à double effet, aspirante et foulante. Les fig. 8 et 9 représentent une coupe verticale et une coupe horizontale d'une de ces pompes, dont le cylindre A est horizontal. Ce cylindre, ouvert à ses deux extrémités, est en bronze ; il est fixé dans son enveloppe en fonte par un collier qui s'appuie sur un diaphragme évidé en fonte, faisant corps avec l'enveloppe et qui empêche toute communication entre les parties du corps de pompe A séparées par le piston ; des tiges avec pas de vis et écrous servent à fixer le cylindre sur le diaphragme. Le piston est formé de deux sortes de rondelles de cuivre entre lesquelles sont placés deux cuirs emboutis qui s'appliquent contre les parois du cylindre sur une assez grande longueur; la tige du piston, également en bronze, se prolonge des deux côtés et traverse les deux fonds de

Fig. 8.

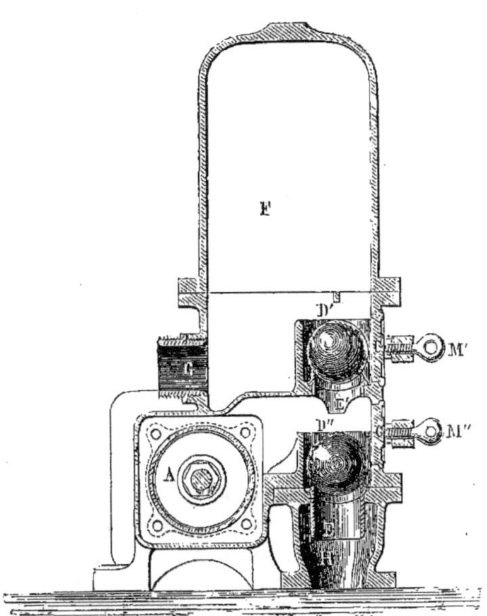

Fig. 9.

l'enveloppe extérieure dans deux boîtes à étoupes destinées à éviter toute fuite d'eau ou toute introduction d'air. A côté du cylindre, et en partie au-dessus de lui, se trouvent les soupapes et le réservoir d'air. Les soupapes, au nombre de quatre, sont formées de sphères pleines en caoutchouc ; elles sont disposées dans deux chambres différentes sans communication entre elles ; les deux soupapes d'une même chambre, D′ et D″, par exemple, sont situées l'une au-dessus de l'autre, elles reposent sur des siéges en bronze E, E', dont les bords sont arrondis; le siége E, et son symétrique de l'autre côté, en se prolongeant par le bas comme l'indique la figure, forment de véritables réservoirs d'air à l'aspiration. La course des sphères en caoutchouc est limitée par des arrêts en métal; devant chaque sphère se trouve un regard M, M', M'', fermé par un plateau et une vis de pression qui permet de visiter les soupapes. En F est le réservoir d'air du refoulement; le tuyau d'aspiration s'adapte en H, celui de refoulement en G.

Le jeu de la pompe se comprend de reste. Lorsque le piston se déplace dans le sens de M en M' (lettres des regards) la soupape D''' (invisible dans les dessins) s'ouvre et admet l'eau aspirée; simultanément la soupape D' est soulevée, et l'eau aspirée au coup de piston précédent par la soupape D'' s'introduit dans le réservoir F; quand le piston va dans le sens de M' en M, la soupape D' retombe sur son siége ainsi que la soupape D''; alors la soupape D'' est soulevée par le vide déterminé par le piston, et la soupape de refoulement D est simultanément soulevée pour permettre à l'eau aspirée au coup de piston précédant par la soupape D''' de s'introduire dans le réservoir F et ainsi de suite.

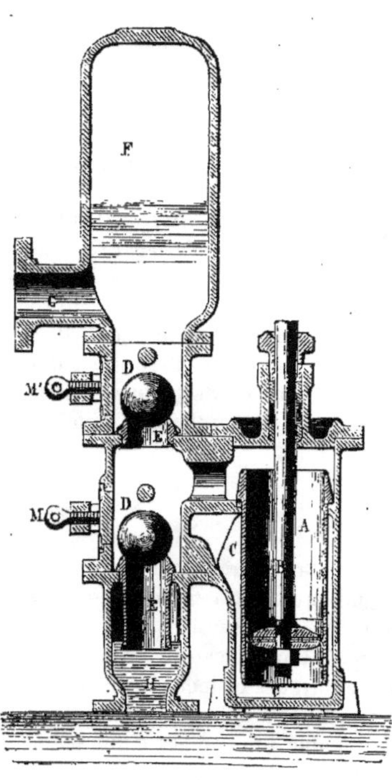

Fig. 10.

Dans la pompe Castraise à double effet, aspirante et foulante, à cylindre vertical, représentée figure 10, les choses se passent d'une façon toute semblable. Le cylindre A en bronze est toujours placé latéralement dans une enveloppe de fonte; les soupapes D, D'... en caoutchouc massif sont au nombre de quatre; leurs siéges E, E'... sont aussi en bronze et ceux des deux soupapes d'aspiration se prolongent vers le bas dans l'enveloppe de fonte pour former réservoir d'air à l'aspiration; le déplacement vertical de chaque soupape est limité par une tige en fer encastrée dans les parois de l'enveloppe; devant chaque soupape se trouve un regard fermé par un plateau et une vis de pression. Le tuyau d'aspiration s'adapte en H; le tuyau de refoulement se branche en G sur le réservoir F; la tige du piston ne traverse plus qu'un stuffing box; la disposition du piston est la même que dans la pompe horizontale. Cette pompe fonctionne exactement comme la précédente.

Les réservoirs d'air établis à l'aspiration comme au refoulement permettent de faire marcher ces pompes à de grandes vitesses, sans occasionner des coups de bélier sensibles qui désorganisent rapidement les appareils le plus solidement construits; la disposition des soupapes évite toute espèce d'engorgement par les graviers ou débris qui pourraient se trouver dans l'eau à épuiser; on remarquera d'ailleurs que l'eau aspirée ne passe qu'en partie dans le cylindre, de sorte que les détritus dont elle pourrait être chargée ne sauraient nuire à la pompe. Le piston met en effet en mouvement, par son déplacement, la quantité de liquide emmagasinée dans le cylindre et son enveloppe CC; or, ce volume est plus considérable que le volume engendré par la course du piston; il en résulte que c'est le mouvement imprimé au volume d'eau contenu dans l'enveloppe qui provoque le déplacement des soupapes sans que le liquide aspiré ait à pénétrer en totalité dans le cylindre. La disposition des soupapes concourt en outre à permettre de grandes vitesses de marche; ces boules de caoutchouc massif se déplacent très-facilement, et leur flexibilité facilite leur rapide fermeture et évite les chocs; cependant malgré toutes ces dispositions qui facilitent la marche rapide de ces pompes, la vitesse du piston ne dépasse pas $0^m,25$ par seconde dans les conditions normales; cela correspond à une vitesse de l'eau de $1^m,00$ dans les tuyaux.

Les différents perfectionnements que nous venons d'indiquer ont été introduits successivement dans ces appareils, à mesure que l'expérience en démontrait la nécessité, par les ingénieurs qui les construisent, MM. Schabaver et Fourès; ils n'existaient point dans le type des pompes Castraises que le général Morin a décrites (dans son traité des *Appareils à élever l'eau*), et qu'il signale cependant comme une des meilleures pompes d'épuisement.

L'effet utile de ces pompes est remarquable. Une d'elles, installée à Graissessac, manœuvrée par un seul homme, refoule huit litres d'eau par minute à la hauteur de 70 mètres, sans relai.

Deux de ces pompes ayant $0^m,850$ de course et $0^m,300$ de diamètre, actionnées par une locomobile de la force de 6 chevaux, ont monté $2^{litres},64$ d'eau par seconde à la hauteur de $92^m,20$; ce travail a été effectué avec une dépense de 200 kilogr. de coke de gaz pour 13 heures de marche des pompes.

Nous n'avons à entretenir le lecteur que de ce qui a trait à l'épuisement, aussi nous bornerons-nous à dire que la pompe Castraise, outre les dispositions que nous avons décrites, se prête à toutes les autres installations de pompes d'arrosage, d'incendie et autres. Ces pompes ont déjà reçu de nombreuses applications dans les mines et dans les carrières.

Dans la section prussienne de l'Exposition nous avons remarqué le modèle d'un appareil destiné à soutenir les pompes d'épuisement et à permettre au besoin de les élever et de les descendre d'une petite quantité dans les puits de mines. Les pompes sont saisies par des brides métalliques formées de maillons articulés qui s'attachent à des colliers fixés autour des chapelles; ces brides sont reliées à une tige commandée par des presses hydrauliques; on peut, en foulant de l'eau dans les presses, soulever l'ensemble des pompes d'une petite quantité ou inversement les descendre d'une petite hauteur.

Cet appareil, sur lequel il nous a été impossible d'obtenir aucun renseignement, a été exposé par MM. Sotzmann et Kühnemann de Tarnowitz.

Un autre appareil analogue, destiné au même usage, a été exposé dans la même section par MM. Thiele et Winckler, administrateurs des mines de Kattowitz.

Enfin, faute encore d'avoir pu obtenir aucun renseignement, nous nous bornerons à citer une machine spéciale exposée dans la section belge par M. D. Gérard, de Tournai, destinée à descendre et remonter les ouvriers dans les mines, à transporter les produits de l'exploitation ainsi qu'à épuiser en même temps les eaux; l'eau s'extrait (si nous avons bien compris le fonctionnement de la machine en examinant le modèle exposé) au moyen de cuves qui se fixent sur un câble à deux brins s'enroulant sur un système de molettes auxquelles on transmet un mouvement de rotation ; de même les wagons contenant les produits de la mine, et les cages où se placent les ouvriers, s'accrochent à ce câble. Cette machine remplirait donc à la fois les fonctions de la machine d'extraction, de la machine d'épuisement, des pompes et des échelles mobiles (*fahrkunst*) qui servent spécialement au déplacement des ouvriers.

NOTES RECTIFICATIVES.

MACHINE A PERCER LES GALERIES DANS LES ROCHES, DE MM. LES CAPITAINES BEAUMONT ET LOCOCK.

En rendant compte, dans le sixième fascicule des *Études sur l'Exposition*, de la machine à percer des galeries dans les roches, imaginée par MM. Beaumont et Locock, j'ai commis une erreur que je tiens à rectifier, parce qu'elle est de nature à influer sur l'opinion que le lecteur a pu se faire de cette machine, et qu'elle pourrait d'ailleurs être préjudiciable aux intérêts des inventeurs.

Cette machine n'est point destinée, comme je l'ai cru, à percer la totalité des tunnels ou des galeries de grande section par reprises successives et parallèles. Ce mode de travail présenterait en effet les inconvénients graves que j'ai signalés ; elle n'était destinée dans l'origine qu'à creuser des galeries pour conduites d'eau : la forme de ces galeries n'a, en réalité, pas une grande importance, puisqu'elles sont destinées soit à recevoir des tuyaux de conduite, soit à donner directement passage à l'eau. La forme circulaire se prête à cette destination aussi bien que toute autre. Par extension de cette idée, MM. Beaumont et Locock ont cherché à employer cette même machine au percement des tunnels ou galeries en général, quelle que soit leur destination ; mais dans ce cas ils font avec leur machine *non pas la totalité du travail, mais seulement une galerie d'avancement* ayant le diamètre du disque qui porte les forets ; cette galerie d'avancement est destinée seulement à faciliter le percement du tunnel, à permettre aux ouvriers de faire plus commodément et plus rapidement leur travail qui se trouve ainsi commencé par la machine, les ouvriers travaillant en arrière de celle-ci qui continue toujours à avancer.

M. Beaumont attache une grande importance au percement d'une semblable galerie d'avancement, qui dans la plupart des cas devra, pense-t-il avec raison, accélérer notablement le travail du percement des tunnels ou galeries ; aussi désirant réaliser un moyen de percer avec rapidité et économie de main-d'œuvre cette galerie d'avancement, il avait à choisir entre deux procédés : l'un consistait à agir mécaniquement sur toute la section de la galerie d'avancement, ce qui n'était guère praticable ; l'autre consistait à agir seulement sur le pourtour de cette section en y creusant mécaniquement une rainure circulaire. C'est ce que la machine dont il s'agit effectue au moyen de la couronne porte-forets mise en mouvement comme je l'ai dit. La manœuvre de la machine est facilitée par les ouvertures qui existent entre les différents bras de cette couronne porte-forets, de façon à permettre à un ouvrier, lorsque la machine a été suffisamment reculée, de s'introduire à l'avant, après le sautage du trou central, pour enlever les déblais qu'il fait passer à travers ces orifices, ainsi que pour changer les fleurets quand cela est nécessaire. D'ailleurs, en vue d'accélérer le travail du percement, MM. Beaumont et Locock se proposent d'adapter prochainement à leur machine une disposition spéciale pour la faire reculer automatiquement.

M. Beaumont estime que la question de la consommation de poudre doit être laissée de côté, car elle ne représente qu'une fraction très-petite du prix de la main-d'œuvre, de même, dit-il, que les difficultés et le prix du transport de la machine à pied d'œuvre ne sont pas d'une importance bien grande lorsqu'il s'agit de travaux aussi considérables que le percement de tunnels de chemins de fer, par exemple. La question capitale, c'est d'accélérer l'exécution du travail afin de diminuer son prix de revient : c'est là le but que la machine est destinée à remplir.

Ce qui précède suffira, je pense, pour faire comprendre que le travail de la machine de MM. Beaumont et Locock s'effectue en réalité dans des conditions meilleures que je ne l'avais indiqué ; il est de toute justice, quels que puissent être les résultats futurs de la pratique, de laisser à ces messieurs la part qui leur revient dans les efforts tentés en vue du percement économique et rapide des galeries dans les roches.

Poudre comprimée.

Dans le même article *Mines* du sixième fascicule des *Études*, j'ai donné quelques indications sur la fabrication et l'emploi de la poudre comprimée.

M. L. Faucher, ingénieur des manufactures de l'État, attaché à la poudrerie impériale d'Angoulême, a adressé au directeur des *Études* une lettre destinée à rectifier quelques-unes de ces indications. Je reproduis textuellement ici quelques passages de cette lettre qui pourront intéresser nos lecteurs.

« Dès l'année 1860, dit M. Faucher, on avait expérimenté sur l'ordre de S. M. l'empereur, à la poudrerie impériale du Bouchet, un procédé de compression qu'un Anglais, le sieur Brown, avait fait breveter en France. Ces essais étaient restés infructueux.

« Lorsque M. Doremus vint offrir au gouvernement français la cession de son procédé, il fut envoyé pour l'expérimenter à la poudrerie du Bouchet, dans le courant de mai 1862. L'application de ce procédé ayant paru pouvoir être faite avantageusement, soit aux munitions de guerre, soit aux cartouches pour poudres de mine, le gouvernement se décida à l'acheter, et de nombreux essais furent continués après le départ de M. Doremus, tant à la poudrerie du Bouchet qu'à l'École de pyrotechnie de Metz.

« Pour ce qui est des charges comprimées de mine, dans le courant de 1863 et 1864, un certain nombre d'échantillons furent livrés gratuitement à plusieurs chantiers de construction, par exemple, à Marseille, sur les lignes du Dauphiné, sur le chemin de Saint-Brieuc à Brest, au port de Brest, etc. Mais les résultats, sans être défavorables, ne furent pas de nature à pousser les entrepreneurs à faire des commandes.

« Dans le courant de 1865, M. le ministre des travaux publics prescrivit par une circulaire aux ingénieurs des mines et des ponts et chaussées, qui se trouvaient à proximité d'exploitations minières, de pousser les industriels à faire l'essai des charges comprimées de mine. Sur leur impulsion, la poudrerie du Bouchet fit quelques expéditions au prix de la poudre ordinaire, principalement pour les districts métallurgiques et miniers du Nord, à Anzin, à Douchy, à

Aniche, etc., mais les demandes s'arrêtèrent bientôt, et n'ont pas dépassé 4 à 5,000 kilogrammes.

« La poudrerie du Bouchet ayant cessé, à partir du 1er janvier 1866, de fabriquer les poudres de commerce, ce fut à la poudrerie d'Angoulême que l'administration fit installer la machine à comprimer les poudres de mine. Mais aucune demande ne nous est encore parvenue, et les rapports des ingénieurs constatent que cette indifférence des industriels tient à ce que l'emploi des charges comprimées n'a donné que des avantages insignifiants, ou même très-contestables[1]. »

M. Faucher dit dans sa lettre que l'administration se trouve représentée dans notre article comme ayant acheté le brevet Doremus pour empêcher l'emploi de la poudre comprimée, et il pense que la justice et la vérité exigent que l'administration ne soit pas représentée comme systématiquement contraire à cette invention, qu'elle s'est efforcée de propager autant qu'elle l'a pu.

Qu'il me soit permis de repousser ce reproche de M. Faucher. Mon intention en écrivant le passage de l'article dont il s'agit, n'a été nullement de blâmer l'administration ; j'ai dit, en y mettant une forme dubitative, dont M. Faucher n'a pas tenu un compte suffisant, que la fabrication des cartouches de poudre comprimée ne serait *peut-être* pas appliquée de longtemps en France, et j'ai donné une raison fort naturelle de cette opinion. Le gouvernement étant légitime propriétaire du brevet Doremus, et étant d'un autre côté fabricant de poudre, serait entièrement maître, tout comme le serait à sa place un simple particulier, d'exploiter ou non le brevet, comme il l'entendrait. Les passages de la lettre de M. Faucher qu'on vient de lire indiquent quel a été le rôle actif de l'administration pour la propagation de cette invention, c'est pourquoi je les ai reproduits. Je reconnais sans peine que mon *hypothèse* n'était pas fondée.

ÉMILE SOULIÉ,
Ingénieur civil, ancien élève de l'École des mines.

1. « Ajoutons que l'artillerie de terre et de mer, après avoir conçu de grandes espé« rances sur l'emploi de la poudre comprimée, arrive actuellement à y renoncer tout à « fait. » *Note de la lettre de M. Faucher.*

III

MACHINES A VAPEUR

PAR M. **JULES GAUDRY**, Ingénieur au chemin de fer de l'Est,

(Planches 95, 96, 97, 99 et 160, 165.)

III

LOCOMOBILES FRANÇAISES.

En France, où la machinerie agricole est encore si peu comprise, où le morcellement des terres la rend d'ailleurs plus difficilement applicable, nous possédons en très-petit nombre ces grands ateliers de fabrication du matériel rural qu'on pourrait comparer à ceux de Clayton, Garrett, Fowler, Howard et autres. Quelques grands constructeurs, comme Cail, ont une spécialité de locomobiles. Calla, leur premier propagateur en France, y a consacré principalement ses ateliers réorganisés au point de vue de l'excellence du travail.

Nous possédons la fabrique importante de Duvoir-Albaret à Liancourt. Deux ou trois autres la suivent sans grande distance. Viennent ensuite quelques maisons inférieures comme étendue, fournissant un contingent de machines agricoles assez respectable; tout le reste n'est livré que par des ateliers qui ne comptent plus parmi les usines proprement dites, et par les charrons de villages, ce qui ne veut nullement dire que le matériel sorti de ces petites maisons soit toujours sans valeur.

Il a toutefois le défaut d'être fait sans ensemble, suivant des variétés infinies de types qui déroutent les consommateurs, et ne permettent pas de remplacer sur place les organes avariés, comme on le fait avec les grandes usines anglaises qui, sur la simple indication d'un numéro de série, envoient de suite la pièce de rechange à poser et prise en magasin. Pourquoi faut-il que nous soyons forcés d'ajouter que lorsqu'on s'écarte des principales maisons françaises justement réputées, on ne trouve trop souvent que des machines solides peut-être, mais exécutées grossièrement et avec négligence?

On a déjà vu au paragraphe 1er de cette étude, qu'en général la locomobile rançaise se distingue de la locomobile anglaise par divers agencements spéciaux, dont les deux principaux sont : 1° la simplicité radicale et la construction économique du train de roulement; 2° la pose de tout le mécanisme sur une plate-forme ou table de ondation, rendue aussi indépendante que possible de la chaudière. La locomobile française reçoit la complication de tous les organes accessoires qui peuvent aider à l'économie du combustible. Elle montre de très-grandes études à première vue; chaque constructeur cherche à s'y spécialiser : elle est plus *savante* que la locomobile anglaise; celle-ci, au contraire, tend comme principal objet au maximum de simplicité et d'aisance de service, ainsi que vers l'unité des types.

Dans l'énumération, qui va suivre, des locomobiles exposées par nos fabriques françaises, nous nous abstiendrons d'indiquer nos préférences. Nous décrirons avec impartialité, le lecteur et le visiteur jugeront. Il y a des machines que nous pourrons décrire amplement, parce que les constructeurs ont bien voulu nous fournir les renseignements voulus. D'autres ne seront que très-sommairement relatées, parce qu'il n'a pas plu aux constructeurs de répondre à nos demandes de renseignements. Quelquefois, cependant, nos mentions sommaires auront pour motif que la machine a été suffisamment décrite dans des ouvrages spéciaux, tels que les *Annales du Génie civil*, et qu'en raison de l'étendue de notre travail nous devons chercher à éviter des répétitions superflues.

Nous allons diviser les locomobiles françaises en deux classes : la première comprendra les locomobiles se rapprochant des types pour ainsi dire traditionnels, et se ressemblant plus ou moins dans les organes fondamentaux; la seconde classe s'appliquera aux locomobiles tout à fait originales dans leur agencement, et constituant des types spéciaux.

1° LOCOMOBILES FRANÇAISES DE TYPES USUELS.

1. *Calla*, à Paris. (Chaligny, Guyot, Sionnest et Cie, successeurs.) Voir pl. 95 et 96, ainsi que la figure ci-contre. Celle-ci est la dernière expression des modifications

Fig. 1.

et des détails adoptés par le constructeur. La comparaison indiquera aisément les différences.

Ce type de locomobiles, devenu classique, a fait l'objet d'une description détaillée au début de la présente étude. Nous avons déjà dit que le constructeur avait pris pour point de départ la locomobile anglaise de Clayton, mais qu'il l'avait francisée par plusieurs dispositions neuves.

La locomobile Clayton a été représentée fig. 1, planche 97. Il est facile de la comparer avec celle de Calla, et de constater les différences, dont la principale est l'assise du mécanisme sur la table de fondation déjà mentionnée. On remarquera encore, comme particularités constitutives, ce qui suit : 1° la forme de la chaudière est celle du pur type des locomotives, avec foyer en fer et tubes en laiton, le tout donnant $1^m,50$ de surface de chauffe par cheval. Le foyer est proportionné avec des dimensions moyennes en vue de brûler indifféremment toute espèce de combustible, depuis la houille jusqu'à la sciure de bois. La chaudière est très-soigneusement revêtue d'une enveloppe en bois recouverte elle-même d'une autre enveloppe en tôle, dans les derniers modèles. Dans ceux-ci, on a souvent ajouté un dôme de vapeur au-dessus du foyer, et on a modifié la porte de chargement, qui repose sur un cadre en fer qu'on a évité de fixer avec des rivets à têtes fraisées; 2° dans le mécanisme, les guides de la tige du piston sont en fonte et quadruples; il existe au-dessous un égouttoir pour recueillir la graisse tombant. La robinetterie en bronze est très-complète, ainsi que la tuyauterie. Dans les derniers modèles, toutes les pièces frottantes sont munies d'un godet-graisseur à règlement par une vis qui rend le lubrifiage à la fois méthodique et économique; 3° les roues en fonte avec rais de fer rond et l'avant-train agencé avec une simple cheville ouvrière dans un œil *ad hoc* de l'essieu, sur lequel se fait directement l'attelage, est un système radicalement simple qui constitue un type.

La maison Calla est une des plus anciennes de France. Ses ateliers, nouvellement réorganisés en vue de la spécialité des locomobiles, avaient envoyé des spécimens représentés dans toutes les parties de l'Exposition, où on n'a cessé de les voir travailler jusqu'à la fin sans aucune réparation, même de détail. Elles ont été vues à tous les concours depuis 1855. Le n° de construction 1200 est près d'être atteint aujourd'hui. Les forces varient de 2 à 15 chevaux nominaux, avec des prix correspondants de 3,000 à 11,000 fr. Elles sont à un seul cylindre. Des machines de 20 et 25 chevaux se font à deux cylindres, et coûtent de 16,000 à 19,000 fr. Le tout avec agrès de service, et pris à Paris. Il faut se rappeler que les tubes sont en laiton. Des épreuves nous ont donné à nous-même des forces réelles supérieures de 35 à 40 p. 100 aux forces nominales.

M. Calla a beaucoup contribué à populariser l'emploi des locomobiles en faisant faire gratuitement un apprentissage de plusieurs jours dans ses ateliers au chauffeur qui doit les conduire et les entretenir.

2. *Duvoir-Albaret et Cie*, à Liancourt (Oise), fig. 6, pl. 90. Cette importante maison, dont on voit les machines à tous les concours, et à qui ont été décernées tant de médailles, offre à l'Exposition de 1867 d'abord un type avec cylindre à vapeur placé dans un appendice de la boîte à fumée, à la manière de Clayton, fig. 2, pl. 97, et surtout un autre type qui peut être considéré comme le système propre de M. Albaret, et qui est celui représenté en la figure. Il est caractérisé par les dispositions suivantes : 1° la chaudière tubulaire directe a sa boîte à feu en forme de cylindre : en évitant les parties planes on se dispense des nombreuses armatures qui consolident les foyers rectangulaires; 2° le mécanisme moteur posé sur le corps tubé a pour principaux caractères la glissière et le pendule modérateur. La glissière unique, à l'imitation des machines marines, a été remarquée sur les locomobiles Duvoir dès les premiers concours,

notamment en 1856. Le pendule modérateur a la forme d'un anneau contenant un ressort intérieur tendant à le ramener transversalement, la vitesse tendant, au contraire, à le placer dans le plan longitudinal de la machine; 3° la pompe alimentaire, dont le plongeur à petite course est actionné par un excentrique, aspire dans une bâche attenant à la chaudière. On en réchauffe l'eau au besoin par une injection de vapeur empruntée à la chaudière lorsqu'elle y est en excès, comme sur les chemins de fer; 4° l'avant-train est réduit au maximum de simplicité, ainsi qu'on le voit sur la figure.

Les locomobiles de première catégorie pour petites forces de 3 à 8 chevaux sont à un seul cylindre et à détente fixe; elles donnent, suivant la force, de 135 à 120 tours de volant par minute. Celles de 4 à 6 chevaux sont les machines rurales proprement dites; celle de 4 chevaux, médaillée dans presque tous les concours, a donné généralement en travail effectif 45 p. 100 en plus de la force nominale.

La seconde catégorie comprend les machines analogues à un ou deux cylindres de 8 à 15 chevaux, avec détente variable; leur vitesse égale, suivant la force, de 100 à 115 tours de volant.

M. Albaret, qui avait employé jusqu'ici les roues en bois avec moyeux de fonte, usuelles en Angleterre, a mis des roues du type Calla à sa locomobile de l'Exposition de 1867.

Les ateliers de M. Albaret, créés originairement par M. Duvoir, sont situés à Liancourt, près du chemin de fer du Nord. Ils forment deux groupes de bâtiments considérables, généralement juxtaposés et parallèles. Ils sont organisés pour une fabrication très-importante de machines agricoles. C'est, en France, la maison qui peut être la mieux comparée aux grandes usines similaires de l'Angleterre, que nous avons mentionnées.

Les machines à vapeur de toutes sortes pour l'agriculture et l'industrie, jusqu'à la force de 20 chevaux, constituent sa spécialité. Ses batteuses de grains, ses manéges et diverses machines agricoles, ainsi que les locomotives routières, sont bien connues des praticiens.

3. *Rouffet*, à Paris, figure 2, planche 160.

Ce constructeur, dont on a vu la première machine à vapeur déplaçable à l'Exposition de Paris en 1839, est auteur d'une forme de locomobile qu'on peut regarder comme un de nos types classiques, et qui a eu des imitateurs nombreux. Il en existe à l'Exposition de 1867 des spécimens de diverses forces, dont l'excellente construction est bien connue. Ce qui caractérise le type Rouffet, c'est sa chaudière multitubulaire directe avec boîte à feu cylindrique, à laquelle les armatures sont inutiles. Un trou d'homme sur l'avant permet de la nettoyer à fond. La disposition du mécanisme avec ses robustes organes, sa quadruple glissière en fonte, sa table de fondation sont également caractéristiques. On a remarqué à l'Exposition, surtout dans la machine de 15 chevaux, près le pont du quai, les particularités suivantes : 1° le pendule modérateur isochrone est du système Foucaud; 2° le cylindre est dans une enveloppe de vapeur communiquant librement avec la chaudière; 3° le tuyau de refoulement d'eau alimentaire passe dans un manchon placé sur le côté du corps de la chaudière, et recevant la vapeur émise du cylindre qui s'en va à la cheminée; 4° les roues ont leurs rais composés de deux pièces de fer méplat rivées ensemble, et engagées par les bords dans des moyeux de fonte. La jante est en fer. L'avant-train mobile est du système dit à plaques de friction. Voici les principales dimensions de la machine : diamètre du cylindre, $0^{m},28$; course, $0^{m},50$; vitesse de l'arbre par minute, 85 tours; surface de chauffe, $19^{mc},75$, dont $2^{m},50$ par le foyer, et le reste par des tubes ayant 65 millimètres de diamètre extérieur. La grille a 47 décimètres carrés. Pression effective, 6 atmosphères, avec introduction de vapeur au cylindre, égale au quart de la course du piston; la machine a donné réellement ses 15 chevaux, avec une dépense de 16 litres et demi d'eau et 2 hectol. 10 de houille, par cheval et par heure.

La force de 20 chevaux a été fournie facilement avec détente au tiers et une dépense de 40 kilog. de houille et 315 litres d'eau par heure.

M. Rouffet estime que la locomobile telle qu'elle est installée sur ses quatre roues, est plutôt *déplaçable* que réellement *ambulante*. Pour lui donner complétement cette dernière faculté, l'appareil a été agencé sur une charrette à deux roues (Voir fig. 5, pl. 165), dont nous retrouverons des exemples. Le mécanisme qu'on a évité de répéter dans ladite figure est identique à celui qui précède. Mais on remarquera le nouvel agencement de la pompe alimentaire avec sa bâche dont on chauffe l'eau par un emprunt de vapeur à la chaudière.

Les locomobiles du type Rouffet ont été construites avec un seul cylindre, en ses ateliers, pour la force de 1 à 18 chevaux. Depuis 1855 il en a été livré à l'industrie 472, représentant une force collective de 2086 chevaux.

4. *Bresson*, à Orléans. Locomobile exactement du style Rouffet.

5. *Gérard*, à Vierzon, fig. 8, pl. 99. Ce constructeur, l'un de nos principaux spécialistes pour les machines rurales, a exposé un grand nombre de locomobiles, dont la principale porte le n° de fabrication 227. Les unes ont une chaudière de locomotive à foyer renflé, et dôme de vapeur sur ce foyer; les autres ont une chaudière à boîte à feu cylindrique du type Rouffet; elles ont un foyer du système Imbert fabriqué sans rivets par emboutissage et soudure des pièces; d'autres, enfin, ont une boîte à feu ovale comme dans la figure présente. Le mouvement est disposé comme dans le type Rouffet; toutefois, à l'Exposition, il n'y a qu'une seule paire de glissières.

La pompe alimentaire est accolée au cylindre à vapeur, et son plongeur est directement actionné par la crosse du piston. La principale particularité des locomobiles Gérard est leur pendule modérateur à boules équilibrées par un contre-poids mobile sur un levier horizontal; la course varie à la main pour modifier la vitesse, laquelle reste ensuite constante.

Ce type de locomobile se construit pour la force de 3 à 15 chevaux avec prix correspondant de 2,800 à 12,000 fr., les tubes de la chaudière étant en cuivre.

Les ateliers Gérard, fondés en 1847, se composent de cinq groupes de bâtiments distribués régulièrement et avec ensemble dans un vaste enclos. Ils sont complets sans exception de la fonderie, où se traitent les bonnes fontes locales du Berry. Outre ses machines à vapeur locomobiles, nous avons vu dans tous les concours ses batteuses de grains et ses manéges locomobiles, à quoi s'ajoute toute la machinerie agricole en général.

5 bis. *Del*, à Vierzon, reproduit presque complétement le type à foyer cylindrique de Gérard, son voisin. Ses locomobiles, nombreuses à l'Exposition, portant les n°s 48 et suivants, ne diffèrent que par la pompe alimentaire, qui est mue à petite course par un excentrique. La pompe aspire dans une bâche attenant en dessous au corps tubé de la chaudière. L'attache de la double glissière est également un peu différente.

6. *Cail*, à Paris, fig. 2, pl. 99. Cette colossale maison a une spécialité de locomobiles à détente variable, chaudière tubulaire avec foyer cylindrique, roues Calla, réchauffeur d'eau alimentaire dans un serpentin placé sous le corps tubé, enfin,

une cheminée à charnière se coupant en deux pièces. La figure fait suffisamment connaître ces dispositions. Elle s'exécute avec un seul cylindre de 2 à 16 chevaux. Elle est spécialement appliquée dans les usines avec des conditions de service économique analogues à celles qu'on demande aux locomotives. Les immenses ateliers de la maison Cail, réorganisés à Grenelle-Paris après incendie, n'ont pas d'autre moteur.

7. *Decauville*, à Petit-Bourg, a exposé comme spécimen de la construction de ses établissements agricoles une locomobile qui est la reproduction du type Cail.

8. *Artige et Cie*, à Paris-Grenelle. (Voir fig. 10, pl. 99.) Le caractère distinctif de ces locomobiles, dont l'exécution est très-soignée, est d'avoir des glissières et ajustements cylindriques, qui sont spéciales à ce constructeur. L'eau alimentaire est réchauffée dans le passage de la vapeur émise du cylindre en un tube sur le flan de la chaudière. On remarquera la longueur inusitée du corps tubé de la chaudière.

9. *Decoster*, à Paris, fig. 9, pl. 99. Locomobile de 10 chevaux portant le numéro de construction 107, rappelant le type Rouffet dans ses dispositions principales. La forme de la table de fondation, la simple paire de glissières en fonte, la bielle à fourche diffèrent. Mais il faut surtout remarquer la détente variable à la main, du système Meyer, qui est ajoutée à la distribution et le pendule modérateur à boules équilibrées dans toutes les positions par un contre-poids. Les roues, qui dans la figure appartiennent au type Calla, sont à l'Exposition comme celles de Rouffet et Frey, à rais de fer méplat superposés.

Voici quelques dimensions de la machine : diamètre du cylindre 230 millimètres ; course du piston 350 millimètres ; le volant fait 95 tonnes par minute ; la chaudière contient 21 tubes ayant 7 centimètres de diamètre et la longueur remarquable de 3 mètres. La machine a bien fonctionné pendant toute la durée de l'Exposition comme moteur de divers engins de travail très-robustes. La maison du constructeur est une des plus anciennes de Paris. Les machines-outils sont restées sa principale spécialité.

12. *Cart*, à Paris. Ce spécialiste réputé des outils-machines à débiter le bois a exposé une locomobile portant le numéro de construction 25, sur laquelle nous regrettons le défaut de renseignements, car elle est très-intéressante ; par la forme extérieure de sa chaudière tubulaire, par ses roues, sa table, ses glissières, etc., elle appartient au type Rouffet ; mais elle a deux cylindres accolés et inégaux où la détente se fait suivant le système Woolf. Elle est de la force de 12 chevaux et coûte 9,000 francs ; elle est considérée moins comme une machine rurale que comme un moteur d'usine.

13. *Claparède*, à Saint-Denis, fig. 12, pl. 99. Dans l'exhibition considérable[1] de ce constructeur, on remarque des locomobiles d'un type analogue à celui de Rouffet par ses dispositions principales et qui a eu de la réputation par ses excellents services dans les chantiers du nouvel Opéra. On remarquera son bâti et la position des roues qui sont particulières.

14. *Durenne*, à Courbevoie, près Paris. Cette ancienne maison, créée en 1818 pour la chaudronnerie et dont les ateliers ont été réorganisés avec un bel ensemble, a exposé plusieurs locomobiles différentes surtout par la chaudière.

1. M. Claparède a exposé principalement une machine marine, type Pilon, avec des dispositions nouvelles, munie de sa chaudière, une puissante machine à vapeur horizontale, pour forge, la grande grue à chariot de la berge, plusieurs canots à vapeur, etc...

Celle-ci appartient tantôt au type Rouffet tantôt au système usuel des locomotives dites du type Crampton avec un dôme sur le foyer. — Le mécanisme est disposé, comme dans le type Rouffet mais avec simple paire de glissières, bielle à fourche, pompe alimentaire accolée au cylindre, pendule vulgaire le plus rapproché possible du cylindre. Dans sa grosse machine de 25 chevaux qui meut les outils à bois de l'annexe près la porte Rapp, il y a un mouvement de coulisse et de relevage très-bien étudié. Les roues de M. Durenne sont des disques pleins en tôle rivée.

Dans son exposition du palais principal on remarque un appareil désincrustateur, dit du système Wagner, qui a été appliqué aux locomobiles au-dessus du cylindre à vapeur. En principe il consiste en une bâche cylindrique, contenant une série de plaques étagées, munies de rebords, sur laquelle l'eau alimentaire introduite par le haut descend en cascade. Une injection de vapeur chauffant cette eau à 90 degrés, elle abandonne naturellement les principaux sels qu'elle tenait en dissolution et elle entre dans la chaudière à un état de pureté relative.

On remarque aussi dans l'exposition de M. Durenne, sa chaudière fabriquée par soudage et sans rivures comme dans le procédé Imbert ci-dessus mentionné.

15. *Aubert*, à Paris, fig. 7, pl. IC. La particularité importante à l'occasion de laquelle nous relatons cette locomobile est que ses tubes de chaudière sont mobiles et rendus parfaitement étanches dans leur plaque tubulaire sans vis, bague ou mastic et qu'ils peuvent se démonter et se remonter, dit le constructeur, sans le secours d'ouvriers spéciaux. Cette faculté permet de nettoyer à fond l'appareil. On sait que ce démontage des tubes est en ce moment en grande vogue notamment dans la marine. Non-seulement M. Aubert, mais M. Berendorf, de Paris, et quelques autres en offrent des systèmes brevetés, qu'on peut regarder comme très-heureusement applicables aux locomobiles.

16. *Cumming*, à Orléans, figures 2 ci-dessous et 3, page suivante. L'un des premiers en France il s'est donné à la spécialité de locomobiles dont il a modifié sans cesse le type, jusqu'à placer le mécanisme moteur transversalement, de manière que l'arbre de couche fût parallèle à l'axe de la chaudière. Celle-ci

Fig. 2.

appartenait jusqu'ici au type multitubulaire soit en retour, soit direct et pré cédé d'un gros tube-foyer.

Au premier abord les locomobiles Cumming paraissaient se rapprocher des locomobiles anglaises, par l'absence de la table de fondation française et l'agencement symétrique des organes du mouvement, ce qui lui donnait un cachet de grande simplicité. Mais en réalité la table de fondation existait dissimulée concentriquement à la chaudière avec l'enveloppe de celle-ci. Les locomobiles de l'Exposition de 1867, nombreuses comme à tous les concours précédents, se rapprochent beaucoup plus des types usuels en France. Ainsi qu'on le voit dans les figures 2 et 3, l'une est munie d'une chaudière de locomotive, l'autre a une chau-

Fig. 3.

dière à foyer cylindrique comme dans les types Rouffet, Albaret, etc., déjà cités. On y remarquera le chauffeur d'eau alimentaire consistant en un gros tube en forme d'U par lequel la pompe alimentaire refoule l'eau. La disposition du mécanisme n'a pas sensiblement varié; la pompe est toujours actionnée horizontalement par la crosse du piston. Celle-ci est guidée par deux paires de glissières en fonte; le cylindre est à double enveloppe avec couche de vapeur entre deux; une manette à contre-poids permet de varier la détente fixe de la vapeur en marche; la position du pendule modérateur est caractéristique, ainsi que le siége des soupapes de sûreté et le chapeau — pare-étincelles de la cheminée. On remarquera encore le grand écartement des roues. Outre le type Calla que recommande le constructeur, il a employé, sur l'une des locomobile exposées, des roues en bois de pur charronnage. Des bandes de caoutchouc intercalées entre l'essieu et les supports de chaudière amortissent les chocs. L'avant-train très-simple, avec cheville-ouvrière en rotule permet à l'essieu de se déplacer sans faire ressentir à la machine les cahots de la route.

Les locomobiles de Cumming se construisent couramment pour la force de 4 à 12 chevaux, avec un seul cylindre, aux prix de 4,000 à 9,500 francs, les tubes de la chaudière étant en cuivre. Mais le réchauffeur se paye en sus, au prix de 200 à 300 francs. M. Cumming est encore un de ces fabricants qui pour faciliter l'apprentissage du conducteur et du propriétaire, livrent gratuitement avec la machine une instruction ou petit traité pratique sur le chauffage et la conduite de sa machine.

17. *Renaud*, à Nantes, fig. 1, pl. 99. Ce constructeur, bien connu dans tous les concours, possède l'un de nos plus importants ateliers de machines agricoles. On sait que les premières batteuses à vapeur lui sont dues; qu'il a été, avec Calla, le propagateur des locomobiles en France, mais avec d'autres types. Sa locomobile de 6 chevaux, exposée au Champ de Mars, porte le numéro de construction 845. Outre les particularités visibles sur la fig. 1, il faut signaler la double enveloppe du cylindre avec couche de vapeur entre deux, et la traversée du tuyau de refoulement de la pompe alimentaire dans le corps de la table où se rend la vapeur à son émission hors du cylindre, ainsi que les coussinets en 4 pièces de l'arbre de couche, dont on peut facilement régler le serrage. Ce type s'exécute de 1 à 20 chevaux.

La fig. 4, pl. 99, montre un autre type de locomobile qui a été exposée en 1860 et qui continue, paraît-il, à être demandée au constructeur : son réservoir de vapeur contenant le cylindre, la forme des guides de la tige de piston, l'absence de table de fondation à la façon anglaise, la coulisse de changement de marche, la bâche chauffant l'eau à la base de la cheminée; la forme de la chaudière, les roues de bois, caractérisent le type. Sa force est de 6 chevaux et son prix 5,500 francs.

M. Renaud a rédigé pour l'étude, la conduite, l'entretien et même la réparation de ses machines, un petit traité pratique qui en rend le service facile soit au propriétaire, soit à l'agent préposé.

18. *Barbier et Daubrée*, à Clermont-Ferrand et à Blanzat (Puy-de-Dôme), fig. 14, pl. 99, ont exposé dans un grand nombre de concours un type de locomobile que nous retrouvons à celui de 1867. La chaudière est tubulaire en retour de flamme, le cylindre est dans le dôme de vapeur, lequel est lui-même dans un appendice de la boîte à fumée. Les glissières en fonte sont attenantes au couvercle du cylindre et restent en porte-à-faux. Dans les anciennes machines, comme celle qui est donnée ici, la chaise porte-arbre était fixée isolément. Dans la machine de l'Exposition de 1867, le mécanisme repose sur une table de fondation qui est dissimulée, mais réelle et les roues précédemment en bois comme dans la figure, sont en fonte avec les rais en fer creux. La cheville ouvrière est sphérique. La machine a la force de 8 chevaux; elle pèse 3,900 kilogrammes et coûte 6,500 francs. Dans les expériences, la consommation de houille est restée au-dessous de 2 kilogrammes par cheval et par heure.

19. *Damey*, à Dôle (Jura). Grâce à l'obligeance du constructeur, nous sommes à même de nous étendre sur la description de sa curieuse locomobile portant à l'Exposition le numéro de construction 320. (L'atelier a aujourd'hui atteint le n° 460). Les dessins 1 et 4 de la planche 160 représentent la locomobile exposée au Champ de Mars [1]; les deux autres figures ci-contre (fig. 4 et 5), sont relatifs à deux organes de détails décrits ci-après. Voici les principales particularités : 1° La chaudière est tubulaire directe et en même temps pourvue de carneaux extérieurs d'aller et de retour pour le passage des gaz. Elle a donc, d'abord, un foyer ordinaire cylindrique comme dans les générateurs en forme extérieure de tonne; puis à l'extrémité de la grille commence une *chambre de combustion*, où les gaz se brûlent en se mêlant à une petite injection variable d'air venant de l'extérieur à travers le cendrier sous la grille. C'est une sorte de fumivore

1. C'est par erreur que la figure 4 de la planche 160 porte le nom de MM. Hermann et Glover. La locomotive représentée est celle de M. Damey, comme l'indique du reste le nom qui se trouve sur la plaque.

dans le système W. Williams. Au fond de la chambre de combustion sont les tubes qui n'occupent qu'environ la seconde moitié de la chaudière. A leur débouché dans la boîte à fumée, les gaz peuvent à volonté passer ou bien directement dans la cheminée, ou bien dans des carneaux en U qui longent extérieurement la chaudière et les ramènent dans la boîte à fumée. Celle-ci a donc une double enveloppe de tôle et sur celle de l'exérieur s'applique un mastic anticonducteur du calorique, plus une enveloppe de bois ou tôle qui le recouvre. 2° La boîte à fumée est munie sur le devant d'un disque tournant, percée d'une ouverture qui vient se présenter tour à tour devant chaque carneau pour permettre le ringardage. Il y a une autre ouverture centrale fermée à porte pour donner accès aux tubes. 3° La prise de vapeur est dans un dôme à l'avant, là, dit le constructeur, où la vapeur est plus sèche. 4° Au sortir du cylindre, la vapeur entre dans le corps de table de fondation où circule le tuyau de refoulement d'eau alimentaire à contre-sens du courant de vapeur. 5° L'avant-train et sa cheville ouvrière traversant l'essieu sont d'une simplicité radicale. Les roues sont en fonte à nervure avec frette en fer posée à chaud. Le constructeur les applique à sa batteuse aussi bien qu'à sa locomobile, depuis 8 années au prix de 38 francs les 100 kilogr. 6° Le double organe représenté dans les 2 figures ci-jointes a pour but de changer la marche et de va-

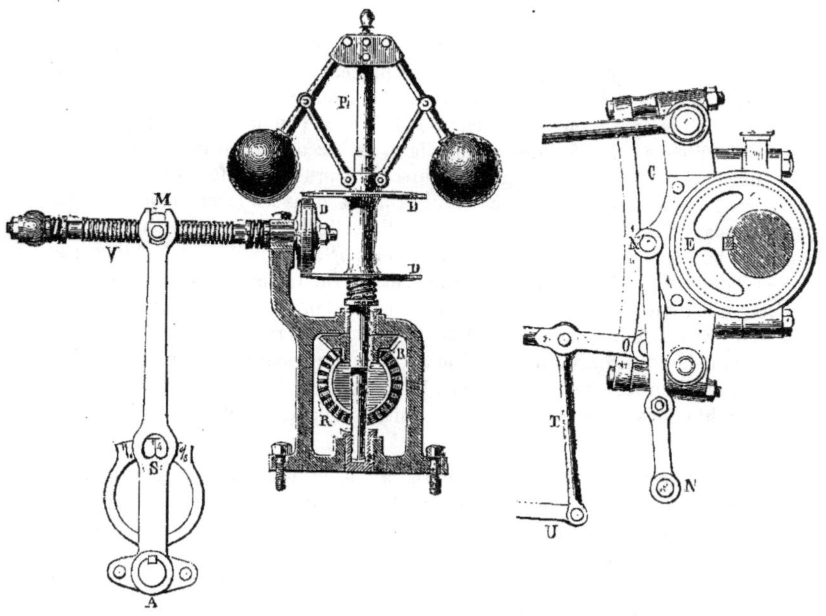

Fig. 4. Fig. 5.

rier la détente automatiquement par le modérateur. La figure 4 est le pendule modérateur. La figure 5 est le *collier-coulisse*. L'excentrique unique E est calé directement en face et à l'opposé de la manivelle de l'arbre de couche, c'est-à-dire sur le même plan que celui passant par l'arbre et par l'axe de la manivelle. Le collier de l'excentrique fait corps avec la coulisse. La bielle N la maintient à sa hauteur constante en permettant le jeu voulu. La tringle O qui actionne le tiroir de détente, varie comme à l'ordinaire dans la coulisse. Elle est relevée ou rabaissée par la bielle de suspension T et le levier U qui est lui-même en communication avec le levier M A dépendant du pendule dans la figure 4 et qui lui-même est mû par la vis V. Celle-ci est actionnée dans un sens ou dans un autre par les disques DD agissant sur le galet qui fait corps avec la vis. Dans la position intermédiaire de vitesse normale et d'écartement des boules du pendule, ni l'un ni l'autre disque ne sont en prise ; mais à la moindre oscillation, l'un des disques agit sur le galet tandis que l'autre s'éloigne d'autant et il fait tourner la vis ; son mouvement déplace le levier M A en avant ou en arrière et la variation de la tringle O dans la coulisse s'ensuit immédiatement. Le tiroir de détente est une simple plaque superposée au tiroir distributeur, interrompant tôt ou tard les orifices d'admission suivant la position du coulisseau dans la coulisse. On peut d'ailleurs par un levier à main faire dépasser au coulisseau le point de suspension ou point mort et changer ainsi immédiatement la marche sans troubler le jeu de la détente et du pendule. M. Damey nous a dit que ce mécanisme est appliqué par M. Revollier, à Saint-Étienne, à une machine de forge de 400 chevaux. Quant à la locomobile, d'après les expériences dynamométriques faites à l'Exposition sur un appareil de 10 chevaux, la dépense aurait été de $1^{k},50$ de houille par cheval et par heure, et 11 kilogr. d'eau par kilogr. de houille brûlée. M. Damey affirme avoir vu la consommation de houille descendre à 1 kilog. 25.

20. M. *Frey*, Paris, fig. 3, pl. 99. Le type représenté dans cette figure est celui que M. Frey avait présenté dans les concours précédents et nous le relatons comme plus original. Le type de l'Exposition de 1867 n'en diffère qu'en deux points : 1° la chaudière appartient au modèle Rouffet; 2° la pompe alimentaire, au lieu d'être inclinée sur le côté de la chaudière, est accolée horizontalement sur le cylindre et le tube de refoulement traverse dans la table de fondation ; 3° il y a une coulisse mue par deux excentriques comme dans les locomotives; elle est pleine, dans l'axe de la tige du tiroir qu'elle actionne, mais suspendue et mue par les barres d'excentriques latéralement en porte à faux. La locomobile exposée a la force de 6 chevaux et elle coûte 5,200 fr. On remarque que sa chaudière n'est nullement enveloppée. Peut-être est-ce seulement pour montrer l'exécution, à l'Exposition. Quant au type de la figure, on remarquera son foyer oval contenant le cendrier au-dessous duquel le tartre vient descendre, et la glissière unique en fer du système Duvoir. Les roues en fer méplat que nous voyons aujourd'hui dans la locomobile Rouffet existait déjà dans celle de M. Frey, qui fut exposée en 1860.

21. MM. *Warral Elwell et Poulot* à Paris, fig. 9, pl. 98. Cette maison, dont les ateliers réorganisés ont une spécialité de machines-outils réputées, offre à l'Exposition son spécimen de locomobile où l'on distingue les particularités suivantes : 1° chaudière de locomobile avec dôme et prise de vapeur sur le foyer; 2° mécanisme disposé comme dans le type Clayton n° 2, avec cylindre dans le prolongement supérieur de la boîte à fumée ; une coulisse attenant à un excentrique permet de changer la marche et de varier la détente. Ce système est à peu près celui que nous venons de remarquer dans la locomobile Damey; 3° l'eau alimentaire est aspirée par la pompe dans un serpentin à l'intérieur de la boîte à fumée. 4° Comme dans les types anglais, il y a absence de table de fondation. 5° Les roues sont largement proportionnées; elles sont en fonte avec rais de fer rond, l'avant-train est agencé à l'anglaise avec plaque de friction. La locomobile exposée ayant la force de 5 chevaux, a un piston de $0^{m},165$ de diamètre, et $0^{m},250$ de course; il imprime 130 tours au volant. La chaudière contient 23 tubes ayant $1^{m},54$ de long sur 6 centimètres de diamètre.

22. M. *Gargan* (Bézy-Denoyer, successeur), à Paris, fig. 11. La locomobile exposée en 1867, comme celles des concours précédents, se caractérise par une simplicité radicale et une division des pièces qui les rapprochent plus des types anglais que de nos systèmes français. Dans la machine exposée au Champ de Mars, la chaudière a la forme de celle des locomotives. Le dôme de vapeur au-dessus du foyer est en fonte et contient le cylindre venu avec lui; la tige du piston suffisamment prolongée passe dans une douille faisant partie du support du pendule modérateur, sans qu'il y ait d'autres glissières pour la tige. L'alimentation se fait par un injecteur Giffard. Les roues sont à rais formés de 2 bandes en fer et superposées comme on l'a vu chez MM. Rouffet et Frey. L'avant-train est pourvu d'une cheville ouvrière en rotule. D'autres locomobiles du même constructeur diffèrent de la précédente par un plus long foyer et par la substitution d'une pompe alimentaire accolée au dôme de vapenr horizontalement et actionnée directement par la crosse de la tige du piston; enfin celle-ci au lieu de la douille qui la guide, a pour appui une glissière unique à la façon d'Albaret et de Barrow-Carmichaël. D'autre fois encore la pompe alimentaire est en face du cylindre, et son plongeur n'est autre que la tige du piston prolongé comme dans le troisième type qui va suivre.

22 *bis*. La figure 4, pl. 165, montre encore un type de la maison Gargant qui a figuré aux expositions précédentes et qui a beaucoup d'originalité. La chaudière a un foyer cylindrique à la façon de Rouffet; le dessus est fermé par un plateau en fonte boulonné et le dôme de vapeur contenant comme précédemment le cylindre fait corps avec ce plateau. A l'autre bout du corps tubé est une bâche entourant la boîte à fumée et où l'eau alimentaire s'échauffe. La tige de piston n'a pas de glissières; son prolongement sert de plongeur à la pompe alimentaire qui est en face, et les presses étoupes accoutumés servent respectivement de guide à la tige. La bielle motrice est à fourche. Le train de roulement consiste en une seule paire de grandes roues avec ressorts de suspension, et pour l'attelage on passe les deux brancards dans les douilles attenant aux flancs de la boîte à fumée. Ces ressorts de suspension qui ménagent la machine quand le cheval la traîne sont neutralisés, durant la période de travail, par le calage de la machine à ses extrémités.

22 *ter*. Nommons ici en même temps la locomobile de 3 chevaux qui fut exposée en 1855 par feu M. Nepveux. On la trouve décrite au Portefeuille de Conservatoire. Elle est montée sur deux roues de charronnage. Sa chaudière, sous un volume très-réduit et une très-faible longueur, est très-puissante. Elle contient dans un même corps cylindrique : 1° un foyer ordinaire de locomotive; 2° un premier groupe de 11 tubes directs aboutissant à une boîte à fumée située comme d'habitude à l'autre bout du corps tubé; 3° un second groupe de 17 tubes retourne au-dessus du premier, prenant naissance dans la susdite boîte à fumée suffisamment élevée et débouchant dans une seconde boîte à fumée au-dessous du foyer, sur la façade. Un dôme de vapeur est sur le corps cylindrique et le cylindre moteur y est engagé. Dans le mécanisme, la distribution se fait par double excentrique et coulisse Stéphenson; il n'y a pas de glissières, la tige de piston suffisamment prolongée est guidée dans une douille, comme dans le système Gargan de la figure 4.

23. *Bréval*, à Paris, fig. 5, pl. 99. Locomobile dans le genre anglais, sauf le foyer ovale à la façon de Frey. Le dôme de vapeur au-dessus de ce foyer est en fonte et contient le cylindre formant avec lui une seule et même pièce. Le train de roulement avec roues de bois de pur charronnage et cheville ouvrière en rotule est très-bien installé.

24. *Nillus*, au Havre, fig. 10, pl. 165, La forme de cette locomobile dite de 12 chevaux, paraît la rattacher au type Rouffet. Mais elle en diffère surtout par sa chaudière tubulaire en retour. Elle a des roues Calla, une cheville ouvrière de disposition spéciale, des formes robustes, un réchauffeur d'eau alimentaire engagé dans la table de fondation. Voir dans Armengaud, T. 16, la description détaillée de la machine. Des essais dynamométriques faits sur une machine de ce système ont donné les résultats suivants : pression 5 1/2 atmosphères; nombre de tours par minute 97; force effective développée 15 chevaux 1/2. Houille dépensée par cheval et par heure, 2^k,14. Eau dépensée par kilog. de houille brûlée 8^k,86. Avec 92 tours et introduction de vapeur à moitié course, la machine a développé jusqu'à 23 chevaux, soit presque le double de la force nominale.

25. *E. Gouin*, à Clichy-Paris, fig. 1, pl. 615. Cette maison considérable a adopté depuis dix ans la spécialité des locomobiles, suivant un type spécial, uniforme dont les forces varient de 4 à 15 chevaux, et qui est principalement une machine d'usine. La chaudière est tubulaire en retour. Le mouvement est condensé et rigidement installé sur sa table de fondation, avec addition de tringles unissant le cylindre et la chaise de l'arbre de couche, comme dans la locomobile anglaise de Ransomes. Il y a pour guider la tige du piston une glissière unique. La distribution se fait à la manière des locomotives par double excentrique et coulisse relevée à hauteur variable pour la détente. L'alimentation se fait par un injecteur Giffard. Les roues sont des disques de tôle. Celles d'avant sont très-rapprochées de la cheville ouvrière et l'on pourrait presque dire qu'elles ne forment qu'une seule roue à deux flasques et que le véhicule est un tricycle.

26. *Voruz*, à Nantes. Nous n'avons pu nous procurer aucun renseignement sur la locomobile de ce constructeur, qui a obtenu la médaille d'argent. Nous ne pouvons que relater ce qui suit : La chaudière est à peu près comme celle de Gouin, qui précède, tubulaire en retour, ayant extérieurement la forme d'une tonne. La double glissière qui guide la tige du piston est venue de fonte avec le cylindre, suivant la coutume des constructeurs nantais. La bielle est à fourche, la distribution est actionnée par un excentrique et munie d'une détente par tiroir additionnel. La pompe alimentaire accolée horizontalement au cylindre, est mue par un excentrique spécial. Il existe un réchauffeur d'eau alimentaire qui paraît analogue à celui de la locomobile Cail (voir ci-dessus, n° 6). Les roues sont en fonte avec rais de fer rond. La machine étant très-élevée, il existe sur le côté une plate-forme à laquelle on arrive par un marchepied mobile et qui permet d'atteindre le mécanisme pour lui donner les soins voulus.

48. *Hermann Lachapelle* et *Glover*, à Paris[1]. La machine représentée n'est pas exactement celle qui a été exposée ; elle n'en diffère que par la forme extérieure du foyer et elle est la dernière expression de l'œuvre du constructeur, qui a livré en tout une quarantaine de locomobiles de diverses forces. Elles sont remarquables par les particularités suivantes : 1° la forme de chaudière; au lieu d'avoir le corps tubé, encastré dans le foyer suivant le type Rouffet, on a au contraire le foyer encastré sous le corps tubé. Cette disposition, moins accusée

1. Le dessin de cette machine devait occuper la place du n° 1 dans la planche 160. Une erreur d'impression y a fait placer une figure représentant la locomobile de M. Damey, qui par suite de l'encombrement des matières a été gravée deux fois à des échelles différentes. Nous donnons donc dans la page suivante, fig. 6, le dessin de la machine de M. Hermann-Lachapelle et Glover.

que dans la machine de l'Exposition, est cependant réelle encore dans la figure, bien que la façade ait été redressée et aplatie; 2° le corps tubé, même dans les plus petites machines, est relativement très-gros, afin d'offrir une vaste capacité pour la vapeur et de permettre à un homme d'y entrer pour nettoyer à fond la chaudière. Les tubes sont inclinés de l'arrière à l'avant, très-espacés et non en

Fig. 6.

quinconce, mais en carré et de gros diamètre; 3° dans le mécanisme, le cylindre est à double enveloppe, la distribution à détente variable, si ce n'est pour les forces inférieures à 4 chevaux où la détente est fixe, un cercle protecteur entoure le pendule à boules; toutes les articulations sont sphériques et la plupart des coussinets sont disposés à serrage réglable à la clef; 4° la table de fondation qui porte le mécanisme n'est fixée à la chaudière que par des frettes sans aucune percée; 5° pour le chauffage de l'eau alimentaire la pompe aspire dans un bac attenant à la machine et que traverse le tube d'échappement de vapeur vers la cheminée; 6° les roues dont le diamètre est largement proportionné, sont en fonte avec rais de fer rond. La cheville ouvrière est en forme de rotule sphérique.

Nous donnons page suivante un tableau comparatif de quelques dimensions des locomobiles de MM. Hermann-Lachapelle et Glover.

A l'égard du prix mentionné dans la seconde colonne on observera qu'il est celui de la machine livrée à Paris complète en ordre de marche, avec accessoires de services et menues pièces de rechange. Les dimensions se rapportent d'ailleurs à une consommation de 20 à 25 litres d'eau par heure et par cheval. La quantité de charbon garantie est de 3 à 4 kilog. pour la force de 2 à 6 chevaux et de 2,5 à 3 kilog. pour la force supérieure, également par heure et par cheval.

Tableau synoptique

DE LA FORCE, DU PRIX, DE LA VITESSE, DE LA CONSOMMATION ET DU POIDS DES MACHINES

FORCE par chevaux-vapeur.	PRIX.	PISTON.		VITESSE — Nombre de tours.	DIAMÈTRE DES VOLANTS-POULIES.		POIDS de la machine.
		diamètre.	course.		petit volant.	grand volant.	
	fr.	millim.	millim.	par min.	millim.	millim.	kilogr.
2 — 3	3600	0.115	0.220	180	0.600	0.800	1.500
4	4200	0.150	0.260	160	0.700	0.900	1.900
6	5600	0.180	0.300	140	0.800	1.000	2.500
8	7000	0.215	0.330	125	0.850	1.100	3.000
10	8400	0.235	0.360	115	0.900	1.200	3.600
12	9500	0.250	0.380	105	0.950	1.300	4.500
15	11000	0.280	0.400	100	1.000	1.400	5.500

49. *Chevallier*, à Lyon, fig. 2, pl. 165. Ce constructeur qui a été un des premiers propagateurs de la locomobile en France, en a exposé une au Champ de Mars, portant le n° de construction 158 et qui a fonctionné comme moteur de l'un des appareils d'aérage. Elle diffère dans quelques parties de celle qui est représentée en la figure. Le mécanisme y repose sur une table de fondation suivant l'usage français et la distribution est à double excentrique avec coulisse embrayable à hauteur variable. Pour le reste, la machine exposée est analogue à celle de la figure, où l'on remarquera les particularités suivantes : 1° La chaudière est multitubulaire mais avec des tubes en U qui ramènent la flamme à la cheminée au-dessus du foyer. Le foyer et la boîte à feu sont en forme ovale comme dans le type de Frey relaté ci-dessus; devant la plaque tubulaire du foyer, il y a une autre plaque tubulaire en brique réfractaire qui s'échauffe au blanc, allume les gaz produits par la combustion et brûle les particules fumeuses. En d'autres termes, cette doublure de briques est un fumivore ayant un peu le caractère de ces arches de briques bien connues dans les locomotives des railways anglais, le foyer et le faisceau tubulaire sont *amovibles*, c'est-à-dire, disposés de manière à être retirés par la façade pour un nettoyage à fond, grâce au déboulonage d'un simple collet. 2° Le cylindre à vapeur est logé dans le dôme de vapeur placé sur la boîte à fumée. Ils sont venus de fonte ensemble. Il existe dans le mécanisme un changement de marche à coulisse; il n'y a pas de pendule modérateur ni de table de fondation. 3° Pour le réchauffage de l'eau alimentaire il y a un appareil tubulaire où la vapeur émise du cylindre traverse les tubes à l'intérieur, l'eau étant au dehors. Cet appareil est placé tantôt sous la chaudière comme dans la figure 2, tantôt sur la boîte à feu entre le cylindre et la cheminée, figurant un second dôme. 4° Les roues sont en fonte avec rais de fer rond. L'avant-train est agencé très-simplement à la française avec rondelles de friction. Ces machines se construisent en fabrication courante depuis 2 jusqu'à 20 chevaux au prix croissant de 3,000 à 14,000 fr. En réponse à l'objection qu'on pourrait faire sur la forme des tubes courbes de la chaudière, nous ajouterons qu'ils se nettoyent soit par une injection de vapeur, soit à l'aide d'une *brosse articulée* livrée avec la machine.

50. *Malo*, à Dunkerque, fig. 12, pl. 98. Locomobile dite du système Allen. Chaudière multitubulaire directe et usuelle; mécanisme disposé à l'anglaise avec sup

ports indépendants sans table de fondation, train de roulement également à l'anglaise. La particularité fondamentale du système est dans la forme du piston. Ainsi qu'on le voit fig. 13, ce sont deux disques ou plutôt deux pistons complets, avec leur garniture respective, que réunit un fourreau glissant lui-même à joint étanche dans une cloison qui divise le cylindre en deux parties égales. La vapeur venant de la chaudière est introduite successivement dans les espaces annulaires, d'où elle passe ensuite au retour du piston dans les deux capacités indiquées où elle se détend suivant le principe de Woolf. Un seul tiroir à coquille mû par un excentrique sur une table percée de 6 lumières suffit pour distribuer la vapeur. (Voir fig. 14.)

Cette locomobile à détente Woolf est radicalement simple; elle est venue à l'Exposition accompagnée de certificats très-favorables. Pour la force de 12 chevaux sa consommation au concours de la société agricole de Bath a été 175 kilog. de houille et 900 litres d'eau, soit 1k.45 de houille par cheval et par heure. Sa douceur de mouvement a été remarquée. Les ateliers de M. Malo, concessionnaire en France du brevet Allen, la construisent pour des forces variables de 4 à 20 chevaux aux prix correspondant de 4,600 à 11,000 francs.

§ 2. LOCOMOBILES EXCEPTIONNELLES.

Les locomobiles françaises qui précèdent sont, on l'a vu, loin de présenter cette uniformité de types qui a caractérisé les locomobiles anglaises. Mais celles qui suivent et dont plusieurs ont figuré à l'Exposition constituent des types bien plus originaux encore.

1. *Wehyer*[1], *Loreau et Cie*, à Paris (successeur de Martin et Calrow). Voir fig. 3, pl. 160. Spécimen de *locomobile-voiture* spécialement commandée par la maison *Coignet* pour la fabrication sur place de ses *bétons*. Le concours régional de Versailles en 1857 eut un appareil de ce genre exposé par M. de Sève agriculteur. M. Thomas et Laurens ont disposé sous le nom de *locomobile-wagon* leur système de machine dite *demi-fixe* enfermé dans un véhicule fermé, véritable wagon monté sur 4 roues-disques pleines en tôle. M. Rouffet a aussi depuis plusieurs années adopté ce type de locomobile-voiture à deux roues et à voiture, analogue au type exposé par M. Wehyer au Champ de Mars. L'enclos de Billancourt renfermait aussi la locomobile-voiture de M. Gautreau, constructeur à Dourdan, sur laquelle nous n'avons aucun document. A cet exemple, on peut ajouter la machine de M. Renaud, figure 9, planche 165. Enfin M. Rouffet lui-même a de nouveau adopté ce système. (Voir figure 5, même planche.)

L'appareil de MM. Wehyer et Loreau, prenant pour point de départ celui de M. Thomas-Laurens, se distingue par les particularités que voici: 1° La chaudière tubulaire en retour est munie d'un foyer amovible en vue de laisser toute liberté à la dilatation et de faciliter le remplacement immédiat du foyer avarié, par le simple démontage du joint boulonné de la façade. 2° Quant à la machine, on remarquera que le cylindre est dans le réservoir de vapeur; le pendule modérateur appartient au type dit à pression d'air de *Larivière*; il produit la détente variable. 3° L'eau alimentaire est chauffée dans la vapeur d'échappement en vue de l'économie de charbon. Le constructeur garantit une consommation courante de 2 kilog. à partir de 10 chevaux de force et 2 kilog. et demie pour les forces inférieures. 4° L'appareil est porté sur deux grandes roues de pur charronnage. La suspension par l'intermédiaire des ressorts évite.

1. C'est par erreur que la planche porte Vehyer et Loreau.

dans le transport, les détériorations par l'effet des cahots. Pour travailler, on annule l'élasticité des ressorts, soit en calant le châssis aux quatre coins, soit en châssant les roues dans le sol jusqu'à ce que le bâtis porte à terre. L'appareil devient alors une machine fixe. Cette application des ressorts ne se retrouve à l'Exposition que dans une seule machine belge, et on l'a vue préalablement deux fois à Londres.

2. *Buette, Dupuy et Cie*, à Dijon et à Paris. Nous ne relaterons ici que sommairement la très-curieuse locomobile de cette maison. Il nous suffira de résumer ses particularités : 1° La chaudière est tubulaire en retour, ayant un gros foyer cylindrique et extérieur en la forme d'une tonne. Il existe une porte à chaque bout pour nettoyer les tubes ainsi que le foyer dans lequel on peut entrer. 2° Le cylindre moteur est dans le dôme de vapeur qui lui-même reçoit la fumée dans une double enveloppe en vue de sécher la vapeur emmagasinée. Ce triple appareil est d'une seule pièce de fonte, située au-dessus de la boîte à fumée et sert de base à la cheminée. Celle-ci se plie en deux pièces comme dans la locomobile Cail, voir fig. 2, pl. 99. 3° La course du piston dans le cylindre est systématiquement réduite à la moitié de son diamètre, et le constructeur démontre par des calculs que ce rapport est le plus favorable à la diminution des frottements. 4° Le conduit d'eau alimentaire circule en une espèce de serpentin dans le corps de la table de fondation recevant la vapeur d'émission avant son départ dans la cheminée. 5° La pompe alimentaire et le tiroir de distribution de la vapeur au cylindre sont actionnés par un même excentrique et le plongeur de la pompe sert en même temps de guide à la tige du tiroir. 6° La glissière de la crosse du piston et le pendule modérateur à deux contre-poids, l'un fixe, l'autre variable.

3. *Farcot*, à Saint-Ouen, près Paris, fig. 11, pl. 165. Sa locomobile monumentale de 16 chevaux qui active un des appareils d'aérage de l'Exposition, restera comme une des curiosités du concours de 1867.

Elle n'est pas celle de la figure, mais elle n'en diffère que par les dimensions et par l'addition d'une distribution à coulisse mue par deux excentriques et par celle d'un condenseur avec sa pompe à double effet, inclinée sur le côté de la chaudière et agencée à peu près suivant le système dit de M. Thomas et Laurens. Cette locomobile est étudiée surtout au point de vue de l'économie du combustible pour service d'usine, et elle contient tous les principes usités de cette importante maison. Savoir : détente, pendule isochrone à bielles croisées, double enveloppe de cylindre et des chaudières, vastes proportions d'organes. La particularité essentielle de la machine est sa chaudière composée de deux corps, l'un au-dessus de l'autre, communiquant et renfermés dans une chambre où circule la fumée avant de se rendre à la cheminée. Le corps cylindrique inférieur contient le foyer et le faisceau tubulaire à la suite. Ils peuvent être retirés ensemble par la façade suivant le système dit à foyer amovible de Thomas et Laurens. Le corps cylindrique supérieur communiquant avec le premier par deux tubulures est le réservoir de vapeur pour moitié seulement, l'autre moitié étant remplie d'eau ainsi que tout le premier corps. Les gaz chauds à leur sortie des tubes, dans une boîte à fumée commune, reviennent entre les deux corps déboucher à la cheminée qui est au-dessus de la façade. Le cylindre à vapeur est à la base de la cheminée enfermé dans un coffre qui forme la base de celle-ci.

4. *Mollard*, à Lunéville, fig. 3, pl. 165. Locomobile de 4 chevaux coûtant 3,200 francs, remarquable surtout par sa machine rotative rappelant le type dit

à disque de Rennie. La description détaillée en est donnée dans *Armengaud*, tome 16, et nous y renvoyons, empêchés que nous sommes de nous étendre à volonté. Il existe un injecteur Giffard pour l'eau alimentaire, et celle-ci est dans une bâche d'eau alimentaire attenant sur le côté de la chaudière. Les roues sont en fonte avec rais en S.

5. ***, fig. 8, pl. 165. Il a été construit par divers fabricants un autre type de locomobile que nous ne retrouvons pas à l'Exposition, du moins monté sur des roues, car cette disposition du mécanisme appliquée verticalement sur une chaudière en forme de cylindre vertical, avec ou sans tubes, se voit partout à l'Exposition et dans les ateliers. La chaudière surtout est très-variée dans ses formes. Pour les très-petites machines auxquelles il suffit de 2 mètres carrés de surface de chauffe environ, le système se compose de 2 cylindres concentriques dont celui de l'intérieur est le foyer entouré d'eau. D'autres fois, suivant le système Herman, il y a des bouilleurs tubulaires transversaux ou des tubes de dispositions diverses. Parmi ceux qui étaient à l'Exposition, nous relaterons les tubes bouilleurs verticaux du Prussien Weber, les tubes à fumée ordinaires d'Aubert, dont le bout supérieur émergé hors de l'eau et entouré de vapeur sert à sécher celle-ci, ou bien le gros tube bouilleur unique de Maulde et Wibart.

Quant au mécanisme, sa disposition la plus commode paraît être celle de la figure où il est sur la façade au-dessus de la porte du foyer. Dans ce système, il y a plaque de fondation appliquée de bas en haut sur la chaudière, glissière unique du type Albaret, deux petits volants poulies et alimentateurs Giffard, puisant dans un bac quelconque. L'appareil est monté sur deux grandes roues ; on cale l'appareil pour travailler, et quelquefois les deux brancards d'attelage servent eux-mêmes à arc-bouter.

6. *Belleville*, à Paris, fig. 6, pl. 165. Cette locomobile est totalement différente des types usuels. Elle a été amplement décrite dans les *Annales du Génie civil* et dans le *Nouveau Portefeuille des principaux appareils*, *machines et outils*[1]. Nous nous bornerons à en donner une idée sommaire : 1° La chaudière à forme extérieure rectangulaire est une application du système à tubes multiples en U, dérivé du serpentin qui a constitué dans l'origine le système bien connu de M. Belleville. Cette chaudière est accompagnée de son alimentateur graduel et *self-acting*, de son sécheur de vapeur, de sa soupape de sûreté, d'une soupape régulatrice du courant d'eau et autres accessoires; 2° le mécanisme est verticalement appliqué sur l'une des façades de la chaudière, celle qui est opposée aux portes du foyer ; 3° le pendule modérateur a son axe horizontal et c'est dans le plan vertical que se meuvent les boules, suivant un système bien connu dans les machines de M. Flaud; 4° il n'y a qu'une seule paire de grandes roues en bois avec brancard fixe pour l'attelage d'un cheval.

La locomobile exposée au Champ de Mars porte le numéro de construction 140. Elle a 4 chevaux de force $0^{mq}.26$ de grille, $5^{mq},26$ de surface de chauffe. Elle pèse 1,480 kilogr. dont 250 kilogr. pour les roues et brancard.

7. *Renaud*, à Nantes, fig. 9, pl. 165. Nous avons vu ci-dessus deux types de locomobiles proprement dites, de ce constructeur. L'appareil indiqué ici est sa batteuse locomobile portant le numéro de construction 840, et qui a eu un grand succès dans l'Ouest. La batteuse et son moteur de 4 chevaux sont sur le même charretis locomobile. La chaudière est à retour de flamme dans un petit nombre de tubes ayant 10 centimètres de diamètre. Elle est munie d'un grand dôme

1. Consulter le *Nouveau Portefeuille* mars et août 1867, planches 9, 10, 29 et 30.

de vapeur dans lequel plonge le cylindre du mécanisme qui est vertical. Une bâche existe à la base de la cheminée pour chauffer l'eau alimentaire. La boule au-dessus est un pare-étincelles. Il a été livré à l'industrie bientôt un millier de machines de ce système qui peuvent être adaptées à tous usages agricoles lorsqu'il n'y a pas de battage à faire.

8. *Carville*, à Lille, fig. 7, pl. 165. La particularité fondamentale est la chaudière composée de bouilleurs en lames d'eau verticales et à surfaces ondulées. La vapeur formée dans la partie supérieure de chaque bouilleur se rend dans un réservoir cylindrique commun qui surmonte l'appareil. Le tout est enfermé dans une boîte formée à feu de 2 coffres concentriques rappelant celle des locomotives. Le mouvement moteur est sur le côté et placé horizontalement. Les roues ou plutôt les galets de roulement annoncent par leur petit diamètre que l'appareil est déplaçable, mais non disposé pour voyager. Tout autre renseignement nous manque.

9. *Gache*, à Nantes, fig. 12, pl. 165. La chaudière de cette locomobile-locomotive, qui est très-curieuse, a une chambre dite de combustion entre le foyer proprement dit et les tubes dont la longueur est réduite à 1 mètre. Il y a deux cylindres inégaux l'un à la suite de l'autre, où la vapeur est utilisée deux fois avec détente selon le principe de Woolf. Ces deux cylindres, qu'un même corps extérieur enveloppe, sont sous la chaudière, et cette bielle actionne une paire de grandes roues motrices fixes, comme dans les locomotives. En soulevant un peu la machine on la rend libre comme les volants-poulies des locomobiles proprement dites. Le train mobile autour d'une cheville ouvrière est sous le foyer. La bâche d'eau alimentaire est sous la boîte à fumée, la vapeur condensée s'y rend et la pompe alimentaire y puise directement, étant actionnée par la crosse du piston.

Quelques autres projets de locomotives-locomobiles ont été proposés à la même époque ; nous en citerons notamment un présenté par l'auteur de la présente Étude.

Locomobiles de diverses nations.

(Planche 98.)

Quoiqu'on construise des locomobiles partout où il existe des fabriques de machines à vapeur, l'Exposition universelle ne nous offre, à la suite des locomobiles anglaises et françaises, que dix autres machines étrangères, savoir : une suédoise, six belges et trois allemandes, à laquelle nous pouvons joindre le dessin d'une autrichienne. Ainsi qu'on va le voir, ces machines sont intermédiaires entre les types anglais et les types français.

En voici la nomenclature :

1. *Bolinder*, à Stockholm (Suède), fig. 1. Locomotive de 10 chevaux dans le genre anglais, offrant les particularités suivantes : 1° chaudière de locomotive dont le corps tubé contient 42 tubes de 55 millimètres de diamètre disposés en carré, et non alternant en quinconce. La boîte à fumée n'offre aucune rivure, non plus que la base de cheminée ; les tôles sont probablement embouties et soudées comme dans les systèmes Imbert, Durenne et autres, qui ont été remar-

qués à l'Exposition. J'ignore comment est fait le corps tubé seul enveloppé ; il est rattaché aux boîtes à feu et à fumée par le procédé usuel des cornières; le foyer paraît également fait et armé comme d'usage; 2° la cheminée a un *pavillon pare-étincelles*, avec cette particularité que la grande section est en bas ; 3° il y a absence de table de fondation pour le mécanisme, et l'arbre de couche repose sur deux chaises distinctes en fonte creuse, comme dans les types anglais. Dans le mécanisme lui-même, on remarque que la double glissière et leur support sont en fer. Le tiroir est cylindrique. Il y a une détente spéciale mue par le pendule modérateur à boules équilibrées et à cône, rappelant le système Meyer, et sur lequel le défaut de renseignements est à regretter; 4° la pompe alimentaire est verticale sur le flan de la chaudière, elle est pourvue d'un levier additionnel pour alimenter à bras au besoin; elle est également pourvue d'une soupape de sûreté à ressort. L'eau alimentaire est réchauffée dans un manchon appliqué sur le côté du corps tubé où se rend la vapeur émise du cylindre, et au besoin une injection de vapeur; 5° les roues sont en fonte, avec rais de fer rond; l'essieu des grandes roues peut sortir par l'enlèvement de deux simples boulons à deux écrous chacun. La cheville ouvrière est sphérique.

L'exécution de cette machine est remarquable, et elle s'ajoute aux autres machines suédoises qui nous sont venues depuis l'Exposition de 1855, pour nous donner une haute idée des œuvres mécaniques de cette nation, qui ont d'ailleurs tant d'originalité dans les formes.

2. *Kesseler* et *Sohn*, à Greifswald (Prusse), fig. 2. Très-curieuse locomobile de 10 chevaux, portant le n° de fabrication 40, coûtant 7,500 fr. prise à l'usine. Voici, d'après le peu de renseignements à notre disposition, les particularités principales : 1° chaudière de locomotive à boîtes à feu et à fumée renflées concentriquement au corps tubé, complétement enveloppées, sauf la façade de la boîte à feu. Elle a 14 mètres carrés de surface de chauffe, et elle est munie d'un dôme sur le foyer; 2° le mécanisme est installé à la française sur une table de fondation; 3° il y a deux cylindres fondus d'un seul jet, bien enveloppés, et dont les pistons actionnent un arbre de couche porté par les deux bouts sur les paliers et coudé à trois manivelles seulement, dont celle du milieu est une équerre commune aux deux tourillons de bielle; 4° outre un giffard alimentateur appliqué sur la droite du foyer, il y a deux pompes alimentaires horizontales en face des cylindres à vapeur; leurs tiges de piston prolongées servent de plongeur de pompe, sans qu'il y ait d'autre guide que la pompe elle-même. Le constructeur observe qu'au besoin ces deux pompes alimentaires serviraient immédiatement de pompes à incendie; 5° l'eau alimentaire, refoulée, est chauffée dans le corps de la table de fondation par la vapeur émise des cylindres; 6° le pendule modérateur appartient au système à anneau de M. Duvoir-Albaret (voir locomobiles françaises n° 2); 7° les roues d'avant-train sont en bois, les grandes roues d'arrière ont des rais à pincettes en fer plat, comme les roues de wagons de chemins de fer. L'avant-train, agencé à l'anglaise, est pourvu de la simple et primitive cheville ouvrière.

3. *Sigl*, à Vienne et à Berlin, fig. 3. Cette maison, dont nous avons mentionné les très-remarquables locomotives pour les railways russes dans nos précédentes études, nous a fait connaître les dessins de ses locomobiles, dont elle a deux types : l'un, qui est l'exacte reproduction du système anglais d'Hornsby (voir pl. 97, fig. 11); l'autre, est celle représentée en la fig. 3, pl. 98. On remarquera : 1° la forme de chaudière du type Crampton, laquelle est garantie en tôle au bois, de Styrie, et éprouvée à 10 atmosphères. La boîte à feu n'est que partiellement enveloppée; 2° il y a absence de la table de fondation française; 3° le

mécanisme, y compris la quadruple glissière en fer, est également garanti en fer anglais de première qualité; 4° les roues appartiennent au type Calla, mais l'avant-train rappelle les types anglais avec plaques de friction. Suivent le poids et le prix comparé des locomobiles de Sigl de l'un et de l'autre type :

Pour 8 chevaux,	pèse 4,750 kil.,	et coûte	8,320 fr.
— 10 —	— 5,500	—	9,360
— 12 —	— 5,600	—	10,400

La fabrique de la maison Sigl, à Vienne, a une spécialité de machines agricoles. Elle est très-considérable. Elle consiste en un bâtiment principal faisant la double équerre, et a trois étages; au-dessus du rez-de-chaussée est l'atelier d'ajustage; la forge et fonderie forment, à l'autre bout du même enclos, un ensemble de bâtiments d'un seul étage, formant de même la double équerre.

4. *Ateliers de Darmstadt*, fig. 4. Locomobile de 8 chevaux, dans le genre anglais; chaudière entièrement enveloppée, roues en bois avec moyeux de fonte, cheville ouvrière à rotule. Les tubes de la chaudière ont 7 centimètres de diamètre. Le même atelier de construction, qui paraît n'être que l'accessoire d'une grande forge à fer, a exposé aussi le dessin d'une puissante locomobile de 20 chevaux, disposée comme la précédente, mais avec deux cylindres à vapeur; distribution à coulisse, dôme de vapeur sur la chaudière, et roues en fer. Elle a 28 mètres carrés de surface de chauffe.

5. *Borrosch* et *Eichmann*, à Prague, fig. 5. Ces fabricants de machines rurales distribuaient à l'Exposition le dessin de la locomobile en question. Elle appartient au genre français, et se rapproche du type Calla, sauf par la forme de sa plaque de fondation concentrique à la chaudière, et par ses roues en bois à moyeux de fonte, ainsi que par l'agencement du train, qui imitent plutôt les types anglais.

6. *Tilkin, Mention et Cie*, à Longdoz (Liége). Nous n'avons obtenu aucun renseignement sur cette locomobile, qui se fait remarquer dans la section belge par son fini exceptionnel et sa riche enveloppe en cuivre poli. Sa force est de 10 chevaux et elle coûte 5,800 fr., non compris l'enveloppe qui la protége complétement. Elle appartient au type anglais de Clayton (voir fig. 3, pl. 97) par la forme de sa chaudière, l'installation du mécanisme sans table de fondation, les chaises isolées portant l'arbre de couche et les larges proportions du train de roulement. Les roues sont en bois avec moyeux de fonte. L'avant-train a plutôt l'agencement simple et primitif de nos types français, avec cheville ouvrière sphérique. Les principales particularités sont : le tiroir de détente et le pendule modérateur à bielles croisées du système Farcot. Cette locomobile porte le n° de construction 140.

7. *Société de Longdoz*, à Liége, n° de construction, 122. Chaudière dite du système Petrie-Chaudoir, composée d'un foyer tubulaire, comme dans le système bien connu du Cornwall, suivie d'un faisceau de tubes directs, comme dans les locomotives. Le cylindre est dans le dôme de vapeur, venu de fonte avec lui, et placé sur le foyer. Il n'y a qu'une glissière, comme dans le type Duvoir-Albaret, pas de table de fondation. Roues de bois à moyeux de fonte; train à la française.

8. *Leclercq* et *Bourguignon*, à Bruges. Chaudière en forme extérieure de tonne contenant à l'intérieur un foyer cylindrique, suivi d'un faisceau tubulaire dont le foyer est séparé par un autel en briques laissant une chambre de combustion

suivant un système bien connu en marine; mouvement à double glissière de fonte, sur une table de fondation, suivant les types français. C'est, avec la machine prussienne, l'unique exemple fourni par les machines étrangères. Une autre particularité est l'existence des ressorts de suspension au-dessus des roues d'arrière. Les roues sont en bois, et l'avant-train, fort simple, a des plaques de friction.

9. *Enthoven*, à Bruxelles. La locomobile exposée portant le nº de construction 256, appartient au pur type anglais, avec chaudière de locomotive à boîte à feu non enveloppée. Le mécanisme, sans table de fondation, à quadruple glissière en fonte, pour guider la tige du piston, rappelle la disposition de Clayton, fig. 3, pl. 96; mais la pompe est sur le haut du corps tubé presque horizontale, et la cheminée, de très-forte dimension, est évasée de bas en haut. Le train est du type anglais à plaques de friction, et roues en bois avec moyeux de fonte.

Il nous a été fourni un autre type de locomobile de M. Enthoven, que nous mentionnons de préférence, parce qu'il a plus d'originalité. C'est celui de la fig. 7, pl 98. Ses particularités sont : 1° une chaudière de locomotive du type Crampton, avec cheminée ordinaire très-forte; 2° le cylindre engagé dans le réservoir de vapeur, tous deux étant venus de fonte; 3° la table de fondation à la française, mais isolée du cylindre; 4° la glissière unique, du type Albaret.

Houget et *Teston*, à Verviers. La fig. 6, pl. 98, qui représente cette curieuse locomotive, de la force nominale de 8 chevaux, n'est qu'un à peu près. Les particularités principales sont : 1° la chaudière multitubulaire en retour de flamme à foyer, amovible comme dans le système Thomas et Laurens; elle a 12 mètres carrés de surface de chauffe; la porte est trouée pour introduction d'air en vue de brûler la fumée; 2° le mécanisme est installé de part et d'autre d'un bâtis creux, sorte de poutre fixée elle-même un peu sur le côté de la chaudière; le cylindre à enveloppe de vapeur est solidement emmanché sur le côté de cette poutre au-dessus du foyer; à l'autre bout est le large palier avec coussinet, en quatre pièces, qui porte l'arbre moteur avec sa manivelle en dehors. L'autre bout de l'arbre est sur une chaise additionnelle fixée à la chaudière, le volant en dehors. Entre les deux paliers est l'excentrique qui conduit le tiroir distributeur, et la poulie qui actionne le pendule modérateur; 3° la vapeur émise du cylindre traverse le bâtis creux où elle chauffe l'eau alimentaire dans son tube de refoulement en U. La paire de glissière en fonte, écartée pour laisser jouer la bielle droite, et la pompe alimentaire horizontale actionnée directement par la crosse du piston, le support du pendule modérateur, sont, de même que le cylindre, fixés en porte-à-faux, sur le côté du bâtis. Le tiroir à coquille est à pression équilibrée. Les organes mécaniques qui fatiguent sont en acier; 4° la forme du train est inusitée, il se compose de deux longerons en bois attenant à la chaudière, et supportés sur les grandes roues à la façon des locomotives. Le train mobile est tout à fait en avant et en dehors de la chaudière, relié aux longerons par deux cols de cygne; les roues sont en bois; 5° sur les flancs de la chaudière deux bâches reçoivent les eaux de purge et d'alimentation.

Jules Gaudry.

AVIS.

Les différentes tables que nous publions ont pour but de faciliter les recherches et d'établir la concordance entre le texte et les planches des séries I à IV de nos *Études*.

Le souscripteur pourra faire relier les planches dans un album séparé, ou, s'il le préfère, faire placer les planches dans le texte qui en donne la description. Nous croyons que le premier mode est préférable.

Nous avons reçu quelques réclamations auxquelles nous voulons faire droit.

Plusieurs abonnés nous écrivent qu'ils ont égaré des planches ; d'autres ont reçu quelques planches plus ou moins froissées pendant le transport.

Nous nous sommes mis en mesure de remplacer les planches égarées ou détériorées, et nous enverrons à nos souscripteurs qui nous en feront la demande par lettres affranchies les planches qui pourraient leur manquer, à *vingt centimes par planche*, c'est-à-dire au prix du papier et de l'impression. Cette faveur n'est accordée qu'*à nos souscripteurs*, — attendu que nous ne vendons aucune planche séparément.

E. L.

ARCHIVES DE L'INDUSTRIE

ÉTUDES SUR L'EXPOSITION

TABLE DES MATIÈRES

contenues dans les tomes I, II, III et IV.

ARCHIVES DE L'INDUSTRIE. TABLE DES MATIÈRES.	Séries ou Volumes.				NUMÉROS des PLANCHES
	1re	2e	3e	4e	
CHEMINS DE FER. Le locomoteur funiculaire Agudio, traction sur les chemins de fer à fortes rampes, par M. *É. Soulié*			274		123, 124 125
CONSERVES ALIMENTAIRES, par M. *Maurice Boucherie*			34		
CONSTRUCTIONS. La construction du Champ de Mars, dit Palais de l'Exposition de 1867, par M. *E. Lacroix*, membre de l'Institut des ingénieurs hollandais			199		18
CONSTRUCTIONS MARITIMES. *V.* Marine.					
CORPS GRAS ALIMENTAIRES. Le lait, le beurre, le fromage, par M. *A. Robinson*, professeur à l'Association polytechnique (5 figures)	480	247	237		45, 45 *bis* 66, 67, 68
COSMOGRAPHIE. Les cartes et les globes, par M. *Endymion Pierragi*	110, 335		71		
COTON. *Voir* Filature et l'article Orient.					
DENTELLES. *Voir* Tulles					
FILATURE ET TISSAGE. Tirage et moulinage de la soie. Coton. Chanvre et lin. Laines. Matières diverses, par M. *Eugène Parant*, manufacturier	101	191		322	7, 52, 57 181, 182
FONTES D'ART. *Voir* Bronze					
GALVANOPLASTIE. *Voir* Hydroplastie					
GAZ. (Fabrication et industrie du gaz.) Chauffage, éclairage, etc., par M. *D'Hurcourt*, ancien élève de l'École polytechnique (4 figures)				1	143
GÉNIE CIVIL. (*Voir* Travaux publics, Mines, Hydraulique, etc.) Les habitations ouvrières, les habitations à bon marché, les constructions civiles, par MM. *le comte A. Foucher de Careil et Lucien Puteaux*, architecte (7 figures)	158	63	263	131	10, 11, 12 13, 30, 31 32, 116 117, 135 136, 141 142
GÉNIE RURAL ET MÉCANIQUE OU MACHINERIE AGRICOLE. Charrues, charrues vigneronnes, presses et pressoirs, par M. *J. Grandvoinnet*, ingénieur, professeur de génie rural (25 figures)	82		401	88	121, 122 131, 132 133
GÉOLOGIE. *Voir* Minéralogie					
GLACE. Production artificielle du froid, par *H. Dufrené*, ingénieur civil (7 figures)		124			44
GOUDRONS (Études sur les) et leurs nombreux dérivés, par M. *C. Knab*, ingénieur-chimiste (8 figures)	132	292			
HORLOGERIE (L') dans toutes ses parties, y compris les horloges électriques, par *J. Berlioz*, ingénieur constructeur (8 figures)	64				
HYDRAULIQUE. Des divers appareils à élever l'eau pour alimentations, irrigations et épuisements, par MM. *Chauveau des Roches*, ingénieur, et *E. Belin*		25			23, 24
HYDRAULIQUE. Moteurs hydrauliques,					

ARCHIVES DE L'INDUSTRIE.

TABLE DES MATIÈRES.

ARCHIVES DE L'INDUSTRIE. — TABLE DES MATIÈRES.	Séries ou Volumes.				NUMÉROS des PLANCHES
	1re	2e	3e	4e	
Alfred Lacour, ancien élève de l'école polytechnique (13 figures)..........		295	36	431	118, 119
MOBILIER (Le), par *Léon Château* (2 fig.).	169, 457	81			58, 59, 79
ORIENT (L') et L'EXTRÊME ORIENT. Industrie et production. Règne animal, règne végétal, règne minéral, ordre industriel, ordre architectural et artistique, par MM. *B. J. Dufour*, député du commerce français à Constantinople, *Rous*, capitaine d'artillerie, et *Champion* (3 figures)..............			177	303	166
PAPIERS PEINTS, par M. Kœppelin (3 fig.)	183				
PATES ALIMENTAIRES. Semoules, etc., par M. *A. Rouget de Lisle*.........		352			
PRESSOIRS. *Voir* Génie rural.........					
PRODUITS AGRICOLES nécessaires à l'alimentation. *Voir* Agriculture.......		346			
PRODUITS AGRICOLES non alimentaires, nécessaires aux arts industriels. *Voir* Agriculture....................		356			
RELIURE. *Voir* Imprimerie...........					
SAUVETAGE (Le) DES NAUFRAGÉS. Bateaux, radeaux, fusées, engins de toute espèces, par M. *Jules de Crisenoy*, ancien officier de marine (27 fig.).		149			46, 47, 48, 53, 54, 55
SELLERIE (La), par M. *Eugène de Forget* (2 figures)......................	467				
SOIE. *Voir* Filature et l'article Orient...	101	191		322	52
SUCRES. Essai et analyse des sucres, par M. *Emile Monier* (4 figures)........	327				
SUCRERIE (La) indigène, étrangère et exotique. Le sucre candi. La sucrerie coloniale française, par M. *Basset*, chimiste..........................	205		154		
SYLVICULTURE. Systèmes d'aménagement et d'exploitation; reboisements, par M. *Alexis Frochot* (4 figures)........			17		
TEINTURE. *Voir* Impression...........					
TÉLÉGRAPHIE. Télégraphes à cadran enregistreurs, imprimeurs, imprimeurs autographiques, câbles sous-marins, par *le comte du Moncel* (19 figures)...	364	136			
TISSUS. *Voir* Filature...............					
TRAVAUX PUBLICS. Engins et appareils des grands travaux publics, par M. *G. Palaa*...........................		370			38, 39, 40, 41
TULLES ET DENTELLES, par M. *F. Thomas*, (4 figures).................		249, 471			
TYPOGRAPHIE. *Voir* Imprimerie.......					

Paris. — Imprimerie de P.-A. BOURDIER, CAPIOMONT fils et Cie, rue des Poitevins, 6.

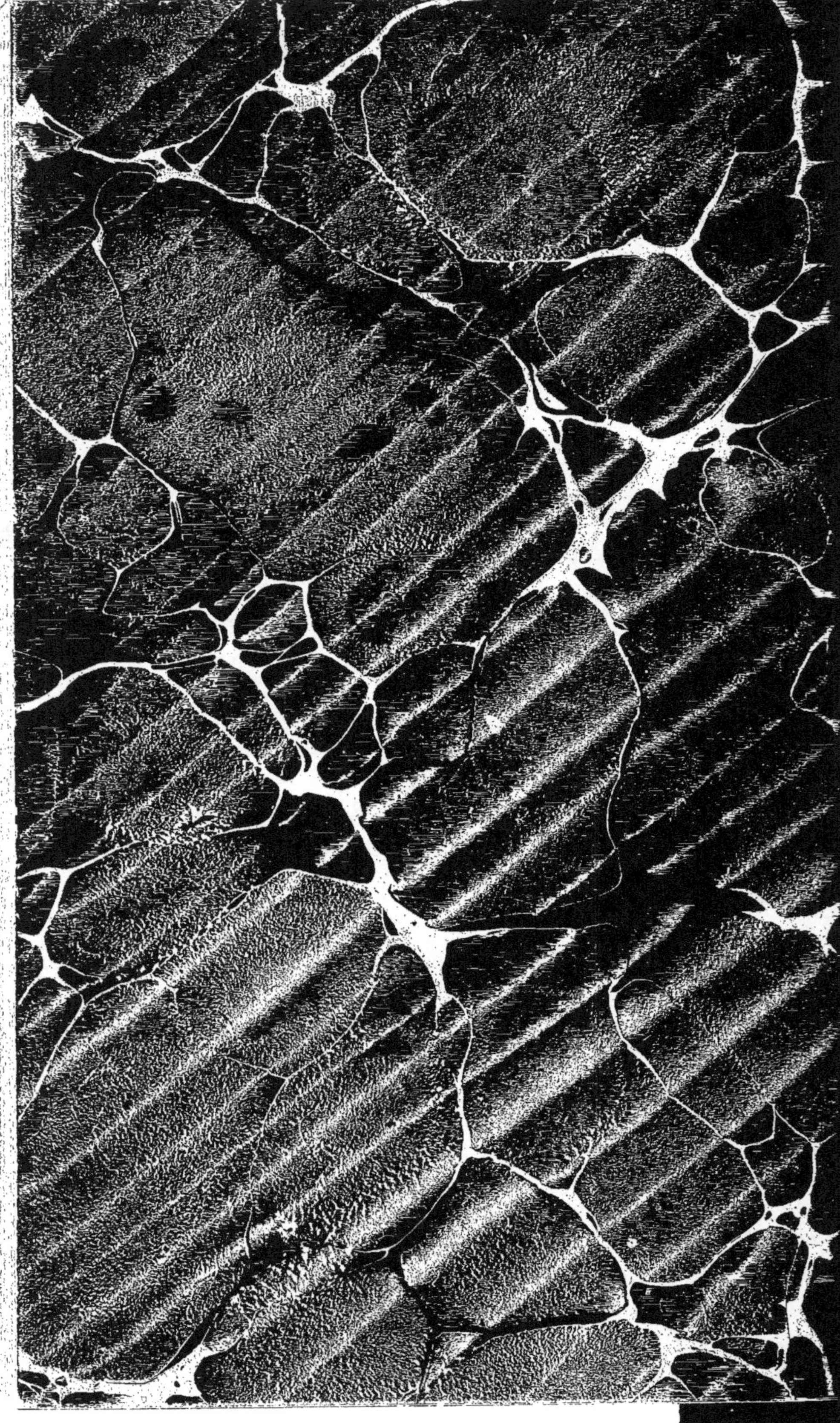

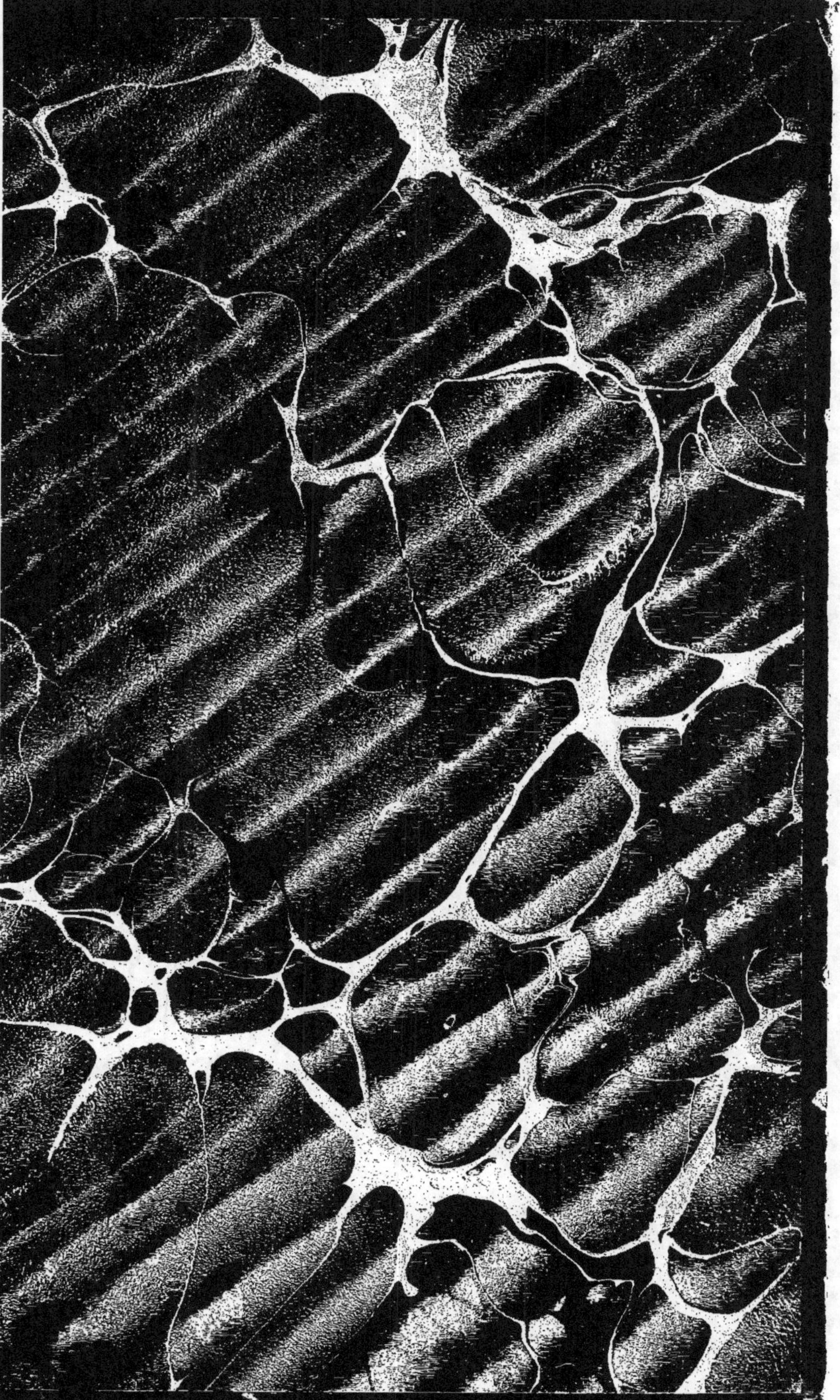

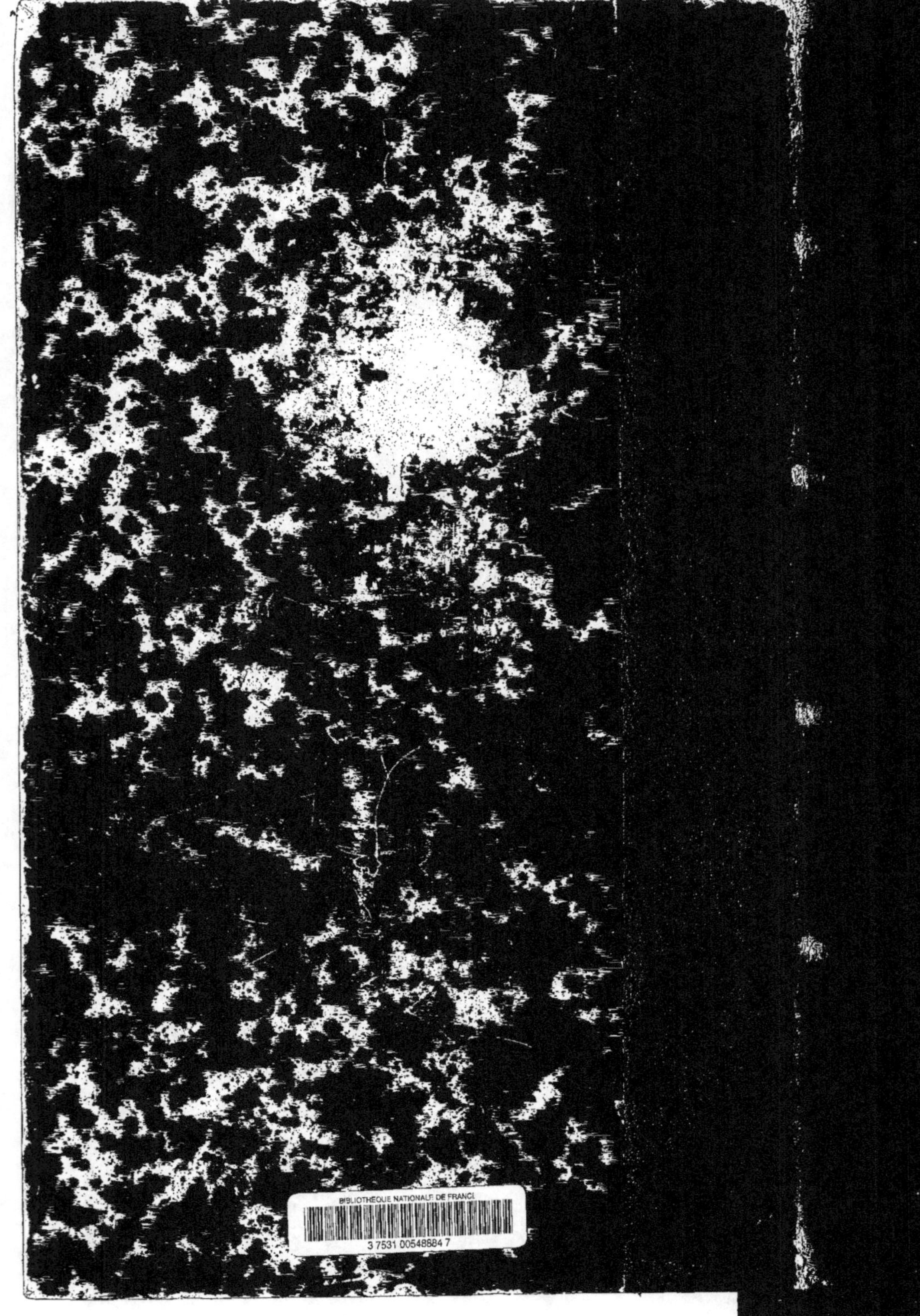
BIBLIOTHEQUE NATIONALE DE FRANCE
3 7531 00548684 7

www.ingramcontent.com/pod-product-compliance
Lightning Source LLC
LaVergne TN
LVHW010124230826
846091LV00001BA/135

* 9 7 8 2 0 1 4 4 3 3 6 2 3 *